다물체 동역학 해석을 위한

Adams

진샘미디어

저자 소개

김 창 완 교수

건국대학교 기계설계학과 교수
CAE 연구실 (http://cae.konkuk.ac.kr)

The University of Texas at Austin의 Aerospace engineering and Engineering Mechanics 학과에서 전산응용수학, 전산역학 분야에서 박사 학위를 받았다. 박사학위에서 개발한 다단부분구조합성법을 이용한 진동 및 소음 해석 소프트웨어인 AMLS (Automated Multilevel Substructuring)는 현재 전 세계 자동차 회사에서 NVH 해석 도구로서 널리 사용되고 있다.

미국에서 유한요소해석 소프트웨어 NASTRAN의 진동 및 소음, 병렬 계산 분야의 개발자로 근무하다가 2007년부터 건국대학교 기계설계학과에서 재직 중이다.

한국에서도 국산 다물체 동역학 소프트웨어인 RecurDyn의 개발에도 참여하였다. 또한 충돌 해석 분야에 널리 사용되는 미국 LS-DYNA 소프트웨어의 개발에도 현재 참여하고 있다.

주요 관심 연구분야는 유한요소해석법과 다물체 동역학 분야를 통합한 유체-고체-다물체 동역학 연성 해석 기법 개발과 다물체 동역학과 제어를 연성한 전기-기계 시스템 통합 해석 기법 개발이다. 이러한 multi-physics 해석 기법을 이용하여 최적설계를 수행하는 기법 개발에 관심을 두고 있다.

Adams 예제 파일 주소와 QR 코드

MSC Software

http://www.mscsoftware.co.kr/upfile/2016_exercise/Adams_exercise.zip

머리말

건국대학교 캠퍼스 중심에 자리 잡고 있는 호수 일감호 주위에는 봄에는 아름다운 꽃들이 피고, 가을에는 예쁜 낙엽이 진다는 사실을 학교에 재직한지 몇 년이 지난 후에 어느 날 문득 깨달았다.

그동안 대학교에서 교육과 연구를 할 수 있는 큰 혜택을 받은 것에 감사하며, 국내외 여러 상용 CAE 소프트웨어 개발에 참여한 경험을 바탕으로 현장의 실무엔지니어들과 CAE관련 학문 배움에 열정적인 학생들에게 도움이 되는 실무적인 일을 해야겠다고 생각으로 본 교재를 준비하였다.

첫 번째의 결실로써 다물체 동역학 분야에서 널리 사용되는 MSC/Adams의 교재를 출간한다. 향후에 더욱 향상된 고급 기능의 설명과 예제를 포함한 교재를 준비할 것이다.

본 도서의 시작과 마무리 할 때까지 원고 작업에 많은 수고를 아끼지 않은 지금은 대학원생이 된 송승민, 조성철 학부 연구생과 도서를 출판하기까지 많은 자료와 아낌없는 조언을 주신 한국 MSC소프트웨어 박인규 전무, 최혜정 부장, 이유미 과장에게 감사드립니다.

저자 김 창 완

목차

Introduction

Example 1. Falling Stone

Example 2. Inclined Plane

Example 3. Lift Mechanism: Geometry

Example 4. Lift Mechanism: Simulation

Example 5. One degree of freedom Pendulum

Example 6. Projectile Motion

목차

Introduction

1-1 Adams 소개

ADAMS(Automatic Dynamic Analysis of Mechanical Systems)의 전신은 미시건 대학 교수인 밀턴 체스(Milton Chase)에 의해 1969년 개발된 DRAM(Dynamic Response of Articulate Machinery)이며, 이는 2차원 기구를 해석할 수 있는 소프트웨어였다. 그 후 1973년 니콜라에 오란데(Nicolae Orlandae)가 미시건 대학의 박사 학위 논문으로 3차원, 대변위를 일으키는 물체에 대한 기구학/동역학 해석을 수행할 수 있는 Adams 소프트웨어를 개발했으며, 1977년 밀턴 체스 교수, 니콜라에 올란데, 미하일 코리발스키(Michael Korybalski) 등을 주축으로 Adams 소프트웨어를 개발하는 MDI 사(Mechanical Dynamics, Inc.)가 설립되었다. 이후 3년간 보완 및 개발을 거친 후 1980년 세계 최초의 3차원 다물체 동역학 해석용 소프트웨어를 상용화하게 되었다. 2005년 엠에스씨소프트웨어 사는 MDI 사를 합병함으로써 MSC.Adams로 발표하게 되었다.

40여 년의 역사를 통해 다물체 동역학(Multibody dynamics) 해석 분야의 선구자적 기술개발과 사용자 위주의 편리성을 경주한 결과, 신뢰성 및 사용의 용이성을 인정받아 가장 널리 사용되는 소프트웨어로 자리 잡게 되었다.

1-2 Multibody Dynamic Analysis(다물체 동역학 해석)

MSA(Multibody System Analysis), MSS(Mechanical System Simulation)로도 표현되는 다물체 동역학 해석은 대 변위를 갖는 운동 하에서 조인트에 의해 연결된 부품의 거동, 즉 시간 변화에 따른 각 부품의 위치, 속도, 가속도, 조인트의 반력뿐만 아니라 시스템의 고유 진동수, 모드 형상, 상태 공간, 행렬 등의 정보도 얻을 수 있다. 여기에는 기계 시스템의 기구학, 정역학, 준정역학 해석뿐 아니라 선형, 비선형 동역학 해석이 포함된다. 사용자는 부품의 기하학적 형상, 질량 특성, 구속 조건, 제어로직, 초기조건 등을 해석을 위한 기초 자료로 입력하면 된다. Adams는 이러한 해석을 매우 직관적으로 수행할 수 있게 해준다. 사용자가 기계 시스템을 강체 또는 유연체의 상호 연결관계를 물리적으로 표현하면 Adams는 이에 대한 동특성을 산출해준다.

1) Kinematic Analysis(기구학 해석)

기계 시스템의 초기 설계 시 단순한 조립이나 간섭 체크와 같은 거동 해석을 할 때 사용되며 반력이나 외부에서 가해지는 힘을 고려하지 않은 상태에서의 속도, 변위, 가속도를 계산해준다.

2) Dynamic Analysis(동역학 해석)

각 부품의 관성 및 외력을 고려한 시스템을 해석함으로써 시간 변화에 따른 속도, 변위, 가속도, 반력 등을 정확하게 구해준다.

3) FEA(Finite Element Analysis, 유한요소 해석)

진동과 같은 적은 변위(Small displacement motion)의 운동을 하는 부품 또는 고정된 부품에 외력이 가해졌을 때, 그 부품의 변형, 응력, 모드 등을 계산해준다. 이러한 계산을 하기 위해, 특정 형태의 메시로 분할하며 소프트웨어 내에서는 이에 따른 행렬을 구성하게 되며 선형방정식의 해를 구하게 된다.

1-3 CAD/CAE/CAT 통합

컴퓨터 하드웨어의 성능 향상과 함께 실제 현상을 컴퓨터상에서 근접하게 표현하려는 노력의 결과, CAD/CAE/CAT와의 통합을 실현했다.

1) CAD Integration

Adams는 3차원 Solid Modeler와의 단순한 인터페이스가 아닌 실질적 통합을 이루었으며 Solid Modeler의 Graphic Kernel을 그대로 사용한다. 이는 기존에 그 대상 물체에 대한 3차원 CAD 데이터가 있으면 부가적인 작업 없이 그 정보를 이용할 수 있도록 해준다.

2) CAE Integration

정밀도가 높은 기능적 가상 시제품을 구사하기 위해서는 타 분야의 CAE 기법과 통합하는 것이 매우 중요하다. Adams는 아래와 같은 소프트웨어와의 정보교환을 통해

이를 실행하고 있다.

- FEA(구조해석)

Adams는 시스템 해석을 수행함으로써 운동 시 부품에 작용하는 힘을 구할 수 있으며 이는 구조해석 시 필요한 경계조건으로 유용하게 사용될 수 있다. 또한 유연체 해석을 수행하기 위해서는 구조해석에서 얻은 결과를 사용해야 하므로 이를 위해 구조해석과 양 방향 인터페이스가 가능한 Adams/Flex를 개발했다. 현재 직접 인터페이스가 가능한 소프트웨어로는 ANSYS, MSC.NASTRAN, ABAQUS 등이 있으며, 이 외의 소프트웨어는 표준형식을 통하여 인터페이스가 가능하도록 되어 있다.

3) Control Integration

제어로직이 복잡한 시스템에서는 전문적인 제어 소프트웨어와의 정보교환이 필수적이다. Adams는 현재 제어로직을 포함한 다물체 동역학 해석을 수행하기 위해 MATLAB/Simulink, EASYS 등과 직접 인터페이스 기능을 갖고 있다.

4) CAT Integration

신제품을 개발함에 있어 제품의 성능 평가 및 내구성 평가를 위해서는 시제품에 대한 실험실 테스트와 필드 테스트가 필수다. 그러나 이에 소요되는 시간과 경비는 개발 과정에서 상당한 비중을 차지하고 있다. 이는 진정한 기능적 가상 시제품을 실현하기 위해서 넘어야 할 장애물이었으며, 엠에스씨소프트웨어 사는 이를 극복하기 위하여 함께 노력해왔다. 그리고 비선형이 많은 부싱, 충격흡수기, 타이어 등의 시험 데이터를 Adams 해석을 위한 모델로 변환해주는 EDM(Empirical Dynamics Model)과 MTS사의 테스트 장비 자체를 Adams Model로 구현하여 테스트 횟수를 줄일 수 있도록 하는 VTL(Virtual Test Lab)을 개발하게 되었다. 이는 소프트웨어 기반 가상 시제품(Software based virtual prototyping)과 하드웨어 기반 가상실험(Hardware based virtual testing)과의 협력이며 향후 제품개발의 새로운 패러다임으로 자리 잡게 될 것이다.

1-4 Adams의 구성

Adams의 구성	
● Adams Basic Package Adams/View Adams/Solver Adams/PostProcessor Adams/Insight ● Adams Advanced Package Adams/Controls Adams/Durability Adams/Flex Adams/Mechatronics Adams/Vibration Adams/ViewFlex	● Adams Car Package Adams/Car Adams/Car Ride Adams/Car Truck Adams/Chassis Adams/Driveline Adams/SmartDriver Adams/Tire Adams/Material ● Adams/Machinery

2-1 Adams 시작하기

PC 상에서 Adams를 시작하는 방법에는 다음과 같이 두 가지가 있다.

방법 1 바탕화면에서 아이콘을 사용하여 Adams-View를 마우스로 두 번 클릭한다.

방법 2 모니터 좌측 하단의 시작 메뉴를 클릭하여 프로그램 〉 MSC.Software 〉 Adams x64 2013.2 〉 AView 〉 Adams – View를 선택한다.

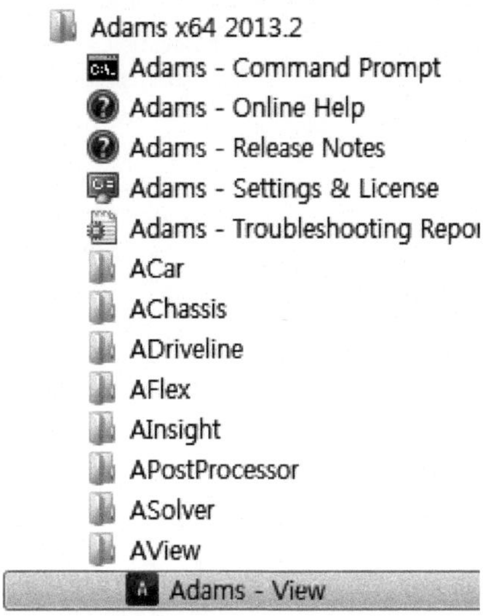

앞에서의 두 방법 중 하나를 선택하여 수행하면, 다음 그림과 같이 Adams/View의 'Welcome to Adams...' 창이 뜬다.

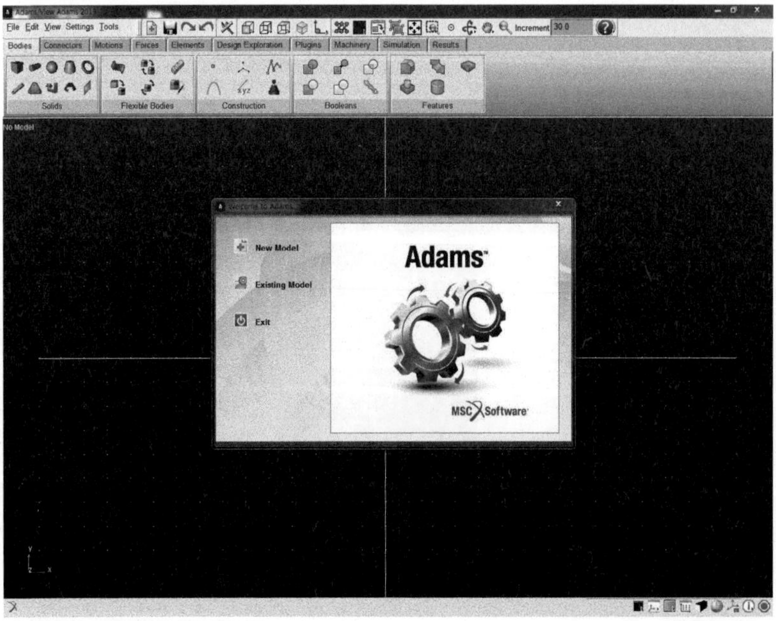

2-2 Main Toolbox의 여러 가지 기능

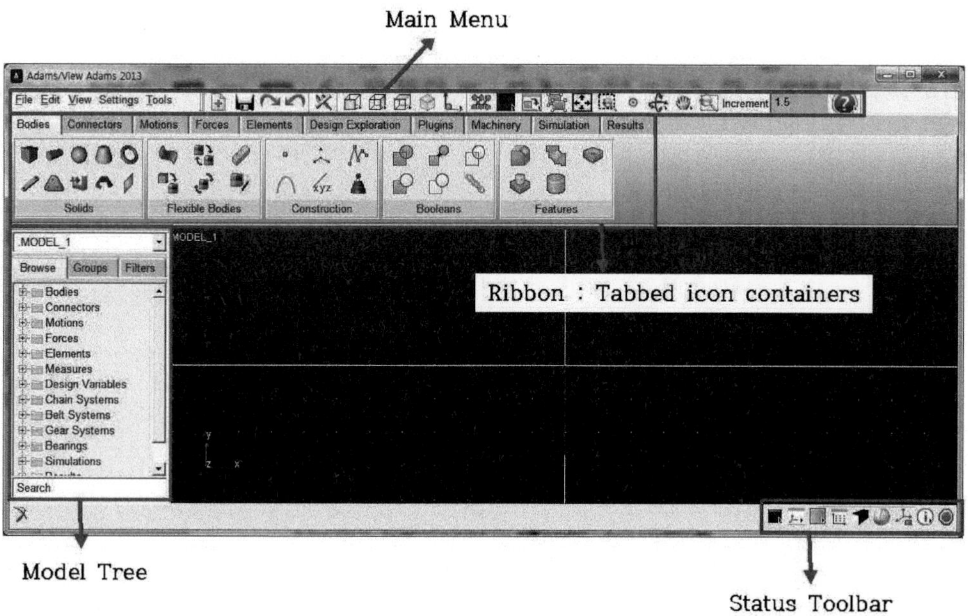

Main Menu

아이콘	설 명
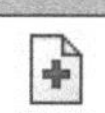	새로운 Model 생성하기
	Database 저장하기(Adams/View Binary File)
	다시 수정하기
	바로 전 과정으로 돌아가기
	선택 모두 해제하기
	마우스 우클릭을 하여 View option 설정하기

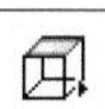	
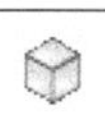	Isometric View

		마우스 우클릭을 하여 View option 설정하기
		선택한 개체를 XY Plane에서 보기
		사용자가 선택한 세 점으로 정의된 평면에서 보기
		재료 생성 및 수정하기
		마우스 우클릭을 하여 15가지의 개체 색상 선택하기
		마우스 우클릭을 하여 Position 도구 선택하기
		Position: 좌표를 보기위해 상대적으로 개체 위치 변경(x to right, y up, and z out of the view)
		Position: 좌표를 입력하여 working grid에서 상대적으로 개체 위치 변경
	f(x)	하나의 개체 위치에서 다른 개체 위치로 연결하고 하나가 이동하는 동안 그것을 유지
		Position: 이동-초기 기준 위치에서 다른 곳으로 개체 이동
		Working grid의 속성 정의
	f(θ)	위치를 일치시키거나 지정하여 하나의 개체에서 또 다른 개체의 방향 고정
		Position: Grid 또는 기하학적 기능에 맞추거나 개체 회전
		개체 위치 handle 속성 정의
		Position: 표면이나 다른 개체의 기하학적 특징 맞추기
		Coordinate system의 유형 정의
		Precision Move Dialog Box 보기
		새로운 그룹 생성하기
		활성화된 창에 모델 영역 맞추기
		원하는 영역 드래그하여 보기
		선택한 개체를 화면 중심에서 보기
		마우스 우클릭을 하여 Translate 도구 선택하기
		화면 확대 및 축소하기
Increment 10		Shift키를 누를 상태에서 Dynamic Zoom의 민감도 설정하기
		마우스 우클릭 하여 Adams에 대한 Help 메뉴 보기

Ribbon : Tabbed icon containers

1) Bodies

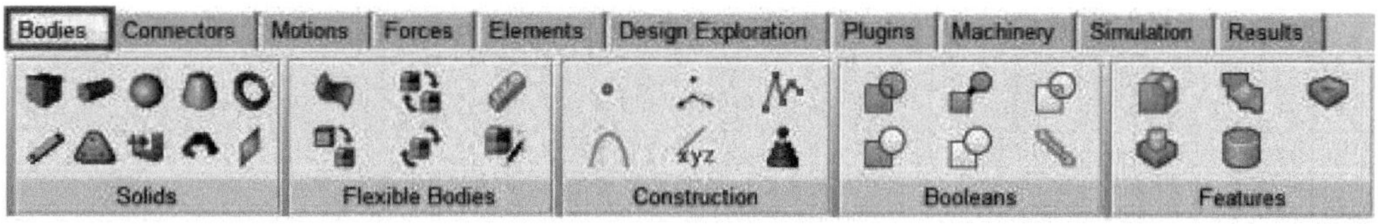

Solids	
Box	cylinder
Sphere	Frustum
Torus	Link
Plate	Extrusion
Revolution	Plane

Flexible Bodies	
Adams/Flex:MNF import로 flex body 생성하기	
Flex to Flex	Discrete Flexible Link
Rigid to Flex	MNF Xform
ViewFlex : MNF import 없이 flex body 생성하기	

Construction	
Point	Marker
Polyline	Arc/Circle
Spline	Point Mass

Booleans	
두 개의 solid 통합	두 개 body 병합

두 개 solid 교차	Solid로 또 다른 solid 자르기
Solid 분할	chain 만들기

Features	
Fillet an edge	Chamfer an edge
Hole 추가	Boss 추가
Hollow out a solid	

2) Connectors

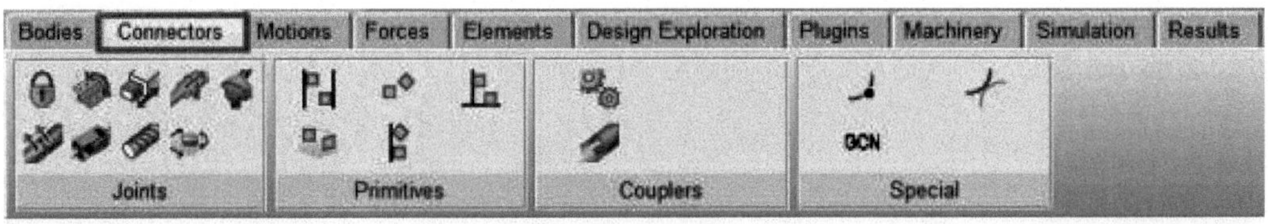

Joints	
Fixed joint	Revolute joint
Translational joint	Cylindrical joint
Spherical joint	Constant Velocity joint
Hooke joint	Screw joint
Planar joint	

Primitives	
Parallel Joint Primitive	Orientation Joint Primitive
Perpendicular Joint Primitive	Inplane Joint Primitive
Inline Joint Primitive	

Couplers
Joint(Add-on Constraint):Gear
Perpendicular Joint Primitive

Special	
Point-Curve Constraint	2D Curve-Curve Constraint
General Constraint	

3) Motions

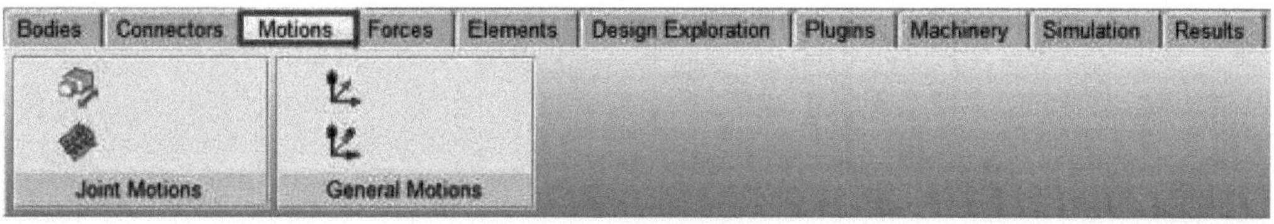

Joint Motions	
Translation Joint Motion	Rotational Joint Motion

Primitives
Point Motion (Prescribe one coordinate)
General Point Motion (Prescribe all coordinates)

4) Forces

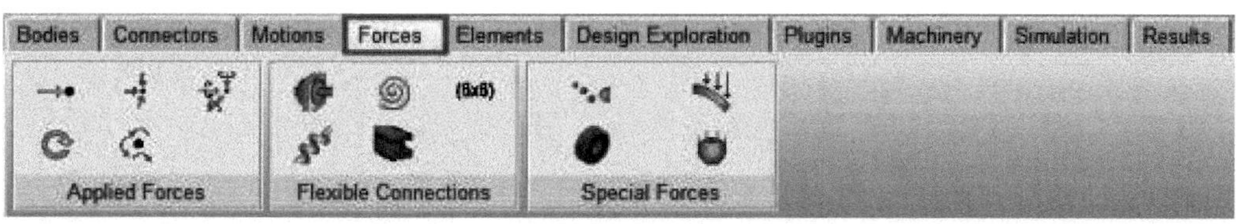

Applied Forces	
Force(Single-Component)	Force Vector (3-Component Force)

General Force Vector (6–Component Force)	Torque (Single–Component)
Torque Vector (3–Component Torque)	

Flexible Connections	
Bushing	Rotational Spring–Damper
Field Element	Translational spring–Damper
Massless Beam	

Special Forces	
Contact	Modal Force
Tire	Gravity

5) Elements

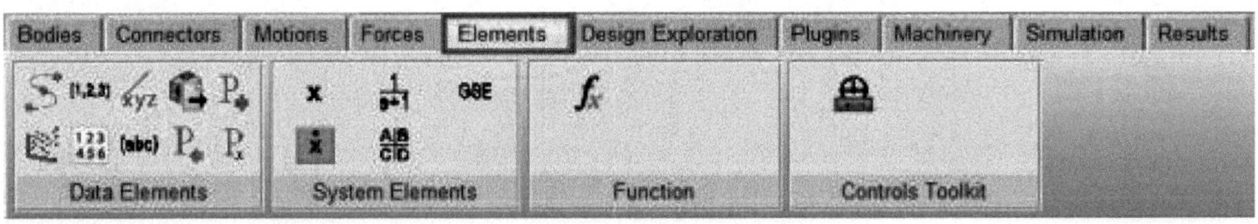

Data Elements	
Build a 2D or 3D data Spline	Adams Array
Adams Curve	
Adams FEM data statement object	
Adams plant output	
File–based Spline or Spline with Numeric data or from Results	
new Matrix	Adams string
Adams plant input	Adams plant state

System Elements
State Variable defined by an Algebraic Equation
Transfer Function(Single–Input, Single–Output)
General State Equation
State Variable defined by a Differential Equation
Linear State Equation

Function
Create a Function

Controls Toolkit
Controls Toolkit

6) Design Exploration

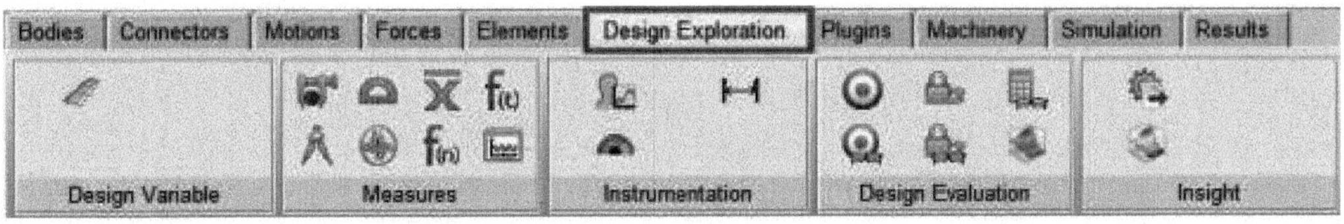

Design Variable
Design Variable

Measures	
Measure	Angle Measure
Range Measure	Function Measure
Point–to–Point Measure	Orientation Measure
Computed Measure	Display a Measure

Instrumentation	
Request	Run–Time Clearance
Sensor	

Design Evaluation	
Create a Design Objective	Create a Design Constraint
Evaluate all Design Objectives	Evaluate a Design Objective
Evaluate a Design Constraint	Design Evaluation Tools

Insight
Displays the Adams/Insight export dialog
Displays the required Adams/Insight experiment

7) Plugins

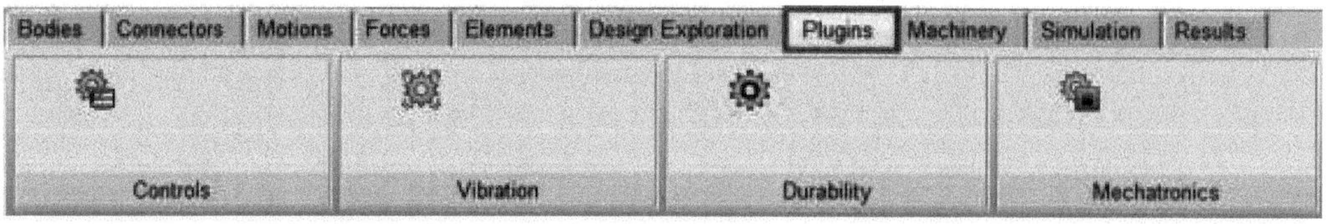

Controls
Load the Controls Plug–in

Vibration
Load the Vibration Plug–in

Durability
Load the Durability Plug–in

Mechatronics
Load the Mechatronics Plug–in

8) Machinery

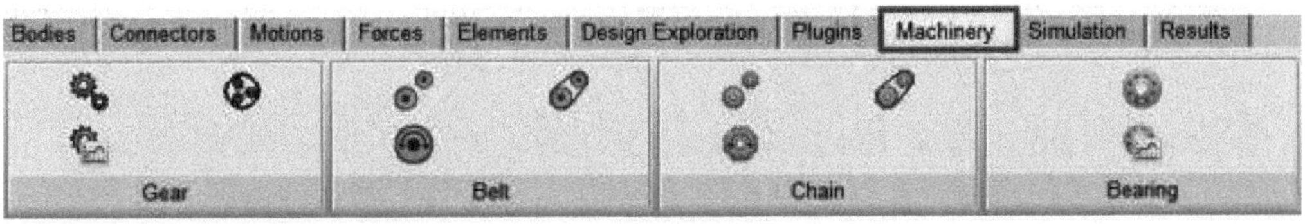

Gear	
Create gear pair	Planetary Gear
Gear Output	

Belt	
Create Pulley	Create Belt
Belt Actuation Input	

Chain	
Create Sprockets	Create Chain
Sprockets Actuation Input	

Bearing	
Create Bearing	Bearing Output

9) Simulation

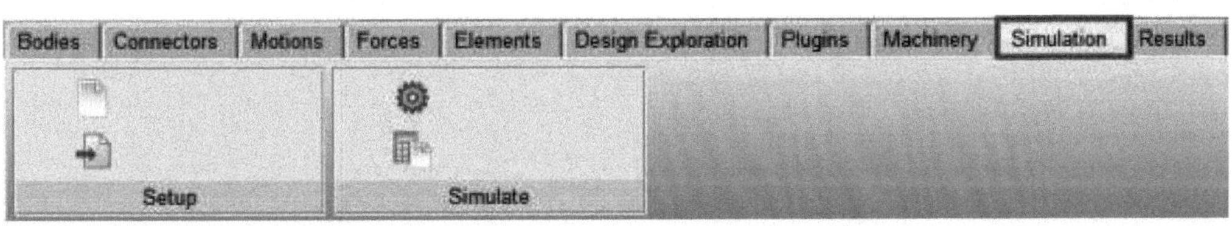

Setup	
Create a new Simulation Script	Import an ACF file

Simulate	
Run an Interactive Simulation	Run a Scripted Simulation

10) Results

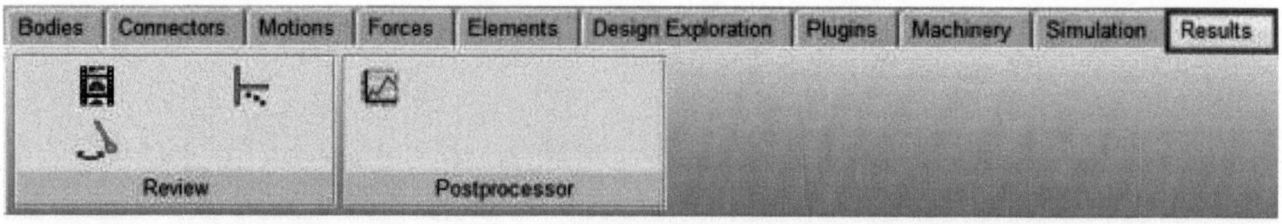

Review	
	Displays the Animation Control dialog
	Display the Linear Modes control dialog
	Trace a point's relative position from last simulation

Postprocessor	
	Opens Adams/Postprocessor

Model Browser

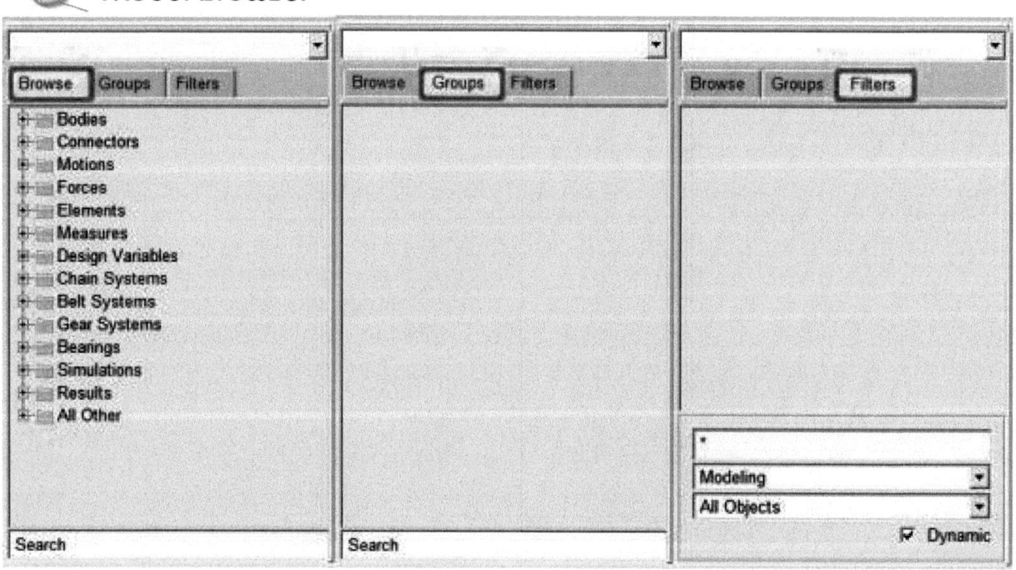

1) Browse

Browse tab은 default tab이다. 이 tab은 database 안에 모든 개체들의 구조를 보여준다. 이는 유형에 따라 개체들을 포함시킨 상위 폴더 10개로 구성되어 있다. 처음 9개 category에 포함되지 않는 개체들은 "All Other" 폴더에 포함되어 있다.

2) Groups

Groups tab은 사용자가 database와 개체들을 함께 모을 수 있다.

3) Filters

Filters tab은 동적으로 업데이트 가능한 복잡한 검색을 저장하고 생성할 수 있다.

Status Toolbar

1) View Setup Strip

아이콘	설명
	마우스 우클릭을 하여 6가지의 배경 색상 선택
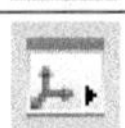	마우스 우클릭을 하여 좌표 표시 설정
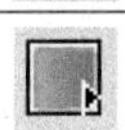	마우스 우클릭을 하여 화면 분할 설정
	Single: Toggle grid visibility. Double - grid settings
	Toggle project between orthographic and perspective
	Wireframe/shaded toggle for current view
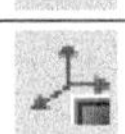	Toggle icon visibility for current view

2) Information Strip

아이콘	설명	
	마우스 우클릭을 하여 여러 Information 확인	
		Database 개체에 대한 list information
		Connections에 의한 List model topology information
		Verify the model, report the number of parts, constraints, and total degrees of freedom
		List model topology information by parts
	Stop command, if possible	

Example 1. Falling Stone

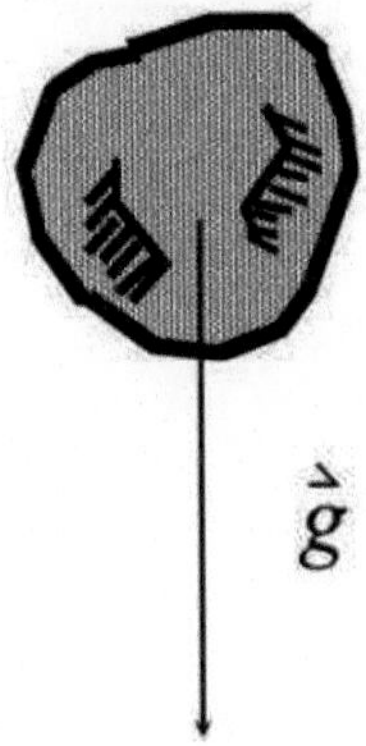

$$\vec{g} = 9810\frac{mm}{s^2}$$

Software Version	Adams 2013.2

문제 설명

돌의 초기 속도가 0이고, 중력에 의해서 떨어질 때 1초 후 돌의 위치, 속도, 가속도를 찾는다.

step 1 New Adams database 만들기

① Create a new model을 클릭한다.

② Model Name을 Falling_stone으로 바꾼다.

③ Gravity를 Earth Normal (−Global Y)로 선택한다.

④ Units를 MMKS − mm, kg, N, s, deg로 선택한다.

⑤ OK를 클릭한다.

Tip

Working Directory는 자신이 작업할 폴더로 선택하는 것이 좋다.

Adams/View Adams 2013
File Edit View Settings Tools
Increment 30.0
Bodies Connectors Motions Forces Elements Design Exploration Plugins Machinery Simulation Results
Solids
Flexible Bodies
Construction
Booleans
Features
No Model
Welcome to Adams
New Model
①
Existing Model
Exit
Adams
MSC Software

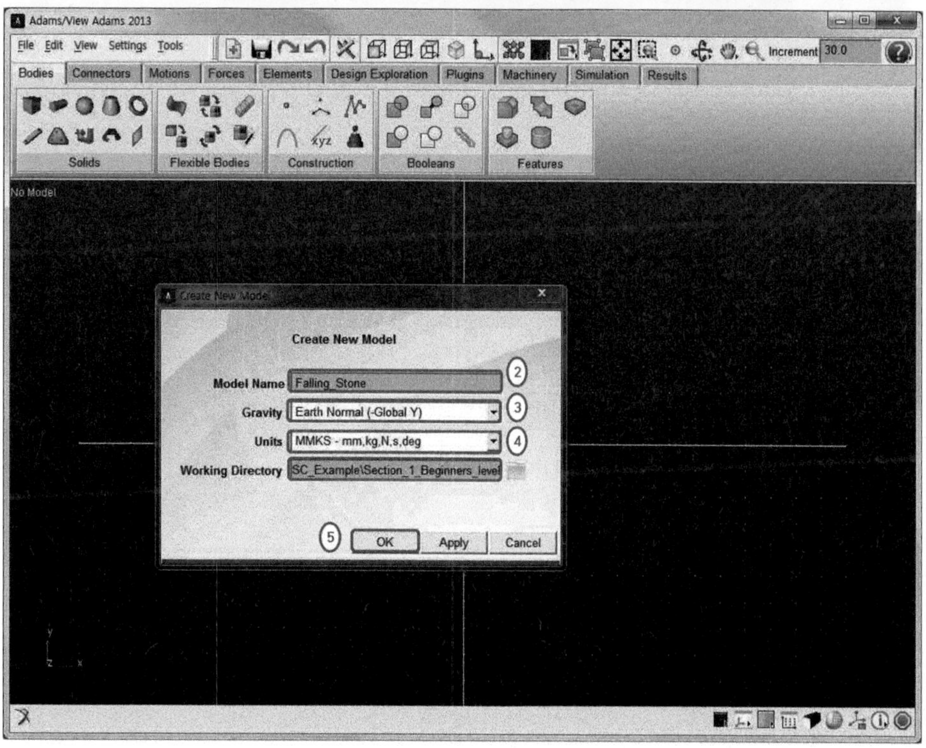
Adams/View Adams 2013
File Edit View Settings Tools
Increment 30.0
Bodies Connectors Motions Forces Elements Design Exploration Plugins Machinery Simulation Results
Solids
Flexible Bodies
Construction
Booleans
Features
No Model
Create New Model
Create New Model
Model Name Falling_Stone ②
Gravity Earth Normal (-Global Y) ③
Units MMKS - mm,kg,N,s,deg ④
Working Directory SC_Example\Section_1_Beginners_level
⑤ OK Apply Cancel

step 2 Stone 만들기

① Main Toolbox의 Bodies에서 Sphere를 클릭한다.

② Radius를 체크하고 반지름을 5.0cm로 설정한다.

③ 좌표 정중앙에 좌클릭하여 구(돌)를 생성한다.

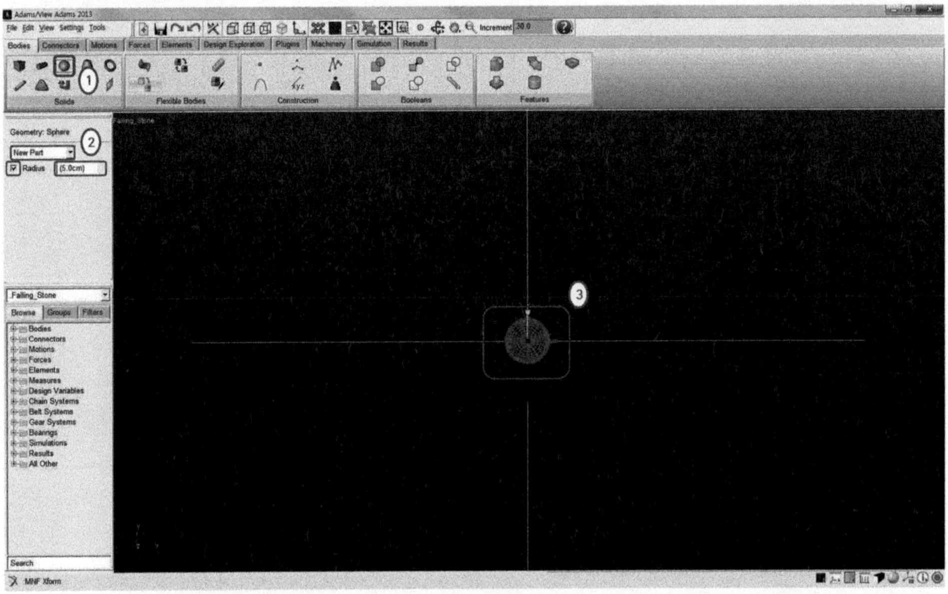

step 3 Stone 이름 바꾸기

① 먼저 생성된 구에서 우클릭을 하고 Part:PART_2에서 Rename을 클릭한다.

② New Name을 .Falling_Stone.Stone 로 바꾼다.

③ .Falling_Stone.Stone 옆 빈 공간에 우클릭을 하여 Field Info를 선택한 후 Validate를 클릭한다.

④ Filed validation was successful 뜨면 OK를 클릭한 후 다시 Rename에서 OK를 클릭한다.

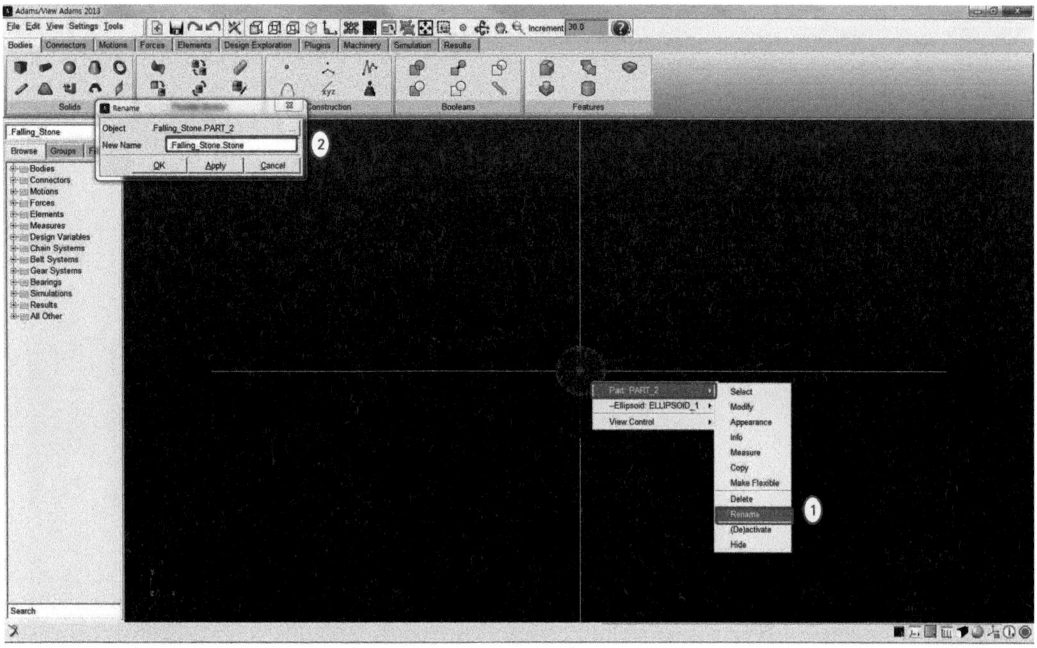
Rename
Object
Falling_Stone.PART_2
New Name
Falling_Stone.Stone
OK
Apply
Cancel
2
Part: PART_2
--Ellipsoid: ELLIPSOID_1
View Control
Select
Modify
Appearance
Info
Measure
Copy
Make Flexible
Delete
Rename
(De)activate
Hide
1

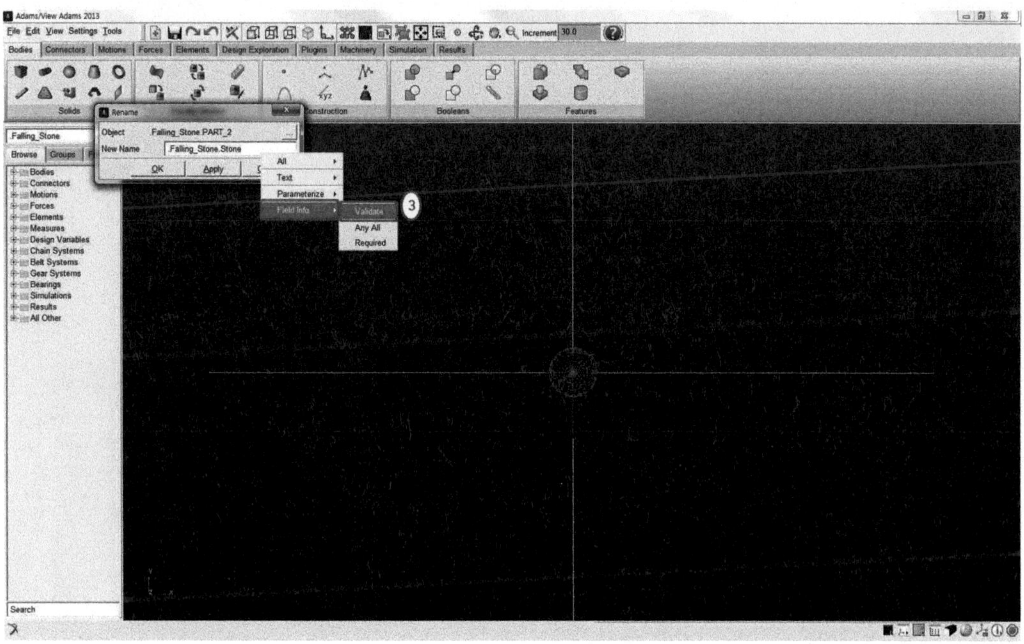
Rename
Object
Falling_Stone.PART_2
New Name
Falling_Stone.Stone
OK
Apply
All
Text
Parameterize
Field Info
Validate
Any All
Required
3

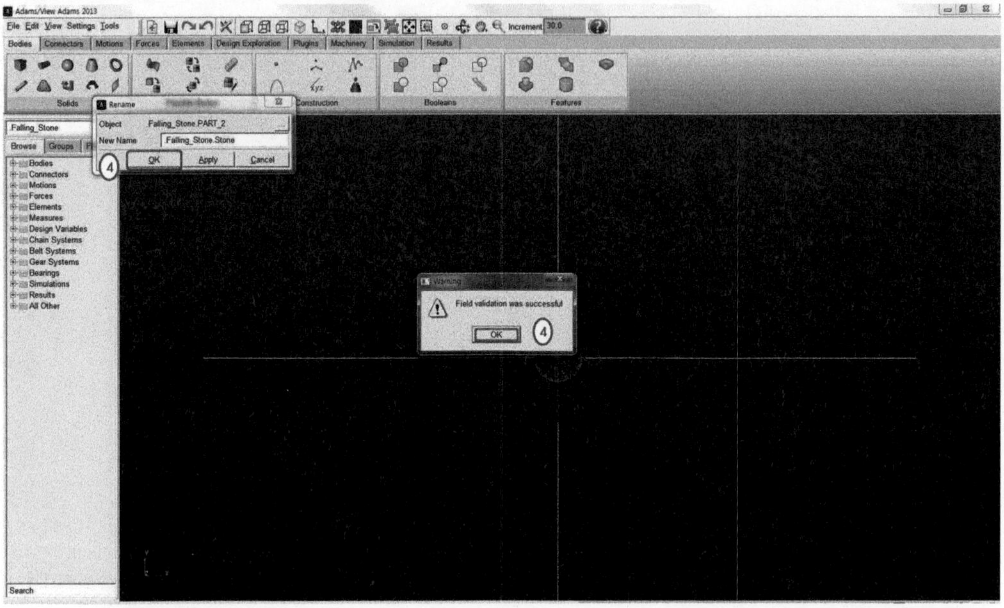

step 4 질량을 1 kg으로 설정하기

① 생성한 구에 우클릭을 하여 Part : Stone에서 Modify를 클릭한다.

② Define Mass By에서 User Input을 선택한다.

③ Mass에서 값을 1로 바꾼 후 OK를 클릭한다.

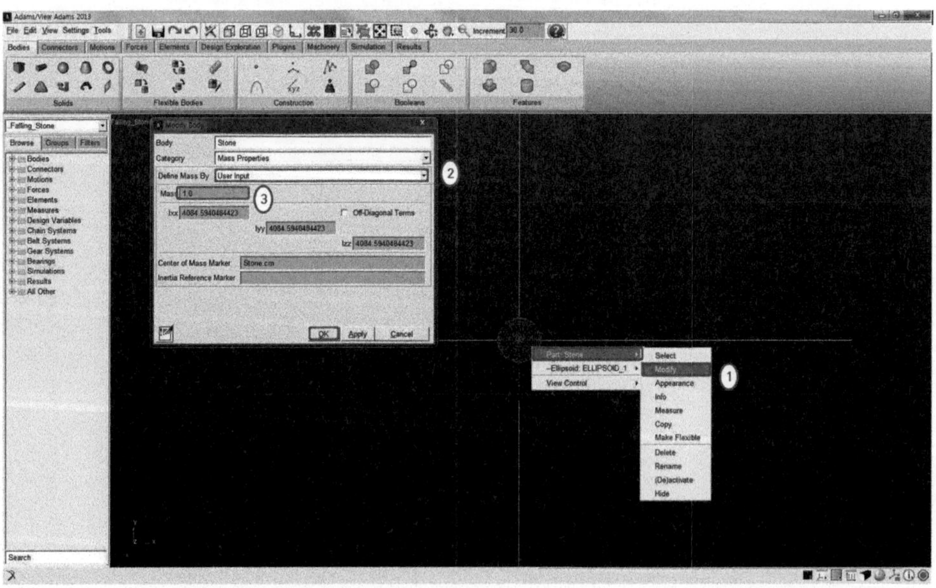

step 5 Stone의 거리 계산하기

① Stone에 우클릭을 한 후 Part:Stone에서 Measure을 클릭한다.

② Measure Name을 .Falling_Stone.Stone_Displacement로 바꾼 후 Characteristic에서 CM_position을 선택한다. 그리고 Component는 Y를 선택한다.

③ Create Strip Chart를 체크 하고 OK를 클릭한다.

Tip

화면에 strip chart가 나타날 것이다. 아직 시뮬레이션을 돌리지 않았기 때문에 비어 있다. Adams/View에서는 Strip chart에 대한 정보가 반드시 필요하다.

그리고 Measurements를 더 만들 수 있다. Measure Name을 각각 Velocity, Acceleration로 했을 때 Characteristic는 CM_Velocity, CM_Acceleration으로 선택하고 Component는 Y를 선택하면 된다.

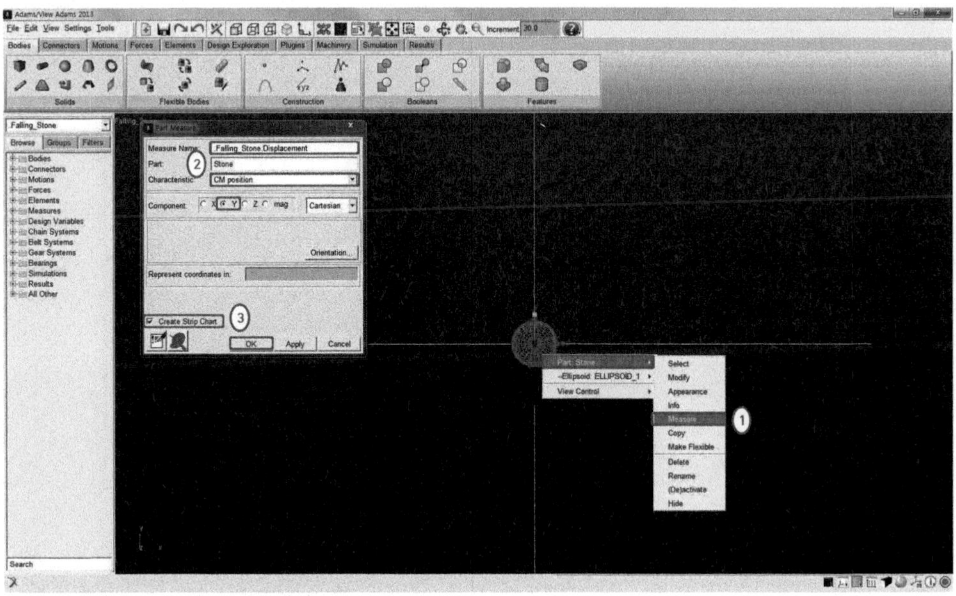

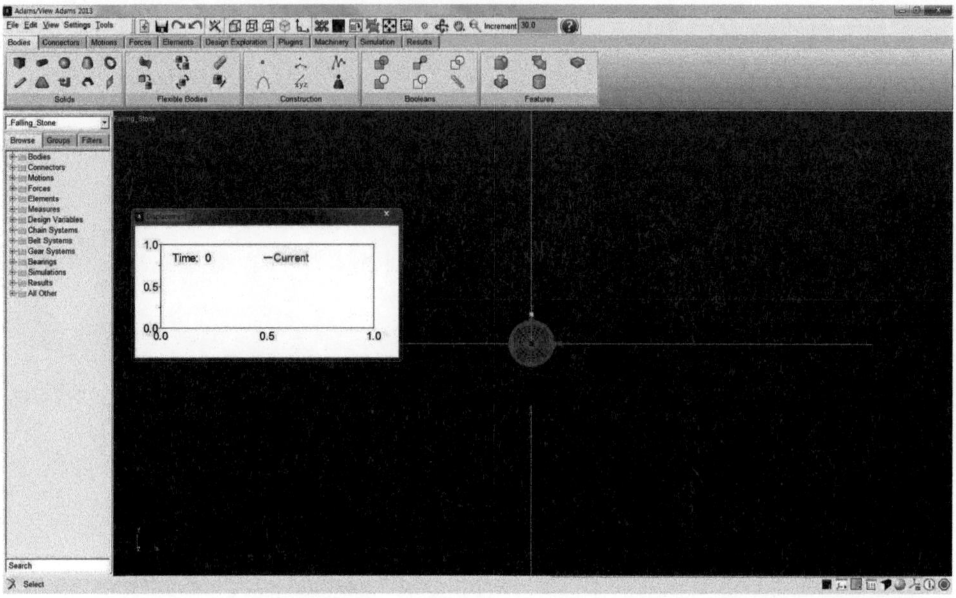

step 6 모델 확인하기

① Status bar에서 Information 도구 를 우클릭 한 후 Verify 도구 를 클릭한다.
② Information 창에서 Model varified successfully를 확인 한 후 Close를 클릭한다.

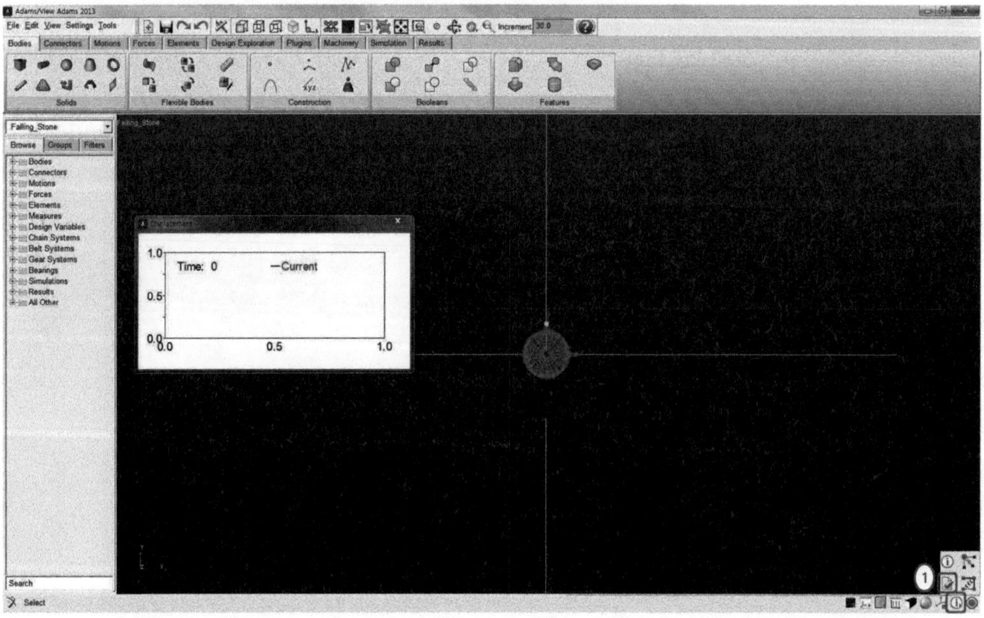

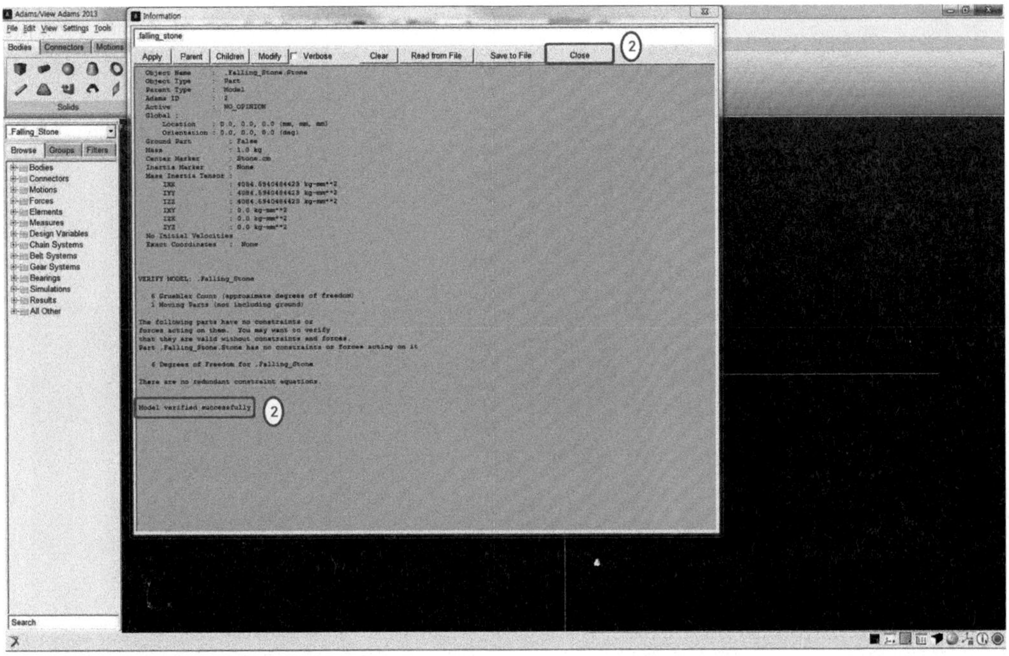

step 7 설정하고 난 후 시뮬레이션 돌리기

① Zoom 도구를 선택한 후 Working grid에 적당한 곳에서 마우스를 드래그하여 밑에 사진정도로 축소 한다.

② Translate 도구를 선택한 후 Working grid에 적당한 곳에서 마우스를 드래그하여 밑에 사진처럼 시점을 조정한다.

③ Main Toolbox에서 Simulation tool을 선택한다.

④ Simulation tool에서 Interactive Controls 을 클릭한다.

⑤ End time을 1로, Steps는 50으로 바꾼다.

⑥ Play 버튼을 누른 후, 시뮬레이션이 끝난 후에 Reset tool 을 누른다.

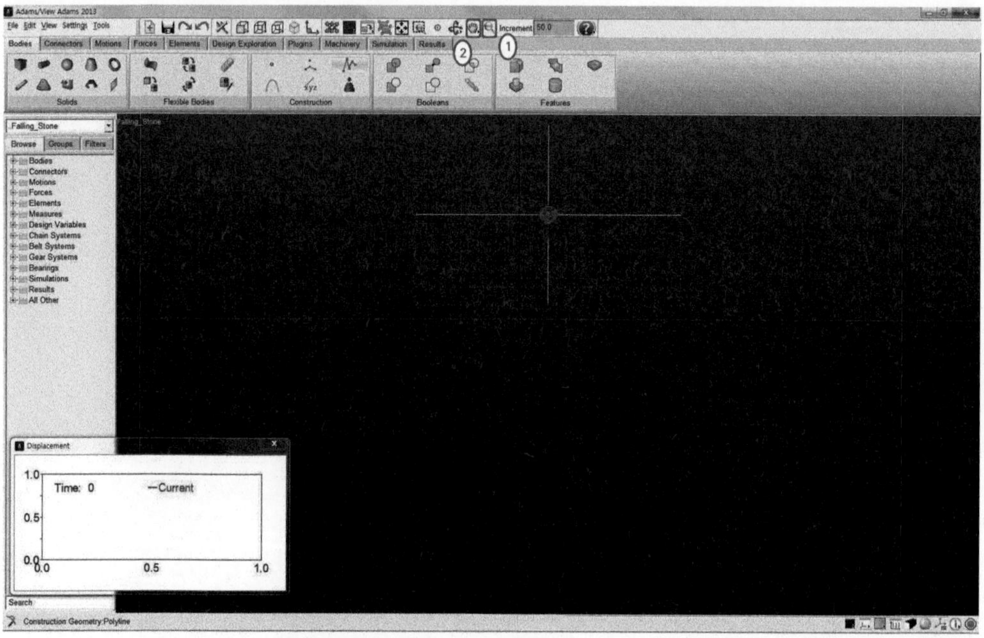

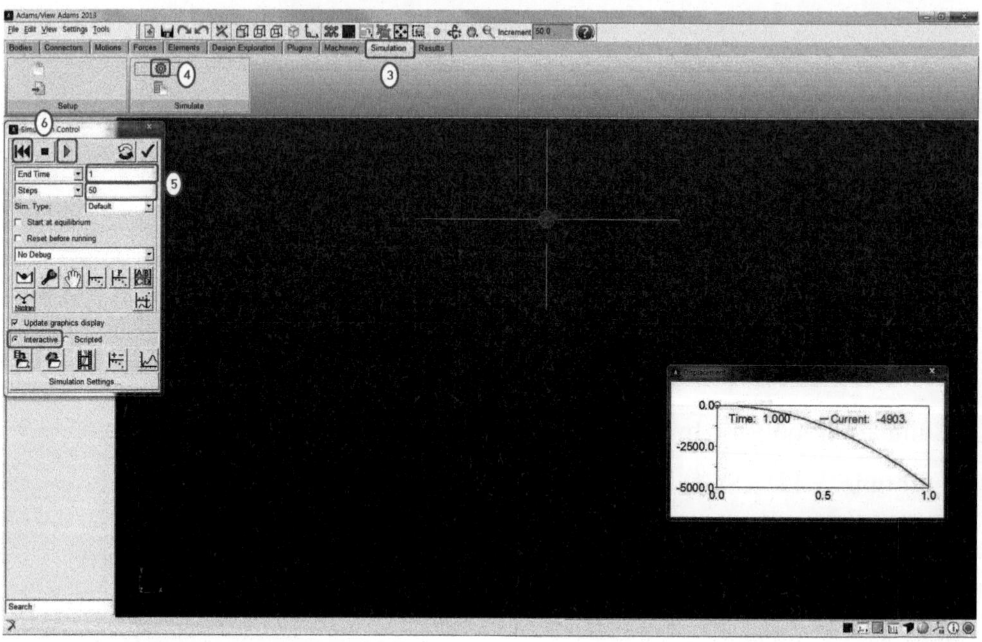

step 8 결과

① 1초 후 Stone의 위치를 찾기 위해서, 먼저 Stripchart안 빈 공간에 마우스 우클릭을 한 후, Plot:scht1에서 Transfer To Full Plot을 클릭한다.

② Adams/Postprocessor의 Main toolbar에서 Plot Tracking tool을 선택한다.

③ 1초 후의 결과 값을 알고 싶으므로 마우스 포인트를 그래프로 옮기면 그래프를 따라 포인터가 움직인다. 마우스를 그래프 끝으로 옮기면 최종 값을 알 수가 있다. menu bar아래에 값이 나타나는데 x값이 1일 때 y 값이 대략 -4903으로 나온다.

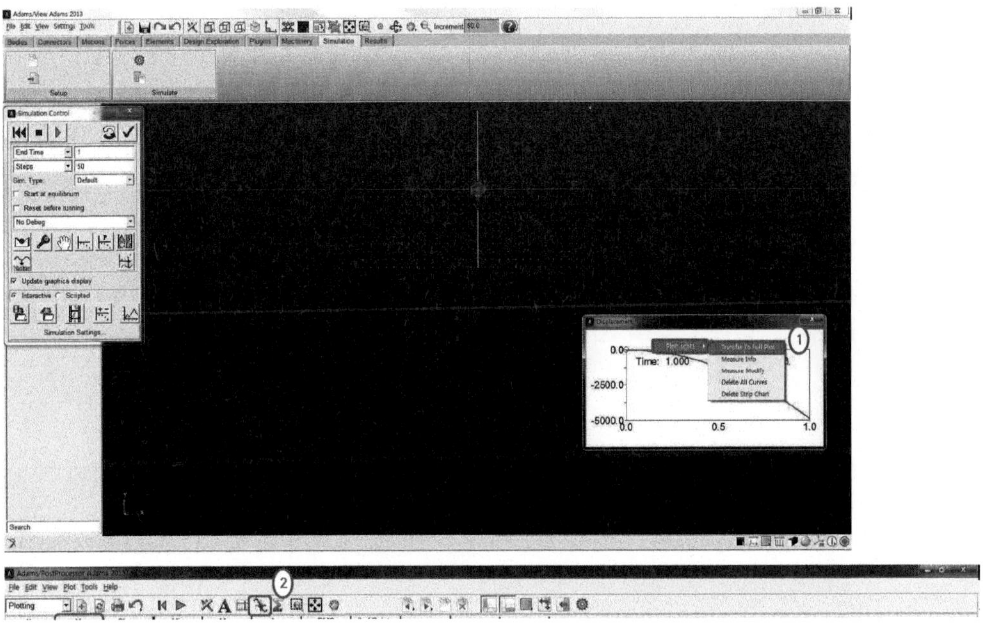

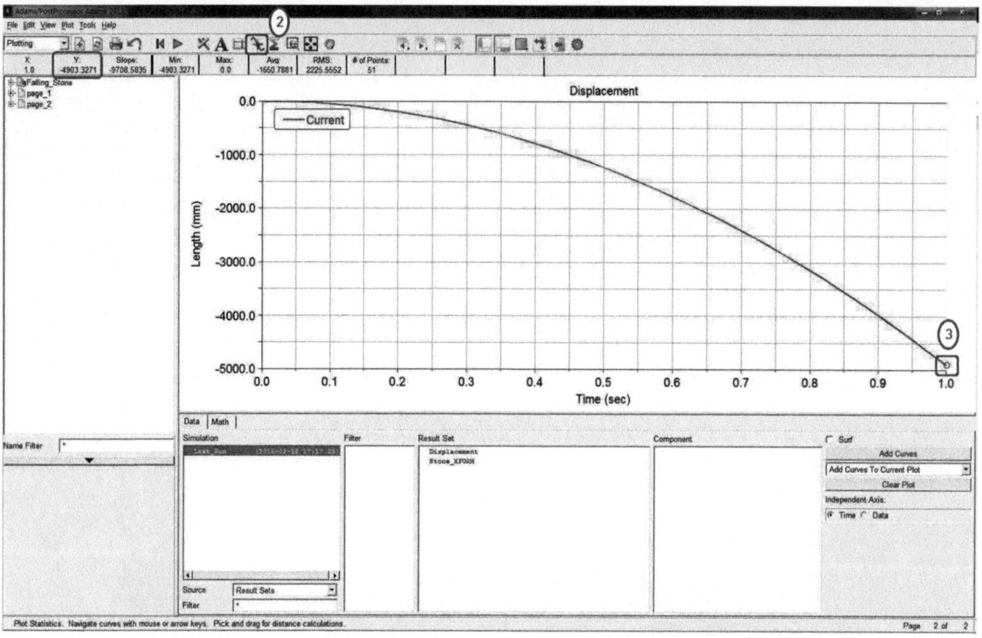

Analytical Solution – Analytical solution을 사용하여 결과를 직접 계산하고 확인해보기

① 거리 공식 : $y=-(1/2)g \cdot t^2$

② $g=9810mm/s^2$, t=1을 위 식에 대입

③ 결과 값: y=−4905

	Adams View	거리 공식
결과 값 y (mm)	−4903	−4905
두 값의 오차율	0.04%	

Example 2. Inclined Plane

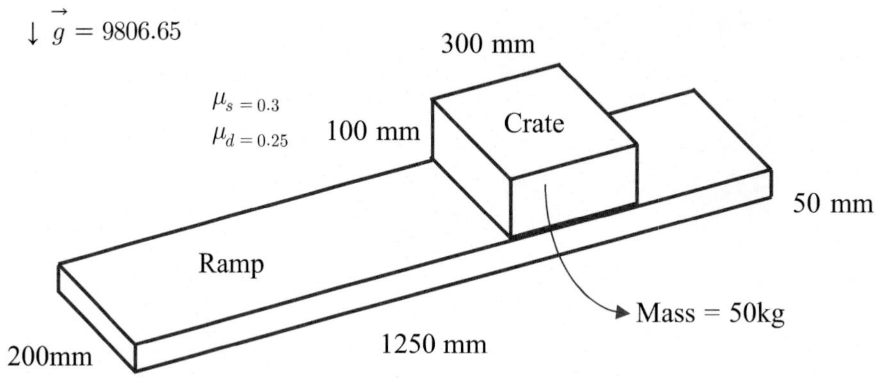

Software Version Adams 2013.2

문제 설명

Plane의 크기는 1250mm × 200mm × 50mm이고 Crate의 크기가 300mm × 200mm × 100mm 이며 질량이 50kg이고 정지 마찰계수가 0.3, 운동 마찰계수가 0.25, 중력 가속도가 9810mm/s² 일 때 Crate가 미끄럼이 일어날 수 있는 최소한의 경사도를 찾자.

step 1 New Adams database 만들기

① Create a new model을 클릭한다.

② Model Name을 inclined_plane으로 바꾼다.

③ Gravity를 Earth Normal (−Global Y)로 선택한다.

④ Units를 MMKS – mm, kg, N, s, deg 로 선택한다.

⑤ OK를 클릭한다.

> **Tip** Working Directory는 자신이 작업할 폴더로 선택하는 것이 좋다.

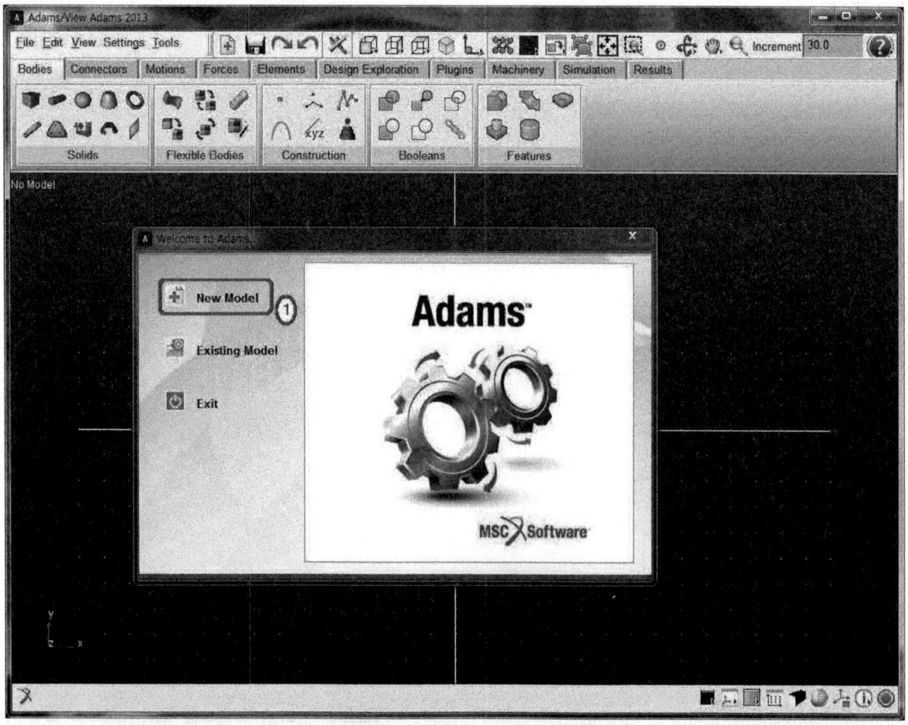
Adams/View Adams 2013
Welcome to Adams
New Model
1
Existing Model
Exit
Adams
MSC Software

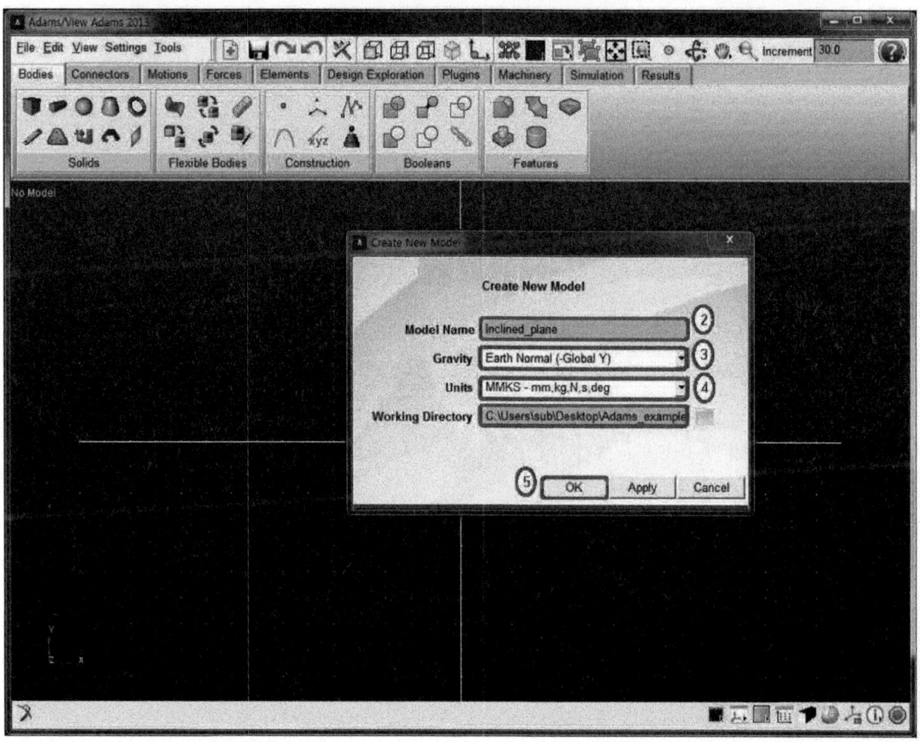
Adams/View Adams 2013
Create New Model
Create New Model
Model Name
Inclined_plane
2
Gravity
Earth Normal (-Global Y)
3
Units
MMKS - mm,kg,N,s,deg
4
Working Directory
C:\Users\sub\Desktop\Adams_example
5
OK
Apply
Cancel

step 2 Working Grid 조정하기

① Settings 메뉴에서 Working Grid를 선택한다.

② Spacing을 X, Y 모두 50mm로 설정한다.

③ 가장 밑에 working grid settings의 orientation은 Global XY direction으로 한다.(Adams/View를 열었을 때 기본 설정으로 되어있을 것이다. Set Orientation의 Pull-down menu에서 Global XY, YZ, XZ 또는 원하는 다른 방향으로 설정할 수 있다.

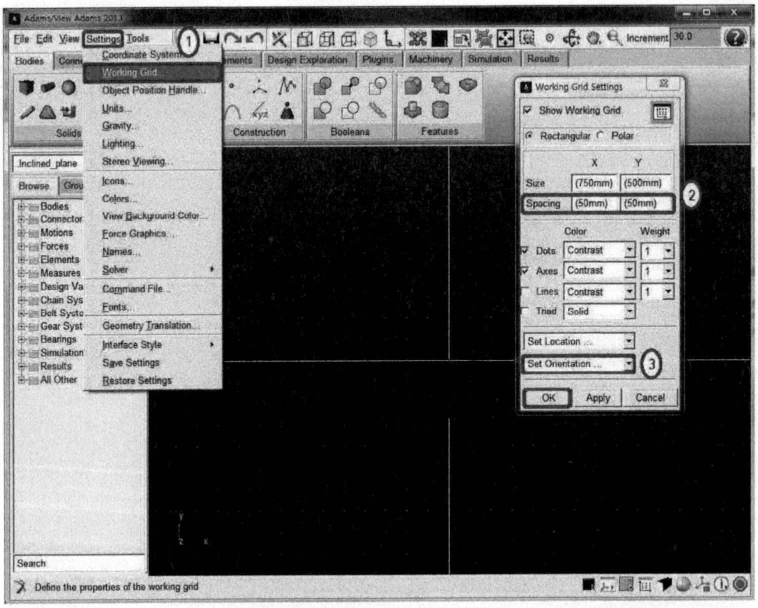

step 3 Plane과 Create를 형상 만들기

① Plane을 만들기 위해서, Main Toolbox에서 Bodies를 선택하고 Rigid Body: Box를 클릭한다.

② Geometry Box에서 On Ground를 선택하고 Length (125cm), Height (5cm), Depth (20cm)를 모두 체크 한 뒤 길이를 설정한다.

③ Length (125cm), Height (5cm), Depth (20cm)를 다시 확인 한 후, 좌표 축 정중앙을 클릭하여 Plane을 만든다.

④ Crate도 만들기 위해서 같은 방법으로 Main Toolbox의 Bodies에서 Rigid Body : Box를 클릭한다.

⑤ Geometry Box에서 New Part를 선택하고 Length (30cm), Height (10cm), Depth (20cm)를 모두 체크 한 뒤 길이를 설정한다.

⑥ Length (30cm), Height (10cm), Depth (20cm)를 다시 확인 한 뒤 밑에 그림처럼 Plane 끝에 임의로 가까운 곳을 클릭하여 Crate를 생성한다.

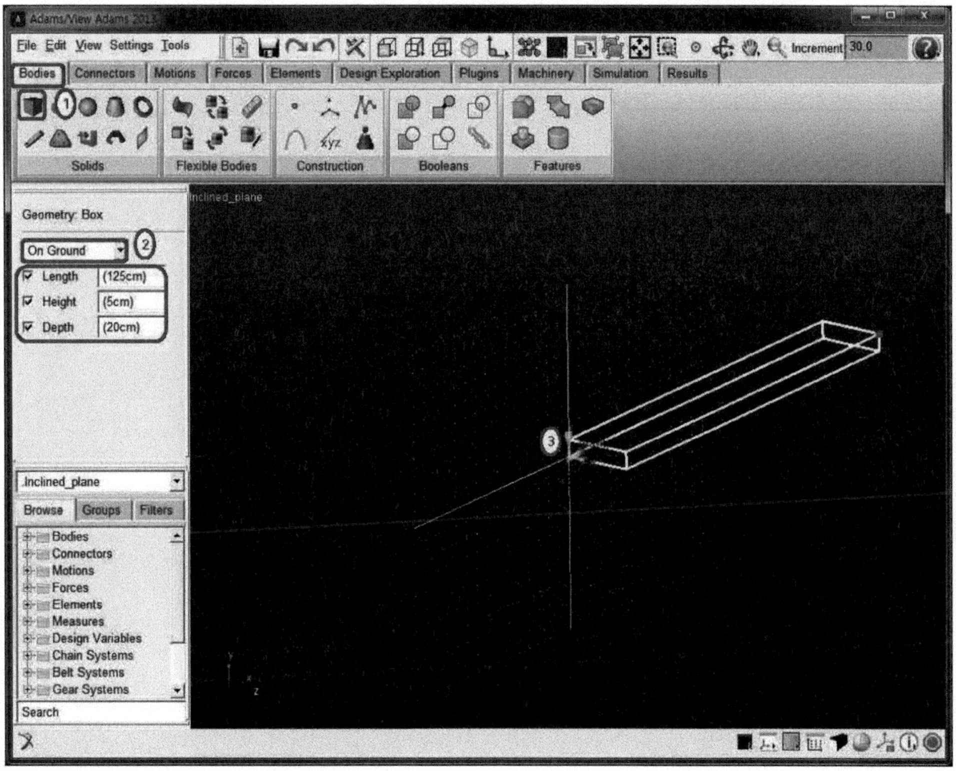

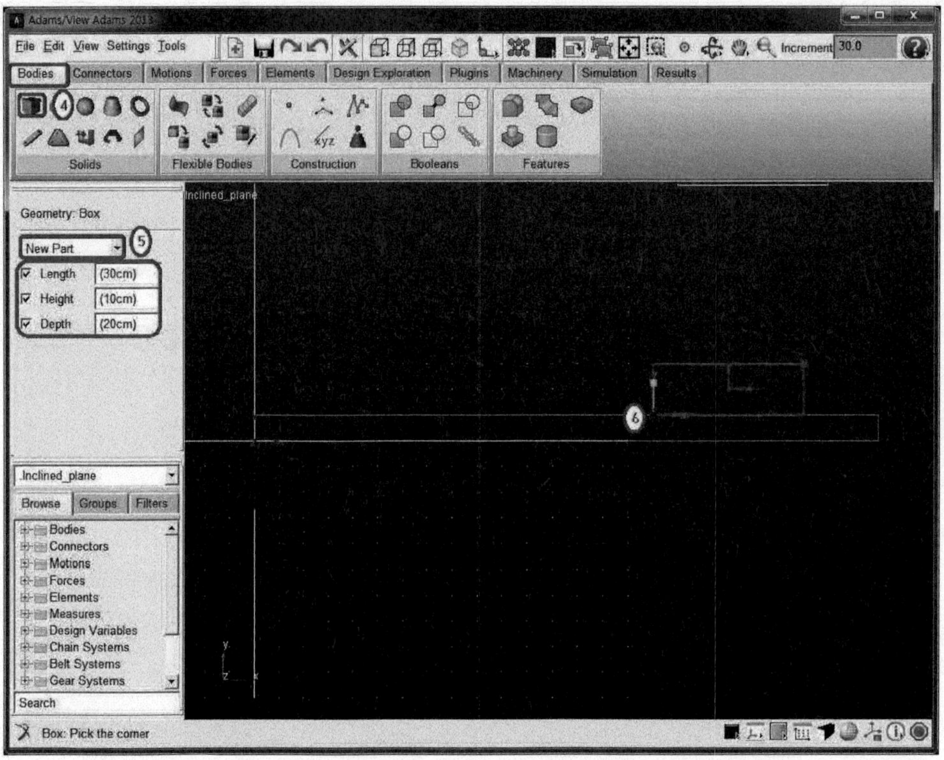

step 4 Crate와 Ramp 형상의 이름을 재설정하고 물체의 물리적 성질 할당하기

① 처음 생성한 박스(Plane)에 마우스 포인트를 두고 우클릭을 하여 Block：Box_1에서 Rename을 클릭한다.

② New Name에 Ramp를 입력하고 Apply를 클릭 한 후 OK를 누른다.

③ 이제 작은 박스(Crate)에 마우스 포인트를 두고 우클릭을 하여 Part：PART_2에서 Rename을 클릭한다.

④ New Name에 Crate를 입력하고 Apply를 클릭 한 후 OK를 누른다.

⑤ Crate의 질량을 바꾸기 위해서 Crate에 마우스 포인트를 두고 우클릭하여 Part：Crate에서 Modify를 클릭한다.

⑥ Define Mass By에서 User Input을 선택한 후 Mass에 50을 입력 한다. 그리고 Apply를 클릭한 후 OK를 클릭한다.

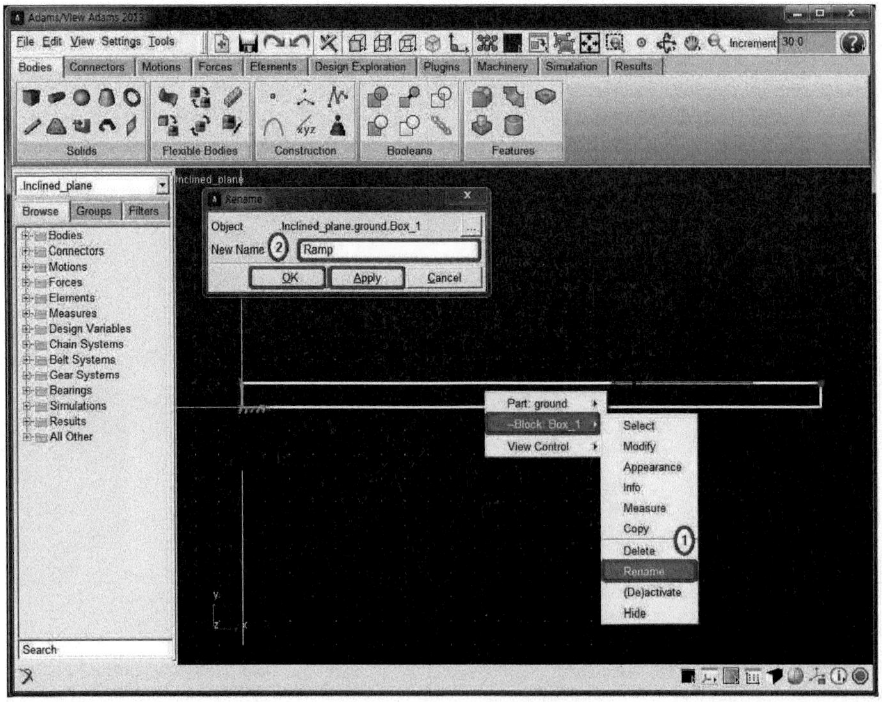

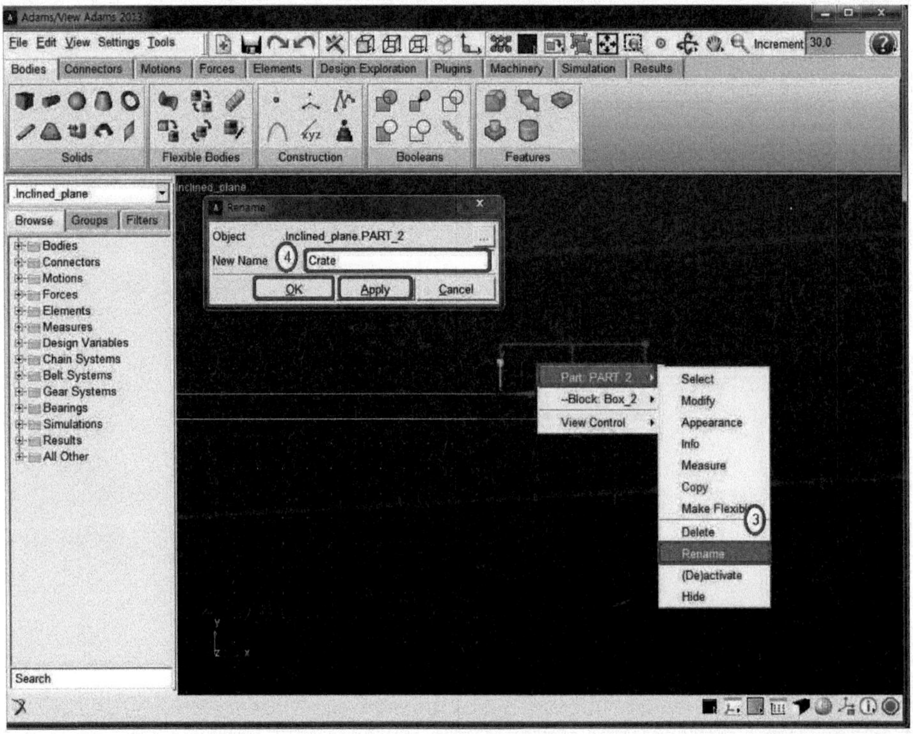

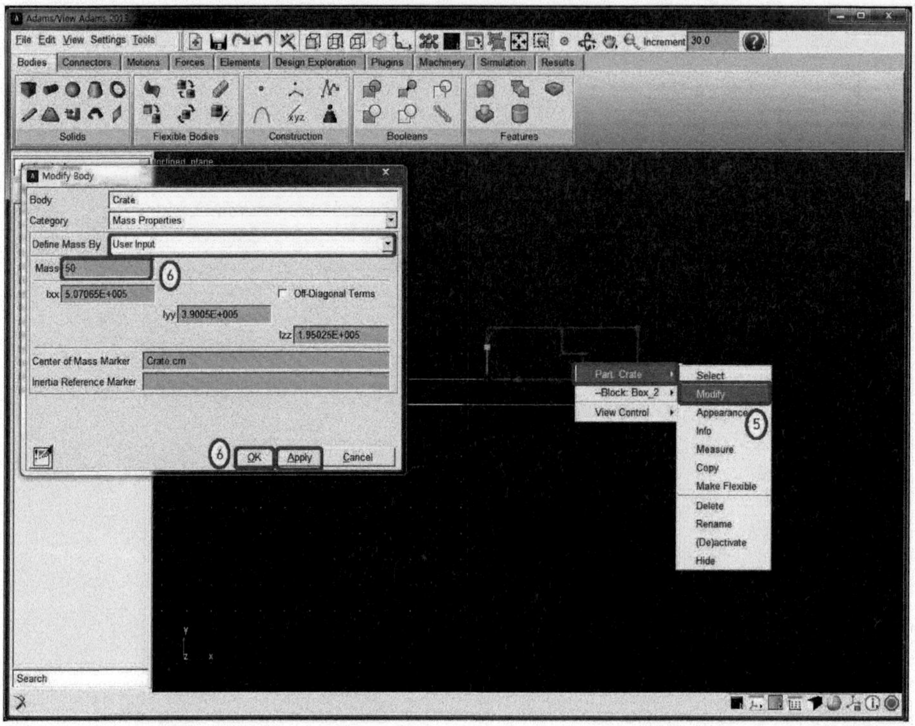

step 5 모델 경사도의 각도 설정하기

① 좌표축 정중앙에 마우스 포인트를 두고 우클릭을 한 후, Maker: MAKER_1에서 Modify를 클릭한다.

② Orientation에서 15,0,0 을 입력하고 Apply를 클릭한 후 OK를 클릭한다.(그러면 Ramp만 회전방향에 대해서 15° 만큼 회전할 것이다.)

③ 이제 Crate를 한번 클릭한 후 Top 메뉴에서 Move tool stack에 마우스 포인트를 두고 우클릭하여 Align & Rotate tool를 선택한다.

④ Position: Rotate의 Selected 부분을 체크하고, Angle에 15를 입력한다.

⑤ 그리고 마우스 포인트를 밑에 그림과 같이 MAKER_1.Z가 나오도록 하여 클릭한다.(시점을 회전하여 찾는 것이 더 편할 것이다.)

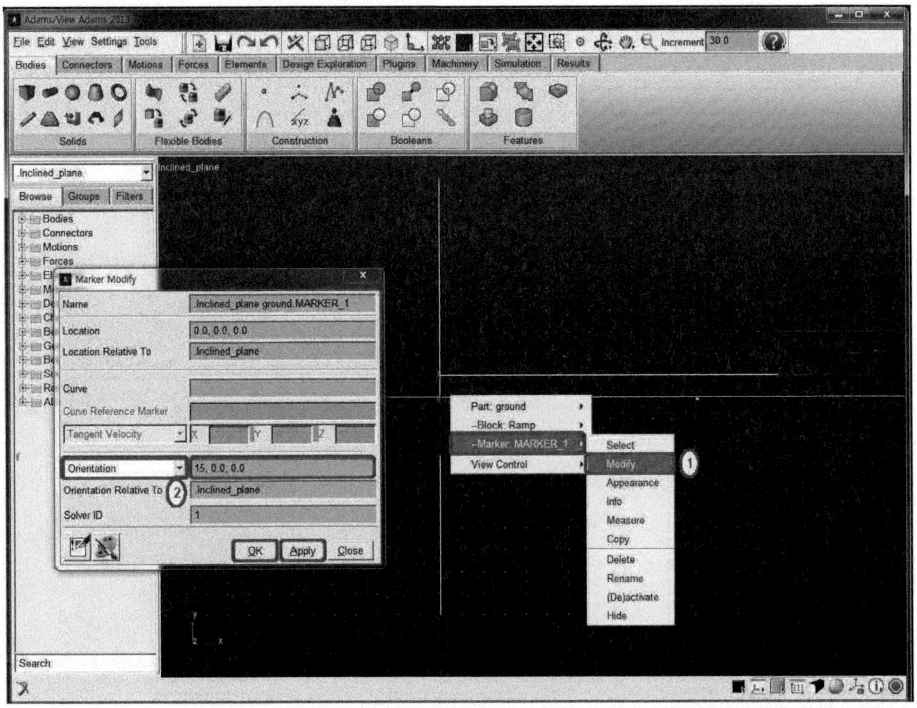
Adams/View Adams 2013
File Edit View Settings Tools
Increment 30.0
Bodies Connectors Motions Forces Elements Design Exploration Plugins Machinery Simulation Results
Solids Flexible Bodies Construction Booleans Features
.Inclined_plane
Browse Groups Filters
Bodies
Connectors
Motions
Forces
Marker Modify
Name .Inclined_plane.ground.MARKER_1
Location 0.0, 0.0, 0.0
Location Relative To .Inclined_plane
Curve
Curve Reference Marker
Tangent Velocity
Orientation 15, 0.0, 0.0
Orientation Relative To .Inclined_plane
Solver ID 1
OK Apply Close
Part: ground
--Block: Ramp
--Marker: MARKER_1
View Control
Select
Modify
Appearance
Info
Measure
Copy
Delete
Rename
(De)activate
Hide
1
2
Search

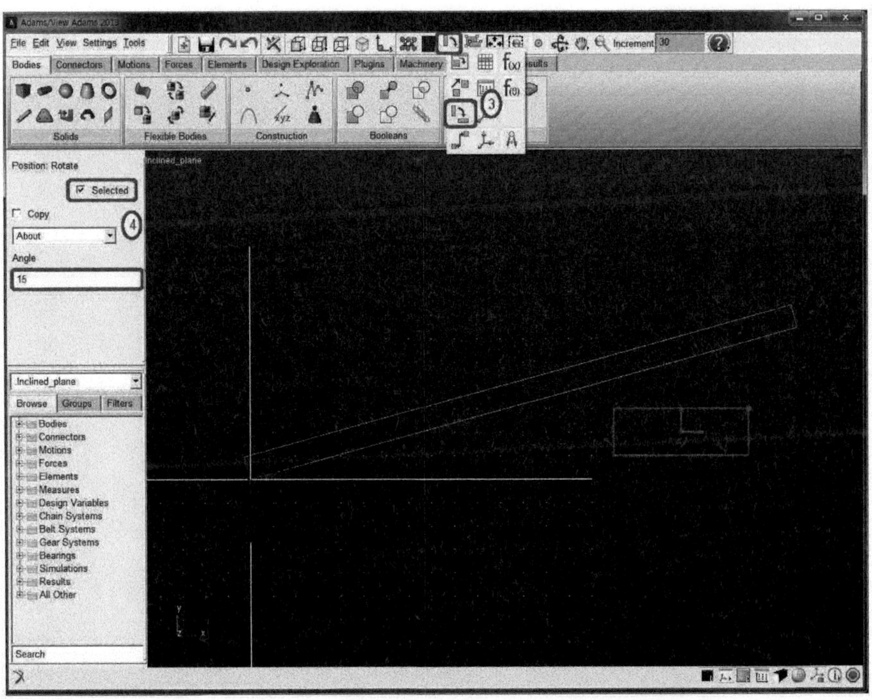
Adams/View Adams 2013
File Edit View Settings Tools
Increment 30
Bodies Connectors Motions Forces Elements Design Exploration Plugins Machinery
Solids Flexible Bodies Construction Booleans
Position: Rotate
Selected
Copy
About
Angle
15
3
4
.Inclined_plane
Browse Groups Filters
Bodies
Connectors
Motions
Forces
Elements
Measures
Design Variables
Chain Systems
Belt Systems
Gear Systems
Bearings
Simulations
Results
All Other
Search

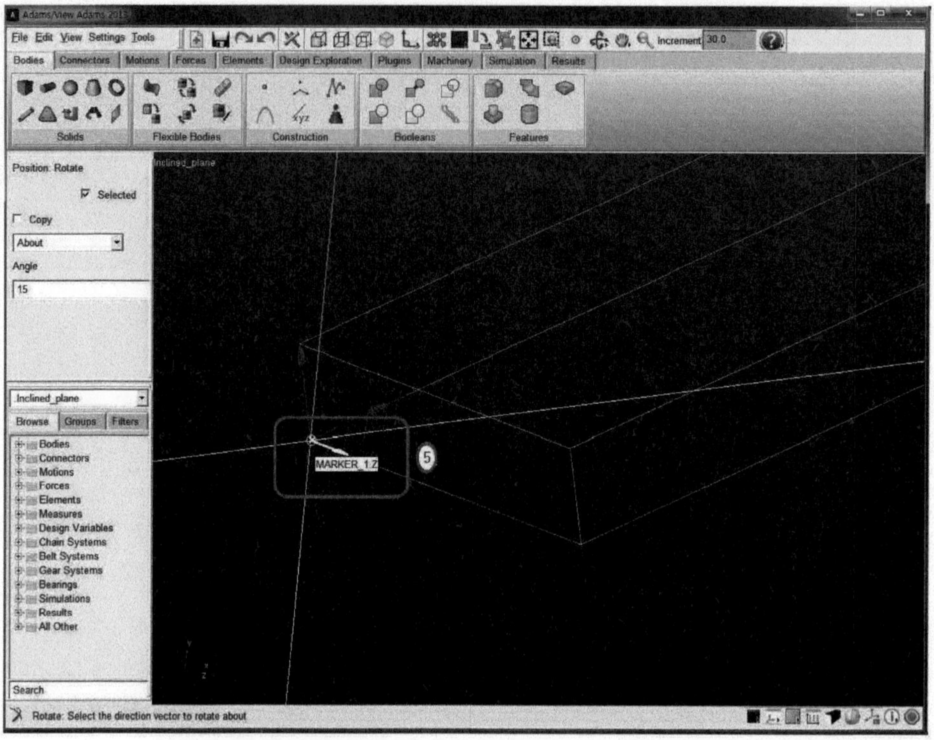
Adams/View Adams 2013
Position: Rotate
Selected
Copy
About
Angle
15
.Inclined_plane
MARKER_1.Z
5
Rotate: Select the direction vector to rotate about

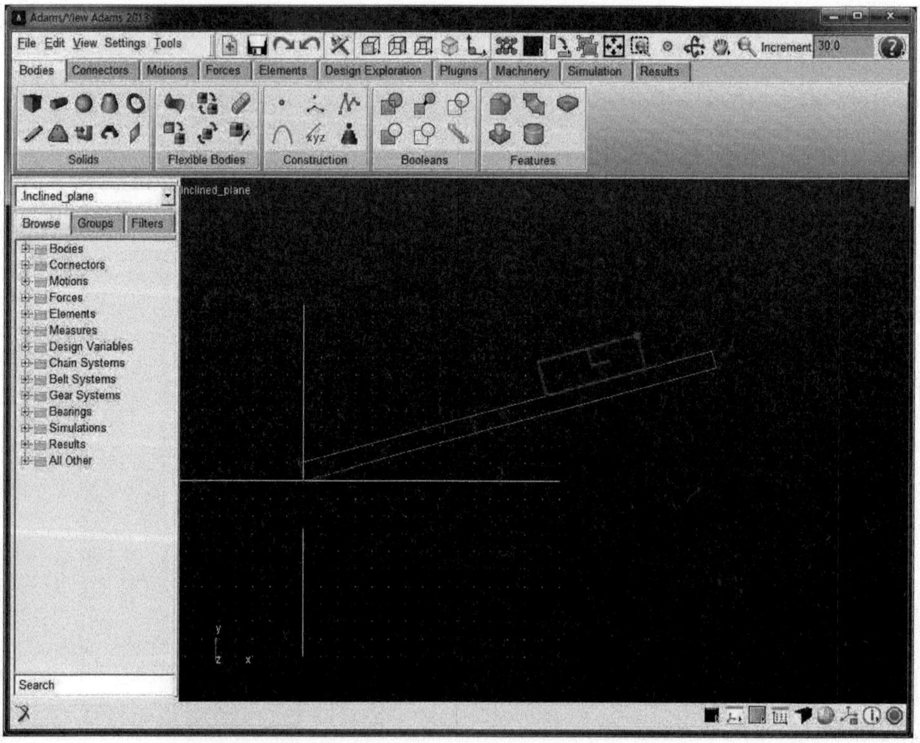
Adams/View Adams 2013
.Inclined_plane

step 6 모델에 제한 추가하기

① Ramp와 Crate 사이에 Translational joint를 만들기 위해서, 먼저 Main Toolbox에서 Connectors를 클릭 한 후, Translational joint를 클릭한다.

② 2 Bodies – 1 Location를 선택하고 Pick Geometry Feature를 선택한다.

③ 그런 다음 Crate를 한번 클릭 하고 Ramp를 한번 클릭 한다.

④ 그리고 Translational joint가 될 부분인 MARKER_2를 클릭하고 난 뒤, 움직이는 방향을 정해주기 위해서 MARKER_2.X 가 나오도록 마우스 포인트를 두고 클릭한다.(시점을 회전하면 더 찾기 쉬울 것이다.)

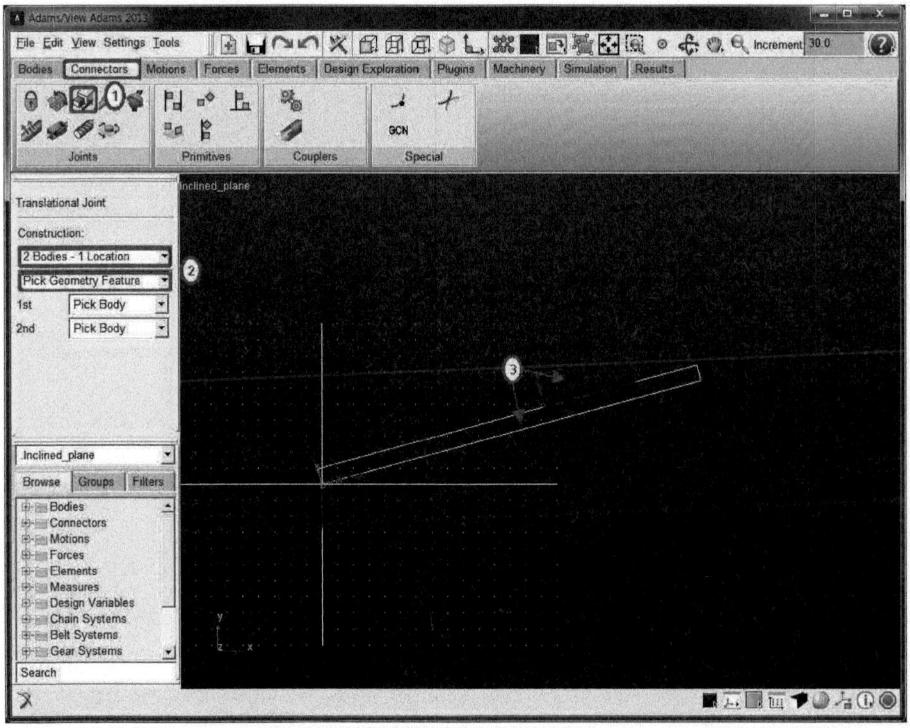

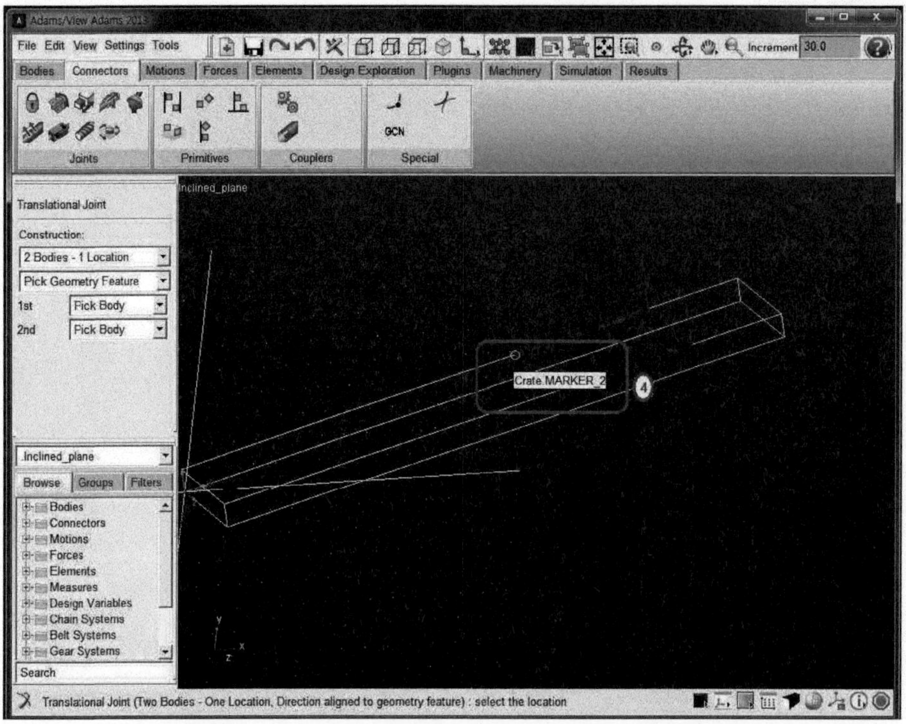
Adams/View Adams 2013
File Edit View Settings Tools
Increment 30.0
Bodies Connectors Motions Forces Elements Design Exploration Plugins Machinery Simulation Results
Joints
Primitives
Couplers
Special
GCN
Translational Joint
Construction:
2 Bodies - 1 Location
Pick Geometry Feature
1st Pick Body
2nd Pick Body
Inclined_plane
Browse Groups Filters
Bodies
Connectors
Motions
Forces
Elements
Measures
Design Variables
Chain Systems
Belt Systems
Gear Systems
Search
Crate.MARKER_2
4
Translational Joint (Two Bodies - One Location, Direction aligned to geometry feature) : select the location

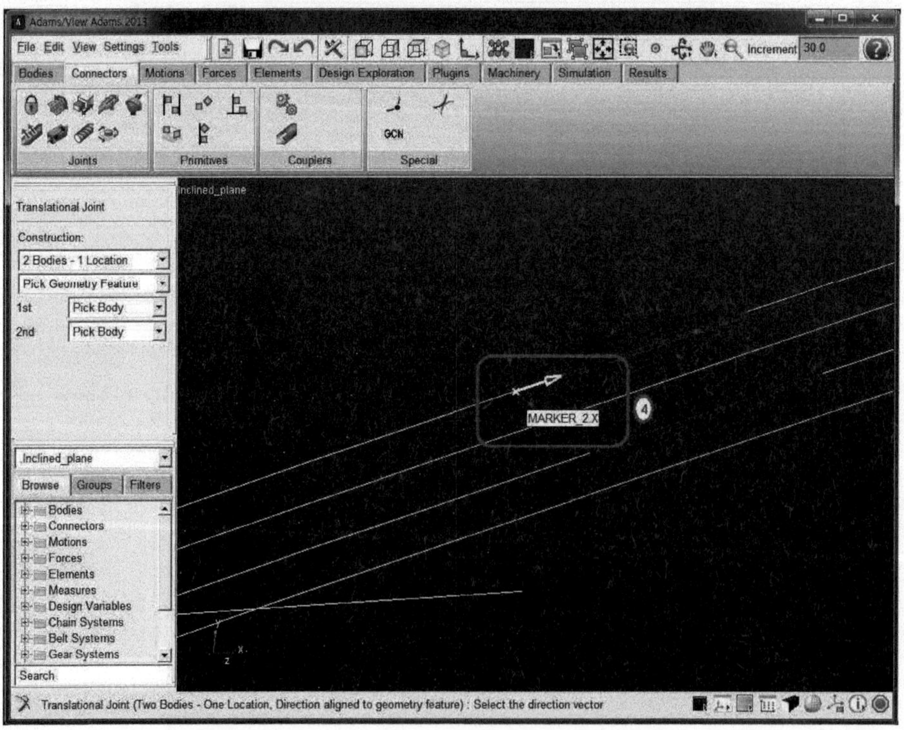
Adams/View Adams 2013
File Edit View Settings Tools
Increment 30.0
Bodies Connectors Motions Forces Elements Design Exploration Plugins Machinery Simulation Results
Joints
Primitives
Couplers
Special
GCN
Translational Joint
Construction:
2 Bodies - 1 Location
Pick Geometry Feature
1st Pick Body
2nd Pick Body
Inclined_plane
Browse Groups Filters
Bodies
Connectors
Motions
Forces
Elements
Measures
Design Variables
Chain Systems
Belt Systems
Gear Systems
Search
MARKER_2.X
4
Translational Joint (Two Bodies - One Location, Direction aligned to geometry feature) : Select the direction vector

step 7 Ramp를 따라 움직이는 Crate의 가속도 측정하기

① Crate에 마우스 포인트를 두고 우클릭은 한 후, Part:Crate에서 Measure를 클릭한다.

② Characteristic에서 CM acceleration을 선택한 후, 그 아래 Component에서 X를 선택한다.

③ 또 그 아래 Represent coordinates in: 옆 빈 공간을 우클릭 한 후, Maker의 Guesses에서 MARKER_1를 선택한다. 또는 Pick클릭을 하고 Ramp의 바닥 제일 끝인 MARKER_1를 직접 선택해도 된다.

④ 그리고 OK를 누른다.

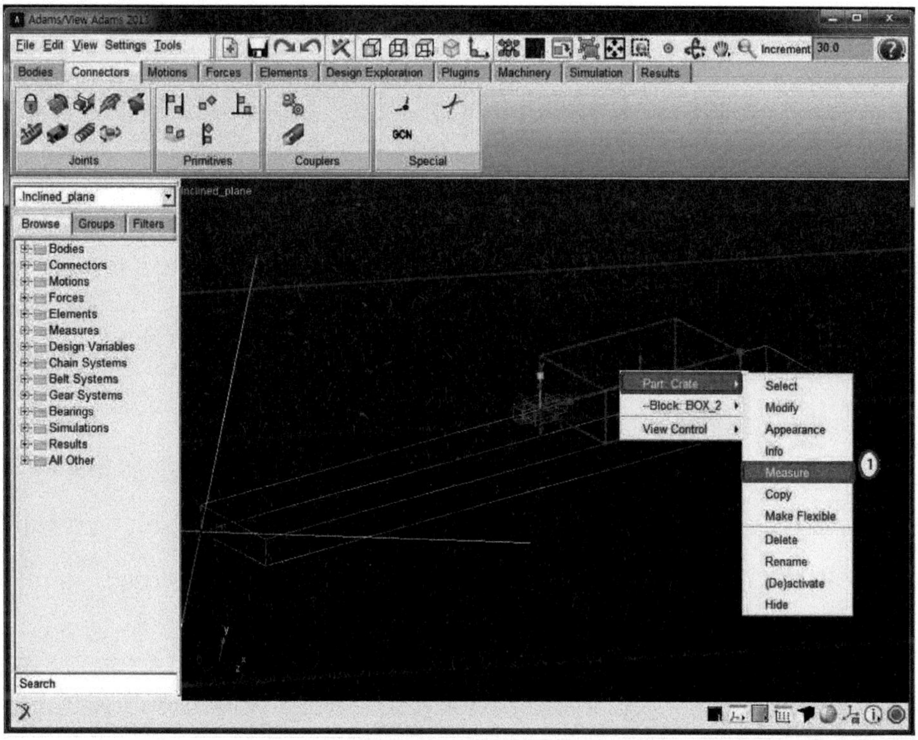

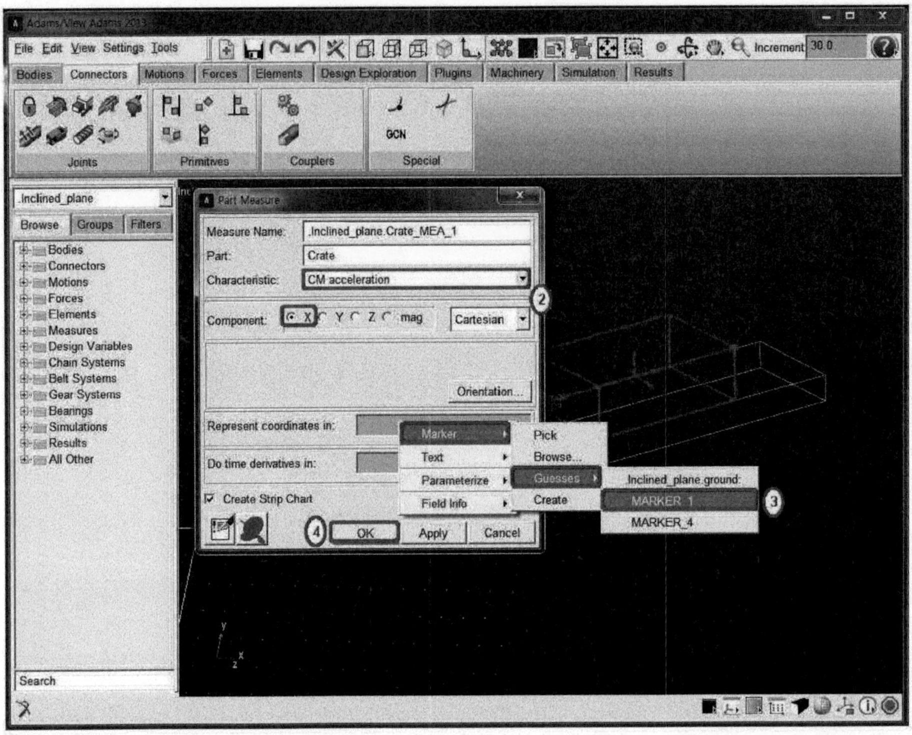

step 8 Mechanism 확인하기

① Mechanism을 확인하기 위해서, Main Toolbox의 Simulation에서 Interactive simulation을 클릭한다.

② 그런 다음 End Time을 0.01 초, 50 steps로 설정한 뒤 Play 버튼을 누른다.

③ Crate의 가속도가 일정하다는 것을 볼 수 있다. Closed-form solution에서 마찰이 없을 때의 결과 값과 해석 결과 값이 같은지 확인하여라. (Closed-form solution은 이번 예제 제일 뒤쪽에 나와 있음)

Tip

우측 하단 메뉴에서 을 클릭하면 다음 그림처럼 볼 수 있다. 그리고 시뮬레이션이 끝난 후에 리셋 버튼을 클릭하면 처음 화면으로 돌아온다.

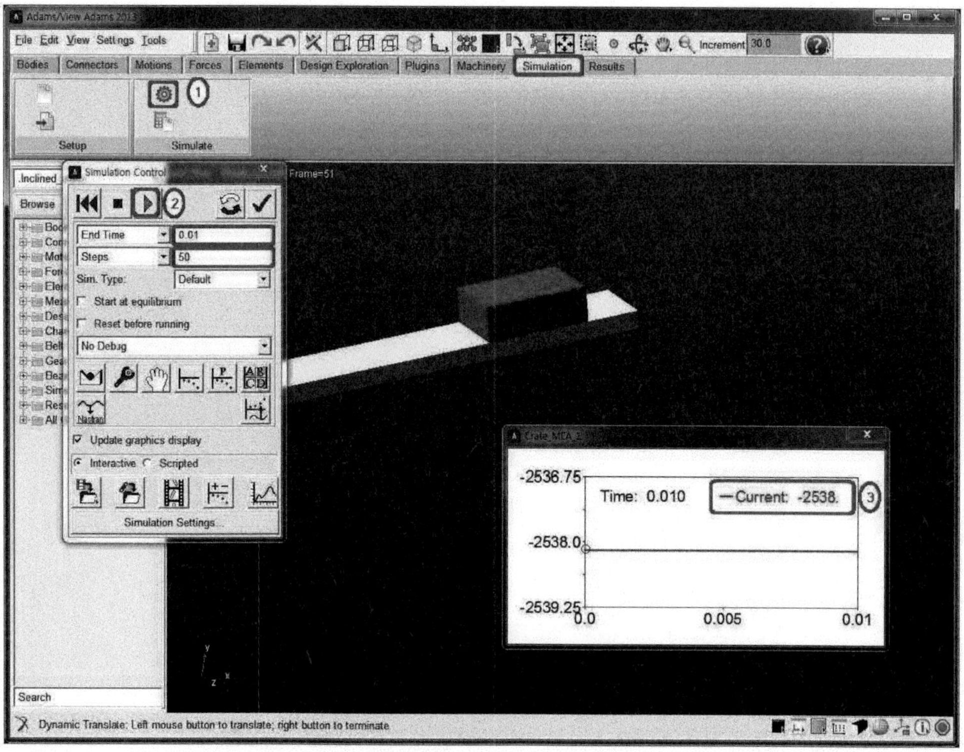

step 9 모델을 개선하고 마찰을 주어 시뮬레이션하기

① 먼저 Translational joint에 마우스 포인트를 두고 우클릭을 하여 Joint:JOINT_1에서 Modify를 클릭한다.

② Modify Joint가 나오면 밑에 4번째 그림을 클릭하여 Friction tool를 연다.

③ 밑에 그림처럼 마찰 계수를 다음과 같이 입력하고 나머지는 기본 값으로 한다.(Static: 0.3, dynamic: 0.25)

④ Input Forces to Friction: 에서 Bending Moment와 Torsional Moment를 체크 해체를 한다.

⑤ Friction tool에서 OK를 클릭한 후, Modify Joint에서 OK를 클릭한다.

⑥ 그리고 End time: 0.5, Steps: 50으로 설정한 후 시뮬레이션을 시작한다. 시뮬레이션이 끝난 후 리셋 버튼을 클릭한다. (가속도의 값이 거의 0에 가까운 것을 알 수 있다.)

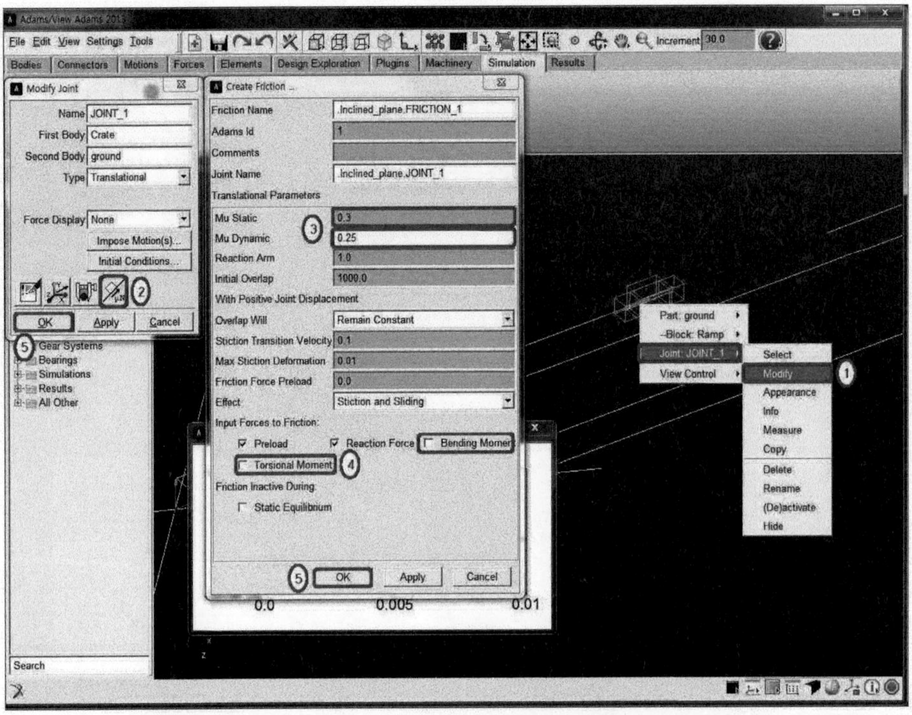
Modify Joint
Name JOINT_1
First Body Crate
Second Body ground
Type Translational
Force Display None
Impose Motion(s)...
Initial Conditions...
OK Apply Cancel
Create Friction
Friction Name .Inclined_plane.FRICTION_1
Adams Id 1
Comments
Joint Name .Inclined_plane.JOINT_1
Translational Parameters
Mu Static 0.3
Mu Dynamic 0.25
Reaction Arm 1.0
Initial Overlap 1000.0
With Positive Joint Displacement
Overlap Will Remain Constant
Stiction Transition Velocity 0.1
Max Stiction Deformation 0.01
Friction Force Preload 0.0
Effect Stiction and Sliding
Input Forces to Friction:
Preload
Reaction Force
Bending Moment
Torsional Moment
Friction Inactive During:
Static Equilibrium
OK Apply Cancel
Part: ground
Block: Ramp
Joint: JOINT_1
View Control
Select
Modify
Appearance
Info
Measure
Copy
Delete
Rename
(De)activate
Hide
1
2
3
4
5

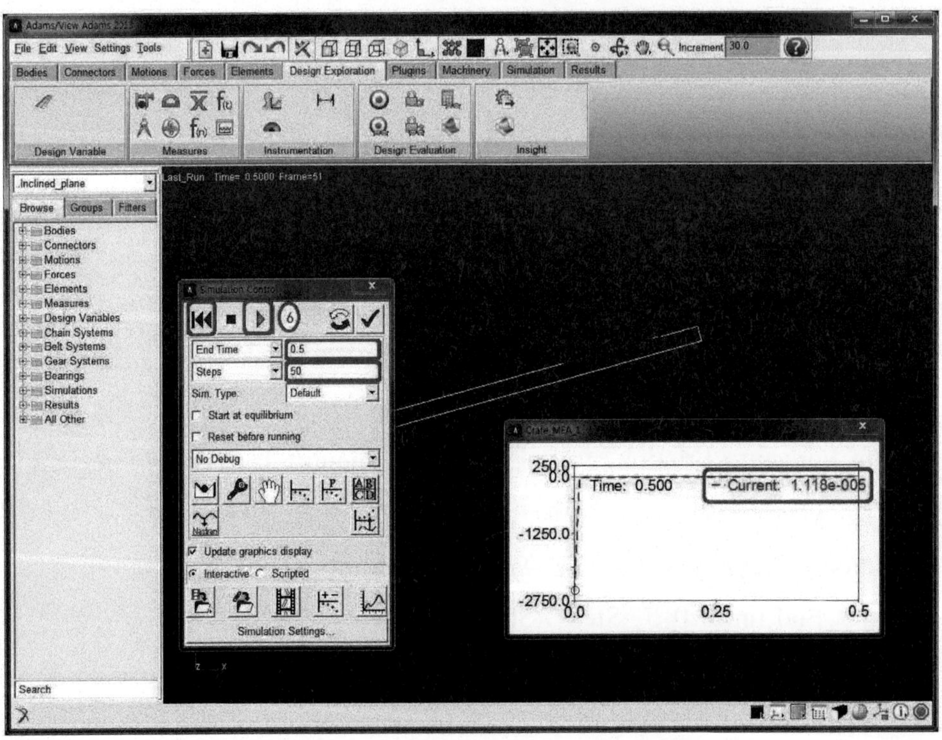
Simulation Control
6
End Time 0.5
Steps 50
Sim. Type Default
Start at equilibrium
Reset before running
No Debug
Update graphics display
Interactive Scripted
Simulation Settings...
Time: 0.500
Current: 1.118e-005
0.0 0.25 0.5

step 10 Ramp를 회전시켜 각도를 20°로 하여 모델을 다시 개선하기

① Build 메뉴에서 Groups을 선택한 뒤, 바로 아래 빈 공간에 마우스 포인트를 두고 우클릭한 후 New Group를 클릭한다.

② 그 다음 Group Name에 rotated_objects를 입력하고 Objects In Group에 빈 공간을 더블 클릭하면, Database Navigator가 나온다.

③ Database Navigator에서 Crate 그리고 ground에서 MARKER_1, MARKER_4, 그리고 JOINT_1을 선택한다. (CTRL 키를 누르고 클릭을 하면 다중 선택이 가능하다.)

④ 모두 선택한 후에 OK를 클릭한 후 Group Create에서도 OK를 클릭한다.

⑤ 이제 생성한 그룹을 회전시키기 위해서 Top 메뉴에서 position에 우클릭한 후 Precision Move을 선택하여 클릭한다.

⑥ Relocate the 항목의 Group 옆 빈 공간을 우클릭한 후, Group에서 Browse을 클릭하면 Database Navigator가 나온다. 그 중에서 rotated_objects를 선택한 후 OK를 클릭한다.

⑦ 그리고 Relative to the를 About the 로 바꾼 후에 marker 옆 빈 공간을 우클릭하여 Marker에 Guesses에서 MARKER_1을 클릭한다.

⑧ 그런 다음 Rotate에서 밑에 +/– 텍스트 박스 부분을 5로 입력한다. 그리고 나서 Z축을 한번 클릭한다.(그러면 선택한 그룹 모두가 5° 만큼 Z축을 중심으로 회전할 것이다.) 마지막으로 Close를 클릭한다.

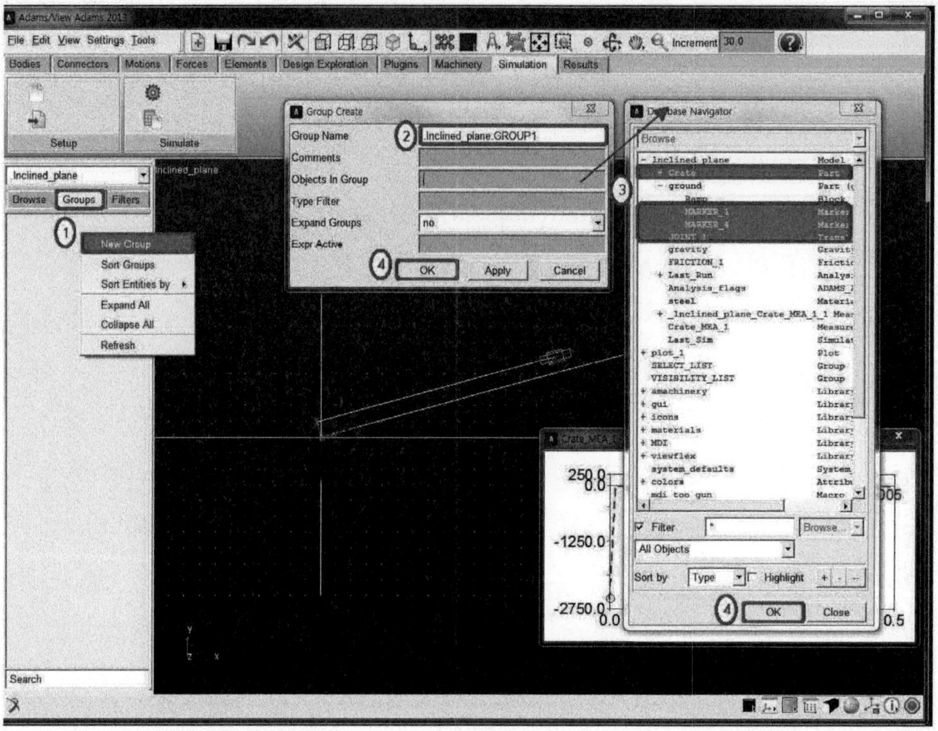

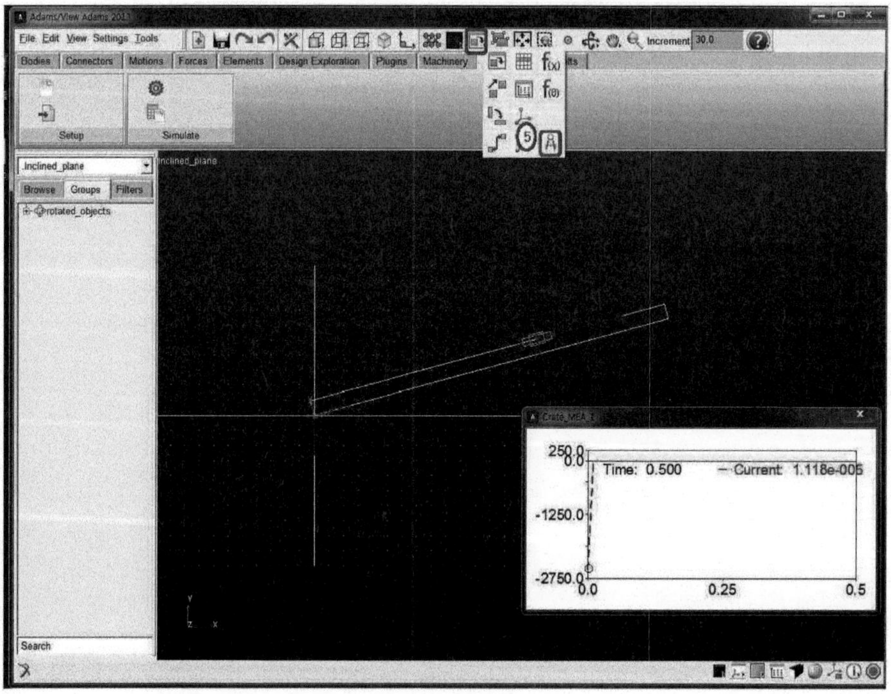

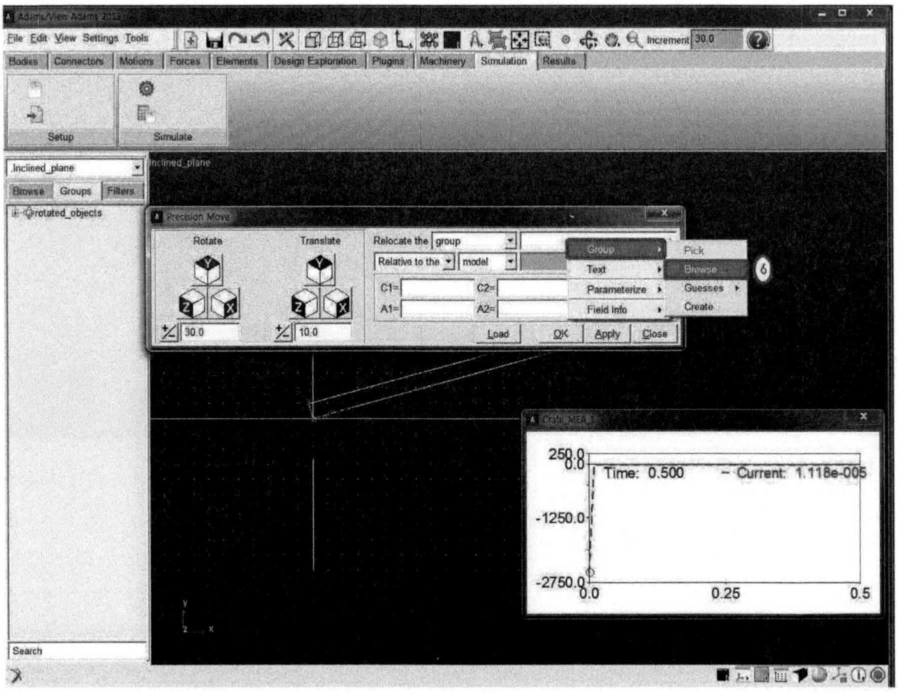
File Edit View Settings Tools
Increment 30.0
Bodies Connectors Motions Forces Elements Design Exploration Plugins Machinery Simulation Results
Setup
Simulate
.Inclined_plane
Browse Groups Filters
rotated_objects
Precision Move
Rotate
Translate
30.0
10.0
Relocate the group
Relative to the model
C1=
C2=
A1=
A2=
Load OK Apply Close
Group
Text
Parameterize
Field Info
Pick
Browse
Guesses
Create
6
Time: 0.500
Current: 1.118e-005
-1250.0
-2750.0
0.0
0.25
0.5
Search

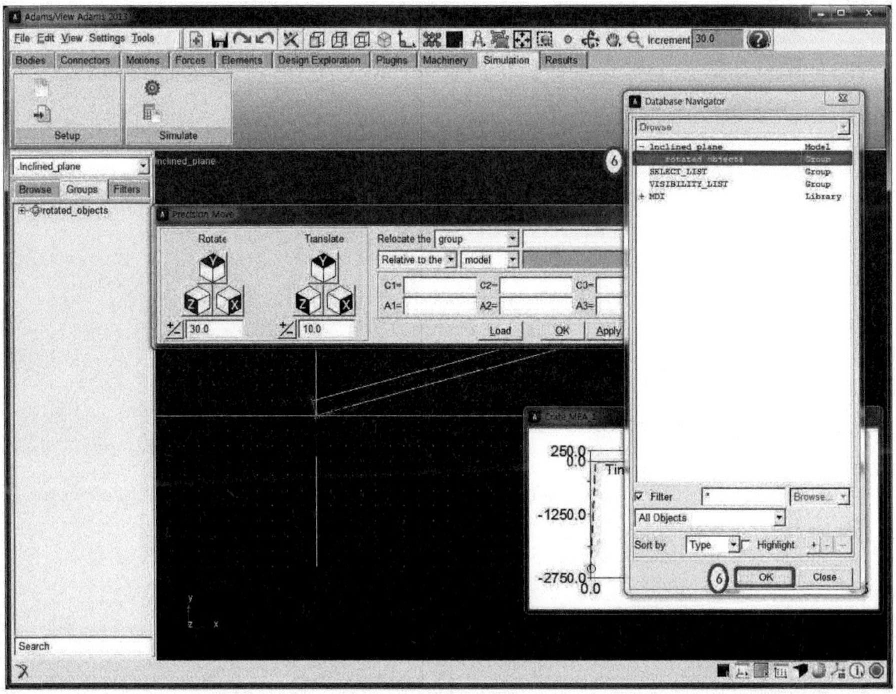
File Edit View Settings Tools
Increment 30.0
Bodies Connectors Motions Forces Elements Design Exploration Plugins Machinery Simulation Results
Setup
Simulate
.Inclined_plane
Browse Groups Filters
rotated_objects
Database Navigator
Browse
- Inclined_plane Model
rotated_objects Group
SELECT_LIST Group
VISIBILITY_LIST Group
+ MDI Library
6
Precision Move
Rotate
Translate
30.0
10.0
Relocate the group
Relative to the model
Load OK Apply
Filter
All Objects
Sort by Type Highlight
6
OK Close
-1250.0
-2750.0
Search

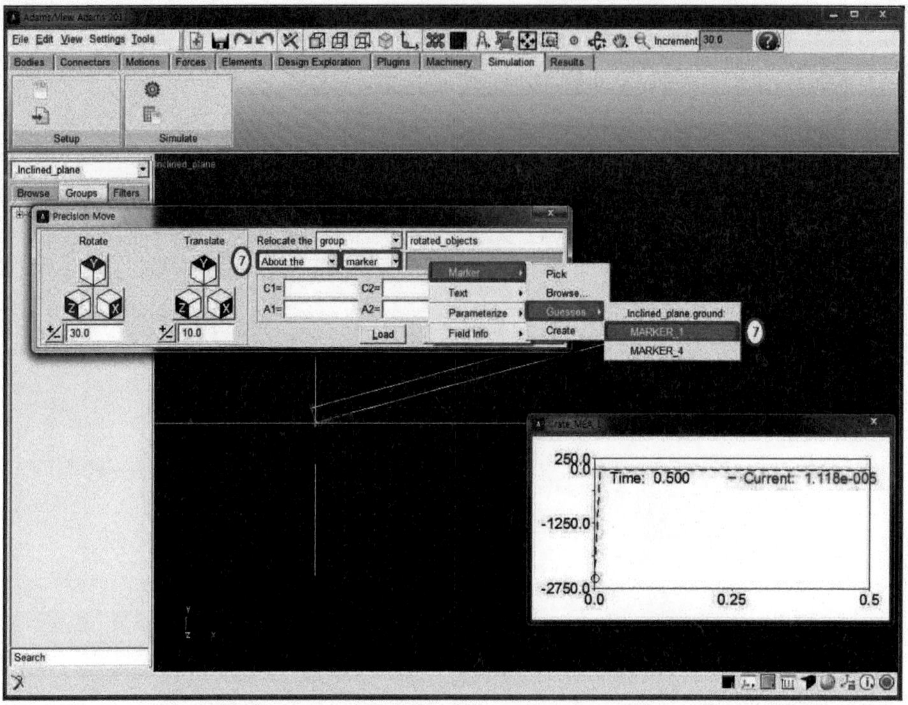
File Edit View Settings Tools
Increment 30.0
Bodies Connectors Motions Forces Elements Design Exploration Plugins Machinery Simulation Results
Setup
Simulate
.Inclined_plane
Browse Groups Filters
Precision Move
Rotate
Translate
Relocate the group
rotated_objects
About the marker
C1=
C2=
A1=
A2=
30.0
10.0
Load
Marker
Text
Parameterize
Field Info
Pick
Browse...
Guesses
Create
.Inclined_plane.ground.
MARKER_1
MARKER_4
7
7
Time: 0.500
Current: 1.118e-005
250.0
0.0
-1250.0
-2750.0
0.0
0.25
0.5
Search

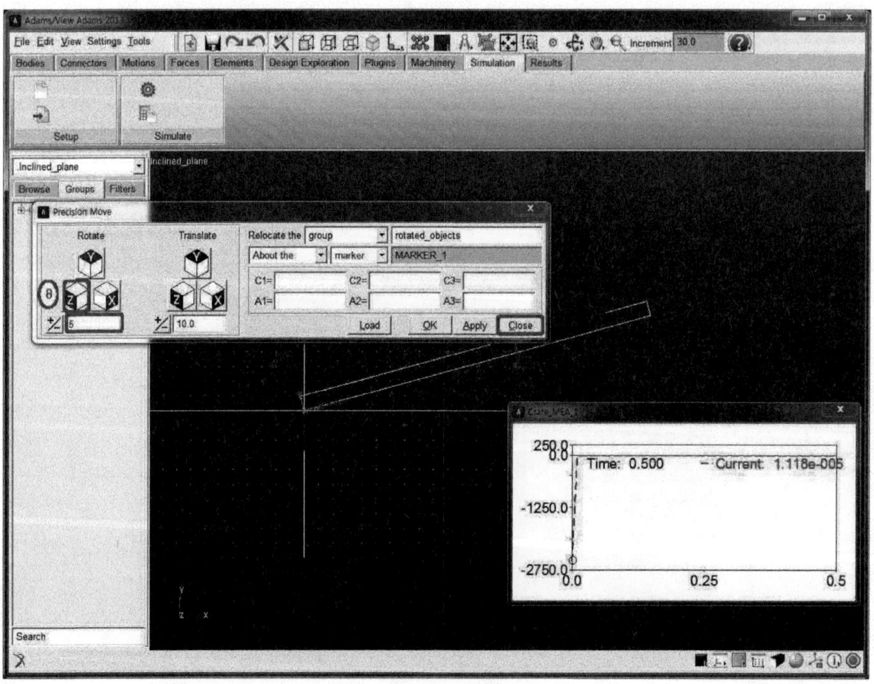
File Edit View Settings Tools
Increment 30.0
Bodies Connectors Motions Forces Elements Design Exploration Plugins Machinery Simulation Results
Setup
Simulate
.Inclined_plane
Browse Groups Filters
Precision Move
Rotate
Translate
Relocate the group
rotated_objects
About the marker
MARKER_1
C1=
C2=
C3=
A1=
A2=
A3=
8
5
10.0
Load
OK
Apply
Close
Time: 0.500
Current: 1.118e-005
250.0
0.0
-1250.0
-2750.0
0.0
0.25
0.5
Search

step 11 Crate가 미끄러지기 시작하는 경사각 찾기

① End time: 0.01, Steps: 50으로 하여 Play버튼을 클릭한다. 시뮬레이션이 끝난 후 리셋 버튼을 클릭한다.

② 현재 경사도의 각도가 몇 인지를 알기 위해서, Main Toolbox의 Bodies에서 Construction Geometry: Marker를 클릭한다.

③ 좌표축 정중앙에 위치한 MARKER_1에 마우스 포인트를 두고 한번 클릭한다.

④ 각도를 측정하기 위해서, Main Toolbox의 Design Exploration에서 Orientation Measure를 클릭한다.

⑤ Measure Name:에 Inclined_angle를 입력한다.

⑥ To Marker:에서 옆 빈공간에 마우스 포인트를 두고 우클릭한 후, Marker의 Guesses에서 MARKER_1을 클릭한다. 바로 밑에 From Marker:에서도 마찬가지로 우클릭한 후, Marker의 Guesses에서 MARKER_6을 클릭한다. 그리고 OK를 클릭한다.

⑦ Crate의 가속도Vs시간 그래프에서 곡선에 마우스 우클릭한 후, Curve: Current에서 Save Curve를 클릭한다.

⑧ 이제부터 Step 10. 에서 했던 것처럼 경사도의 각도를 바꾸어 가면서, Crate가 Ramp에서 미끄러지기 시작하는 각도를 찾은 후에 결과를 비교해 보고, Crate 가속도Vs속도 그래프에서 빈 공간에 마우스 포인트를 두고 우클릭한 후 Plot: scht1에서 Transfer To Full Plot을 클릭한다.

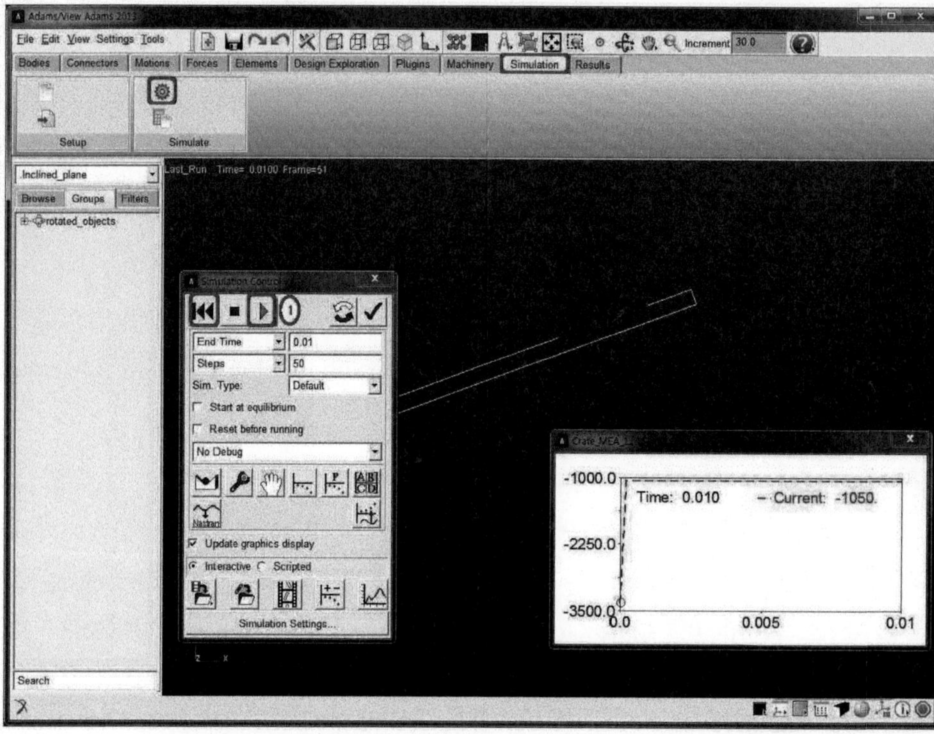
Adams/View Adams 2013
File Edit View Settings Tools
Increment 30.0
Bodies Connectors Motions Forces Elements Design Exploration Plugins Machinery Simulation Results
Setup
Simulate
Inclined_plane
Browse Groups Filters
rotated_objects
Last_Run Time= 0.0100 Frame=51
Simulation Control
①
End Time 0.01
Steps 50
Sim. Type: Default
Start at equilibrium
Reset before running
No Debug
Update graphics display
Interactive Scripted
Simulation Settings...
-1000.0
Time: 0.010
Current: -1050.
-2250.0
-3500.0
0.0
0.005
0.01
Search

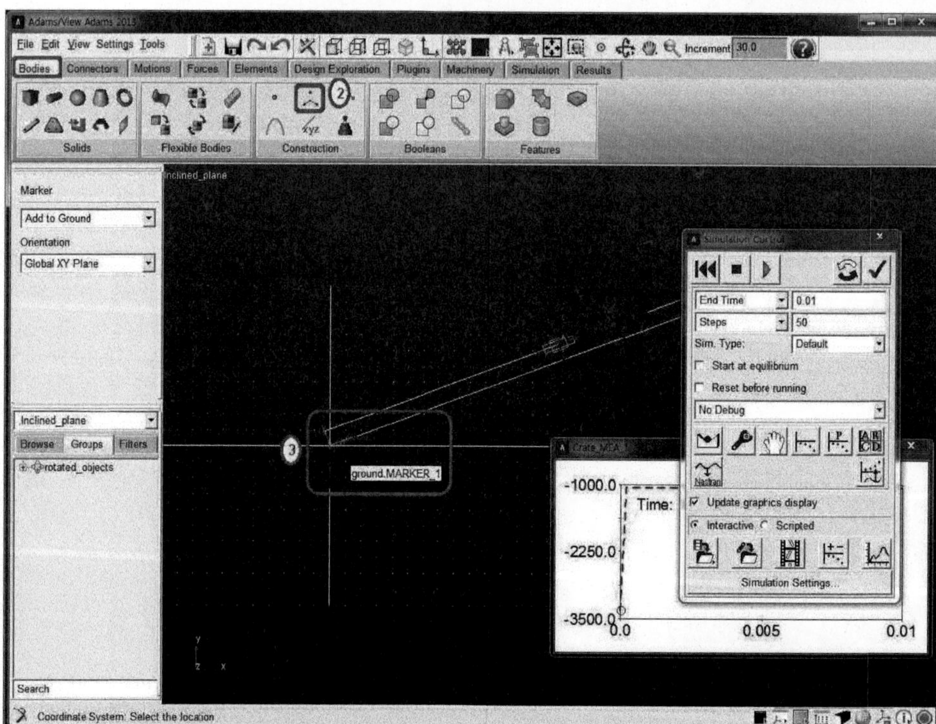
Adams/View Adams 2013
File Edit View Settings Tools
Increment 30.0
Bodies Connectors Motions Forces Elements Design Exploration Plugins Machinery Simulation Results
②
Solids
Flexible Bodies
Construction
Booleans
Features
Marker
Add to Ground
Orientation
Global XY Plane
Inclined_plane
Browse Groups Filters
rotated_objects
③
ground.MARKER_1
Simulation Control
End Time 0.01
Steps 50
Sim. Type: Default
Start at equilibrium
Reset before running
No Debug
Update graphics display
Interactive Scripted
Simulation Settings...
-1000.0
Time:
-2250.0
-3500.0
0.0
0.005
0.01
Search
Coordinate System: Select the location

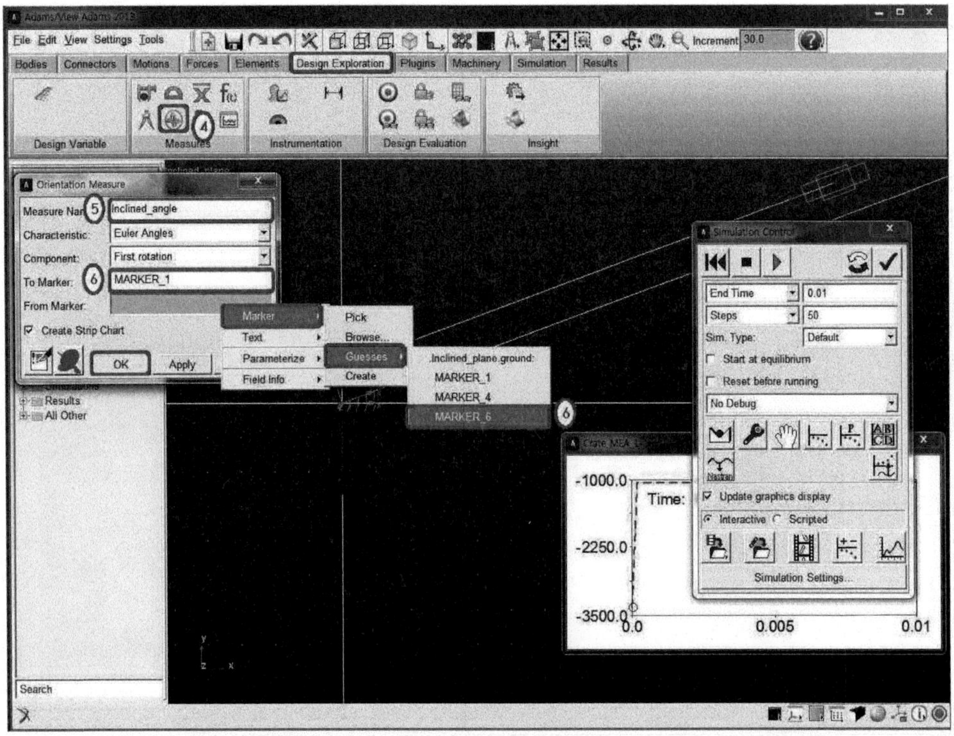

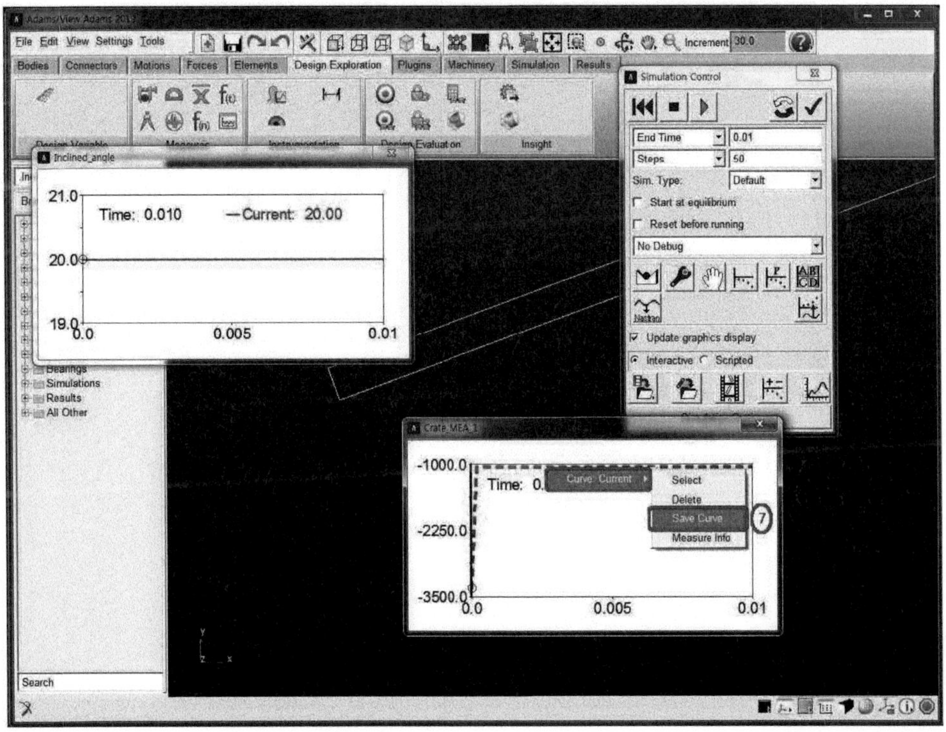

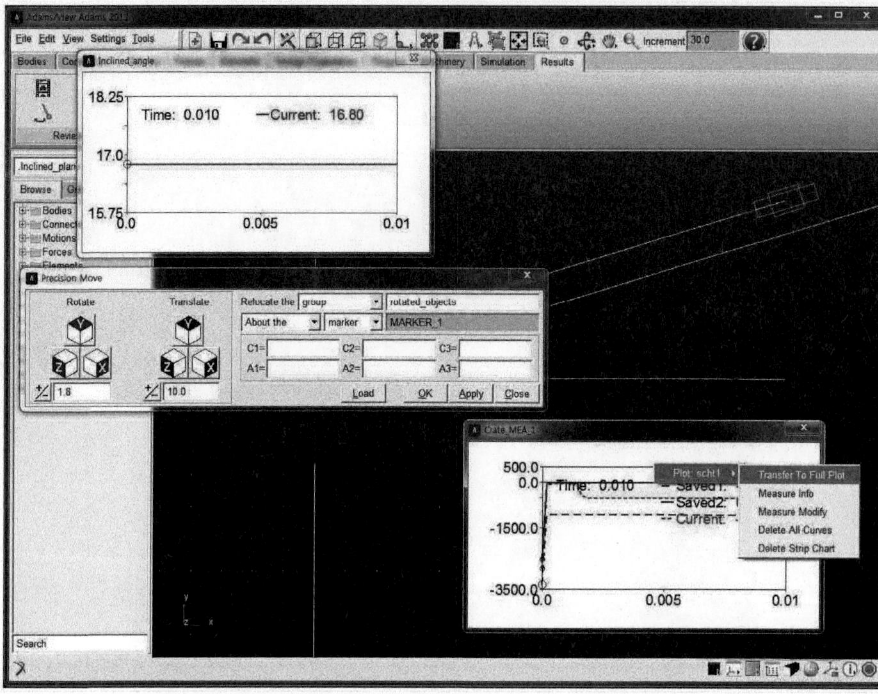
File Edit View Settings Tools
Increment 30.0
Bodies
Inclined_angle
Simulation
Results
18.25
Time: 0.010
—Current: 16.80
17.0
15.75
0.0
0.005
0.01
Browse
Bodies
Forces
Precision Move
Rotate
Translate
Relocate the
group
rotated_objects
About the
marker
MARKER_1
C1=
C2=
C3=
A1=
A2=
A3=
1.8
10.0
Load
OK
Apply
Close
Crate_MEA_1
500.0
0.0
Time: 0.010
Saved1:
Saved2:
Current:
-1500.0
-3500.0
0.0
0.005
0.01
Plot: scht1
Transfer To Full Plot
Measure Info
Measure Modify
Delete All Curves
Delete Strip Chart
Search

Analytical Solution

MD Adams 시뮬레이션 결과

$\theta = 15^\circ$ 일 때 a=0

$\theta = 20^\circ$ 일 때 a= -1050 mm/s^2

미끄러지기 시작할 때 ($\theta = 16.8^\circ$) a=-487.4 mm/s^2

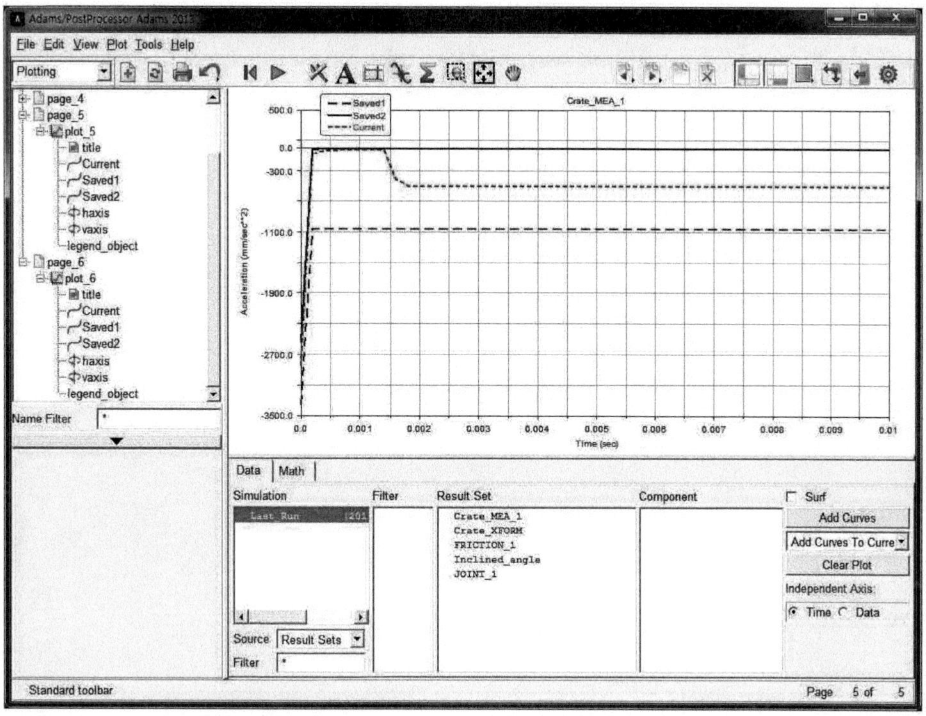

Colsed-form Solution

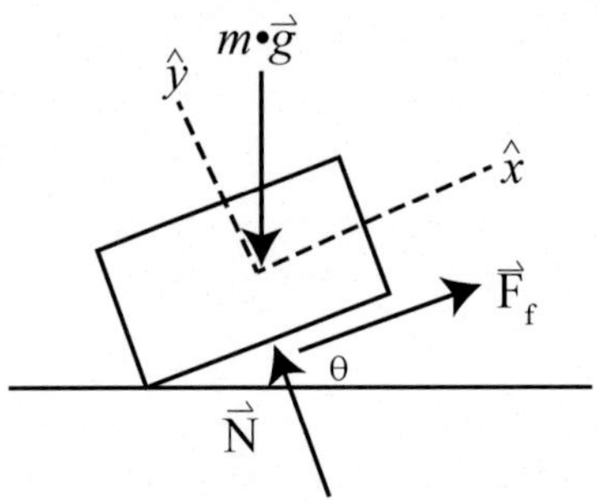

마찰이 없을 때 :

$\sum F_x = ma_x$: $-mg \bullet \sin\theta = ma_x$

$a_x = -g \bullet \sin\theta$

$For\ \theta = 15^\circ,\ a_x = -9806.65\sin(15^\circ)$

$a_y = -\ 2538.15\ mm/\sec^2$

마찰이 있을 때 :

$\sum F_y = 0$: $-mg \bullet \cos\theta + N = 0$

$\mathrm{N} = mg \bullet \cos\theta$

*Crate*가 미끄러지기 시작할 때 각도를 $\theta_{\max}$라 할 때

$\sum F_x = 0$: $F_f - mg \bullet \sin\theta_{\max} = 0$

$\mu_s \bullet N - mg \bullet \sin\theta_{\max} = 0$

$\mu_s - \tan\theta_{\max} = 0$

$\theta_{\max} = atan(\mu_s) = atan(0.30) = 16.7^\circ$

*Crate*가 미끄러지고 있을 때

$\sum F_x = ma_x$: $F_f - mg \bullet \sin\theta = ma_x$

$\mu_d \bullet N - mg \bullet \sin\theta = ma_x$

$\mu_d \bullet mg \bullet cos\theta - mg \bullet sin\theta = ma_x$

$a_x = g \cdot (\mu_d \cdot cos\theta - sin\theta)$

$For = 20,\ a_x = (0.25\cos 20 - \sin 20)9806.65\ mm/\mathrm{sec}^2$

$a_x = -1050.26\ mm/\mathrm{sec}^2$

Example 3. Lift Mechanism: Geometry

Software Version Adams 2013.2

문제 설명

Lift Mechanism에 대한 형상을 만들고 모델의 구속도 설정하여 모델을 시뮬레이션을 한다.

step 1 New Adams database 만들기

① Adams/View를 실행한 후, New Model를 클릭한다.

② Model Name에 lift_mech를 입력하고 Gravity는 Earth Normal(−Global Y)로 Units은 MKS−m,kg,N,s,deg 로 선택한다.

③ Working Directory는 자신이 저장하고 싶은 폴더로 설정한다.

④ 마지막으로 OK를 클릭한다.

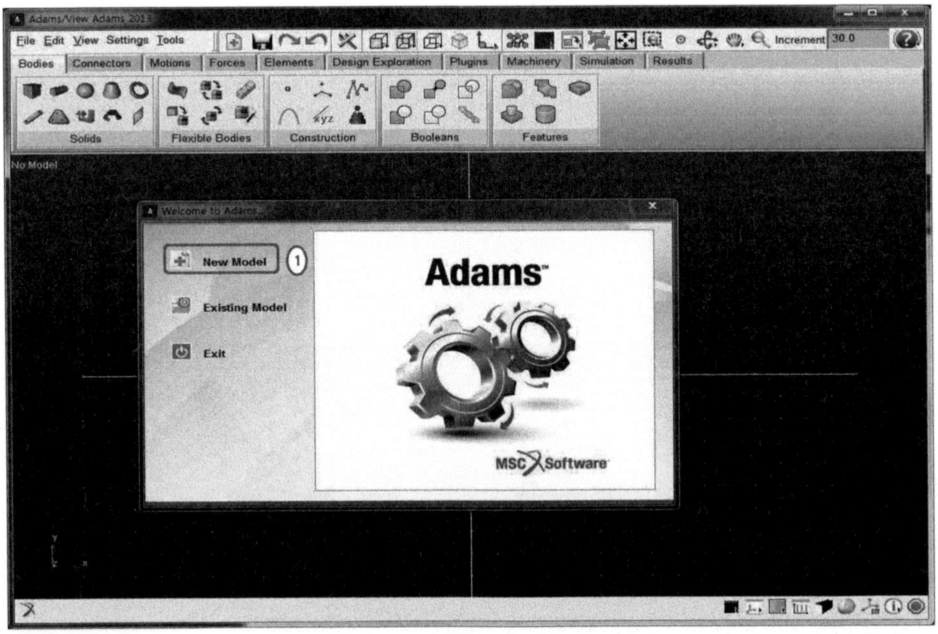
Adams/View Adams 2013
File Edit View Settings Tools
Bodies Connectors Motions Forces Elements Design Exploration Plugins Machinery Simulation Results
Solids Flexible Bodies Construction Booleans Features
No Model
Welcome to Adams
New Model
1
Existing Model
Exit
Adams
MSC Software

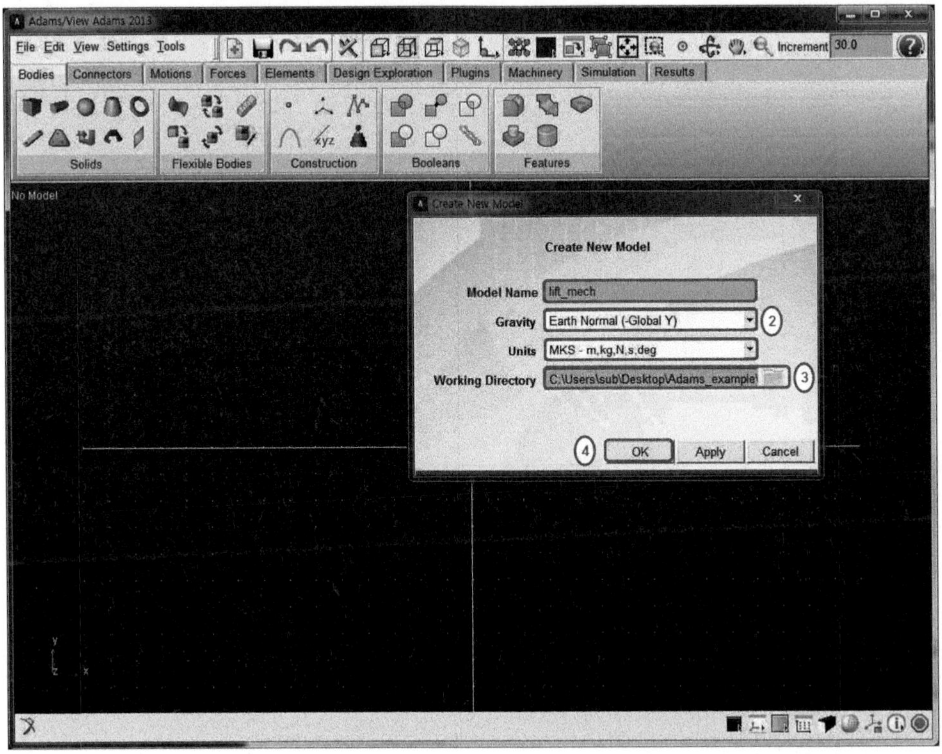
Adams/View Adams 2013
File Edit View Settings Tools
Bodies Connectors Motions Forces Elements Design Exploration Plugins Machinery Simulation Results
Solids Flexible Bodies Construction Booleans Features
No Model
Create New Model
Create New Model
Model Name lift_mech
Gravity Earth Normal (-Global Y)
2
Units MKS - m,kg,N,s,deg
Working Directory C:\Users\sub\Desktop\Adams_example\
3
4
OK Apply Cancel

step 2 Working Grid를 조정하기

① Settings 메뉴에서 Working Grid를 클릭한다.

② Size에서 X,Y방향 모두 20m로 입력하고, Spacing에서 X,Y방향 모두 0.5m로 입력한다.

③ 아래 Set Orientation에서 Global XY를 선택하고 OK를 클릭한다.(설정을 하지 않아도 Global XY가 이미 기본 값으로 되어있을 것이다.)

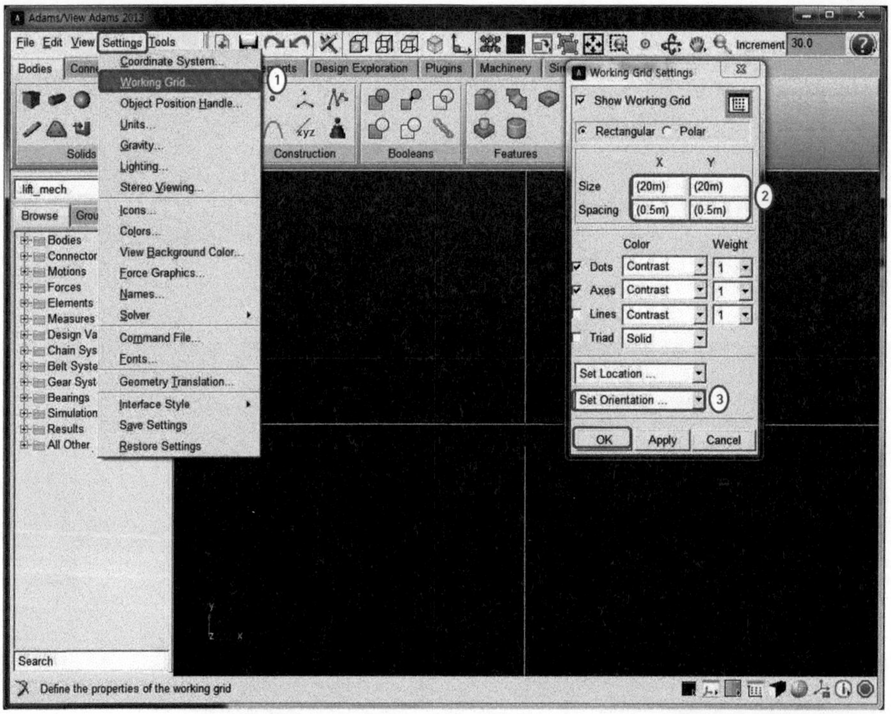

step 3 Lift Mechanism 형상 만들기 : Base 만들기

① 이제부터 아래 도면을 참고하여 Lift Mechanism의 형상을 만들 것이다. 먼저 Base를 만들기 시작해보자. Main toolbox의 Bodies에서 Rigid Body: Box를 선택한다.

② New Part로 선택한 다음 Length(12m), Height(4m), Depth(8m)를 모두 체크하고 치수를 입력한다.

③ 그리고 Working Grid에서 마우스 포인트를 두고 우클릭하면 LocationEvent 박스가 나온다. 좌표 값인 0, −4, 0를 입력한 후, Rel. To Origin을 선택하고 Apply를 클릭한다.

④ 생성된 Box에 마우스를 두고 우클릭한 후, Part:PART_2에서 Rename을 클릭한다.

⑤ New Name에 .lift_mech.Base를 입력하고 OK를 클릭한다.

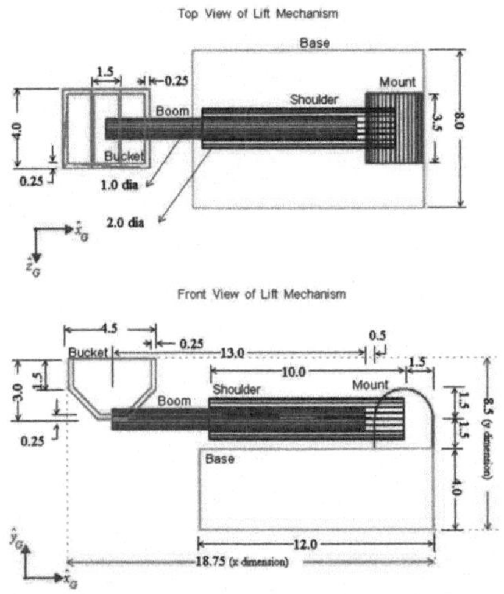

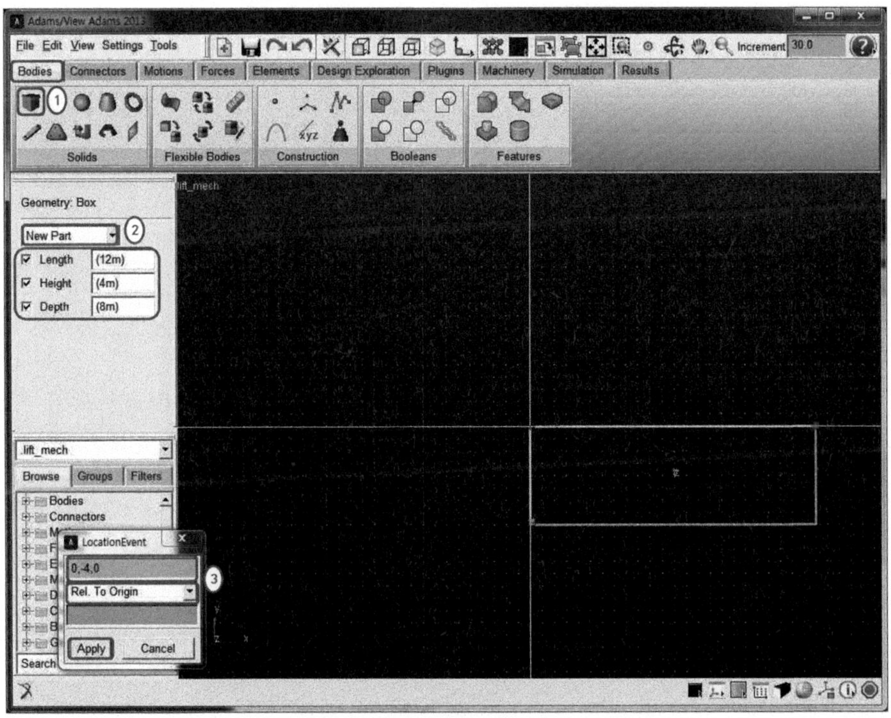

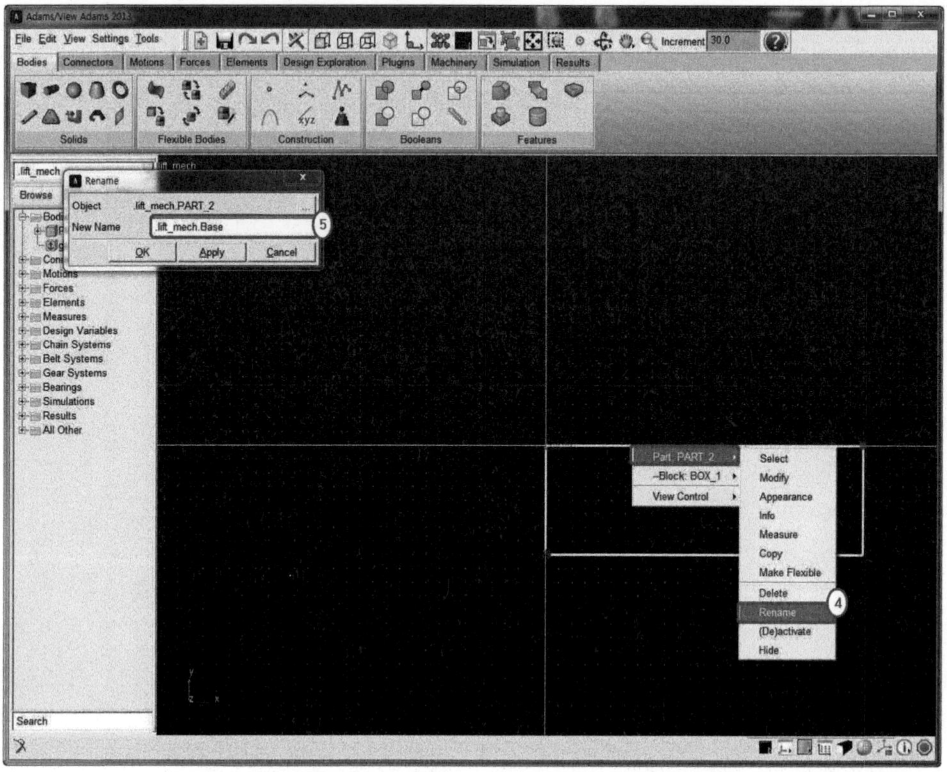

step 4 Lift Mechanism 형상 만들기 : Mount 만들기

① Main toolbox의 Bodies에서 Rigid Body: Box를 클릭한다.

② New Part로 선택한 다음 Length(3m), Height(3m), Depth(3.5m)를 모두 체크하고 치수를 입력한다.

③ Working Grid에서 마우스 포인트를 두고 우클릭한 후 LocationEvent 박스에서 클릭할 좌표 값인 9, 0, 2.25를 입력한 후, Rel. To Origin을 선택하고 Apply를 클릭한다.

④ 생성 된 Box에 마우스를 두고 우클릭한 후, Part:PART_3에서 Rename을 클릭한다.

⑤ New Name에 .lift_mech.Mount를 입력하고 OK를 클릭한다.

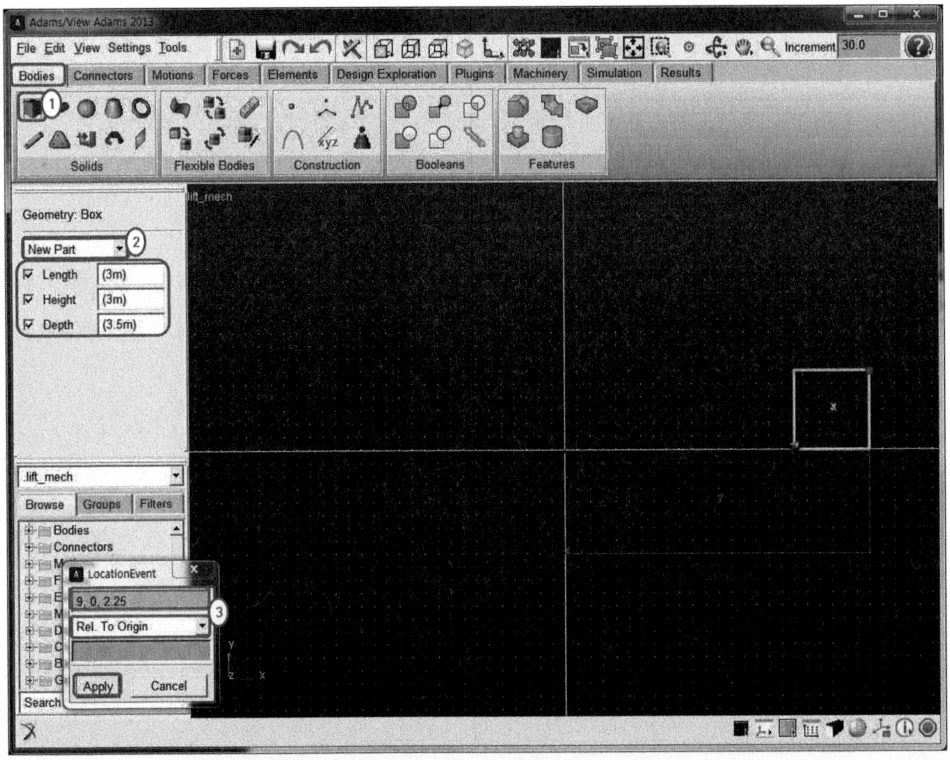

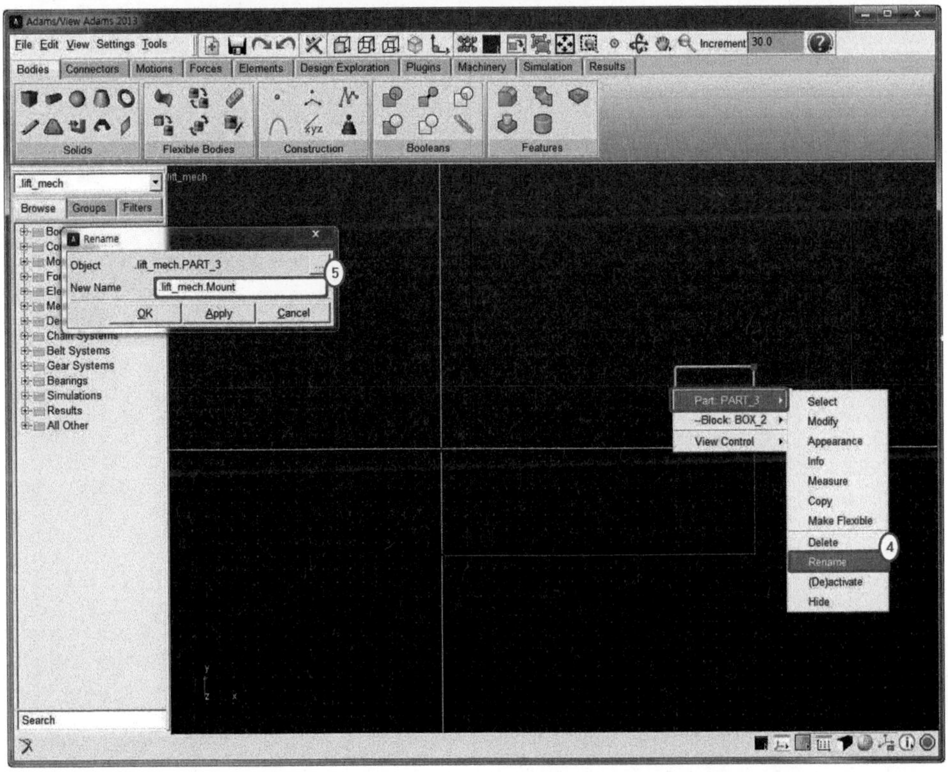

step 5 Lift Mechanism 형상 만들기 : Shoulder 만들기

① Main toolbox의 Bodies에서 Rigid Body: Cylinder를 클릭한다.

② New Part로 선택한 다음 Length(10m), Radius(1m)를 모두 체크하고 치수를 입력한다.

③ Working Grid에서 마우스 포인트를 두고 우클릭한 후 LocationEvent 박스에서 클릭할 좌표 값인 0.5, 1.5, 4를 입력한 후, Rel. To Origin을 선택하고 Apply를 클릭한다.

④ 그 다음 밑에 그림처럼 Cylinder 끝점을 Mount의 Mount.cm에 마우스 포인트를 두고 클릭하여 설정한다.

⑤ 생성 된 Cylinder에 마우스를 두고 우클릭한 후, Part:PART_4에서 Rename을 클릭한다.

⑥ New Name에 .lift_Shoulder.Mount를 입력하고 OK를 클릭한다.

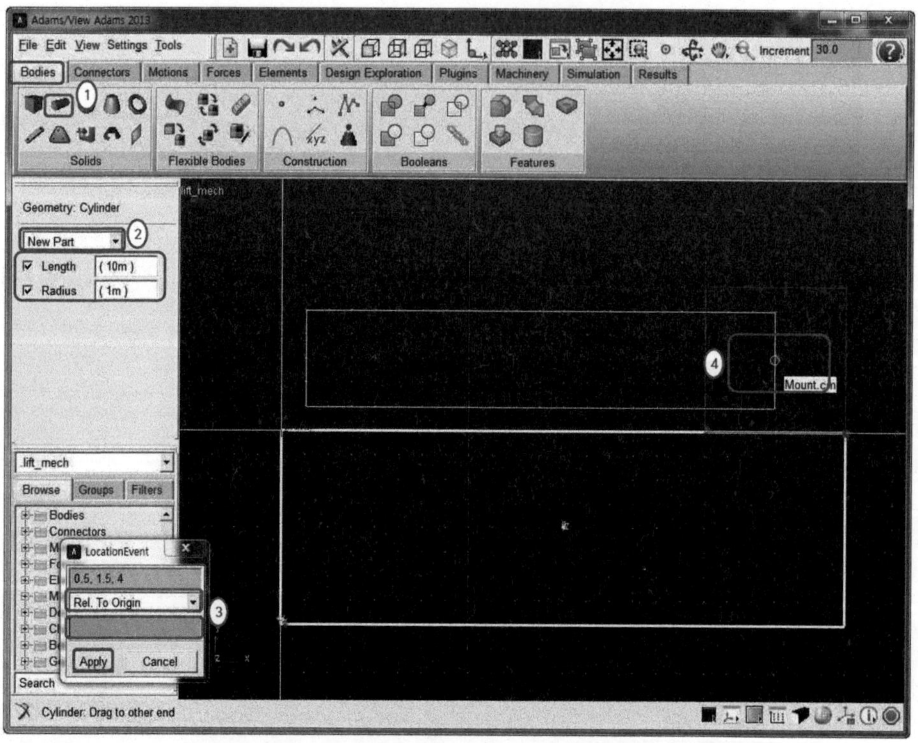

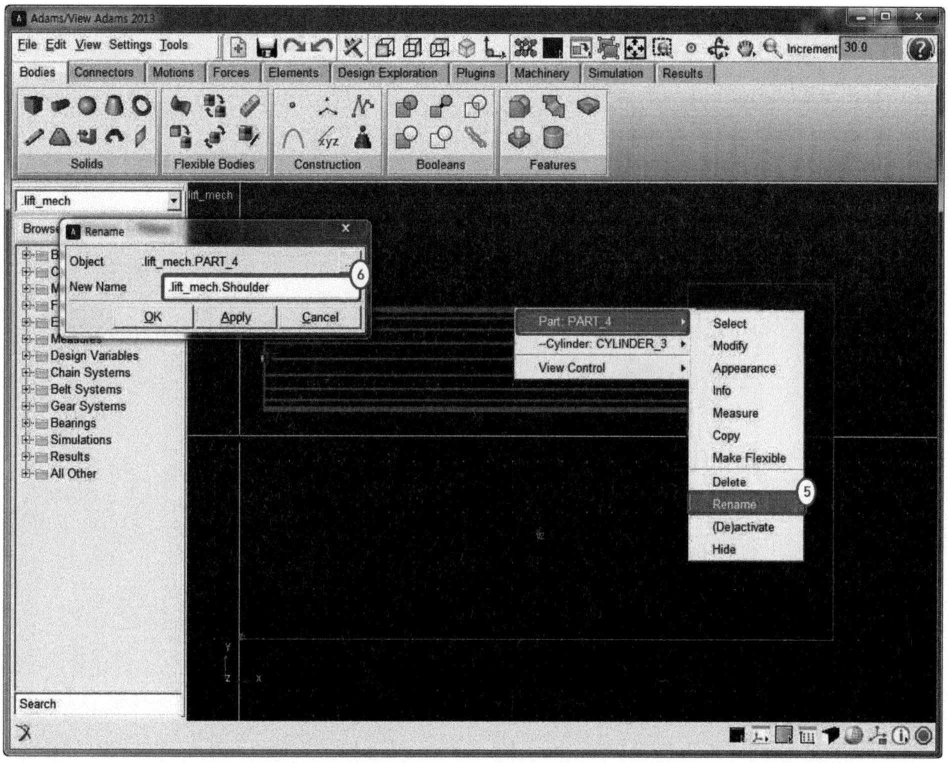

step 6 Lift Mechanism 형상 만들기 : Boom 만들기

① Main toolbox의 Bodies에서 Rigid Body: Cylinder를 클릭한다.

② New Part로 선택한 다음 Length(13m), Radius(0.5m)를 모두 체크하고 치수를 입력한다.

③ Working Grid에서 마우스 포인트를 두고 우클릭한 후 LocationEvent 박스에서 클릭할 좌표 값인 -4.5, 1.5, 4를 입력한 후, Rel. To Origin을 선택하고 Apply를 클릭한다.

④ 그 다음 밑에 그림처럼 Cylinder 끝점을 Shoulder의 Shoulder.cm에 마우스 포인트를 두고 클릭하여 설정한다.

⑤ 생성 된 Cylinder에 마우스를 두고 우클릭한 후, Part:PART_5에서 Rename을 클릭한다.

⑥ New Name에 .lift_mech.Boom를 입력하고 OK를 클릭한다.

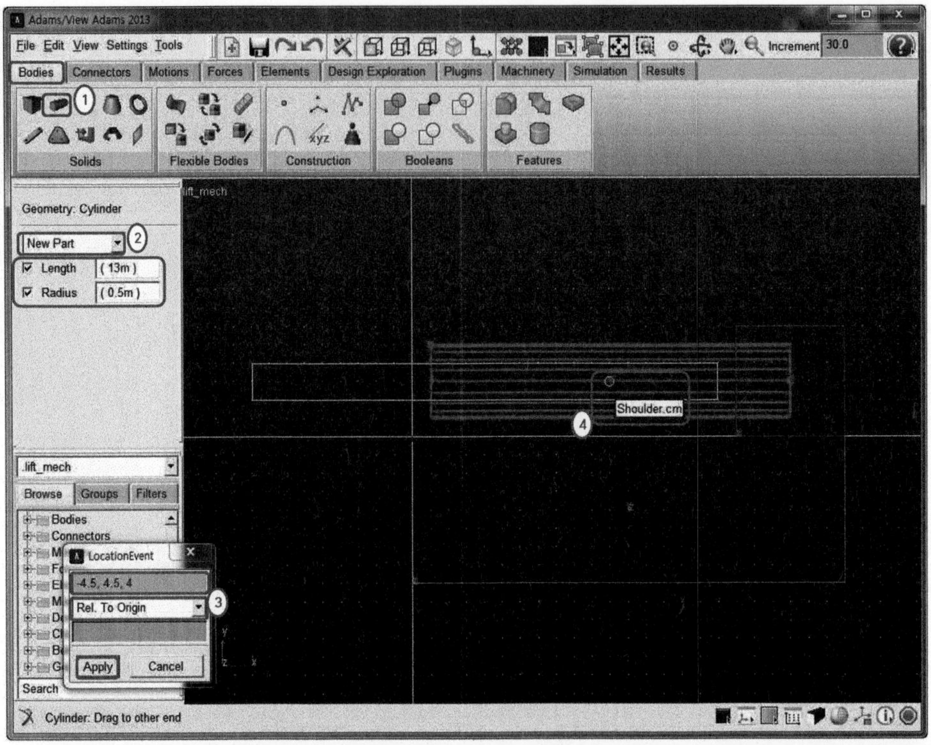
Adams/View Adams 2013
File Edit View Settings Tools
Increment 30.0
Bodies Connectors Motions Forces Elements Design Exploration Plugins Machinery Simulation Results
Solids
Flexible Bodies
Construction
Booleans
Features
Geometry: Cylinder
New Part
Length (13m)
Radius (0.5m)
.lift_mech
Browse Groups Filters
Bodies
Connectors
LocationEvent
-4.5, 4.5, 4
Rel. To Origin
Apply Cancel
Search
Shoulder.cm
Cylinder: Drag to other end
1
2
3
4

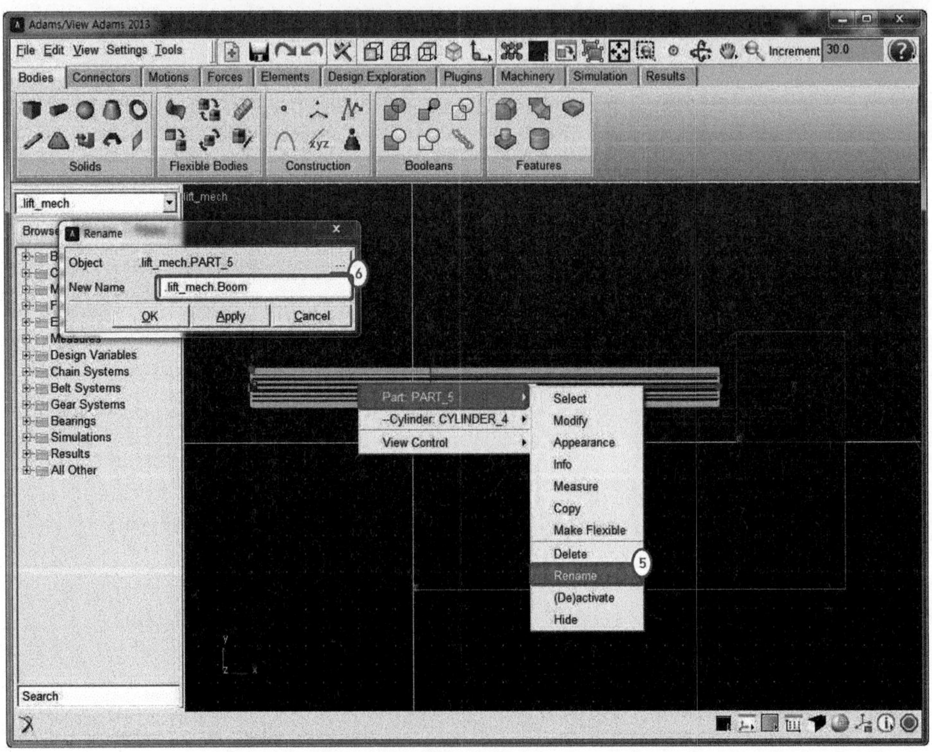
Adams/View Adams 2013
File Edit View Settings Tools
Increment 30.0
Bodies Connectors Motions Forces Elements Design Exploration Plugins Machinery Simulation Results
Solids
Flexible Bodies
Construction
Booleans
Features
.lift_mech
Rename
Object .lift_mech.PART_5
New Name .lift_mech.Boom
OK Apply Cancel
Design Variables
Chain Systems
Belt Systems
Gear Systems
Bearings
Simulations
Results
All Other
Part: PART_5
--Cylinder: CYLINDER_4
View Control
Select
Modify
Appearance
Info
Measure
Copy
Make Flexible
Delete
Rename
(De)activate
Hide
Search
5
6

step 7 Lift Mechanism 형상 만들기 : Bucket 만들기

① Main toolbox의 Bodies에서 Rigid Body: Box를 클릭한다.

② New Part로 선택한 다음 Length(4.5m), Height(3m), Depth(4m)를 모두 체크하고 치수를 입력한다.

③ Working Grid에서 마우스 포인트를 두고 우클릭한 후 LocationEvent 박스에서 클릭할 좌표 값인 -6.75, 1.5, 2를 입력한 후, Rel. To Origin을 선택하고 Apply를 클릭한다.

④ 생성 된 Box에 마우스를 두고 우클릭한 후, Part:PART_6에서 Rename을 클릭한다.

⑤ New Name에 .lift_mech.Bucket를 입력하고 OK를 클릭한다.

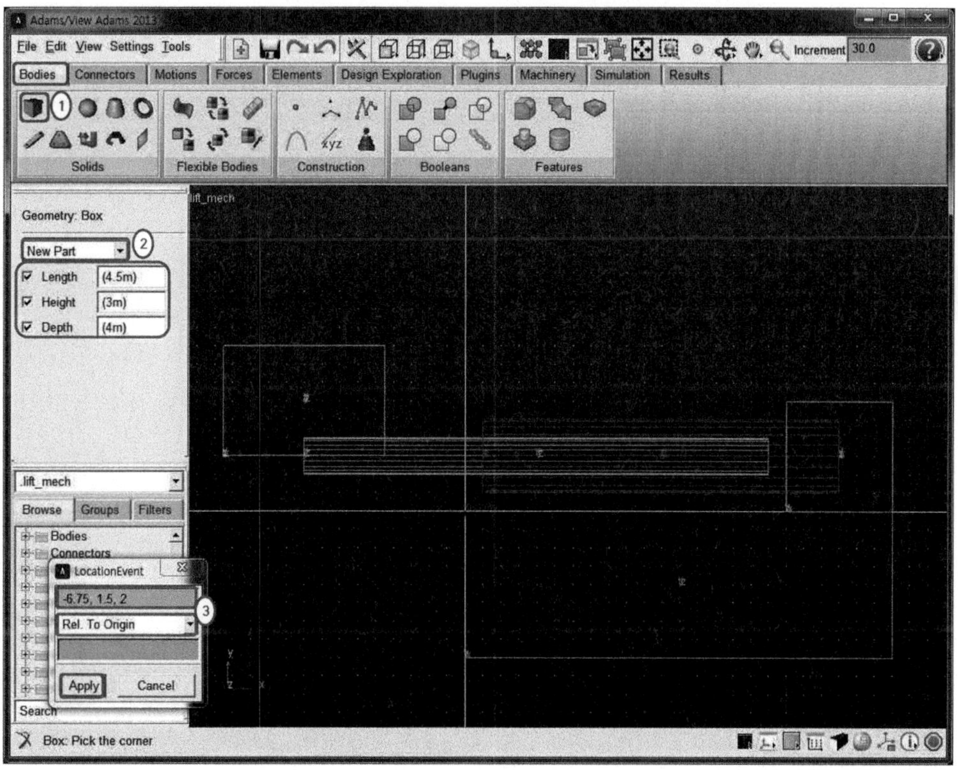

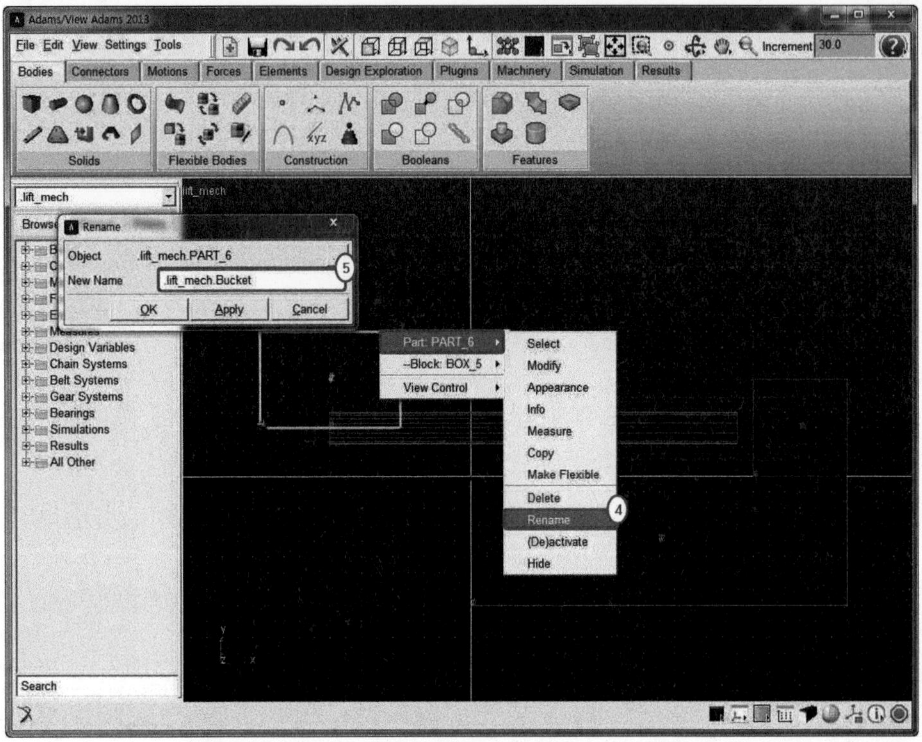

step 8 Fillet Tool를 사용하여 Mount에 적용해보기

① Main toolbox의 Bodies에서 Fillet an edge를 클릭한다.

② Radius(1.5m), End Radius(1.5m)를 체크 한 뒤, 치수를 입력한다.

③ 밑에 그림처럼 Mount의 모서리 두 곳을 클릭한 뒤, 마우스 휠 버튼을 누른다. (화면을 회전하여 클릭하는 것이 더 편할 것이다.)

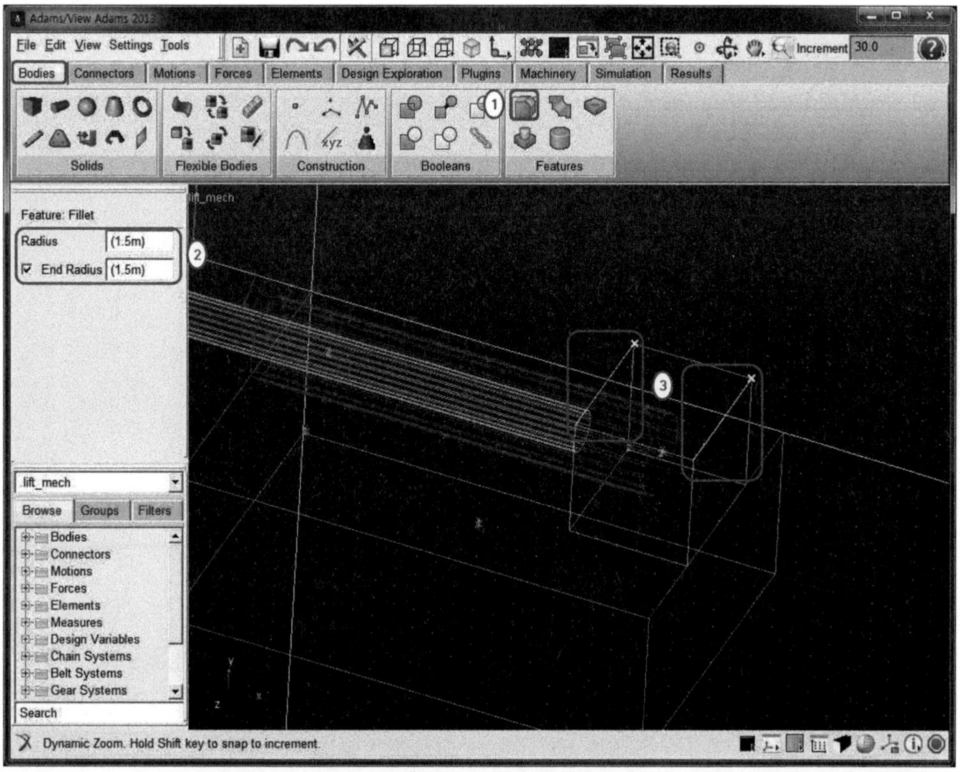

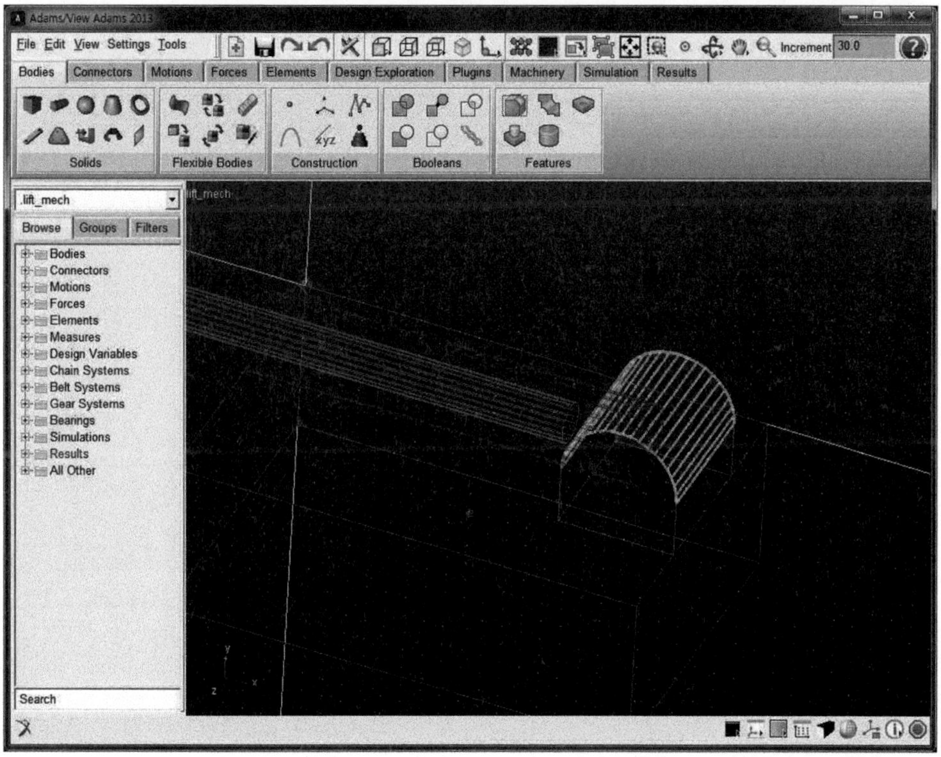

step 9 Bucket 세부 형상 만들기

① Bodies에서 Chamfer an edge를 클릭한다.

② Width에 1.5m를 입력한다.

③ 그 다음 Bucket의 두 개의 모서리를 밑에 그림처럼 클릭한 후, 마우스 휠 버튼을 누른다.

④ Bodies에서 Hollow out a solid를 클릭한다.

⑤ Thickness에 0.25m를 입력한 뒤, Inside를 체크 해준다.

⑥ 그 다음 Bucket을 한번 클릭한 후, Bucket의 윗면에 마우스 포인트를 두고 그림처럼 화살표가 위쪽으로 나올 때 클릭한다.

⑦ 마우스 휠 버튼을 누른다.

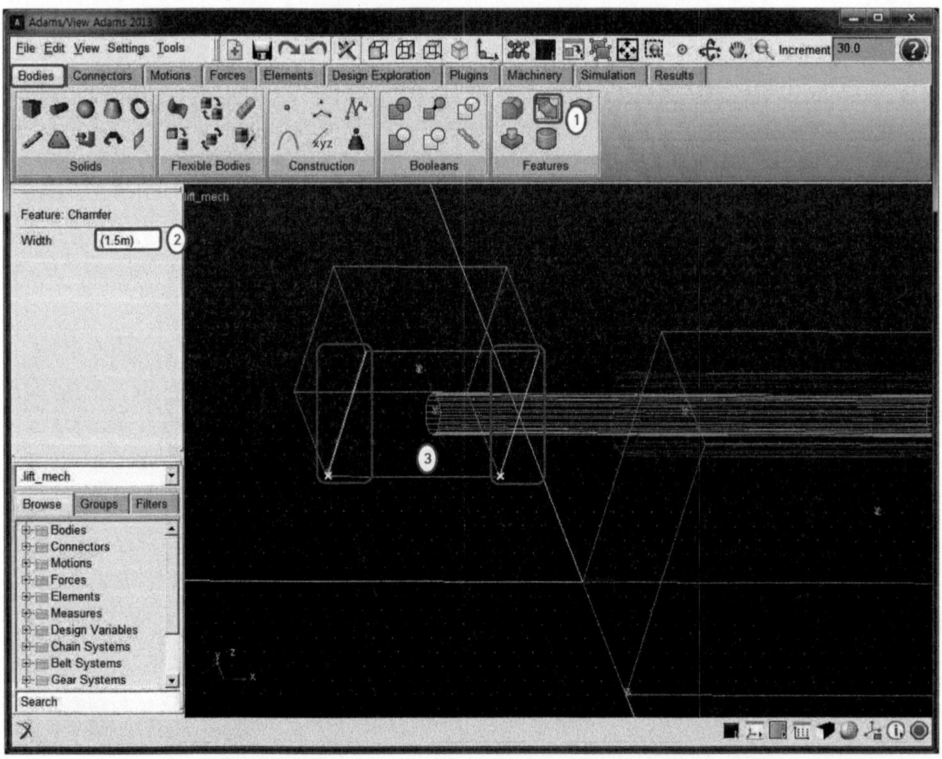

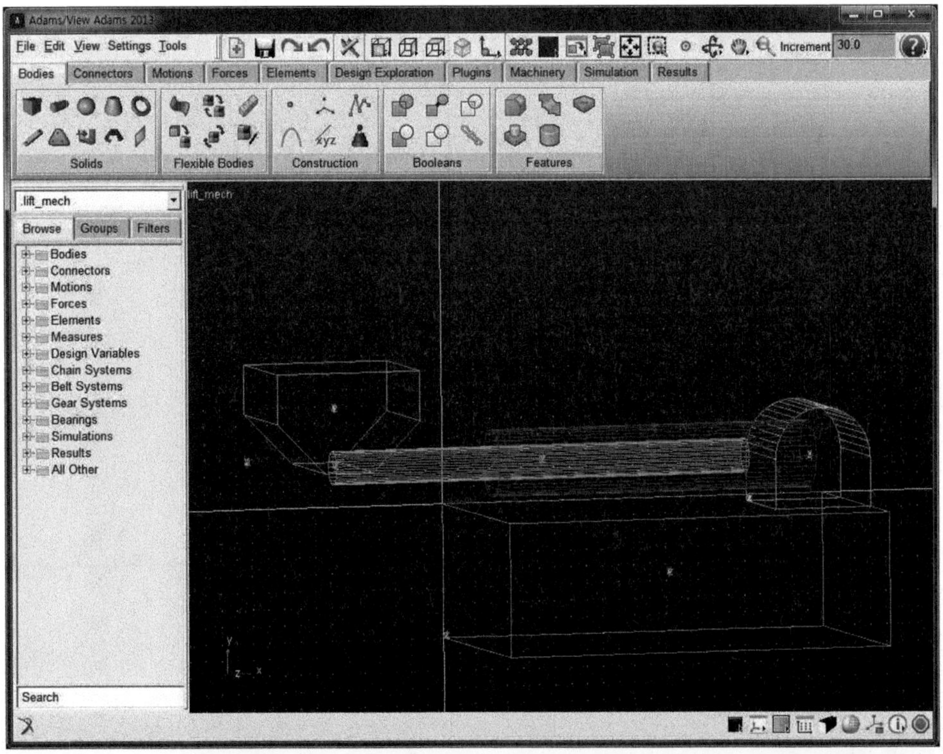

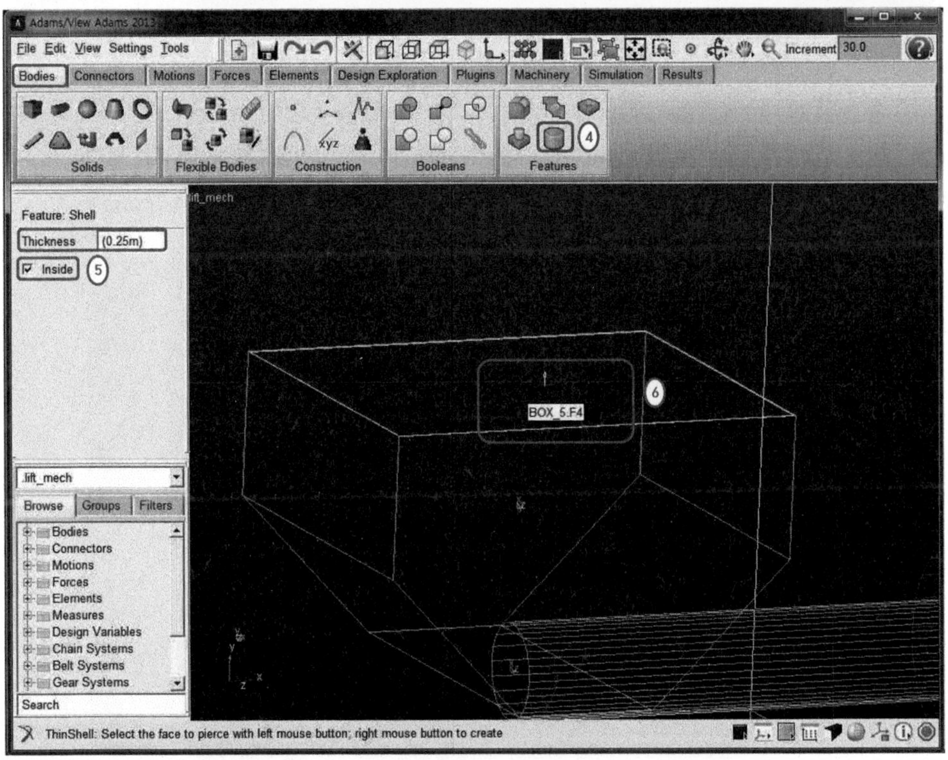
Feature: Shell
Thickness (0.25m)
Inside
BOX_5.F4
ThinShell: Select the face to pierce with left mouse button; right mouse button to create

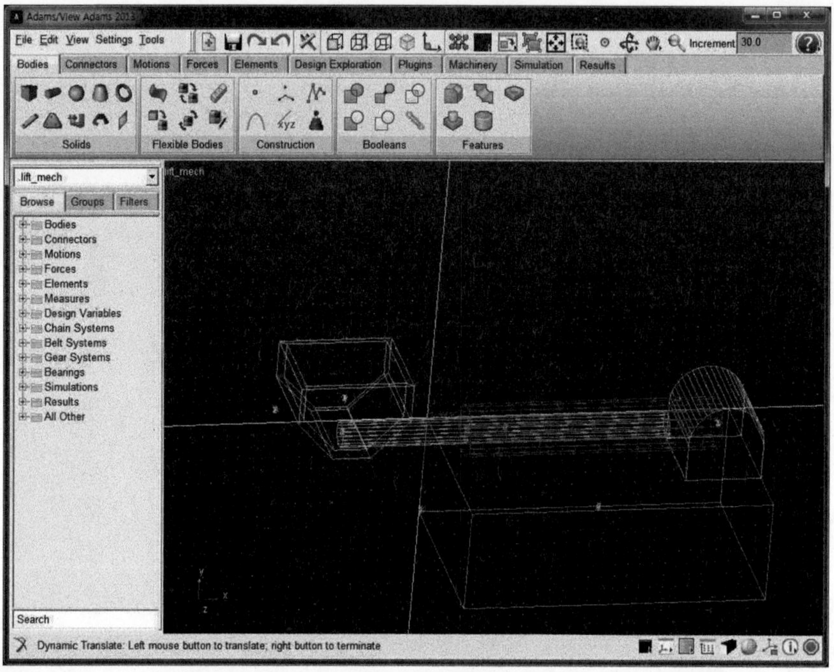

step 10 종 모델 비교

Tip

완성 되었다면 저장하는 것을 잊지 말자.

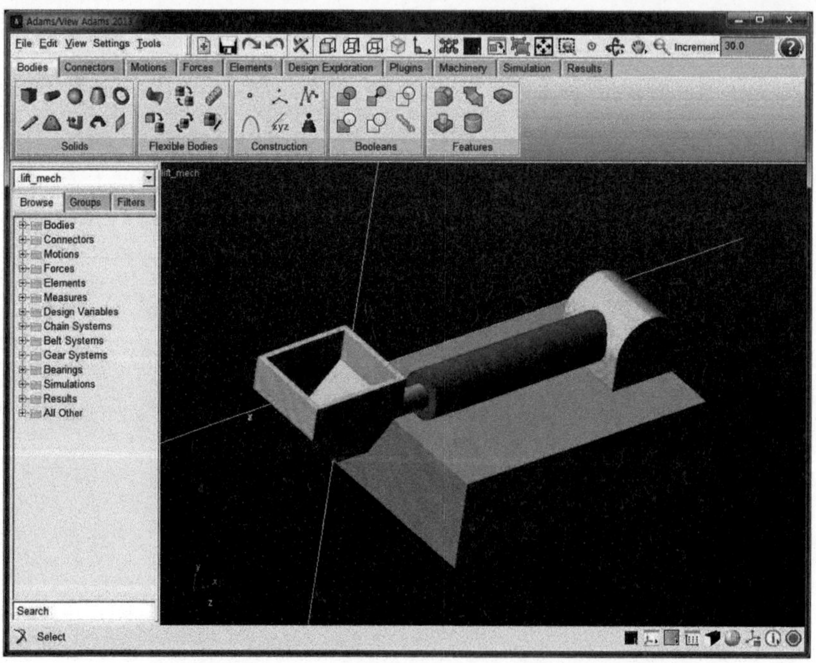

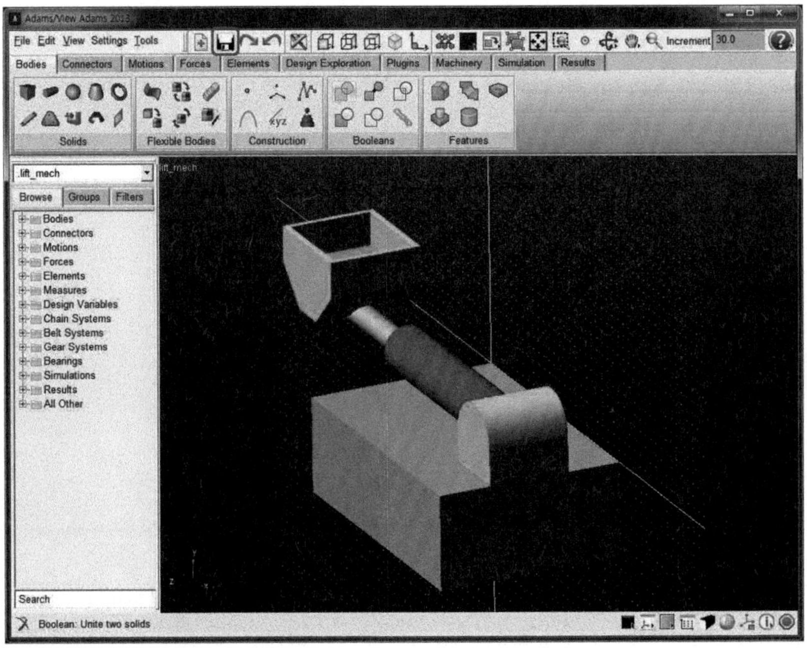
Adams/View Adams 2013
File Edit View Settings Tools
Increment 30.0
Bodies Connectors Motions Forces Elements Design Exploration Plugins Machinery Simulation Results
Solids
Flexible Bodies
Construction
Booleans
Features
.lift_mech
Browse Groups Filters
Bodies
Connectors
Motions
Forces
Elements
Measures
Design Variables
Chain Systems
Belt Systems
Gear Systems
Bearings
Simulations
Results
All Other
Search
Boolean: Unite two solids

Example 4. Lift Mechanism: Simulation

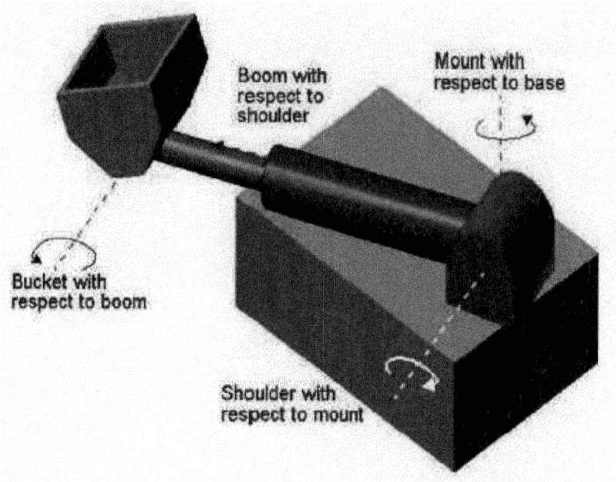

Software Version Adams 2013.2

문제 설명

지난번 Example 3에서, Lift Mechanism를 만들었다. 이제 적절한 구속과 조인트 모션을 모델에 추가할 것이다. 위에 그림처럼 모델을 성공적으로 시뮬레이션 해보자.

step 1 모델 불러오기

① Adams/View를 실행하고, Existing Model를 클릭한다.

② File name 왼쪽 끝에 아이콘을 클릭한다.

③ 전에 만든 lift_mech 파일을 찾아 열고, OK를 클릭한다.

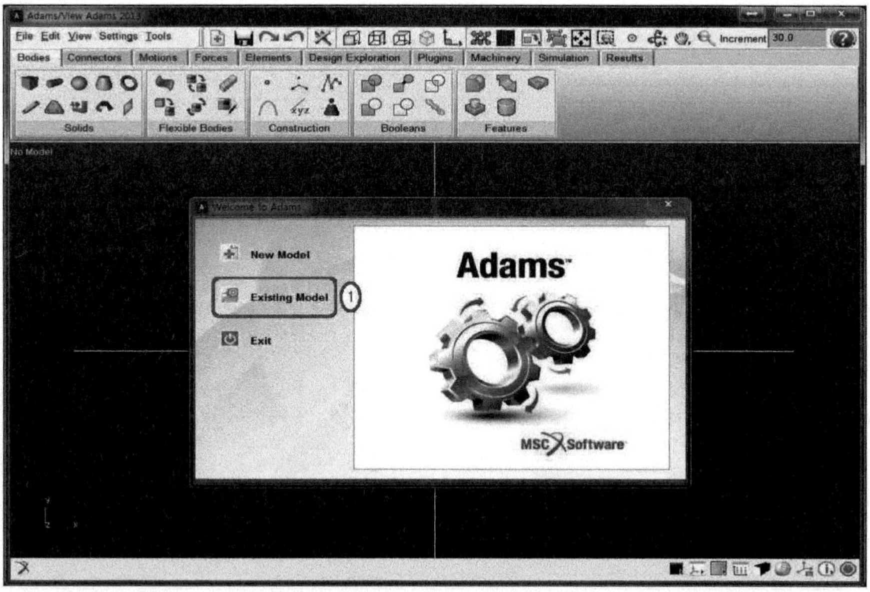

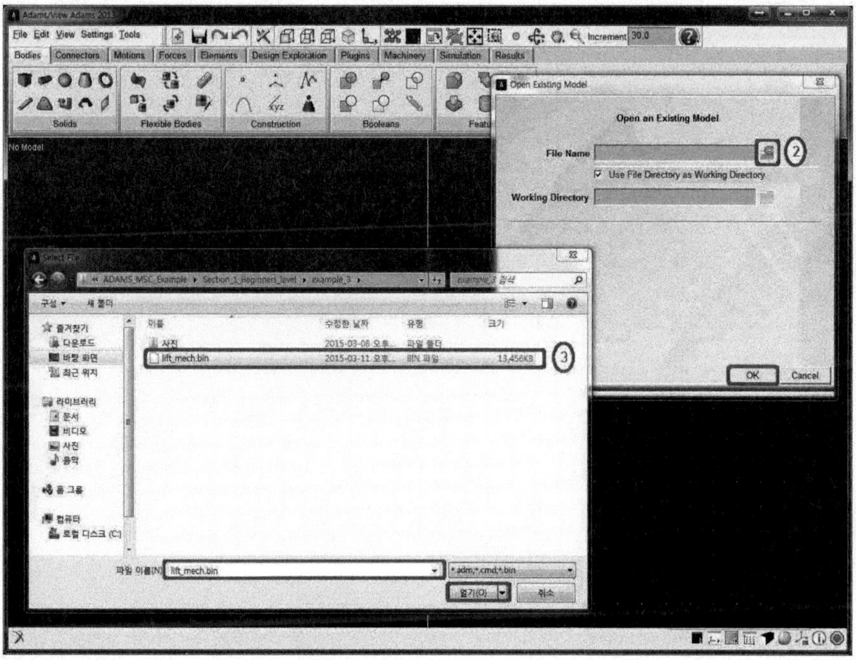

step 2 Base를 Ground에 구속하기

① Main toolbox의 Connectors에서 Fixed joint를 클릭한다.

② Construction에서 2 Bodies – 1 Location 과 Normal to Grid를 선택한다.

③ 그 다음 First Body를 Base로 선택하기 위해서 Base를 한번 클릭하고, Ground를 클릭하여 Second Body를 선택해준다. 그리고 조인트가 위치할 부분을 선택해 주기 위하여 Base의 정중앙(base.cm)을 클릭한다.(Wireframe에서 작업하는 것이 훨씬 수월할 것이다.)

④ 제대로 과정을 수행하였다면 아이콘이 작아서 잘 보이지 않을 것이다. 조인트를 준 부분에서 우클릭한 후, Joint_JOINT_1에서 Appearance를 클릭하여 Icon Scale를 선택하고 15을 입력한 후 OK를 클릭한다.

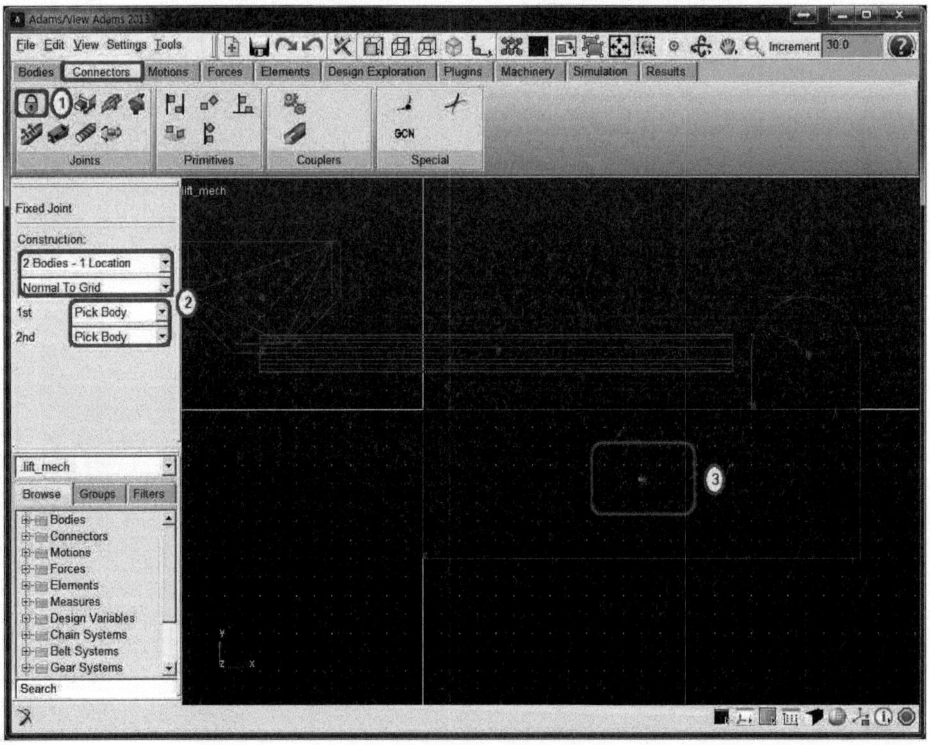

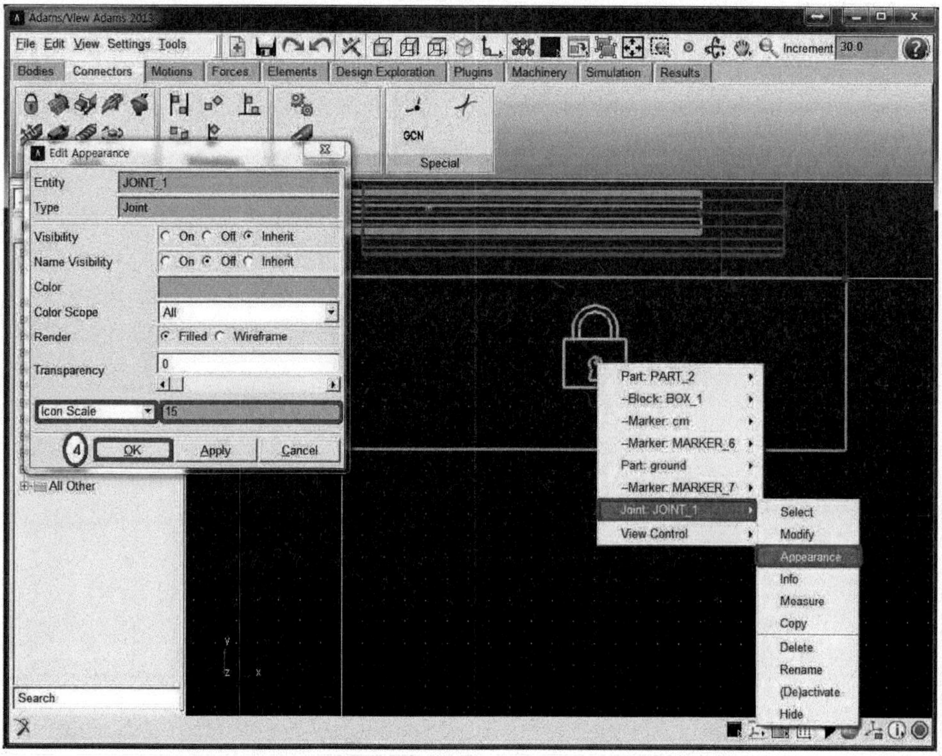

step 3 Mount를 Base에 구속시키기

① Connectors에서 Revolute joint를 클릭한다.

② Construction에서 2 Bodies – 1 Location 와 Pick Geometry Feature를 선택한다.

③ 그 다음 First Body를 Mount로 선택하기 위해서 Mount를 한번 클릭하고, Base를 클릭하여 Second Body를 선택해준다. 그리고 조인트가 위치할 부분을 선택해 주기 위하여 Mount의 중앙에 있는 좌표축을 한번 클릭한 후, cm.X가 나오도록 마우스 포인트를 두고 클릭한다.

④ 제대로 과정을 수행하였다면 아이콘이 작아서 잘 보이지 않을 것이다. 조인트를 준 부분에서 우클릭한 후, Joint_JOINT_2에서 Appearance를 클릭하여 Icon Scale를 선택하고 15을 입력한 후 OK를 클릭한다.

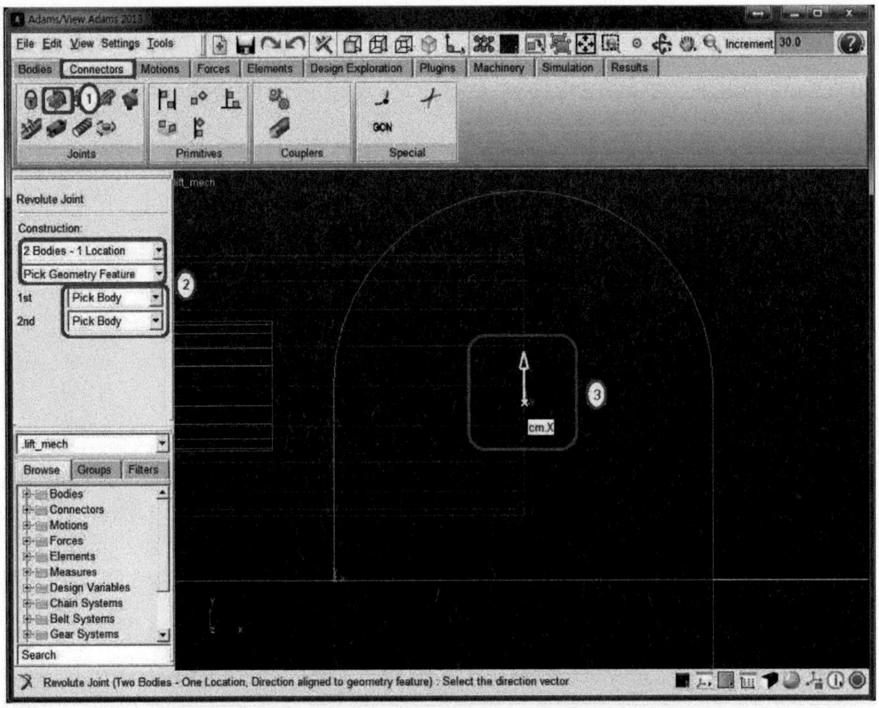

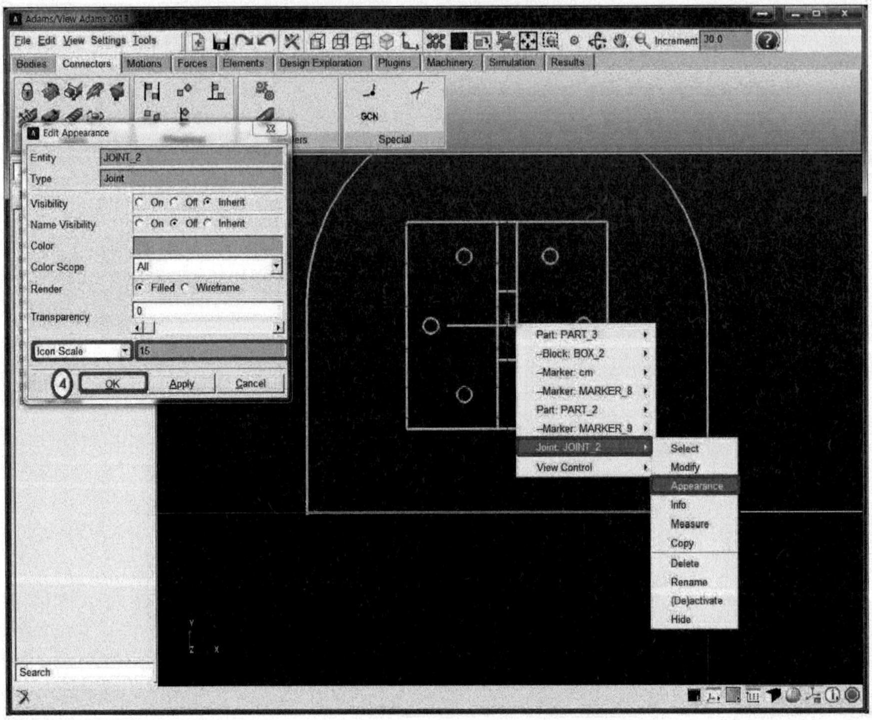

step 4 Shoulder를 Mount에 구속시키기

① Connectors에서 Revolute joint를 클릭한다.

② Construction에서 2 Bodies – 1 Location 와 Normal To Grid를 선택한다.

③ 그 다음 First Body를 Shoulder로 선택하기 위해서 Shoulder를 한번 클릭하고, Mount를 클릭하여 Second Body를 선택해준다. 그리고 조인트가 위치할 부분을 선택해 주기 위하여 Mount의 중앙에 있는 좌표축을 한번 클릭한다.

④ 제대로 과정을 수행하였다면 아이콘이 작아서 잘 보이지 않을 것이다. 조인트를 준 부분에서 우클릭한 후, Joint_JOINT_3에서 Appearance를 클릭하여 Icon Scale를 선택하고 15을 입력한 후 OK를 클릭한다.

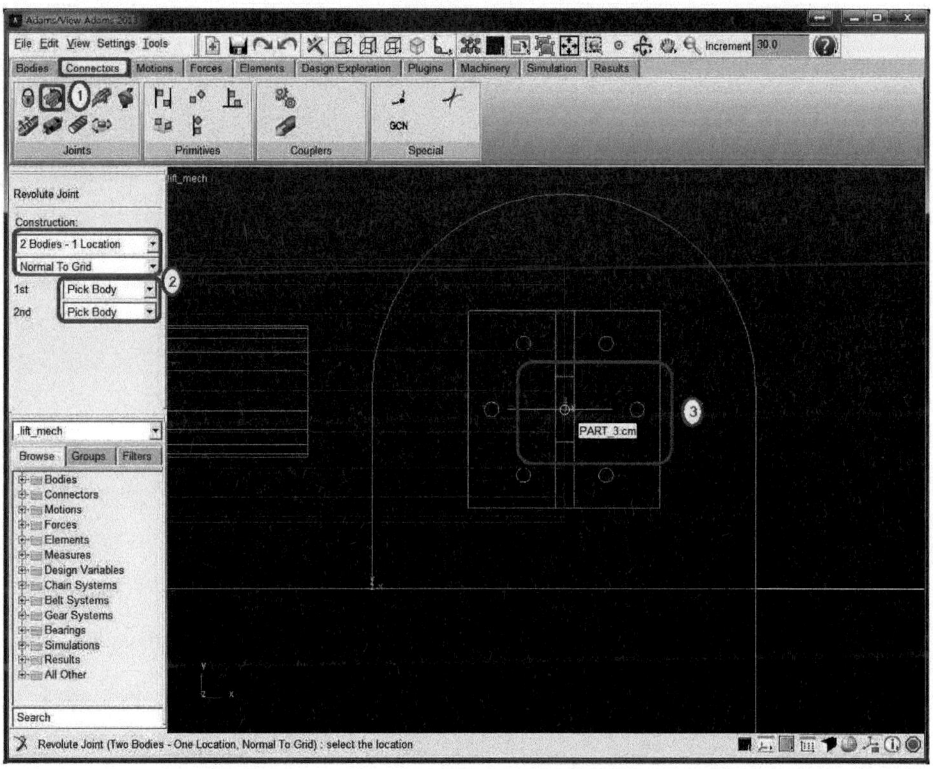

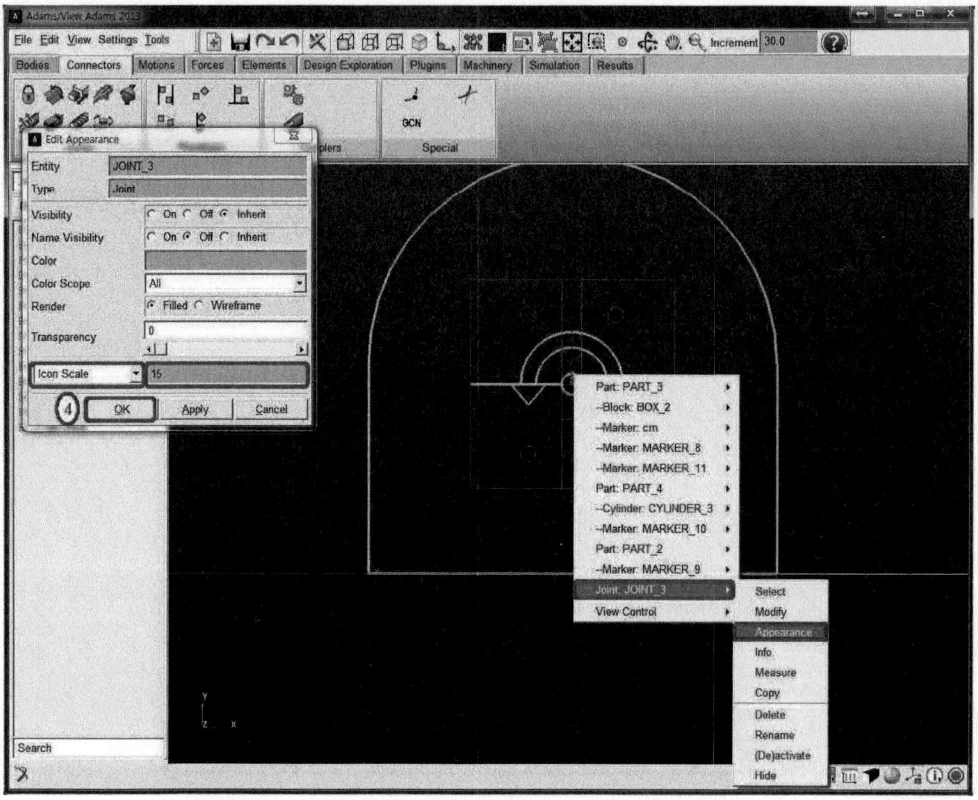

step 5 Boom을 Shoulder에 구속시키기

① Connectors에서 Translational joint를 클릭한다.

② Construction에서 2 Bodies – 1 Location 와 Pick Geometry Feature를 선택한다.

③ 그 다음 First Body를 Boom로 선택하기 위해서 Boom를 한번 클릭하고, Shoulder를 클릭하여 Second Body를 선택해준다. 그리고 조인트가 위치할 부분을 선택해 주기 위하여 Shoulder의 중앙에 있는 좌표축을 한번 클릭한 후, cm.Z가 나오도록 마우스 포인트를 두고 클릭한다.

④ 제대로 과정을 수행하였다면 아이콘이 작아서 잘 보이지 않을 것이다. 조인트를 준 부분에서 우클릭한 후, Joint_JOINT_4에서 Appearance를 클릭하여 Icon Scale를 선택하고 15을 입력한 후 OK를 클릭한다.

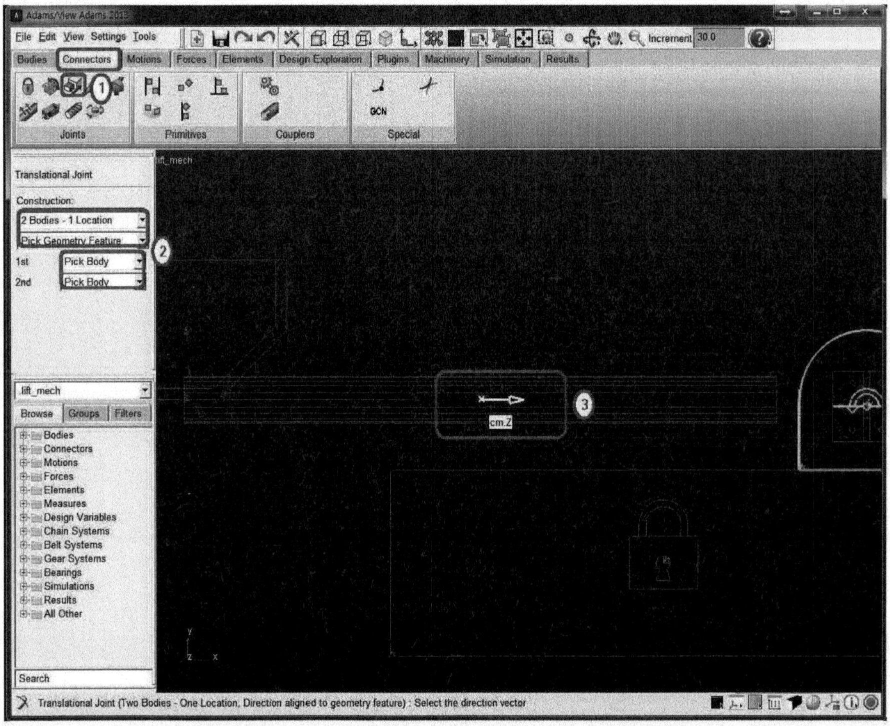

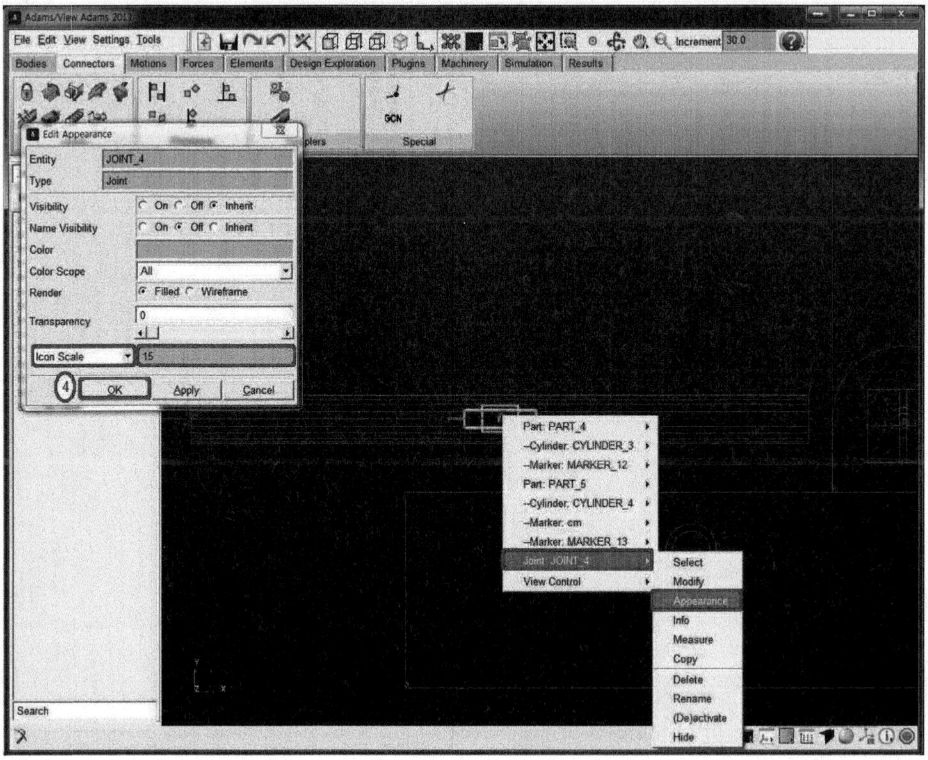

step 6 Bucket을 Boom에 구속시키기

① Connectors에서 Revolute joint를 클릭한다.

② Construction에서 2 Bodies – 1 Location 과 Normal To Grid를 선택한다.

③ 그 다음 First Body를 Bucket로 선택하기 위해서 Bucket를 한번 클릭하고, Boom을 클릭하여 Second Body를 선택해준다. 그리고 조인트가 위치할 부분을 선택해 주기 위하여 Boom의 오른쪽 끝(Boom.MARKER_4)을 밑에 그림처럼 한번 클릭한다.

④ 제대로 과정을 수행하였다면 아이콘이 작아서 잘 보이지 않을 것이다. 조인트를 준 부분에서 우클릭한 후, Joint_JOINT_5에서 Appearance를 클릭하여 Icon Scale를 선택하고 15을 입력한 후 OK를 클릭한다.

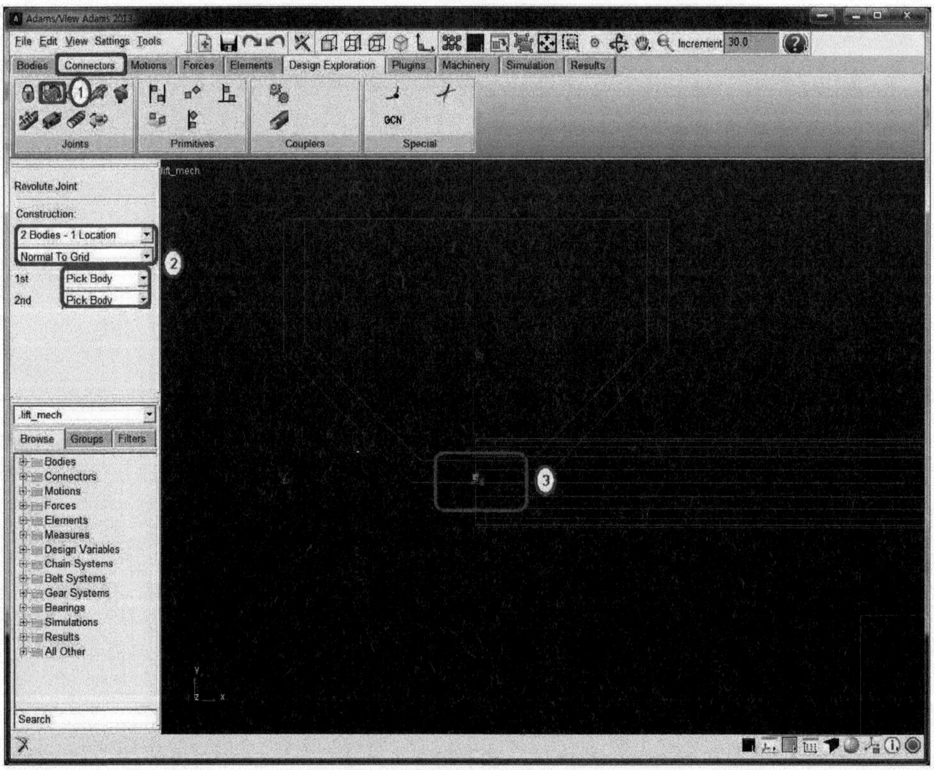

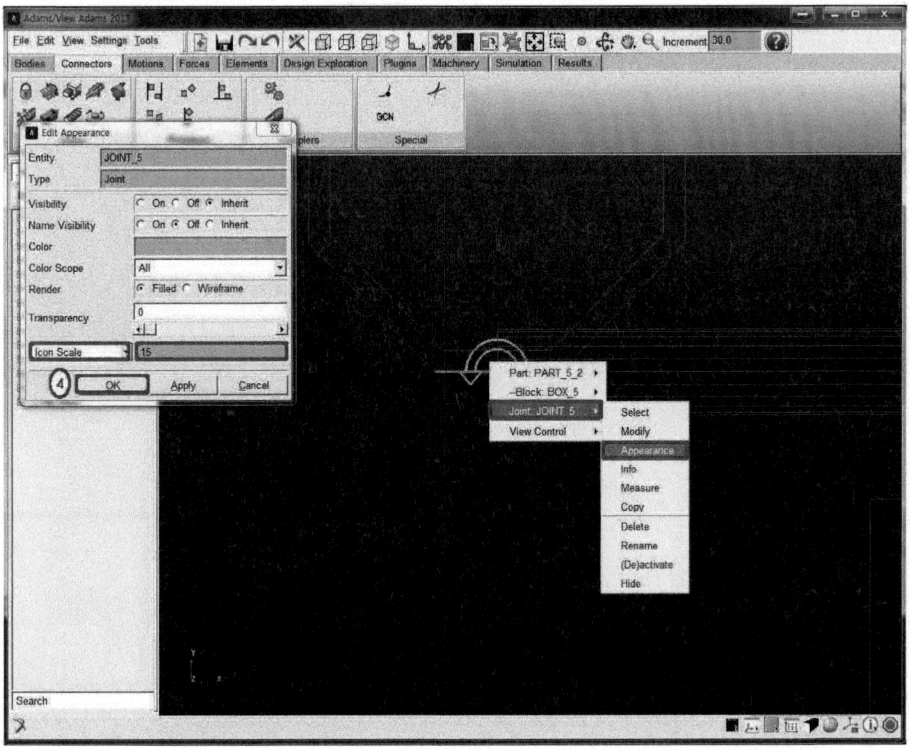

step 7 모델 확인하기

① 모델을 확인하기 위해서 왼쪽 아래 Status bar에서 Information tool을 우클릭한 후, Verify the model를 클릭한다. 그리고 Apply를 클릭하여 밑에 그림과 비교하며 확인한다.

② Simulation에서 Interactive control를 클릭하여 시뮬레이션을 통해 구속이 잘 되었는지 확인한다.

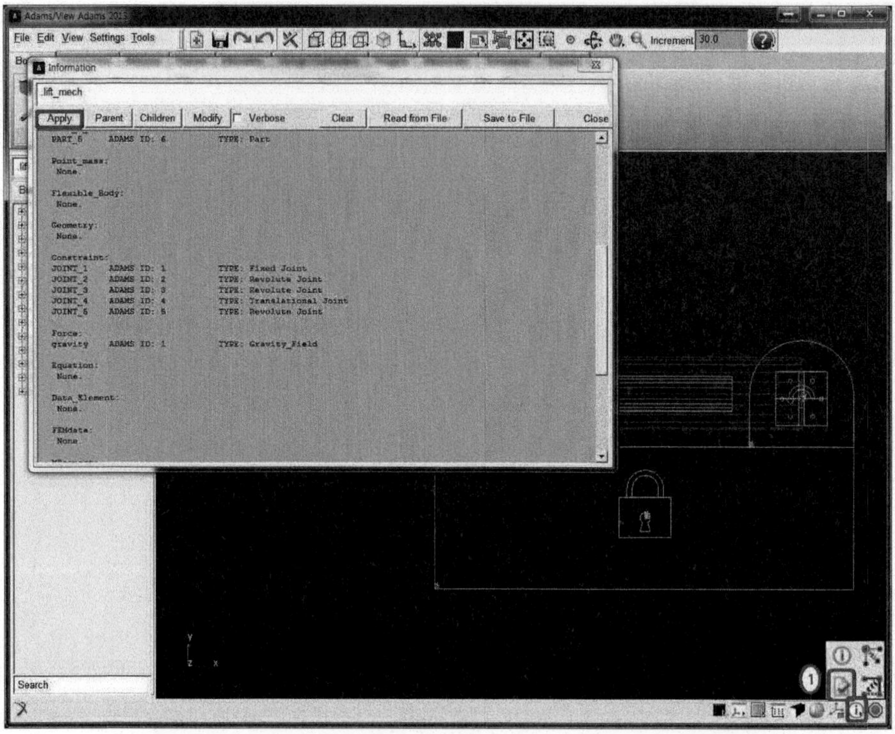

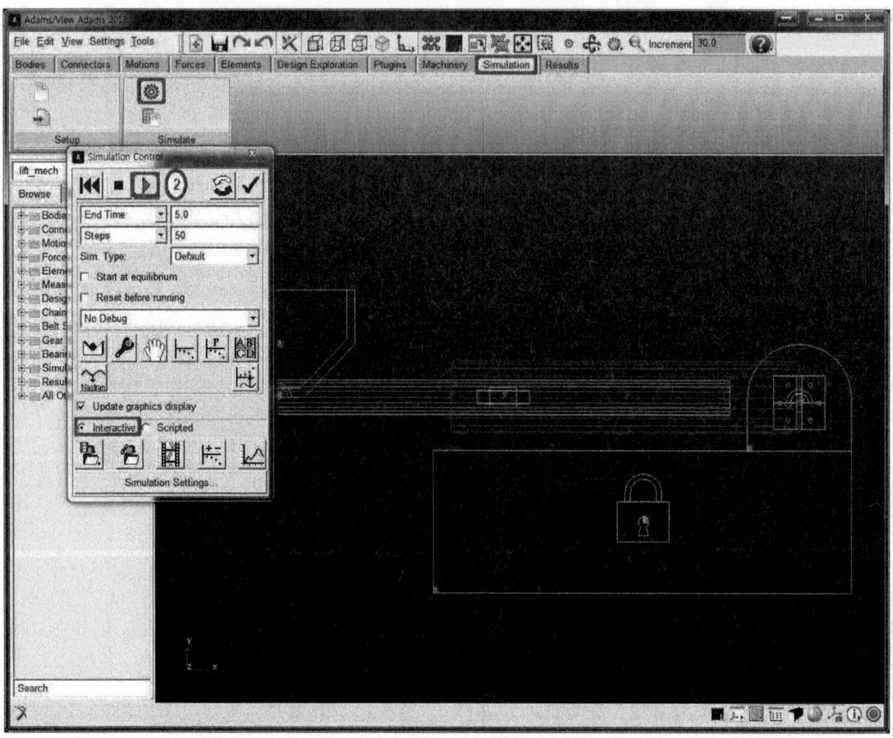

step 8 조인트 모션 추가하기

① 먼저 Mount와 Base에 대한 모션을 주기 위해서 Main toolbox의 Motions에서 Revolute Joint Motion을 클릭한다.

② Rot. Speed 에 360d*time을 입력한다.

③ 그 다음 Mount와 Base의 Revolute joint(JOINT_2)를 클릭한다.

④ 다시 Revolute Joint Motion을 클릭한 후, Rot. Speed는 기본 값으로 놓고 Shoulder와 Mount의 Revolute joint(JOINT_3)를 클릭한다.

⑤ 그리고 왼쪽 Model tree의 Motions에서 Motion_2에 마우스 포인트를 두고 우클릭한 후, Modify를 클릭한다. 그 다음 Function(time)에 -Step(time,0,0,0.1,30d)를 입력한 뒤 OK를 클릭한다. (Tip: Step(-time,0,0,0.1,30d) 의 의미는 0~0.1초 동안 0~30°만큼 돌아간다는 뜻이다.)

⑥ 이제 Boom과 Shoulder에 대한 모션을 주기 위해서 Motions에서 Translational Joint Motion을 클릭하고, 기본 값으로 놓고 Boom과 Shoulder의 Translate joint(JOINT_4)를 클릭한다.

⑦ 그리고 왼쪽 Model tree의 Motions에서 Motion_3에 마우스 포인트를 두고 우클릭한 후, Modify를 클릭한다. 그 다음 Function(time)에 -Step(-time,0.8,0,1,5) 를 입력한 뒤 OK를 클릭한다. (Tip: Step(time,0.8,0,1,5) 의 의미는 0.8~1초 동안 0~5만큼 움직인다는 뜻이다.)

⑧ Revolute Joint Motion을 클릭한 후, Rot. Speed는 기본 값으로 놓고 Bucket와 Boom의 Revolute joint(JOINT_5)를 클릭한다.

⑨ 왼쪽 Model tree의 Motions에서 Motion_4에 마우스 포인트를 두고 우클릭한 후, Modify를 클릭한다. 그 다음 Function(time)에 45d*(1-cos(360d*time)) 를 입력한 뒤 OK를 클릭한다.

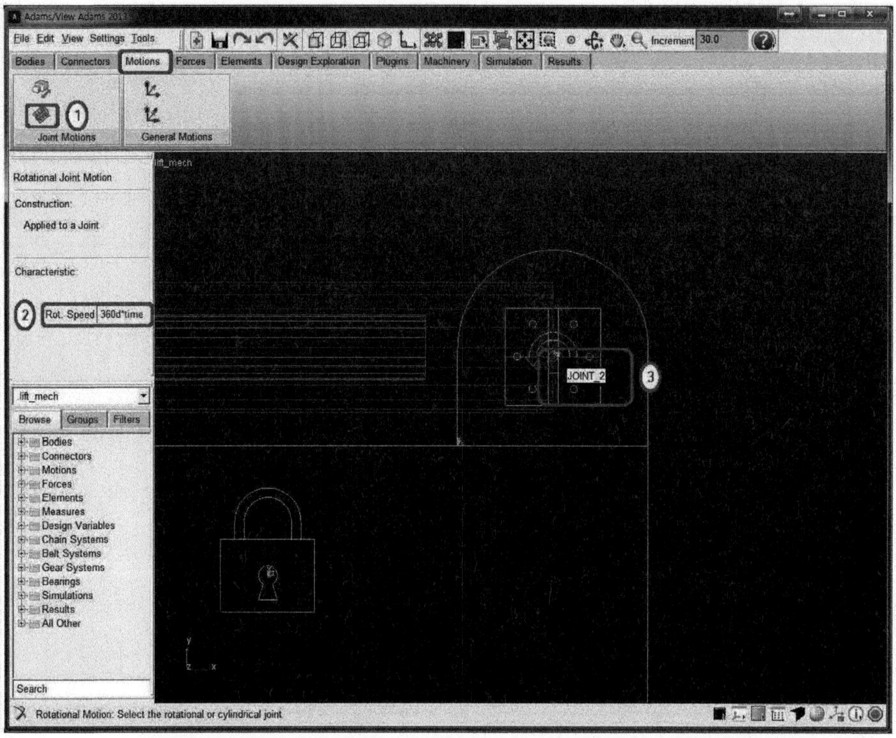
Motions
Joint Motions
General Motions
Rotational Joint Motion
Construction:
Applied to a Joint
Characteristic:
Rot. Speed 360d*time
JOINT_2
Rotational Motion: Select the rotational or cylindrical joint

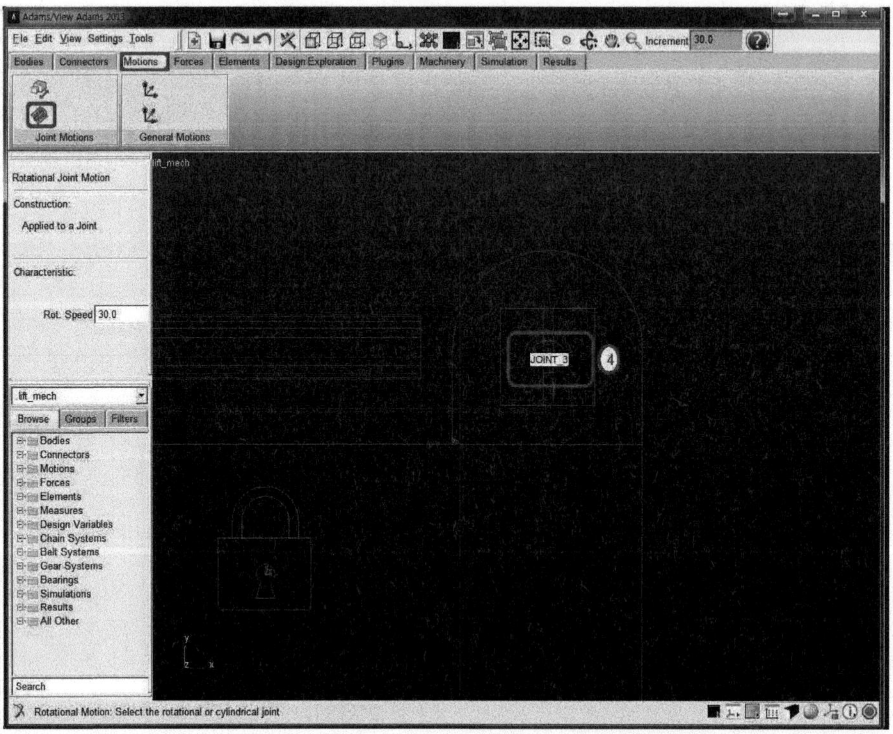
Motions
Joint Motions
General Motions
Rotational Joint Motion
Construction:
Applied to a Joint
Characteristic:
Rot. Speed 30.0
JOINT_3
Rotational Motion: Select the rotational or cylindrical joint

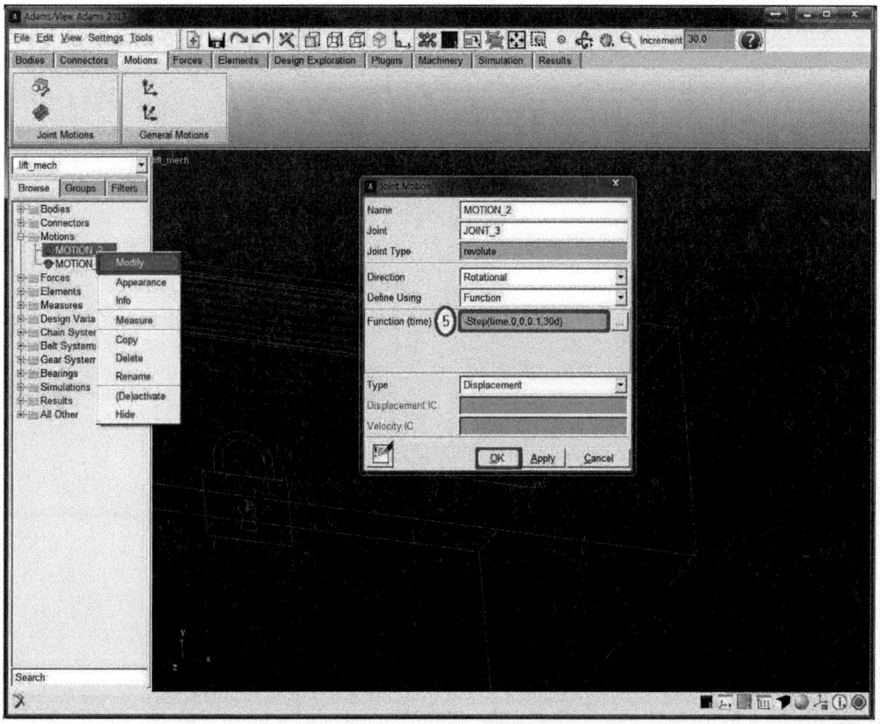
Joint Motion
Name MOTION_2
Joint JOINT_3
Joint Type revolute
Direction Rotational
Define Using Function
Function (time)
5
-Step(time,0,0,0.1,30d)
Type Displacement
Displacement IC
Velocity IC
OK
Apply
Cancel
Modify
Appearance
Info
Measure
Copy
Delete
Rename
(De)activate
Hide

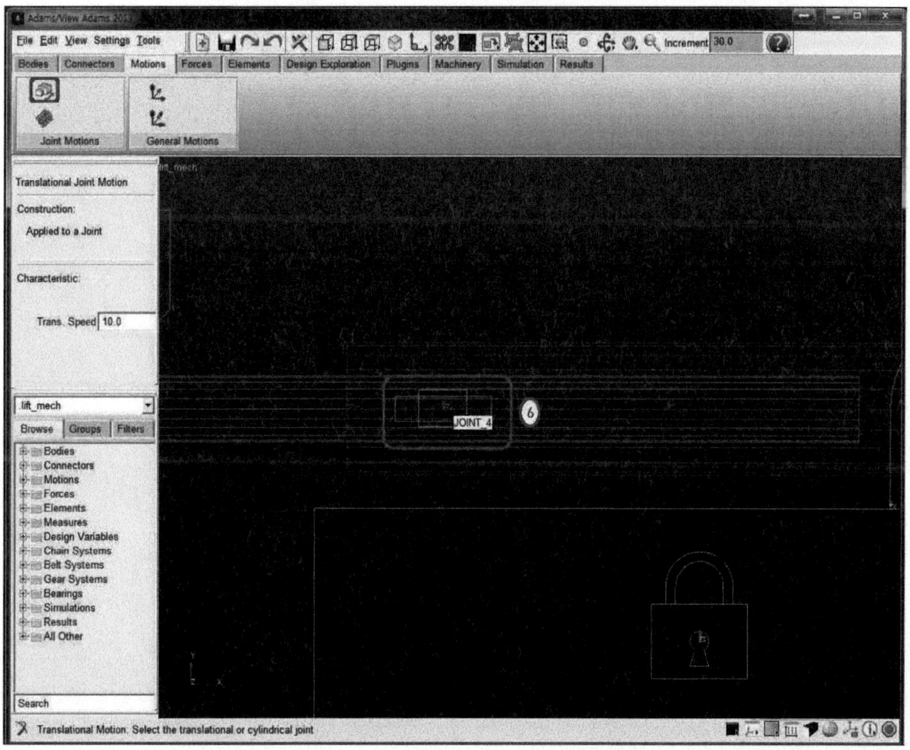
Translational Joint Motion
Construction:
Applied to a Joint
Characteristic:
Trans. Speed 10.0
JOINT_4
6
Translational Motion: Select the translational or cylindrical joint

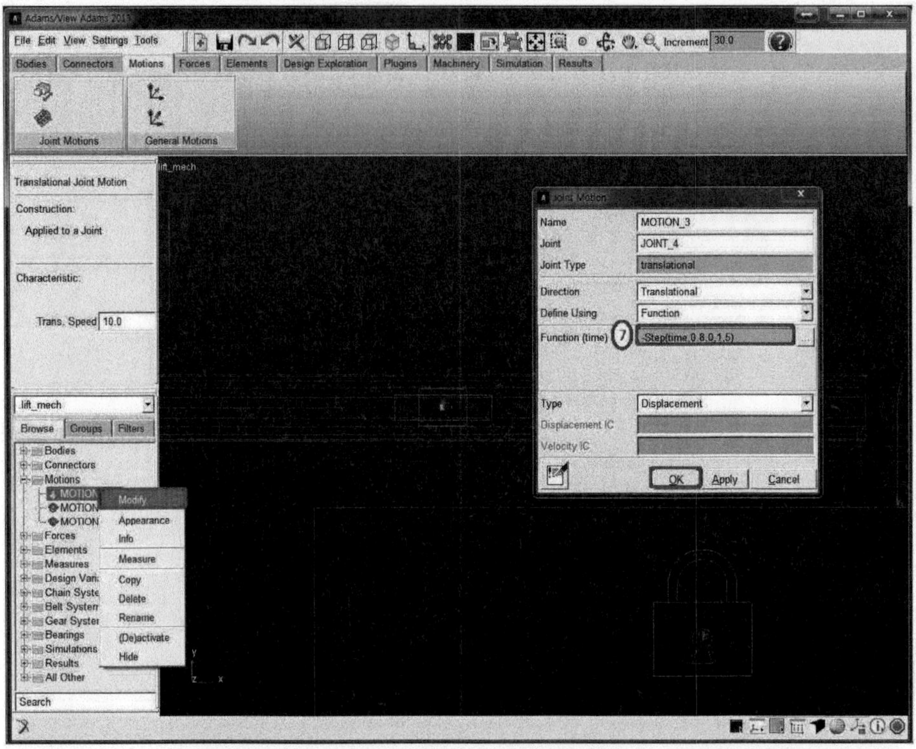
Adams/View Adams 2013
File Edit View Settings Tools
Increment 30.0
Bodies Connectors Motions Forces Elements Design Exploration Plugins Machinery Simulation Results
Joint Motions
General Motions
Translational Joint Motion
Construction:
Applied to a Joint
Characteristic:
Trans. Speed 10.0
.lift_mech
Browse Groups Filters
Bodies
Connectors
Motions
Forces
Elements
Measures
Results
All Other
Search
Modify
Appearance
Info
Measure
Copy
Delete
Rename
(De)activate
Hide
Joint Motion
Name MOTION_3
Joint JOINT_4
Joint Type translational
Direction Translational
Define Using Function
Function (time) 7 Step(time,0,8,0,1,5)
Type Displacement
Displacement IC
Velocity IC
OK Apply Cancel

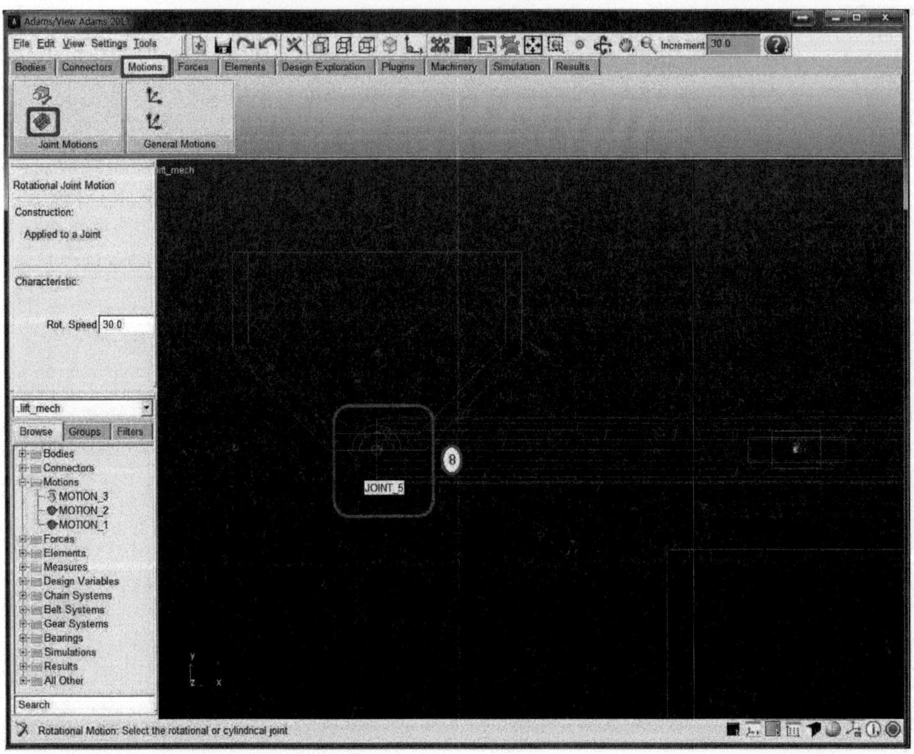
Adams/View Adams 2013
File Edit View Settings Tools
Increment 30.0
Bodies Connectors Motions Forces Elements Design Exploration Plugins Machinery Simulation Results
Joint Motions
General Motions
Rotational Joint Motion
Construction:
Applied to a Joint
Characteristic:
Rot. Speed 30.0
.lift_mech
Browse Groups Filters
Bodies
Connectors
Motions
MOTION_3
MOTION_2
MOTION_1
Forces
Elements
Measures
Design Variables
Chain Systems
Belt Systems
Gear Systems
Bearings
Simulations
Results
All Other
Search
JOINT_5
8
Rotational Motion: Select the rotational or cylindrical joint

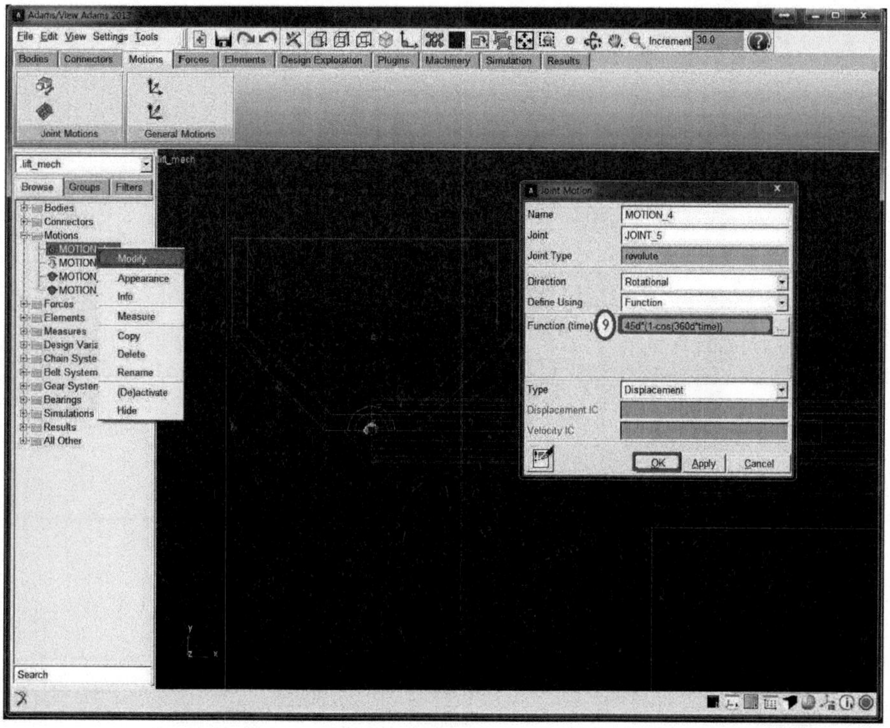

step 9 조인트 모션 확인하기

① 조인트에 Step 8.에서 설정한 Function(time)이 잘 입력이 되어있는지 확인하기 위해서, Model tree의 Motions에서 각각의 Motion에 우클릭한 후, Modify를 클릭하여 확인할 수 있다.

② 또 다른 예로 Mount와 Base의 조인트에 마우스 포인트를 두고 우클릭한 후, Joint:JOINT_2에 Modify를 클릭한다.

③ 그리고 Impose Motion을 클릭한다.

④ Function 에 360d*time 이 잘 입력 되어있는지 확인한 후에 OK를 클릭한다.

⑤ 모델의 구속과 모션이 잘 되어있는지 확인하기 위해서 왼쪽 아래 Status bar에서 Information tool을 우클릭한 후, Verify the model를 클릭한다. 그리고 Apply를 클릭하여 밑에 그림과 비교하며 확인한다.

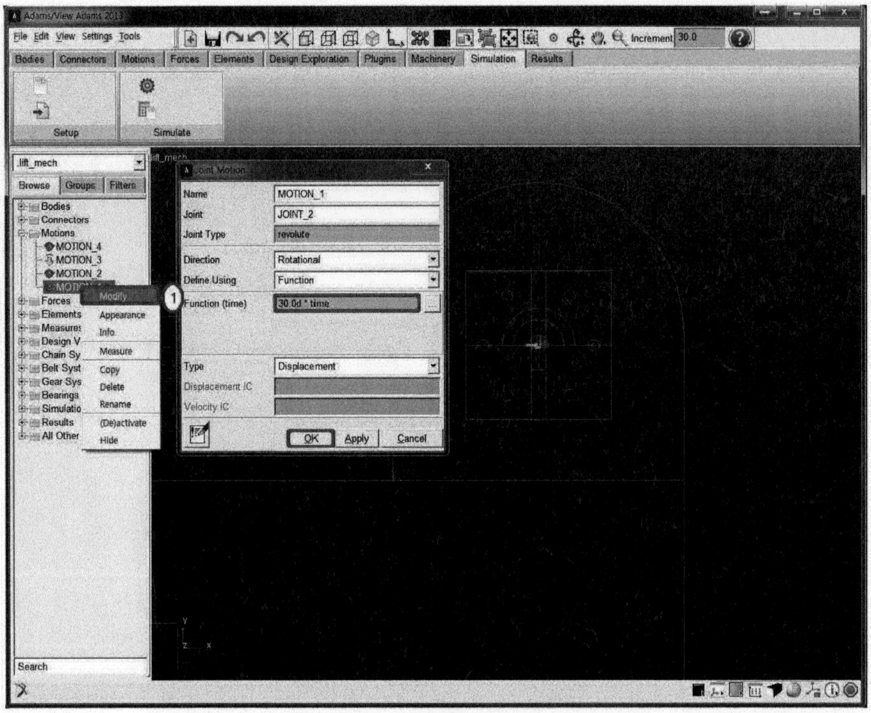
Adams/View Adams 2013
File Edit View Settings Tools
Increment 30.0
Bodies Connectors Motions Forces Elements Design Exploration Plugins Machinery Simulation Results
Setup
Simulate
.lift_mech
Browse Groups Filters
Bodies
Connectors
Motions
MOTION_4
MOTION_3
MOTION_2
Forces
Elements
Measures
Design V
Chain Sy
Belt Syst
Gear Sys
Bearings
Simulatio
Results
All Other
Modify
Appearance
Info
Measure
Copy
Delete
Rename
(De)activate
Hide
1
Joint Motion
Name MOTION_1
Joint JOINT_2
Joint Type revolute
Direction Rotational
Define Using Function
Function (time) 30.0d * time
Type Displacement
Displacement IC
Velocity IC
OK Apply Cancel
Search

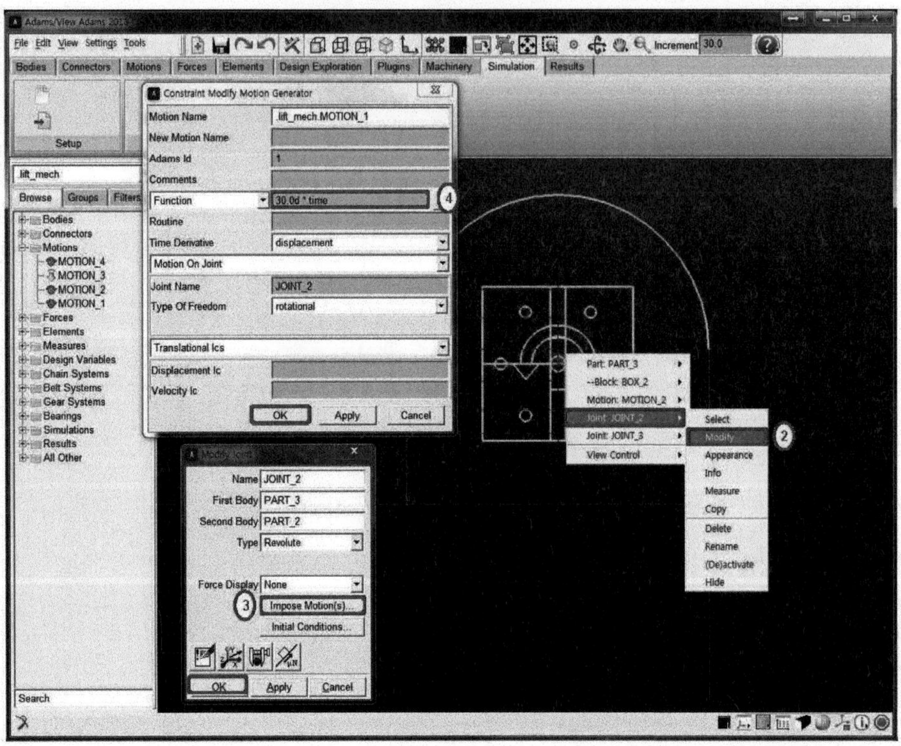
Adams/View Adams 2013
File Edit View Settings Tools
Increment 30.0
Bodies Connectors Motions Forces Elements Design Exploration Plugins Machinery Simulation Results
Setup
.lift_mech
Browse Groups Filters
Bodies
Connectors
Motions
MOTION_4
MOTION_3
MOTION_2
MOTION_1
Forces
Elements
Measures
Design Variables
Chain Systems
Belt Systems
Gear Systems
Bearings
Simulations
Results
All Other
Constraint Modify Motion Generator
Motion Name .lift_mech.MOTION_1
New Motion Name
Adams Id 1
Comments
Function 30.0d * time
4
Routine
Time Derivative displacement
Motion On Joint
Joint Name JOINT_2
Type Of Freedom rotational
Translational Ics
Displacement Ic
Velocity Ic
OK Apply Cancel
Part: PART_3
--Block: BOX_2
Motion: MOTION_2
Joint: JOINT_2
Joint: JOINT_3
View Control
Select
Modify
Appearance
Info
Measure
Copy
Delete
Rename
(De)activate
Hide
2
Modify Joint
Name JOINT_2
First Body PART_3
Second Body PART_2
Type Revolute
Force Display None
3
Impose Motion(s)...
Initial Conditions...
OK Apply Cancel
Search

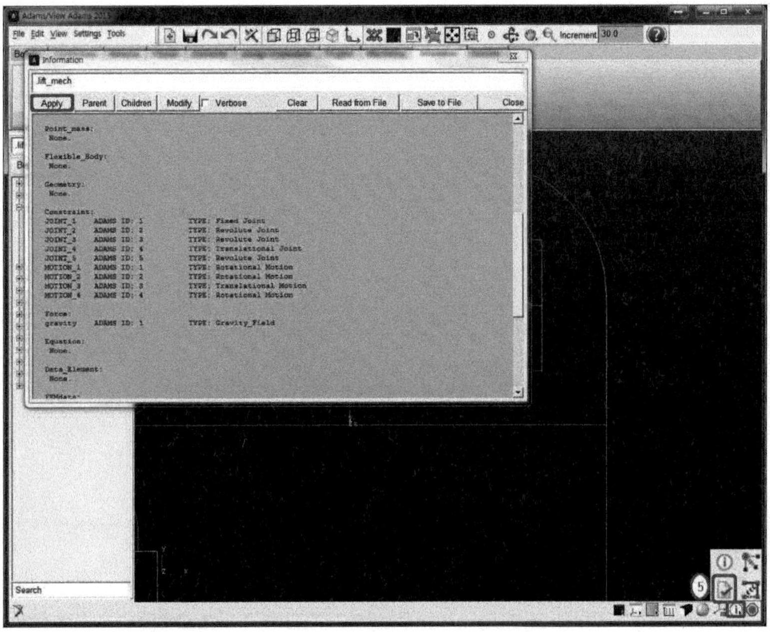

step 10 모델 시뮬레이션하기

① 5초 동안 500 steps로 설정하고 결과를 관찰해본다.

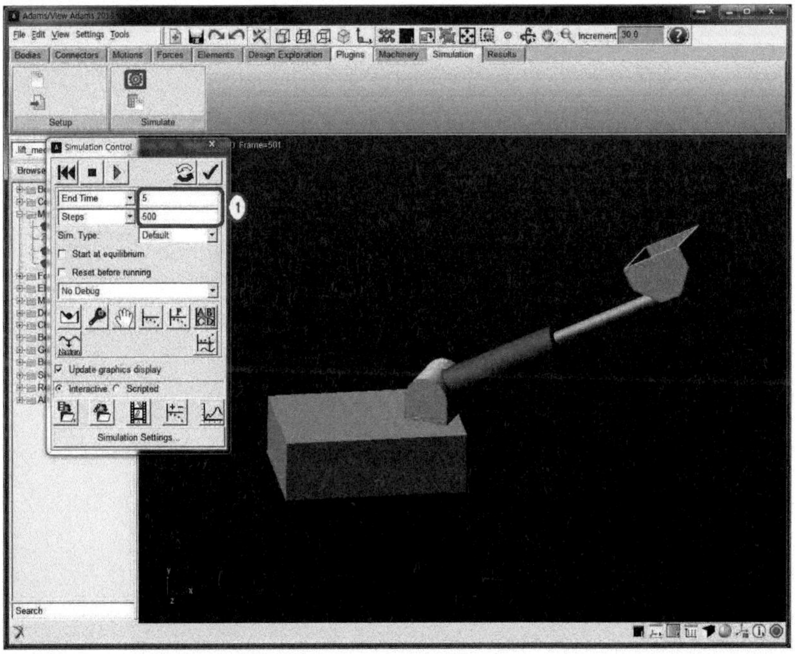

Example 5. One degree of freedom Pendulum

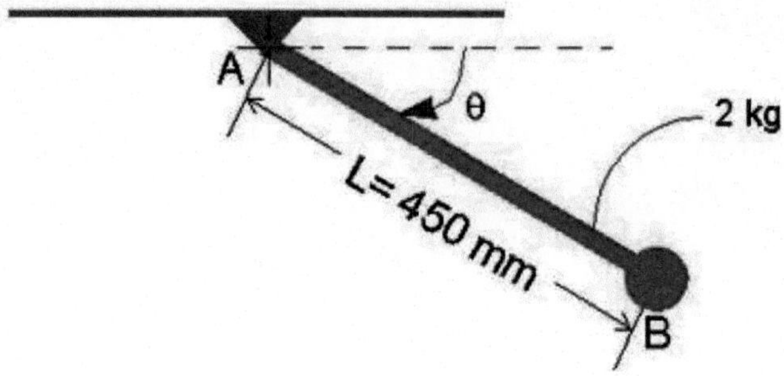

Software Version Adams 2013.2

문제 정의

초기 각도와 각속도가 주어진 조건에서, 수직면에 대해 흔들리는 막대기의 핀 A에서 지지되는 힘을 찾고, 추의 진동수도 찾자.

step 1 New Adams Databae를 만들기

① Adams/View를 실행한 후, New model를 클릭한다.

② Model Name에 pendulum을 입력한다.

③ Gravity에서 Earth Normal (−Global Y)를 선택하고 Units에서는 MMKS – mm,kg,N,s,deg를 선택한다.

④ Working Directory는 자신이 저장할 폴더로 지정한다.

New Model
1
Existing Model
Exit
Adams
MSC Software

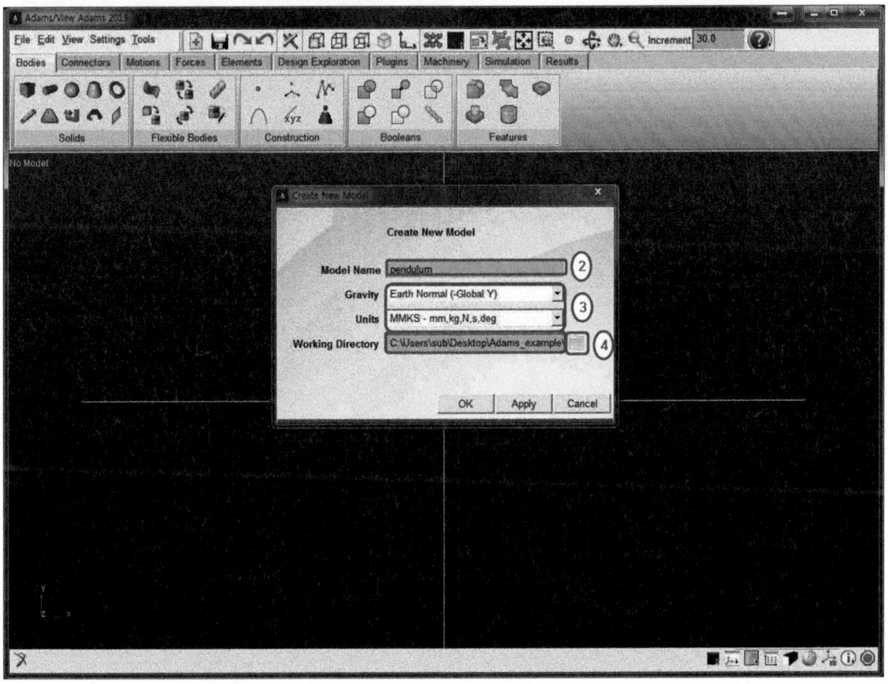
Create New Model
Model Name
pendulum
2
Gravity
Earth Normal (-Global Y)
Units
MMKS - mm,kg,N,s,deg
3
Working Directory
C:\Users\sub\Desktop\Adams_example
4
OK
Apply
Cancel

step 2 Pendulum Link 만들기

① Main Toolbox의 Rigid Body에서 Rigid Body:Link를 클릭한다.

② New Part를 선택하고 Length(450mm), Width(20mm), Depth(27.5mm) 모두 체크를 한 후, 치수를 입력한다.

③ Working Grid에서 원점(0,0,0)을 클릭한다.

④ 바로 Working Grid의 임의의 곳에서 마우스 우클릭하여 Location Event 창을 열고, 450,0,0을 입력하고 Apply를 클릭한다.

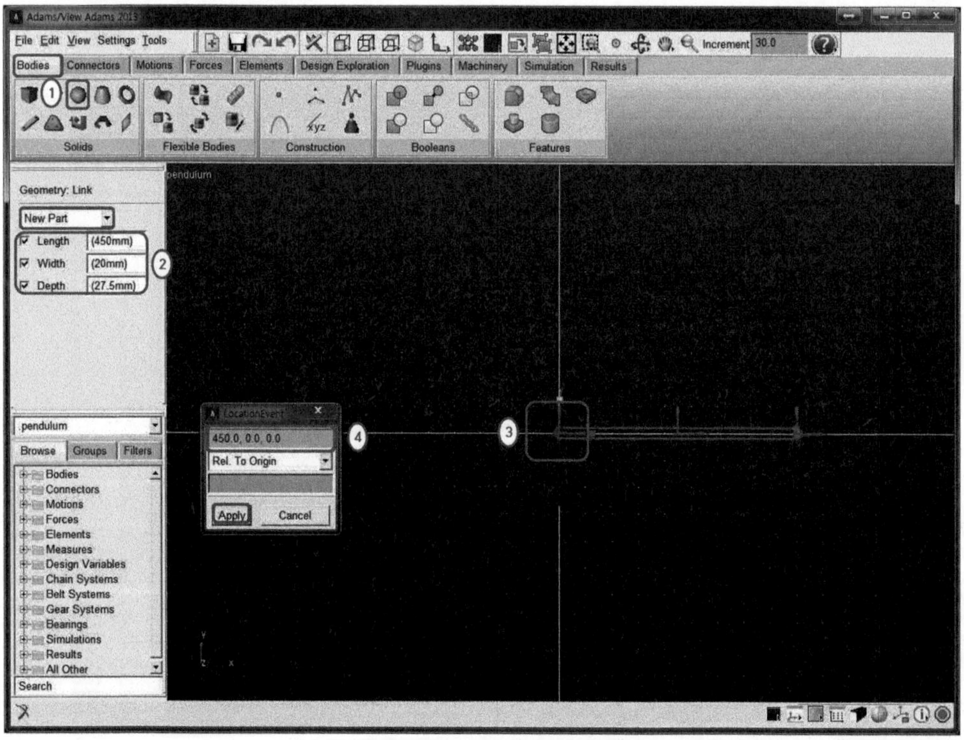

step 3 Pendulum의 추 만들기

① Rigid Body에서 Rigid Body:Sphere를 클릭한다.

② Add To Part를 선택하고 Radius(25mm)를 체크한 뒤 치수를 입력한다.

③ 그 다음, PART_2를 한번 클릭한다.

④ 그리고 Working Gird에서 마우스 우클릭한 후, Location Event 창에서 450,0,0을 입력하고 Apply를 클릭한다.

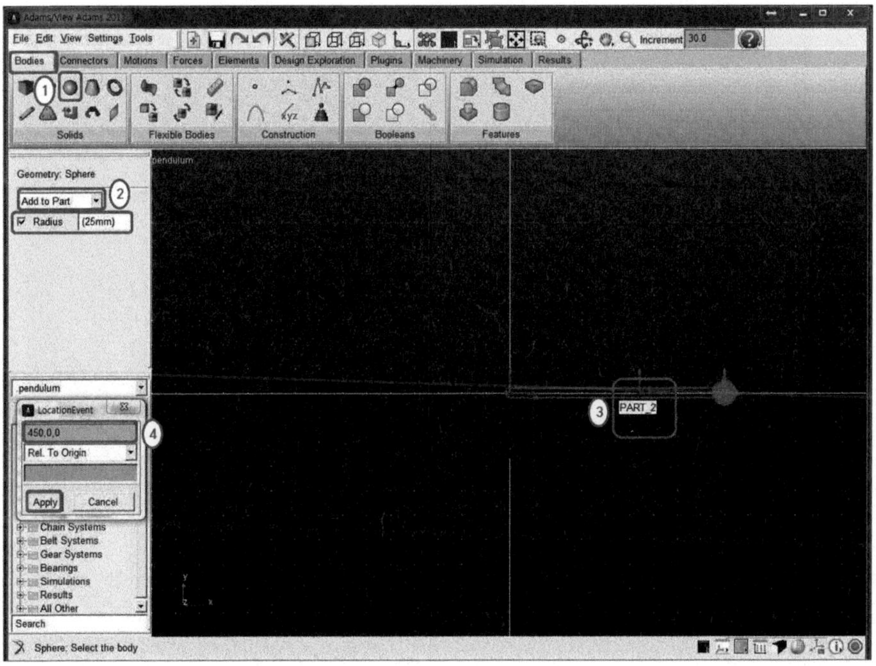

step 4　Pendulum 이름 재설정하기

① Link에 마우스 포인트를 두고 우클릭한 후, Part:PART_2에서 Rename을 클릭한다.

② New Name에 .pendulum.pendulum을 입력하고 OK를 클릭한다.

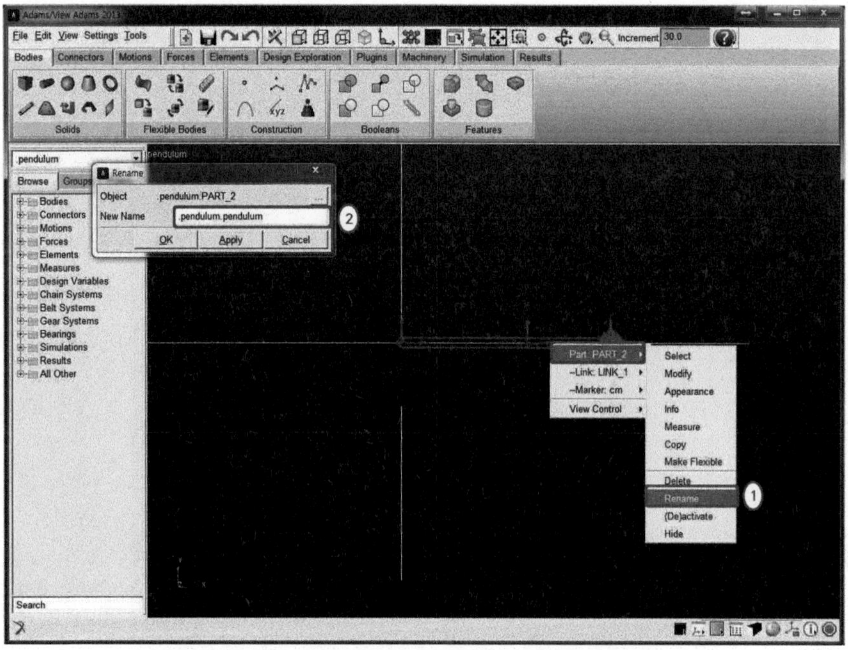

step 5　Pendulum의 물성치 할당하기

① pendulum에서 마우스 포인트를 두고 우클릭한 후, Part:pendulum에서 Modify를 클릭한다.

② Define Mass By에서 User Input을 선택한 후, Mass에 2를 입력, 그리고 Ixx,I-yy,Izz 모두 0을 입력한다.

③ 그리고 밑에 Center of Mass Marker에서 옆 빈 공간을 우클릭한 후, pendulum.pendulum.cm에서 Modify를 클릭한다.

④ 그 다음 Location에서 450,0,0을 입력하고 OK를 클릭, 다시 OK를 클릭한다. (경고문에 나오면 Colse를 클릭한다.)

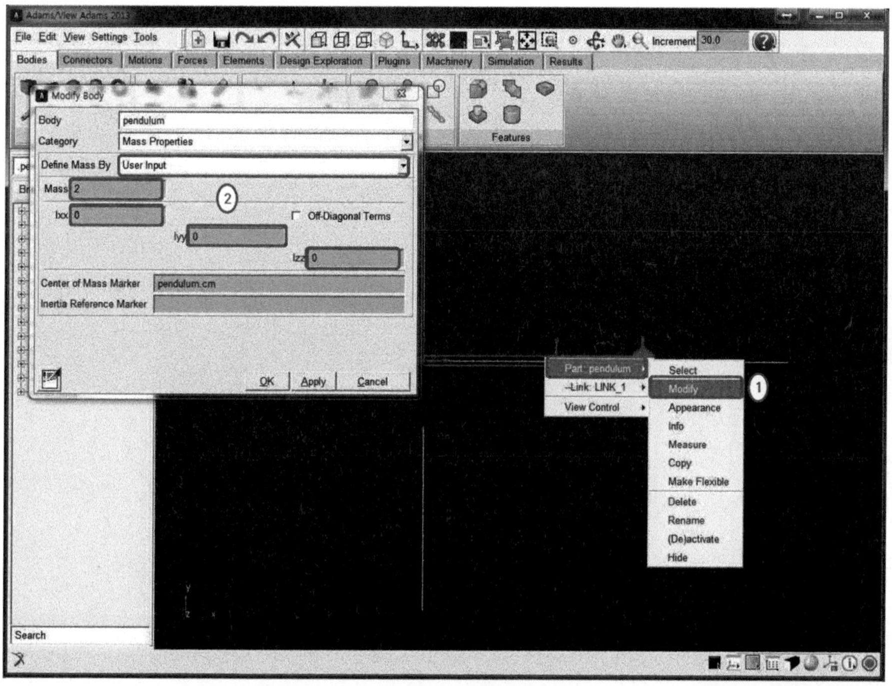
Modify Body
Body pendulum
Category Mass Properties
Define Mass By User Input
Mass 2
Ixx 0
Off-Diagonal Terms
Iyy 0
Izz 0
Center of Mass Marker pendulum.cm
Inertia Reference Marker
OK Apply Cancel
Part: pendulum
--Link: LINK_1
View Control
Select
Modify
Appearance
Info
Measure
Copy
Make Flexible
Delete
Rename
(De)activate
Hide
①
②

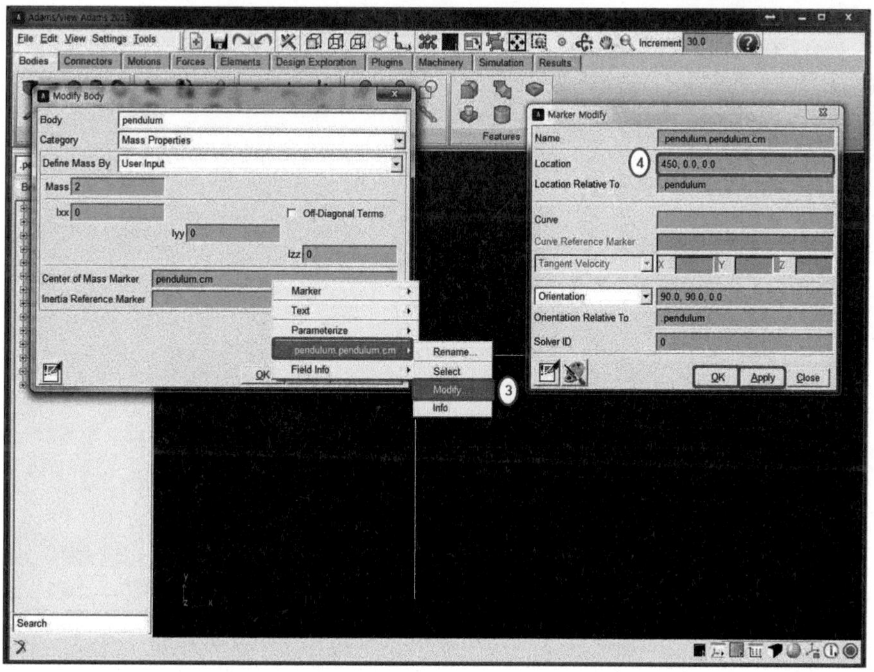
Marker Modify
Name .pendulum.pendulum.cm
Location 450, 0.0, 0.0
Location Relative To .pendulum
Curve
Curve Reference Marker
Tangent Velocity
Orientation 90.0, 90.0, 0.0
Orientation Relative To .pendulum
Solver ID 0
OK Apply Close
Marker
Text
Parameterize
.pendulum.pendulum.cm
Field Info
Rename...
Select
Modify...
Info
③
④

step 6 ivot 만들기

① Main Toolbox의 connectors에서 Revolute Joint를 클릭한다.

② 2 Bodies – 1 Location 과 Normal to Grid를 선택한다.

③ 그 다음 pendulum을 한번 클릭하여 First body선택하고, Second body는 ground를 클릭하여 선택한다.

④ 그리고 Working Grid에서 우클릭하여 Location Event 창을 열어 0,0,0을 입력하고 Apply를 클릭한다.

⑤ Joint가 생성 되었으면 Joint에 마우스를 두고 우클릭한 후, Joint:JOINT_1에서 Rename을 클릭한다.

⑥ New Name에 .pendulum.pivot를 입력하고 OK를 클릭한다.

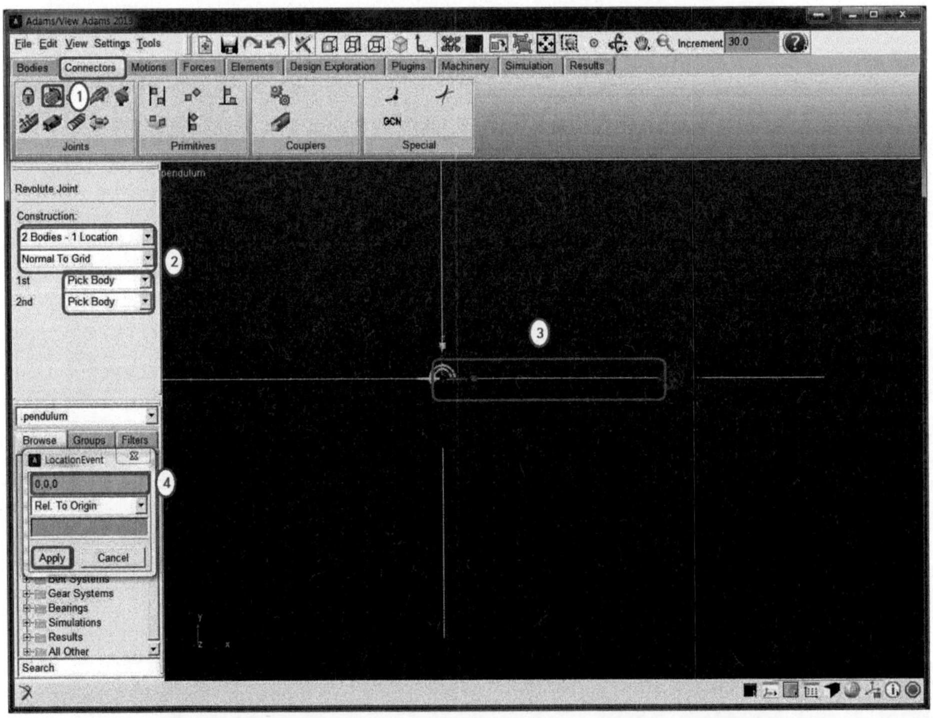

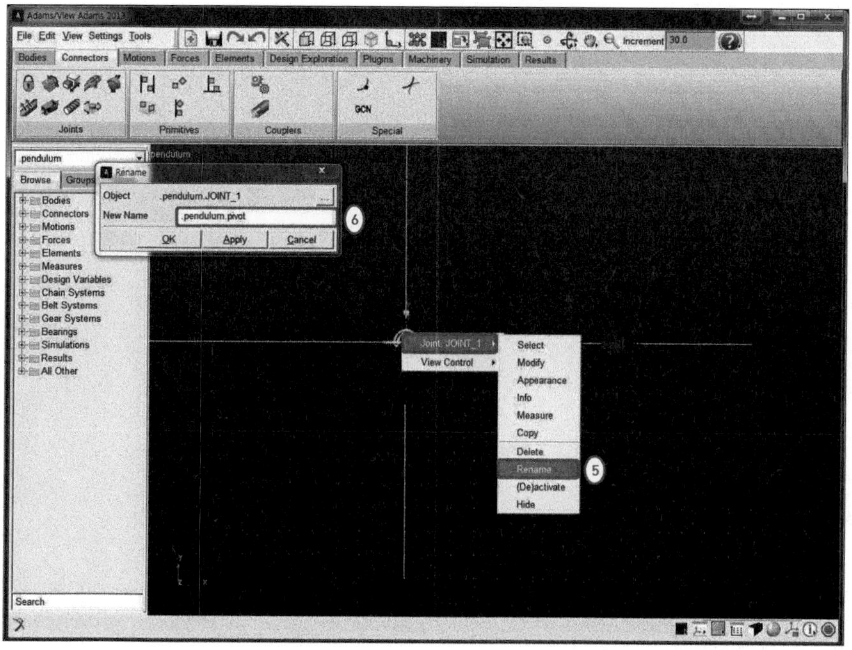

step 7 Pendulum을 위한 Measures 만들기

① pivot joint에 마우스 포인트를 두고 우클릭한 후, Joint:pivot에서 Measure를 클릭한다.

② Measure Name에 pivot_force_x를 입력하고, Characteristic은 Force로 선택한다. 그리고 Component는 x를 선택하고 바로 밑에 pendululm.MARKER_4를 선택했는지 확인한다. 전부 완료하면 Create Strip Chart를 체크하고 Apply를 클릭한다.

③ 그리고 바로 Measure Name에 pivot_force_y를 입력하고 Component만 y를 선택한 후, 방금과 똑같이 나머지를 설정한다. 마지막으로 Create Strip Chart를 체크하고 OK를 클릭한다.

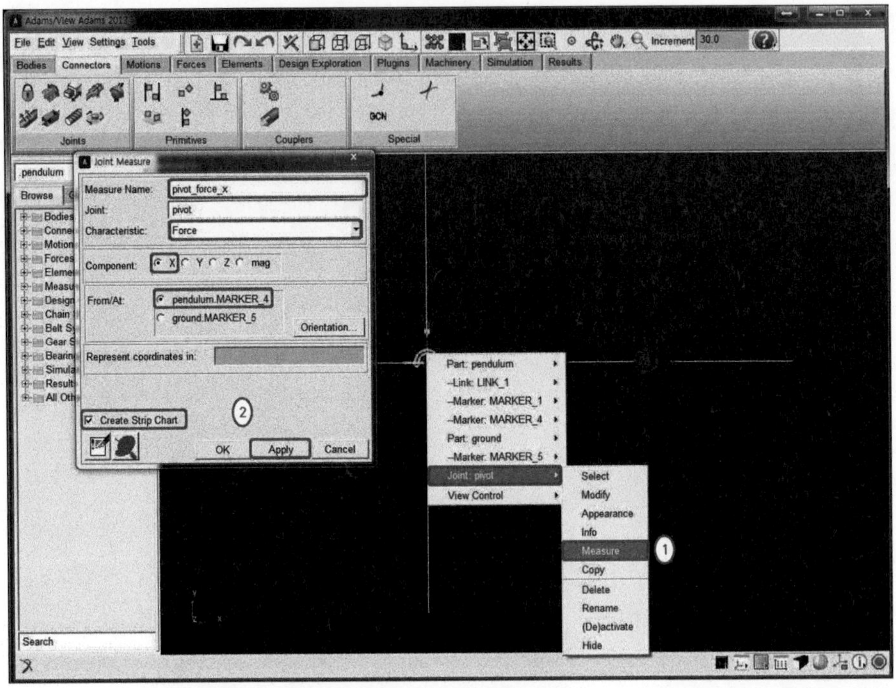
Joint Measure
Measure Name: pivot_force_x
Joint: pivot
Characteristic: Force
Component: X Y Z mag
From/At: pendulum.MARKER_4
ground.MARKER_5
Orientation...
Represent coordinates in:
Create Strip Chart
OK Apply Cancel
Part: pendulum
Link: LINK_1
Marker: MARKER_1
Marker: MARKER_4
Part: ground
Marker: MARKER_5
Joint: pivot
View Control
Select
Modify
Appearance
Info
Measure
Copy
Delete
Rename
(De)activate
Hide
1
2

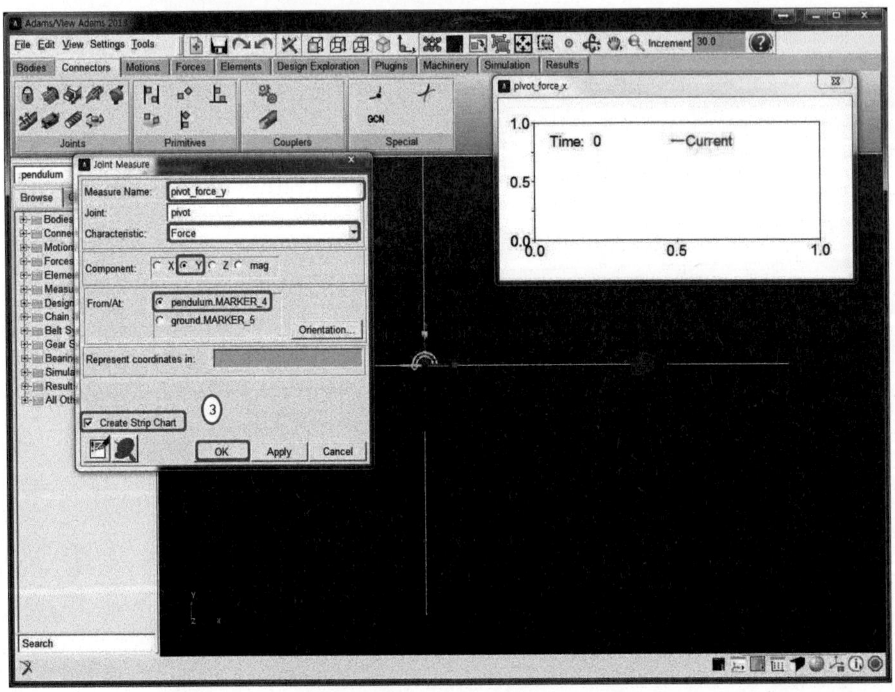
Joint Measure
Measure Name: pivot_force_y
Joint: pivot
Characteristic: Force
Component: X Y Z mag
From/At: pendulum.MARKER_4
ground.MARKER_5
Orientation...
Represent coordinates in:
Create Strip Chart
OK Apply Cancel
pivot_force_x
Time: 0
Current
3

step 8 Reference Marker 만들기

① Main Toolbox의 Bodies에서 Marker를 클릭한다.

② Marker에서 Add to Ground를 선택하고, Orientation에서는 Global XY Plane를 선택한 후에 Working Grid에서 마우스 우클릭하여 Location Event 창에 0,-450,0을 입력한 뒤 Apply를 클릭한다.

③ 새롭게 만들어진 Marker에 우클릭한 후, Marker:MARKER_6에서 Rename을 클릭한다.

④ New Name에 .pendulum.ground.angle_ref를 입력하고 OK를 클릭한다.

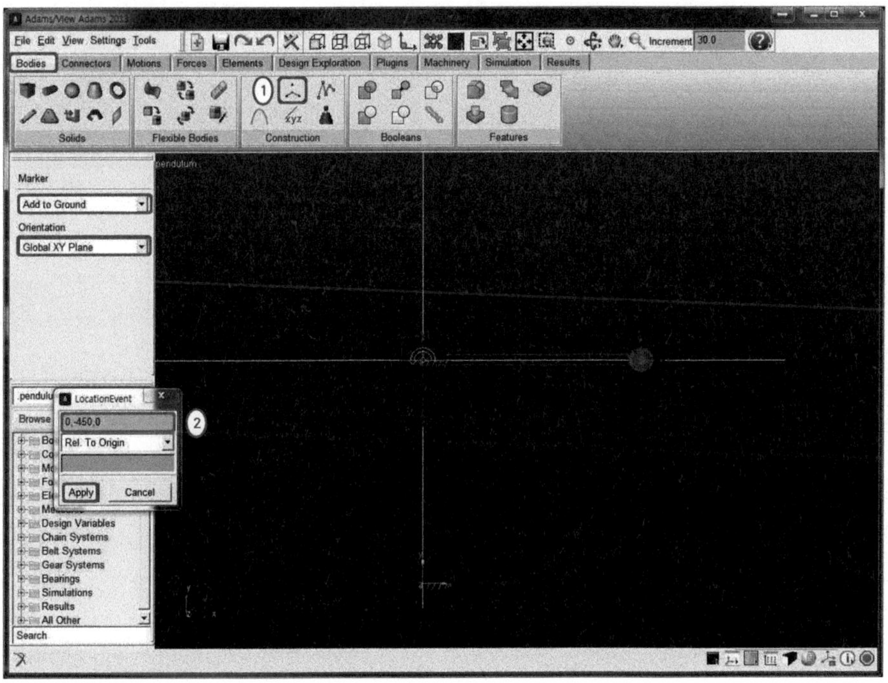

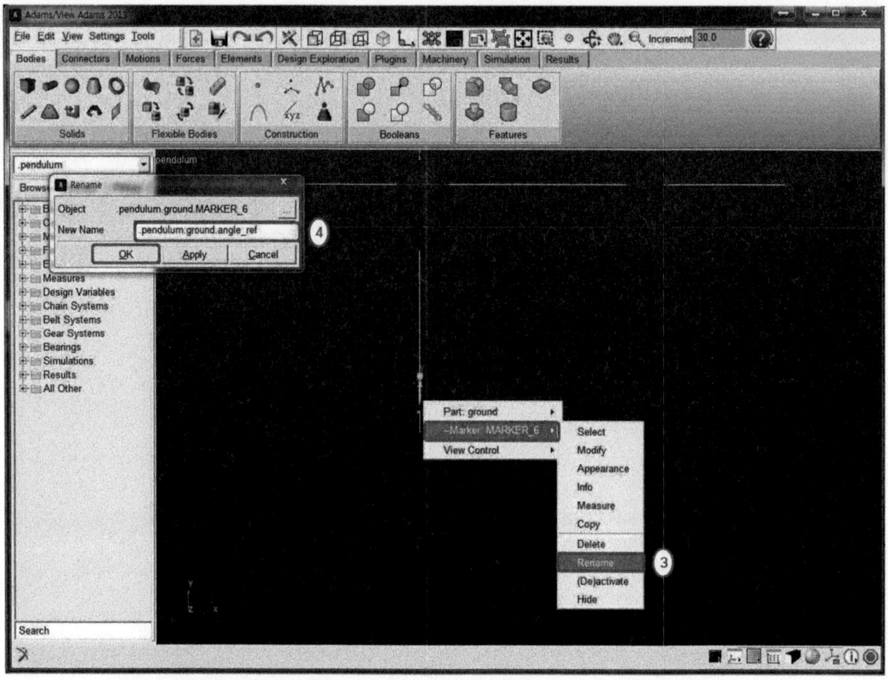

step 9 Angle Measure 만들기

① Main Toolbox의 Design Exploration에서 Angle Measure를 클릭하고 Advanced를 클릭한다.

② Measure Name에 pend_angle를 입력한다.

③ 그 다음 First Marker 옆 빈 공간에 마우스 우클릭한 후, Marker에서 Pick을 클릭한다.

④ 그리고 pendulum에 추 부분에 마우스 포인트를 두고 우클릭한 후, pendulum.cm을 선택하고 OK를 클릭한다. (이 방법을 사용하면 좁은 영역에서 다수 중에 하나를 선택할 때 유용하다.)

⑤ Middle Marker도 옆 빈 공간에 마우스 우클릭한 후, Marker에서 Pick을 클릭하여 원점에 위치한 MARKER_1을 클릭한다.

⑥ 마지막으로 Last Marker는 같은 방식으로 하여 ground.angle_ref를 선택한다. 그리고 OK를 클릭한다.

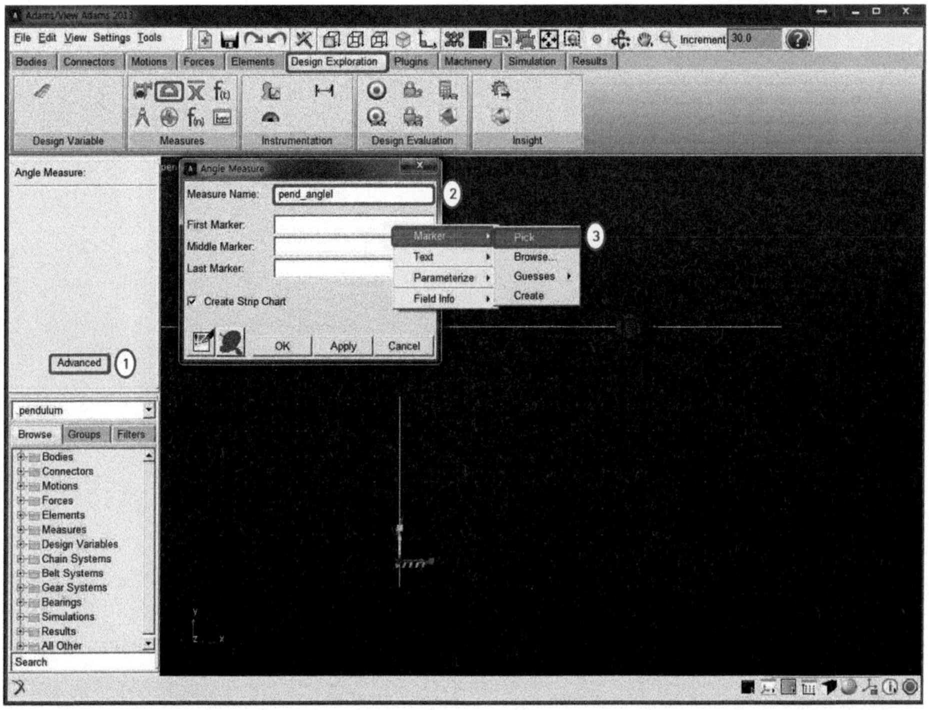

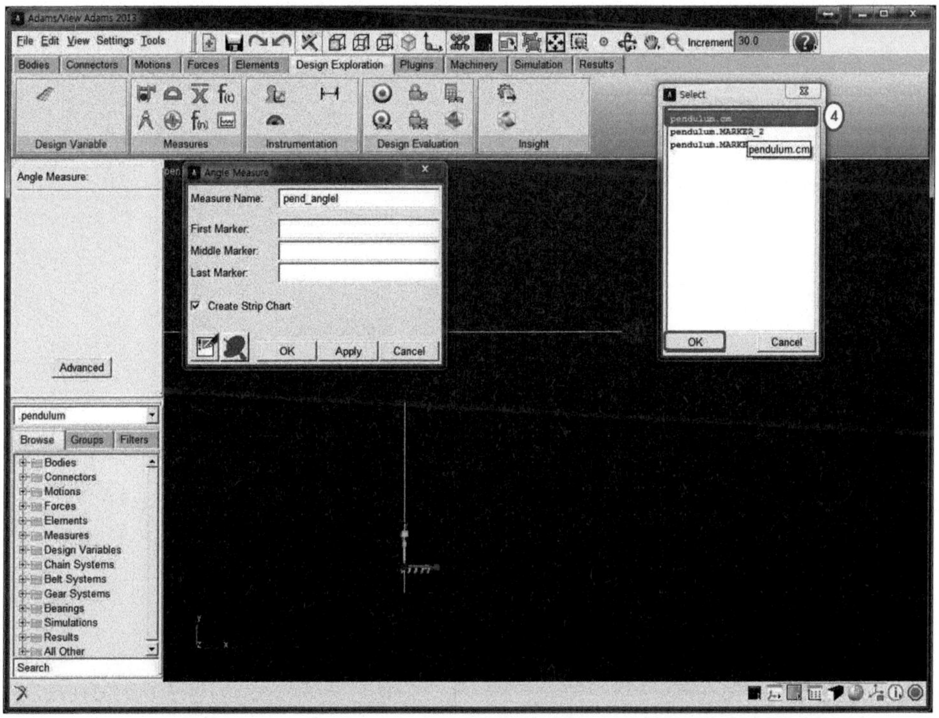

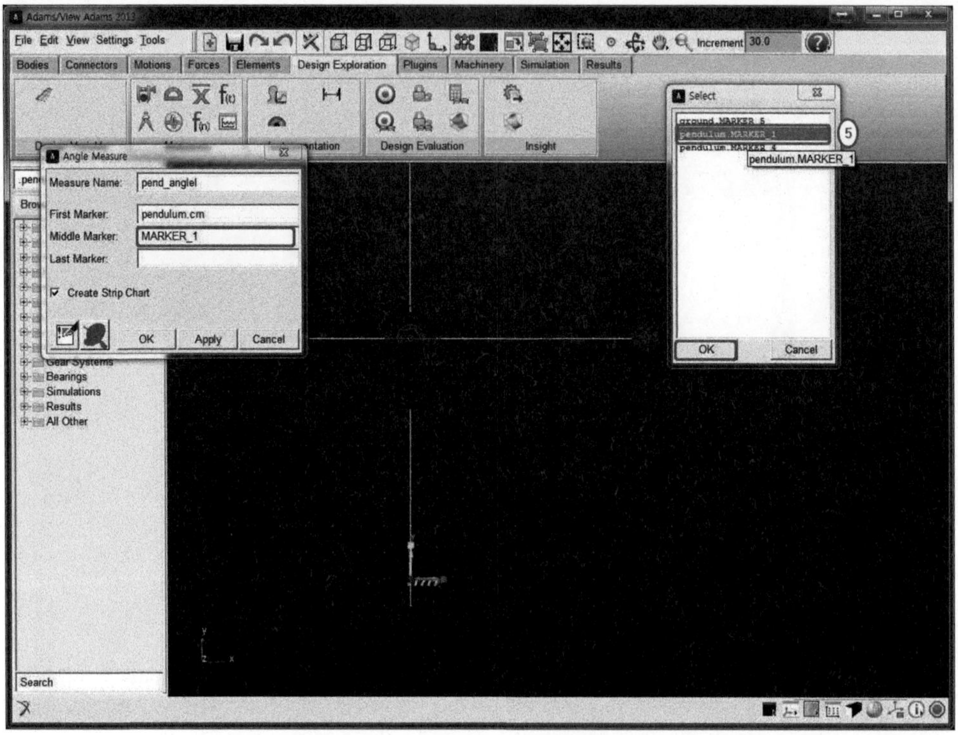
Angle Measure
Measure Name: pend_anglel
First Marker: pendulum.cm
Middle Marker: MARKER_1
Last Marker:
Create Strip Chart
OK
Apply
Cancel
Select
ground.MARKER_5
pendulum.MARKER_1
pendulum.MARKER_1
5
OK
Cancel

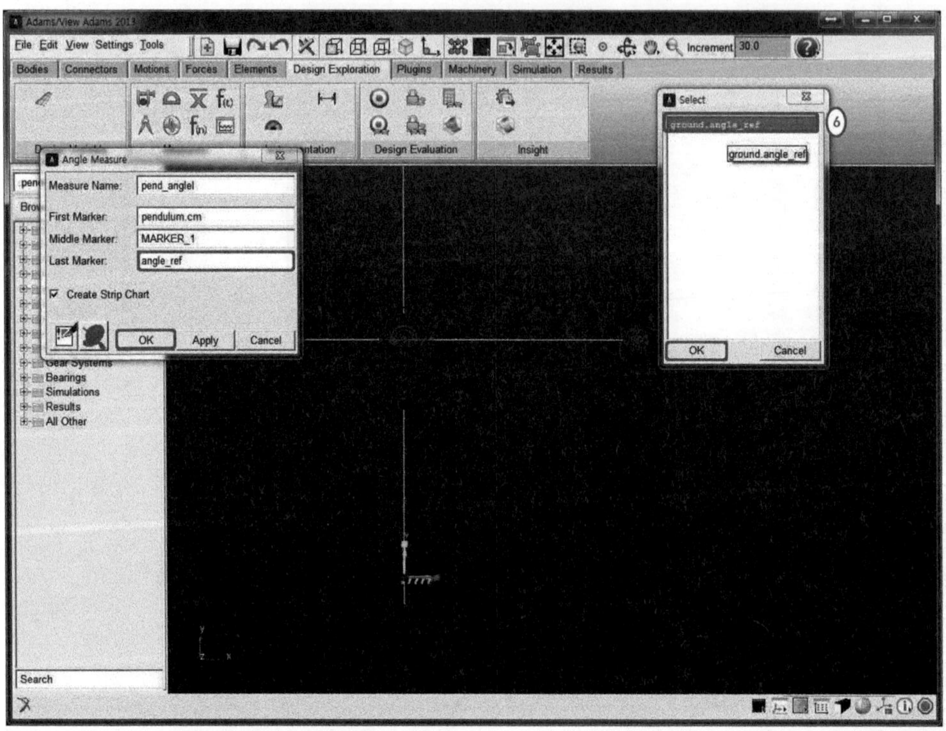
Angle Measure
Measure Name: pend_anglel
First Marker: pendulum.cm
Middle Marker: MARKER_1
Last Marker: angle_ref
Create Strip Chart
OK
Apply
Cancel
Select
ground.angle_ref
ground.angle_ref
6
OK
Cancel

step 10 pendulum 모델의 초기 값 설정하기

① pivot joint에 마우스 포인트를 두고 우클릭한 후, Joint:pivot에서 Modify를 클릭한다.

② Initial Conditions를 클릭하고 Rot. Displ를 체크한 뒤, −85를 입력한다. 그리고 OK를 클릭하고 다시 OK를 클릭한다.(이것으로 pendulum이 초기 각도가 5°로 설정되어 흔들릴 것이다.)

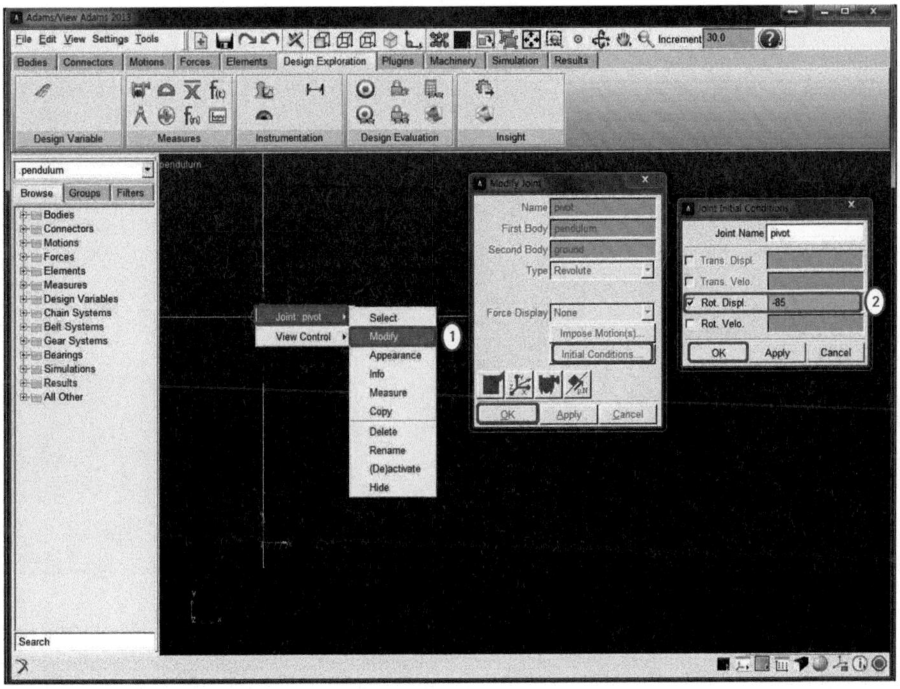

step 11 모델 시뮬레이션 하기

① Simulation Control에서 End time은 2 초, 100 steps로 설정한 후, 시뮬레이션을 한다.

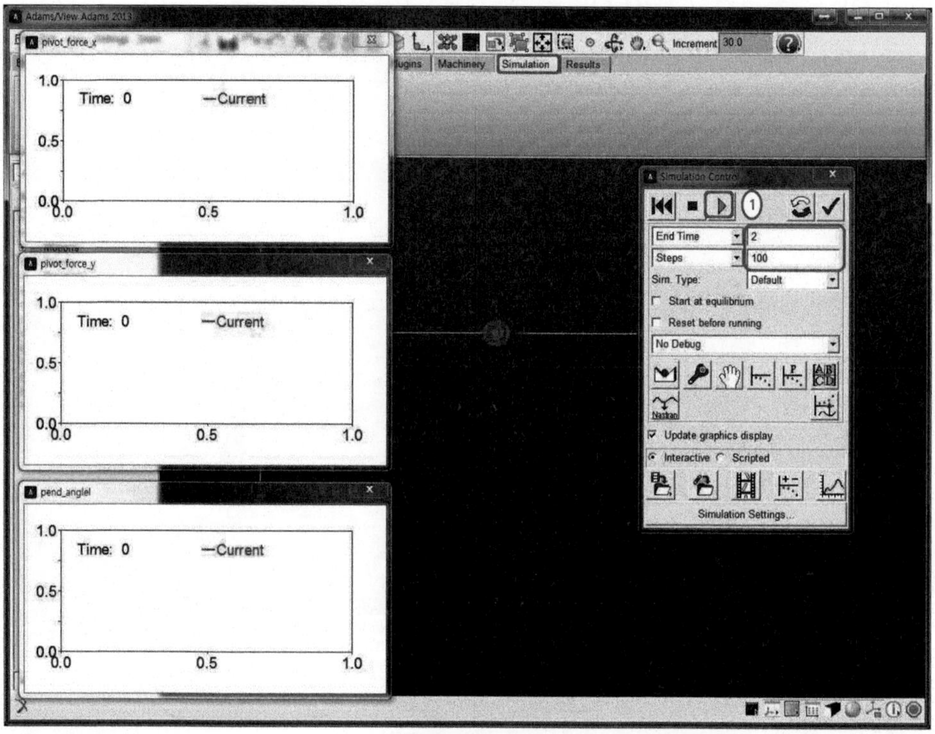

step 12 Adams/PostProcessor를 사용하여 결과를 확인하고 진동수 결정하기

① 각각의 Scrip Chart를 확인해보고, 하나를 택하여 마우스 우클릭한 후, Plot:scht1에서 Transfer to full plot을 클릭한다.

② Result Set에서 pivot_force_y를 선택하고 Component를 선택한 후, Surf를 체크한다.

③ Plot Tracking tool를 이용하여 그래프를 조사한다. time=0일 때 Y값을 확인하여 초기 수직방향의 힘을 노트에 적는다.

④ Result Set에서 pivot_force_x를 선택하고 Component를 선택하여 time=0일 때 Y값을 확인하여 초기 수평방향의 힘을 노트에 적는다.

⑤ Result Set에서 pend_angle를 선택하고 Component를 선택하여 진동수를 구한다.

Analytical Solution – Analytical Solution을 계산한 값과 비교해보자.

L=0.45m , g=9.8m/s^2, 일 때 주기는 T=2π(L/g)^0.5 이므로 T=1.346s가 된다.

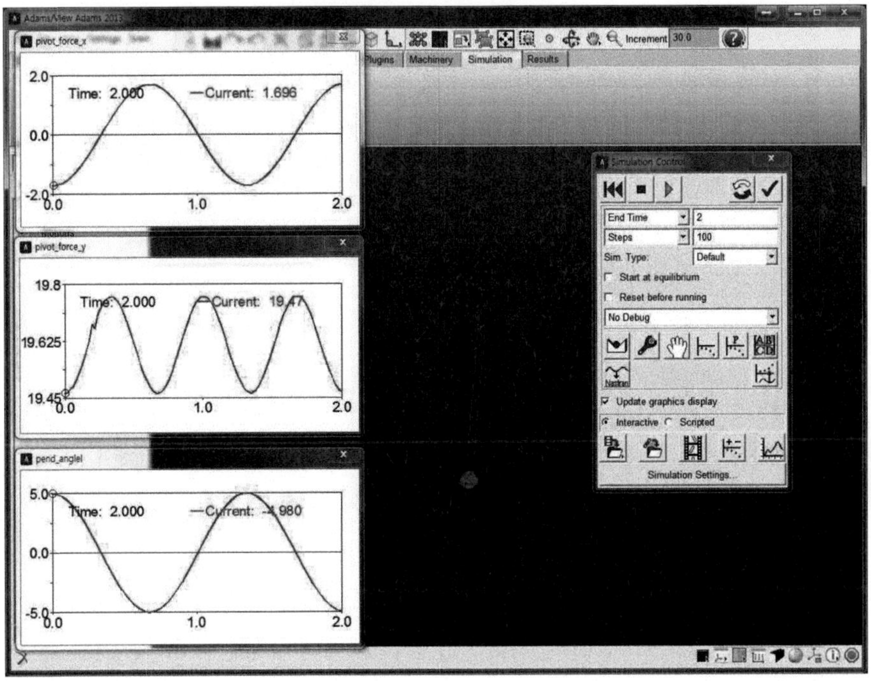

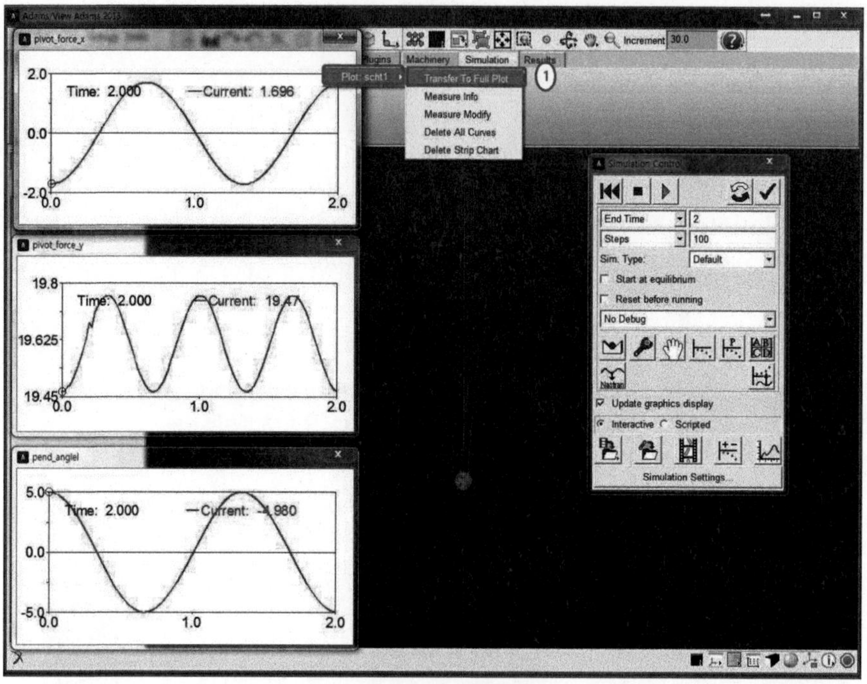
pivot_force_x
Time: 2.000
Current: 1.696
Plot: scht1
Transfer To Full Plot
Measure Info
Measure Modify
Delete All Curves
Delete Strip Chart
1
pivot_force_y
Time: 2.000
Current: 19.47
pend_angle
Time: 2.000
Current: -4.980
End Time
2
Steps
100
Sim. Type:
Default
Start at equilibrium
Reset before running
No Debug
Update graphics display
Interactive
Scripted
Simulation Settings...

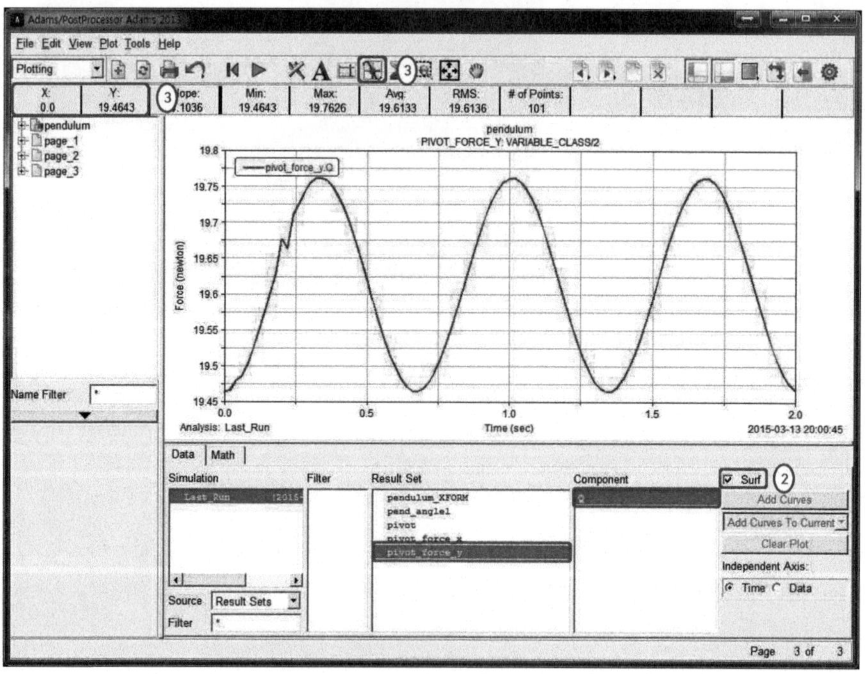
Adams/PostProcessor Adams 2013
File Edit View Plot Tools Help
Plotting
3
X: 0.0
Y: 19.4643
Slope: .1036
Min: 19.4643
Max: 19.7626
Avg: 19.6133
RMS: 19.6136
# of Points: 101
pendulum
page_1
page_2
page_3
PIVOT_FORCE_Y: VARIABLE_CLASS/2
pivot_force_y.Q
Force (newton)
Time (sec)
Analysis: Last_Run
2015-03-13 20:00:45
Name Filter
Data
Math
Simulation
Filter
Result Set
Component
pendulum_XFORM
pend_angle1
pivot
pivot_force_x
pivot_force_y
Surf
2
Add Curves
Add Curves To Current
Clear Plot
Independent Axis:
Time
Data
Source
Result Sets
Page 3 of 3

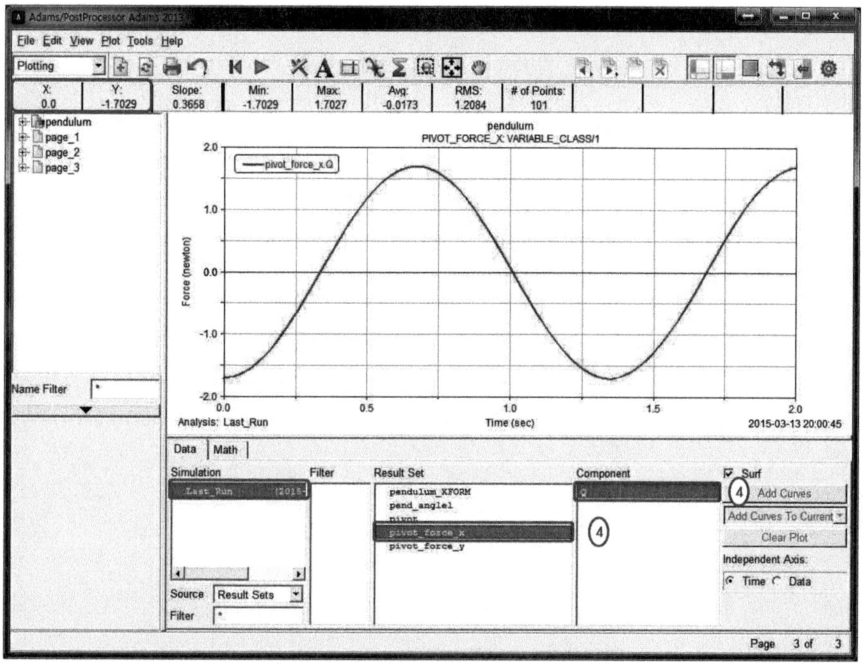
Adams/PostProcessor Adams 2013
File Edit View Plot Tools Help
Plotting
X: 0.0
Y: -1.7029
Slope: 0.3658
Min: -1.7029
Max: 1.7027
Avg: -0.0173
RMS: 1.2084
# of Points: 101
pendulum
page_1
page_2
page_3
pendulum
PIVOT_FORCE_X: VARIABLE_CLASS/1
pivot_force_x.Q
Force (newton)
Time (sec)
Analysis: Last_Run
2015-03-13 20:00:45
Name Filter
Data
Math
Simulation
Filter
Result Set
Component
Surf
Add Curves
Add Curves To Current
Clear Plot
Independent Axis:
Time
Data
pendulum_XFORM
pend_angle1
pivot_force_x
pivot_force_y
Source
Result Sets
Page 3 of 3

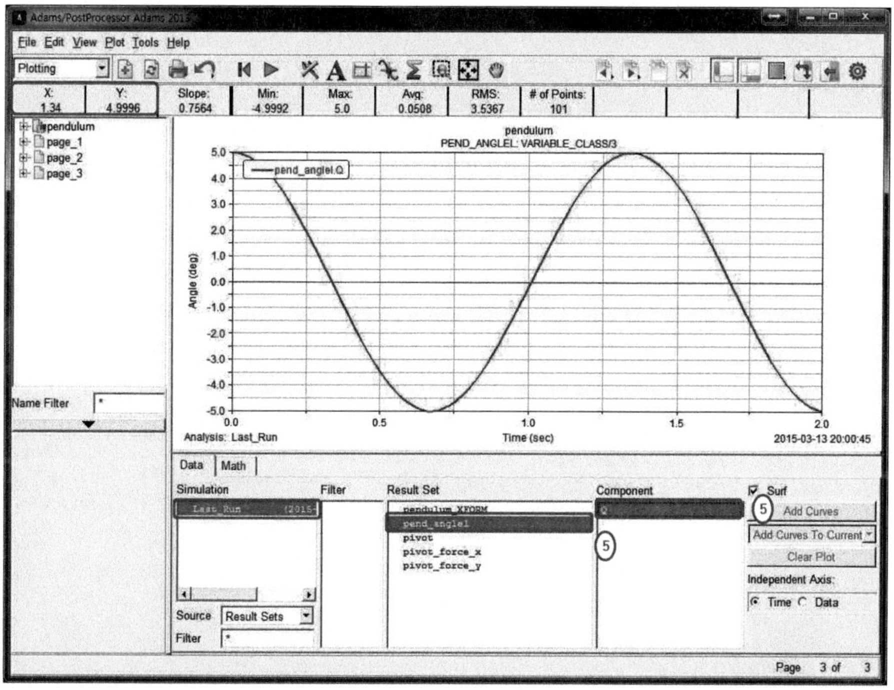
Adams/PostProcessor Adams 2013
File Edit View Plot Tools Help
Plotting
X: 1.34
Y: 4.9996
Slope: 0.7564
Min: -4.9992
Max: 5.0
Avg: 0.0508
RMS: 3.5367
# of Points: 101
pendulum
page_1
page_2
page_3
pendulum
PEND_ANGLE1: VARIABLE_CLASS/3
pend_angle1.Q
Angle (deg)
Time (sec)
Analysis: Last_Run
2015-03-13 20:00:45
Name Filter
Data
Math
Simulation
Filter
Result Set
Component
Surf
Add Curves
Add Curves To Current
Clear Plot
Independent Axis:
Time
Data
pendulum_XFORM
pend_angle1
pivot
pivot_force_x
pivot_force_y
Source
Result Sets
Page 3 of 3

Example 6. Projectile Motion

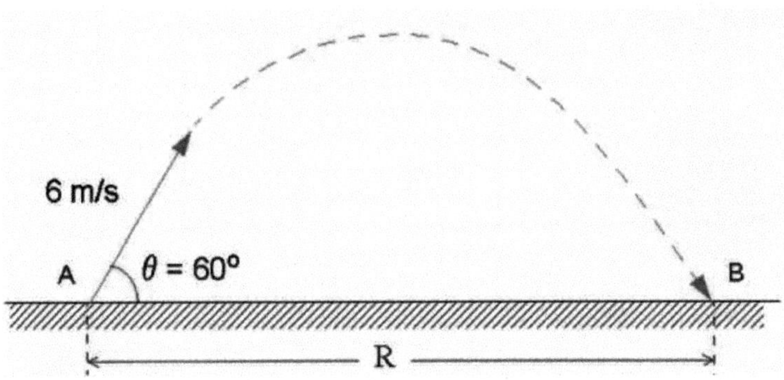

Software Version	Adams 2013.2

문제 설명

돌이 초기 속도 6m/s 초기 각도 60°를 가지고 땅에서부터 포물선 운동을 하는 상황이다.

step 1 New Adams Database 만들기

① New model를 클릭한다.

② Model Name에 projectile_motion을 입력한다.

③ Gravity는 Earth Normal(−Global Y)을 선택하고, Units에서는 MMKS−mm,kg,N,s,deg를 선택한다.

④ Working Directory는 자신이 저장할 폴더로 지정한다.

step 2 Working Grid 조정하기

① Settings 메뉴에서 Working Grid를 클릭한다.

Adams/View Adams 2013
File Edit View Settings Tools
Increment 30.0
Bodies Connectors Motions Forces Elements Design Exploration Plugins Machinery Simulation Results
Solids Flexible Bodies Construction Booleans Features
No Model
Welcome to Adams
New Model ①
Existing Model
Exit
Adams
MSC Software

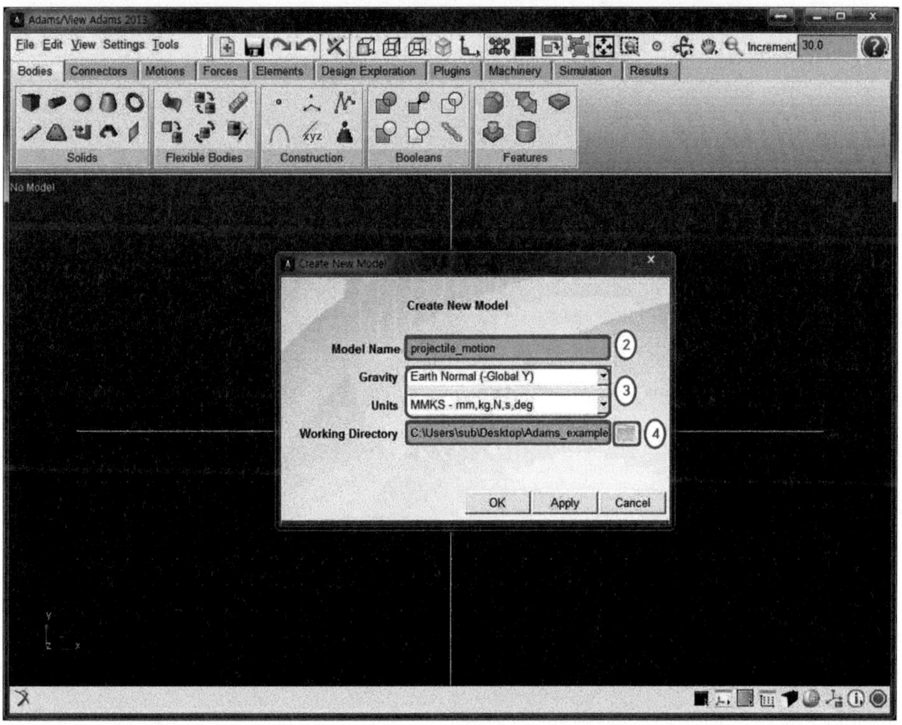
Adams/View Adams 2013
File Edit View Settings Tools
Increment 30.0
Bodies Connectors Motions Forces Elements Design Exploration Plugins Machinery Simulation Results
Solids Flexible Bodies Construction Booleans Features
No Model
Create New Model
Create New Model
Model Name projectile_motion ②
Gravity Earth Normal (-Global Y)
Units MMKS - mm,kg,N,s,deg ③
Working Directory C:\Users\sub\Desktop\Adams_example ④
OK Apply Cancel

② Size에서 x방향은 4000mm, y방향은 3000mm로 입력한다. 그리고 Spacing에서는 x,y방향 모두 50mm로 입력한다.

③ OK를 클릭한다.

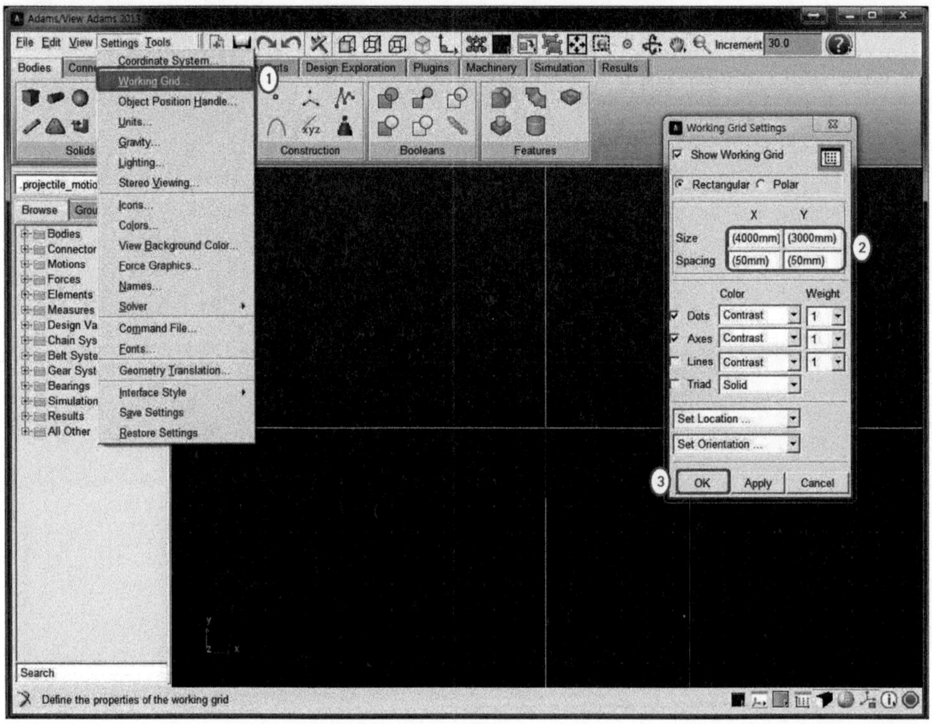

step 3 Plane과 Stone형상 만들기

① Main Toolbox의 Bodies에서 Rigid Body: Box를 클릭한다.

② On Ground로 선택하고, Length(3500mm), Height(100mm), Depth(100mm) 모두 체크한 후에, 치수를 입력한다.

③ Working Grid에서 마우스 우클릭한 후, Location Event창을 열어 0,−150,0을 입력한 후, Apply를 클릭한다.

④ 이제 구 형태의 돌을 만들기 위해서, Bodies에서 Rigid Body: Sphere를 클릭한다.

⑤ New Part로 선택하고, Radius(50mm)를 체크한 후, 치수를 입력한다.

⑥ Location Event창에서 0,0,0을 입력한 후, Apply를 클릭한다.

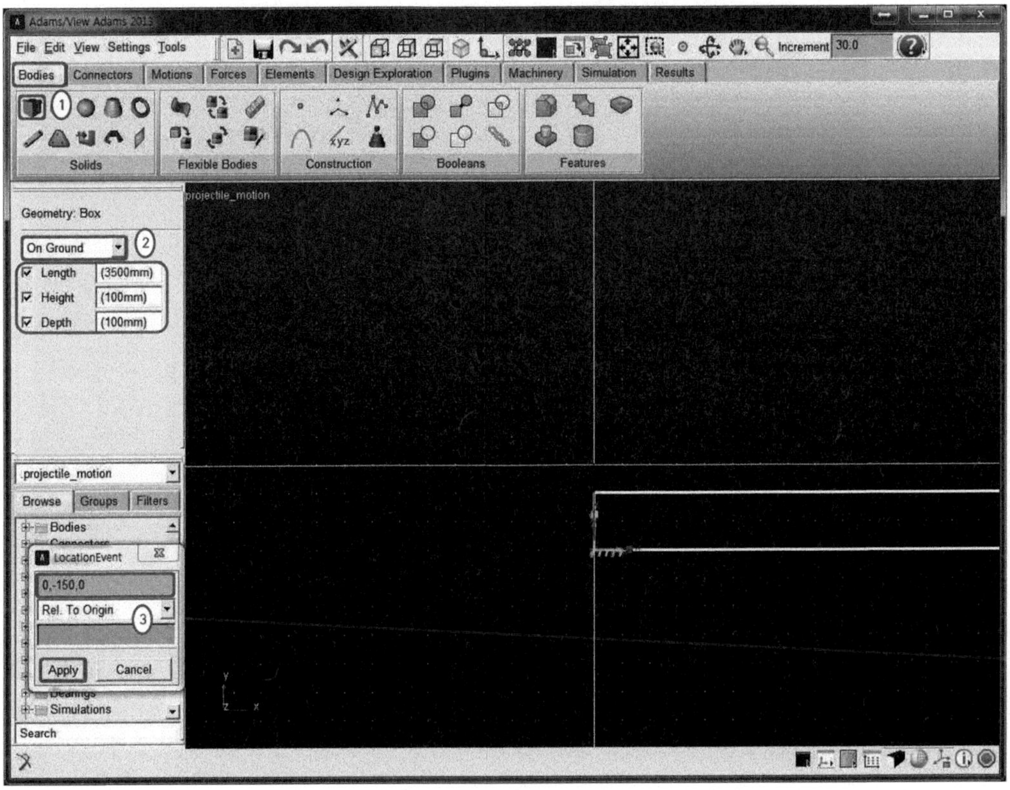

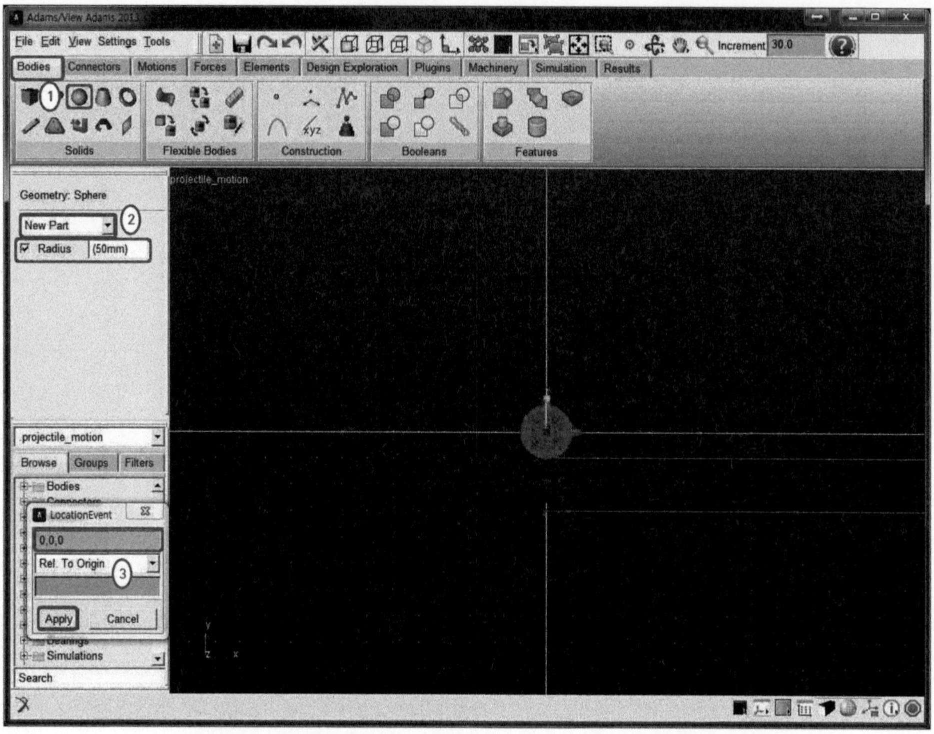

step 4 Stone과 Plane 형상에 이름을 재설정하고 물체에 물성치 할당하기

① 생성한 Box 위에 마우스 포인트를 두고 우클릭한 후, Block:BOX_1에서 Rename을 클릭한다.

② New Name에 Plane을 입력하고 OK를 클릭한다.

③ 생성한 Sphere 위에 마우스 포인트를 두고 우클릭한 후, Part:PART_2에서 Rename을 클릭한다.

④ New Name에 Stone을 입력하고 OK를 클릭한다.

⑤ 그리고 다시 Stone 위에 마우스 포인트를 두고 우클릭한 후, Part:Stone에서 Modify를 클릭한다.

⑥ Define Mass By에서 User Input을 선택하고 Mass에 1kg을 입력하고 Apply를 클릭한다.

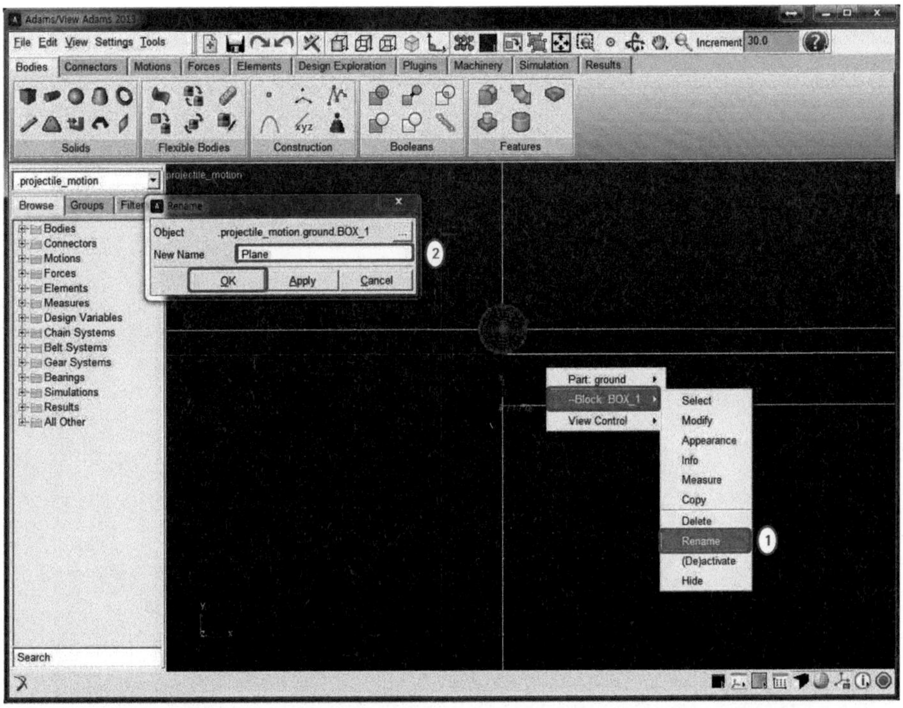
Rename
Object
.projectile_motion.ground.BOX_1
New Name
Plane
OK
Apply
Cancel
2
Part: ground
Block: BOX_1
View Control
Select
Modify
Appearance
Info
Measure
Copy
Delete
Rename
1
(De)activate
Hide

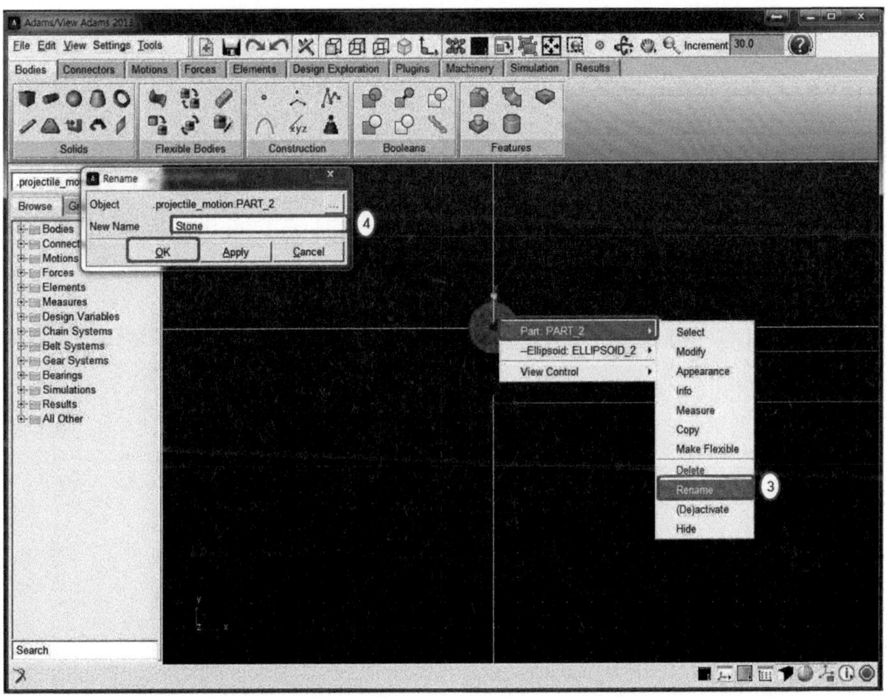
Rename
Object
.projectile_motion.PART_2
New Name
Stone
OK
Apply
Cancel
4
Part: PART_2
Ellipsoid: ELLIPSOID_2
View Control
Select
Modify
Appearance
Info
Measure
Copy
Make Flexible
Delete
Rename
3
(De)activate
Hide

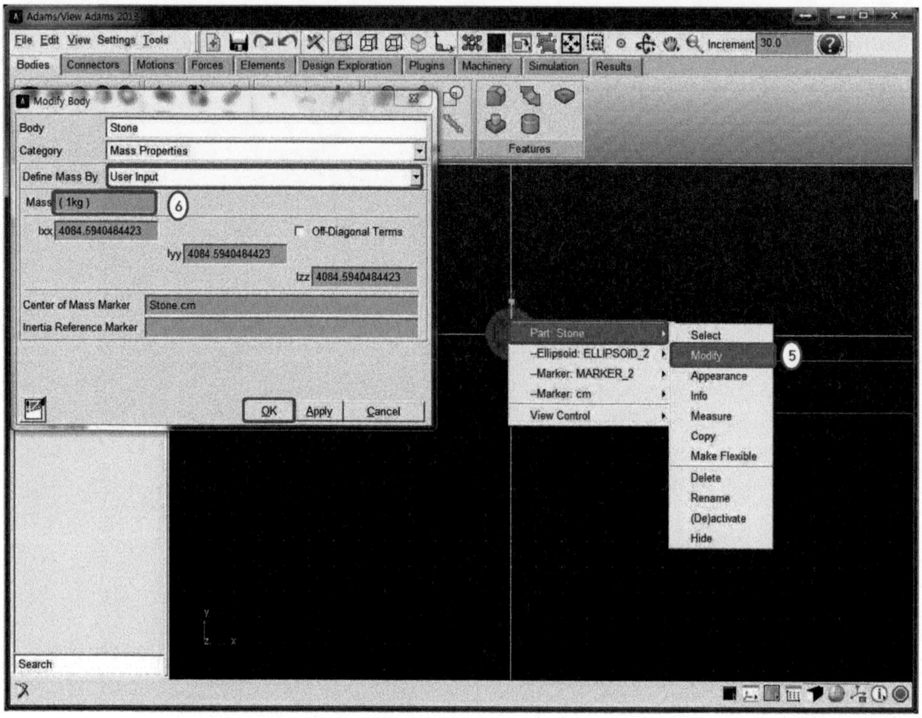

step 5 초기 조건(Initial Conditions) 설정하기

① Step 4. 마지막에 이어서, Stone의 Modify Body에 Category에서 Velocity Initial Conditions를 선택한다.

② 왼 쪽에 X axis와 Y axis를 체크한 후에, X axis에는 (6*cos(60d)(m/sec))를 입력하고 Y axis에는 (6*sin(60d)(m/sec))값을 입력한 후 OK를 클릭한다.

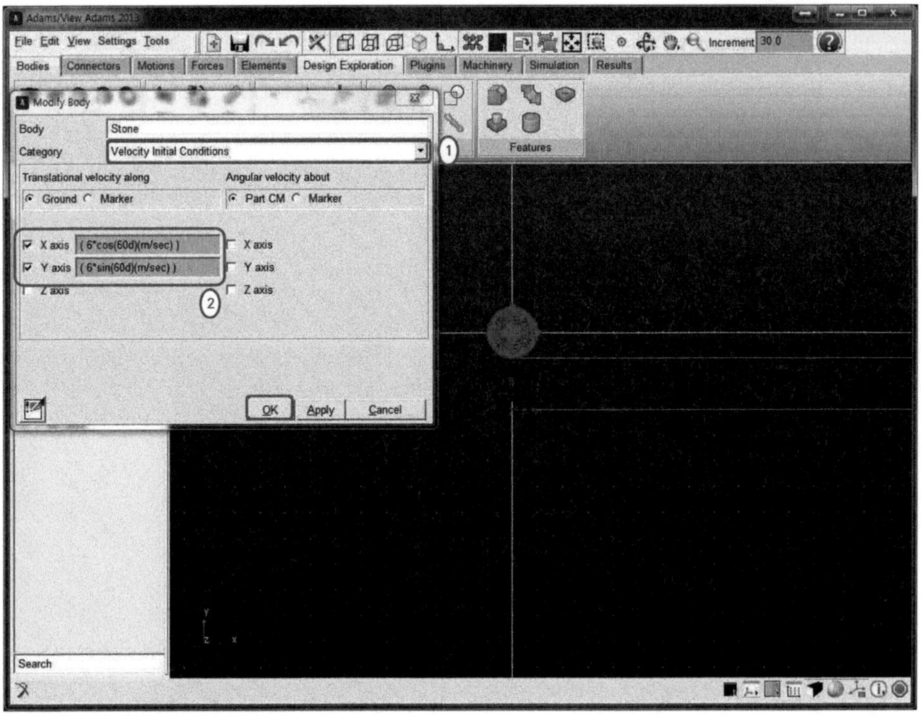

step 6 포물선 운동에 대한 Measures 만들기

① Stone에 마우스 포인트를 두고 우클릭한 후, Part:Stone에서 Measure를 클릭한다.

② Measure Name에 R_displacement를 입력하고, Characteristic에서는 CM Position을 선택, Component 에서는 X를 선택한다.

③ Create Strip Chart가 체크 되어있는지 확인하고 Apply를 클릭한다.

④ Y축에 대한 거리도 측정하기 위해서, Measure Name에 Y_displacement를 입력하고, Characteristic에서는 CM Position을 선택, Component 에서는 Y를 선택한다.

⑤ 그리고 OK를 클릭한다.

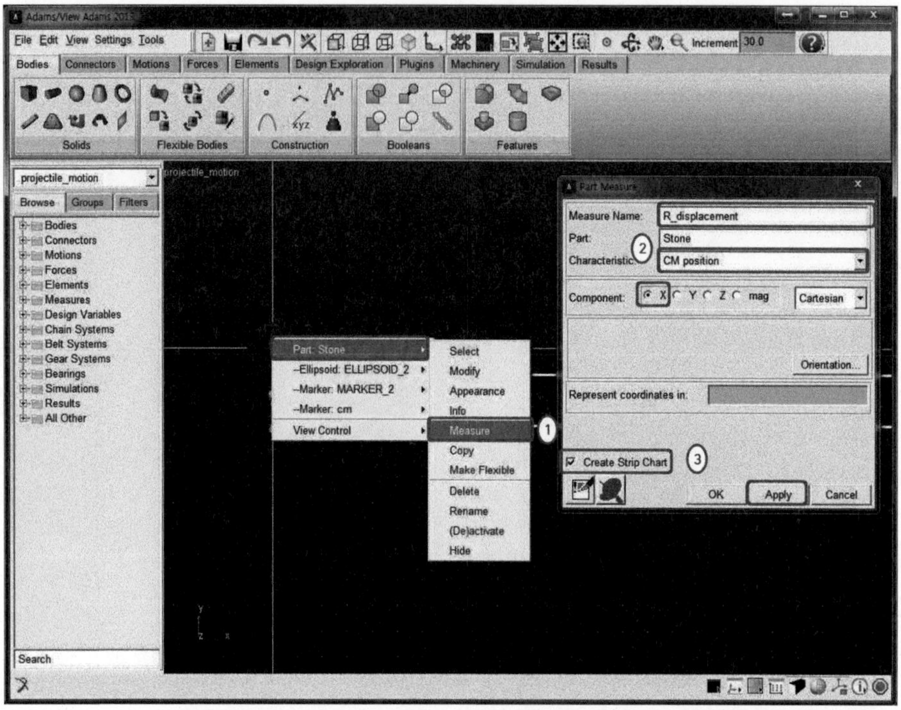

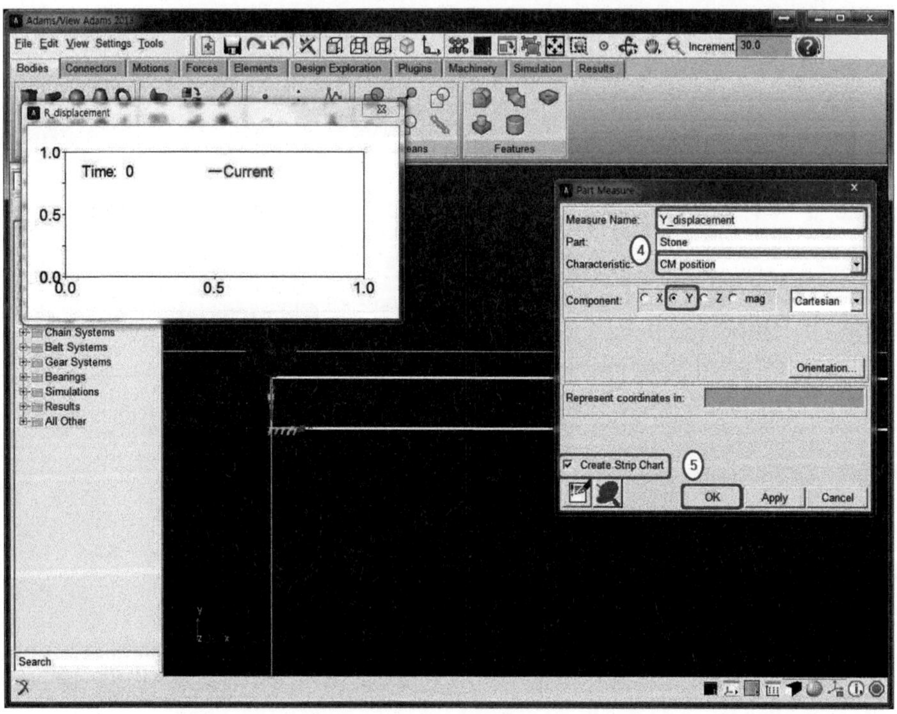

step 7 모델 시뮬레이션 하기

① Main Toolbox의 Simulation에서 Interactive Control를 클릭한다.

② End Time 은 1.5 초, Step Size로 선택한 후, 0.02 초로 입력하고 Play를 클릭한다.

③ 시뮬레이션이 끝나고 Reset을 클릭한다.

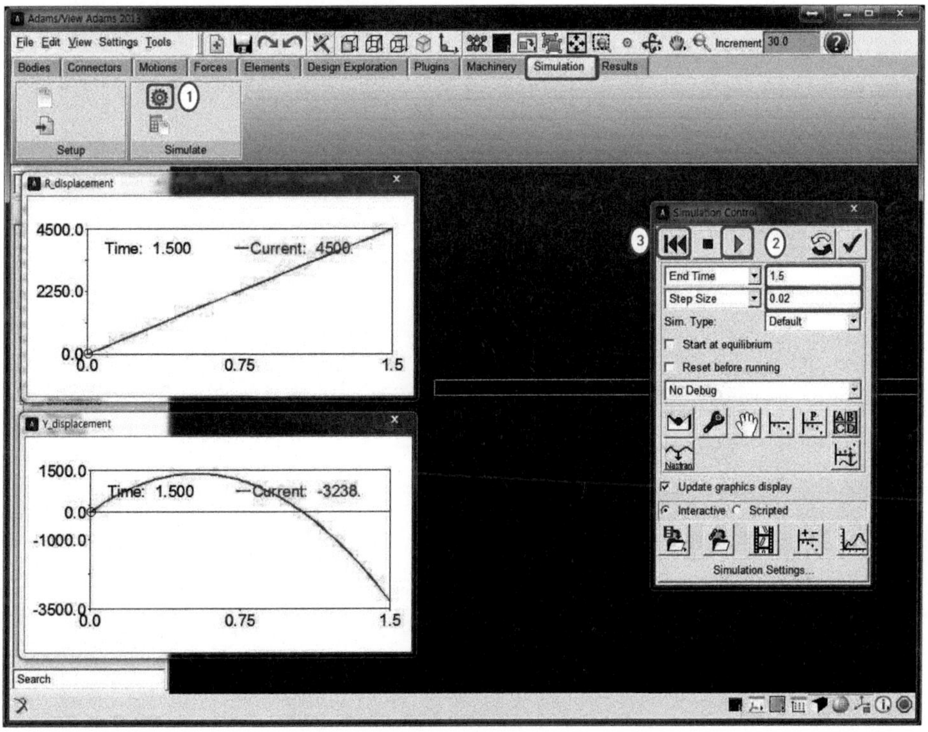

step 8 Animation 도구를 사용하여 Stone이 Plane과 접촉할 때 시간 결정하기.

① Simulation Control에서 Animation 도구를 클릭한다.

② Play 버튼과 Stop 버튼을 사용하거나 Step Forward 와 Step Backward 를 사용하여 Stone이 Plane과 접촉할 때 그래프에서 그 시간을 노트에 적는다.

③ Animation Control에서 No Trace에서 Trace Marker로 선택한다.

④ Trace Marker 옆 빈 공간을 우클릭한 후, Marker에서 Browse을 클릭한다.

⑤ Database Navigator에서 Stone에 안에 있는 cm을 선택한 후, OK를 클릭한다.

⑥ 오른쪽 아래 Status bar에서 background color를 우클릭한 후 배경색을 gray/dark로 선택하면 Stone의 경로가 더 잘 보일 것이다.

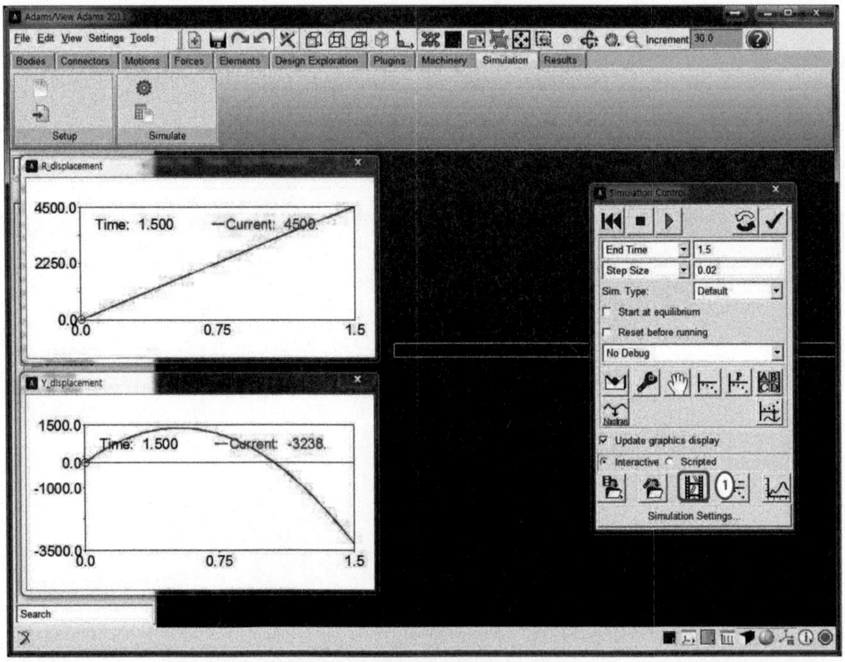

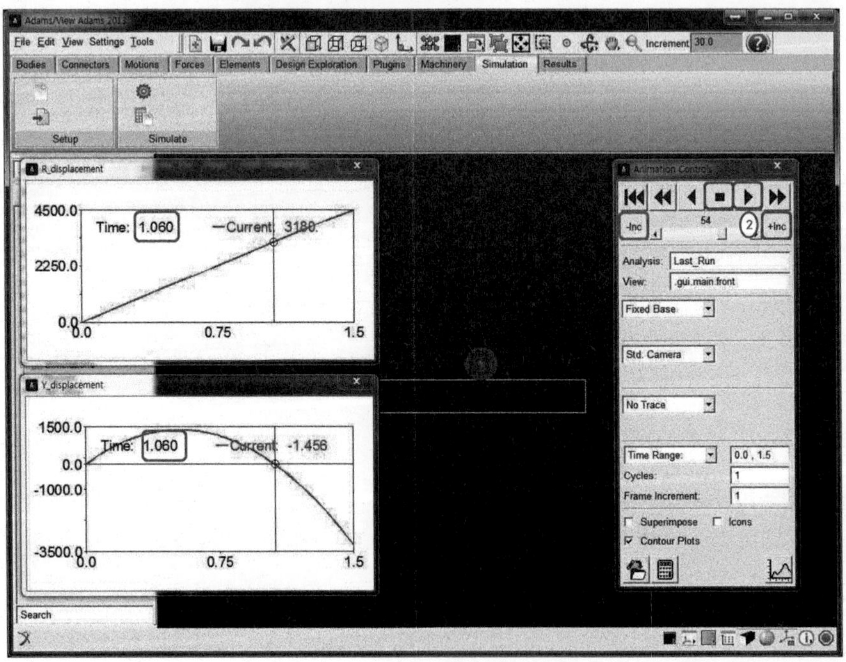

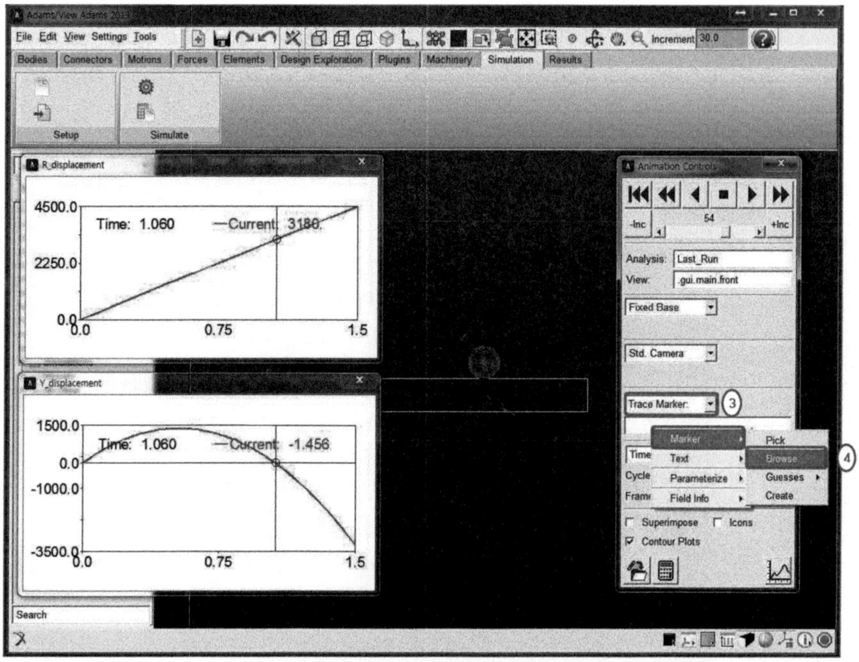

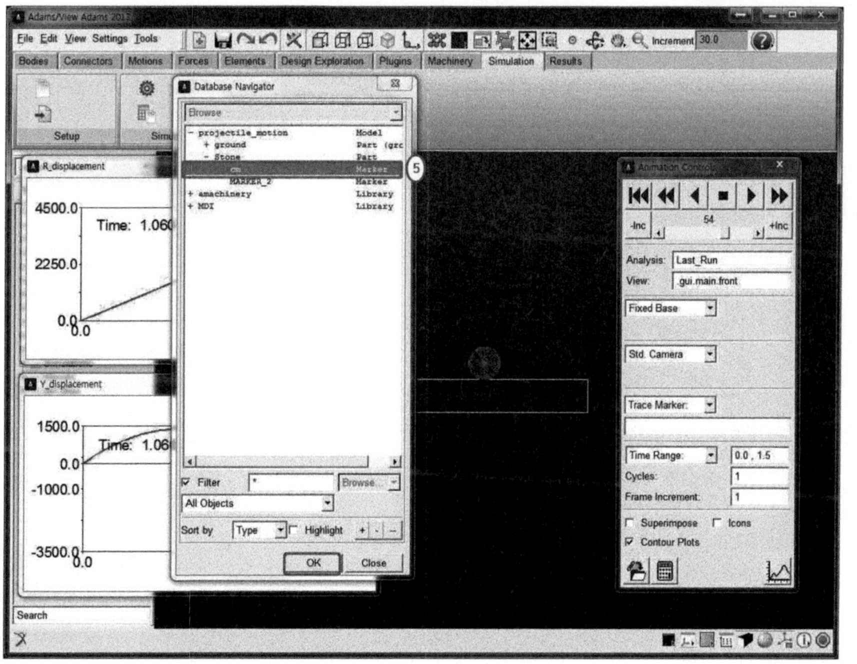

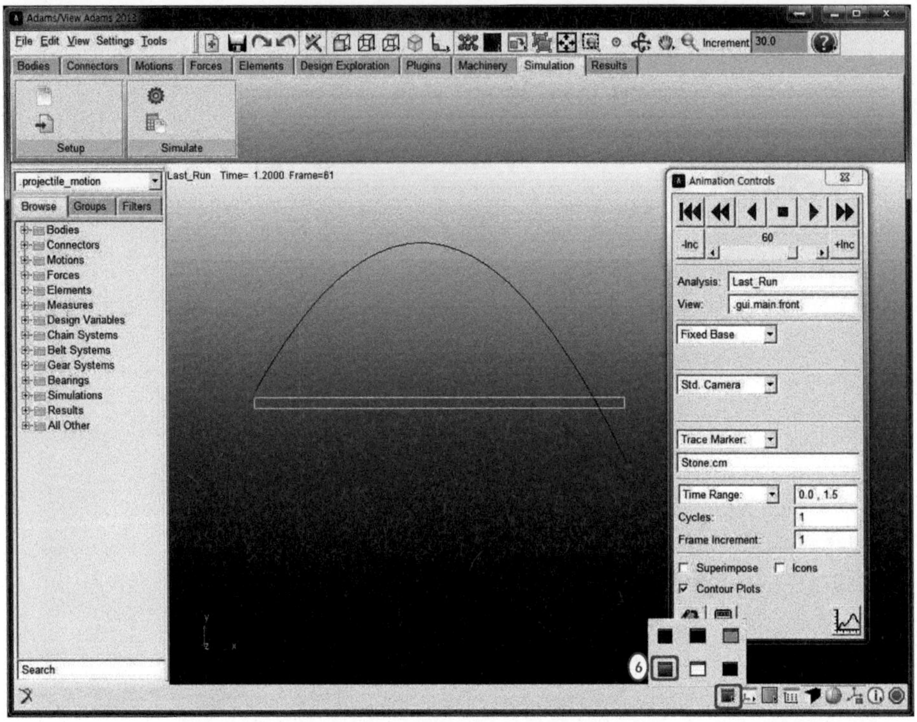

step 9 Adams/Post Processor를 사용하여 거리 R 구하기

① Stone이 다시 땅에 떨어질 때까지 간 거리 R을 구하기 위해서, Stripchart에 우클릭한 후, Plot:scht1에서 Transfer To Full Plot을 클릭한다.

② Adams/Postprocessor의 Main toolbar에서 Plot Tracking 도구를 클릭한다.

③ Step 8.에서 Stone이 다시 Plane과 접촉했을 때 시간(1.06초)을 구했으므로 X가 1.06일 때 Y값을 확인한다. Y값이 3180인 것을 확인할 수 있다. (즉, R=3180mm)

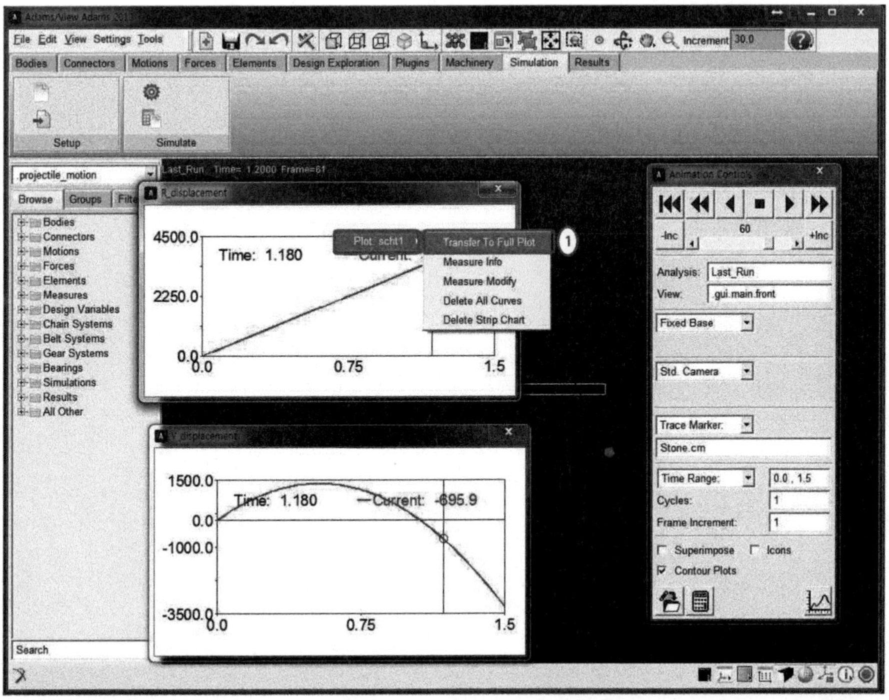
File Edit View Settings Tools
Increment 30.0
Bodies Connectors Motions Forces Elements Design Exploration Plugins Machinery Simulation Results
Setup
Simulate
projectile_motion
Last_Run Time= 1.2000 Frame=61
Browse Groups
Bodies
Connectors
Motions
Forces
Elements
Measures
Design Variables
Chain Systems
Belt Systems
Gear Systems
Bearings
Simulations
Results
All Other
Search
R_displacement
4500.0
2250.0
0.0
Time: 1.180
0.0 0.75 1.5
Plot: scht1
Transfer To Full Plot
Measure Info
Measure Modify
Delete All Curves
Delete Strip Chart
1
Y_displacement
1500.0
0.0
-1000.0
-3500.0
Time: 1.180
Current: -695.9
0.0 0.75 1.5
Animation Controls
-Inc
60
+Inc
Analysis: Last_Run
View: .gui.main.front
Fixed Base
Std. Camera
Trace Marker:
Stone.cm
Time Range:
0.0 , 1.5
Cycles: 1
Frame Increment: 1
Superimpose
Icons
Contour Plots

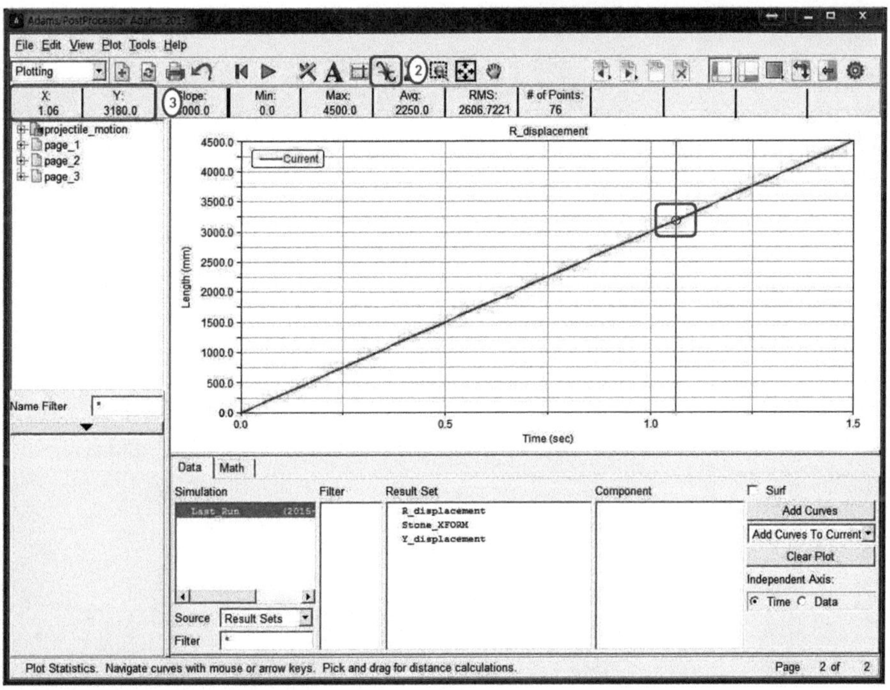
Adams/PostProcessor Adams 2015
File Edit View Plot Tools Help
Plotting
2
X: 1.06
Y: 3180.0
3
Slope: 3000.0
Min: 0.0
Max: 4500.0
Avg: 2250.0
RMS: 2606.7221
# of Points: 76
projectile_motion
page_1
page_2
page_3
R_displacement
Current
4500.0
4000.0
3500.0
3000.0
2500.0
2000.0
1500.0
1000.0
500.0
0.0
Length (mm)
0.0 0.5 1.0 1.5
Time (sec)
Name Filter
Data Math
Simulation
Filter
Result Set
Component
Last_Run
R_displacement
Stone_XFORM
Y_displacement
Surf
Add Curves
Add Curves To Current
Clear Plot
Independent Axis:
Time Data
Source Result Sets
Filter
Plot Statistics. Navigate curves with mouse or arrow keys. Pick and drag for distance calculations.
Page 2 of 2

Analytical Solution

시뮬레이션 결과 값과 Analytical Solution 계산 값과 비교하기.

$x_0 = 0 \qquad x_f = R$

$y_0 = 0 \qquad y_f = 0$

$v_{x0} = 6000 \times \cos 60° = 3000\text{mm/sec}$

$v_{y0} = 6000 \times \sin 60° = 5196\text{mm/sec}$

$$y_f = y_0 + v_{y0}t - \frac{1}{2}gt^2$$

$0 = 0+5196t-0.5 \times 9806 \times t^2$

$0 = (5196-4905t)t$

$t = 1.06\text{sec}$

$x_f = x_0 + v_{x0}t$

$R = 0+3000 \times 1.06$

$R = 3180\text{mm}$

시뮬레이션 결과 값과 일치하는 것을 볼 수 있다.

Example 7. Spring Damper System: Part 1

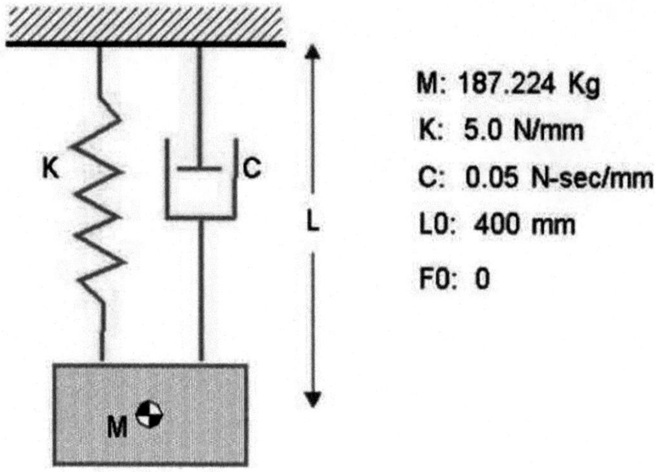

Software Version Adams 2013.2

문제 설명

정적 평형 상태에서 Spring에 걸리는 힘 찾기.

step 1 New Adams Database 만들기

① New Model 아이콘을 클릭한다.
② Model Name에 spring_mass을 입력한다.
③ Gravity에서 Earth Normal(−Global Y)을 선택하고, Units에서 MMKS−mm,kg,N,s,deg를 선택한다.
④ Working Directory에는 자신이 저장할 폴더를 지정한다.
⑤ 그리고 OK를 클릭한다.

step 2 Rigid Body 만들기

① Main Toolbox의 Bodies에서 Rigid Body : Box를 클릭한다.

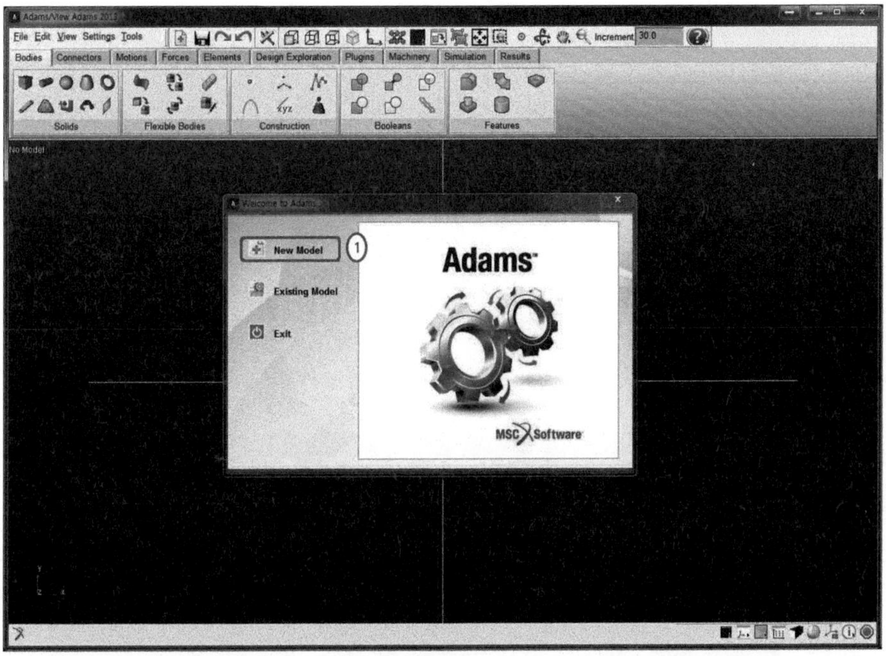
New Model
1
Existing Model
Exit
Adams
MSC Software

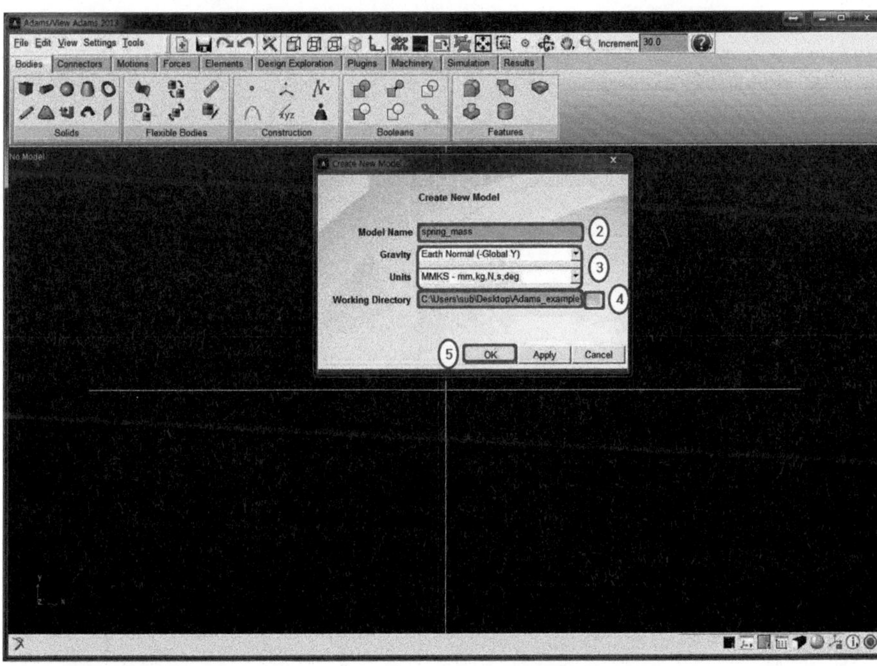
Create New Model
Model Name
spring_mass
2
Gravity
Earth Normal (-Global Y)
3
Units
MMKS - mm,kg,N,s,deg
Working Directory
C:\Users\sub\Desktop\Adams_example
4
5
OK
Apply
Cancel

② Rigid Body : Box를 만들기 위해서, 왼쪽 위에 한번 클릭 오른쪽 아래 한번 클릭 한다. (밑에 그림처럼 Box의 중심이 Y축 상에 있도록 만들면 된다. 이 예제에서는 Box의 크기가 중요하지 않다.)

③ 그 다음 Box위에 마우스 포인트를 두고 우클릭한 후, Part:PART_2에서 Modify를 클릭한다.

④ Define Mass By에서 User Input을 선택한 후, Mass에 187.224를 입력한다.

⑤ 그리고 OK를 클릭한다.

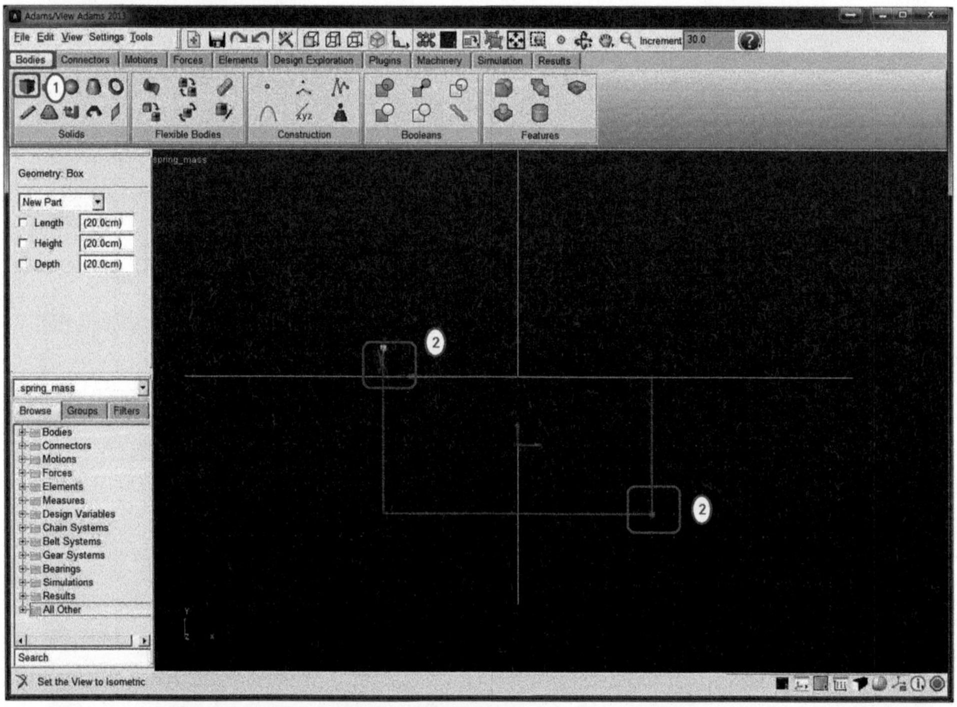

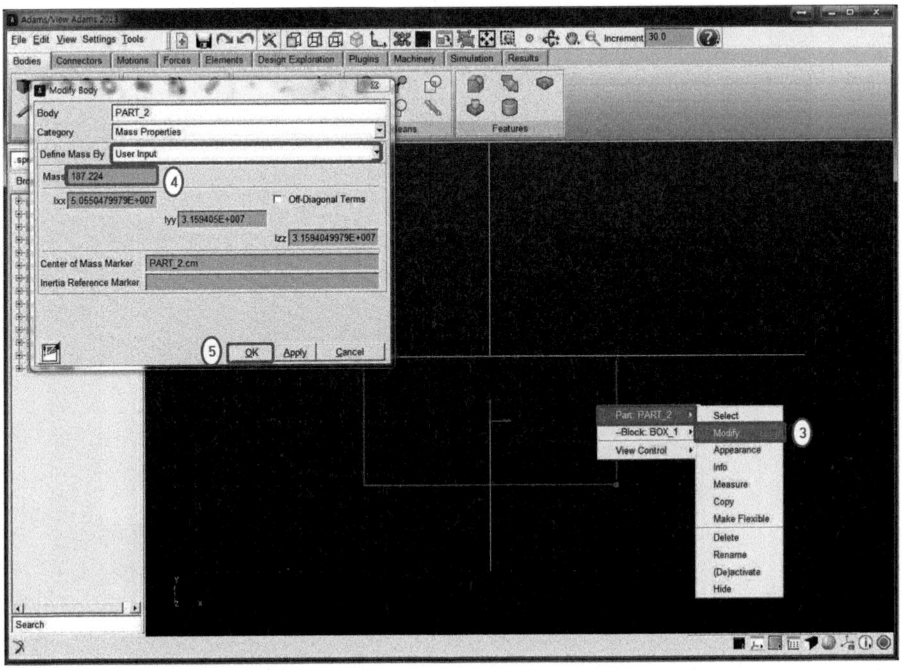

step 3 블록을 y방향으로만 움직이도록 구속시키기

① 먼저 작업을 조금 더 수월하게 하기 위해서 화면을 돌린다. Working Grid에서 마우스 우클릭하여 Rotate XY를 클릭하거나 키보드 R키를 눌러서 Rotate XY를 활성화 시킨다. 그리고 마우스를 드래그 하면서 밑에 그림처럼 비슷하게 화면을 돌린다.

② Main Toolbox의 Connectors에서 Translational Joint를 클릭한다.

③ First Body는 PART_2를 클릭하여 선택한다.

④ 그 다음 Ground를 클릭하여 Second body를 선택한다.

⑤ 그리고 Joint가 들어갈 부분을 설정해 주기 위해서 PART_2.cm을 클릭한다.

⑥ 그리고 방향 벡터를 바로 설정해야하므로 밑에 그림처럼 cm.X가 나오도록 마우스를 두고 한번 클릭한다.

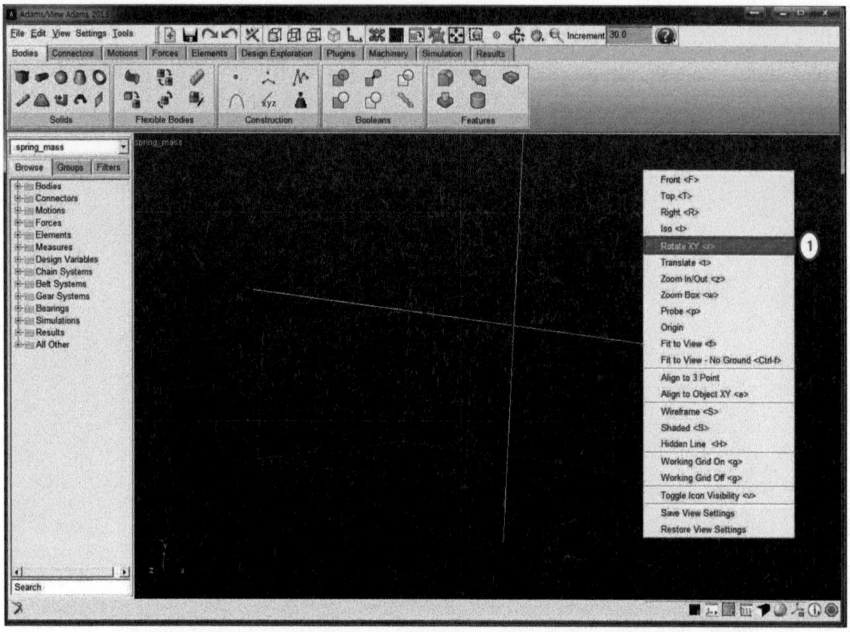

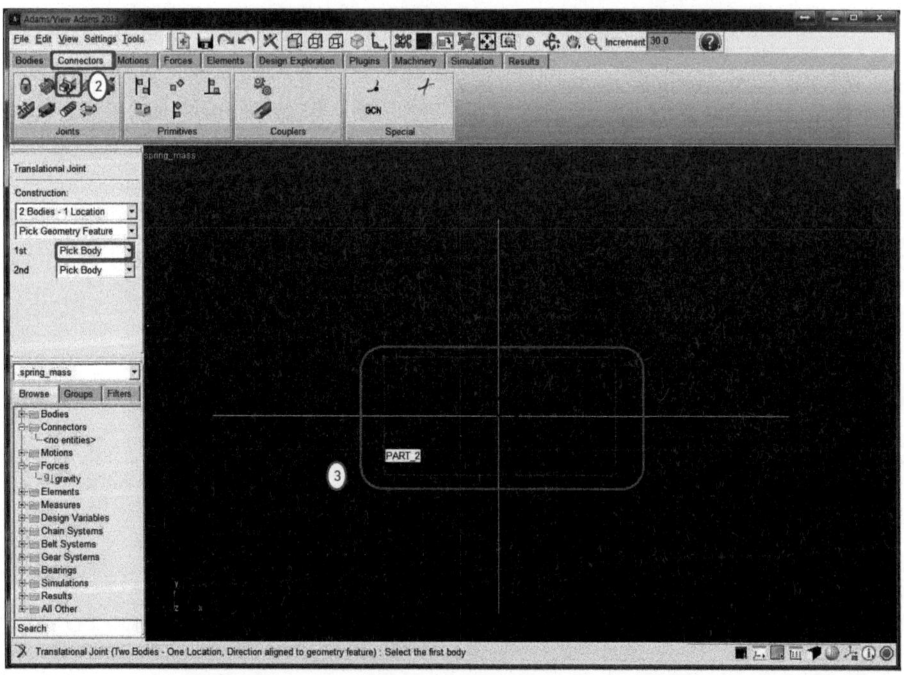

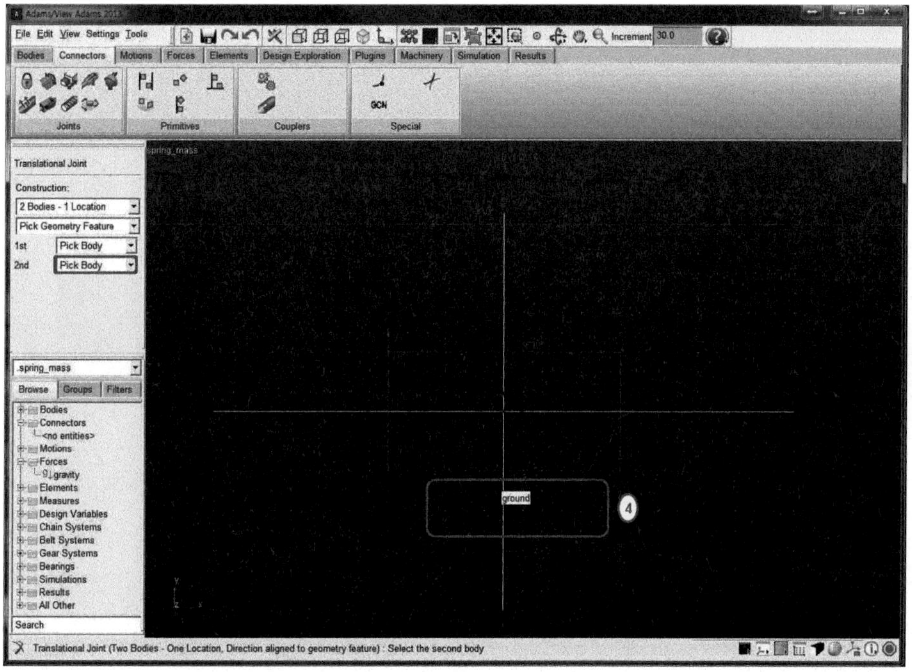
Adams/View Adams 2013
File Edit View Settings Tools
Increment 30.0
Bodies Connectors Motions Forces Elements Design Exploration Plugins Machinery Simulation Results
Joints
Primitives
Couplers
Special
Translational Joint
Construction:
2 Bodies - 1 Location
Pick Geometry Feature
1st Pick Body
2nd Pick Body
.spring_mass
Browse Groups Filters
Bodies
Connectors
<no entities>
Motions
Forces
gravity
Elements
Measures
Design Variables
Chain Systems
Belt Systems
Gear Systems
Bearings
Simulations
Results
All Other
Search
ground
4
Translational Joint (Two Bodies - One Location, Direction aligned to geometry feature) : Select the second body

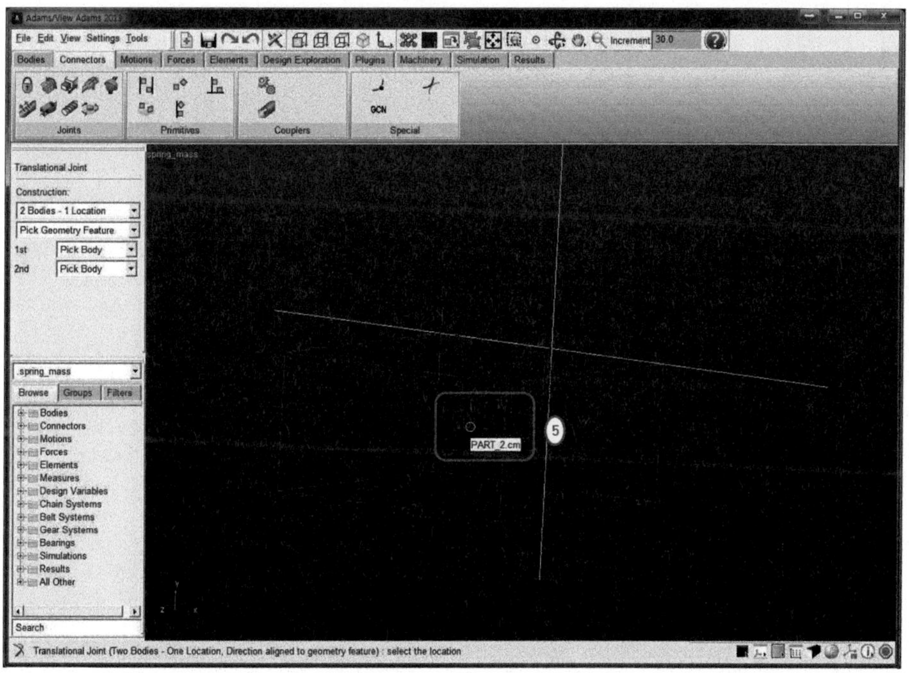
Adams/View Adams 2013
File Edit View Settings Tools
Increment 30.0
Bodies Connectors Motions Forces Elements Design Exploration Plugins Machinery Simulation Results
Joints
Primitives
Couplers
Special
Translational Joint
Construction:
2 Bodies - 1 Location
Pick Geometry Feature
1st Pick Body
2nd Pick Body
.spring_mass
Browse Groups Filters
Bodies
Connectors
Motions
Forces
Elements
Measures
Design Variables
Chain Systems
Belt Systems
Gear Systems
Bearings
Simulations
Results
All Other
Search
PART_2.cm
5
Translational Joint (Two Bodies - One Location, Direction aligned to geometry feature) : select the location

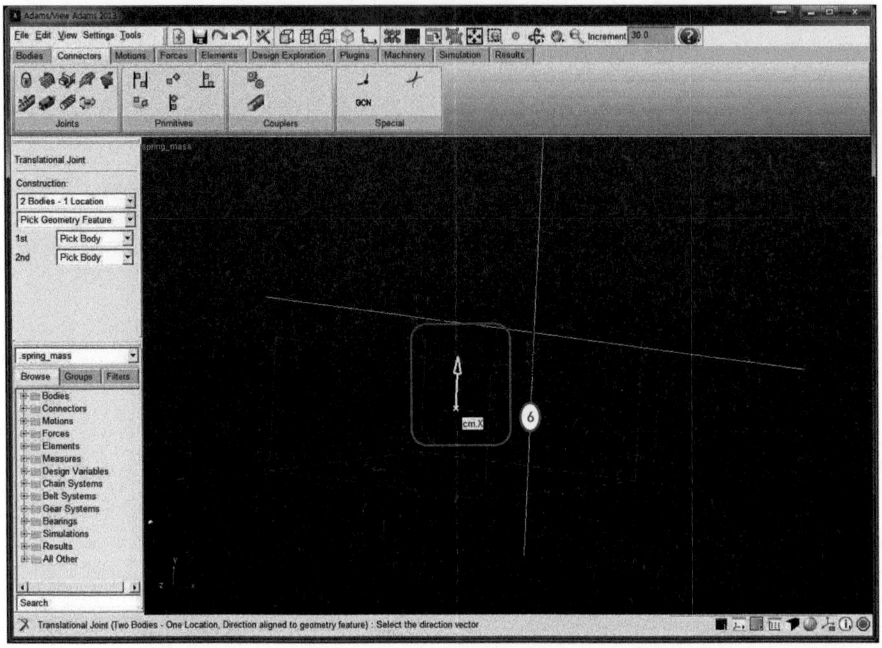

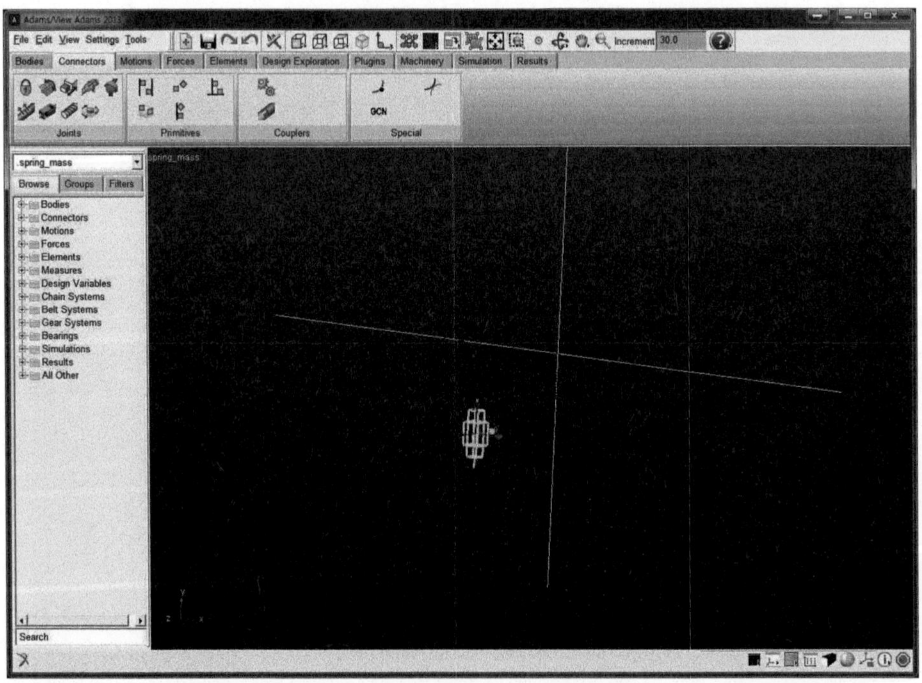

step 4 Working Grid 움직이기

① Settings 메뉴에서 Working Grid를 클릭한다.

② 아래 Set Location을 클릭하여 Pick을 선택한다.

③ 그리고 Box의 정중앙을 클릭하여 Working Grid를 움직인다.

④ OK를 클릭한다.

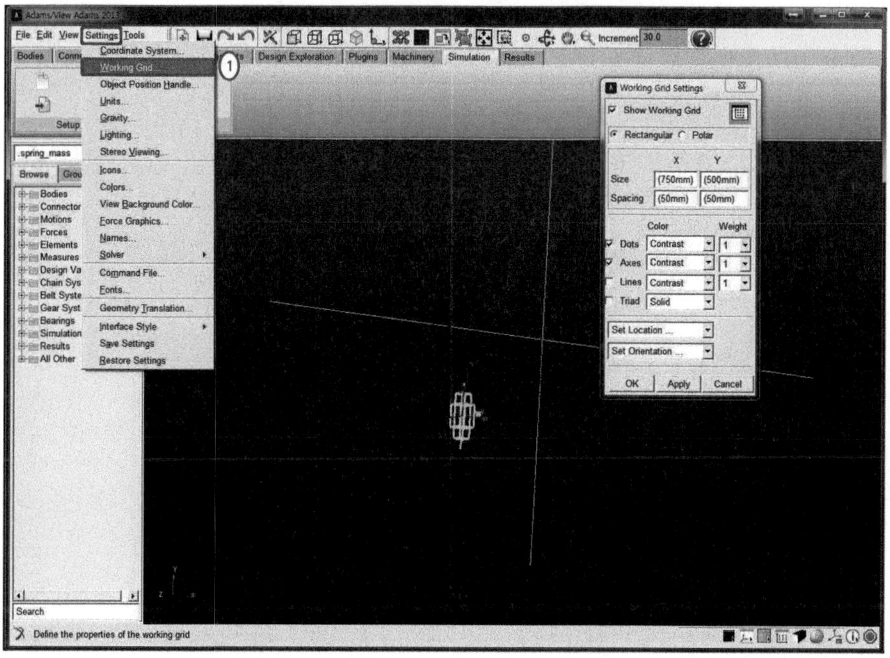

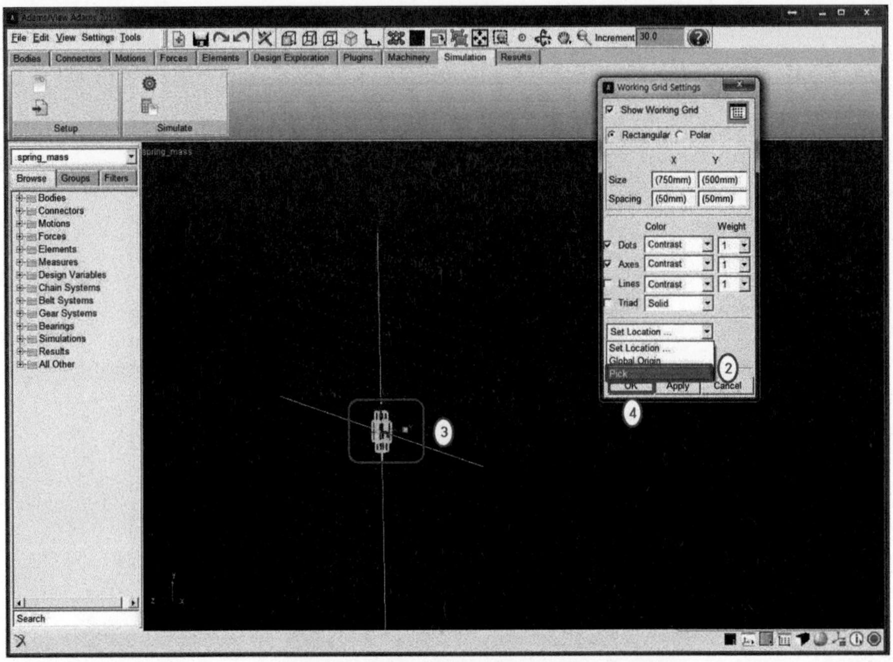

step 5 Pre-Defined Spring Damper 추가하기

① Main Toolbox의 Force에서 Translational spring-damper를 클릭한다.

② K(5), C(0.05) 모두 체크를 하고 값을 입력한다.

③ 그 다음 PART_2.cm을 클릭하여 첫 번째 점을 선택한다.

④ 그리고 화면 위에 마우스 우클릭하여 Location Event 창을 열고 0,400,0을 입력한 뒤, Rel. to Origin에서 Rel. to Grid로 선택한다.(Tip: Working Grid를 움직여서 Origin과 Grid가 이제 일치하지 않는다.)

⑤ Apply를 클릭한다. (두 번째 점을 선택한 것이다.)

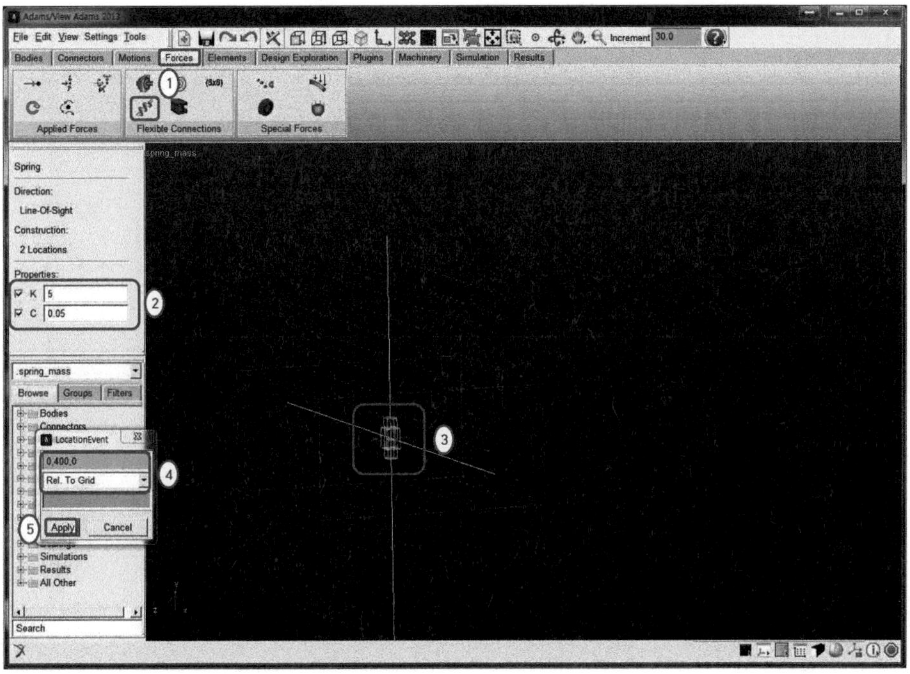

step 6 pring Damper의 길이 측정하기

① Tools 메뉴에서 Measure Distance를 클릭한다.

② First Position의 옆 빈 공간을 우클릭한 후, Position에서 Browse을 클릭한다.

③ Database Navigator에서 PART_2에 있는 cm을 선택하고 OK를 클릭한다.

④ Second Position 도 마찬가지로 우클릭하여 Database Navigator를 열고 Ground에서 스프링의 상단에 위치한 MARKER_6(MARKER의 숫자는 달라질 수 있음)를 선택하고 OK를 클릭한다.

⑤ OK를 클릭하면 Information 창이 나온다. Y값을 확인하여 Spring Damper의 길이를 측정한다.

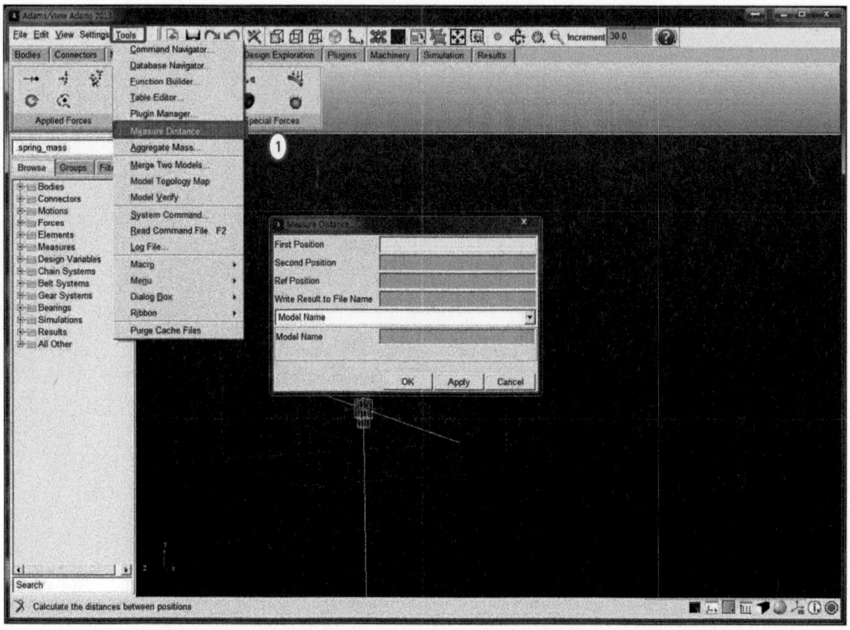

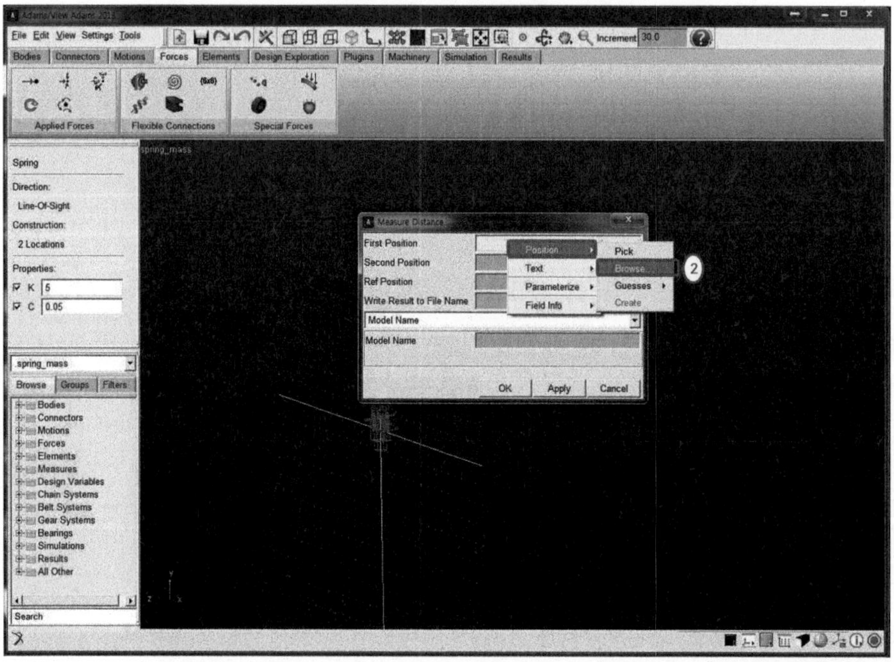

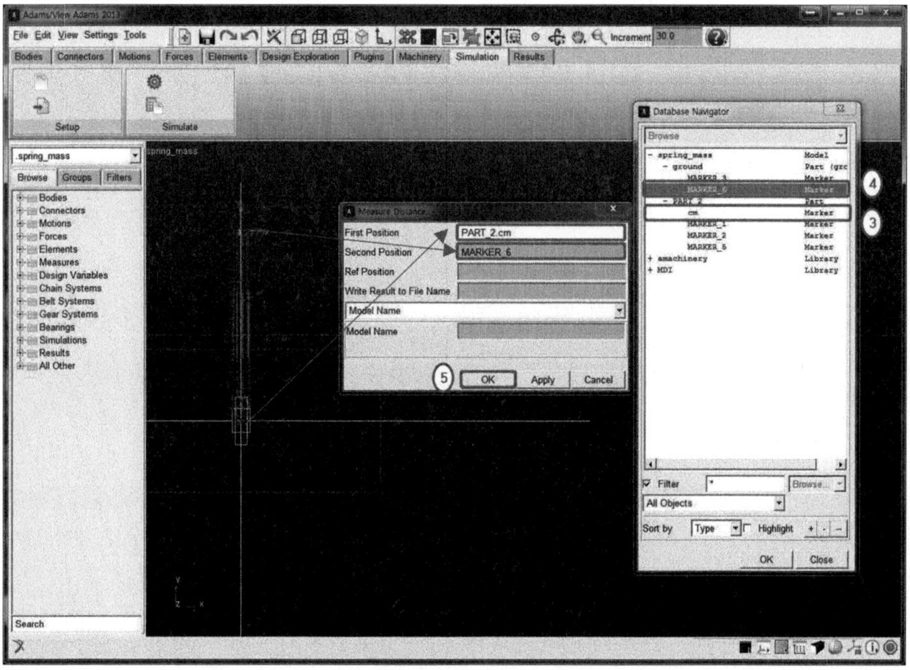

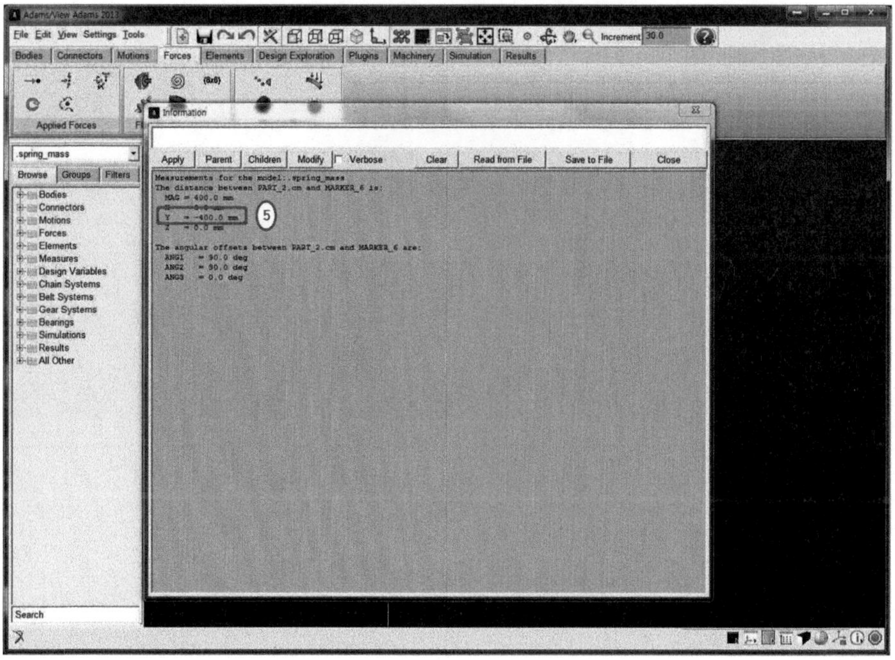

step 7 정적 평형 상태에서 Spring Damper의 힘 찾기

① Simulation에서 Interactive Simulation을 클릭한다.

② Simulation Control에서 Static Equilibrium 도구를 클릭한다.

③ Spring Damper의 걸리는 힘을 보기 위해서 Settings 메뉴에서 Force Graphics Settings를 클릭한다.

④ Display Numeric Values를 체크를 하고 OK를 클릭하면 화면에 1836.04 이 뜨는 것을 볼 수 있을 것이다. (숫자가 보이지 않는다면 Zoom out을 해보아라.)

⑤ 값을 확인한 후 리셋 버튼을 클릭한다.

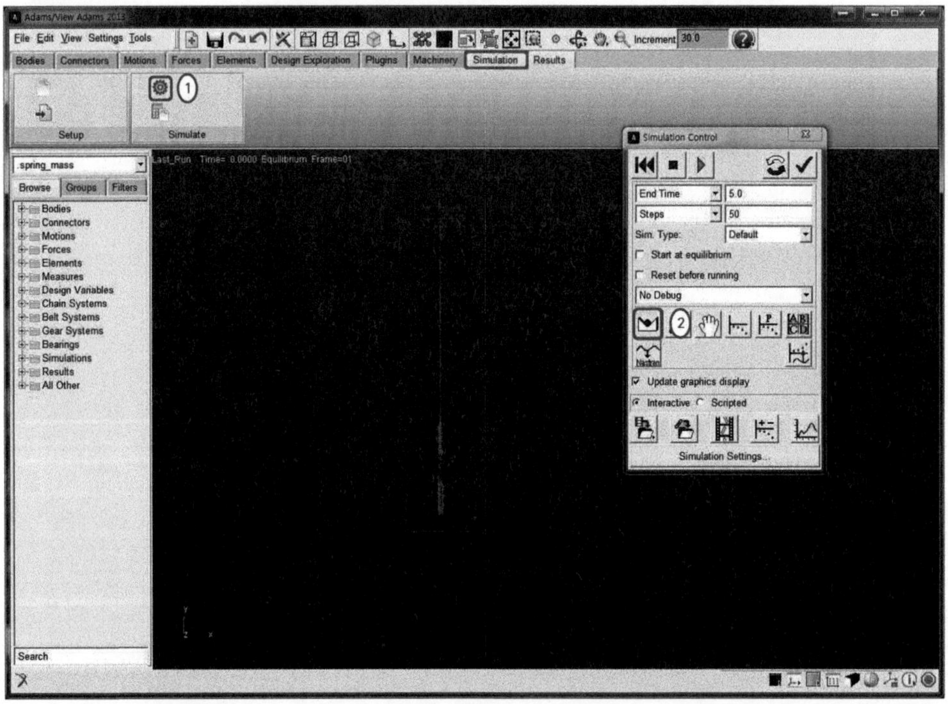

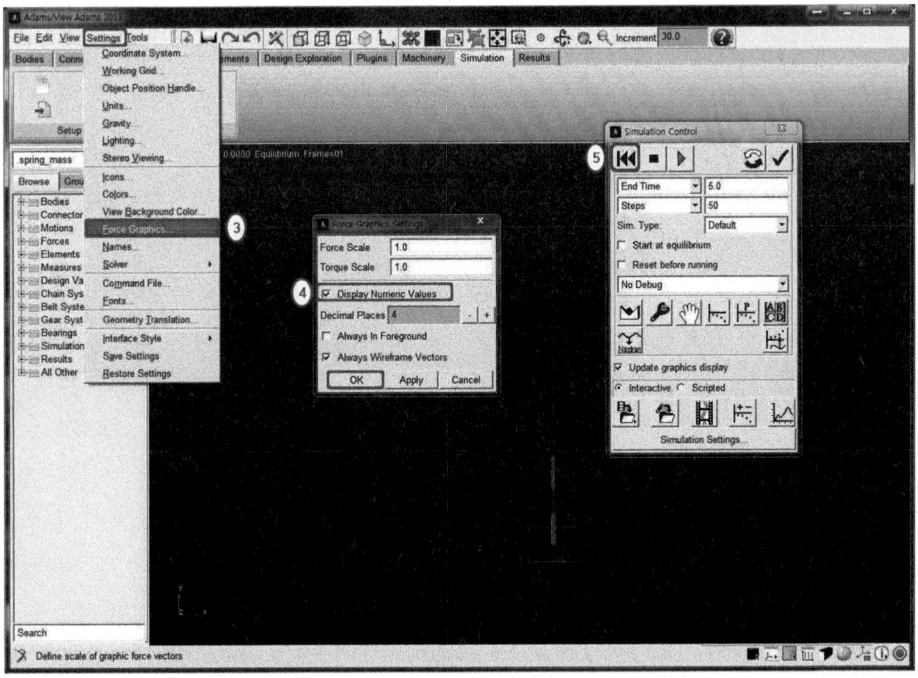

Analytical Solution

결과 값과 Analytical Solution을 계산한 값과 비교해보기.

- 블록의 질량은 187.224 kg
- 따라서 중력과 spring damper는 서로 균형을 이루어야하므로 힘 F=187.224kg
  * 9806.65 mm/s² = 1836.04 N 이 된다.

Example 8. Spring Damper System: Part 2

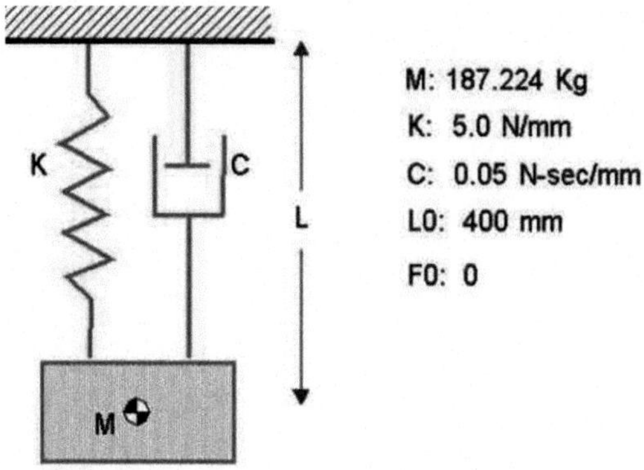

Software Version | Adams 2013.2

문제 설명

- Spring Damper를 Single-Component Force로 바꾼다.
- Length vs Force 그래프를 만든다.
- Single-Component Force를 사용하여 정적 평형 상태를 찾는다.

step 1 Spring Damper 대체하기

① Example 7에 이어서 Spring Damper를 Single component force로 바꾸기 위해서 Spring Damper 위에 마우스 포인트를 두고 우클릭한 후, Spring : SPRING_1에서 Delete를 클릭한다.

② Main Toolbox의 Forces에서 Single component force를 클릭한다.

③ Run-time Direction에서 Two Bodies를 선택하고 Characteristic에서는 K and C를 선택한다.

④ K(5)와C(0.05) 모두 체크한 뒤, 값을 입력한다.

⑤ 첫 번째로 PART_2를 한번 클릭한다.

⑥ 두 번째로 Ground를 클릭한다.

⑦ 이제 시작점을 지정하기 위해서 PART_2.cm을 클릭한다.

⑧ 끝점은 Working Grid에서 우클릭한 후 Location Event창을 열어 0,400,0을 입

력하고Rel. To Grid를 선택한다. 마지막으로 Apply를 클릭한다.

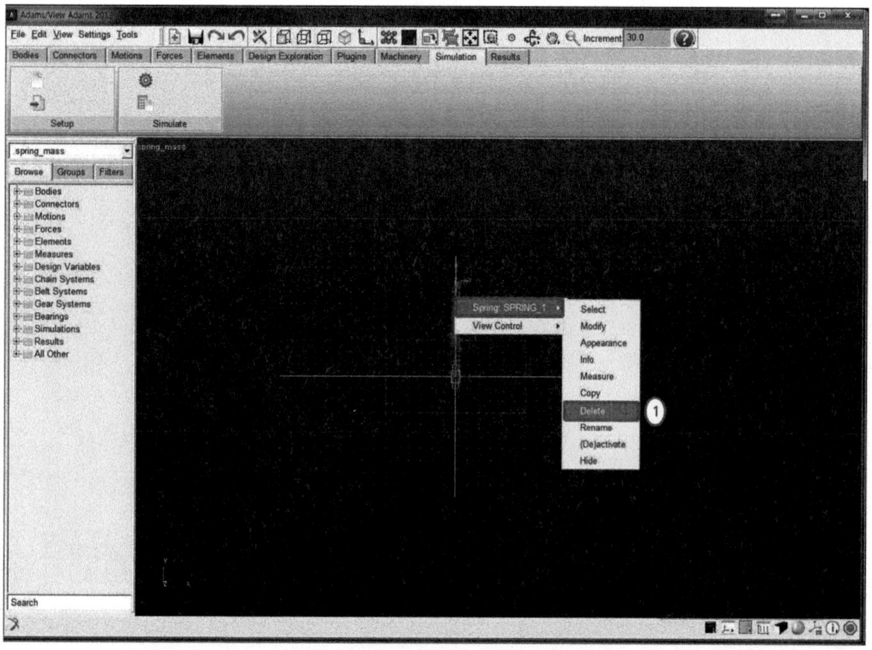

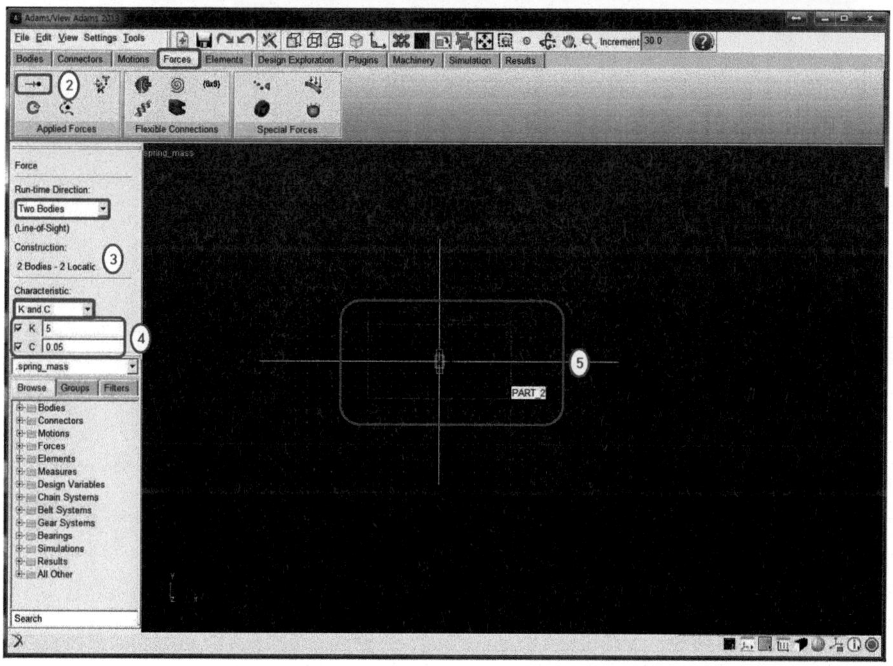

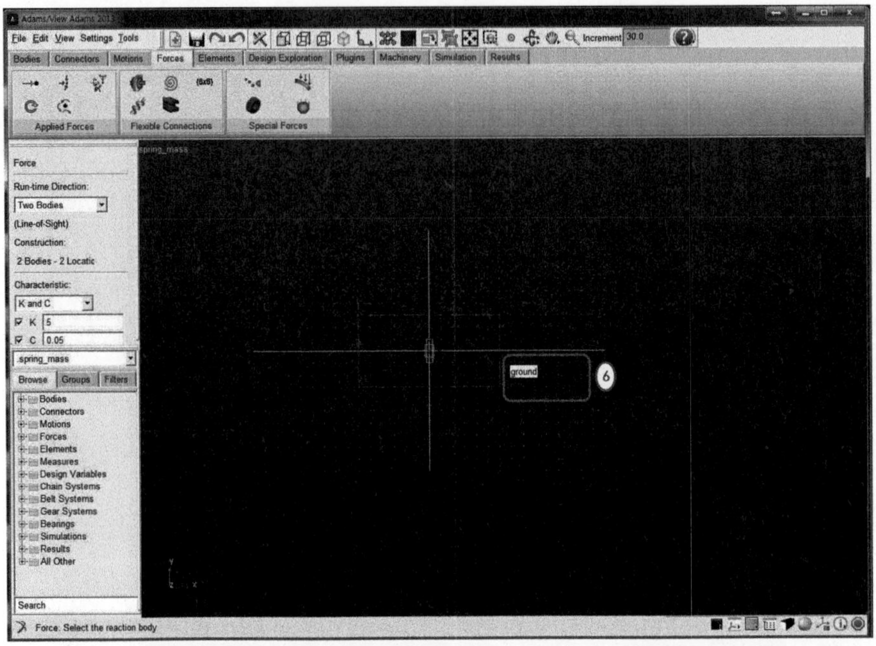

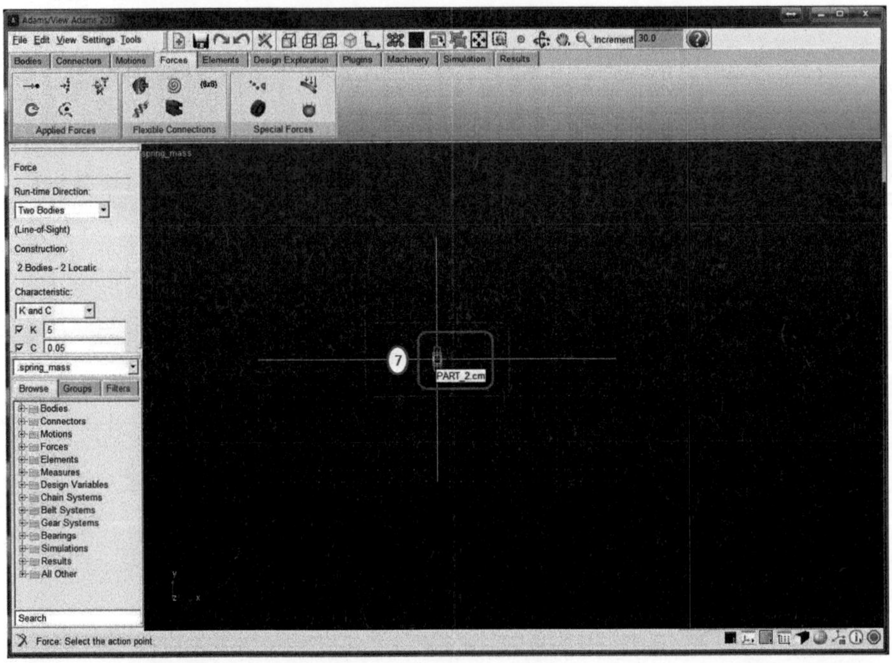

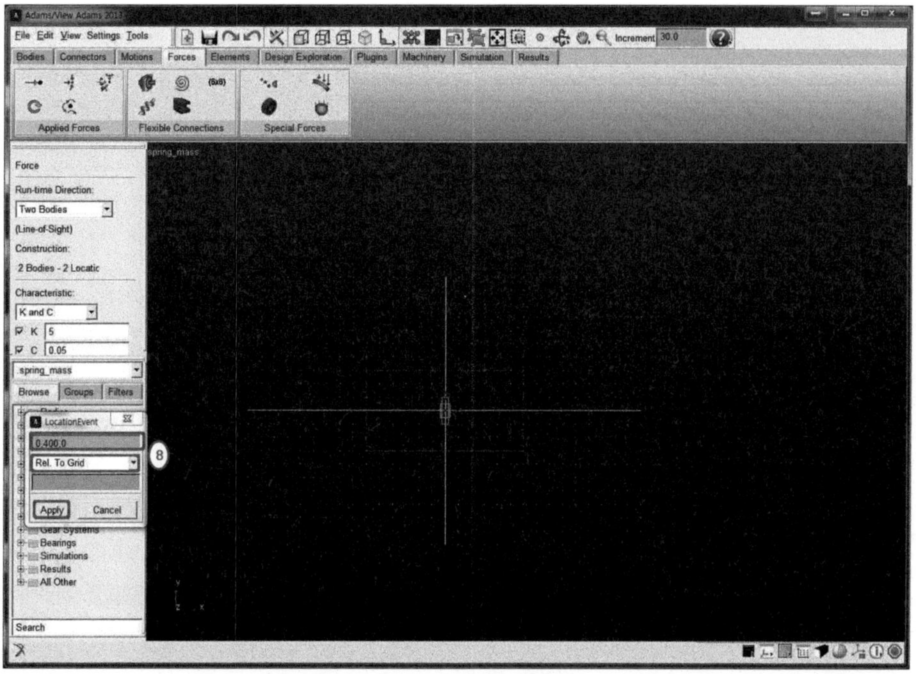

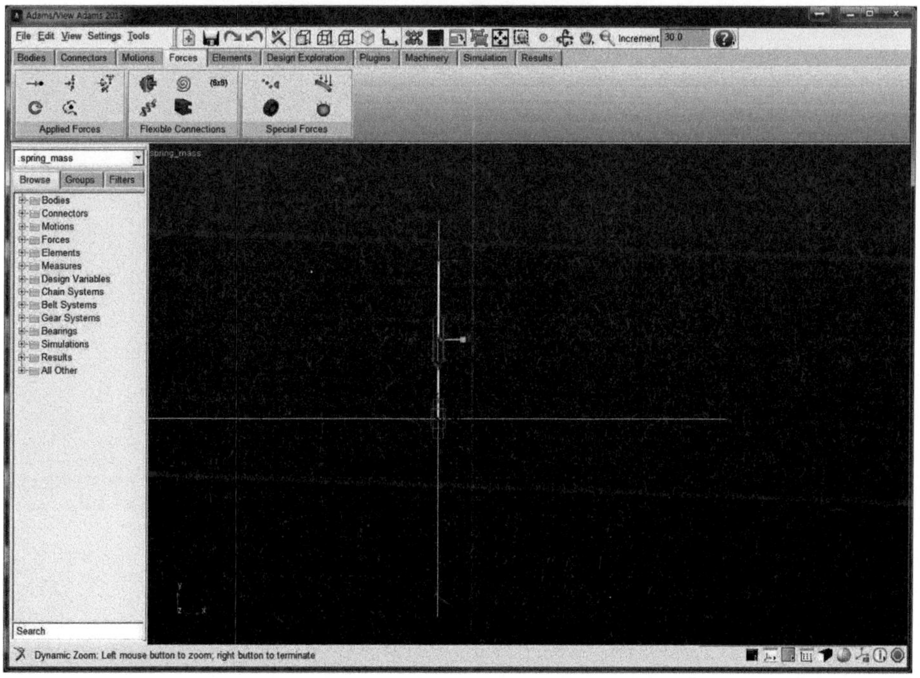

step 2 Spring Length와 Spring force 그래프 만들기

① 생성한 Force 위에 마우스 포인트를 두고 우클릭한 후, Force:SFORCE_1에서 Measure을 클릭한다.
② Measure Name에 spring_force를 입력한다.
③ Characteristic에서 Force를 선택한다.
④ Component에서 mag를 선택하고 Apply를 클릭한다.
⑤ Spring의 길이를 측정하기 위해서 Measure Name에 spring_length를 입력한다.
⑥ Characteristic에서 Displacement를 선택한다.
⑦ Component에서 Y를 선택하고 OK를 클릭한다.

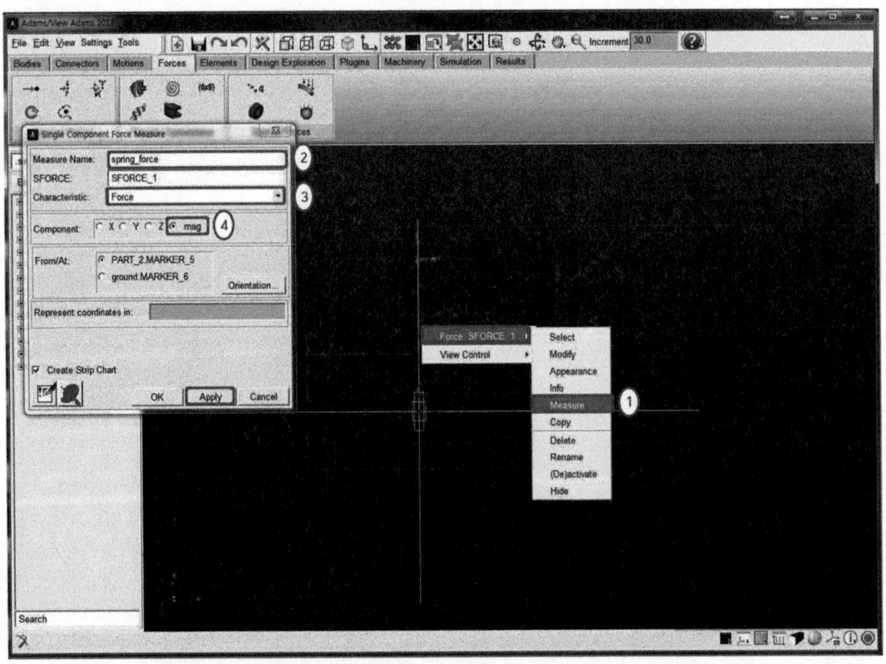

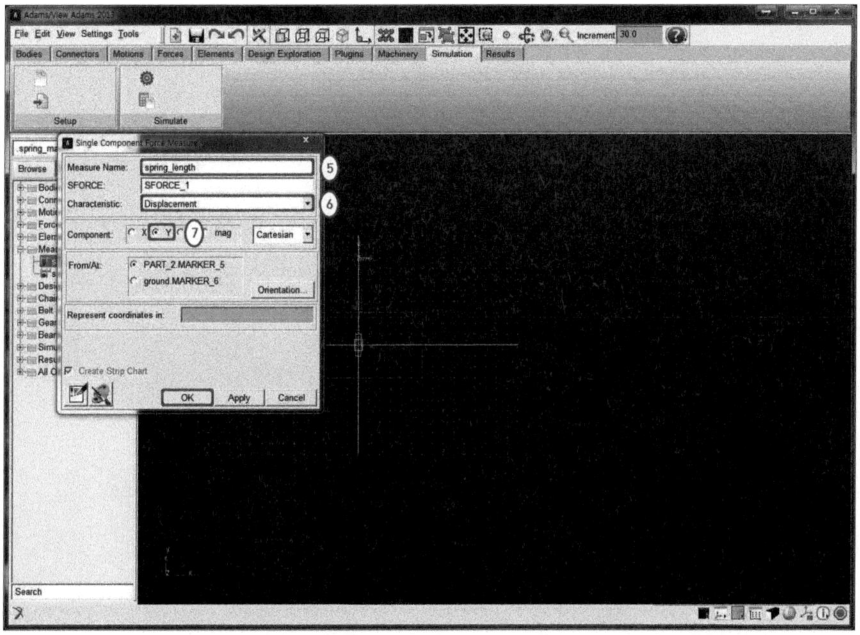

step 3 모델 시뮬레이션 하기

① Simulation에서 Interactive control을 클릭한다.

② End time은 2 초, Steps는 50으로 한 후 Play버튼을 클릭한다.

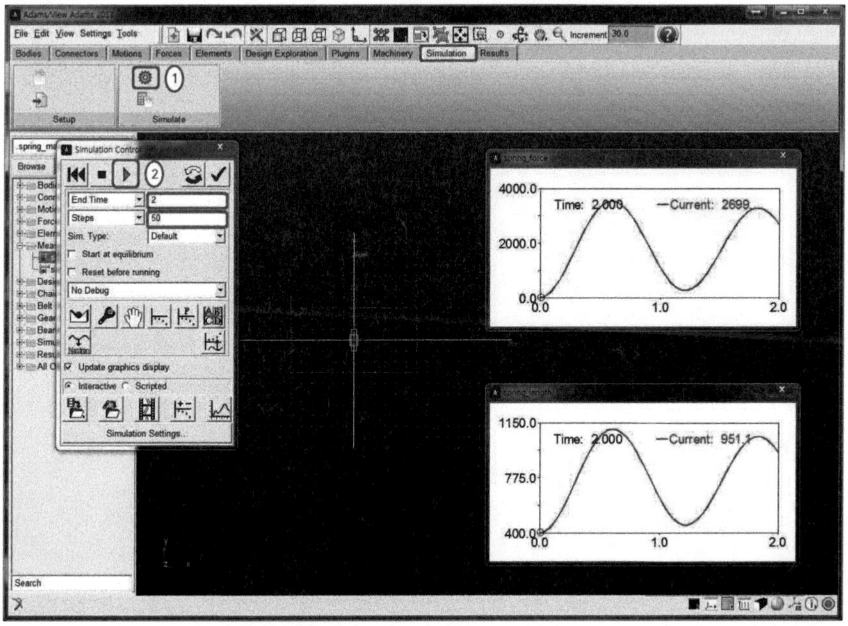

step 4 Force(N) vs Length(mm) 그래프 만들기

① 시뮬레이션이 끝난 후 그래프 위에 마우스 포인트를 두고 우클릭한 후, Plot:scht1에서 Transfer To Full Plot를 클릭한다.

② Adams/postprocessor에서 우측 하단에 있는 Clear Plot을 클릭한다.

③ Result Set에서 Spring_force를 클릭하고 Component에서 Q를 클릭한다.

④ Independent Axis에서 Data를 선택한다.

⑤ Independent Axis 창이 나오면 spring_length를 선택하고 Component에서 Q를 선택한 후 OK를 클릭한다.

⑥ Add Curves를 클릭하여 Force(N) vs Length(mm) 그래프를 확인한다.

⑦ Adams/Postprocessor 창을 닫기 위해서 오른쪽 위에 아이콘을 클릭한다.

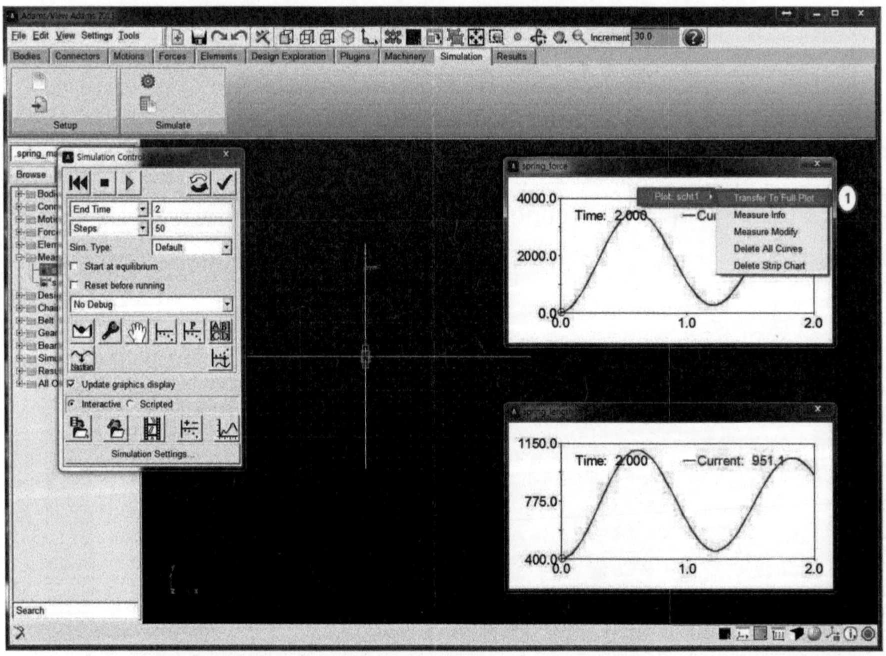

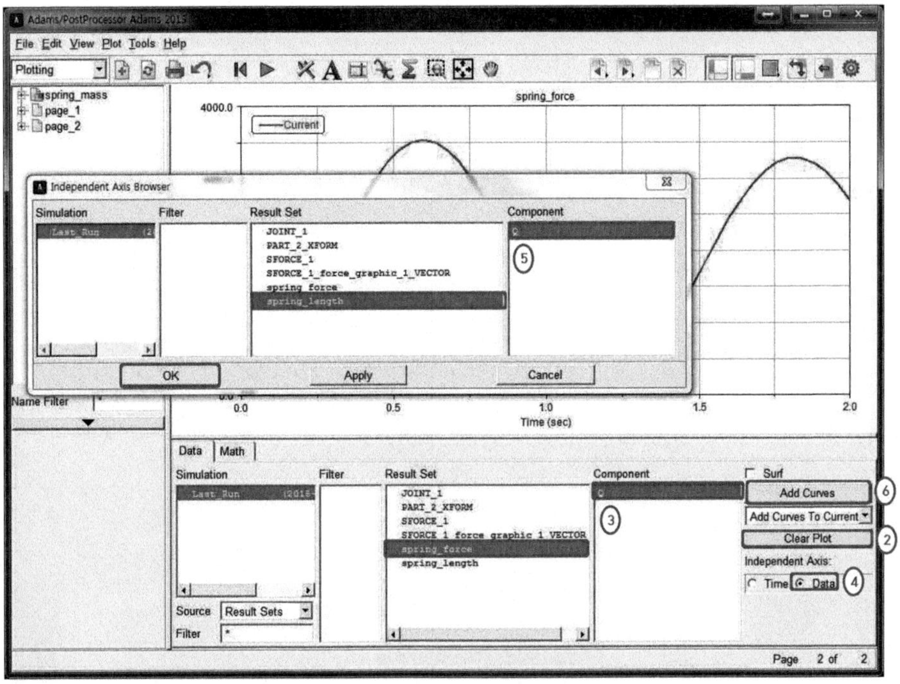

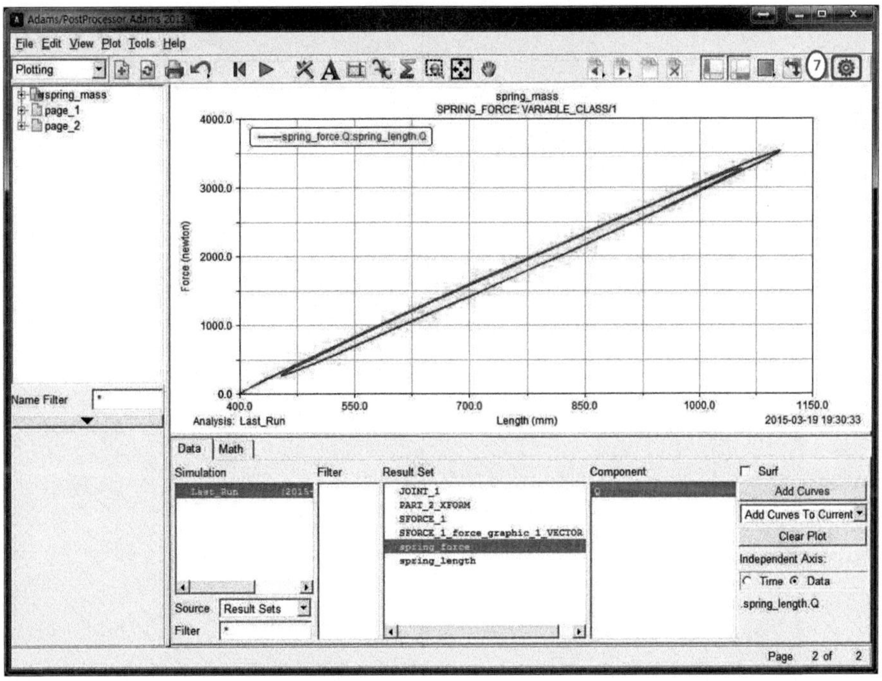

step 5 정적 평형 상태에서 Single-Component force의 작용하는 힘 찾기

① Simulation Control에서 End time에 1000000을 입력한다.

② Play 버튼을 클릭하고 시뮬레이션이 끝난 후 spring_force 그래프를 보고 값을 확인한다.

③ 또는 Simulation Control에서 Static Equilibrium 도구 를 클릭하여 정적 평형 상태에서 Single Component force에 걸리는 힘을 구한다.

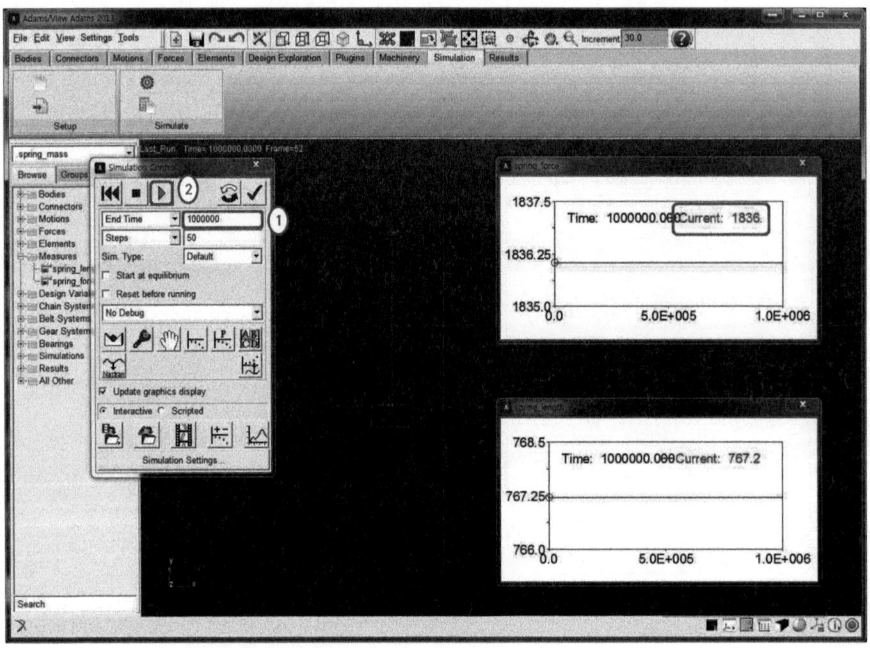

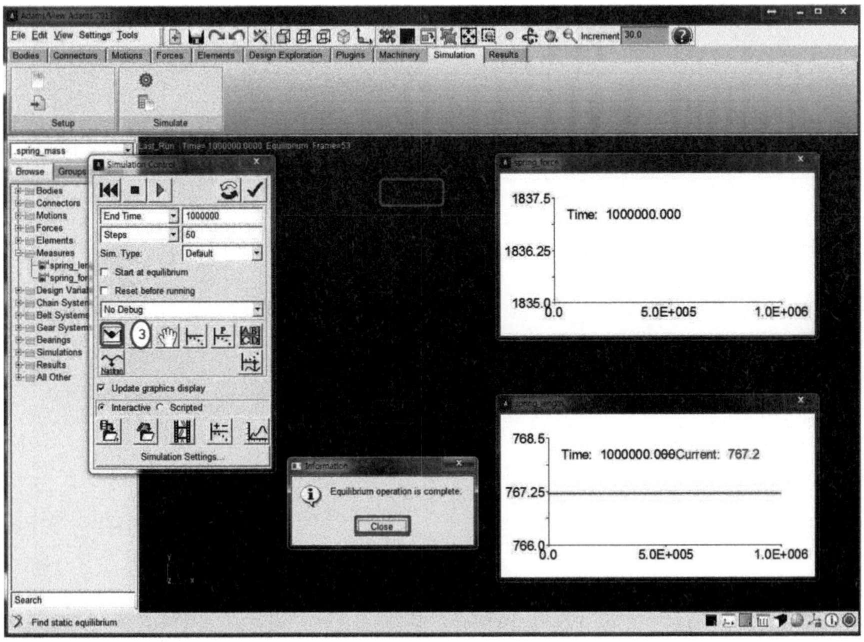

Analytical Solution

결과 값과 Analytical Solution을 계산한 값과 비교해보기.

- 블록의 질량은 187.224 kg
- 따라서 중력과 spring damper는 서로 균형을 이루어야하므로 힘 F=187.224kg * 9806.65 mm/s^2 = 1836.04 N이 된다.

Example 9. Suspension System: Part 1

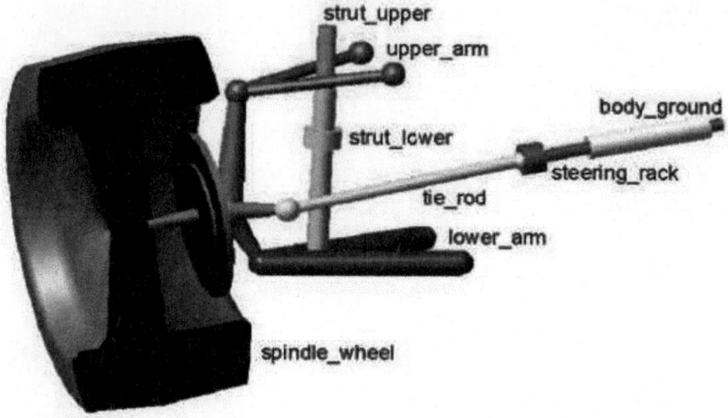

Software Version Adams 2013.2

필요한 파일들

- suspension_parts_starts.cmd

문제 설명

휠 센터를 기준으로 80 mm 진폭으로 상하방향 수직 운동하는 Wheel의 Toe angle을 조사한다. 주어진 모델은 Short-long arm(SLA) 서스펜션 시스템을 기하학적으로 표현한 것이다..

step 1 New Database 만들기.

① New Model 아이콘을 클릭한다.

② Model Name에 Suspension을 입력한다.

③ Gravity에서 Earth Normal(−Global Y)를 선택하고 Units에서는 MMKS−mm,kg,N,deg를 선택한다.

④ Working Directory는 자신이 저장할 폴더로 지정한다.

⑤ OK를 클릭한다.

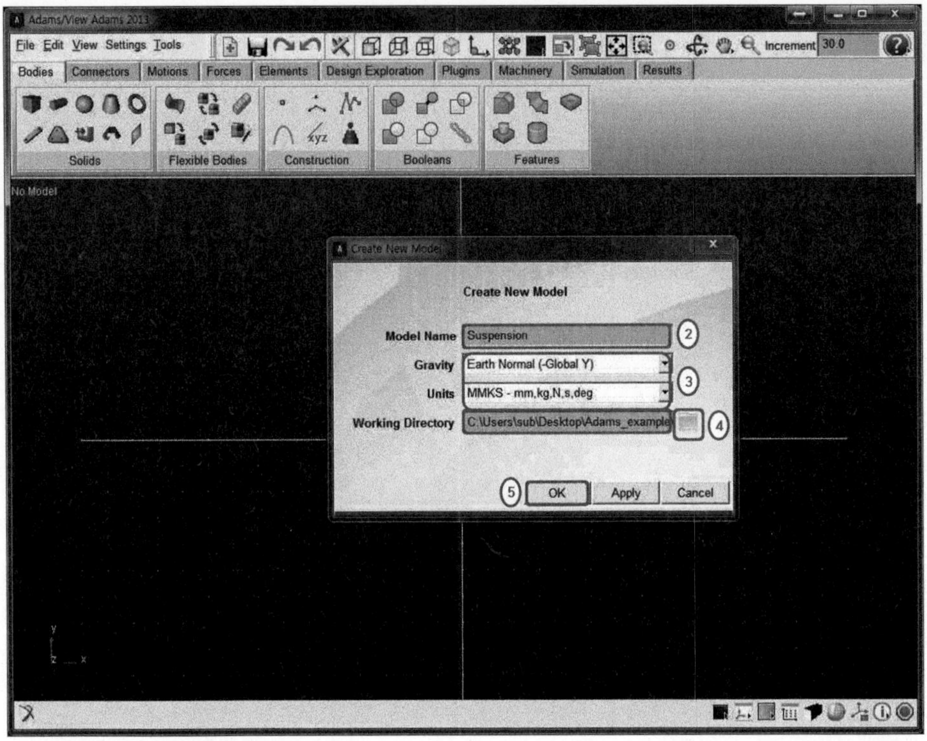

step 2 모델 Import 하기

① 모델을 불러오기 위해서 File에서 Import를 클릭한다.

② File To Read에서 더블 클릭을 한 후 exercise_dir/Example9 폴더에 있는 suspension_parts_starts.cmd 파일을 연다.

③ 그리고 OK를 클릭한다.

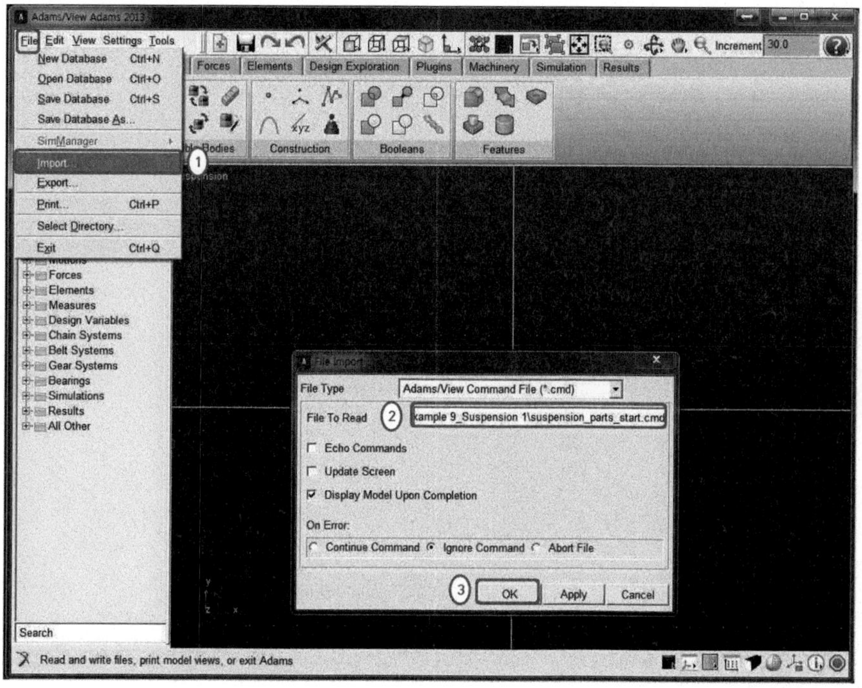

step 3 Spherical Joint 만들기

① 먼저 스크린에서 우클릭한 후 Shaded를 클릭하여 입체적으로 보이도록 만든다.

② Main Toolbox의 Connectors에서 Joint:Spherical를 클릭한다.

③ Construction에서 2 Body-1 Location을 선택하고 Normal To Grid로 선택한다.

④ First Body를 정해주기 위해서 Spindle_Wheel을 한번 클릭한다.

⑤ Second Body를 정해주기 위해서 Tie_Rod를 한번 클릭한다.

⑥ 이제 조인트의 위치를 정해주기 위해서 ground.HP8을 한번 클릭한다.

Tip

만약 클릭하기가 어렵다면 선택할 곳 주변에서 우클릭하여 select 창이 나오면 자신이 선택하고자 하는 것을 클릭하고 OK를 클릭하면 된다.

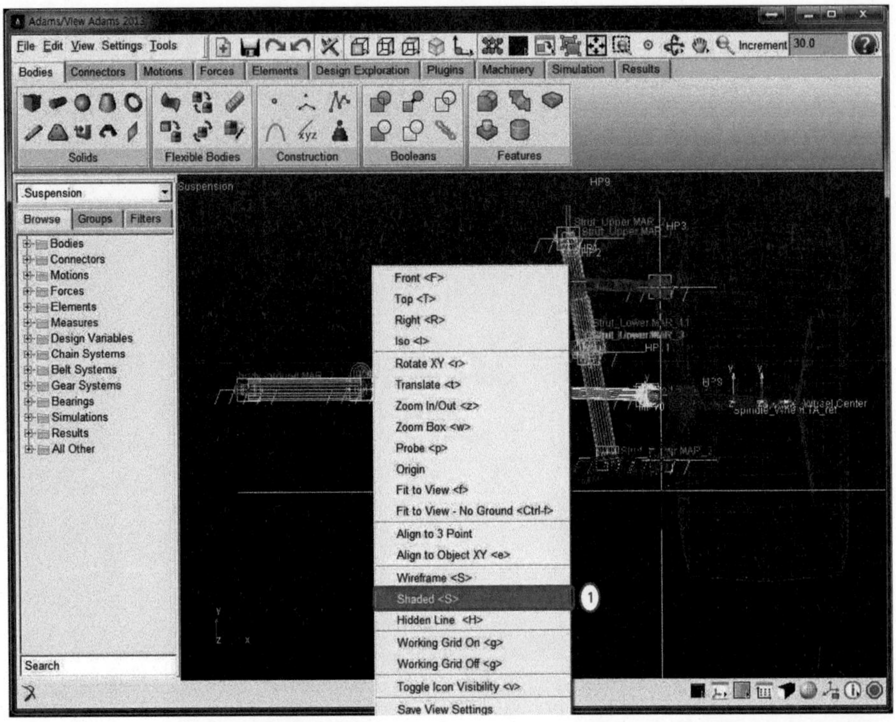
Adams/View Adams 2013
File Edit View Settings Tools
Increment 30.0
Bodies Connectors Motions Forces Elements Design Exploration Plugins Machinery Simulation Results
Solids
Flexible Bodies
Construction
Booleans
Features
Suspension
Browse Groups Filters
Bodies
Connectors
Motions
Forces
Elements
Measures
Design Variables
Chain Systems
Belt Systems
Gear Systems
Bearings
Simulations
Results
All Other
Search
Front <F>
Top <T>
Right <R>
Iso <I>
Rotate XY <r>
Translate <t>
Zoom In/Out <z>
Zoom Box <w>
Probe <p>
Origin
Fit to View <f>
Fit to View - No Ground <Ctrl-f>
Align to 3 Point
Align to Object XY <e>
Wireframe <S>
Shaded <S>
1
Hidden Line <H>
Working Grid On <g>
Working Grid Off <g>
Toggle Icon Visibility <v>
Save View Settings

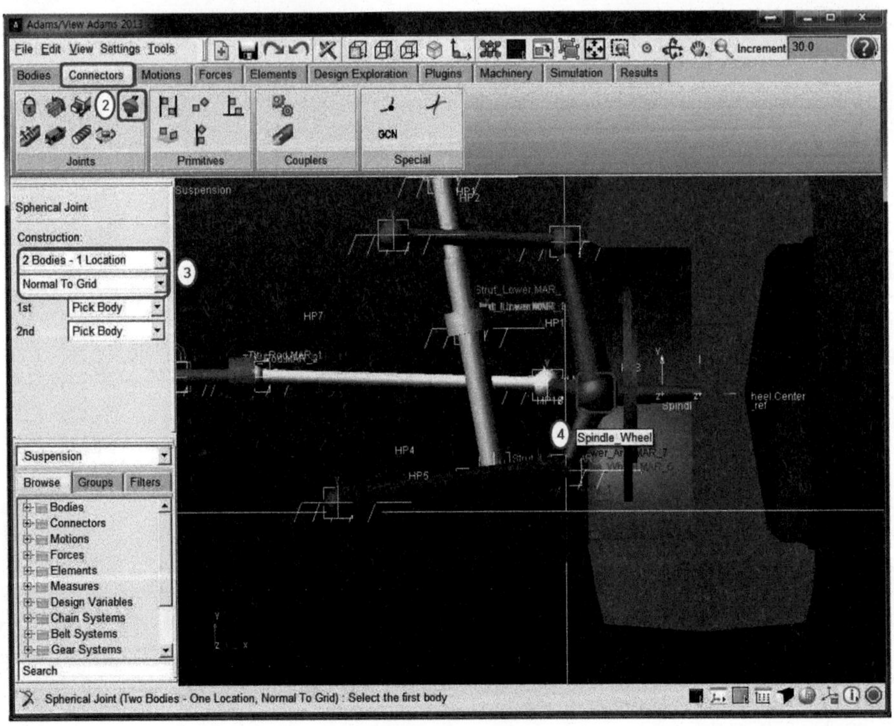
Adams/View Adams 2013
File Edit View Settings Tools
Increment 30.0
Bodies Connectors Motions Forces Elements Design Exploration Plugins Machinery Simulation Results
2
Joints
Primitives
Couplers
Special
Spherical Joint
Construction:
2 Bodies - 1 Location
Normal To Grid
3
1st Pick Body
2nd Pick Body
4
Spindle_Wheel
Suspension
Browse Groups Filters
Bodies
Connectors
Motions
Forces
Elements
Measures
Design Variables
Chain Systems
Belt Systems
Gear Systems
Search
Spherical Joint (Two Bodies - One Location, Normal To Grid) : Select the first body

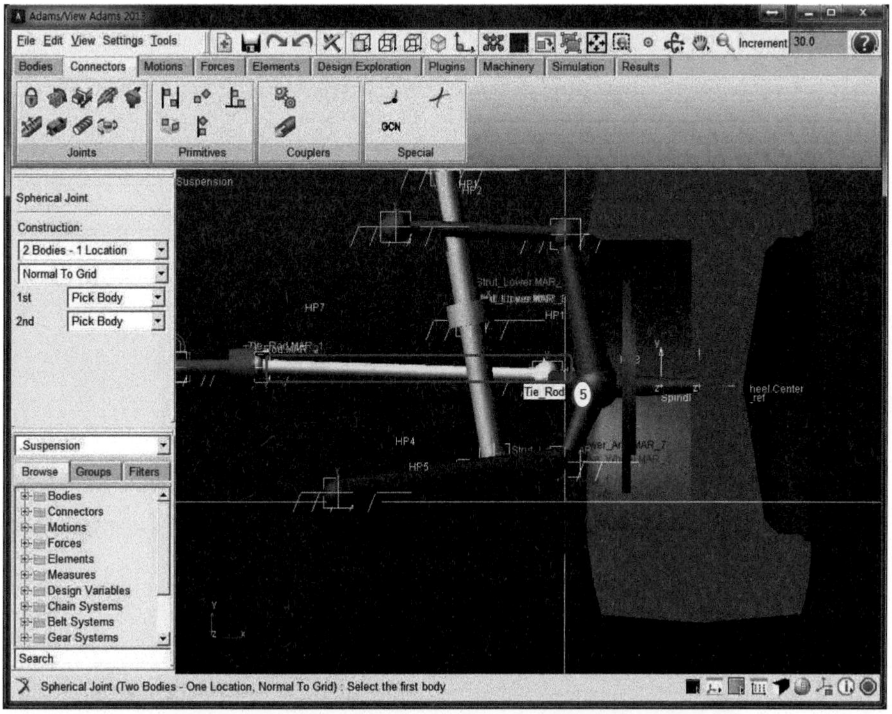
Adams/View Adams 2013
File Edit View Settings Tools
Increment 30.0
Bodies Connectors Motions Forces Elements Design Exploration Plugins Machinery Simulation Results
Joints
Primitives
Couplers
Special
Spherical Joint
Construction:
2 Bodies - 1 Location
Normal To Grid
1st Pick Body
2nd Pick Body
Suspension
Browse Groups Filters
Bodies
Connectors
Motions
Forces
Elements
Measures
Design Variables
Chain Systems
Belt Systems
Gear Systems
Search
Tie_Rod
5
Spherical Joint (Two Bodies - One Location, Normal To Grid) : Select the first body

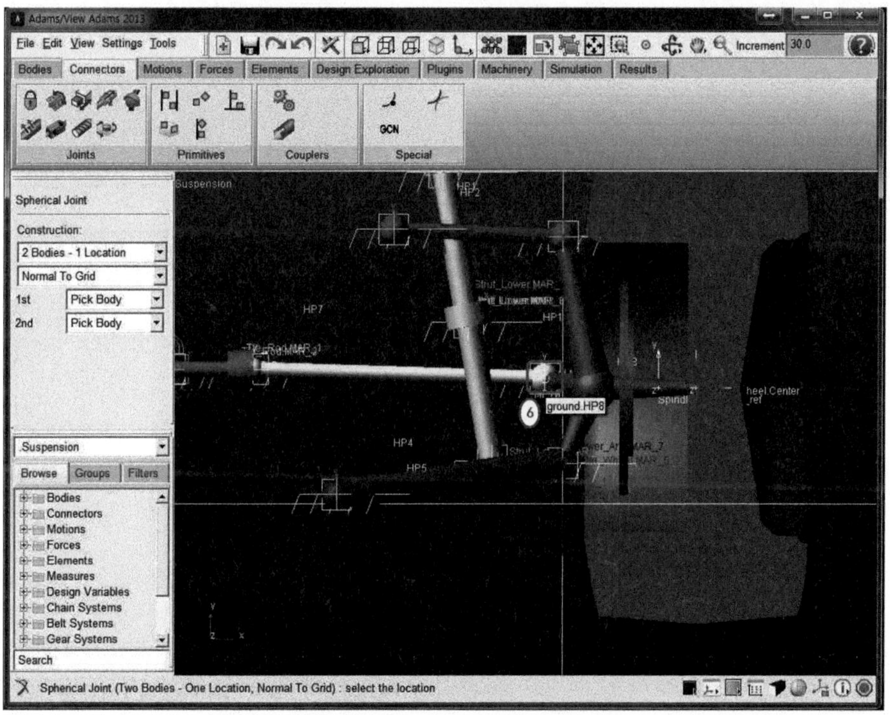
Adams/View Adams 2013
File Edit View Settings Tools
Increment 30.0
Bodies Connectors Motions Forces Elements Design Exploration Plugins Machinery Simulation Results
Joints
Primitives
Couplers
Special
Spherical Joint
Construction:
2 Bodies - 1 Location
Normal To Grid
1st Pick Body
2nd Pick Body
Suspension
Browse Groups Filters
Bodies
Connectors
Motions
Forces
Elements
Measures
Design Variables
Chain Systems
Belt Systems
Gear Systems
Search
ground.HP8
6
Spherical Joint (Two Bodies - One Location, Normal To Grid) : select the location

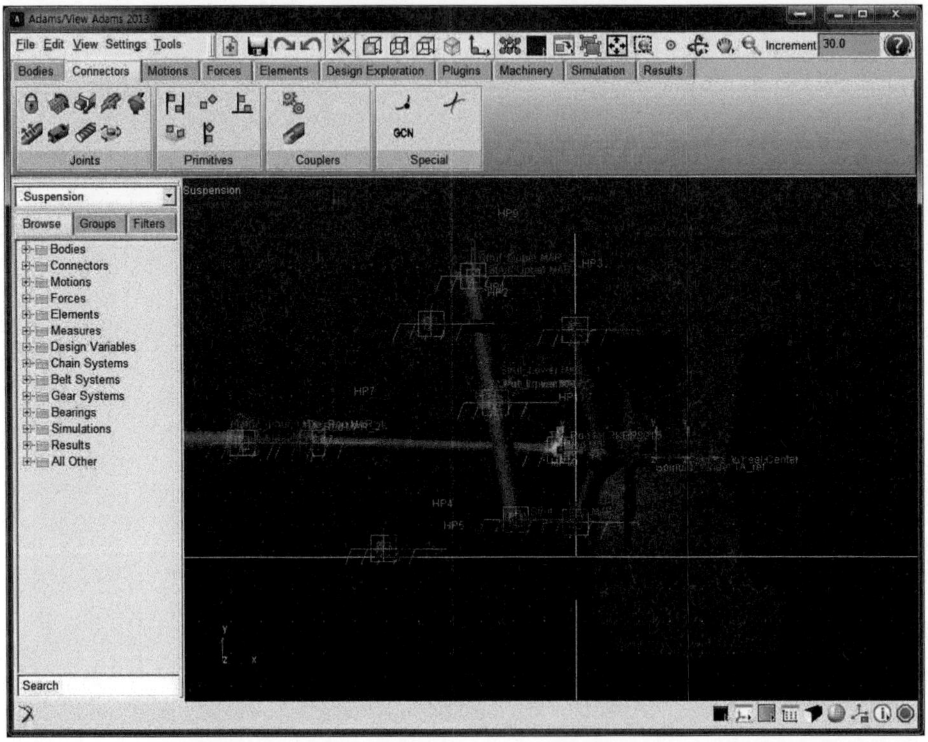

step 4 Hooke Joint 만들기

① Connectors에서 Joint:Hooke를 클릭한다.

② Construction에서 2 Body−1 Location을 선택하고 Pick Geometry feature을 선택한다.

③ First Body를 지정하기 위해서 Tie_Rod를 한번 클릭한다.

④ Second Body를 지정하기 위해서 steering_rack를 한번 클릭한다.

만약 클릭하기가 어렵다면 선택할 곳 주변에서 우클릭하여 select 창이 나오면 자신이 선택하고자 하는 것을 클릭하고 OK를 클릭하면 된다. 지정해주기 위해서 HP8을 한번 클릭한다.

⑦ 두 번째 방향 벡터를 지정해주기 위해서 HP13을 한번 클릭한다.

Tip

만약 클릭하기가 어렵다면 선택할 곳 주변에서 우클릭하여 select 창이 나오면 자신이 선택하고자 하는 것을 클릭하고 OK를 클릭하면 된다.

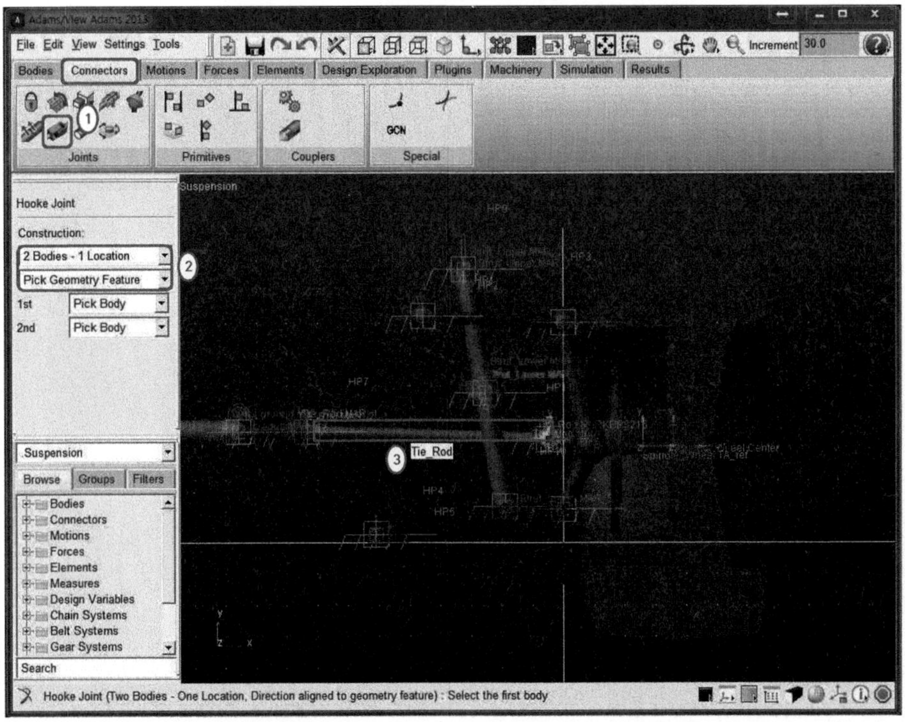
Adams/View Adams 2013
File Edit View Settings Tools
Increment 30.0
Bodies Connectors Motions Forces Elements Design Exploration Plugins Machinery Simulation Results
1
Joints Primitives Couplers Special
GCN
Suspension
Hooke Joint
Construction:
2 Bodies - 1 Location
Pick Geometry Feature
2
1st Pick Body
2nd Pick Body
HP7
HP4
HP5
3
Tie_Rod
Suspension
Browse Groups Filters
Bodies
Connectors
Motions
Forces
Elements
Measures
Design Variables
Chain Systems
Belt Systems
Gear Systems
Search
Hooke Joint (Two Bodies - One Location, Direction aligned to geometry feature) : Select the first body

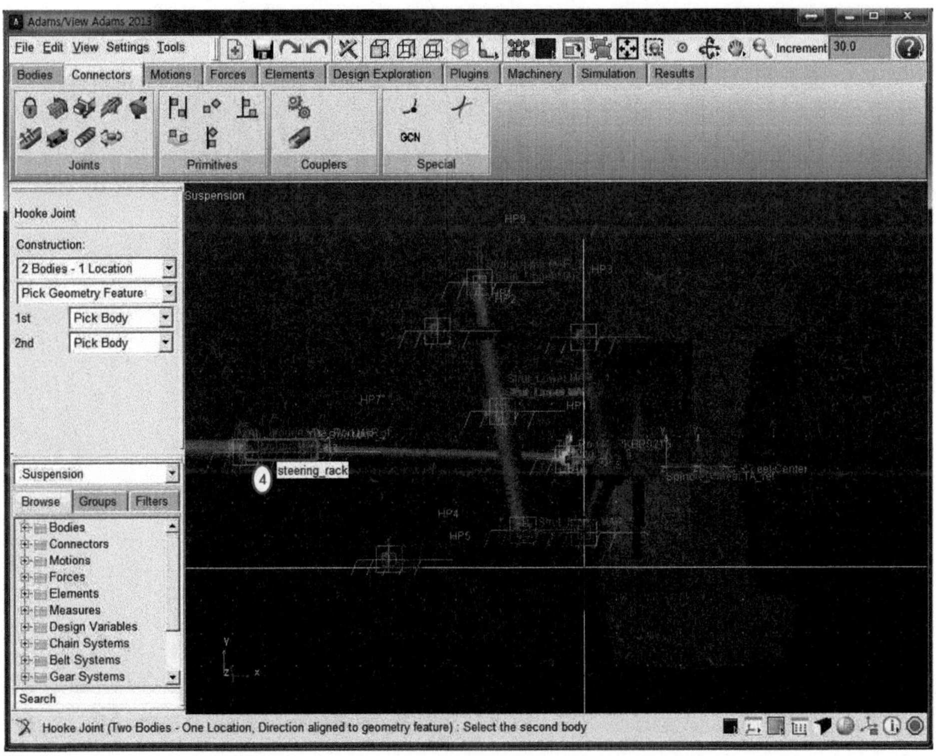
Adams/View Adams 2013
File Edit View Settings Tools
Increment 30.0
Bodies Connectors Motions Forces Elements Design Exploration Plugins Machinery Simulation Results
Joints Primitives Couplers Special
GCN
Suspension
Hooke Joint
Construction:
2 Bodies - 1 Location
Pick Geometry Feature
1st Pick Body
2nd Pick Body
HP7
HP4
HP5
4
steering_rack
Suspension
Browse Groups Filters
Bodies
Connectors
Motions
Forces
Elements
Measures
Design Variables
Chain Systems
Belt Systems
Gear Systems
Search
Hooke Joint (Two Bodies - One Location, Direction aligned to geometry feature) : Select the second body

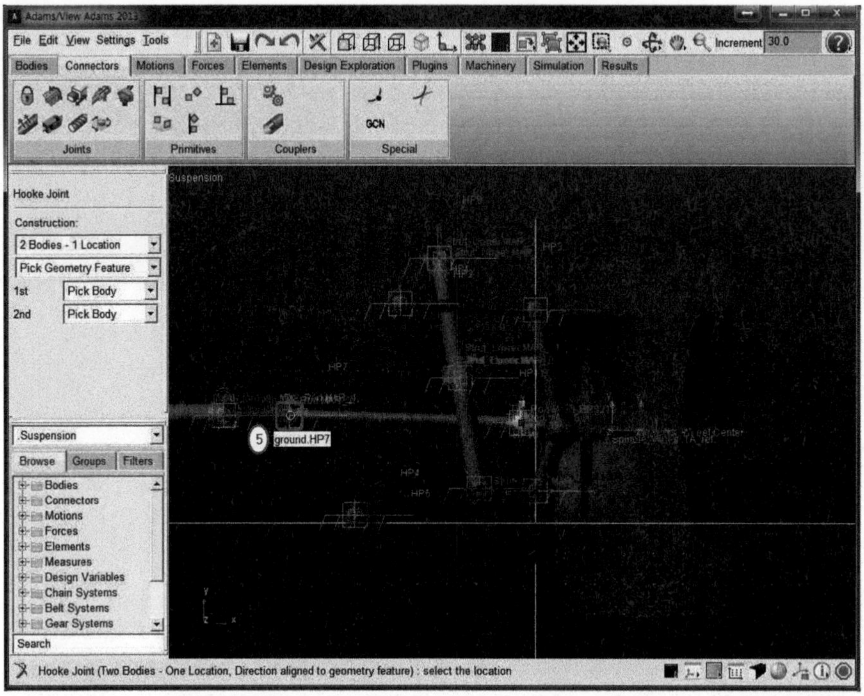
Hooke Joint
Construction:
2 Bodies - 1 Location
Pick Geometry Feature
1st Pick Body
2nd Pick Body
ground.HP7
Hooke Joint (Two Bodies - One Location, Direction aligned to geometry feature) : select the location

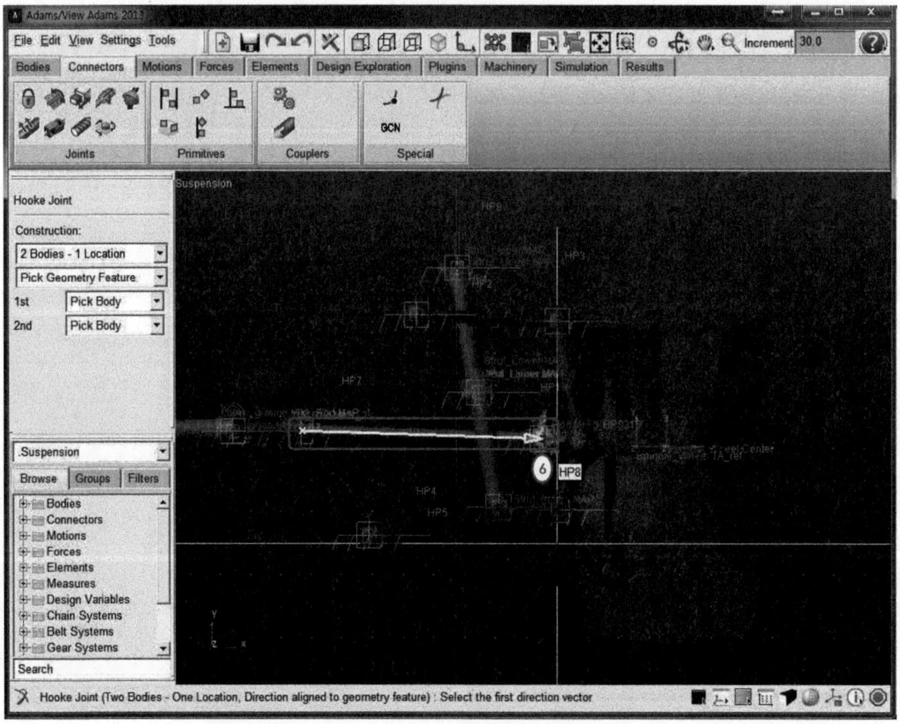
Hooke Joint
Construction:
2 Bodies - 1 Location
Pick Geometry Feature
1st Pick Body
2nd Pick Body
HP8
Hooke Joint (Two Bodies - One Location, Direction aligned to geometry feature) : Select the first direction vector

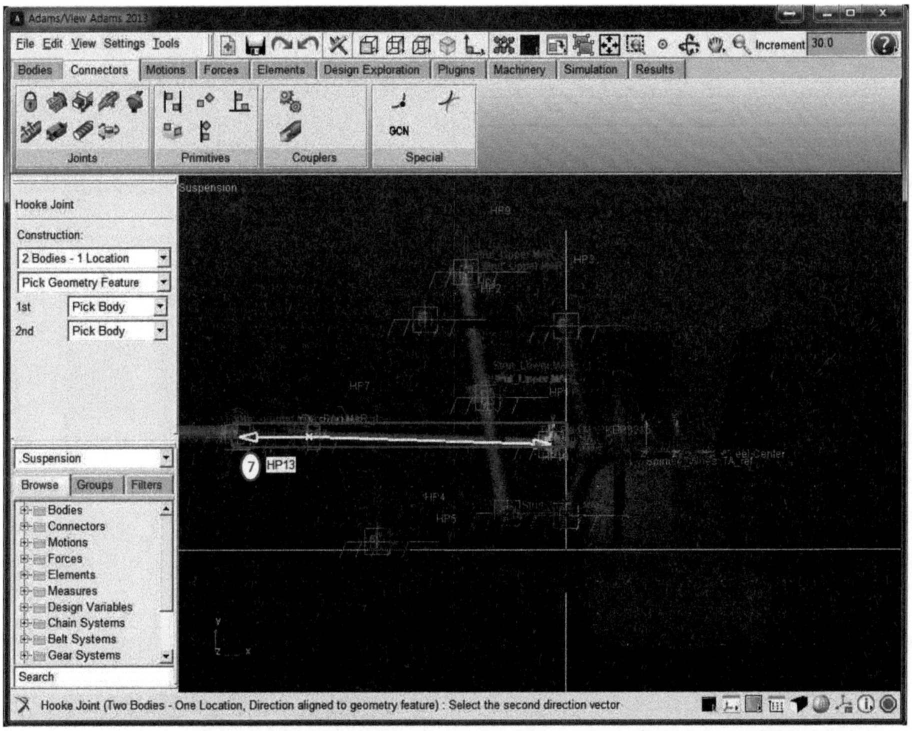
Hooke Joint (Two Bodies - One Location, Direction aligned to geometry feature) : Select the second direction vector

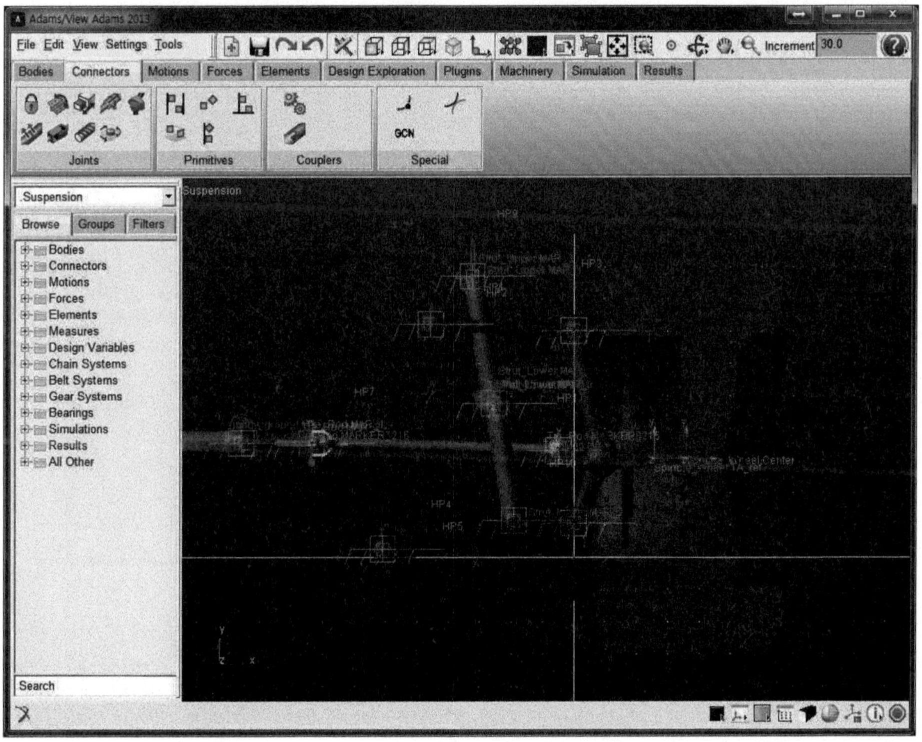

step 5 Point Motion 만들기

① Main Toolbox의 Motions에서 Point Motion을 클릭한다.

② Construction에서 1 Location, Bodies Impl.를 선택하고 Pick Geometry Feature를 선택한다.

③ 모션이 들어갈 위치를 지정해주기 위해서 Spindle_Wheel.Center를 한번 클릭한다.

④ 방향 벡터를 지정해주기 위해서 Center.Y를 한번 클릭한다.

Tip

선택하기 어렵다면 우클릭한 후, select 창에서 선택한다.

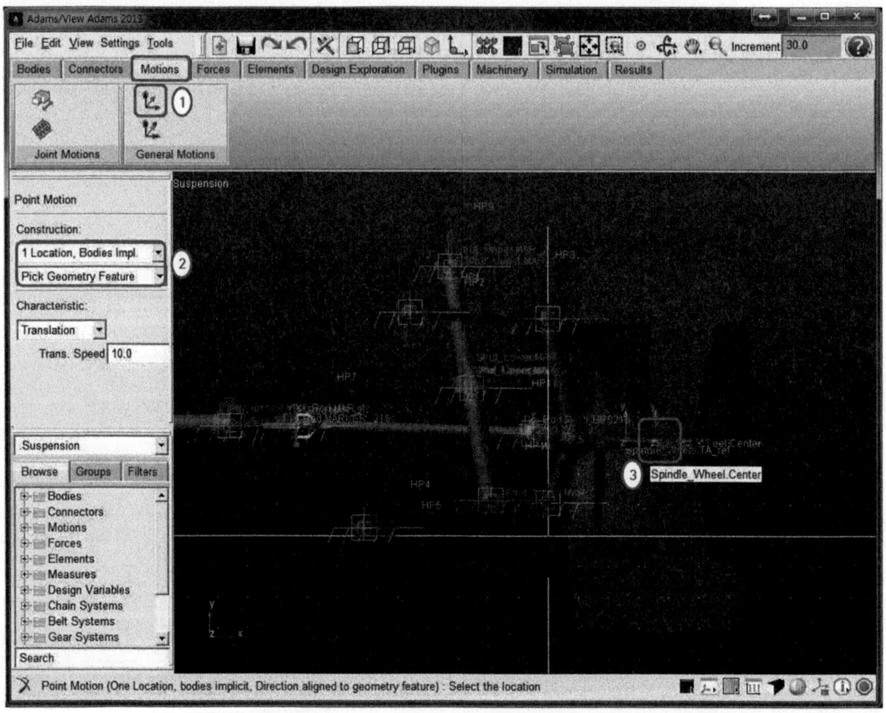

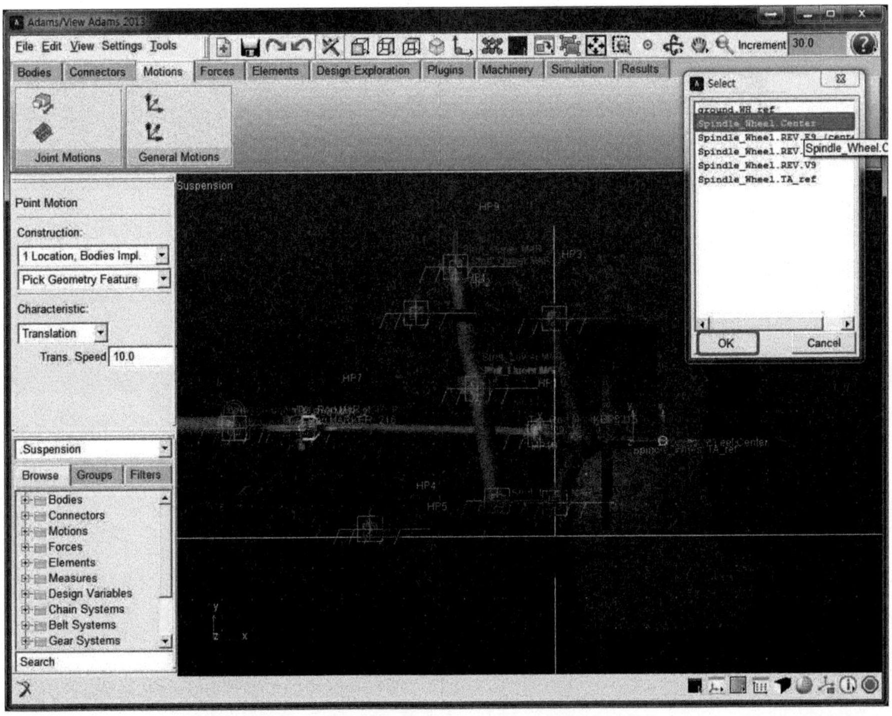
Adams/View Adams 2013
File Edit View Settings Tools
Increment 30.0
Bodies Connectors Motions Forces Elements Design Exploration Plugins Machinery Simulation Results
Joint Motions
General Motions
Point Motion
Construction:
1 Location, Bodies Impl.
Pick Geometry Feature
Characteristic:
Translation
Trans. Speed 10.0
.Suspension
Browse Groups Filters
Bodies
Connectors
Motions
Forces
Elements
Measures
Design Variables
Chain Systems
Belt Systems
Gear Systems
Search
Select
ground.WH_ref
Spindle_Wheel.Center
Spindle_Wheel.TA_ref
OK
Cancel

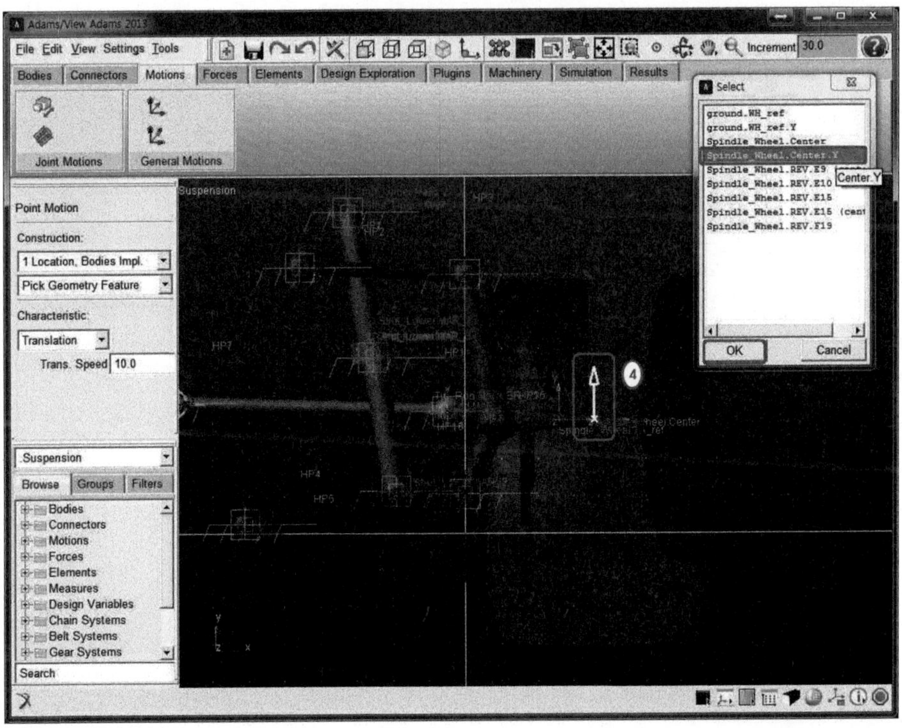
Adams/View Adams 2013
File Edit View Settings Tools
Increment 30.0
Bodies Connectors Motions Forces Elements Design Exploration Plugins Machinery Simulation Results
Joint Motions
General Motions
Point Motion
Construction:
1 Location, Bodies Impl.
Pick Geometry Feature
Characteristic:
Translation
Trans. Speed 10.0
.Suspension
Browse Groups Filters
Bodies
Connectors
Motions
Forces
Elements
Measures
Design Variables
Chain Systems
Belt Systems
Gear Systems
Search
Select
ground.WH_ref
ground.WH_ref.Y
Spindle_Wheel.Center
Spindle_Wheel.Center.Y
Spindle_Wheel.REV.E9
Spindle_Wheel.REV.E10
Spindle_Wheel.REV.E15
Spindle_Wheel.REV.E16
Spindle_Wheel.REV.E19
Center.Y
OK
Cancel
4

step 6 Motion을 구체적인 함수로 수정하기

① Wheel.Center 주변에서 마우스 우클릭한 후 Motion:MOTION_1에서 Modify를 클릭한다.

② Function(time)에 80*sin(360d*time)을 입력한다.

③ 그리고 OK를 클릭한다.

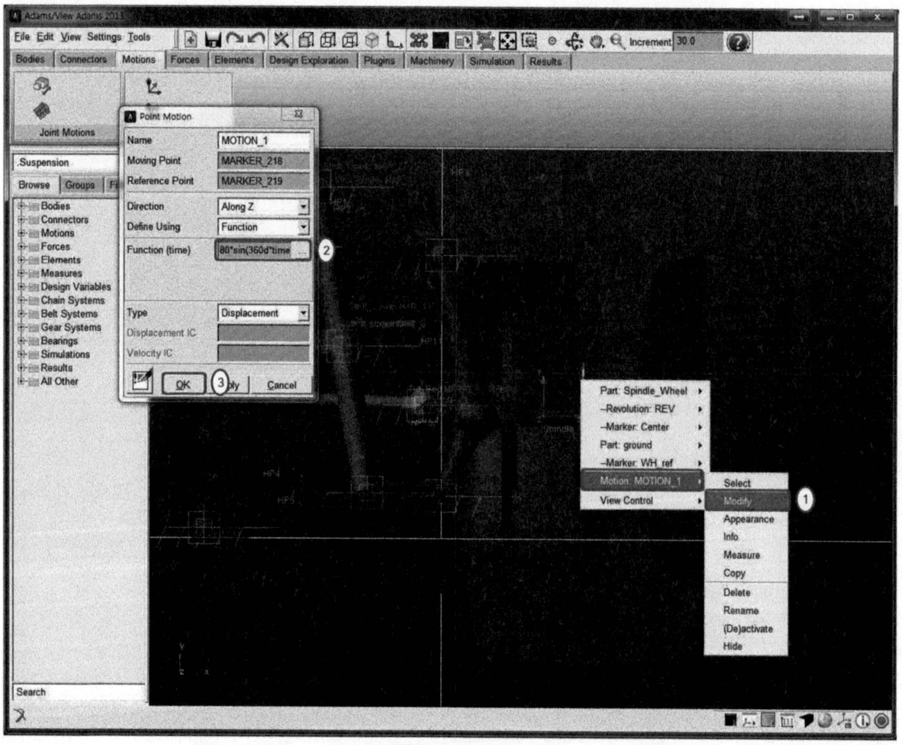

step 7 Translational Joint를 Fixed Joint로 수정하기

① rck_body_joint에 마우스 포인트를 두고 우클릭한 후, Joint:rck_body_joint에서 Modify를 클릭한다.

② Type에서 Fixed를 선택한다.

③ 그리고 OK를 클릭한다.

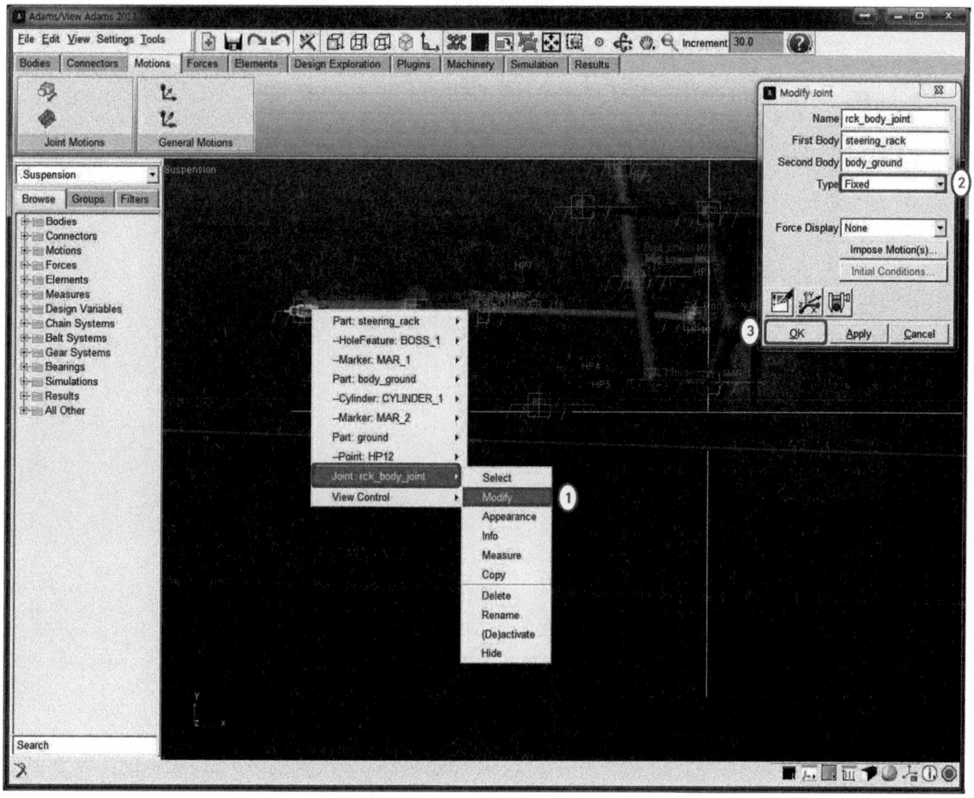

step 8 모델 시뮬레이션 하고 확인해보기

① Simulation에서 Interactive Simulation을 클릭한다.

② Simulation Control에서 End Time에 10 초, Steps에는 500을 입력한다.

③ Play 버튼을 클릭하여 시뮬레이션을 확인한다.

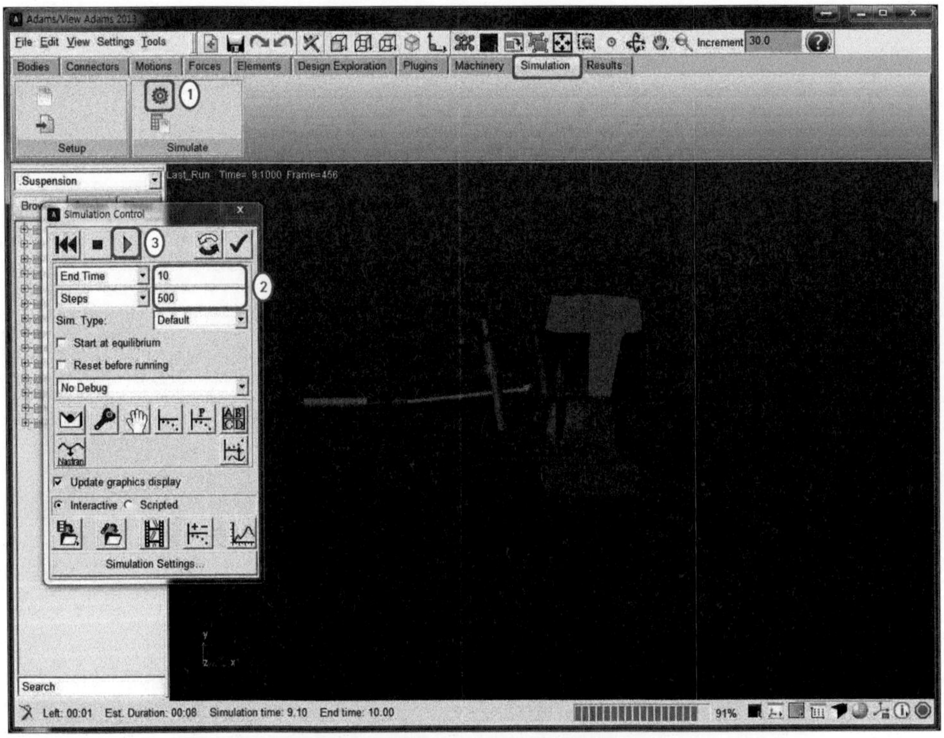

Example 10. Suspension System: Part 2

Software Version Adams 2013.2

필요한 파일들

- Wheel.slp
- Knuckle.slp

문제 설명

80mm 사이를 진동하고 수직으로 움직이는 Wheel의 Toe angle을 조사하기 위해 전에 만들었던 모델을 사용한다. 또는 example 10의 start 파일에 있는 모델을 사용해도 된다.

step 1 Existing Database 열기

① Existing Model 아이콘을 클릭한다.

② File Name 오른쪽 끝에 아이콘을 클릭하여 exercise_dir/Example 10/start 폴더에서 suspension_start.cmd 파일을 연다.

③ 그리고 OK를 클릭한다.

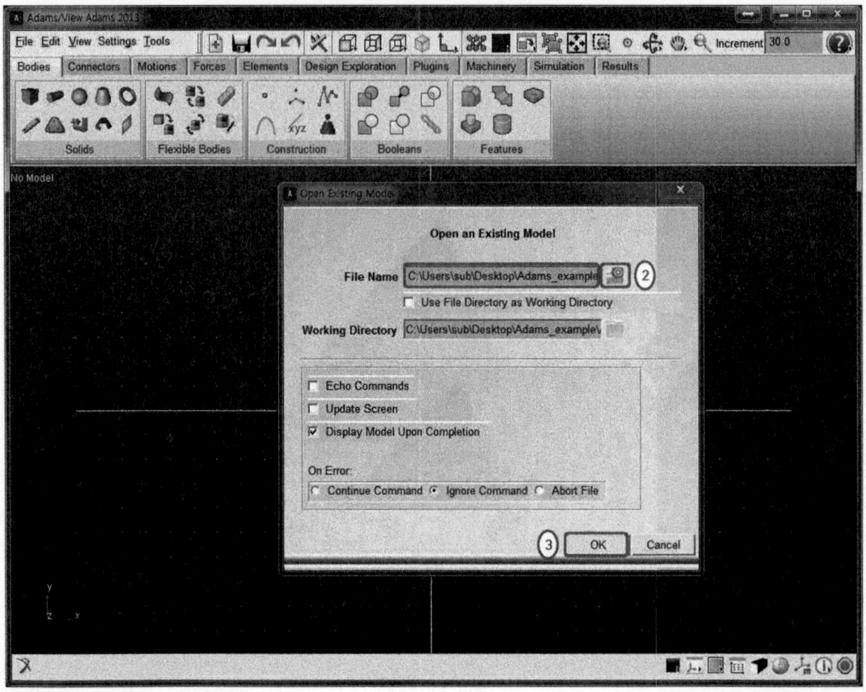

step 2 Point-to-Point Measure 만들기

① Wheel 의 y방향으로 상대적인 위치를 찾기 위해서 Main Toolbox의 Design Exploration에서 Point-to-Point Measure을 클릭한다.

② Advanced를 클릭한다.

③ Measure Name에 .suspension.Wheel_Height를 입력한다.

④ To Point에서 빈 공간을 더블 클릭하여 Database Navigator 창을 열어 Suspension의 spindle Wheel에서 Center를 선택한다. From Point도 마찬가지로 Database Navigator 창을 열고 ground에서 WH_ref를 선택한다.

⑤ Component에서 Y를 체크한다.

⑥ 그리고 OK를 클릭한다.

⑦ Simulation에서 Interactive Control을 클릭한다.

⑧ Simulation Control에서 End Time을 1 초, Steps를 50으로 입력한 뒤 Play 버튼을 클릭하여 시뮬레이션을 한다.

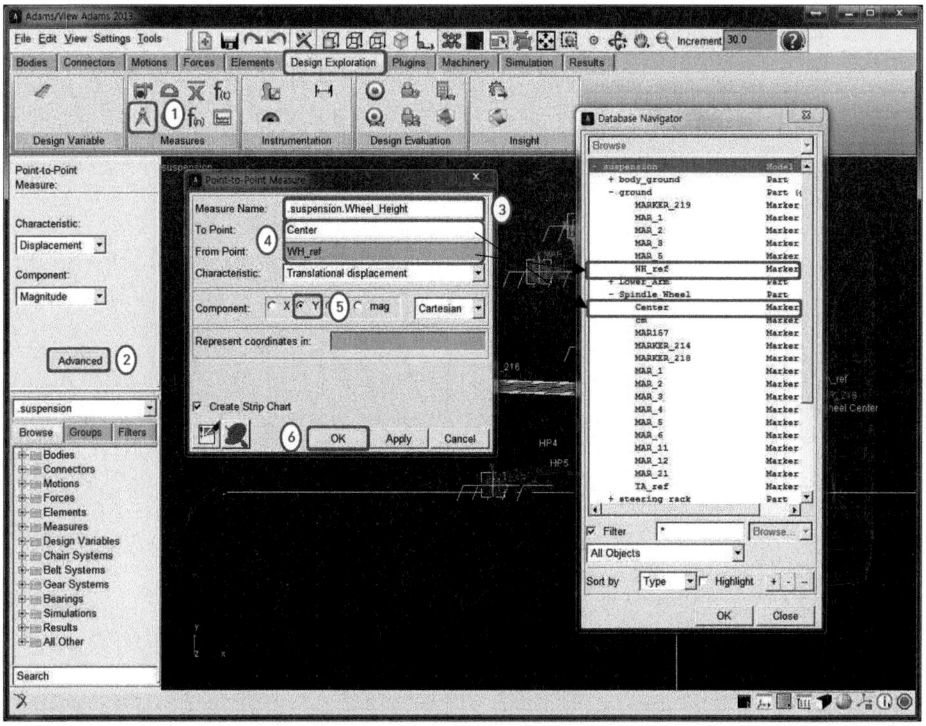
Design Exploration
Design Variable
Measures
Instrumentation
Design Evaluation
Insight
Point-to-Point Measure
Measure Name: .suspension.Wheel_Height
To Point: Center
From Point: WH_ref
Characteristic: Translational displacement
Component: X Y mag Cartesian
Represent coordinates in:
Create Strip Chart
OK Apply Cancel
Advanced
Database Navigator
OK Close
1
2
3
4
5
6

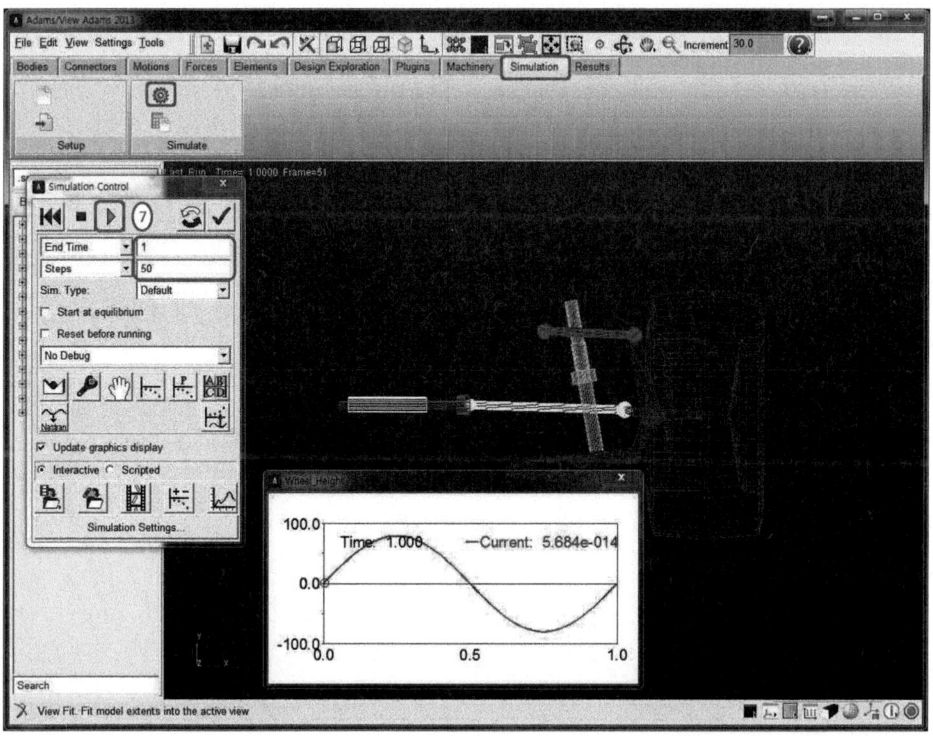
Simulation
Setup
Simulate
Simulation Control
End Time 1
Steps 50
Sim. Type: Default
Start at equilibrium
Reset before running
No Debug
Update graphics display
Interactive Scripted
Simulation Settings...
Wheel_Height
Time: 1.000
Current: 5.684e-014
7

step 3 Function Measure을 사용하여 Toe Angle 만들기

① Spindle_Wheel.Center 마커와 Spindle_Wheel.TA_ref 마커를 사용하여 toe angle을 측정할 것이다. 먼저 Design Exploration에서 Function Measure을 클릭한다.

② Create or Modify a Function Measure에서 ATAN(DZ(Center,TA_ref)/DX-(Center,TA_ref))을 입력한다.

③ Measure Name에 .suspension.Toe_Angle을 입력한다.

④ Units에서 angle을 선택한다.

⑤ Verify를 클릭하여 Function syntax is correct 가 나오는 것을 확인한 후 OK를 클릭한다.

⑥ 다시 OK를 클릭한다.

⑦ 전과 같은 조건(End time:1, Steps:50)에서 시뮬레이션을 하고 완료 되면 리셋 버튼을 클릭한다.

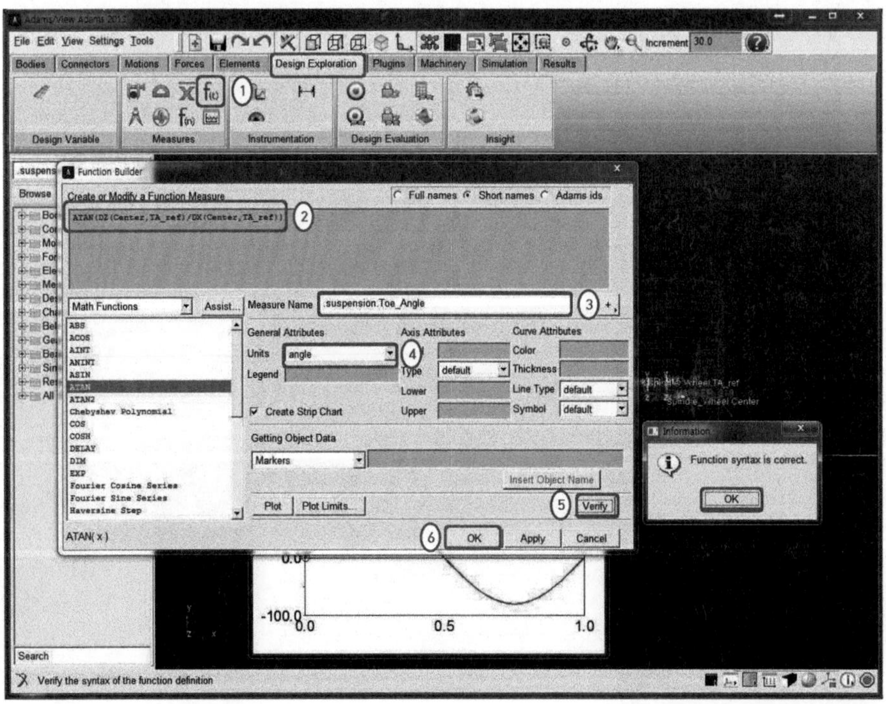

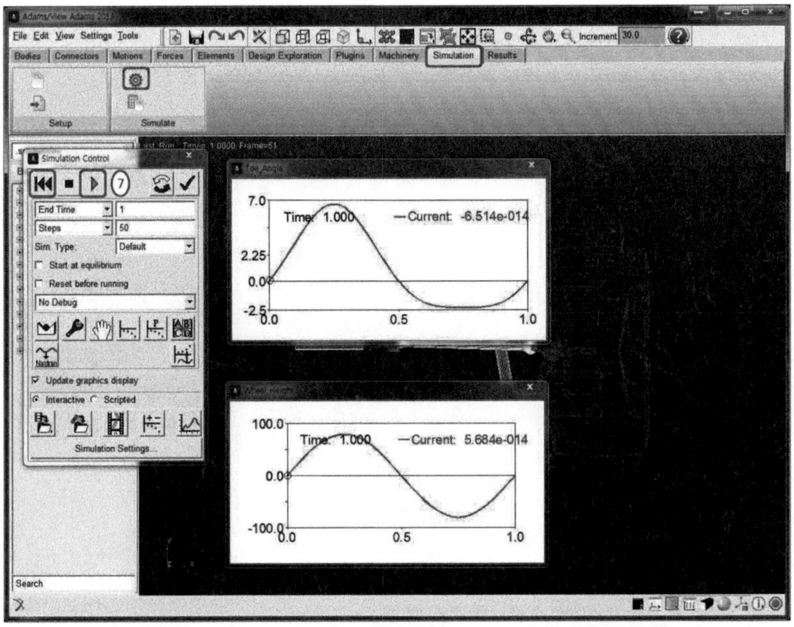

step 4 Toe Angle vs Wheel Height 그래프 만들기

① Main Toolbox의 Results에서 Opens Adams/PostProcessor를 클릭한다.

② Measure에서 Toe_Angle을 선택하고 Independent Axis에서 Data를 체크한다.

③ Independent Axis Browser 창이 열리면 Wheel_Height를 클릭한다.

④ Independent Axis Browser 창에서 OK를 클릭한다.

⑤ Add Curves를 클릭하여 그래프를 확인한다.

⑥ Adams/PostProcessor 창을 닫는다.

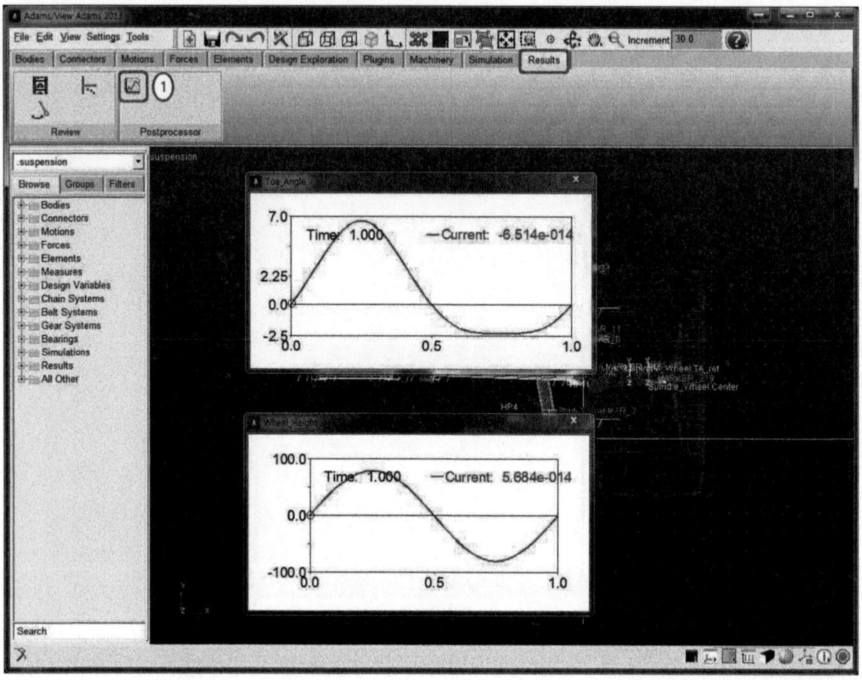
File Edit View Settings Tools
Increment
Bodies Connectors Motions Forces Elements Design Exploration Plugins Machinery Simulation Results
Review
Postprocessor
.suspension
Browse Groups Filters
Bodies
Connectors
Motions
Forces
Elements
Measures
Design Variables
Chain Systems
Belt Systems
Gear Systems
Bearings
Simulations
Results
All Other
Search
Time: 1.000
Current: -6.514e-014
Time: 1.000
Current: 5.684e-014
7.0
2.25
0.0
-2.5
100.0
-100.0
0.5
1.0
①

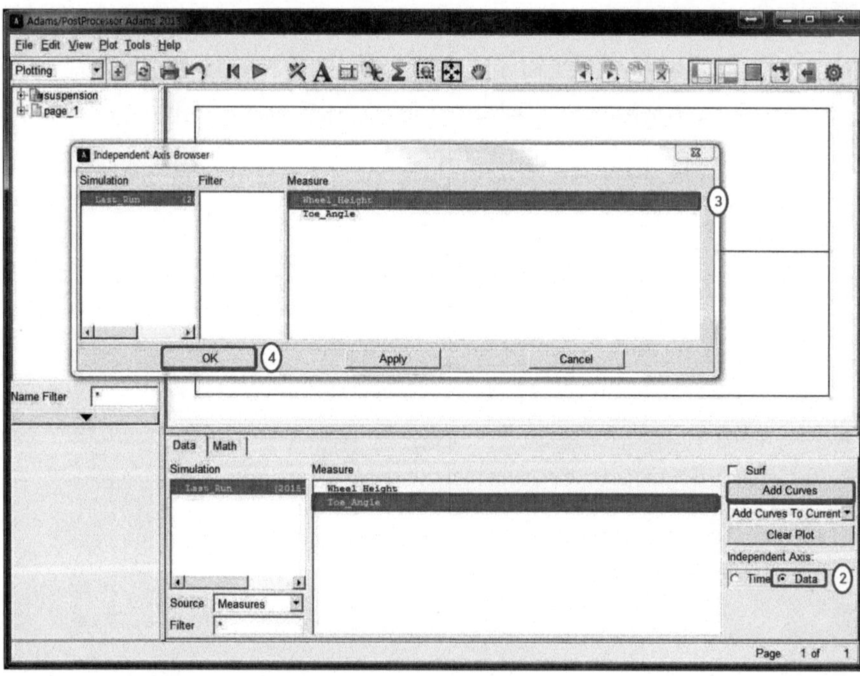
File Edit View Plot Tools Help
Plotting
suspension
page_1
Independent Axis Browser
Simulation
Filter
Measure
Wheel_Height
Toe_Angle
OK
Apply
Cancel
Name Filter
Data Math
Simulation
Measure
Wheel_Height
Toe_Angle
Surf
Add Curves
Add Curves To Current
Clear Plot
Independent Axis:
Time Data
Source Measures
Filter
Page 1 of 1
①
②
③
④
⑤

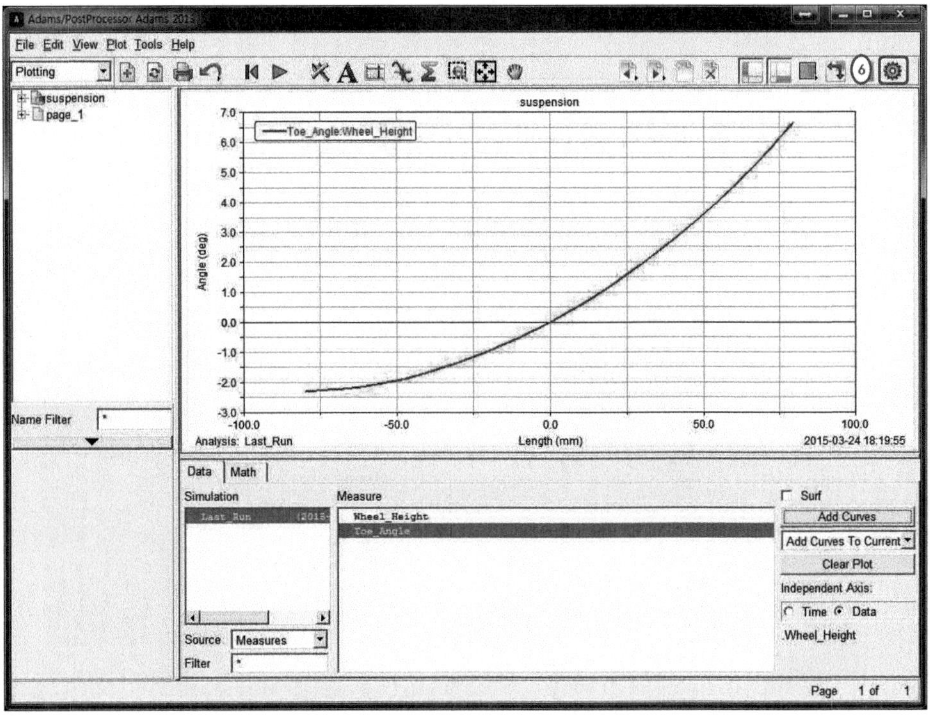

step 5 Knuckle 과 Wheel를 Import 하기

① 이제 조금 더 현실적으로 하기위해서 exercise_dir\Example 10_Suspension 2\suspension_cad 폴더에서 파일을 Import 한다. 먼저 File에서 Import를 클릭한다.

② File Type에서 Render(*,slp)를 선택한다.

③ File to Read에 빈 공간을 더블 클릭하고 exercise_dir\Example 10_Suspension 2\suspension_cad 폴더에서 Wheel 파일을 연다.

④ Part Name에서 빈 공간을 더블 클릭하여 Spindle_Wheel을 선택한다.

⑤ 그리고 Apply을 클릭한다.

⑥ 다시 File to Read에서 우클릭한 후 Browse을 클릭하여 이번에는 Knuckle 파일을 연다.

⑦ 그리고 OK를 클릭한다.

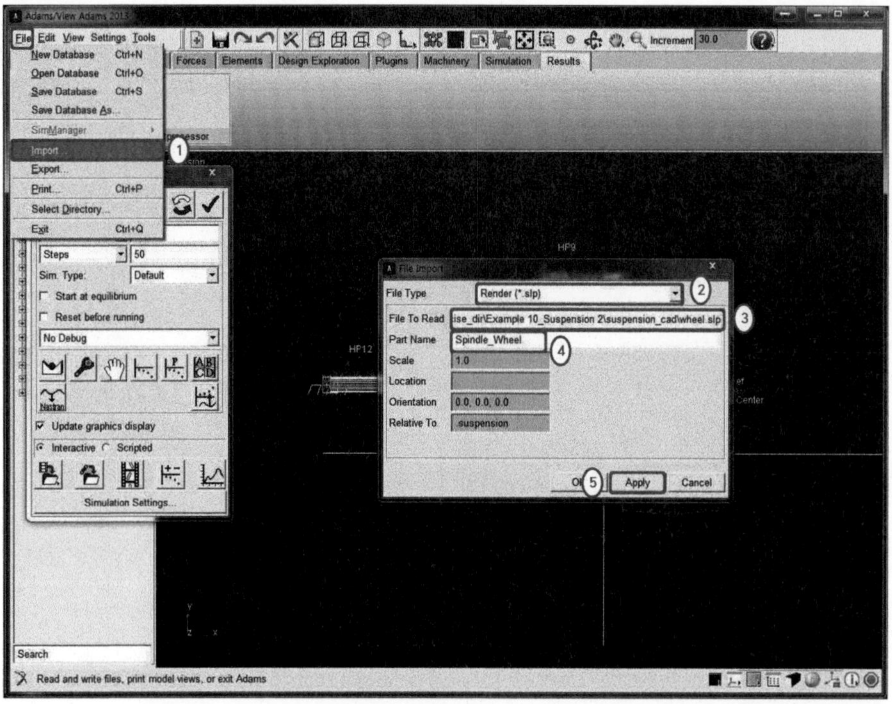
File Edit View Settings Tools
New Database Ctrl+N
Open Database Ctrl+O
Save Database Ctrl+S
Save Database As...
SimManager
Import...
Export...
Print... Ctrl+P
Select Directory...
Exit Ctrl+Q
Forces Elements Design Exploration Plugins Machinery Simulation Results
File Import
File Type Render (*.slp)
File To Read ise_dir\Example 10_Suspension 2\suspension_cad\wheel.slp
Part Name Spindle_Wheel
Scale 1.0
Location
Orientation 0.0, 0.0, 0.0
Relative To .suspension
OK Apply Cancel
Steps 50
Sim. Type: Default
Start at equilibrium
Reset before running
No Debug
Update graphics display
Interactive Scripted
Simulation Settings...
Search
Read and write files, print model views, or exit Adams
1
2
3
4
5

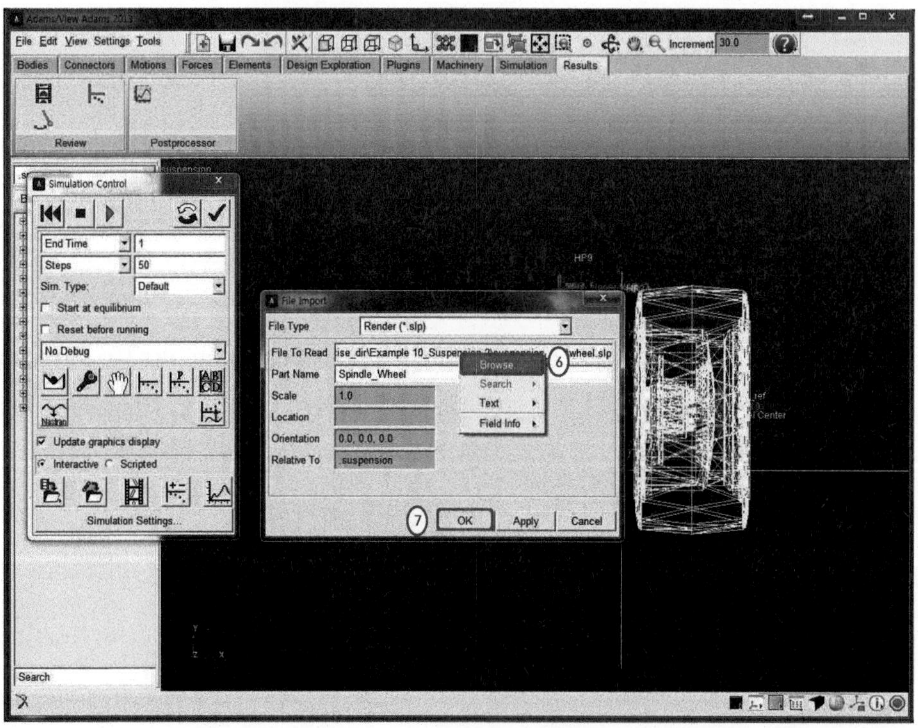
File Edit View Settings Tools
Bodies Connectors Motions Forces Elements Design Exploration Plugins Machinery Simulation Results
Review Postprocessor
Simulation Control
End Time 1
Steps 50
Sim. Type: Default
Start at equilibrium
Reset before running
No Debug
Update graphics display
Interactive Scripted
Simulation Settings...
File Import
File Type Render (*.slp)
File To Read ise_dir\Example 10_Suspen wheel.slp
Part Name Spindle_Wheel
Scale 1.0
Location
Orientation 0.0, 0.0, 0.0
Relative To .suspension
Browse
Search
Text
Field Info
OK Apply Cancel
Search
6
7

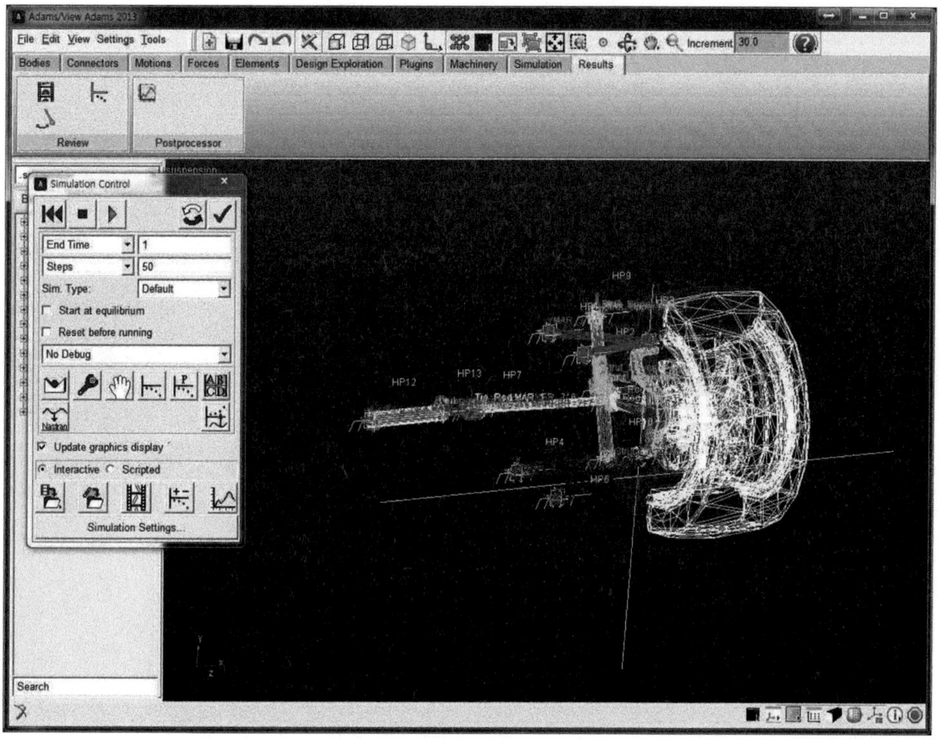

step 6 Spindle의 형상 끄기

① Adams/View에서 spindle의 형상을 끔으로써 오직 CAD 형상만 보이도록 한다. 먼저 Edit에서 Appearance를 클릭한다.

② Database Navigator 창이 열리면 Spindle_Wheel에서 Shift Key를 이용하여 CYLINDER_1, CYLINDER_1_2, SPHERE_1, FRUSTUM_1, FRUSTUM_2, FRUSTUM_3, FRUSTUM_4, REV을 모두 선택하고 OK를 클릭한다.

③ Visibility에서 Off를 체크한다.

④ 그리고 OK를 클릭한다.

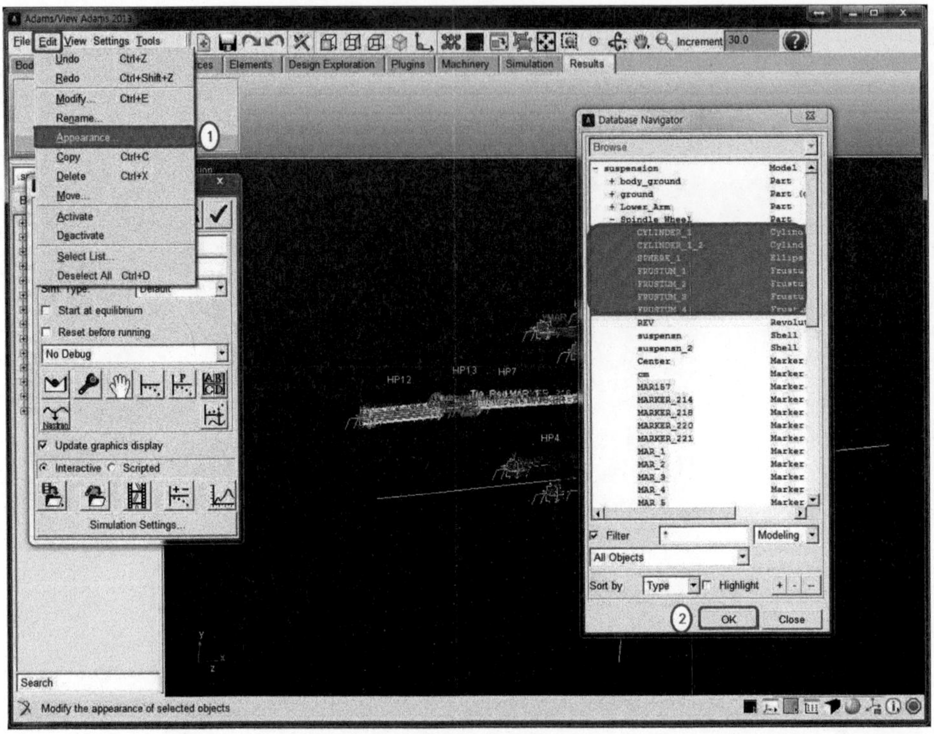

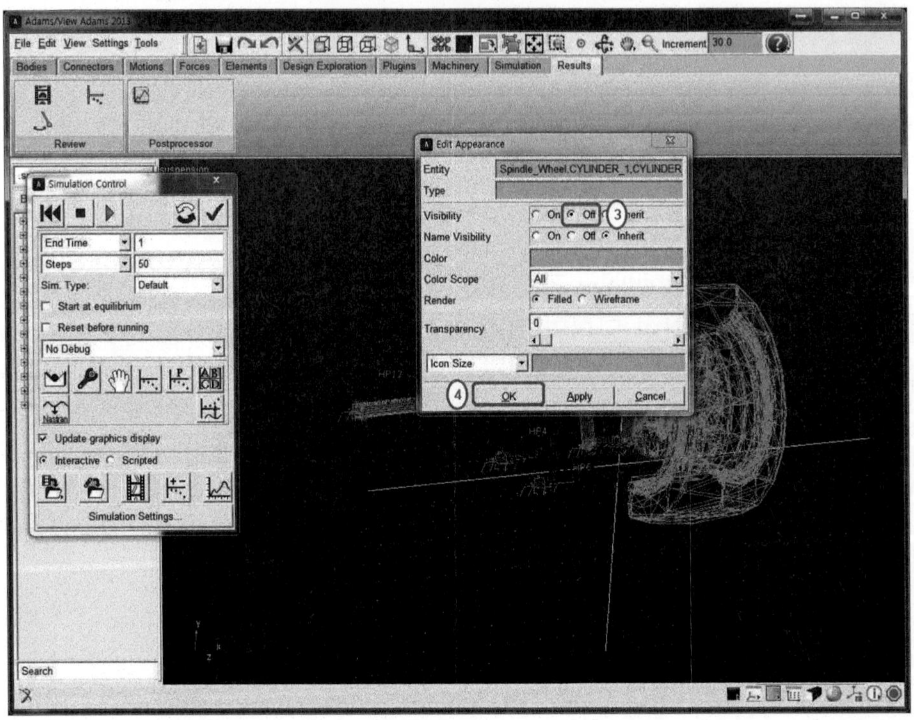

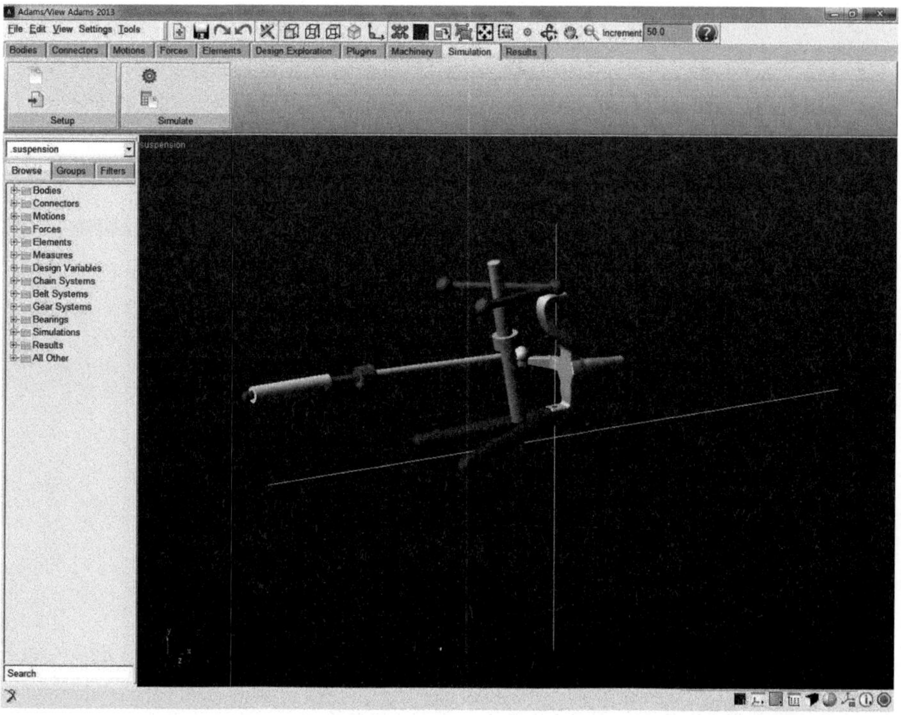
Adams/View Adams 2013
File Edit View Settings Tools
Increment 50.0
Bodies Connectors Motions Forces Elements Design Exploration Plugins Machinery Simulation Results
Setup
Simulate
.suspension
Browse Groups Filters
Bodies
Connectors
Motions
Forces
Elements
Measures
Design Variables
Chain Systems
Belt Systems
Gear Systems
Bearings
Simulations
Results
All Other
Search

step 7 모델 시뮬레이션 하기

① Simulation Control에서 End Time을 5초, Steps를 500으로 입력한다.

② Play 버튼을 클릭하여 시뮬레이션을 한다.

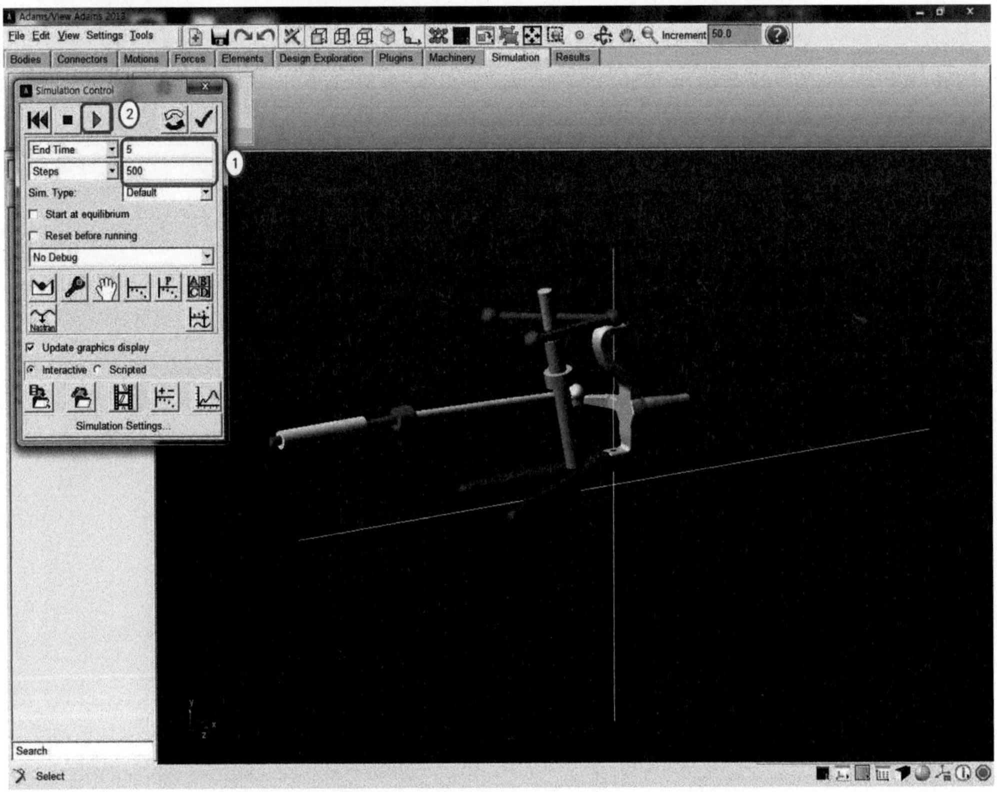

Example 11. Four Bar Velocity

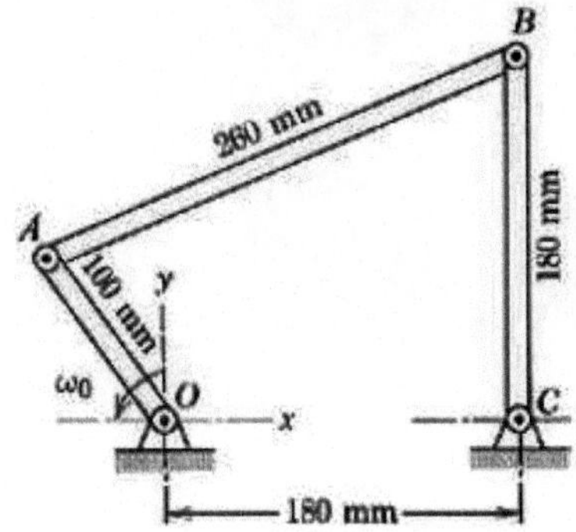

Software Version Adams 2013.2

문제 설명

Adams/View에서

- Marker 만들기.
- Angle 단위 바꾸기.
- Motion 추가하기.

Adams/PostProcessor에서

- 무게 중심점에서의 Angular velocity measurements 만들기.

문제 설명그림처럼 Four-bar link에서 Link_OA에 반 시계방향으로 10rad/s 만큼 움직임을 준다. Link_CB는 수직으로 서있고, A점의 좌표 값은 x=-60mm, y=80mm이다. 벡터 대수를 사용하여 Link_AB와 Link_BC의 각속도를 결정해라.

(Adams를 사용하여 주어진 모델과 조건을 만들어 필요한 데이터들을 모을 것이다.)

step 1 모델 만들기

① Adams/View를 시작하고 New Model 아이콘을 클릭한다.

② Model Name에 Fourbar를 입력하고 Gravity는 No Gravity를 선택, Units은 MMKS–mm,kg,N,deg,s를 선택, Working directory는 자신이 저장할 폴더로 선택한다.

③ Settings에서 Working Gird를 클릭하고 Spacing을 X=10mm, Y=10mm로 입력한다.

④ Settings에서 Units를 클릭하고 Angle에서 단위를 Radian으로 선택한다.

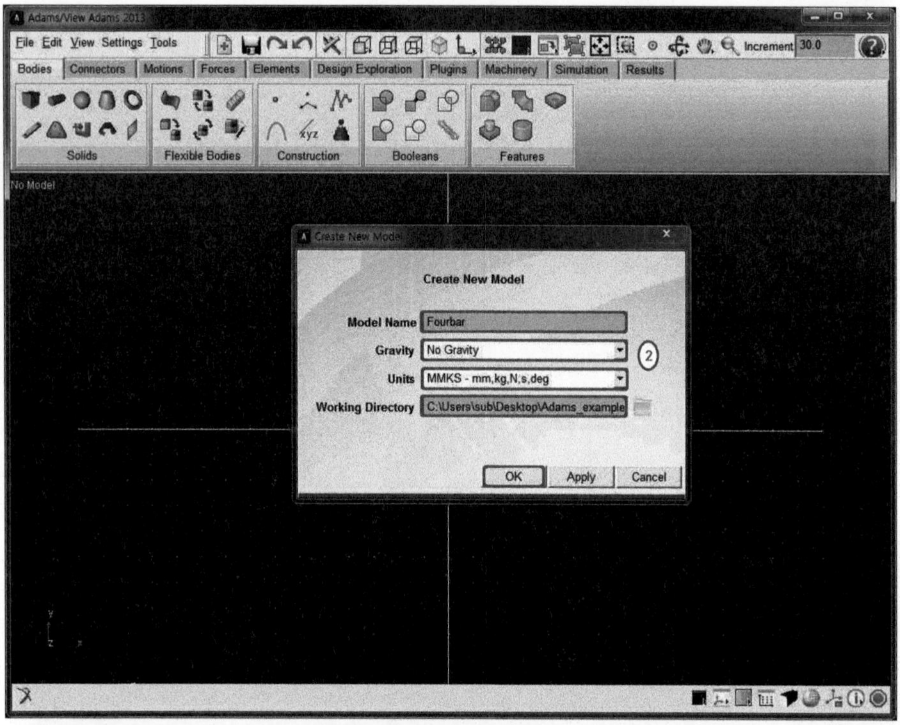
Adams/View Adams 2013
File Edit View Settings Tools
Increment 30.0
Bodies Connectors Motions Forces Elements Design Exploration Plugins Machinery Simulation Results
Solids Flexible Bodies Construction Booleans Features
No Model
Create New Model
Create New Model
Model Name Fourbar
Gravity No Gravity
Units MMKS - mm,kg,N,s,deg
Working Directory C:\Users\sub\Desktop\Adams_example
OK Apply Cancel
2

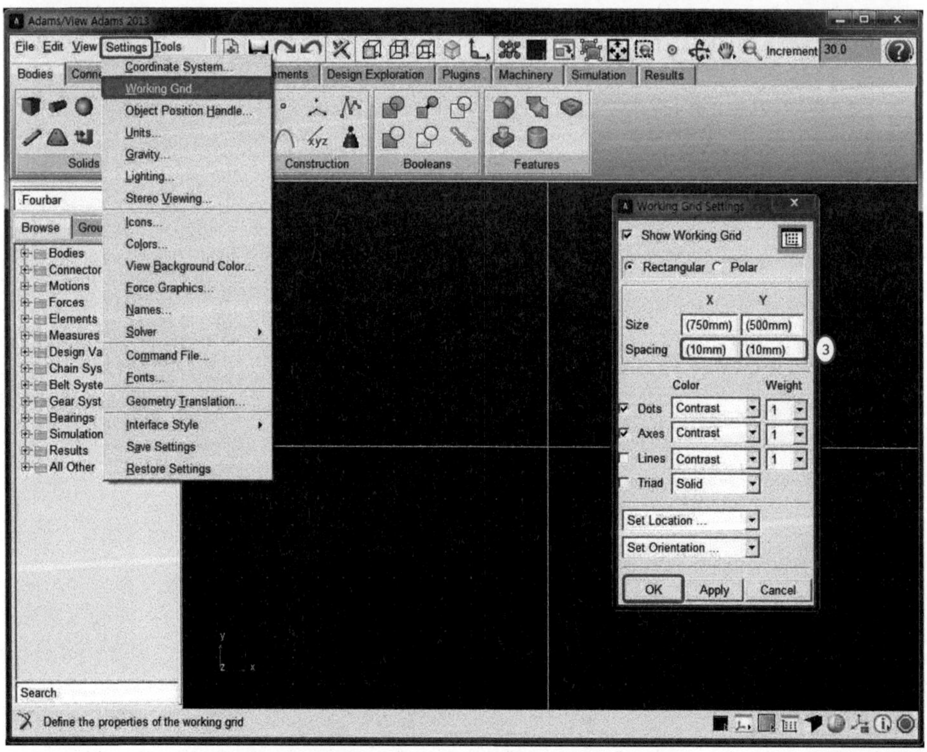
Adams/View Adams 2013
File Edit View Settings Tools
Increment 30.0
Coordinate System...
Working Grid...
Object Position Handle...
Units...
Gravity...
Lighting...
Stereo Viewing...
Icons...
Colors...
View Background Color...
Force Graphics...
Names...
Solver
Command File...
Fonts...
Geometry Translation...
Interface Style
Save Settings
Restore Settings
Fourbar
Browse
Bodies
Connector
Motions
Forces
Elements
Measures
Design Va
Chain Sys
Belt Syste
Gear Syst
Bearings
Simulation
Results
All Other
Search
Working Grid Settings
Show Working Grid
Rectangular Polar
X Y
Size (750mm) (500mm)
Spacing (10mm) (10mm)
3
Color Weight
Dots Contrast 1
Axes Contrast 1
Lines Contrast 1
Triad Solid
Set Location ...
Set Orientation ...
OK Apply Cancel
Define the properties of the working grid

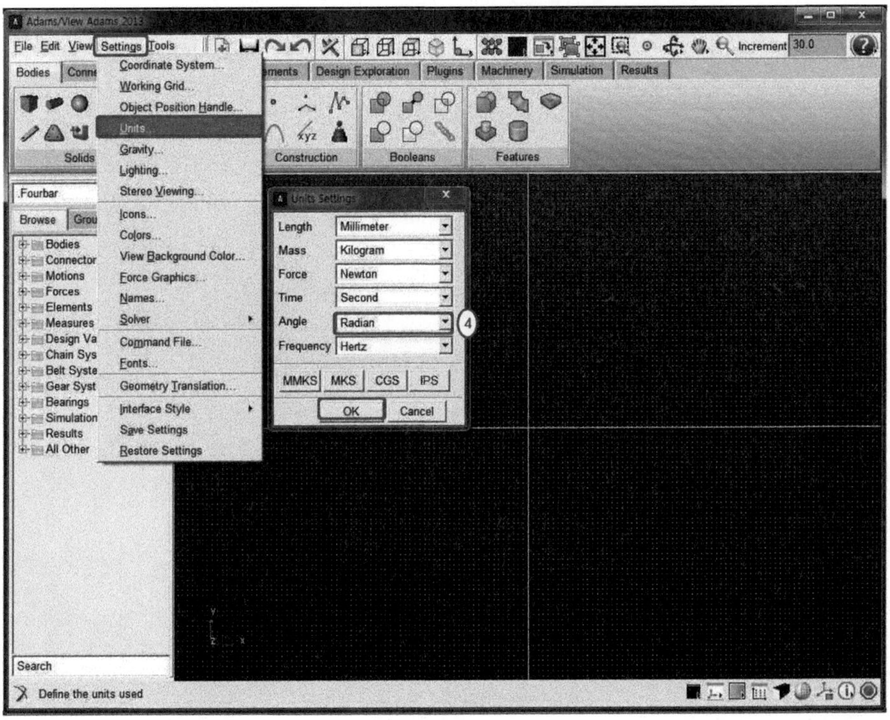

step 2 Marker 만들기

① F4키를 누르면 Coordinates 창이 나온다. 이것을 사용하여 좌표 값을 쉽게 알 수 있다.

② Main Toolbox의 Bodies에서 Geometry:Marker를 클릭한다.

③ Coordinates 창을 사용하거나 우클릭하여 Location Event창을 열고 다음과 같이 Maker를 만든다. O (0,0,0); A (−60,80,0); B (180,180,0); C (180,0,0)

④ 그리고 Model Tree에서 생성한 Marker의 이름 바꾸어 준다.

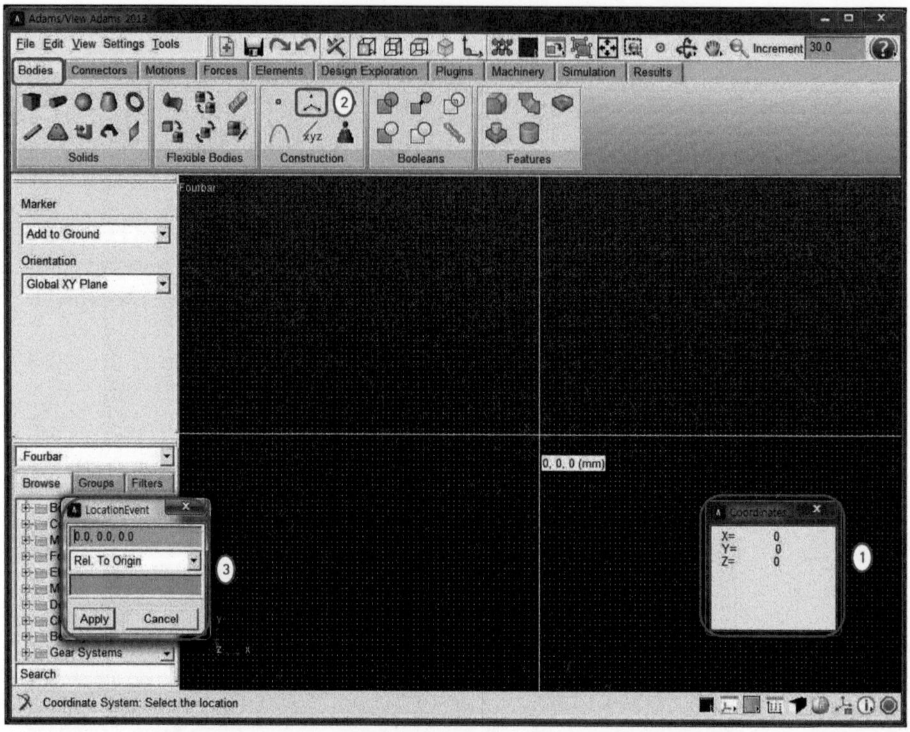

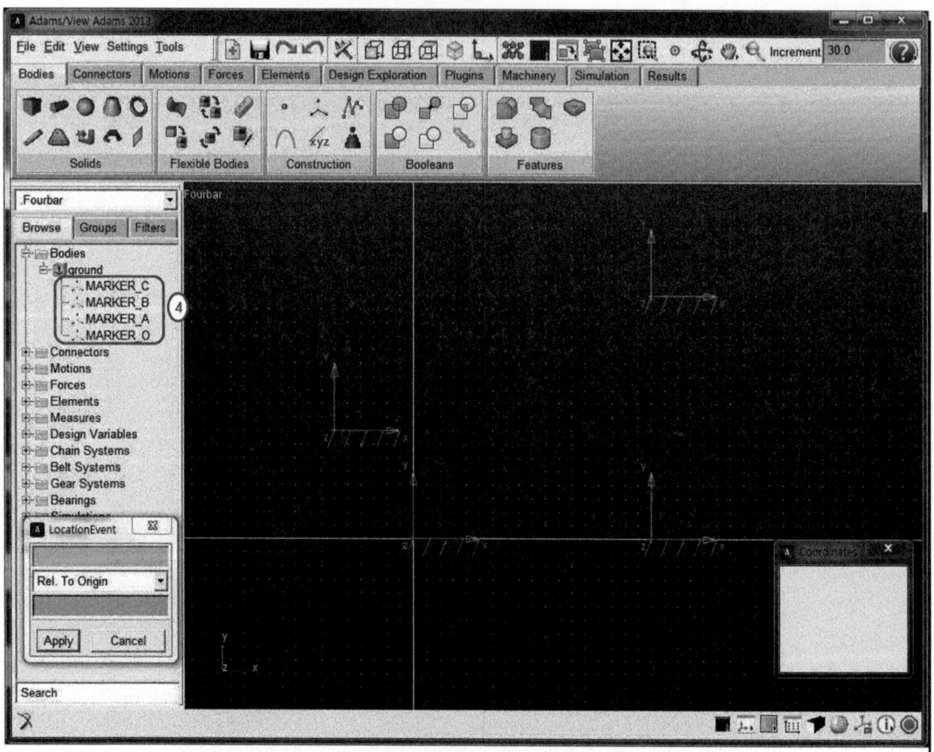

step 3 Link와 Joint 만들기

① Main Toolbox의 Boides에서 Rigid Body : Link를 클릭한다.

② 생성한 Marker들을 끝점으로 사용하여 Link_OA, AB, BC를 만든다.

③ Main Toolbox의 Connectors에서 Revolute Joint를 클릭한다.

④ Link_OA & Ground는 Marker_O, Link_AB & Link_OA는 Marker_A, Link_BC & Link_AB는 Marker_B, Link_BC & Ground는 Marker_C에 각각 Revolute Joint를 만든다.

⑤ 생성한 Link들의 이름을 Link_OA, Link_AB, Link_BC 로 각각 바꾸어 준다.

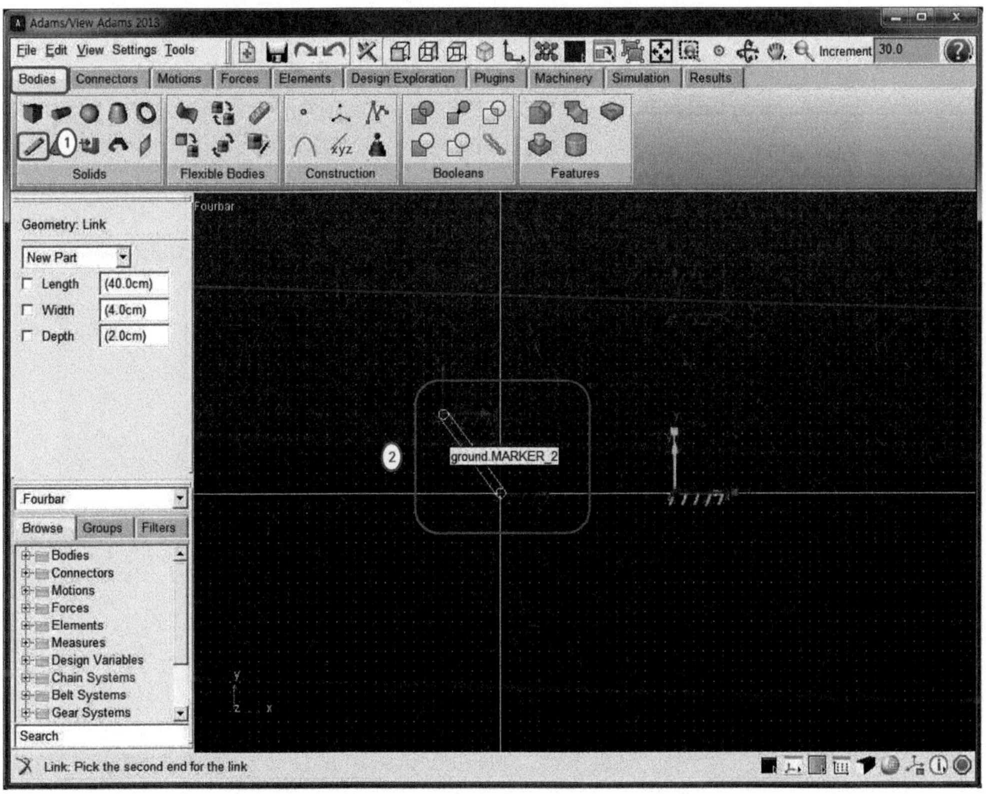

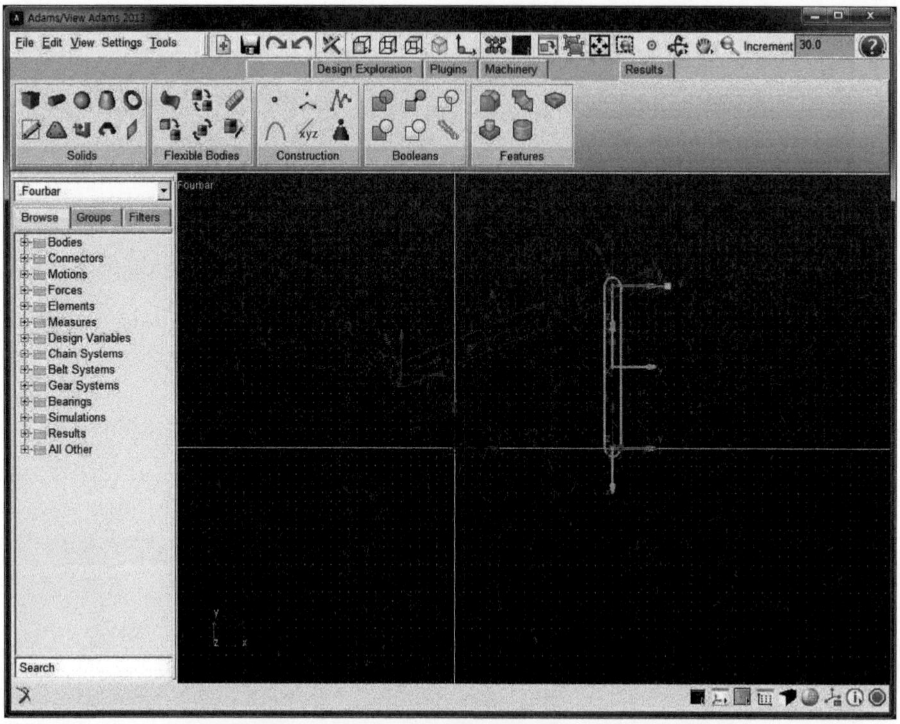
Adams/View Adams 2013
File Edit View Settings Tools
Increment 30.0
Design Exploration
Plugins
Machinery
Results
Solids
Flexible Bodies
Construction
Booleans
Features
Fourbar
Browse
Groups
Filters
Bodies
Connectors
Motions
Forces
Elements
Measures
Design Variables
Chain Systems
Belt Systems
Gear Systems
Bearings
Simulations
Results
All Other
Search

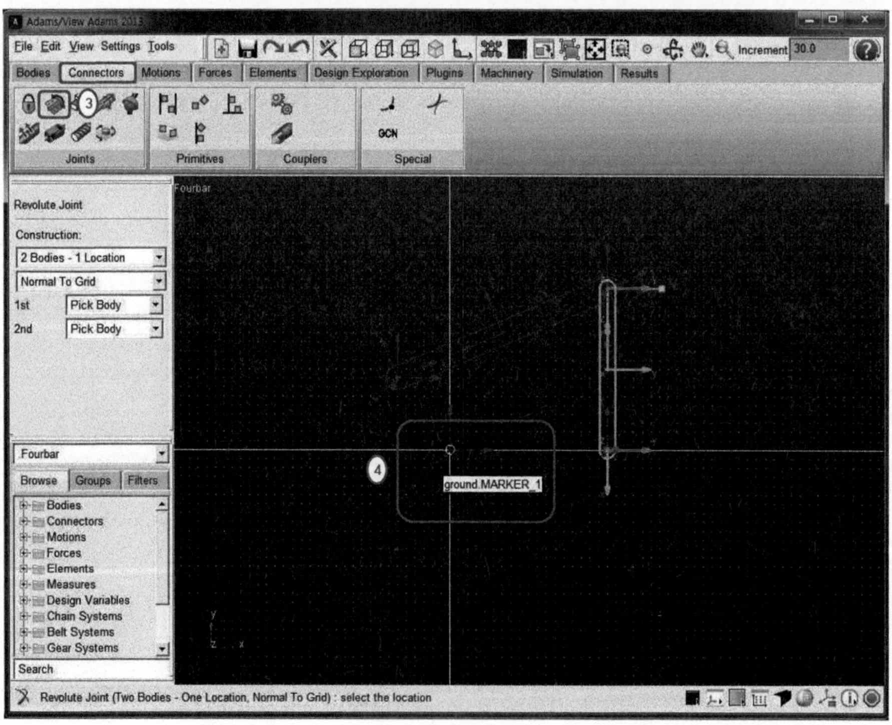
Adams/View Adams 2013
File Edit View Settings Tools
Increment 30.0
Bodies
Connectors
Motions
Forces
Elements
Design Exploration
Plugins
Machinery
Simulation
Results
3
Joints
Primitives
Couplers
Special
Revolute Joint
Construction:
2 Bodies - 1 Location
Normal To Grid
1st
Pick Body
2nd
Pick Body
Fourbar
4
ground.MARKER_1
Browse
Groups
Filters
Bodies
Connectors
Motions
Forces
Elements
Measures
Design Variables
Chain Systems
Belt Systems
Gear Systems
Search
Revolute Joint (Two Bodies - One Location, Normal To Grid) : select the location

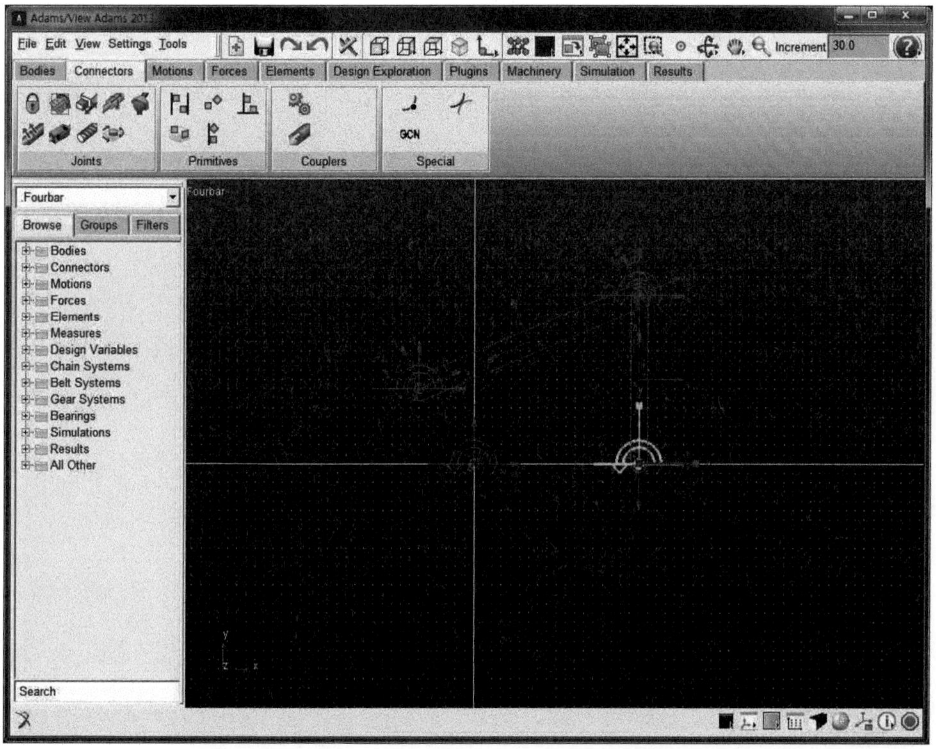

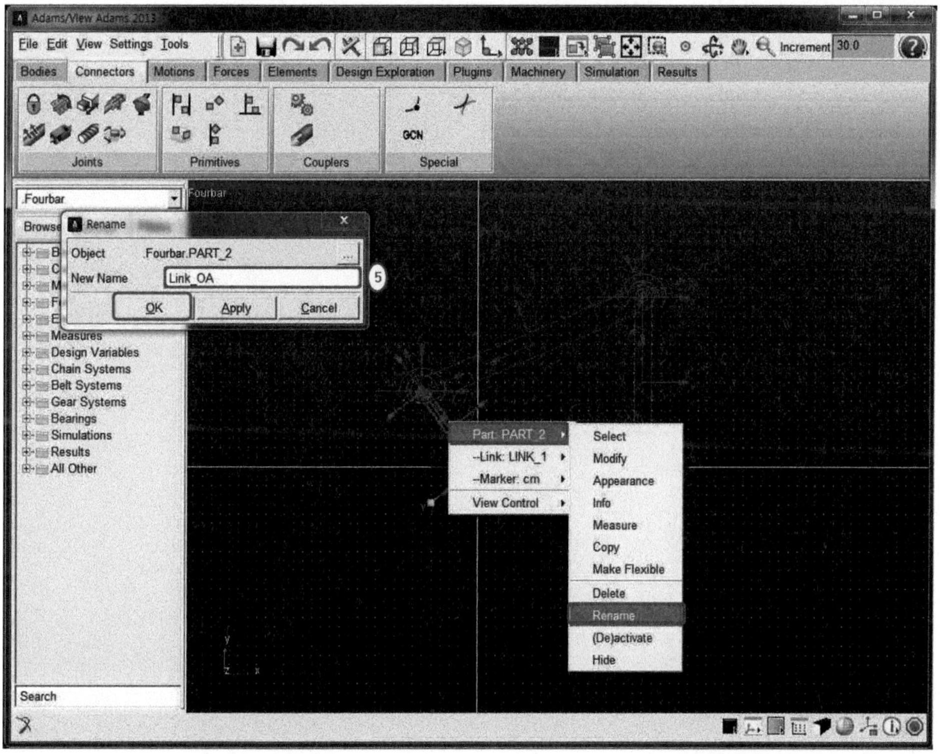

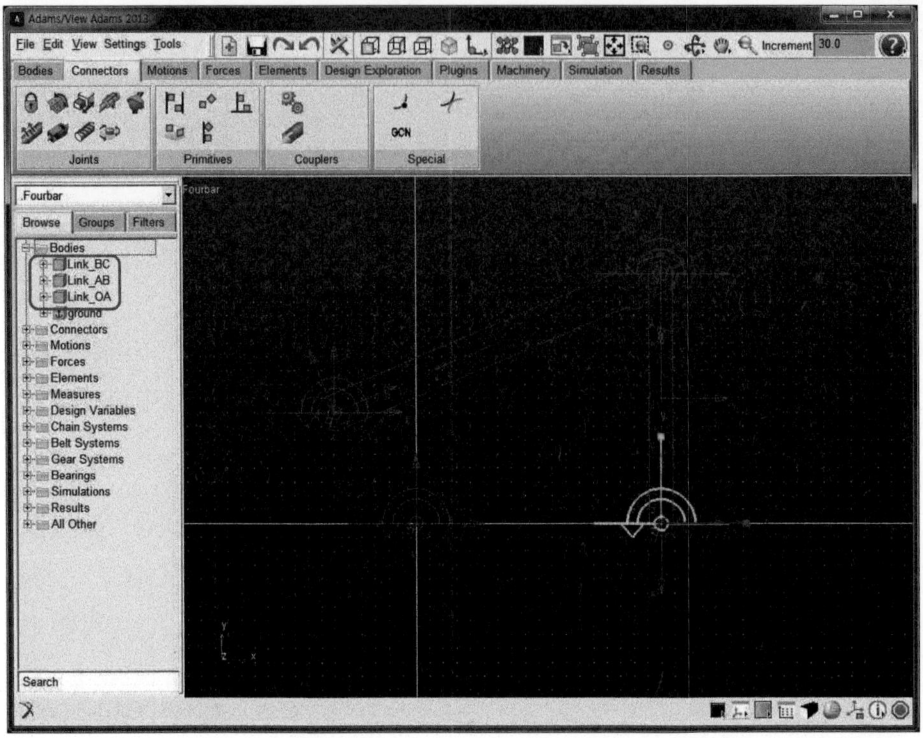

step 4 Motion 추가하기

① Main Toolbox의 Motions에서 Rotational Joint Motion을 클릭한다.

② Rot.Speed에 10을 입력한다.

③ Marker_O에 있는 Joint를 클릭하여 Rotational Joint Motion을 추가한다.

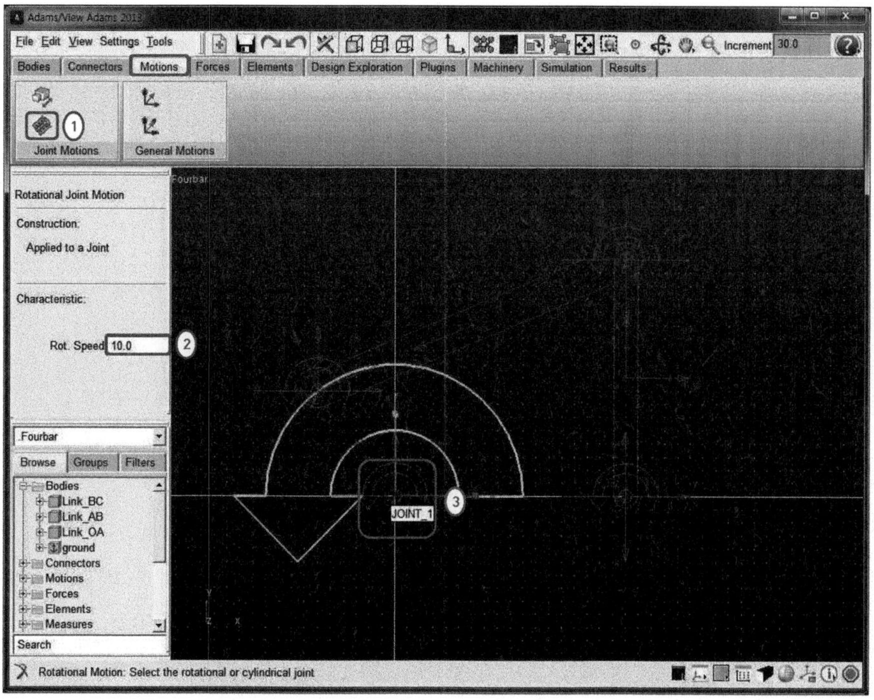

step 5 모델을 시뮬레이션 하고 결과 값 확인하기

① Simulation에서 Interactive Simulation을 클릭한다.

② End Time은 1 초, Steps를 Step Size로 바꾸고 0.01을 입력한다.

③ Play 버튼을 클릭하여 시뮬레이션을 한다.

④ 시뮬레이션이 끝난 후 Plotting을 클릭하여 Adams/PostProcessor 창을 연다.

⑤ 각 Link들의 CM_Angular_Velocity에서 Mag를 Add Curves를 사용하여 그래프에 모두 추가한다.

⑥ Plot tracking 도구를 사용하여 X=0.0 일 때 각 Link들의 Y 값을 확인한다.

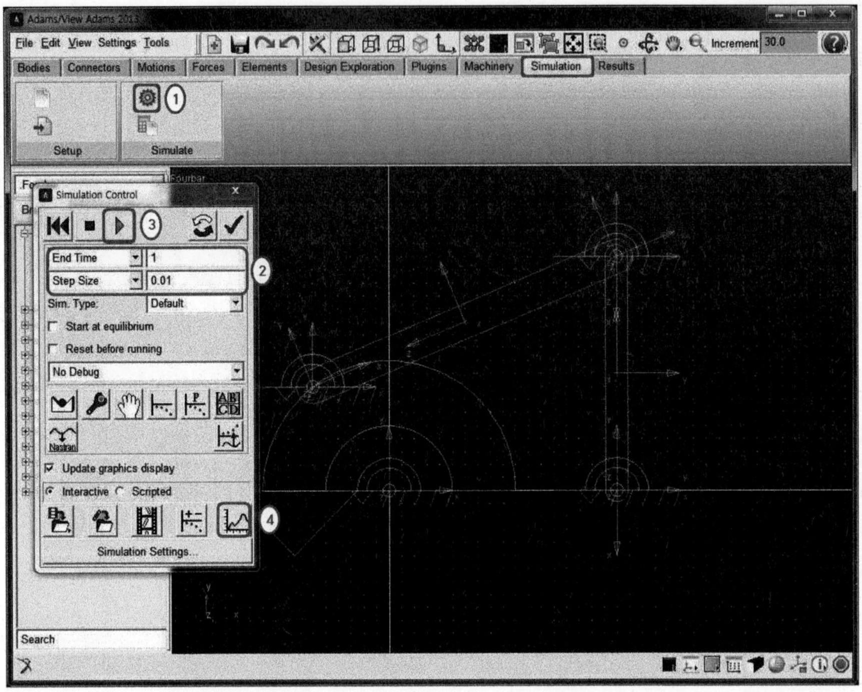

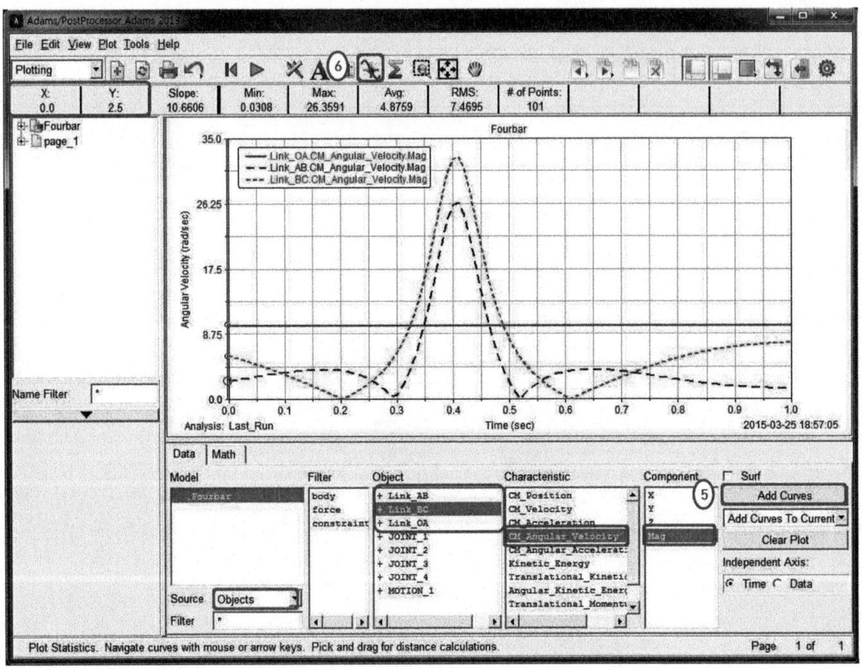

결과

Theoretical Solution

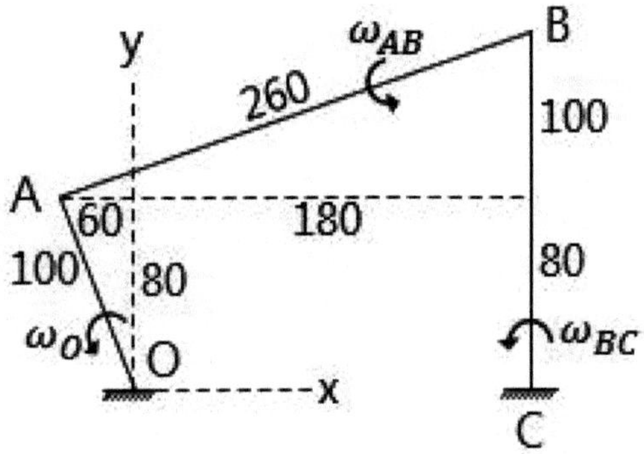

$\omega_{AO} = \omega_O = 10 rad/s$

$\underline{\upsilon}_A = \underline{\upsilon}_B + \underline{\upsilon}_{A/B}$

$\underline{\upsilon}_A = \underline{\omega}_{AO} \times \underline{r}_{AO}$

$= 10\underline{k} \times (-0.06\underline{i} + 0.08\underline{j})$

$= -0.6\underline{j} - 0.8\,\underline{i}\ ^{m/s}$

$\underline{\upsilon}_B = \underline{\omega}_{BC} \times \underline{r}_{BC}$

$= \omega_{BC}\underline{k} \times 0.18\,\underline{j}$

$= -0.18\omega_{BC}\ ^{i\ m/s}$

$\underline{\upsilon}_{A/B} = \underline{\omega}_{AB} \times \underline{r}_{A/B}$

$= \omega_{BC}\underline{k}\ \times\ (-0.24\underline{i} - 0.1\underline{j})$

$= -0.24\omega_{AB}\underline{j} \times 0.1\omega_{AB}\underline{j}\ ^{m/s}$

Thus,

$-0.5\underline{j} - 0.8\underline{i} = -0.18\omega_{BC}\underline{i} - 0.24\omega_{AB}\underline{j} + 0.1\omega_{AB}\underline{j}$

Equate $\underline{j}$ *terms* $\omega_{AB} = \dfrac{0.6}{0.24} = 2.5 rad/s$

$\underline{\omega}_{BC} = 5.83\underline{k}\ rad/s$

$\underline{\omega}_{AB} = 2.5\underline{k}\ rad/s$

Adams Solution

X: 0.0	Y: 2.5	Link_AB
X: 0.0	Y: 5.8333	Link_BC

Example 12. Cam Follower

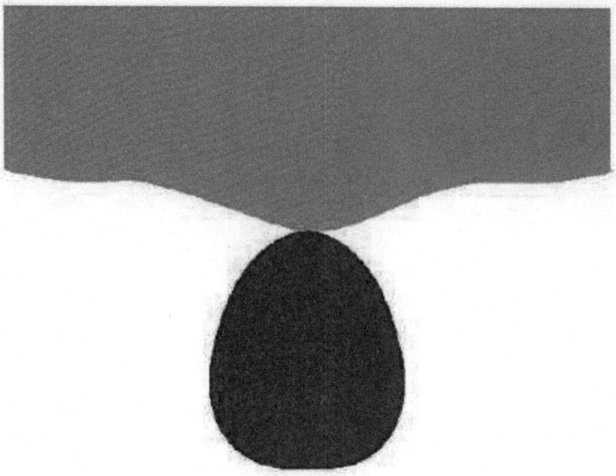

Workshop Objectives

Adams/View를 사용하여

- Open Spline과 Closed Spline를 사용하여 다른 형상을 만든다.
- Revlute joint, translational joint, 2D curve-curve constraint를 추가한다.
- Rigid body: Box를 만든다.
- 측정한다.

Software Version Adams 2013.2

step 1 시작하기

① Adams/View를 시작하고 New model 아이콘을 클릭한다.

② Model Name에 cam_follower를 입력한다.

③ Gravity에서 Earth Normal(-Global Y)를 선택하고 Units에서는 MMKS-mm,kg,N,s,deg를 선택한다.

④ Working Directory는 자신이 저장할 폴더로 설정한다.

⑤ OK를 클릭한다.

Adams/View Adams 2013
File Edit View Settings Tools
Increment 30.0
Bodies Connectors Motions Forces Elements Design Exploration Plugins Machinery Simulation Results
Solids Flexible Bodies Construction Booleans Features
No Model
Welcome to Adams
New Model ①
Existing Model
Exit
Adams
MSC Software
aviewAS.cmd: Left: 00:00 Est. Duration: 00:00

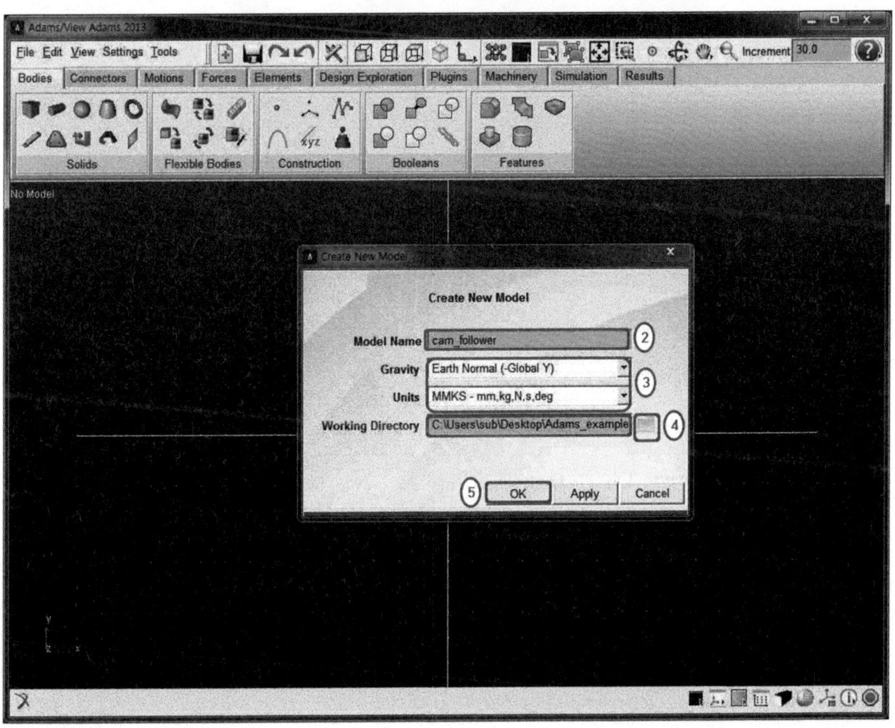
Adams/View Adams 2013
File Edit View Settings Tools
Increment 30.0
Bodies Connectors Motions Forces Elements Design Exploration Plugins Machinery Simulation Results
Solids Flexible Bodies Construction Booleans Features
No Model
Create New Model
Create New Model
Model Name cam_follower ②
Gravity Earth Normal (-Global Y) ③
Units MMKS - mm,kg,N,s,deg
Working Directory C:\Users\sub\Desktop\Adams_example ④
⑤ OK Apply Cancel

step 2 Working grid 조정하기

① Settings에서 Working Grid를 클릭한다.

② Spacing에서 X, Y값 모두 10mm로 입력한다.

③ OK를 클릭한다.

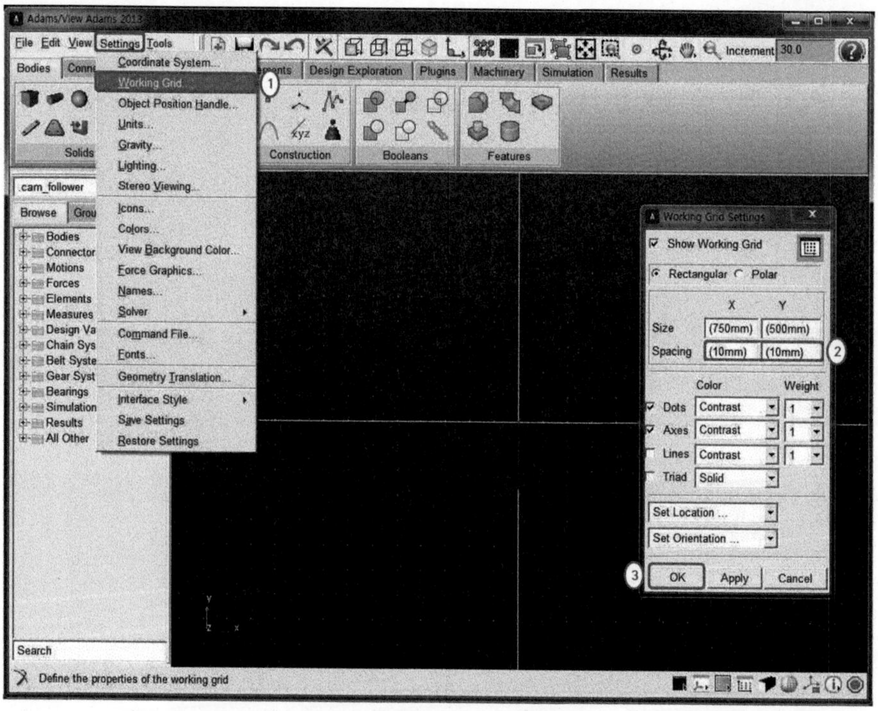

step 3 Closed Body Spline 사용하기

① Main Toolbox의 Bodies에서 Spline을 클릭한다.

② New Part를 선택하고 Closed를 체크한다.

③ 아래 표를 참고하여 13개의 점을 모두 다 클릭한 후, 마지막으로 우클릭을 하면 Closed Body Spline이 만들어 진다.

④ 형상이 만들어지면 Warning message 창이 나타난다. Close를 클릭한다.

Tip

F4 키를 눌러 Coordinates 창을 이용한다. 중간에 클릭을 잘못하여도 무시하고 다음 점을 계속해서 찍어나간 후 우클릭하여 완성하고 나서 수정해야할 점을 드래그하여 점의 위치를 바꿀 수 있다.

	1	2	3	4	5	6	7	8	9	10	11	12	13
x	0	-50	-70	-80	-70	-50	0	50	70	80	70	50	0
y	0	-30	-70	-120	-160	-180	-190	-180	-160	-120	-70	-30	0
z	0	0	0	0	0	0	0	0	0	0	0	0	0

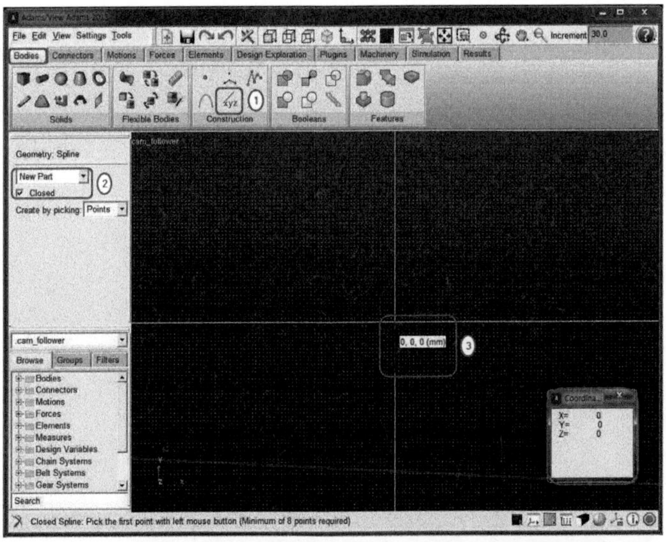

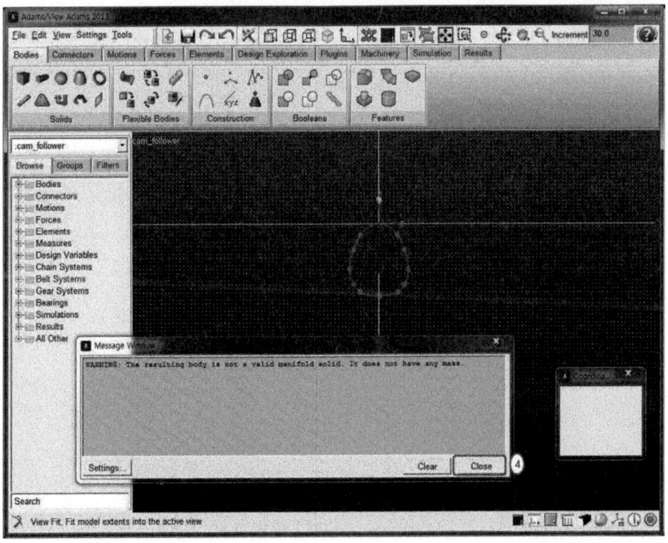

step 4 Revolute Joint 만들기

① Main Toolbox의 Connectors에서 Revolute Joint를 클릭한다.

② Construction에서 2 Bodies−1 Location을 선택하고 Normal To Grid를 선택한다.

③ First body는 방금 만든 Part_2(cam)을 한번 클릭하여 선택하고 Second body는 Ground를 클릭하여 선택해준다.

④ Joint가 위치할 부분을 마우스 우클릭을 한 후, Location Event 창을 사용하거나 F4 키를 눌러 Coordinates 창을 사용하여 (0, −130, 0) 위에 위치시키도록 해준다.

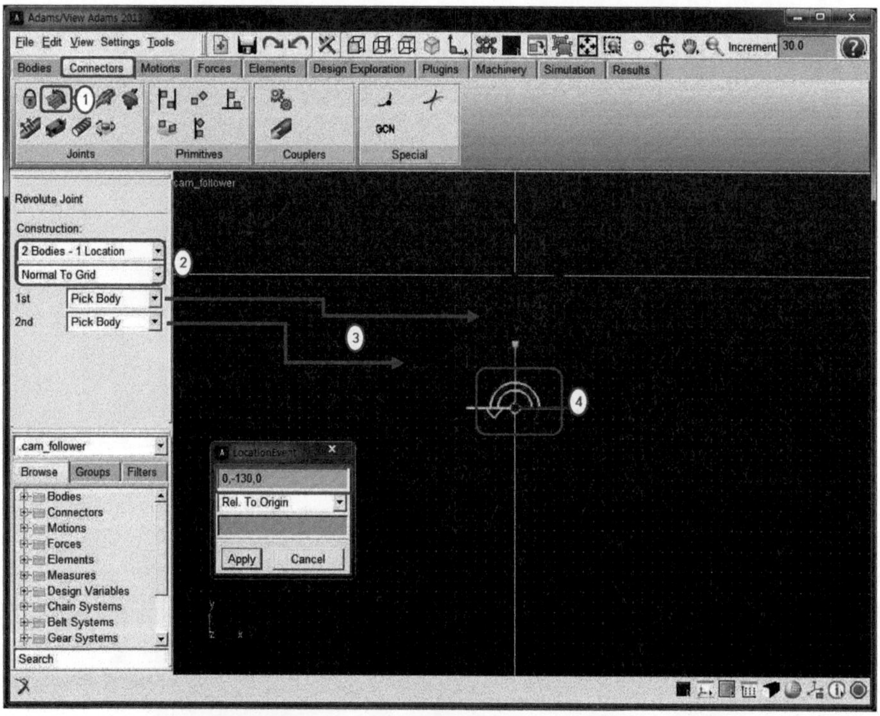

step 5 Open Body Spline 만들기

① Main Toolbox의 Bodies에서 Spline을 클릭한다.

② New Part를 선택하고 이번에는 Closed를 체크를 해제한다.

③ 아래 표를 참고하여 27개의 점을 클릭해준다. 이 때 Closed가 아니라 Open 되어 있기 때문에 첫 번째 점과 마지막 점은 같은 곳을 클릭해 주어야한다. 마지막으로 우클릭을 하면 형상이 만들어진다.

④ 형상이 만들어지면 Warning message 창이 나타난다. Close를 클릭한다.

Tip

F4 키를 눌러 Coordinates 창을 이용한다. 중간에 클릭을 잘못하여도 무시하고 다음 점을 계속해서 찍어나간 후 우클릭하여 완성하고 나서 수정해야할 점을 드래그하여 점의 위치를 바꿀 수 있다.

points	1	2	3	4	5	6	7
x	−250	−200	−150	−100	−50	0	50
y	50	40	40	30	10	0	10
z	0	0	0	0	0	0	0

points	8	9	10	11	12	13	14
x	100	150	200	250	220	190	160
y	30	40	40	50	50	50	50
z	0	0	0	0	0	0	0

points	15	16	17	18	19	20	21
x	130	100	70	40	10	−20	−50
y	50	50	50	50	50	50	50
z	0	0	0	0	0	0	0

points	22	23	24	25	26	27	28
x	−80	−110	−140	−170	−200	−230	−250
y	50	50	50	50	50	50	50
z	0	0	0	0	0	0	0

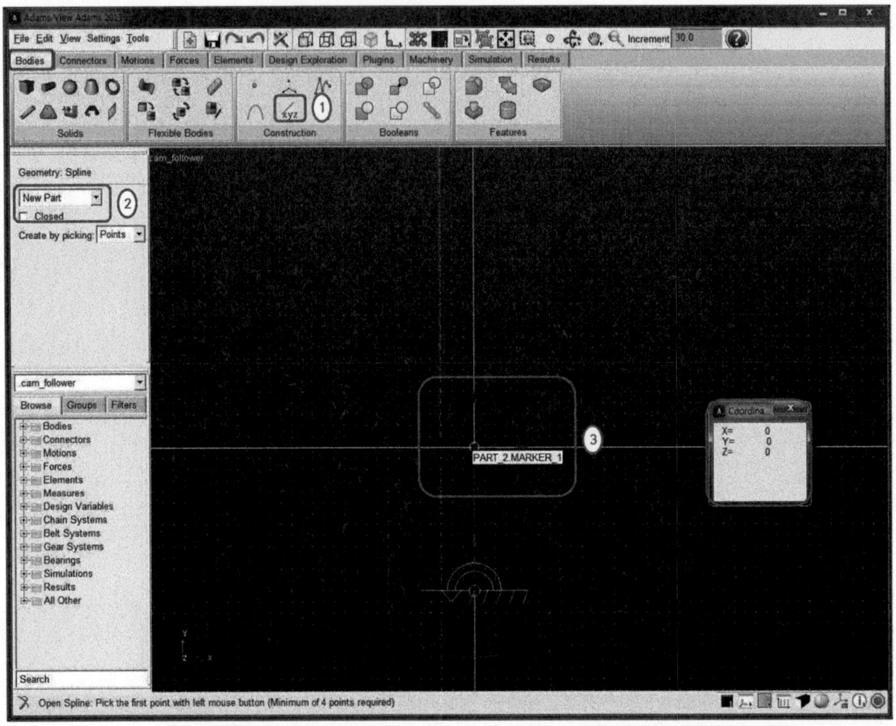

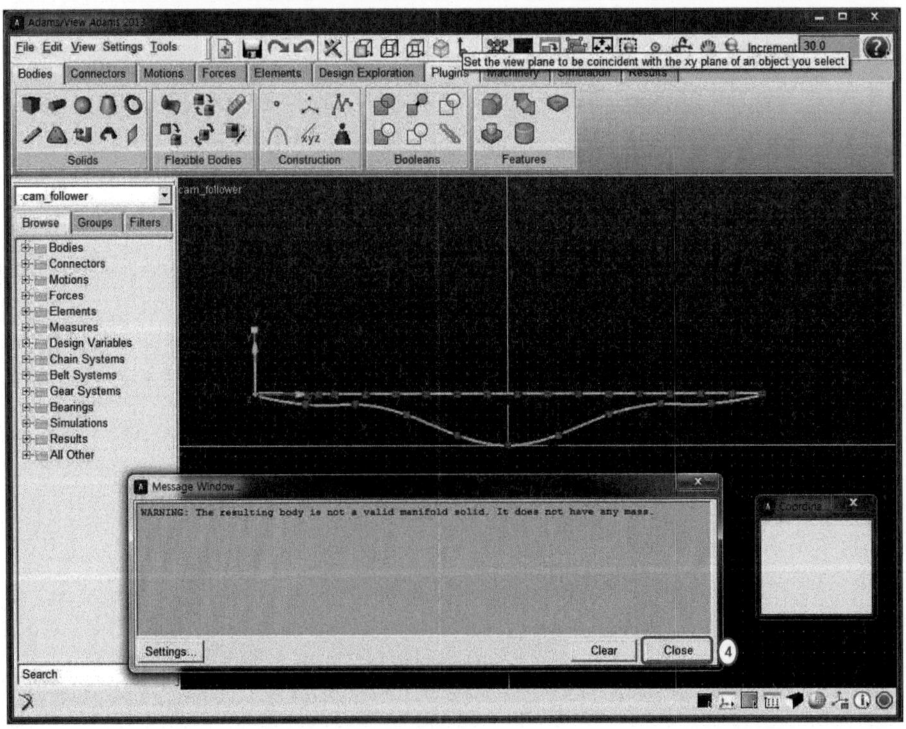

step 6 Box 만들기

① Main Toolbox의 Bodies에서 Box를 클릭한다.

② Box 메뉴에서 Add to Part를 선택한다.

③ Open Body Spline을 클릭한다.

④ 왼쪽 아래 끝점을 (−250,50,0)에서 클릭하여 지정해주고 오른쪽 위 끝점을 (250,180,0)에서 클릭하여 지정해준다.

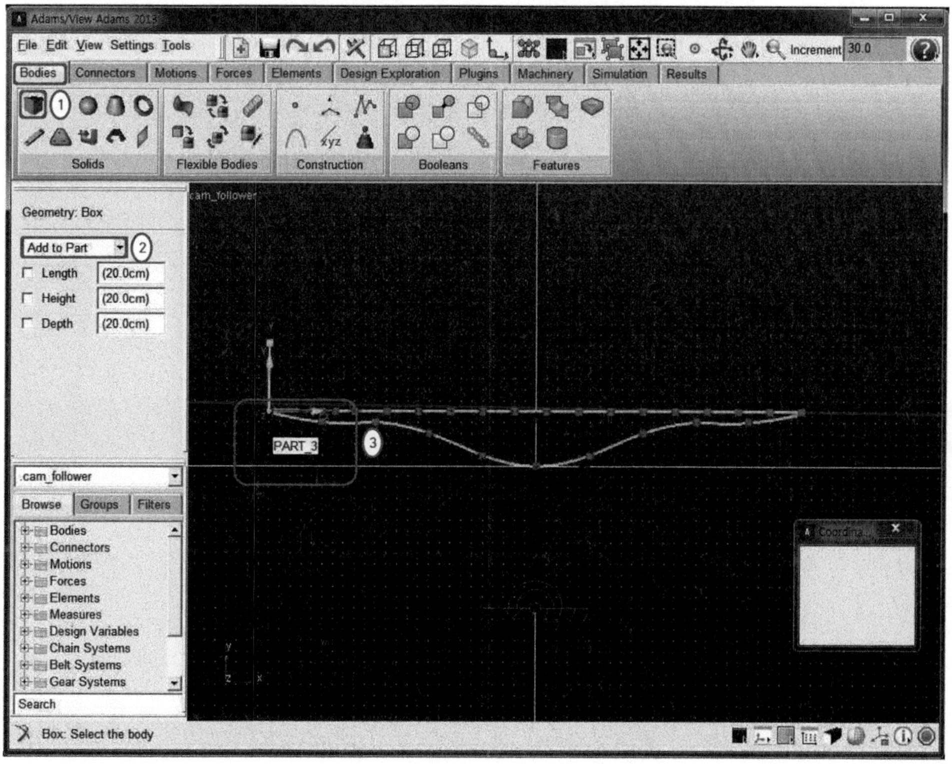

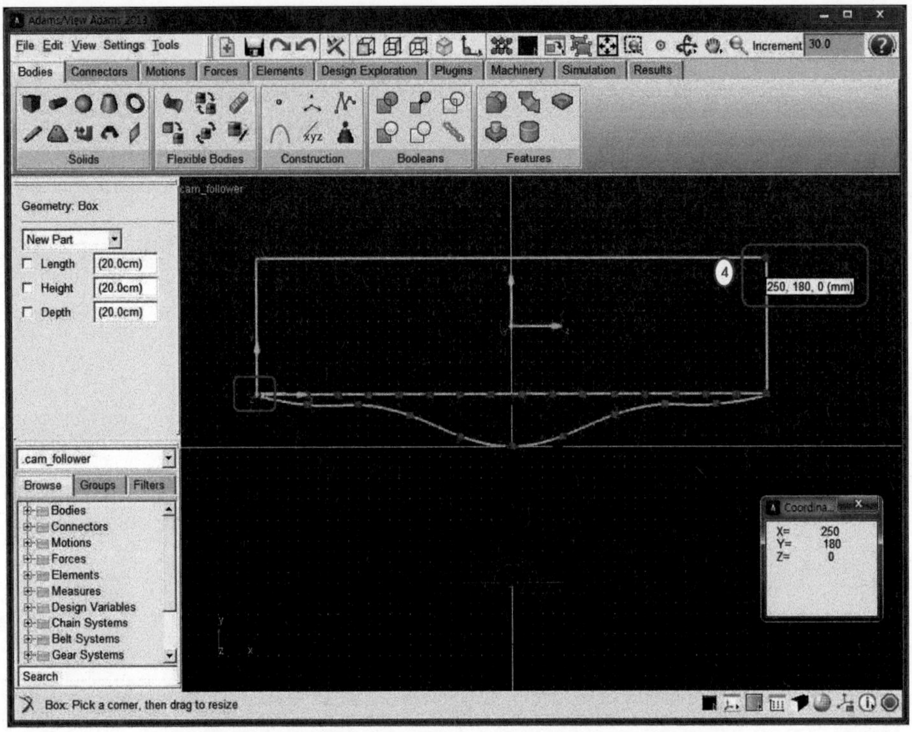

step 7 Cylindrical Joint 만들기

① Main Toolbox의 Connectors에서 Joint:Cylindrical를 클릭한다.

② Construction에서 1 Location-Bodies impl으로 선택한다.

③ PART_3.cm 위에 마우스 포인트를 두고 한번 클릭한다.

④ 방향 벡터를 지정해주기 위해서 cm.X가 나오도록 마우스 포인트를 두고 한번 클릭한다.

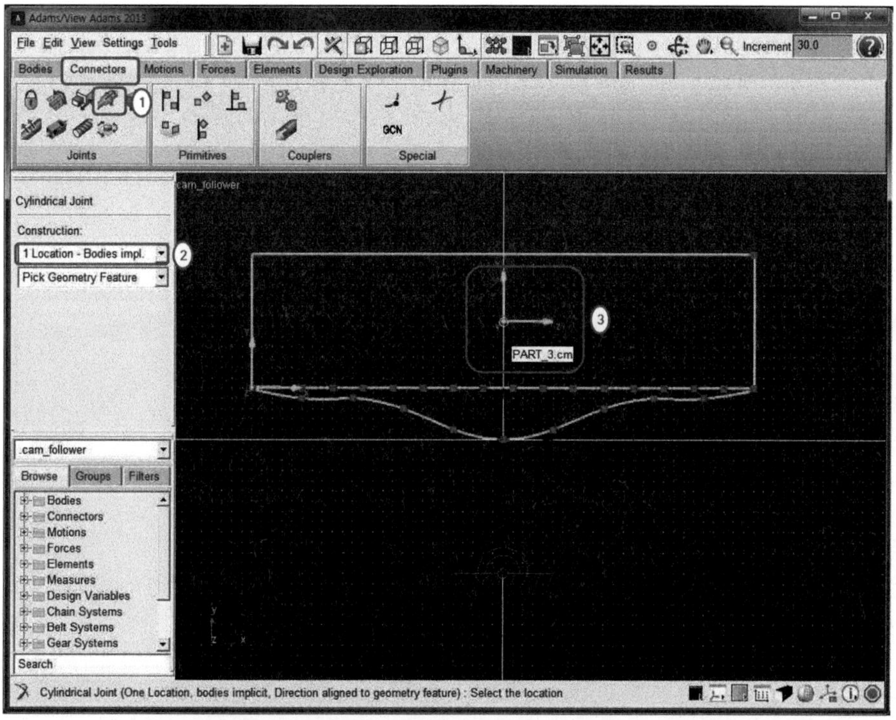
Adams/View Adams 2013
File Edit View Settings Tools
Increment 30.0
Bodies Connectors Motions Forces Elements Design Exploration Plugins Machinery Simulation Results
Joints
Primitives
Couplers
Special
Cylindrical Joint
Construction:
1 Location - Bodies impl.
Pick Geometry Feature
PART_3.cm
.cam_follower
Browse Groups Filters
Bodies
Connectors
Motions
Forces
Elements
Measures
Design Variables
Chain Systems
Belt Systems
Gear Systems
Search
Cylindrical Joint (One Location, bodies implicit, Direction aligned to geometry feature) : Select the location

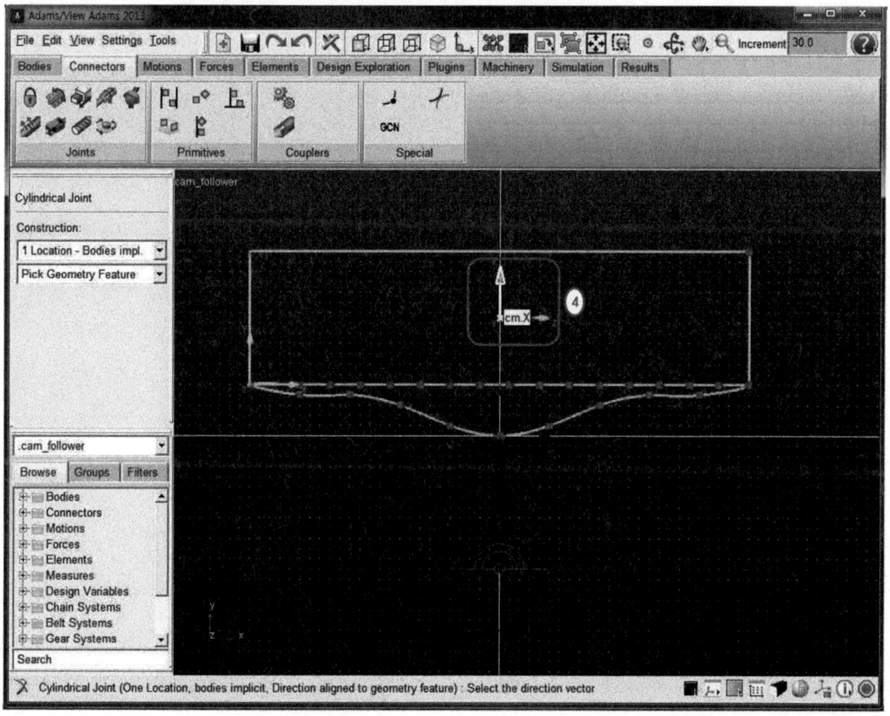
Adams/View Adams 2013
File Edit View Settings Tools
Increment 30.0
Bodies Connectors Motions Forces Elements Design Exploration Plugins Machinery Simulation Results
Joints
Primitives
Couplers
Special
Cylindrical Joint
Construction:
1 Location - Bodies impl.
Pick Geometry Feature
cm.X
.cam_follower
Browse Groups Filters
Bodies
Connectors
Motions
Forces
Elements
Measures
Design Variables
Chain Systems
Belt Systems
Gear Systems
Search
Cylindrical Joint (One Location, bodies implicit, Direction aligned to geometry feature) : Select the direction vector

step 8 Curve-on-Curve Contact 만들기

① Main Toolbox의 Connectors에서 2D Curve-Curve Constraint를 클릭한다.

② cam(PART_2)을 한번 클릭한다.

③ follower(PART_3)를 한번 클릭한다.

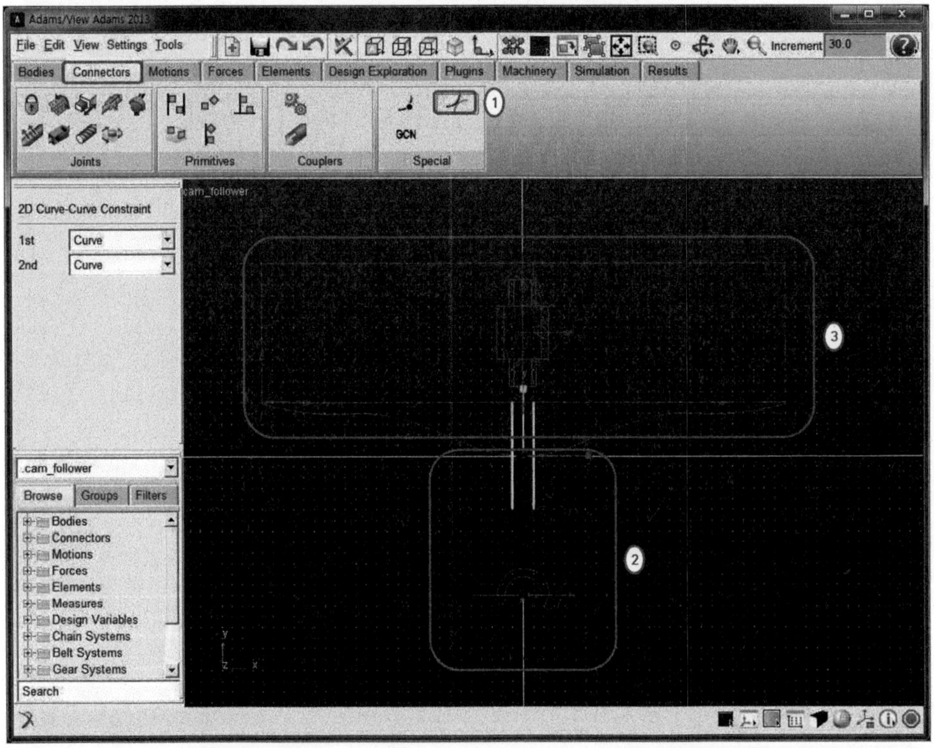

step 9 Rotational Joint Motion 추가하기

① Main Toolbox의 Motions에서 Rotational Joint Motion을 클릭한다.

② Rot.Speed에서 360d를 입력한다.(각속도가 360 degrees/second가 됨)

③ cam에 생성한 Revolute Joint를 클릭한다.

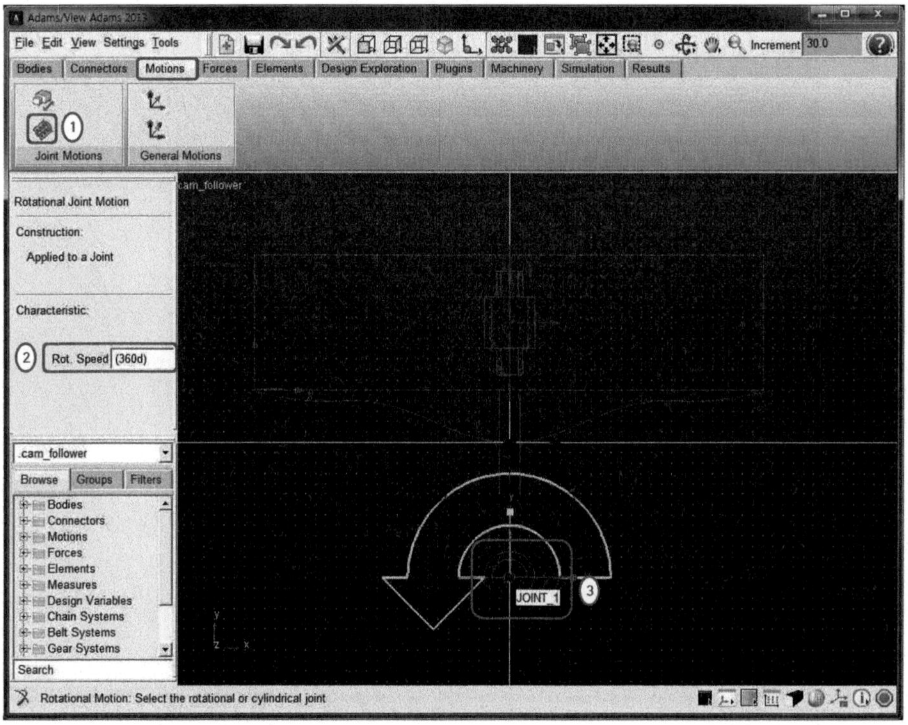

step 10 확인하기

① 우측 아래 Information 아이콘을 우클릭한 후 Verification 아이콘을 클릭한다.

② 아래 그림과 비교한 후 Model verified successfully를 확인하고 Close를 클릭한다.

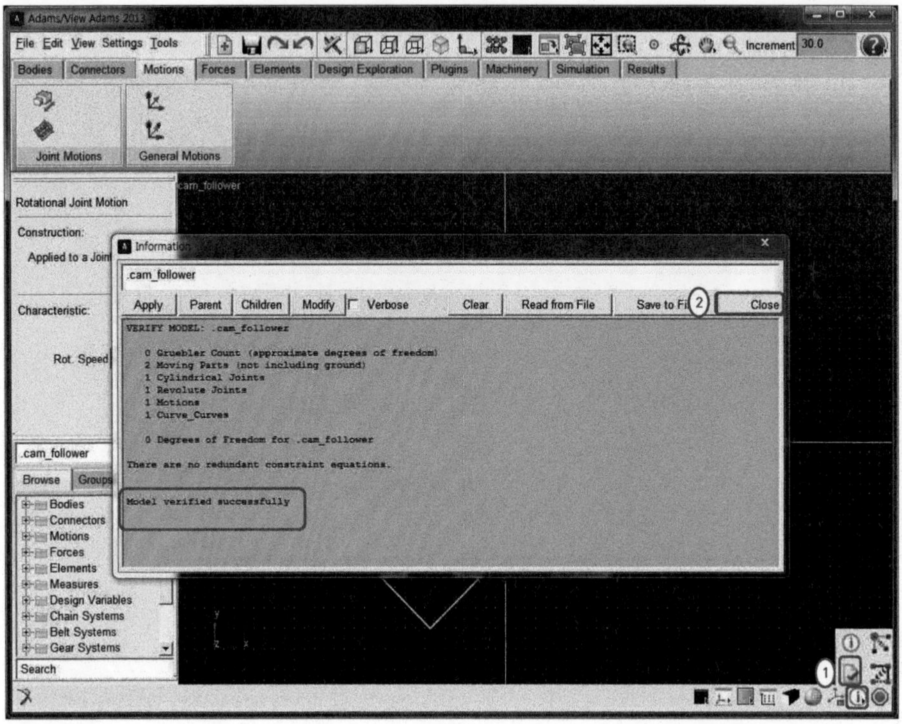

step 11 측정하기

① follower(PART_3)에서 우클릭한 후, PART_3에 Measure을 클릭한다.

② Measure Name에 position_Y을 입력한다.

③ Characteristic에서 CM position을 선택한다.

④ Component에서는 Y를 체크한다.

⑤ Apply을 클릭한다.

⑥ 같은 방법으로 Y방향으로 Characteristic에서 CM velocity, CM Acceleration을 선택하고 각각 그래프를 만들어준다. 모두 만든 후에 Cancel를 클릭한다.

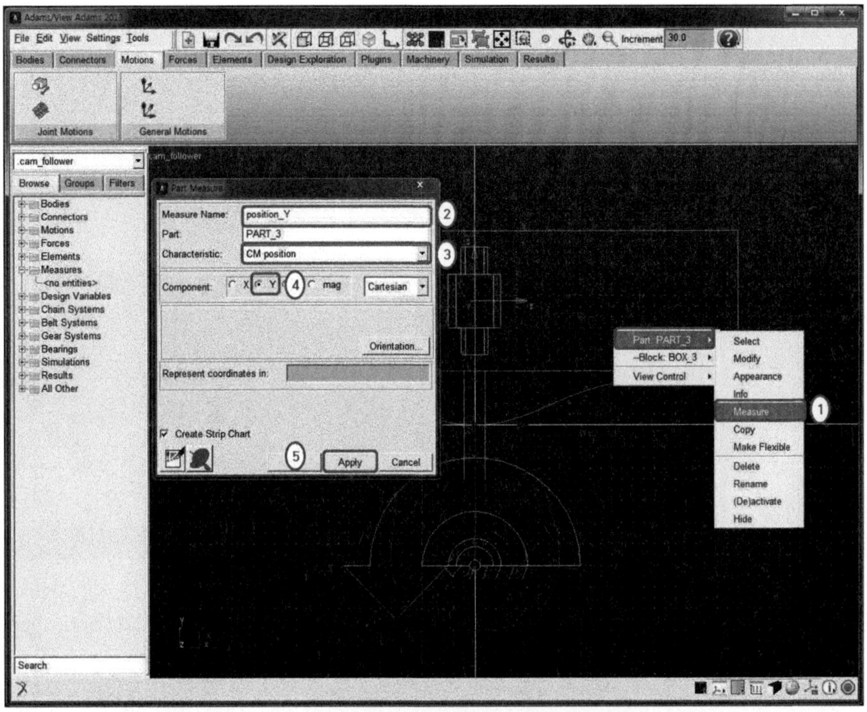

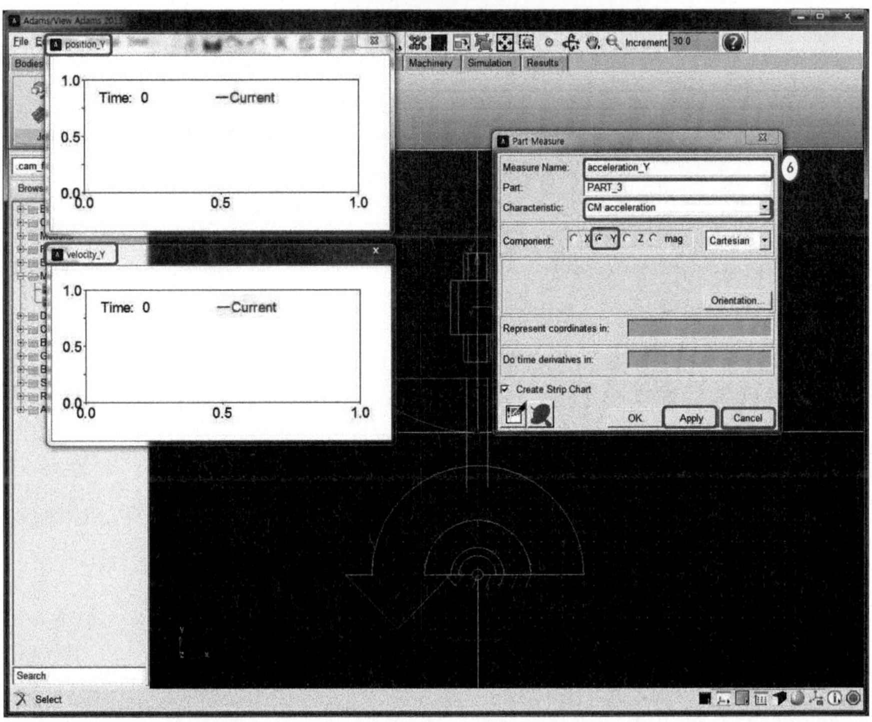

step 12 시뮬레이션 하기

① Simulation에서 Interactive Simulation을 클릭한다.

② End time을 1 초, Steps를 Step Size으로 바꾸고 0.01을 입력한다.

③ Play 버튼을 클릭하여 시뮬레이션을 시작한다.

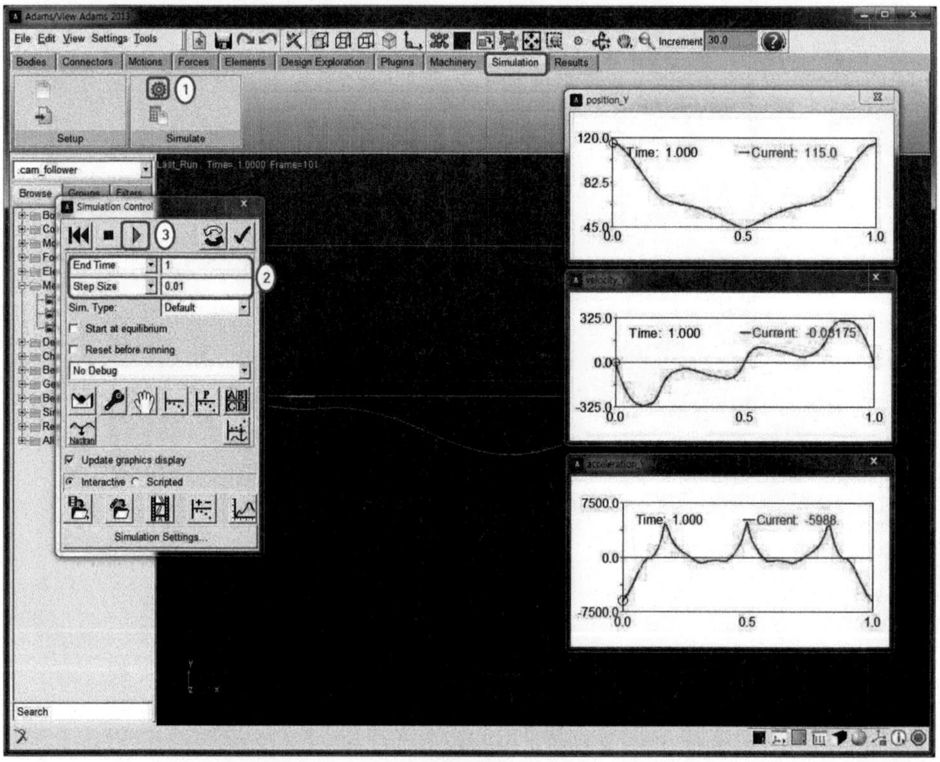

step 13 그래프 확인하기

① 그래프를 조금 더 자세히 살펴보기 위해서 그래프의 빈 공간위에 우클릭하여 Transfer Full Plot을 클릭하거나 또는 F8키를 눌러서 Adams/PostProcessor 창을 열 수 있다. 다시 나가려면 F8키를 다시 누르면 된다.

② Source에서 Objects를 선택하고 Filter(Body, Force, Constraint), Object, Characteristic, Component 순으로 선택하여 그래프를 확인한다.

③ Surf를 체크한 상태에서 선택을 하면 바로바로 그래프가 화면에 나타난다.

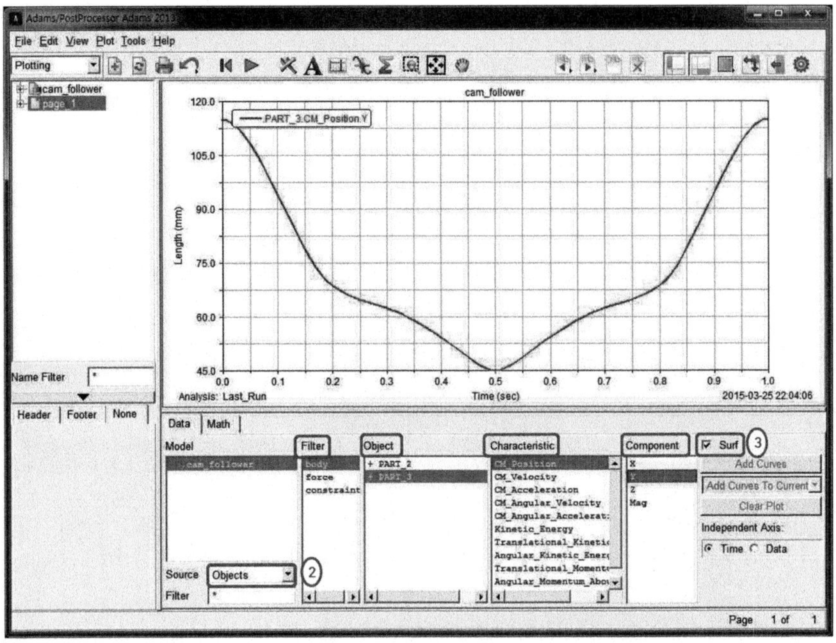

step 14 저장하기

① F8을 키를 눌러 Adams modeling 창으로 다시 돌아온 다.

② File에서 Save Database As....를 클릭한다.

③ 파일 이름을 입력한다.

④ OK를 클릭하여 저장하면 (.bin) 파일로 저장된다.

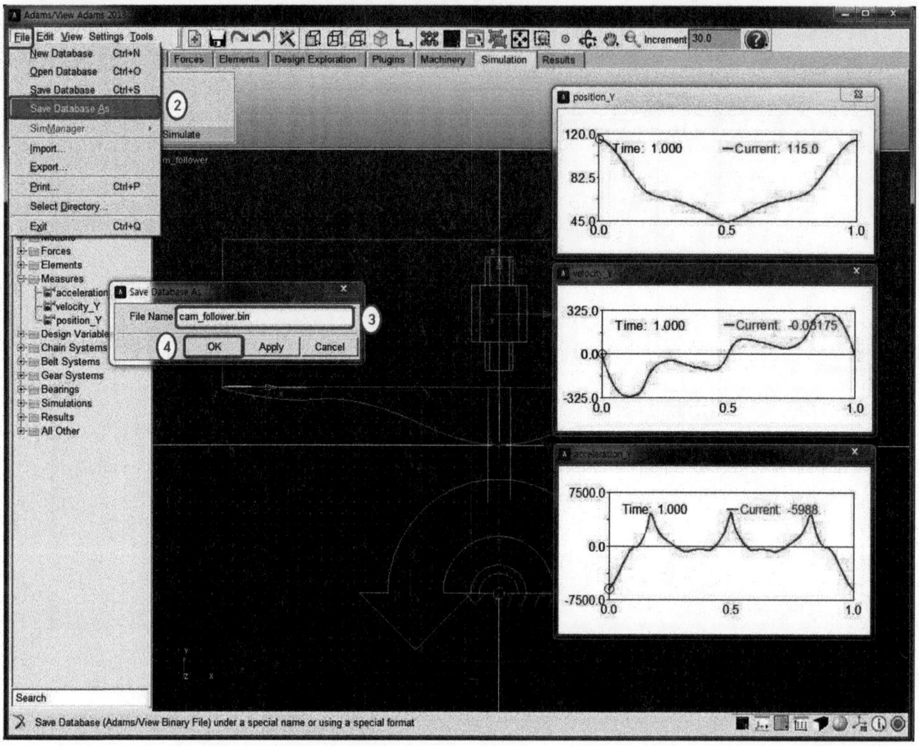

Adams/View Adams 2013
File Edit View Settings Tools
Increment 30.0
Forces Elements Design Exploration Plugins Machinery Simulation Results
New Database Ctrl+N
Open Database Ctrl+O
Save Database Ctrl+S
Save Database As
2
SimManager
Import...
Export...
Print... Ctrl+P
Select Directory...
Exit Ctrl+Q
Simulate
Forces
Elements
Measures
acceleration
velocity_Y
position_Y
Design Variable
Chain Systems
Belt Systems
Gear Systems
Bearings
Simulations
Results
All Other
Search
Save Database As
File Name cam_follower.bin
3
4
OK
Apply
Cancel
position_Y
120.0
Time: 1.000
Current: 115.0
82.5
45.0
0.0
0.5
1.0
325.0
Time: 1.000
Current: -0.05175
0.0
-325.0
0.0
0.5
1.0
7500.0
Time: 1.000
Current: -5988
0.0
-7500.0
0.0
0.5
1.0
Save Database (Adams/View Binary File) under a special name or using a special format

Example 13. Crank Slider

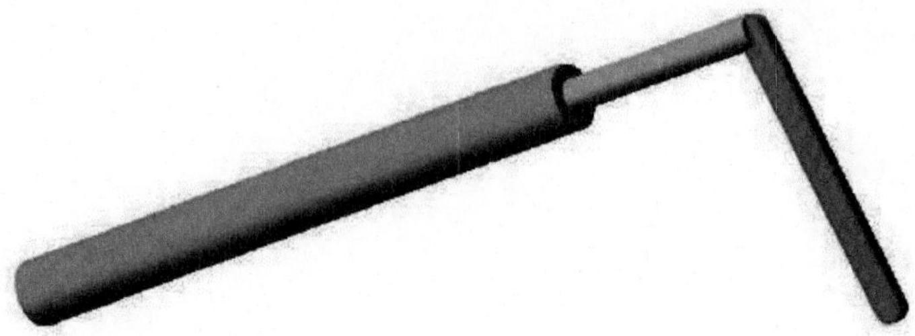

Workshop Objectives

Adams/View에서

- Revolution을 만든다.
- Point-to-Point measure을 만든다.
- 한 축에 대한 각속도를 측정한다.
- 한 축에 대한 각 가속도를 측정한다.

Software Version Adams 2013.2

문제 설명

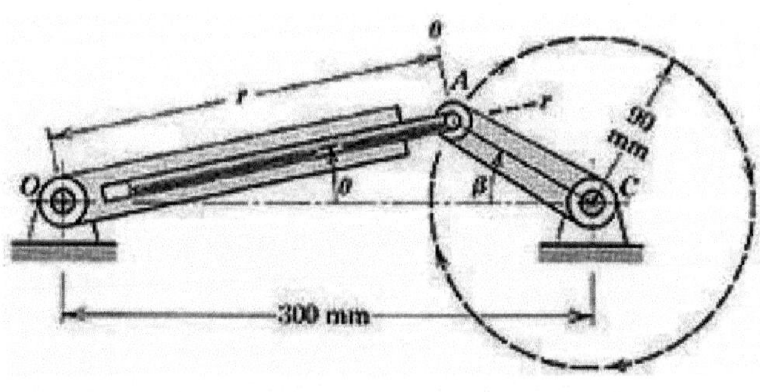

Problem 2/163 from J. L. Meriam and L. G. Kraige, Engineering Mechanics: Volume 2, Dynamics 3rd edition. John Wiley & Sons, Inc.

핀 A가 90mm 반경으로 원 운동을 하고 Crank_AC가 일정한 각속도 =60rad/s 으로 움직인다. Piston은 핀 A에 연결되어 Cylinder안을 움직일 수 있고 Cylinder는 점 O에 대해서 회전할 수 있다. β=30° 일 때 r, $\dot{r}$, $\ddot{r}$, θ, $\dot{\theta}$, $\ddot{\theta}$을 구해라.

Adams에서 주어진 정보에 따라 모델을 만들고 시뮬레이션을 통해서 원하는 데이터를 얻어 보자.

step 1 모델 만들기

① Adams/View를 시작하고 New model 아이콘을 클릭한다.

② Model Name에 slider_crank를 입력하고 Gravity는 －y earth를 선택, Units은 MMKS를 선택한다. Working directory는 자신이 저장할 폴더로 지정하고 OK를 클릭한다.

③ Settings에서 Working Gird를 클릭한다.

④ Size에서 X는 375mm , Y는 250mm를 입력, Spacing에서 X,Y 모두 5mm를 입력한다.

⑤ Main Toolbox의 Bodies에서 Rigid Body:Link를 클릭한다.

⑥ 양 끝점을 (60,0,0)에서 (150,0,0)을 클릭하여 Crank를 만든다. F4키를 눌러 Coordinates 창을 이용하거나 우클릭하여 Location Event창을 Crank의 끝점을 지정해준다.

⑦ Part_2를 우클릭한 후, PART_2에서 Rename을 클릭한다.

⑧ .silder_crank.crank를 입력한다.

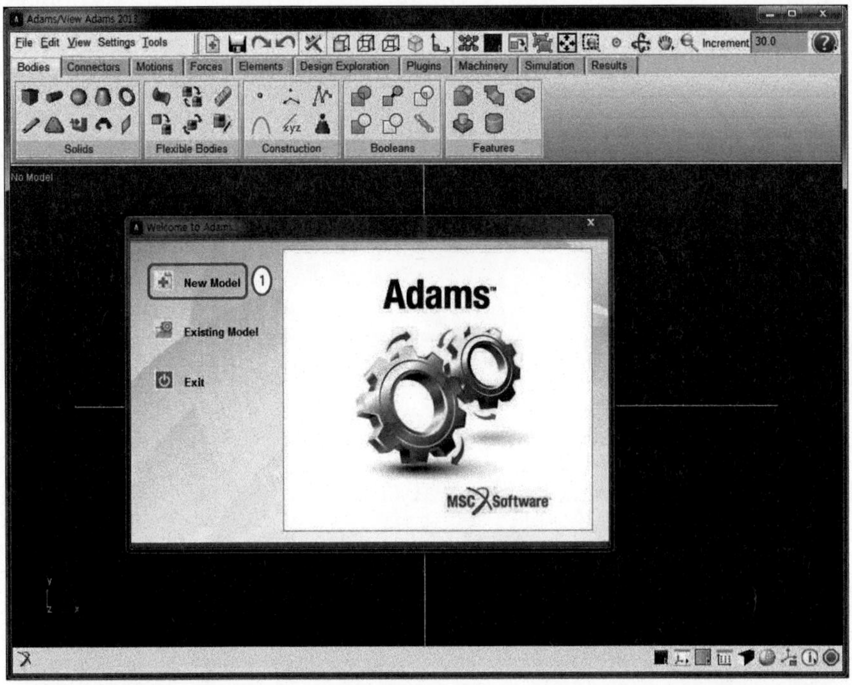
New Model
1
Existing Model
Exit
Adams
MSC Software

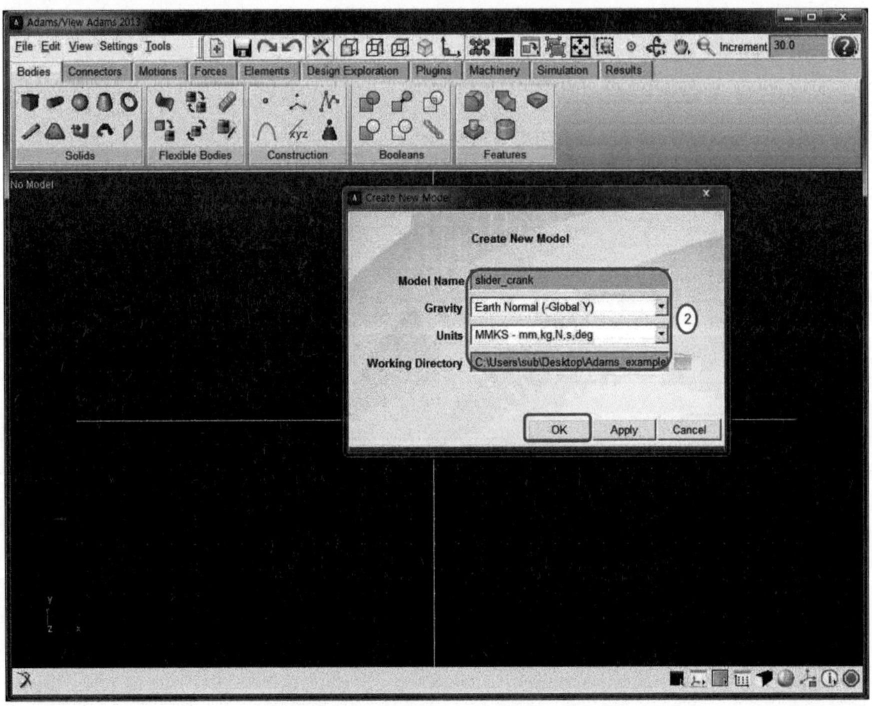
Create New Model
Model Name
slider_crank
Gravity
Earth Normal (-Global Y)
Units
MMKS - mm,kg,N,s,deg
Working Directory
C:\Users\sub\Desktop\Adams_example
2
OK
Apply
Cancel

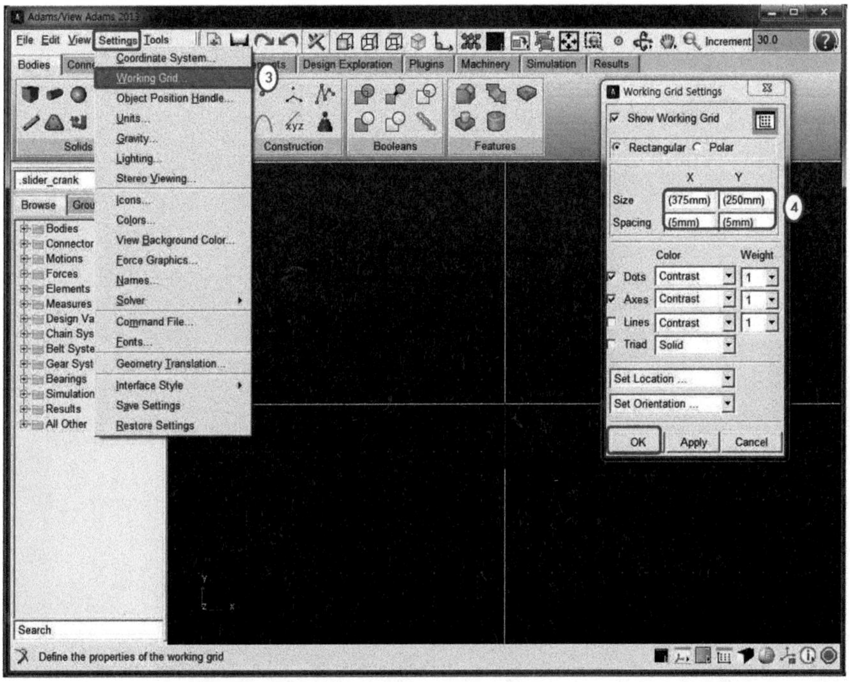
Settings
Coordinate System...
Working Grid...
Object Position Handle...
Units...
Gravity...
Lighting...
Stereo Viewing...
Icons...
Colors...
View Background Color...
Force Graphics...
Names...
Solver
Command File...
Fonts...
Geometry Translation...
Interface Style
Save Settings
Restore Settings
3
Working Grid Settings
Show Working Grid
Rectangular
Polar
Size (375mm) (250mm)
Spacing (5mm) (5mm)
4
Color
Weight
Dots Contrast 1
Axes Contrast 1
Lines Contrast 1
Triad Solid
Set Location ...
Set Orientation ...
OK
Apply
Cancel
Define the properties of the working grid

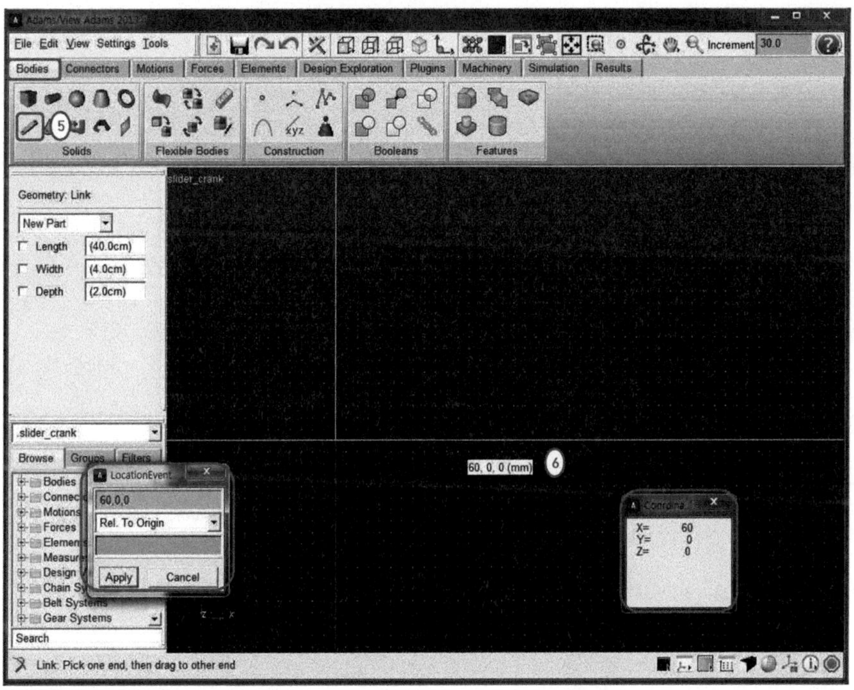
5
Geometry: Link
New Part
Length (40.0cm)
Width (4.0cm)
Depth (2.0cm)
.slider_crank
LocationEvent
60,0,0
Rel. To Origin
Apply
Cancel
60, 0, 0 (mm)
6
X= 60
Y= 0
Z= 0
Link: Pick one end, then drag to other end

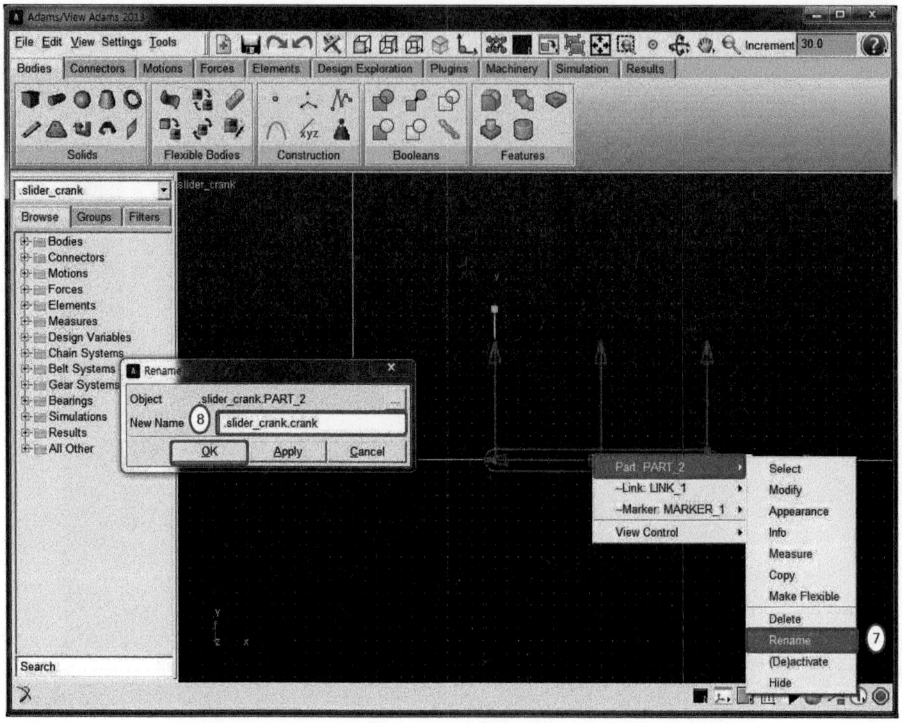

step 2 Revolution와 Piston 만들기

① Main Toolbox의 Bodies에서 Rigid Body: Revolution을 클릭한다.

② 차례대로 (50,0,0) (−150,0,0) (55,−5,0) (55,−10,0) (−150,−10,0) (−150,−5,0) (55,−5,0)을 클릭한 후, 우클릭을 하면 형상이 만들어진다.(F4키를 눌러 Coordinates 창을 사용하면 좌표를 찾는데 도움이 될 것이다. 처음 두 개의 점은 회전하는 축을 지정해 준 것이고 나머지 4개의 점은 단면을 지정한 것이다.)

③ PART_3를 .slider_crank.cylinder로 이름을 바꾼다.

④ Bodies에서 Rigid Body: Cylinder를 클릭한다.

⑤ Length(200mm)와 Radius(5mm)를 모두 체크한 후, 치수를 입력한다.

⑥ 양 끝점을 (60,0,0)에서 (−140,0,0)으로 지정해 준다. (Coordinates 창 또는 Location Event 창을 사용한다.)

⑦ PART_4를 .slider_crank_piston으로 이름을 바꾼다.

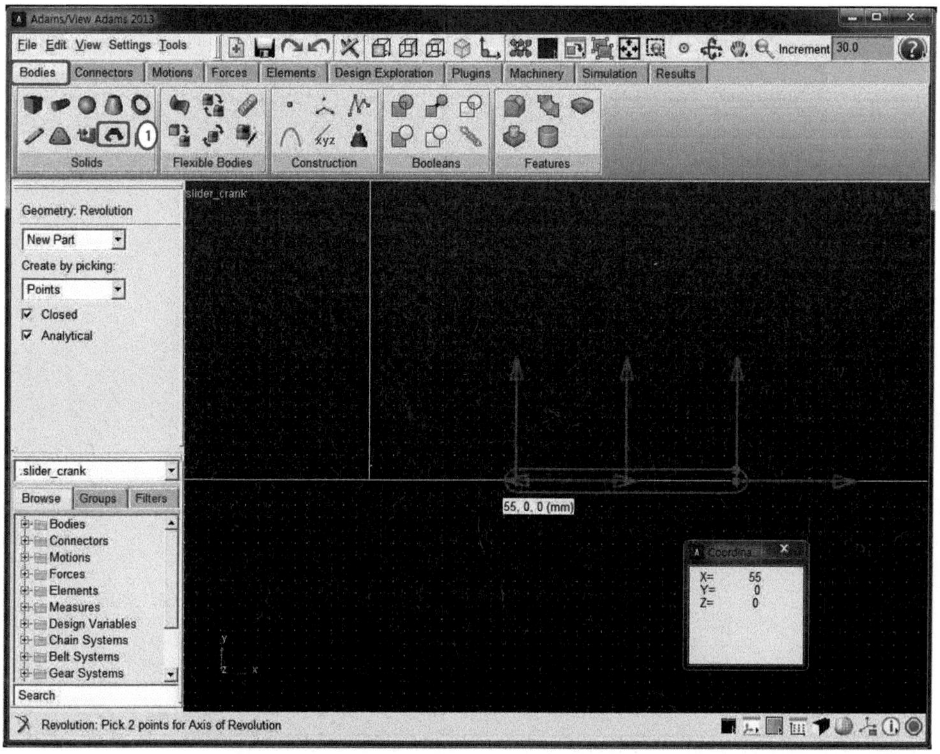
Adams/View Adams 2013
File Edit View Settings Tools
Increment 30.0
Bodies Connectors Motions Forces Elements Design Exploration Plugins Machinery Simulation Results
Solids Flexible Bodies Construction Booleans Features
Geometry: Revolution
New Part
Create by picking:
Points
Closed
Analytical
.slider_crank
Browse Groups Filters
Bodies
Connectors
Motions
Forces
Elements
Measures
Design Variables
Chain Systems
Belt Systems
Gear Systems
Search
55, 0, 0 (mm)
X= 55
Y= 0
Z= 0
Revolution: Pick 2 points for Axis of Revolution

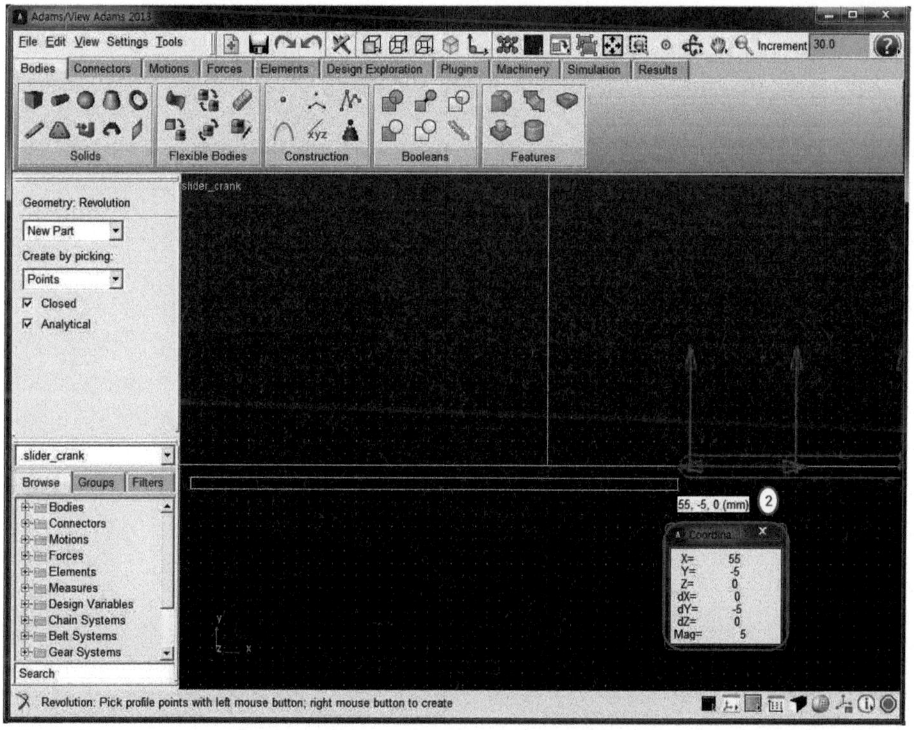
Adams/View Adams 2013
File Edit View Settings Tools
Increment 30.0
Bodies Connectors Motions Forces Elements Design Exploration Plugins Machinery Simulation Results
Solids Flexible Bodies Construction Booleans Features
Geometry: Revolution
New Part
Create by picking:
Points
Closed
Analytical
.slider_crank
Browse Groups Filters
Bodies
Connectors
Motions
Forces
Elements
Measures
Design Variables
Chain Systems
Belt Systems
Gear Systems
Search
55, -5, 0 (mm)
X= 55
Y= -5
Z= 0
dX= 0
dY= -5
dZ= 0
Mag= 5
Revolution: Pick profile points with left mouse button; right mouse button to create

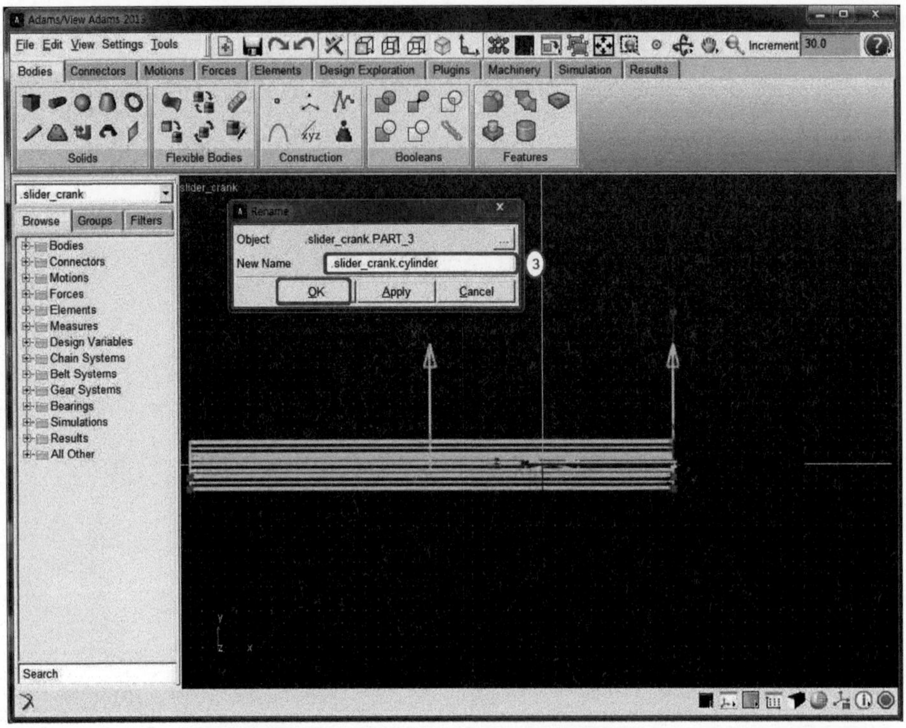
Rename
Object .slider_crank.PART_3
New Name .slider_crank.cylinder
3
OK
Apply
Cancel

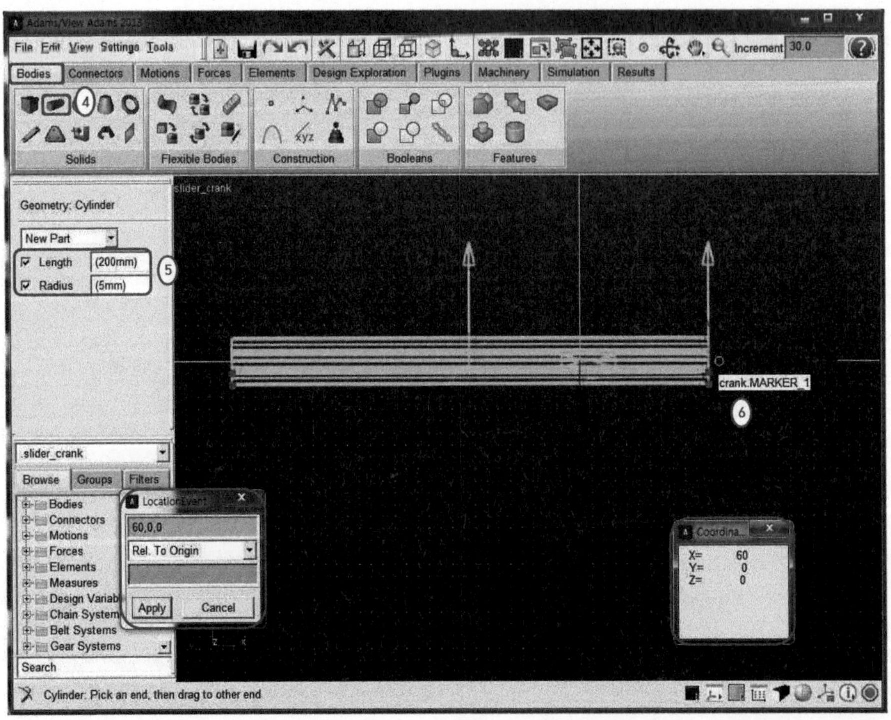
4
Geometry: Cylinder
New Part
Length (200mm)
Radius (5mm)
5
crank.MARKER_1
6
Location Event
60,0,0
Rel. To Origin
Apply
Cancel
X= 60
Y= 0
Z= 0
Cylinder: Pick an end, then drag to other end

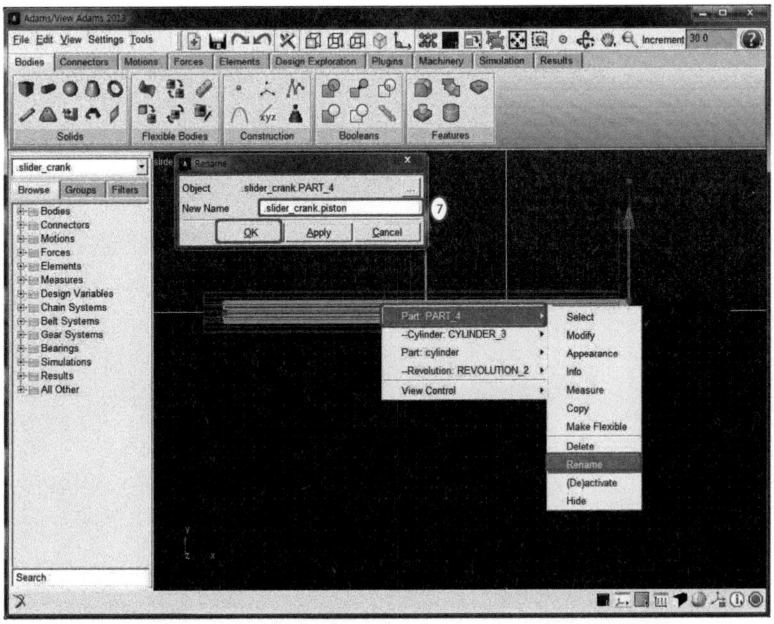

step 3 Joint와 Motion 만들기

① Main Toolbox의 Connectors에서 Revolute Joint를 클릭한다. Crank와 Ground를 차례로 클릭한 후, MARKER_2를 클릭하여 조인트 위치를 지정한다.

② 다음으로는 Connectors에서 Hooke Joint를 클릭하고 Piston과 Crank를 차례로 클릭한 후, MARKER_1을 클릭한다.

③ Piston 방향으로 MARKER_3.Z가 나오도록 마우스 포인트를 두고 한번 클릭한다.(piston축과 평행하게 만들면 된다.)

④ Crank 방향으로 MARKER_1.X가 나오도록 마우스 포인트를 두고 한번 클릭한다.(crank 축과 평행하게 만들면 된다.)

⑤ 이제 Connectors에서 Translational Joint를 클릭하고 Cylinder와 Piston을 차례로 클릭한 후, piston.cm을 클릭하여 조인트 위치를 지정한다.

⑥ cm.Z가 나오도록 마우스 포인트를 두고 한번 클릭한다.(piston축과 평행하게 만들면 된다.)

⑦ 다음으로 Connectors에서 Spherical Joint를 클릭하여 Cylinder와 Ground를 차례로 클릭한 후, cylinder의 왼쪽 끝점(REVOLUTION_2.E4(center))을 클릭하

여 조인트 위치를 지정해 준다.

⑧ Main Toolbox의 Motions에서 Rotational Motion을 클릭하고 Joint_1을 클릭한다. 그리고 Modify로 들어가서 Function(time)에 −30d−60*time을 입력한 후 OK를 클릭한다.

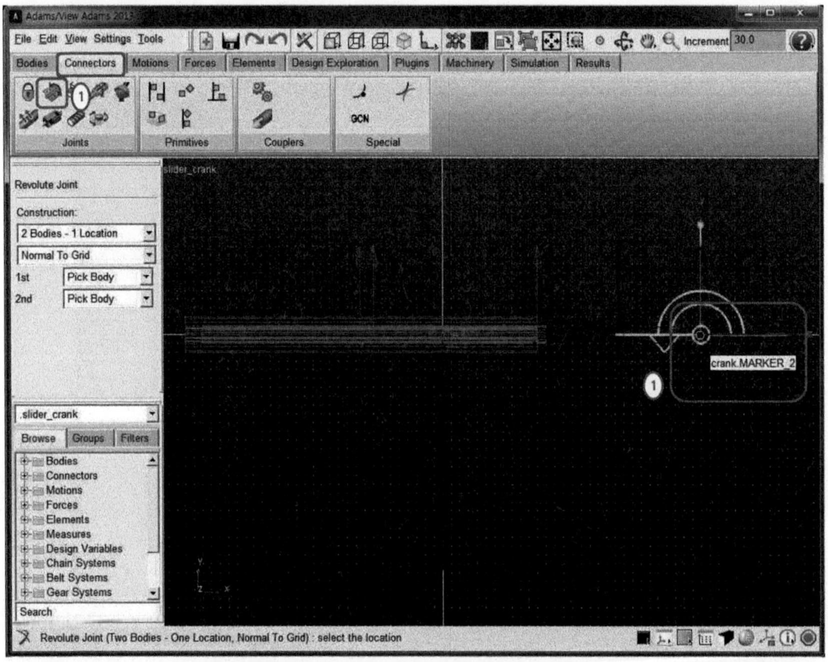

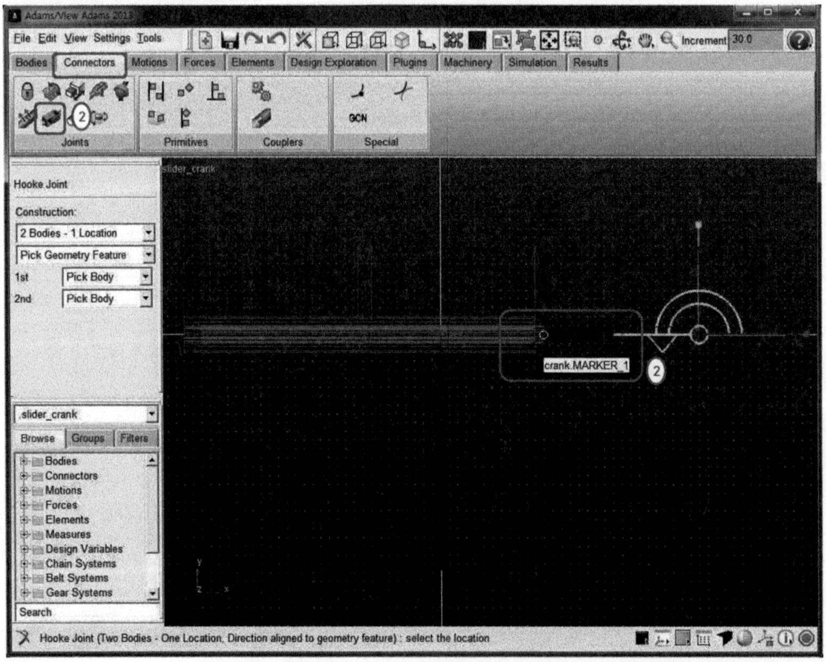

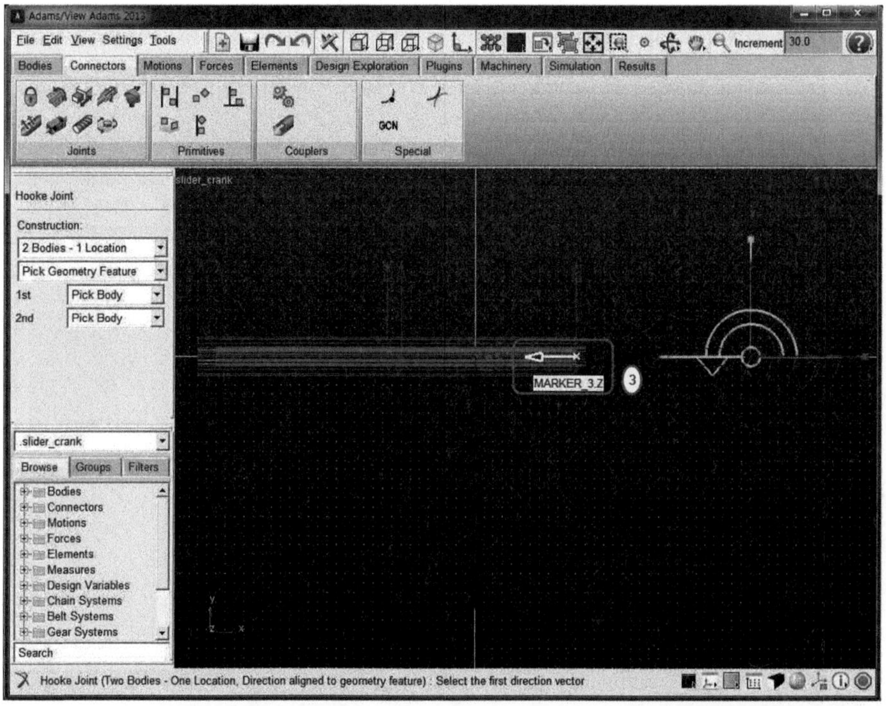
Adams/View Adams 2013
File Edit View Settings Tools
Increment 30.0
Bodies Connectors Motions Forces Elements Design Exploration Plugins Machinery Simulation Results
Joints Primitives Couplers Special
Hooke Joint
Construction:
2 Bodies - 1 Location
Pick Geometry Feature
1st Pick Body
2nd Pick Body
.slider_crank
Browse Groups Filters
Bodies
Connectors
Motions
Forces
Elements
Measures
Design Variables
Chain Systems
Belt Systems
Gear Systems
Search
MARKER_3.Z
3
Hooke Joint (Two Bodies - One Location, Direction aligned to geometry feature) : Select the first direction vector

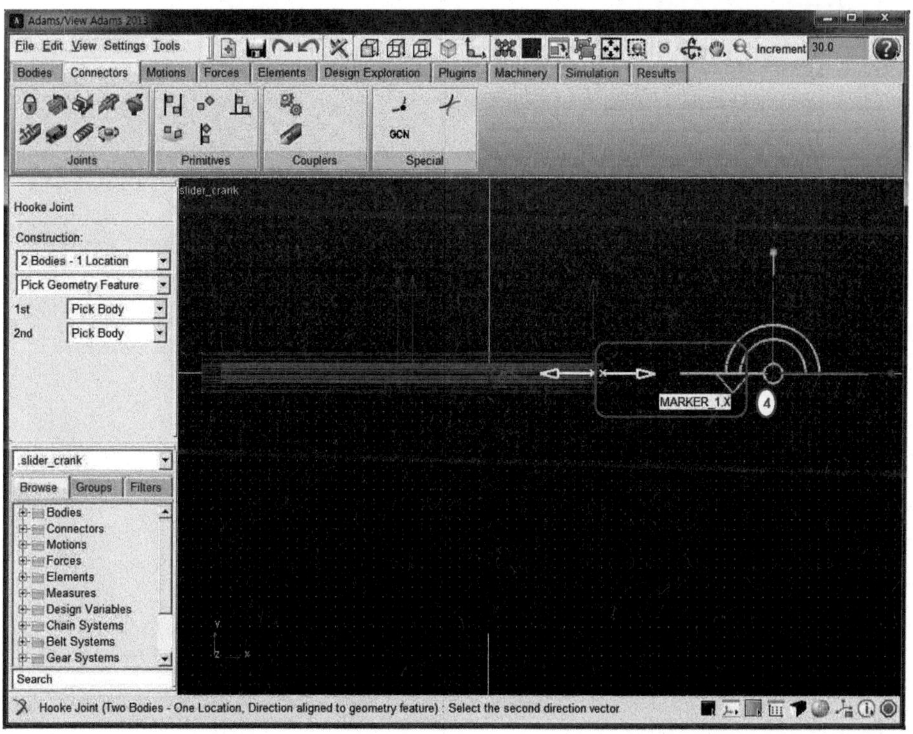
Adams/View Adams 2013
File Edit View Settings Tools
Increment 30.0
Bodies Connectors Motions Forces Elements Design Exploration Plugins Machinery Simulation Results
Joints Primitives Couplers Special
Hooke Joint
Construction:
2 Bodies - 1 Location
Pick Geometry Feature
1st Pick Body
2nd Pick Body
.slider_crank
Browse Groups Filters
Bodies
Connectors
Motions
Forces
Elements
Measures
Design Variables
Chain Systems
Belt Systems
Gear Systems
Search
MARKER_1.X
4
Hooke Joint (Two Bodies - One Location, Direction aligned to geometry feature) : Select the second direction vector

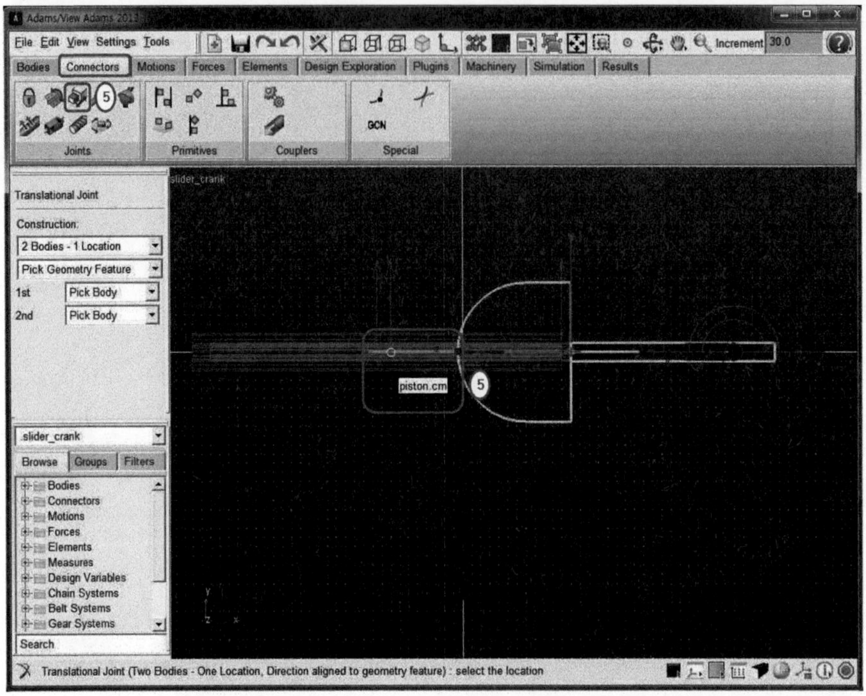
Adams/View Adams 2013
File Edit View Settings Tools
Increment 30.0
Bodies Connectors Motions Forces Elements Design Exploration Plugins Machinery Simulation Results
5
Joints Primitives Couplers Special
GCN
slider_crank
Translational Joint
Construction:
2 Bodies - 1 Location
Pick Geometry Feature
1st Pick Body
2nd Pick Body
piston.cm
.slider_crank
Browse Groups Filters
Bodies
Connectors
Motions
Forces
Elements
Measures
Design Variables
Chain Systems
Belt Systems
Gear Systems
Search
Translational Joint (Two Bodies - One Location, Direction aligned to geometry feature) : select the location

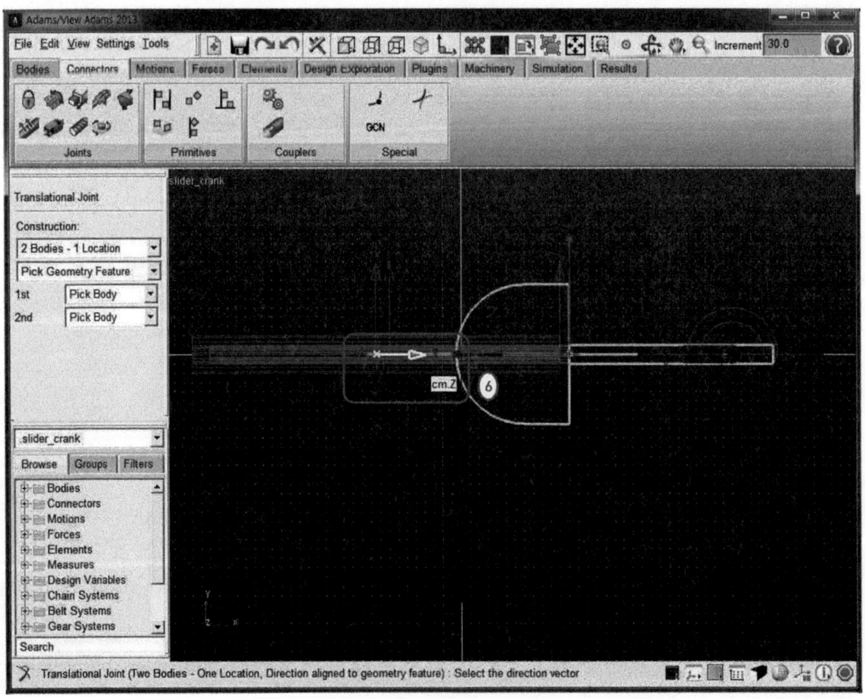
Adams/View Adams 2013
File Edit View Settings Tools
Increment 30.0
Bodies Connectors Motions Forces Elements Design Exploration Plugins Machinery Simulation Results
Joints Primitives Couplers Special
GCN
slider_crank
Translational Joint
Construction:
2 Bodies - 1 Location
Pick Geometry Feature
1st Pick Body
2nd Pick Body
cm.Z
6
.slider_crank
Browse Groups Filters
Bodies
Connectors
Motions
Forces
Elements
Measures
Design Variables
Chain Systems
Belt Systems
Gear Systems
Search
Translational Joint (Two Bodies - One Location, Direction aligned to geometry feature) : Select the direction vector

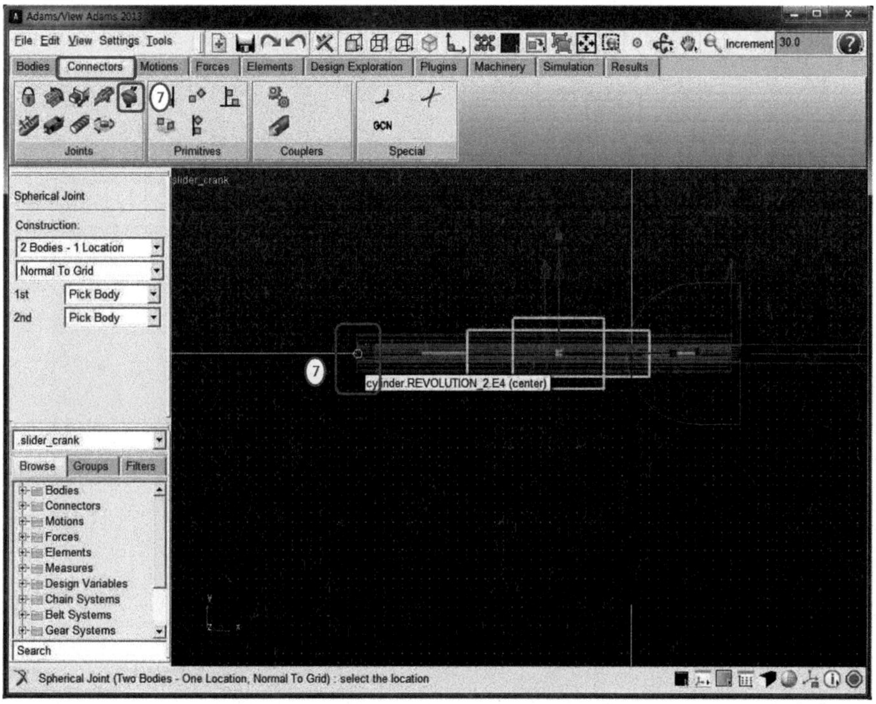
Adams/View Adams 2013
File Edit View Settings Tools
Increment 30.0
Bodies Connectors Motions Forces Elements Design Exploration Plugins Machinery Simulation Results
7
Joints
Primitives
Couplers
Special
Spherical Joint
Construction:
2 Bodies - 1 Location
Normal To Grid
1st Pick Body
2nd Pick Body
.slider_crank
Browse Groups Filters
Bodies
Connectors
Motions
Forces
Elements
Measures
Design Variables
Chain Systems
Belt Systems
Gear Systems
Search
cylinder.REVOLUTION_2.E4 (center)
Spherical Joint (Two Bodies - One Location, Normal To Grid) : select the location

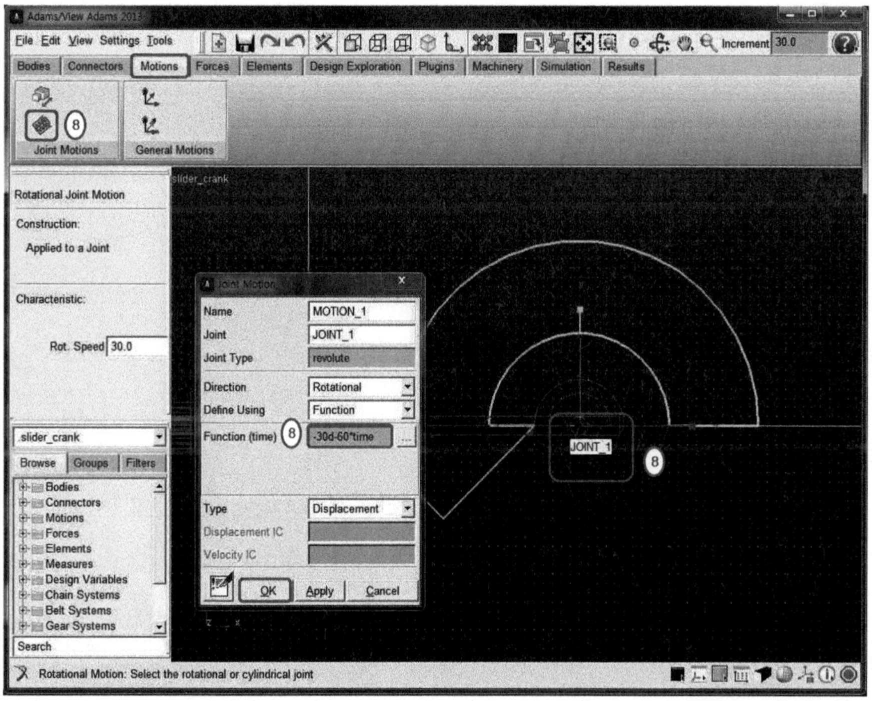
Adams/View Adams 2013
File Edit View Settings Tools
Increment 30.0
Bodies Connectors Motions Forces Elements Design Exploration Plugins Machinery Simulation Results
8
Joint Motions
General Motions
Rotational Joint Motion
Construction:
Applied to a Joint
Characteristic:
Rot. Speed 30.0
.slider_crank
Browse Groups Filters
Bodies
Connectors
Motions
Forces
Elements
Measures
Design Variables
Chain Systems
Belt Systems
Gear Systems
Search
Joint Motion
Name MOTION_1
Joint JOINT_1
Joint Type revolute
Direction Rotational
Define Using Function
Function (time) -30d-60*time
Type Displacement
Displacement IC
Velocity IC
OK Apply Cancel
JOINT_1
Rotational Motion: Select the rotational or cylindrical joint

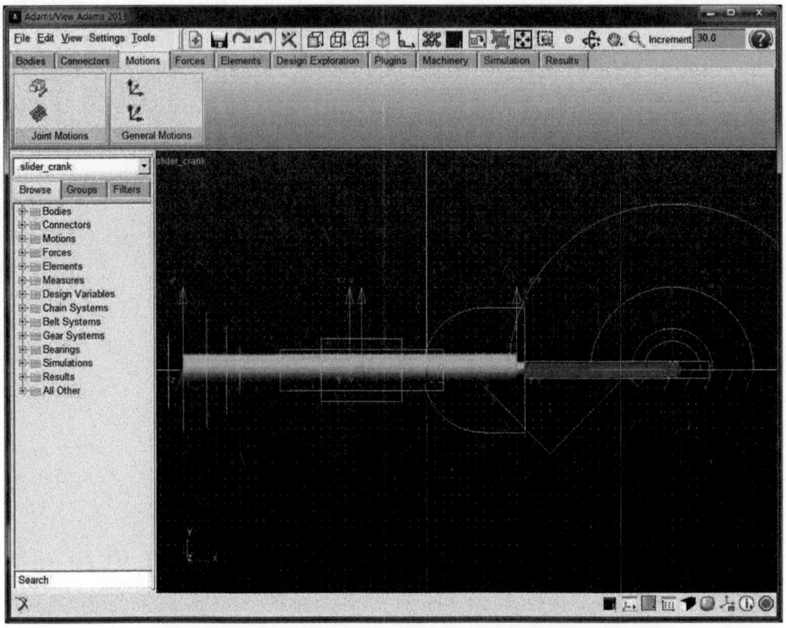

step 4 Point-to-Point Measure 만들기

① Main Toolbox의 Design Exploration에서 Point-to-Point measure을 클릭한다.

② Characteristic에서 Displacement를 선택, Component에서는 Magnitude를 선택한다.

③ Cylinder의 왼쪽 끝(MARKER_11)을 클릭한다.

④ Crank의 왼쪽 끝(MARKER_1)을 클릭한다.

⑤ Model Tree의 Measures에서 MEA_PT2PT_1을 우클릭하고 Rename을 클릭하여 New Name에 distance_R을 입력한다.

⑥ 다음으로는 Model Tree의 Bodies에서 piston의 무게중심점인 cm을 우클릭하여 Measure을 클릭한다.

⑦ Measure Name에 cm_R_dot를 입력, Characteristic은 Translational velocity를 선택, Component는 Z를 선택, Represent coordinates in에서는 더블 클릭하여 Database Navigator에서 cylinder안에 cylinder.cm을 선택, Do time derivatives in에서는 Ground 안에 있는 MARKER중 하나를 선택한다. 그리고 Apply를 클릭한다.

⑧ 전 과정을 반복하여 cm_R_double_dot을 똑같이 만드는데 Characteristic은 Translational acceleration을 선택, Do time derivatives in에서는 Cylinder안에 있는 MARKER중 하나를 선택한다.

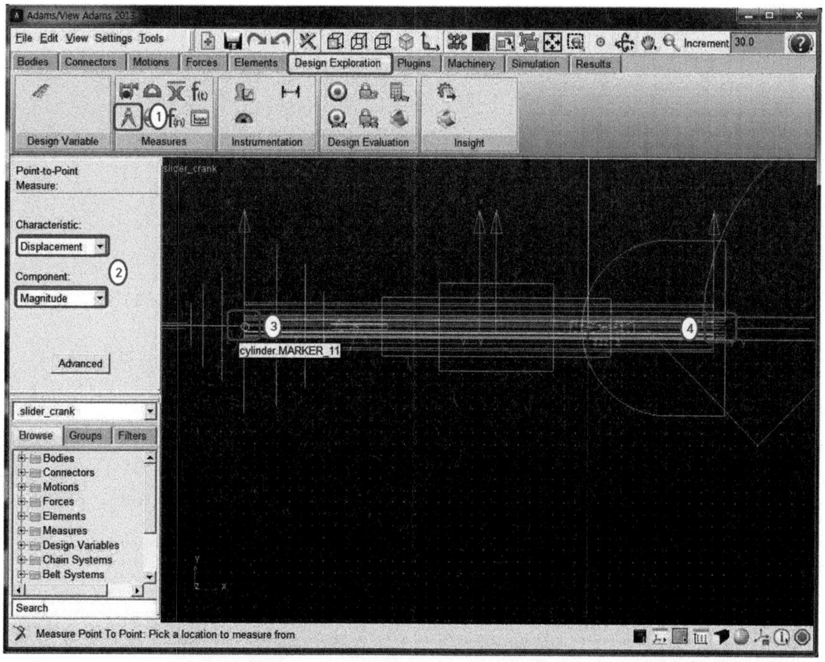

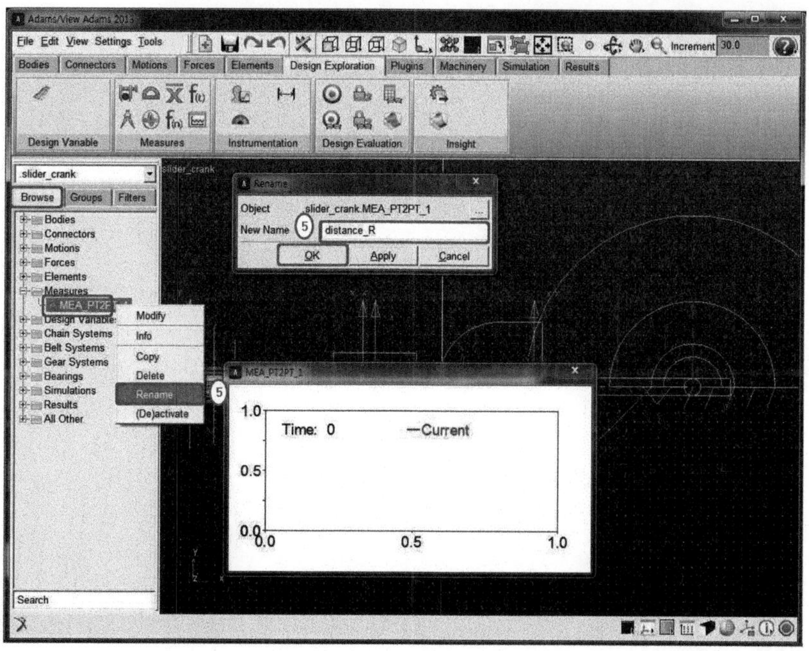

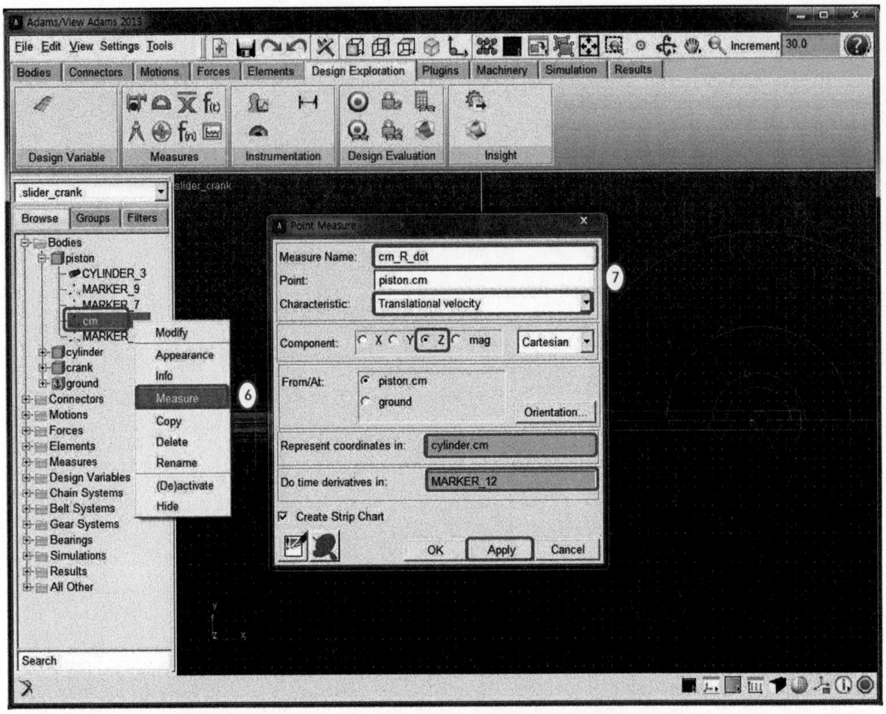
Point Measure
Measure Name: cm_R_dot
Point: piston.cm
Characteristic: Translational velocity
Component: X Y Z mag
Cartesian
From/At: piston.cm
ground
Orientation...
Represent coordinates in: cylinder.cm
Do time derivatives in: MARKER_12
Create Strip Chart
OK
Apply
Cancel
Modify
Appearance
Info
Measure
Copy
Delete
Rename
(De)activate
Hide
6
7

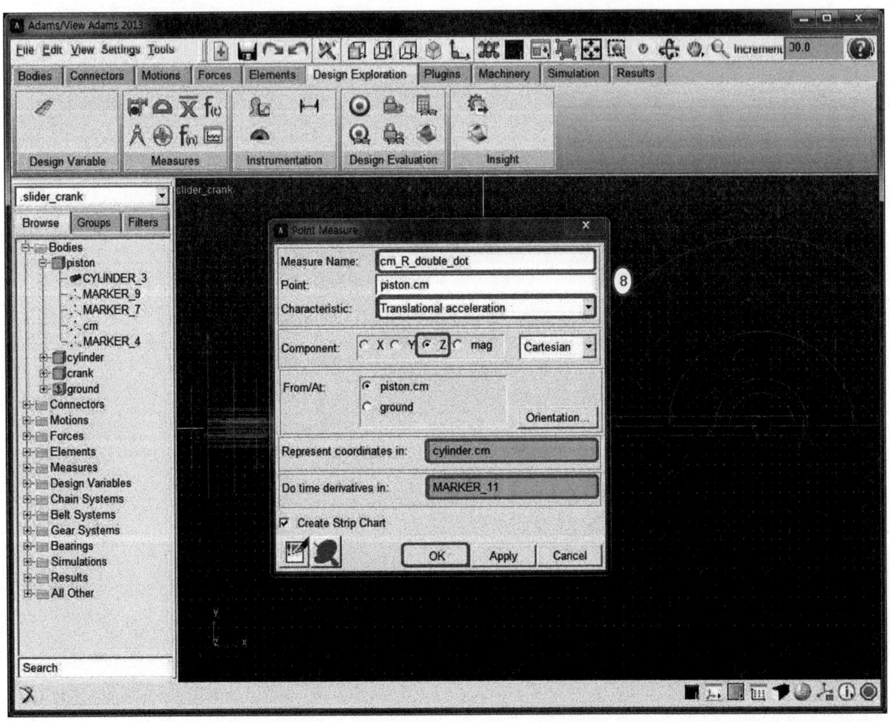
Point Measure
Measure Name: cm_R_double_dot
Point: piston.cm
Characteristic: Translational acceleration
Component: X Y Z mag
Cartesian
From/At: piston.cm
ground
Orientation...
Represent coordinates in: cylinder.cm
Do time derivatives in: MARKER_11
Create Strip Chart
OK
Apply
Cancel
8

step 5 축에 대한 각도, 각속도, 각 가속도 측정기 만들기

① Model Tree의 Connectors에서 spherical joint(Join_4)를 우클릭한 후, Info를 클릭한다.

② Information 창에서 I Marker(MARKER_11)와 J Marker(MARKER_12)를 확인하고 Close를 클릭한다.

③ Design Exploration에서 Function Measure을 클릭한다.

④ Displacement로 선택, Angle about Z를 선택하고 Assist를 클릭하여 아까 확인했던 I Marker와 J Marker를 각각 To Marker, From Marker에 입력한다.

⑤ Measure Name은 cylinder_theta를 입력, Units를 Angle로 선택하고 Verify를 클릭하여 Function syntax is correct 창이 뜨는지 확인한 후 Apply를 클릭한다.

⑥ 전에 작성한 코드는 모두 지우고 Displacement에서 Velocity로 선택, Angular Velocity about z를 선택하고 Assist를 클릭하여 To Marker에는 MARKER_11, From Marker에는 MARKER_12를 선택하고 OK를 클릭한다.

⑦ Measure Name은 cylinder_theta_dot를 입력, Units에서 angular_velocity를 선택, Verify로 확인한 후 Apply를 클릭한다.

⑧ 마찬가지로 전에 작성한 코드는 모두 지우고 Velocity에서 Acceleration을 선택, Angular Acceleration about z를 선택하고 Assist를 클릭하여 To Marker에는 MARKER_11, From Marker에는 MARKER_12를 선택하고 OK를 클릭한다.

⑨ Measure Name은 cylinder_theta_double_dot를 입력, Units에서 angular_acceleration을 선택, Verify로 확인한 후 OK를 클릭한다.

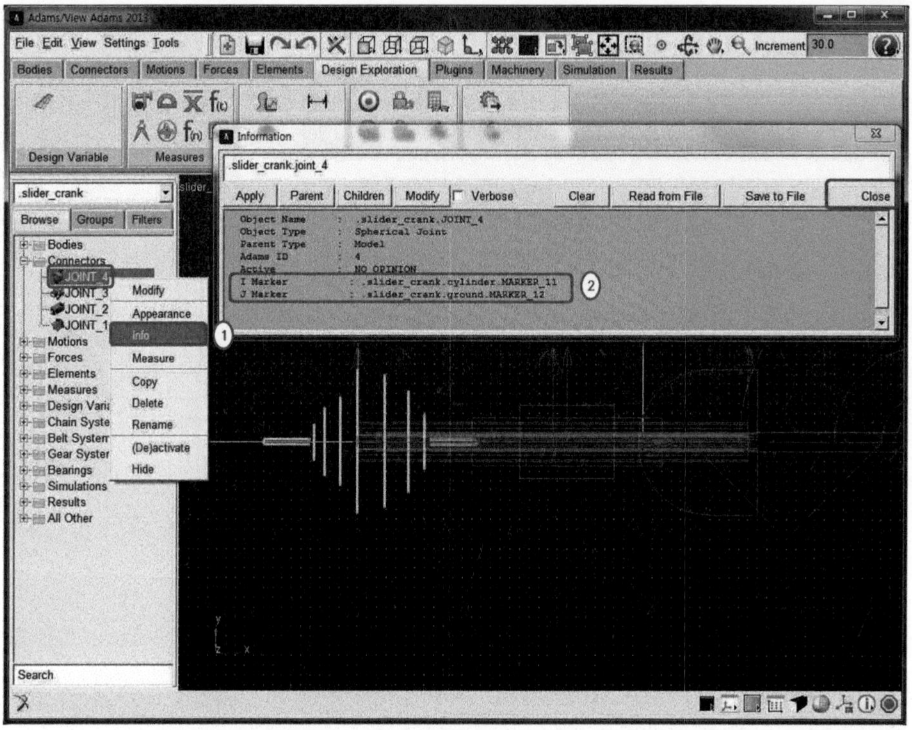

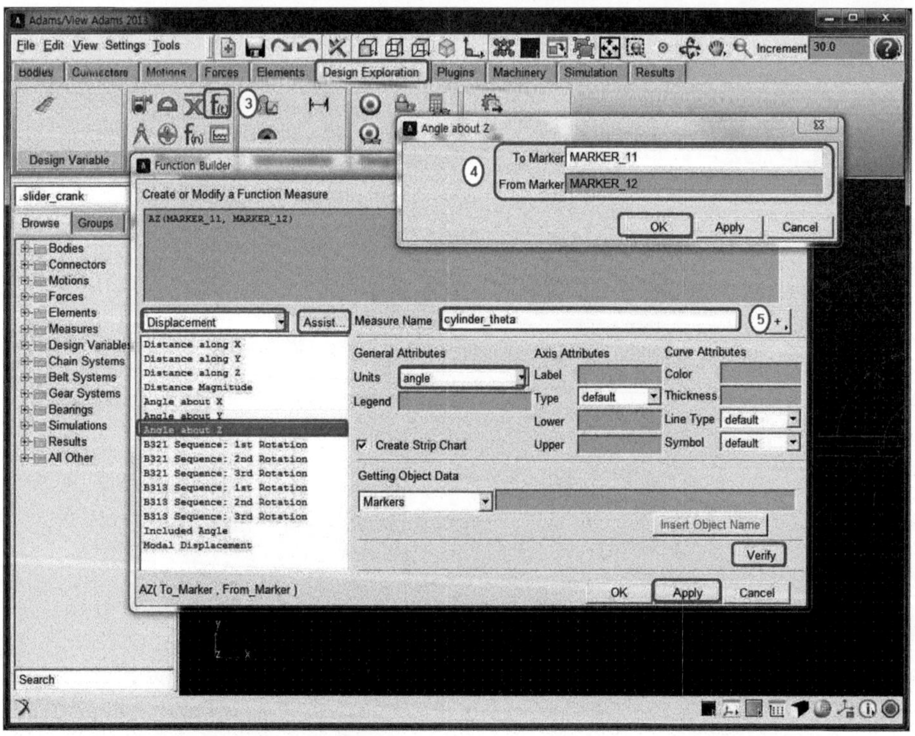

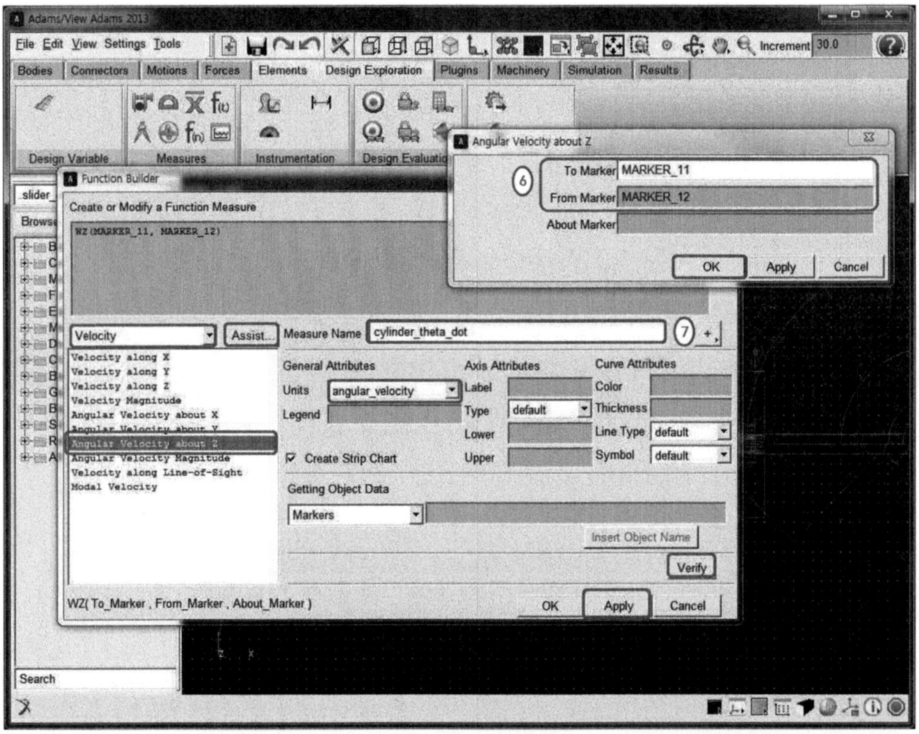
Adams/View Adams 2013
File Edit View Settings Tools
Increment 30.0
Bodies Connectors Motions Forces Elements Design Exploration Plugins Machinery Simulation Results
Design Variable
Measures
Instrumentation
Design Evaluation
Angular Velocity about Z
6
To Marker MARKER_11
From Marker MARKER_12
About Marker
OK Apply Cancel
Function Builder
Create or Modify a Function Measure
WZ(MARKER_11, MARKER_12)
Velocity
Assist...
Measure Name cylinder_theta_dot
7
Velocity along X
Velocity along Y
Velocity along Z
Velocity Magnitude
Angular Velocity about X
Angular Velocity about Y
Angular Velocity about Z
Angular Velocity Magnitude
Velocity along Line-of-Sight
Modal Velocity
General Attributes
Units angular_velocity
Legend
Create Strip Chart
Axis Attributes
Label
Type default
Lower
Upper
Curve Attributes
Color
Thickness
Line Type default
Symbol default
Getting Object Data
Markers
Insert Object Name
Verify
WZ(To_Marker , From_Marker , About_Marker)
OK Apply Cancel
Search

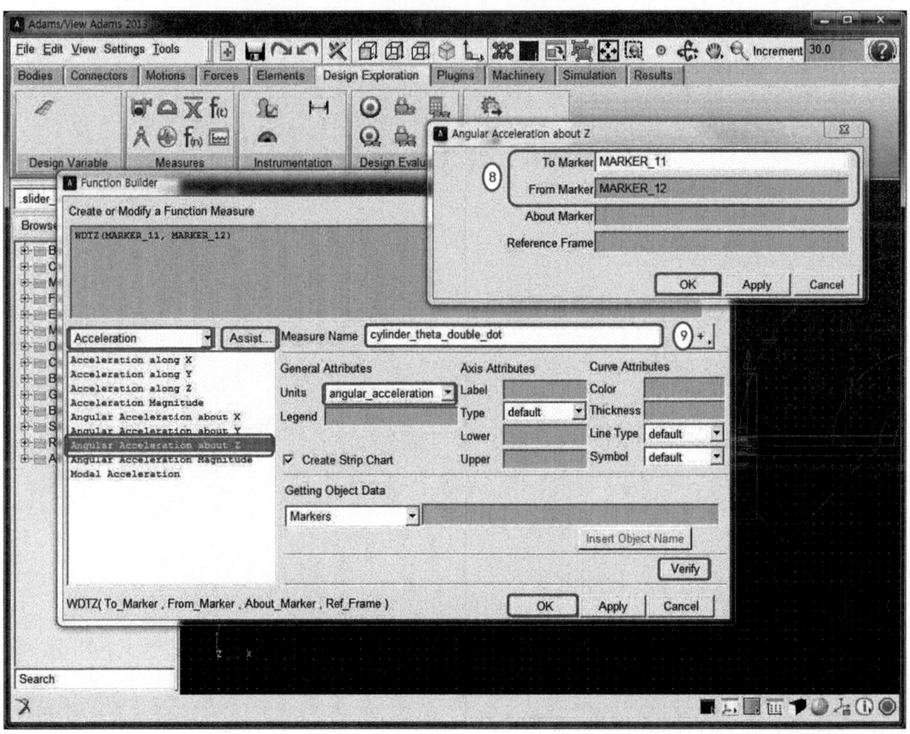
Adams/View Adams 2013
File Edit View Settings Tools
Increment 30.0
Bodies Connectors Motions Forces Elements Design Exploration Plugins Machinery Simulation Results
Design Variable
Measures
Instrumentation
Angular Acceleration about Z
8
To Marker MARKER_11
From Marker MARKER_12
About Marker
Reference Frame
OK Apply Cancel
Function Builder
Create or Modify a Function Measure
WDTZ(MARKER_11, MARKER_12)
Acceleration
Assist...
Measure Name cylinder_theta_double_dot
9
Acceleration along X
Acceleration along Y
Acceleration along Z
Acceleration Magnitude
Angular Acceleration about X
Angular Acceleration about Y
Angular Acceleration about Z
Angular Acceleration Magnitude
Modal Acceleration
General Attributes
Units angular_acceleration
Legend
Create Strip Chart
Axis Attributes
Label
Type default
Lower
Upper
Curve Attributes
Color
Thickness
Line Type default
Symbol default
Getting Object Data
Markers
Insert Object Name
Verify
WDTZ(To_Marker , From_Marker , About_Marker , Ref_Frame)
OK Apply Cancel
Search

step 6 모델 시뮬레이션 및 결과 값 확인하기

① Simulation에서 Interactive Simulation을 클릭한다.

② End Time을 0.01 초, Steps를 Step Size로 선택한 후 0.001을 입력하고 Play 버튼을 클릭하여 시뮬레이션을 시작한다.

③ 완료되면 Plotting 아이콘을 클릭하여 Adams/PostProcessor 창을 연다.

④ Plot tracking 도구를 클릭하여 x=0 일 때 각각의 Measure에서 Y값을 확인한다.

⑤ 만약 단위를 바꾸고 싶다면 Settings의 Units을 클릭하고 Length를 Meter로 Angle을 Radian으로 바꾼 후 OK를 클릭한다.

⑥ 다시 Adams/PostProcessor에서 그래프를 확인한다.

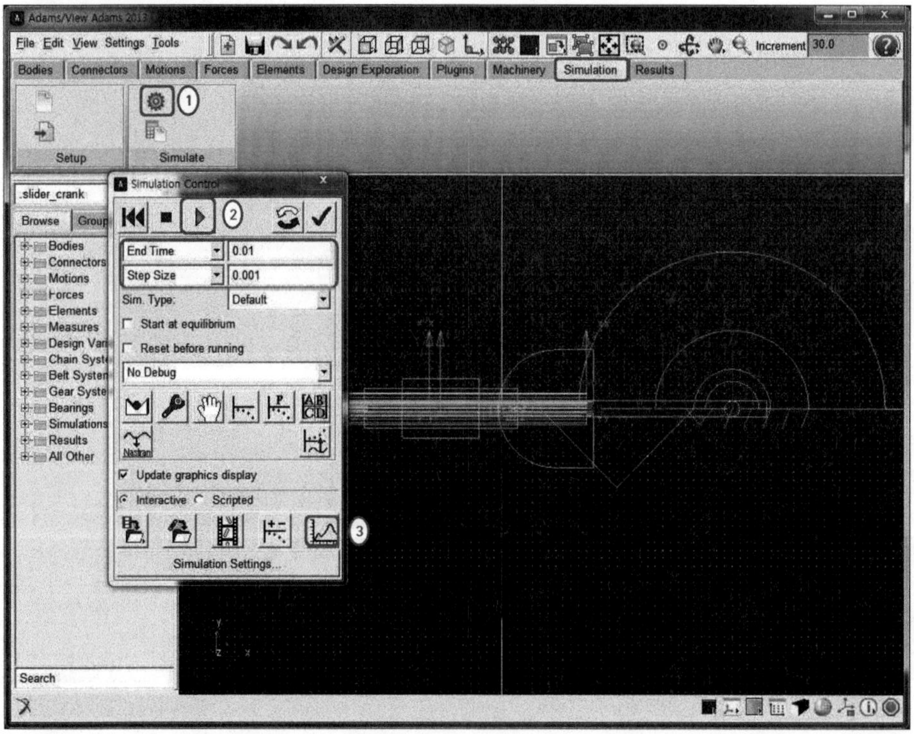

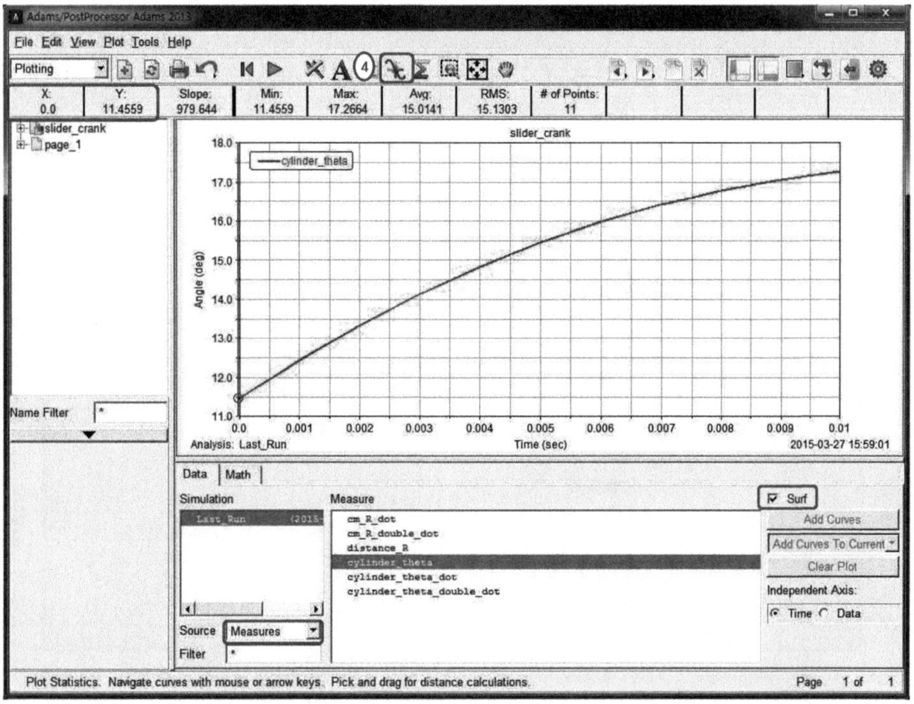
Adams/PostProcessor Adams 2013
File Edit View Plot Tools Help
Plotting
4
X: 0.0
Y: 11.4559
Slope: 979.644
Min: 11.4559
Max: 17.2664
Avg: 15.0141
RMS: 15.1303
# of Points: 11
slider_crank
page_1
slider_crank
cylinder_theta
Angle (deg)
Time (sec)
Analysis: Last_Run
2015-03-27 15:59:01
Name Filter
Data
Math
Simulation
Measure
Last_Run
cm_R_dot
cm_R_double_dot
distance_R
cylinder_theta
cylinder_theta_dot
cylinder_theta_double_dot
Surf
Add Curves
Add Curves To Current
Clear Plot
Independent Axis:
Time
Data
Source
Measures
Filter
Plot Statistics. Navigate curves with mouse or arrow keys. Pick and drag for distance calculations.
Page 1 of 1

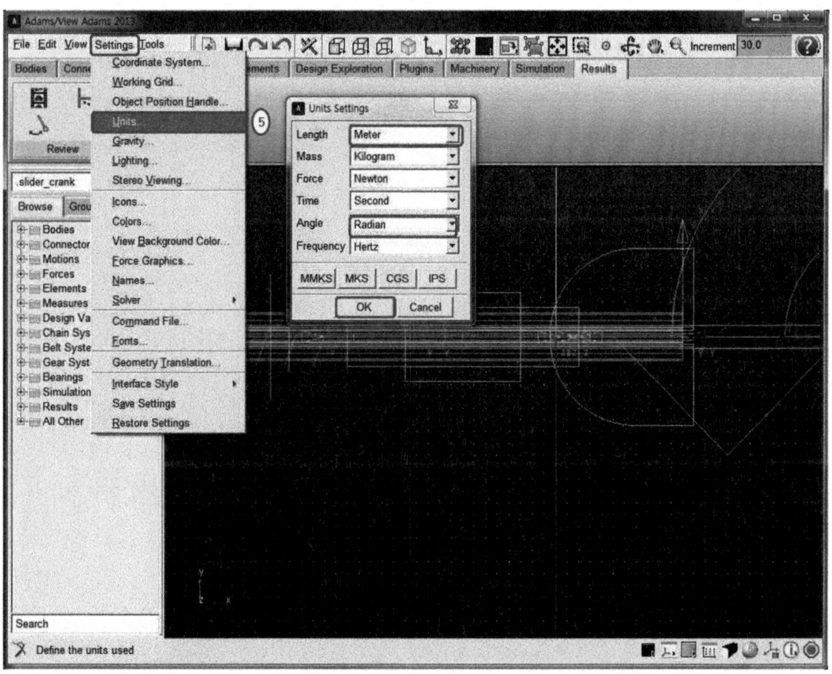
Adams/View Adams 2013
File Edit View Settings Tools
Increment 30.0
Bodies
Design Exploration
Plugins
Machinery
Simulation
Results
Coordinate System...
Working Grid...
Object Position Handle...
Units...
Gravity...
Lighting...
Stereo Viewing...
Icons...
Colors...
View Background Color...
Force Graphics...
Names...
Solver
Command File...
Fonts...
Geometry Translation...
Interface Style
Save Settings
Restore Settings
5
Units Settings
Length
Meter
Mass
Kilogram
Force
Newton
Time
Second
Angle
Radian
Frequency
Hertz
MMKS
MKS
CGS
IPS
OK
Cancel
Review
.slider_crank
Browse
Bodies
Motions
Forces
Elements
Measures
Results
All Other
Search
Define the units used

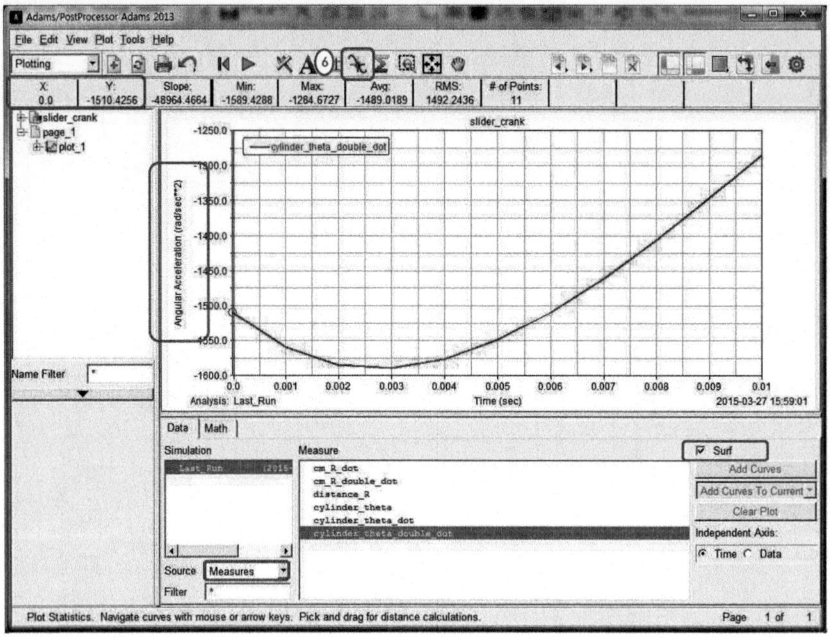

결과 비교

Theoretical Solution

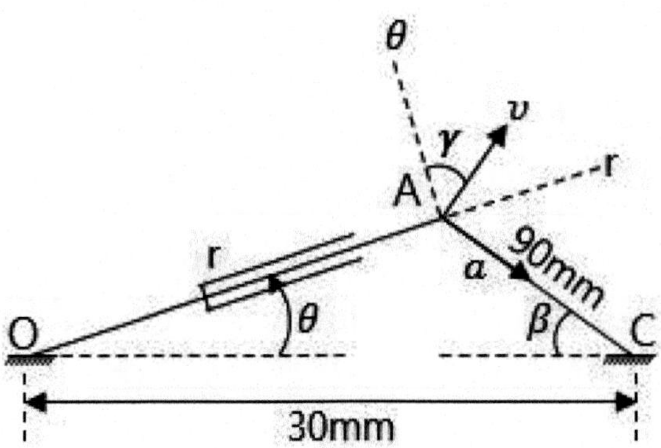

$$r cos\theta + 90\cos 30^\circ = 300 \qquad \gamma = \beta + \theta$$

$$r sin\theta = 90\sin 30^\circ \qquad \beta = 30^\circ$$

$$Solve\ \ then,\ r = 226.6mm,\ \theta = 11.46^\circ$$

$$\gamma = 30 + 11.46 = 41.46^\circ$$

$$v = \overline{AC}\dot{\beta} = 90(60) = 5400\,mm/s \text{ or } 5.40\,m/s$$

$$a = a_A = \overline{AC}\dot{\beta}^2 = 90(60)^2 = 324(10^3)\,mm/s^2 \text{ or } 324m/s^2$$

$$a_C = \overline{AC}\ddot{\beta} = 0$$

$$v_r = \dot{r} = v\sin\gamma = 5.40\sin 41.46^\circ = 3.58m/s$$

$$v_\theta = r\dot{\theta} = v\cos\gamma = 5.40\cos 41.46^\circ = 4.05m/s$$

$$\dot{\theta} = \frac{4.05}{0.2266} = 17.86\,rad/s$$

$$a_r = \ddot{r} - r\dot{\theta}^2 = a cos\gamma$$

$$\ddot{r} = 0.2266(17.86)^2 + 324\cos 41.46^\circ$$

$$= 72.29 + 242.83 = 315\,m/s^2$$

$$a_\theta = r\ddot{\theta} + 2\dot{r}\dot{\theta} = -\,a sin\gamma$$

$$\ddot{\theta} = \frac{-2\dot{r}\dot{\theta}}{r} - \frac{a sin\gamma}{r}$$

$$= -\frac{2(3.58)(17.86)}{0.2266} - \frac{324\sin 41.46^\circ}{0.2266} = -1510\,rad/s^2$$

r=226.6 mm	θ=11.46°
=3.58m/s	=17.86 rad/s
=316m/s²	=−1510 rad/s²

Adams Solution

r=226.6 mm	θ=11.46°
=3.58m/s	=17.86 rad/s
=317m/s²	=−1510 rad/s²

Example 14. Controls Toolkit

Workshop Objectives

Adams/View에서 Controls Toolkit을 사용하여

- Input-signal block을 만든다.
- Summing-junction block을 만든다.
- Gain block을 만든다.
- Torque function을 수정한다.

Software Version   Adams 2013.2

필요한 파일들

- Lift_Mechanism_start.cmd

문제 설명

이번 예제에서는 Adams/View에서 Controls Toolkit에 대한 간단한 소개를 하려고 한다.

이 예제는 Adams/View 가이드에서 Control Toolkit 사용 과정을 엄밀히 따라간다. 모델은 두 개의 움직이는 Part들로 구성되어 있으며, 하나는 motion이 내재되어있고 또 다른 하나는 single-component torque가 내재되어 있다.

Boom은 Ground와 Revolute joint로 구성되어 있고 Joint Motion을 주어 Boom을 움직이도록 하였다.

Bucket은 Boom과 Revolute joint로 구성되어 있고 또한 현재 크기가 0인 TORQUE도 있다. 이곳이 Controls blocks에서 output을 부여할 곳이다.

Bucket이 무작위로 움직이는 동안, 시뮬레이션을 돌렸을 때 Joint motion의 함수에 따라 Boom이 회전하는 것을 주목하자. Controls Toolkit을 사용하여 Bucket이 Ground에 대해서 수평을 유지하도록 할 것이다.

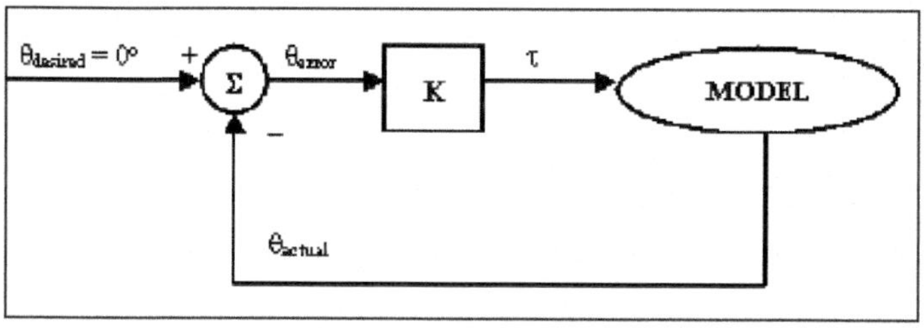

step 1 Importing a Command file(.cmd)

① Adams/View을 시작하고 New Model 아이콘을 클릭한다.

② Model Name에 Lift_mechanism을 입력한다.

③ Gravity에서 Gravity(−Y Global)선택, Units에서는 MKS를 선택한다.

④ Working Directory는 자신이 저장할 폴더로 선택하고 OK를 클릭한다.

⑤ File에서 Import를 클릭하고 File To Read 옆 빈 공간을 더블 클릭하여 파일이 저장된 폴더로 들어가서 Lift_Mechanism_start.cmd를 선택한다.

⑥ OK를 클릭한다.

Adams/View Adams 2013
File Edit View Settings Tools
Increment 30.0
Bodies Connectors Motions Forces Elements Design Exploration Plugins Machinery Simulation Results
Solids
Flexible Bodies
Construction
Booleans
Features
No Model
Welcome to Adams
New Model
①
Existing Model
Exit
Adams
MSC Software

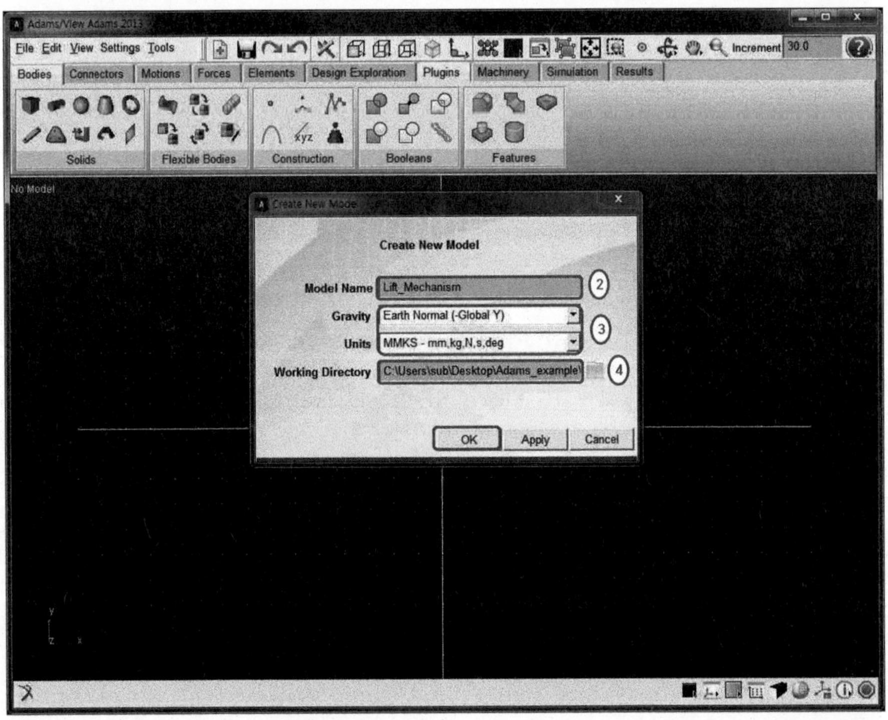
Adams/View Adams 2013
File Edit View Settings Tools
Increment 30.0
Bodies Connectors Motions Forces Elements Design Exploration Plugins Machinery Simulation Results
Solids
Flexible Bodies
Construction
Booleans
Features
No Model
Create New Model
Create New Model
Model Name
Lift_Mechanism
②
Gravity
Earth Normal (-Global Y)
Units
MMKS - mm,kg,N,s,deg
③
Working Directory
C:\Users\sub\Desktop\Adams_example\
④
OK
Apply
Cancel

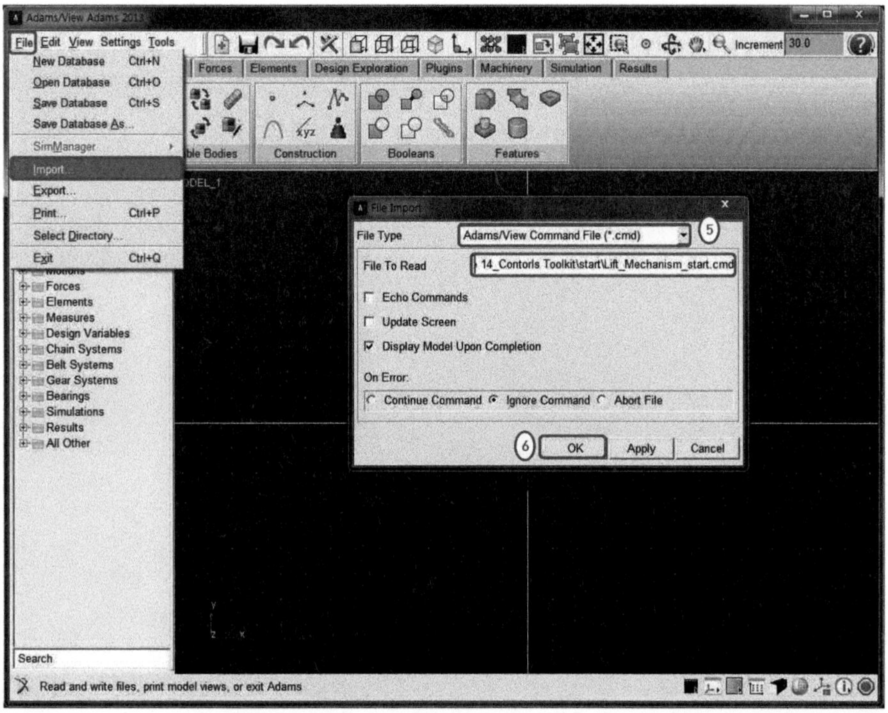

step 2 Input-Signal Block 만들기

① Main Toolbox의 Element에서 Controls Toolkit을 클릭한다.

② input-signal block 도구를 클릭한다.

③ Name에 Lift_mechanism.theta_desired을 입력하고 Function에 0.0을 입력, 그리고 Apply를 클릭한다.

④ 다시 input-signal block 도구를 클릭하고 Name에 Lift_mechanism.theta_actual을 입력한다.

⑤ Function Builder 버튼을 클릭한다.

⑥ Displacement로 선택한 후 Angle about Z를 선택, 그리고 Assist를 클릭한다.

⑦ To Marker 옆 빈 공간을 더블 클릭하여 Database Navigator창에서 Torq_I_mar을 선택한다. From Marker도 같은 방식으로 하여 ref_mar을 선택한다. 그리고 OK를 클릭한다.

⑧ Define a runtime function 텍스트 안에 AZ(Torq_I_mar,ref_mar) 이 입력되어있는지를 확인한다.

⑨ OK를 클릭하고 Apply를 클릭한다.

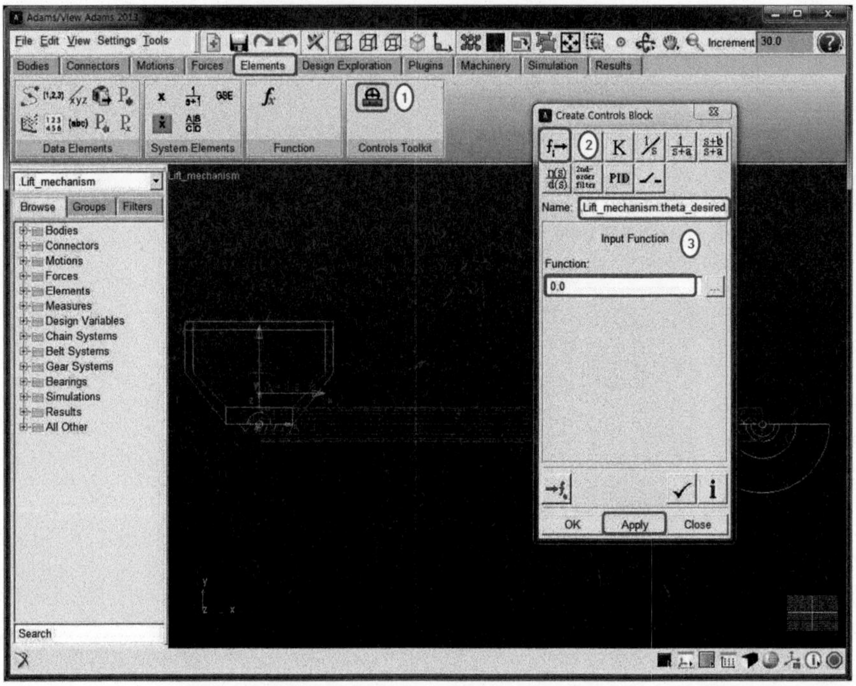

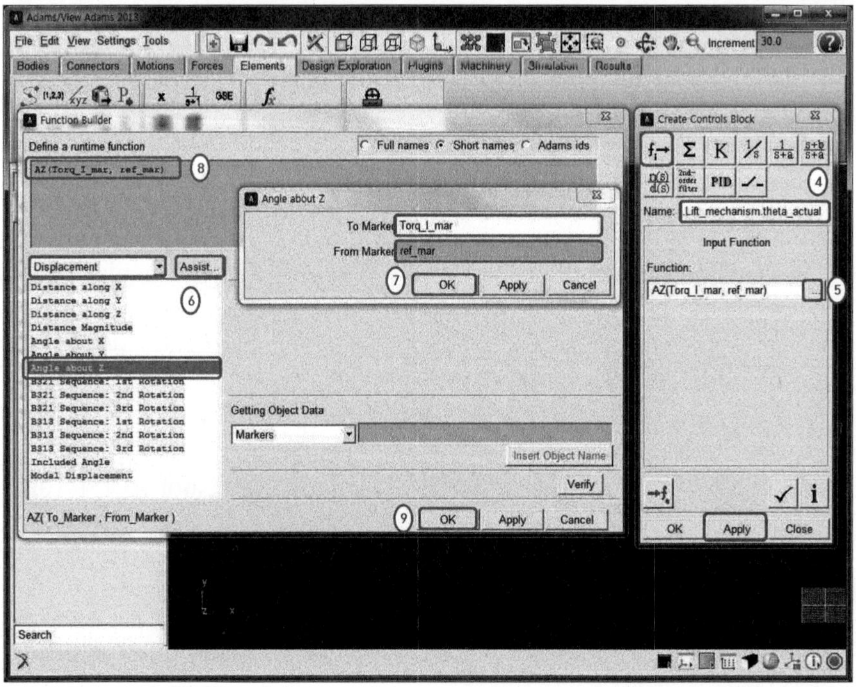

step 3 Summing-Junction Block 만들기

① 이제 summing-junction block 도구를 클릭한다.

② Name에 .Lift_Mechanism.theta_sum을 입력한다.

③ Input 1의 텍스트 칸에서 우클릭한 후 controls_input의 Guesses에서 theta_desired를 선택한다.

④ Input 2의 텍스트 칸에서 우클릭한 후 controls_input의 Guesses에서 theta_actual를 선택한다.

⑤ 그리고 Apply를 클릭한다.

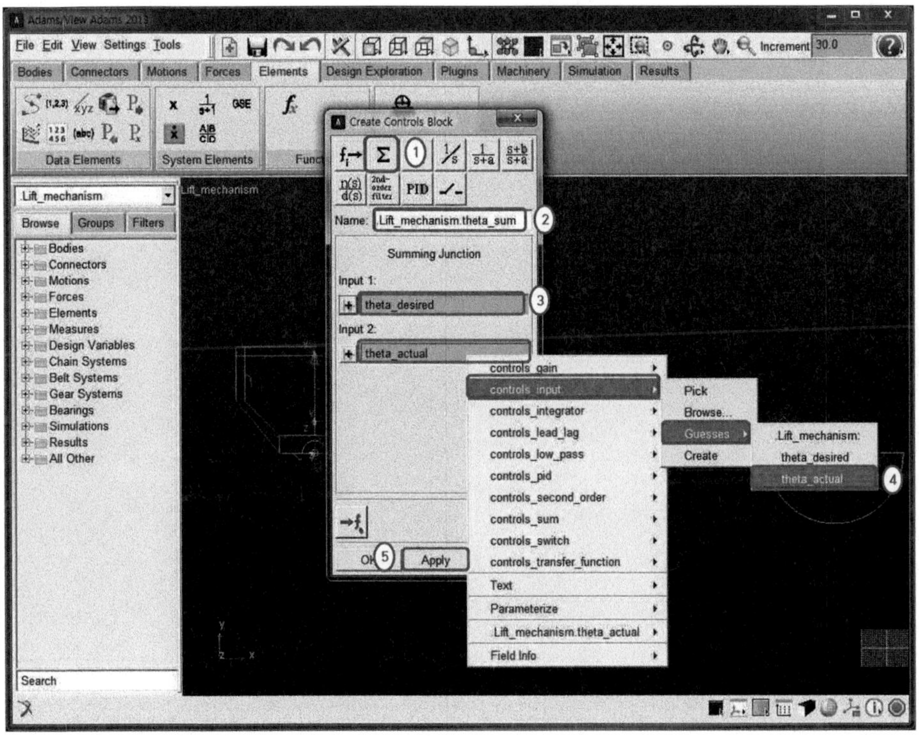

step 4 Gain Block 만들기

① 다음으로는 gain block 도구를 클릭한다.

② Name에 Lift_Mechanism.theta_gain을 입력한다.

③ Input 텍스트 칸에서 우클릭한 후, controls_sum의 Guesses에서 theta_sum을 선택한다.

④ Gain 텍스트 안에 1e9를 입력한다.

⑤ OK를 클릭한다.

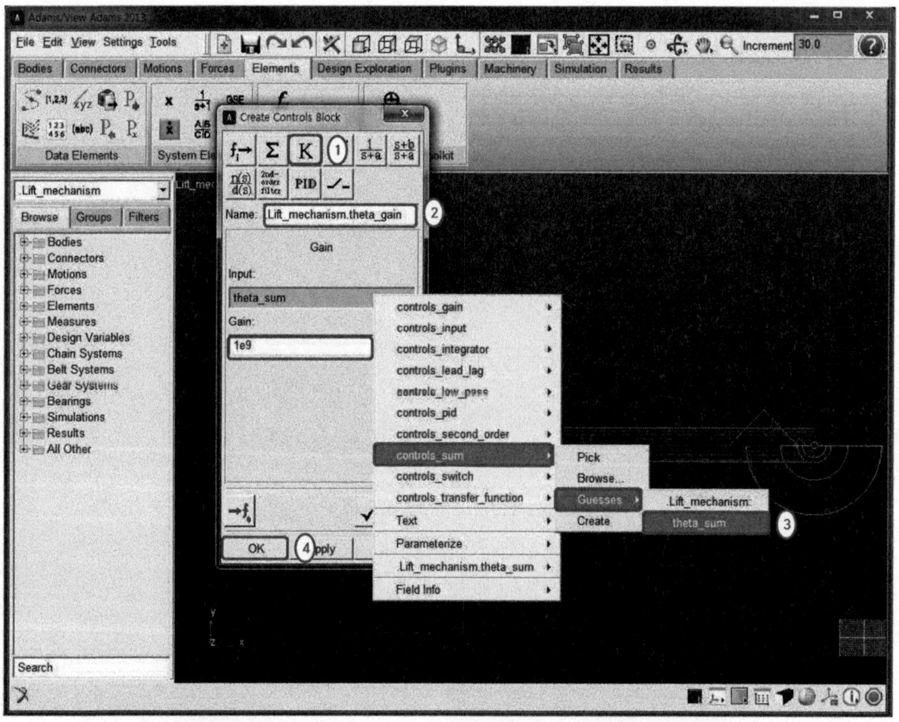

step 5 Torque Function 수정하기

① Torque가 있는 곳에 마우스 포인트를 두고 우클릭한 후, Torque:TORQUE에서 Modify를 클릭한다.

② Function Builder를 클릭한다.

③ Getting Object Data에서 Measure을 선택한다.

④ 텍스트 칸에서 우클릭한 후 Runtime_Measure의 Guesses에서 theta_gain을 선택한다.

⑤ Insert Object Name을 클릭한다.

⑥ 아래 그림처럼 Define a runtime function에 입력이 되어있는지 확인한다.

⑦ OK를 클릭하고 다시 OK를 클릭한다.

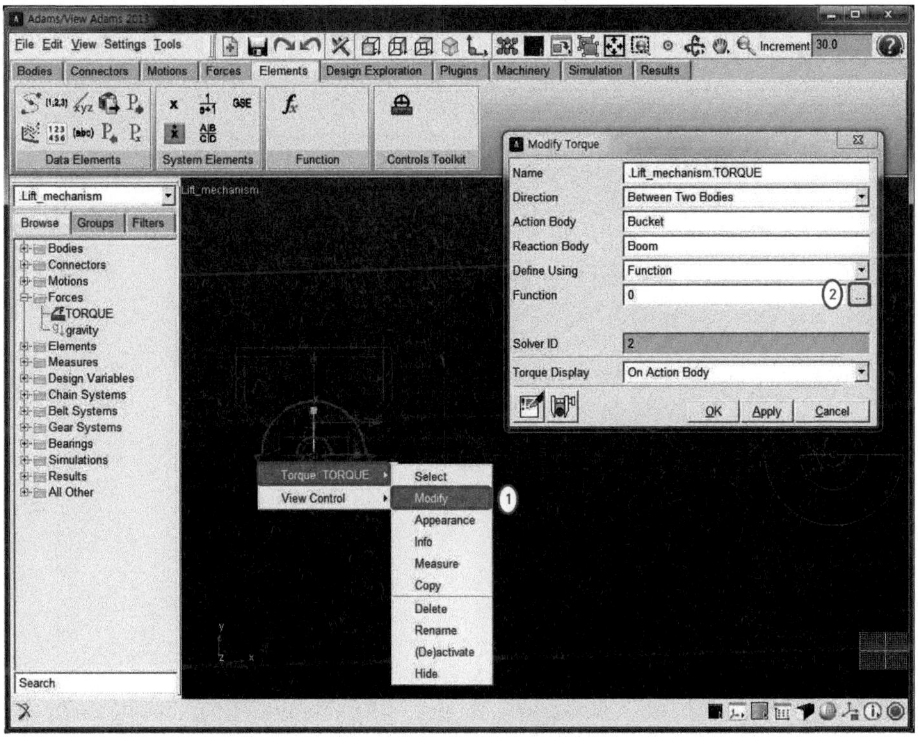

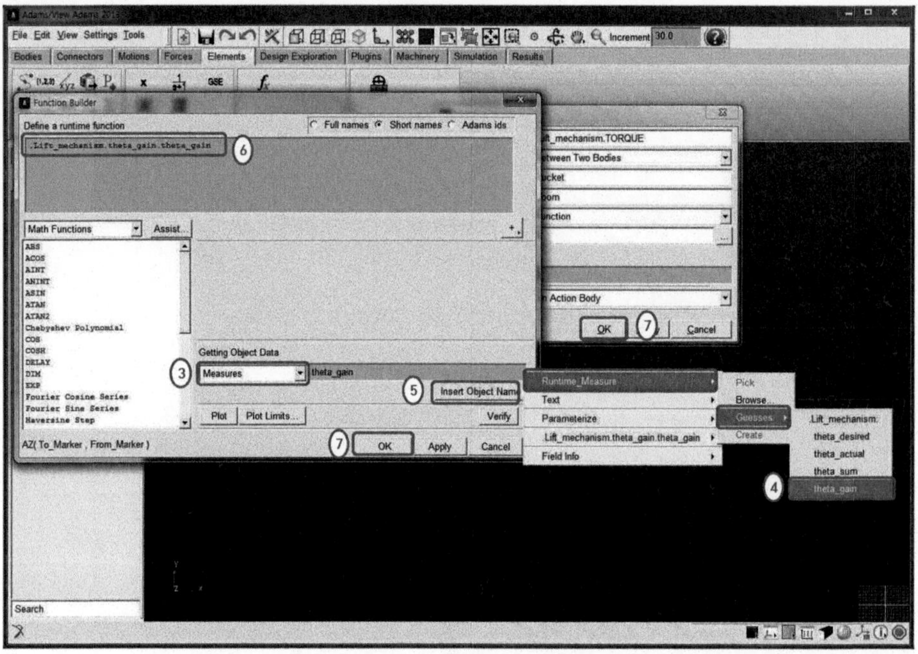

step 6 시뮬레이션을 돌리고 확인해보기

① Simulation 도구를 클릭한다.

② Verify 아이콘을 클릭한다.

③ Redundant constraints가 없는지 확인하고 1 Degree of Freedom인지 확인한다.

④ Close를 클릭한다.

⑤ End Time을 2 초, Steps를 100으로 입력한다.

⑥ Play 버튼을 클릭하여 시뮬레이션을 시작한다.

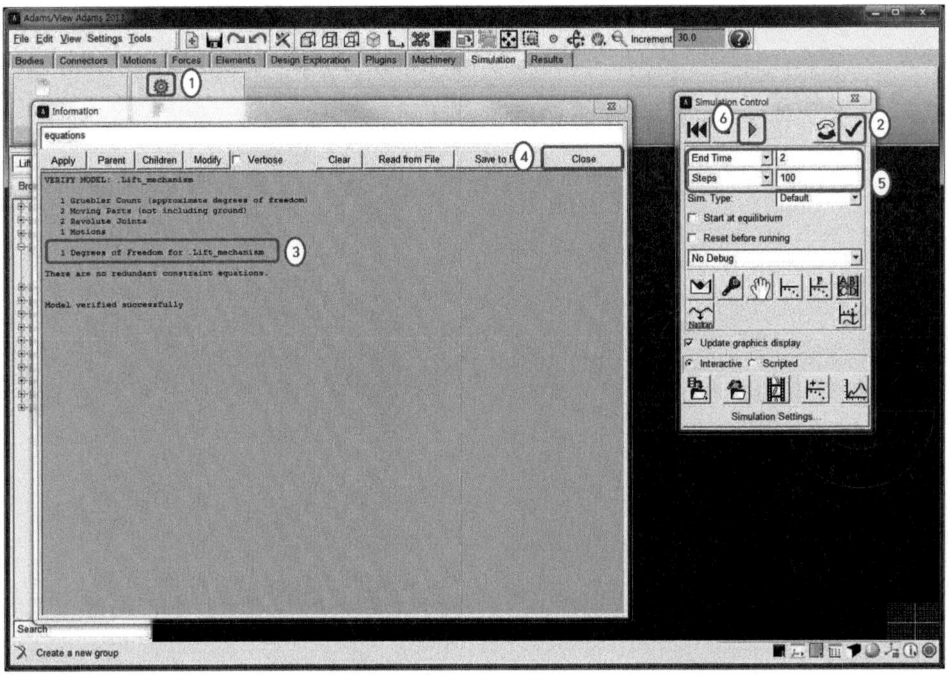
Information
equations
Apply
Parent
Children
Modify
Verbose
Clear
Read from File
Close
VERIFY MODEL: .Lift_mechanism
1 Gruebler Count (approximate degrees of freedom)
2 Moving Parts (not including ground)
2 Revolute Joints
1 Motions
1 Degrees of Freedom for .Lift_mechanism
There are no redundant constraint equations.
Model verified successfully
Simulation Control
End Time
2
Steps
100
Sim. Type:
Default
Start at equilibrium
Reset before running
No Debug
Update graphics display
Interactive
Scripted
Simulation Settings...
1
2
3
4
5
6

Example 15. Valvetrain Mechanism

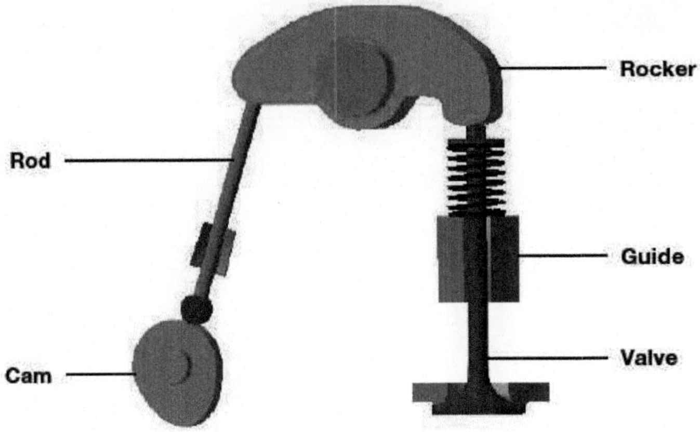

Workshop Objectives

Adams/View를 사용하여 valvetrain mechanism을 다루고, 조사하고, 시뮬레이션하고, 애니메이션을 한다.

Software Version Adams 2013.2

필요한 파일들

- valve.cmd

문제 설명

- 모델은 valvetrain mechanism이다.
- Cam은 주어진 속도로 회전한다.
- Rod는 Cam과의 구속조건에 맞추어서 병렬운동을 한다.
- Rocker는 엔진 블록에 부착된 핀에 대하여 회전 운동을 한다.
- Spring은 항상 Rod가 Cam하고 접촉하도록 누르고 있다.
- Valve는 수직하게 움직이고 그에 따라 Rocker는 회전한다.

- Valve가 움직일 때, 작은 양의 공기가 Chamber 아래로 빠져나간다.(여기에서는 이것에 대해서 모델링 되지 않았다.)

step 1 파일 Import 하기

① Adams/View를 시작하고 Existing Model 아이콘을 클릭한다.

② File Name 옆에 폴더 아이콘을 클릭하고 exercise_dir/Example 15/start에서 valve.cmd를 선택한다.

③ Working directory는 자신이 저장할 폴더로 지정한다.

④ 그리고 OK를 클릭한다.

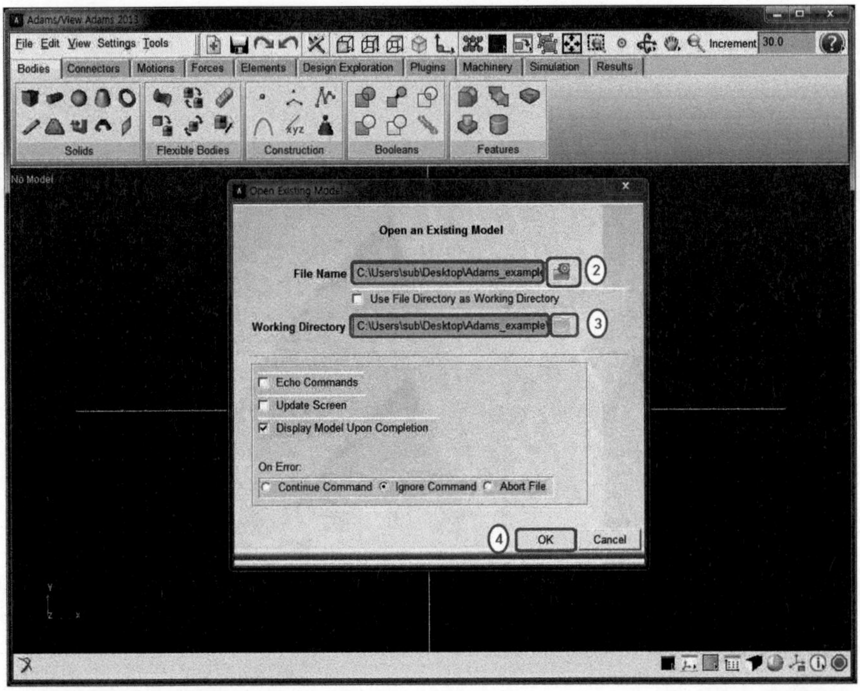

step 2 List of Keyboard Shortcuts 실퍼보기

① 스크린에서 빈 공간에 마우스 포인트를 두고 우클릭을 하면 Keyboard shortcuts 에 대한 메뉴가 나온다.

② 메뉴를 닫고 싶다면 스크린에 한번 클릭 한다.

③ 아래 다음을 직접 수행해보자. 예를 들어 Rotate는 r키를 누르면 활성화 되고 Front에 경우 Shift+f키를 누르면 정면이 보이도록 화면이 돌아간다.

1. Rotate
2. Translate
3. Zoom with a box
4. Zoom into a specific Area
5. Fit
6. Front View

Front <F>
Top <T>
Right <R>
Iso <I>

Rotate XY <r>
Translate <t>
Zoom In/Out <z>
Zoom Box <w>
Probe <p>
Origin
Fit to View <f>
Fit to View - No Ground <Ctrl-f>

Align to 3 Point
Align to Object XY <e>

Wireframe <S>
Shaded <S>
Hidden Line <H>

Working Grid On <g>
Working Grid Off <g>

Toggle Icon Visibility <v>

Save View Settings
Restore View Settings

step 3 Zoom Box Shortcut 사용하기

① Cam을 확대하기 위해서 w키를 눌러 Zoom Box Shortcut을 활성화 한다.

② 아래 그림처럼 마우스를 드래그하여 사각형 안에 Cam이 들어오도록 하여 확대할 구역을 선택한다.

③ 그러면 선택한 구역인 Cam 부분이 확대가 될 것이다.

④ f키를 눌러서 원래 처음 시점으로 돌아간다.

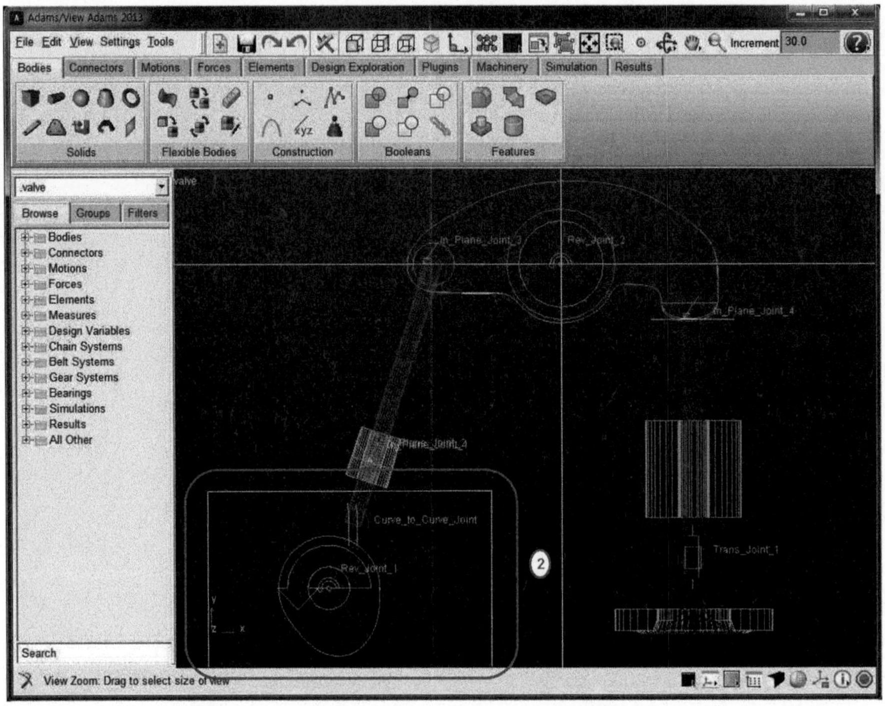
Adams/View Adams 2013
File Edit View Settings Tools
Increment 30.0
Bodies Connectors Motions Forces Elements Design Exploration Plugins Machinery Simulation Results
Solids
Flexible Bodies
Construction
Booleans
Features
.valve
Browse Groups Filters
Bodies
Connectors
Motions
Forces
Elements
Measures
Design Variables
Chain Systems
Belt Systems
Gear Systems
Bearings
Simulations
Results
All Other
Search
In_Plane_Joint_3
Rev_Joint_2
In_Plane_Joint_4
Curve_to_Curve_Joint
Trans_Joint_1
Rev_Joint_1
2
View Zoom: Drag to select size of view

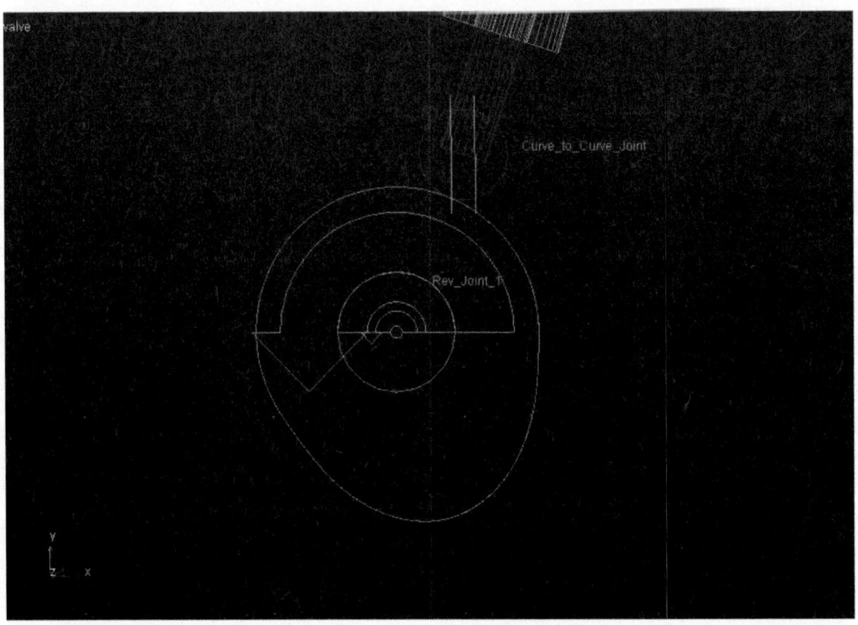
valve
Curve_to_Curve_Joint
Rev_Joint_1

step 4 다른 각도에서 모델 살펴보기

① Shift+t 키를 눌러 Top shortcut을 사용하여 Top 시점으로 바꾼다.

② Shift+r 키를 눌러 Right shortcut을 사용하여 Right 시점으로 바꾼다.

③ Shift+i 키를 눌러 ISO shortcut을 사용하여 ISO 시점으로 바꾼다.

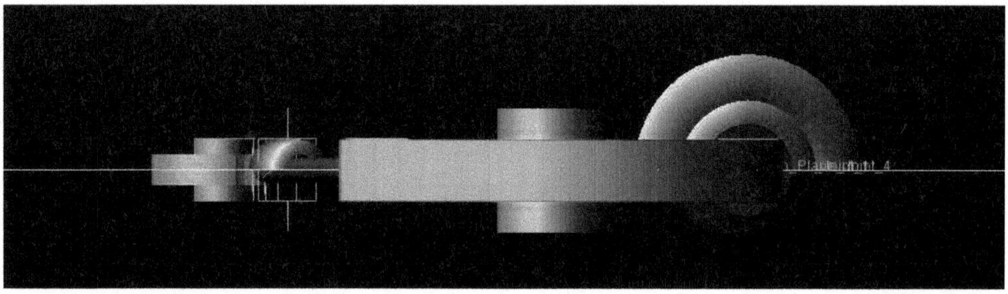

Top View

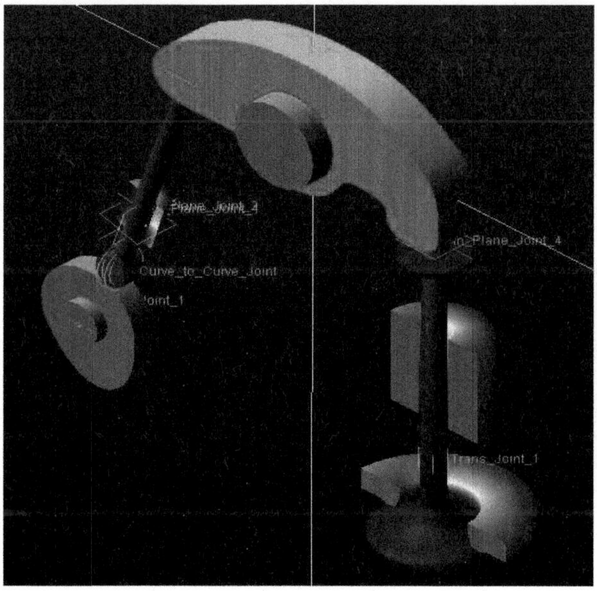

Isometric View

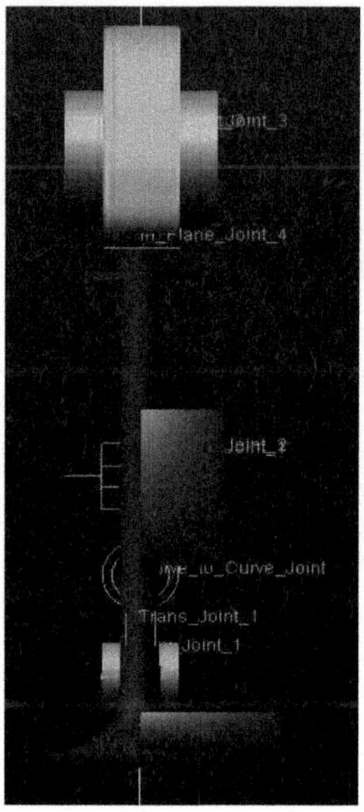

Right View

step 5 부품들 이름 바꾸기

① Model Tree의 Bodies에서 PART들의 이름을 바꾼다. 먼저 PART_1을 클릭하고 우클릭한 후, Rename을 클릭한다. (PART를 클릭하면 스크린에 클릭한 PART가 강조되어진다.)

② New Name에 .valve.Rocker을 입력하고 OK를 클릭한다.

③ 같은 방식으로 PART_4는 valve, PART_2는 Rod, PART_3는 Cam, ground에서 REV32는 Guide로 이름을 바꾸어 준다.

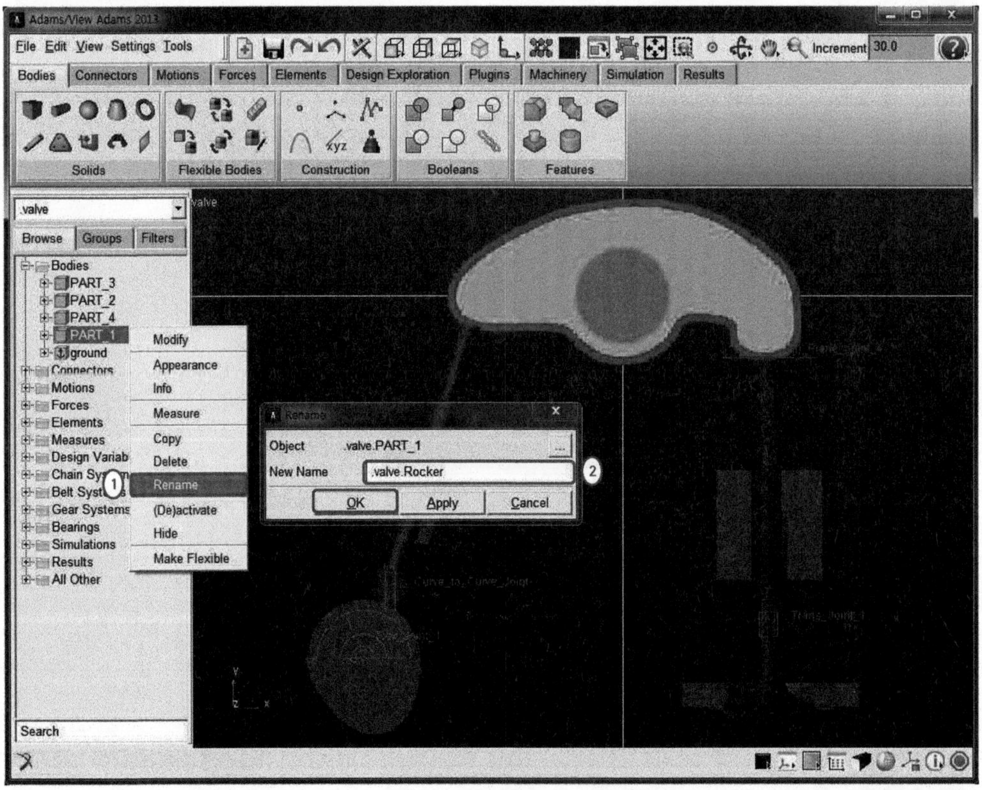

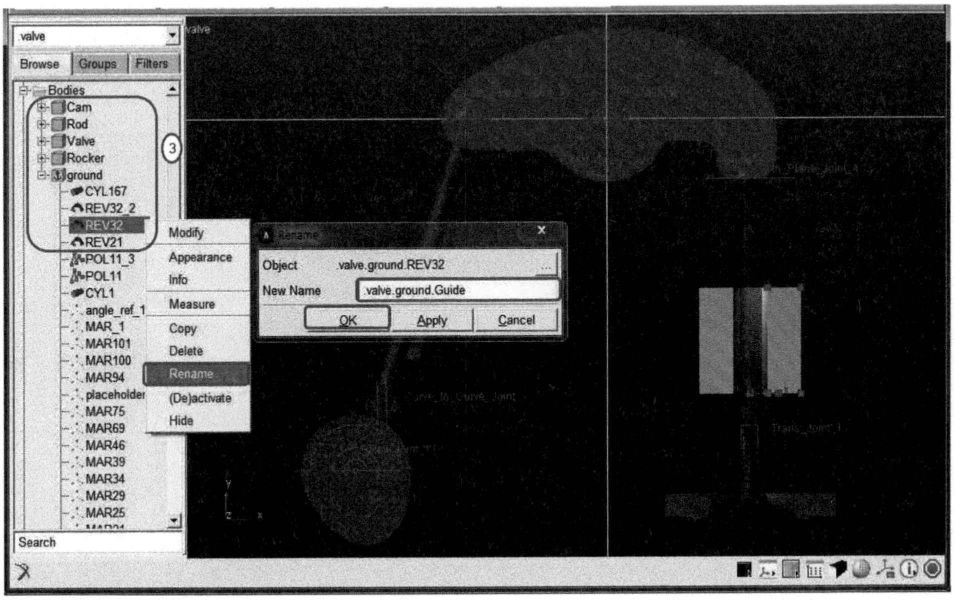

step 6 모델 조사하기

① 모델에서 Connections의 종류와 수가 몇인지 확인하기 위하여 왼쪽 아래 Status Bar에서 Information 아이콘을 우클릭한 후, Model topology by connections 도구를 클릭한다.

② Information 창에서 Connections의 종류와 수가 몇인지 확인한다.

③ 이번에는 모델에 대한 정보를 보기 위해서 Status Bar  에서 Information 아이콘을 우클릭한 후, Verify 도구를 클릭한다.

④ Information 창에서 Model verified successfully를 확인한다.

⑤ Close 버튼을 클릭한다.

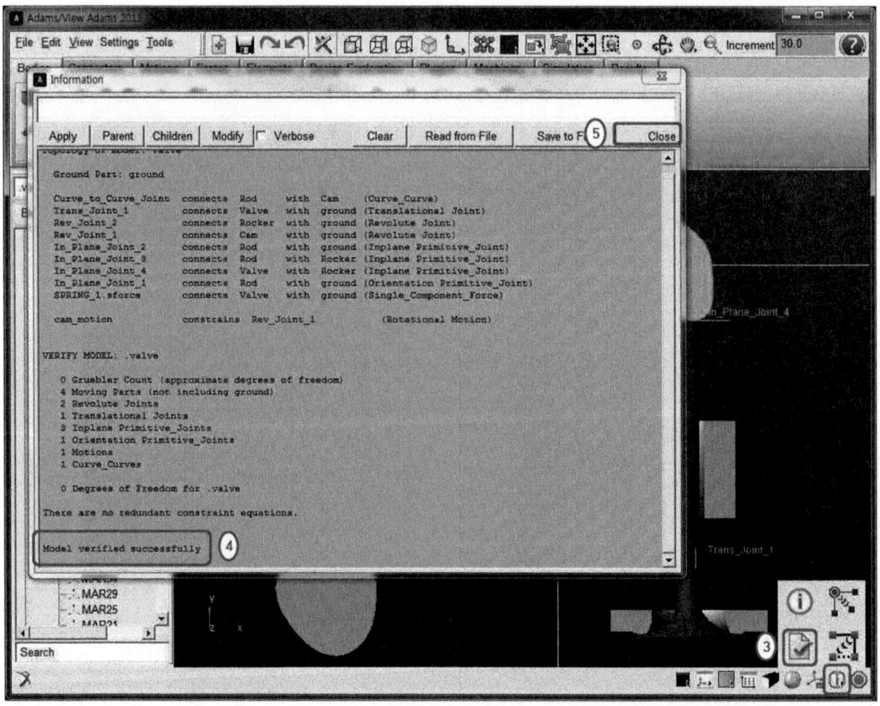

step 7 모델 시뮬레이션 하기

① Simulation에서 Interactive simulation을 클릭한다.

② Simulation control에서 End Time을 2 초, Steps를 100으로 입력한다.

③ Play 버튼을 클릭하여 시뮬레이션을 시작한다.

④ 완료한 후에 Reset 버튼을 클릭한다.

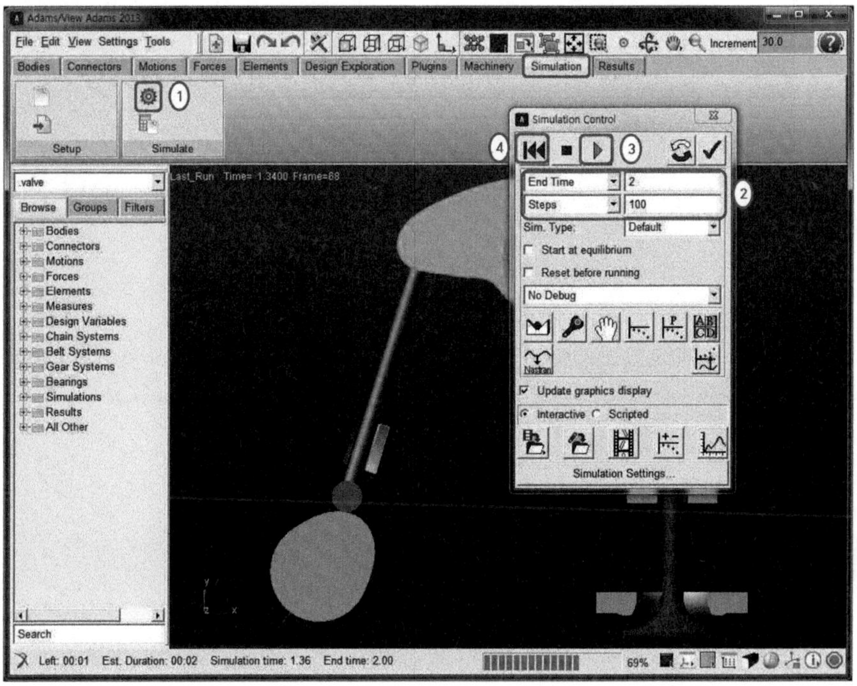

step 8 시뮬레이션 저장하기

① 마지막 시뮬레이션 결과를 새로운 이름으로 저장하기 위해서 Simulation control에서 Save Run Results 도구를 클릭한다.

② Name에 first_results을 입력한다.

③ OK를 클릭한다.

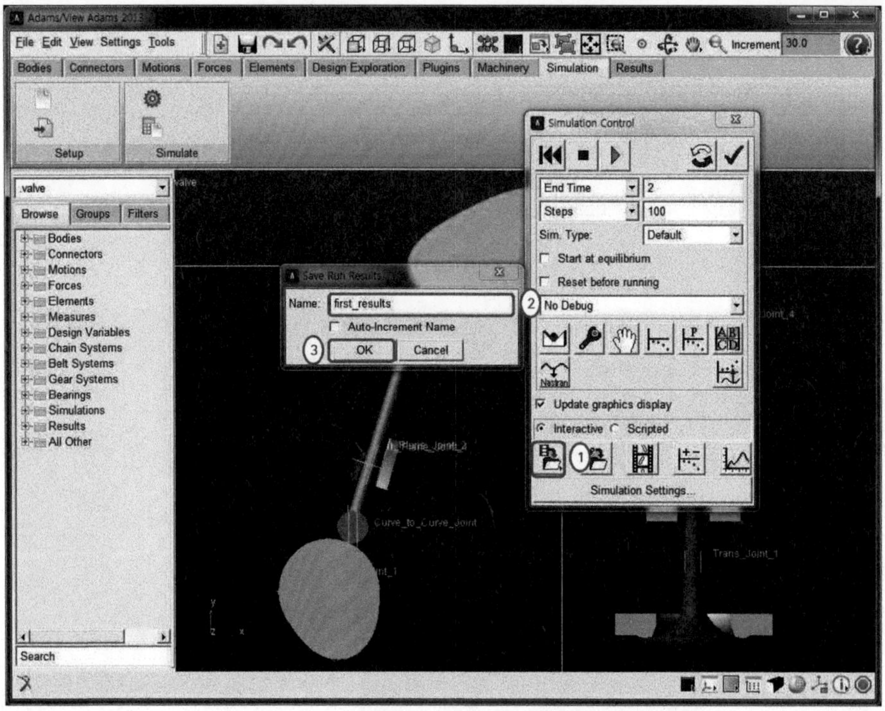

step 9 애니메이션 결과보기

① 애니메이션 결과를 보기위해서 Simulation Control에서 Animation Controls을 클릭한다.

② Play버튼을 클릭하고 애니메이션을 본다.

③ 애니메이션이 끝난 후에 Reset 버튼을 클릭한다.

④ 애니메이션을 한 단계씩 보고 싶다면 +Inc버튼을 클릭하여 단계를 앞으로 전진시키거나 −Inc버튼을 클릭하여 단계를 뒤로 돌릴 수 있다.(Step 수는 두 버튼 가운데에 나와 있다.)

⑤ Animation Controls 아래쪽에 Icons을 체크한다.

⑥ 1~4까지의 단계를 반복해서 Joint의 이름이 보이는 것을 확인한다.

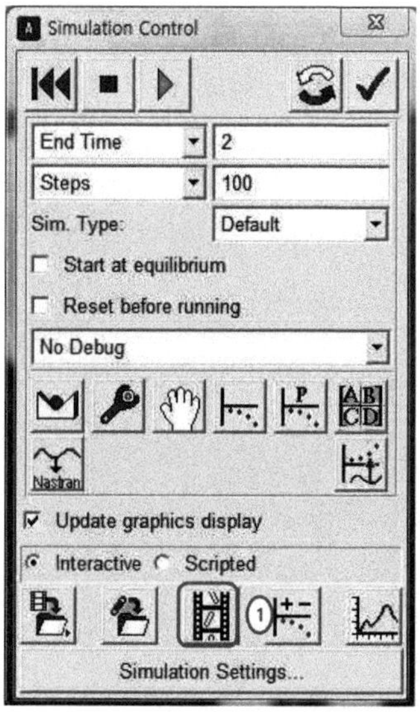
Simulation Control
End Time
2
Steps
100
Sim. Type:
Default
Start at equilibrium
Reset before running
No Debug
Nastran
Update graphics display
Interactive
Scripted
1
Simulation Settings...

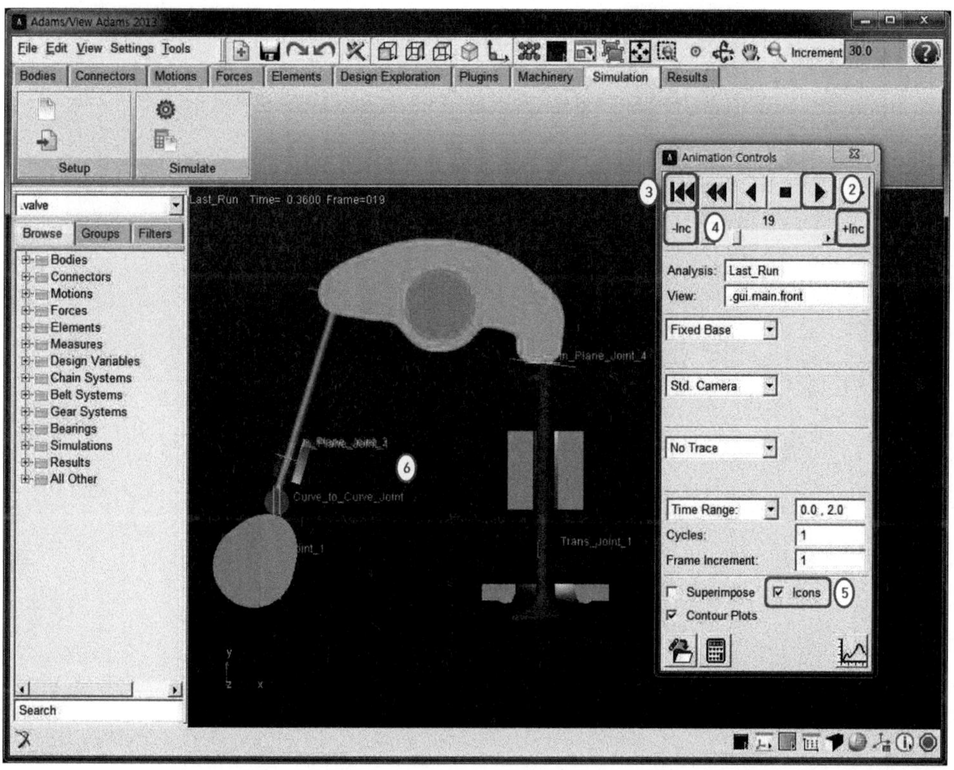
Adams/View Adams 2013
File Edit View Settings Tools
Increment
30.0
Bodies
Connectors
Motions
Forces
Elements
Design Exploration
Plugins
Machinery
Simulation
Results
Setup
Simulate
.valve
Browse
Groups
Filters
Bodies
Connectors
Motions
Forces
Elements
Measures
Design Variables
Chain Systems
Belt Systems
Gear Systems
Bearings
Simulations
Results
All Other
Search
Last_Run Time= 0.3600 Frame=019
Curve_to_Curve_Joint
Trans_Joint_1
6
Animation Controls
3
2
-Inc
4
19
+Inc
Analysis:
Last_Run
View:
.gui.main.front
Fixed Base
Std. Camera
No Trace
Time Range:
0.0 , 2.0
Cycles:
1
Frame Increment:
1
Superimpose
Icons
5
Contour Plots

step 10 작업 저장하기

① File 메뉴에서 Export를 클릭한다.

② File Type에서 Adams/View Command File을 선택한다.

③ File Name에 valve1을 입력, Model Name에 valve를 입력한다.

④ OK를 클릭한다.

(이번 작업의 마지막 단계는 시간 날 때마다 모델을 다루고 실험해 보는 것이다.)

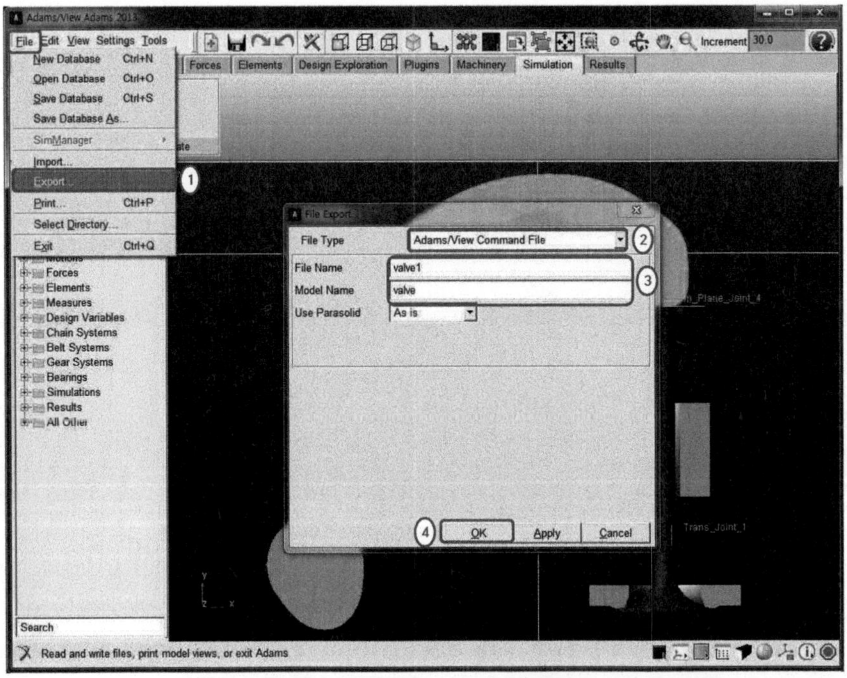

Example 16. Cam Rocker Valve

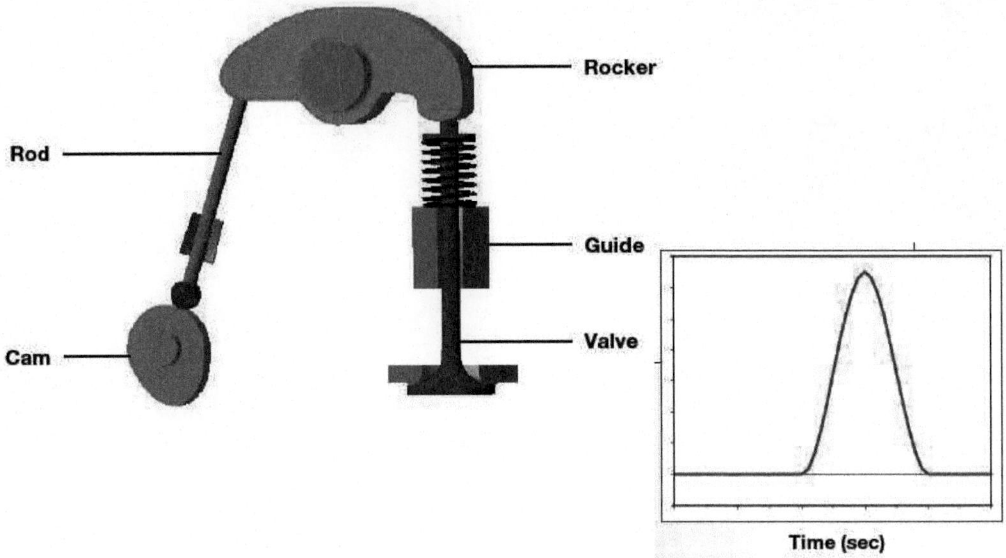

Software Version Adams 2013.2

필요한 파일들

- valve_train_start.cmd

Workshop Objectives

valve의 위치에 따른 cam의 윤곽을 설계하고 cam이 3000 rpm으로 회전할 때 리프트-오프 현상이 나타나지 않는 것을 확인하자.

문제 설명

- 모델은 valvetrain mechanism이다.
- Cam은 초당 1회전의 속도로 회전한다.

- Rocker는 엔진 블록에 부착된 핀에 대하여 회전 운동을 한다.
- Rocker의 움직임에 따라 Valve는 위아래로 움직인다.
- Valve가 움직일 때, 작은 양의 공기가 Chamber 아래로 빠져나간다.(여기에서는 이것에 대해서 모델링 되지 않았다.)

step 1 Import File

① Adams/View를 시작하고 Existing Model 아이콘을 클릭한다.

② File Name의 오른쪽 끝에 아이콘을 클릭하여 Exercise_dir/example 16/start 에 위치한 valve_train_start.cmd 파일을 선택한다.

③ Working directory는 자신이 저장할 폴더로 설정한다.

④ OK를 클릭한다.

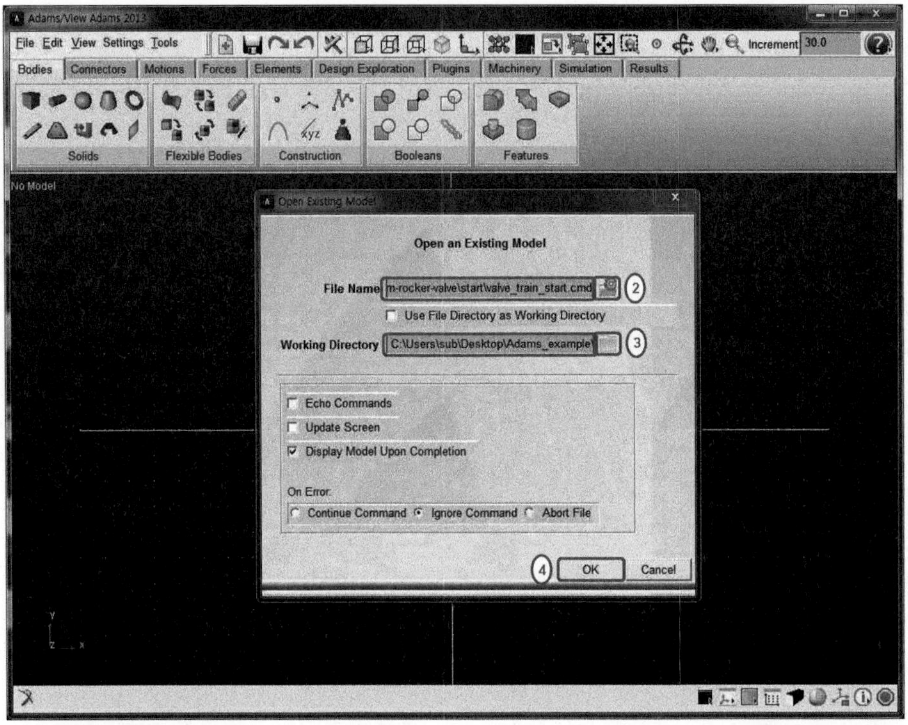

step 2 Motion 적용하기

① Main Toolbox의 Motion에서 Translation Motion을 클릭한다.

② Valve_Ground_Jt. 조인트를 클릭하여 Translation Motion을 생성한다.

③ Translation Motion에 마우스 포인트를 두고 우클릭한 후, Motion: MOTION_3 에서Modify를 클릭한다.

④ Function Builder를 클릭한다.

⑤ Define a runtime function 텍스트에 STEP(time,0.4,0,0.6,13)+STEP(-time,0.6,0,0.8,-13)을 입력한다.

⑥ OK를 클릭하고 다시 OK를 클릭하여 수정을 마친다.

⑦ Simulation에서 Interactive Simulation를 클릭한다.

⑧ End time은 1 초, Steps는 100으로 하여 시뮬레이션을 하여 joint motion에 의한 valve의 위치변화를 확인한다.

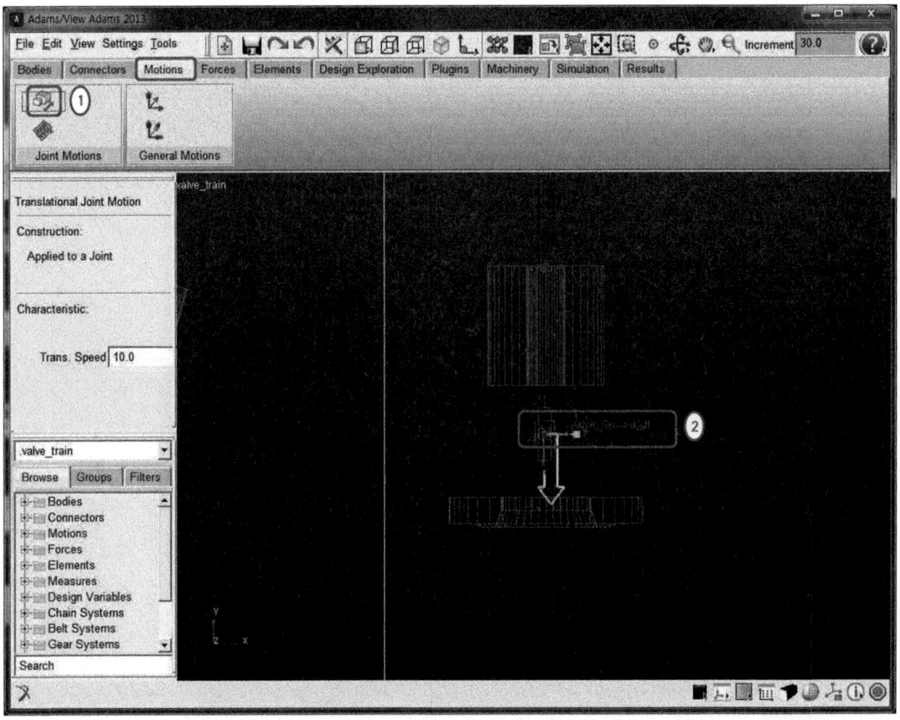
Adams/View Adams 2013
File Edit View Settings Tools
Increment 30.0
Bodies Connectors Motions Forces Elements Design Exploration Plugins Machinery Simulation Results
1
Joint Motions
General Motions
valve_train
Translational Joint Motion
Construction:
Applied to a Joint
Characteristic:
Trans. Speed 10.0
2
.valve_train
Browse Groups Filters
Bodies
Connectors
Motions
Forces
Elements
Measures
Design Variables
Chain Systems
Belt Systems
Gear Systems
Search

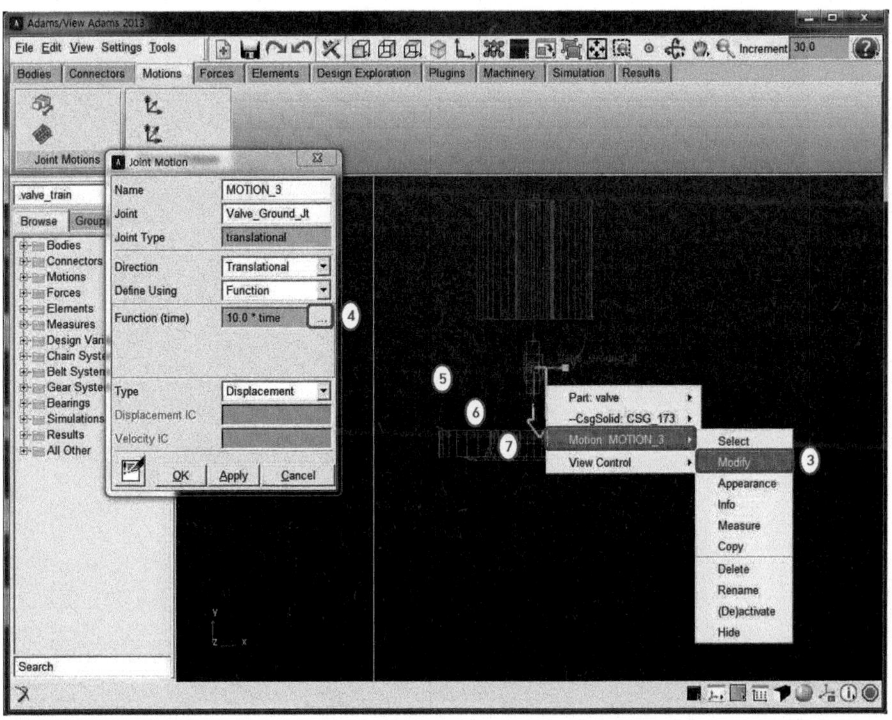
Adams/View Adams 2013
File Edit View Settings Tools
Increment 30.0
Bodies Connectors Motions Forces Elements Design Exploration Plugins Machinery Simulation Results
Joint Motions
Joint Motion
Name MOTION_3
Joint Valve_Ground_Jt
Joint Type translational
Direction Translational
Define Using Function
Function (time) 10.0 * time
4
Type Displacement
Displacement IC
Velocity IC
OK Apply Cancel
.valve_train
Browse
Bodies
Connectors
Motions
Forces
Elements
Measures
Bearings
Simulations
Results
All Other
Search
5
6
7
Part: valve
--CsgSolid: CSG_173
Motion: MOTION_3
View Control
Select
Modify
3
Appearance
Info
Measure
Copy
Delete
Rename
(De)activate
Hide

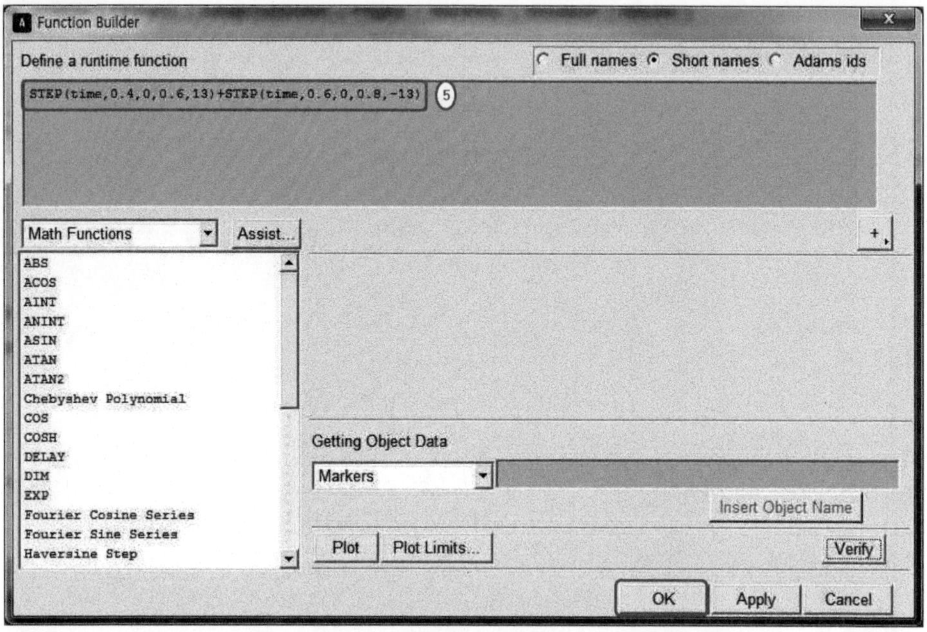
Function Builder
Define a runtime function
Full names
Short names
Adams ids
STEP(time,0.4,0,0.6,13)+STEP(time,0.6,0,0.8,-13)
5
Math Functions
Assist...
ABS
ACOS
AINT
ANINT
ASIN
ATAN
ATAN2
Chebyshev Polynomial
COS
COSH
DELAY
DIM
EXP
Fourier Cosine Series
Fourier Sine Series
Haversine Step
Getting Object Data
Markers
Insert Object Name
Plot
Plot Limits...
Verify
OK
Apply
Cancel

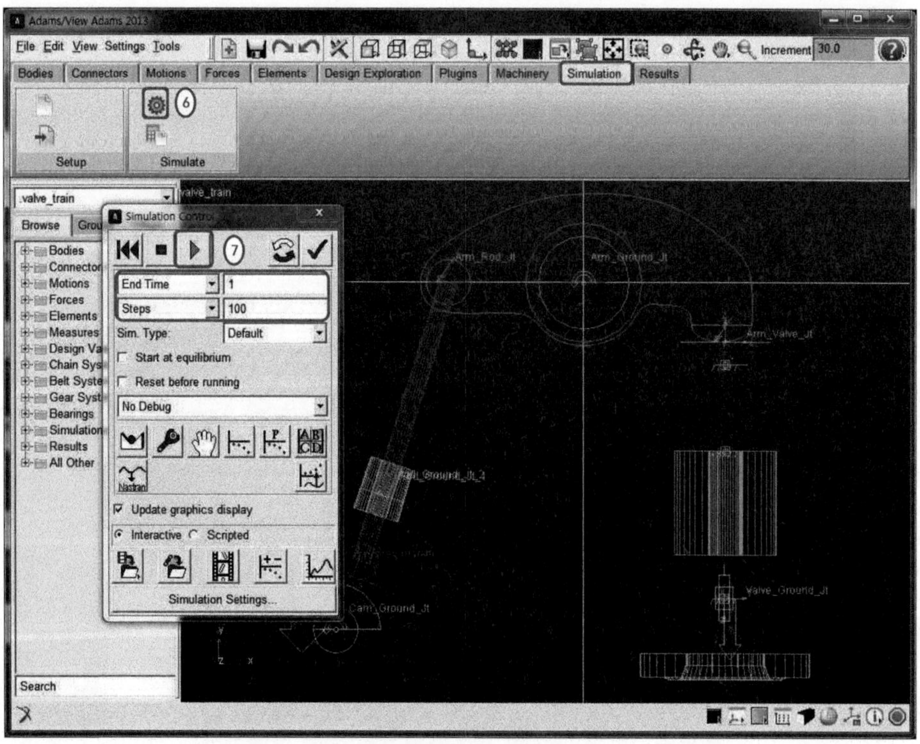
Adams/View Adams 2013
File Edit View Settings Tools
Increment 30.0
Bodies Connectors Motions Forces Elements Design Exploration Plugins Machinery Simulation Results
6
Setup
Simulate
.valve_train
Browse
Simulation Control
7
End Time 1
Steps 100
Sim. Type: Default
Start at equilibrium
Reset before running
No Debug
Update graphics display
Interactive Scripted
Simulation Settings...
Bodies
Motions
Forces
Elements
Measures
Bearings
Results
All Other
Search

step 3 Cam Profile 만들기

① Point trace를 사용해 Cam의 윤곽을 만들기 위해서 먼저 Main Toolbox의 Results에서 Create Trace Spline을 클릭한다.

② rod.CIRCLE_1을 한번 클릭한 후, 그 다음에는 cam을 한번 클릭하여 Cam의 윤곽이 나타나는 것을 확인한다.

③ 다시 같은 조건하에 시뮬레이션을 하여 Rod가 Cam의 윤곽을 따라 움직이는 것을 확인한다.

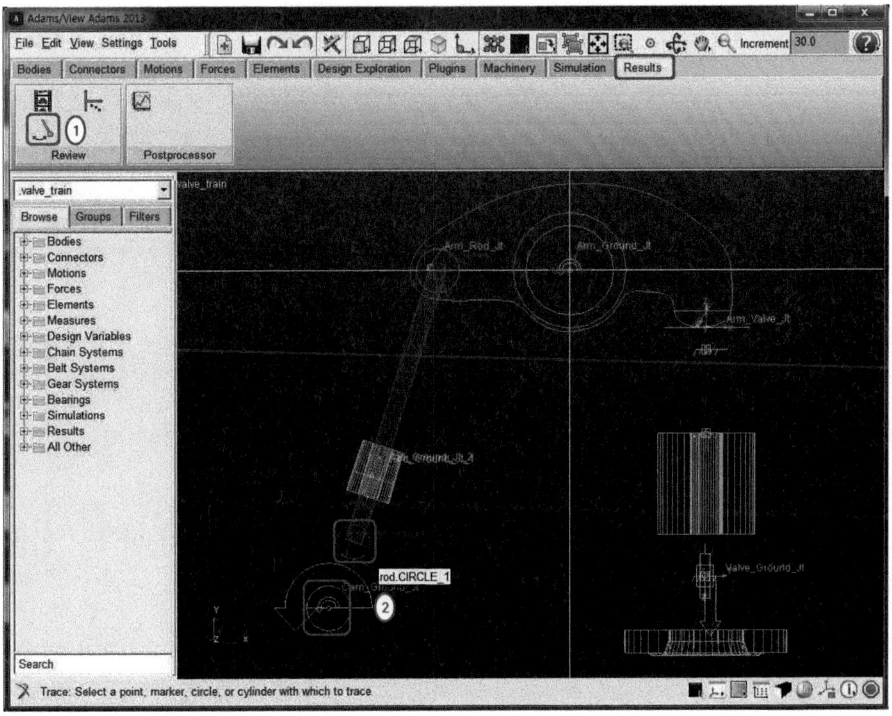

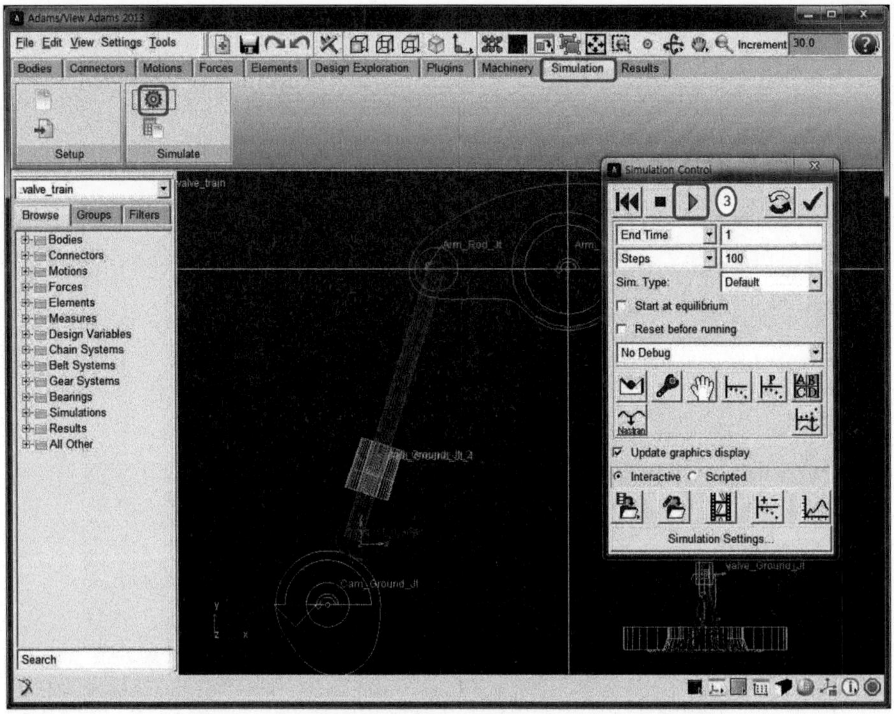

step 4 Cam에 Rod를 구속시키기

① Rod를 구속시키기 전에 Model Tree의 Motion에서 valve_Ground_Jt. 조인트에 있는MOTION_3을 삭제한다.

② Main Toolbox의 Connectors에서 2D Curve-Curve Constraint 도구를 클릭한다.

③ Rod(CLRCLE_1)을 한번 클릭하고 Cam(GCURVE_201)를 클릭한다.

④ 같은 조건하에 시뮬레이션을 하여 새로운 구속이 잘 작동하는지 확인한다.

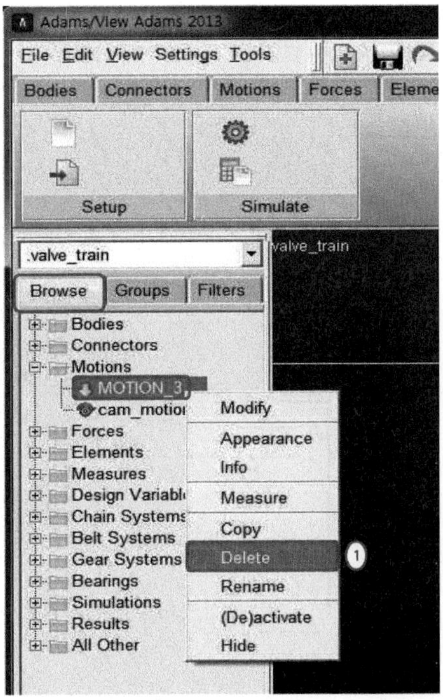
Adams/View Adams 2013
File Edit View Settings Tools
Bodies Connectors Motions Forces
Setup
Simulate
.valve_train
Browse Groups Filters
Bodies
Connectors
Motions
MOTION_3
cam_motion
Forces
Elements
Measures
Chain Systems
Belt Systems
Gear Systems
Bearings
Simulations
Results
All Other
Modify
Appearance
Info
Measure
Copy
Delete
Rename
(De)activate
Hide
1

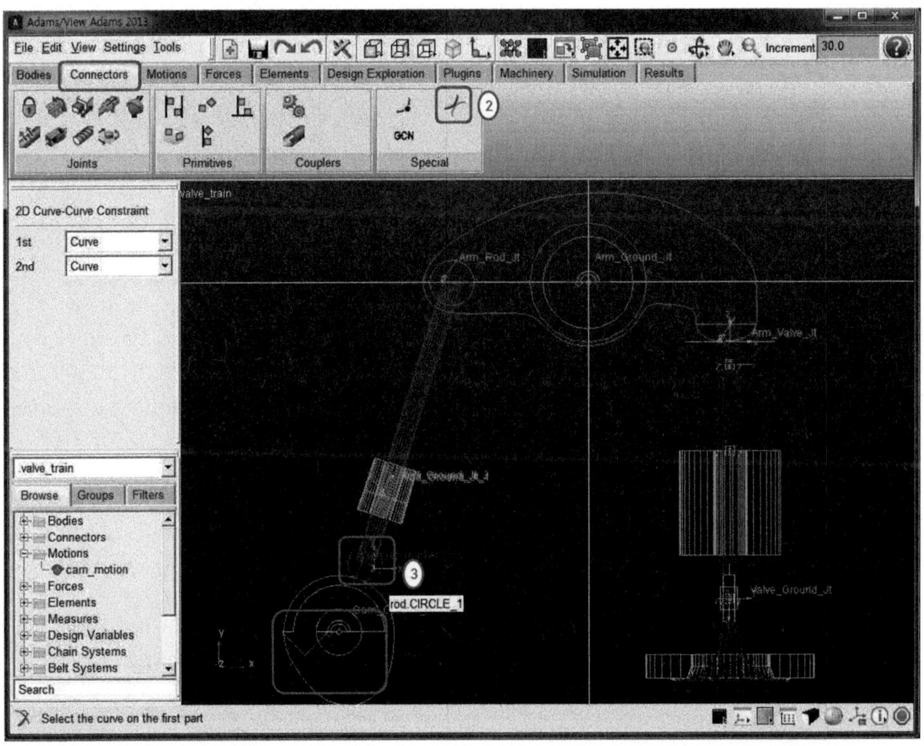
Adams/View Adams 2013
File Edit View Settings Tools
Increment 30.0
Bodies Connectors Motions Forces Elements Design Exploration Plugins Machinery Simulation Results
Joints
Primitives
Couplers
Special
2
2D Curve-Curve Constraint
1st Curve
2nd Curve
.valve_train
Browse Groups Filters
Bodies
Connectors
Motions
cam_motion
Forces
Elements
Measures
Design Variables
Chain Systems
Belt Systems
Search
Arm_Rod_Jt
Arm_Ground_Jt
Arm_Valve_Jt
Valve_Ground_Jt
3
rod.CIRCLE_1
Select the curve on the first part

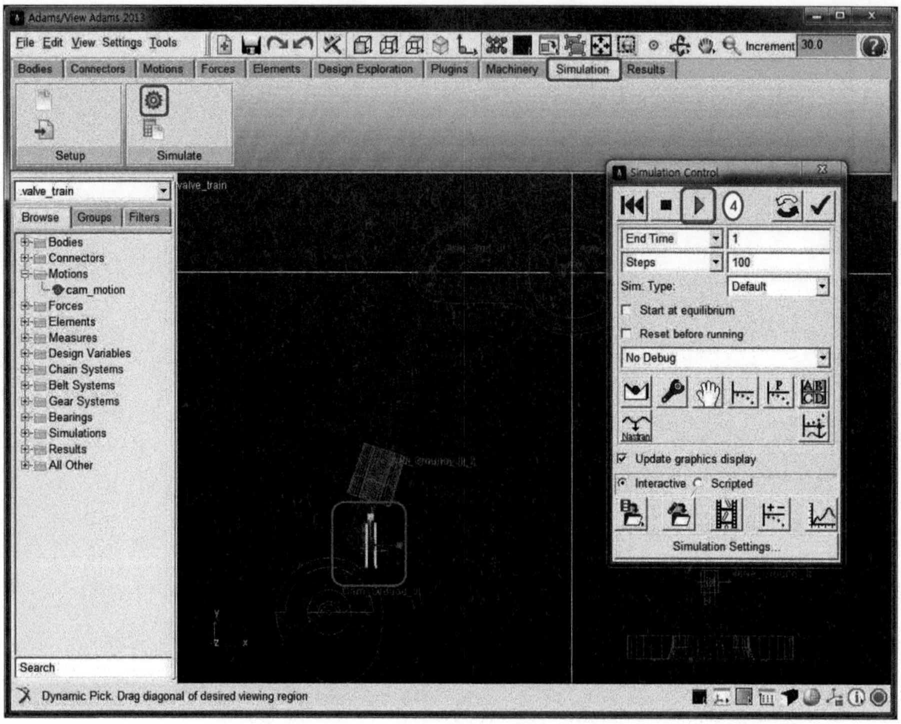

step 5 힘 측정하기

① Curve-on-Curve constraint에서 힘을 측정하기 위해, Curve-on-Curve constraint에 마우스 포인트를 두고 우클릭한 후, Curve_Curve:CVCV_1에서 Measure을 클릭한다.

② Characteristic은 Force로 선택, Component는 Z를 선택한다.

③ Represent coordinates in에서 텍스트 창을 더블 클릭한 후, Database Navigator에서 Rod안에 있는 ref_marker를 선택한다.

④ OK를 클릭하고 다시 OK를 클릭하면 그래프가 나타난다.

(그래프에서 Rod가 리프트-오프가 되는 것을 피하기 위해 Cam을 따라 움직여야하므로 마이너스 힘도 작용한다.)

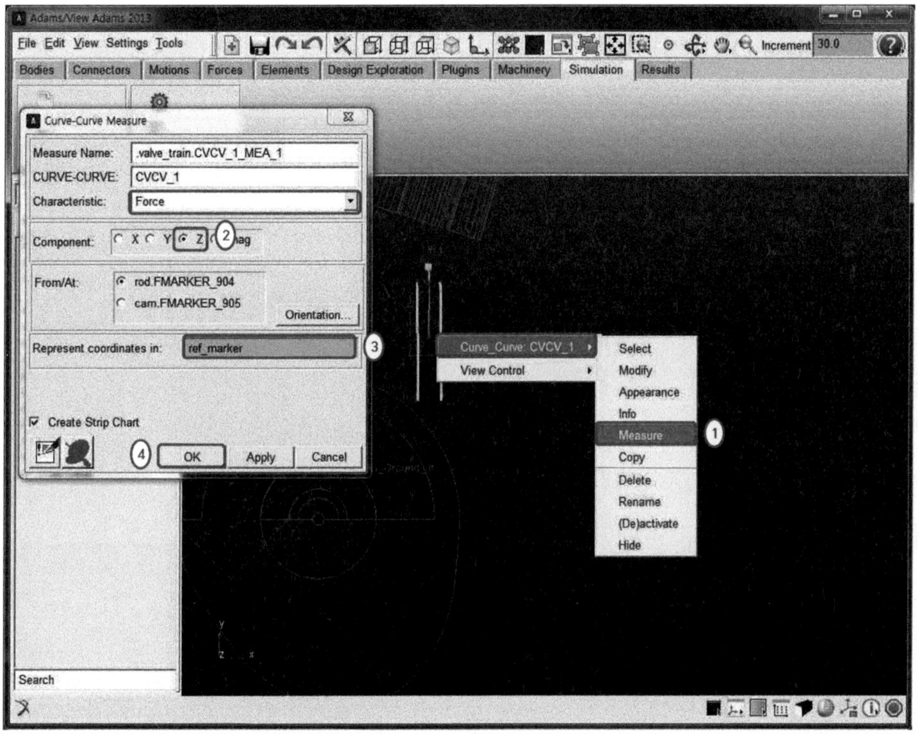
Curve-Curve Measure
Measure Name: .valve_train.CVCV_1_MEA_1
CURVE-CURVE: CVCV_1
Characteristic: Force
Component:
From/At:
rod.FMARKER_904
cam.FMARKER_905
Orientation...
Represent coordinates in: ref_marker
Create Strip Chart
OK
Apply
Cancel
Curve_Curve: CVCV_1
View Control
Select
Modify
Appearance
Info
Measure
Copy
Delete
Rename
(De)activate
Hide
1
2
3
4

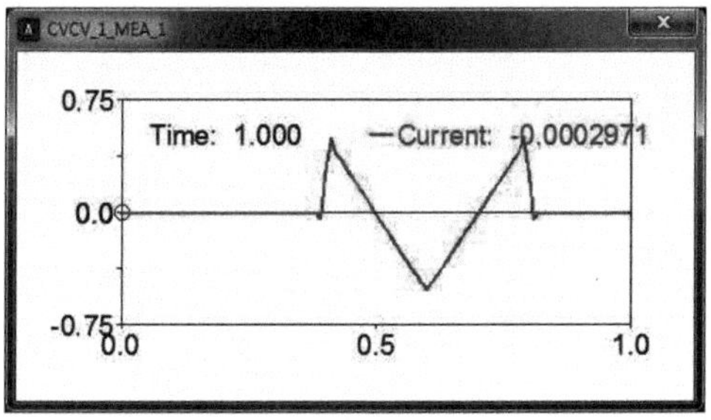
CVCV_1_MEA_1
Time: 1.000
Current: -0.0002971
0.75
0.0
-0.75
0.0
0.5
1.0

step 6 Curve-on-Curve Constraint 대체하기

① Cam과 Rod 사이의 접촉을 조금 더 현실적으로 만들기 위해서 Curve-on-Curve constraint를 Point-to-Curve로 대체한다. 먼저 Curve-on-Curve constraint가 위치한 곳에 마우스 포인트를 두고 우클릭한 후, Curve_Curve:CVCV_1에서 (De)activeate를 클릭한다.

② Activate/Deactivate 창에서 Object Active, Object's Dependents Active 모두 체크를 해제하고 OK를 클릭한다.

③ Main Toolbox의 Force에서 Create a contact를 클릭한다.

④ 옆에 그림처럼 contact parameters를 입력한다.

- Contact Name: cam_contact
- Contact Type: Point to Curve
- Marker: ref_marker
- Curve: GCURVE_201
- Normal Force: Impact
- Stiffness(K): 1e6(N/mm)
- Force Exponent(e): 1.5
- Damping (C): 10(N-sec/mm)
- Penetration Depth(d): 1e-3mm
- Friction Force: Coulomb
- Coulomb Friction: On
- Static Coefficient(μs): 0.08
- Dynamic Coefficient(μd): 0.05
- Stiction Transition Vel.(vs): 1 (mm/sec)
- Friction Transition Vel.(vt): 2 (mm/sec)

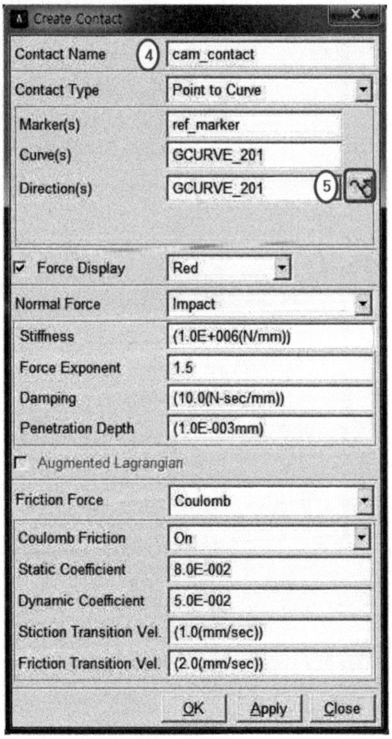

⑤ Direction(s) 오른쪽 끝에 Change Direction 도구 아이콘에서 화살표 방향이 오른쪽 위로 된 상태인지 확인한다.

⑥ 다시 같은 조건하에 시뮬레이션을 돌려 리프트-오프가 일어나는 것을 확인한다.

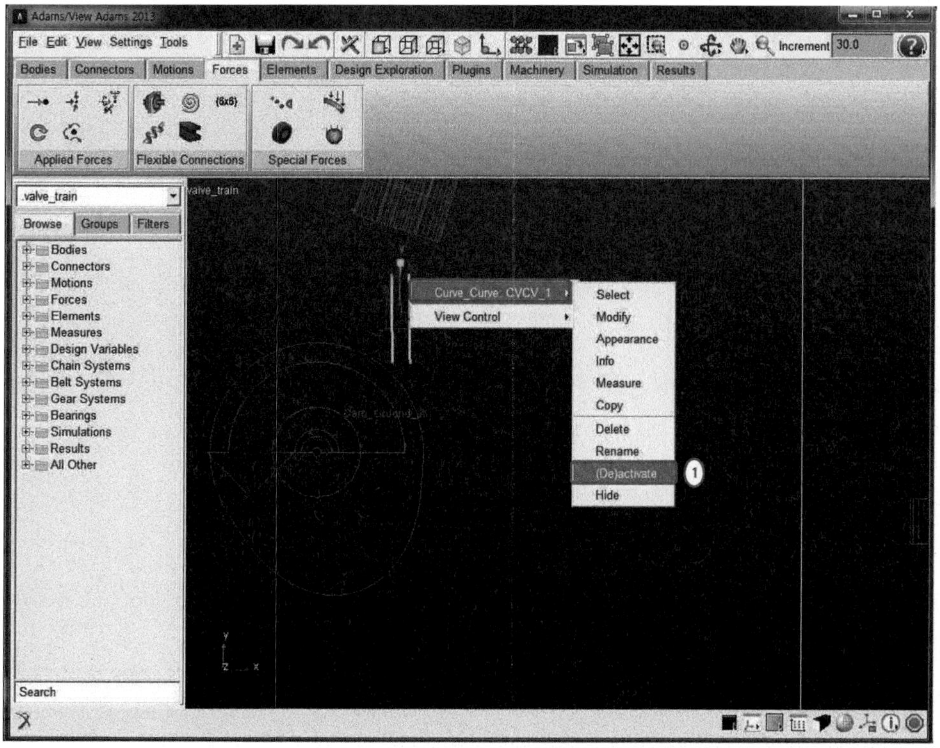
Adams/View Adams 2013
File Edit View Settings Tools
Increment 30.0
Bodies Connectors Motions Forces Elements Design Exploration Plugins Machinery Simulation Results
Applied Forces
Flexible Connections
Special Forces
.valve_train
Browse Groups Filters
Bodies
Connectors
Motions
Forces
Elements
Measures
Design Variables
Chain Systems
Belt Systems
Gear Systems
Bearings
Simulations
Results
All Other
Search
valve_train
Curve_Curve: CVCV_1
View Control
Select
Modify
Appearance
Info
Measure
Copy
Delete
Rename
(De)activate
1
Hide

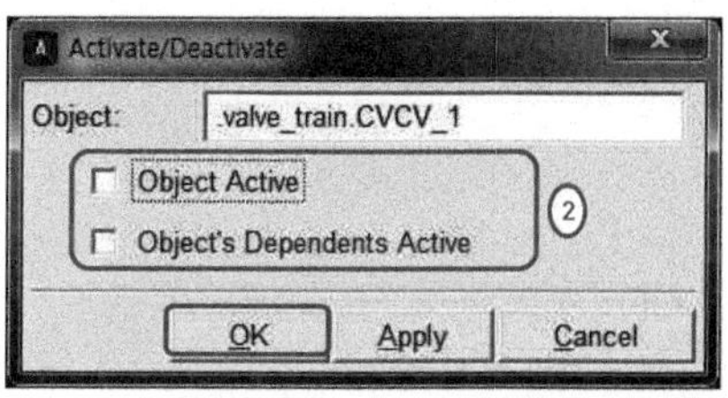
Activate/Deactivate
Object: .valve_train.CVCV_1
Object Active
Object's Dependents Active
2
OK Apply Cancel

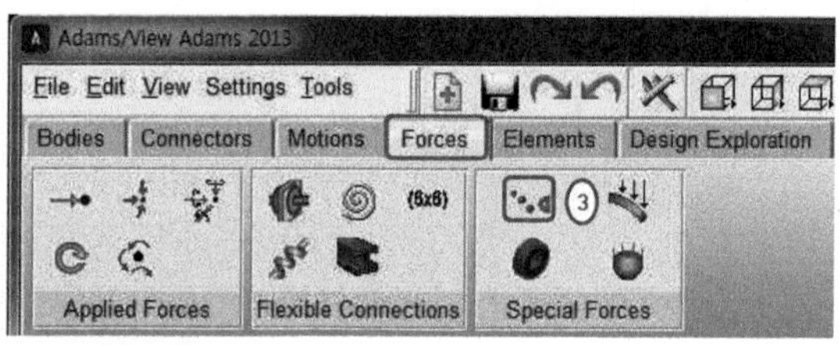
Adams/View Adams 2013
File Edit View Settings Tools
Bodies Connectors Motions Forces Elements Design Exploration
3
Applied Forces
Flexible Connections
Special Forces

step 7 Spring 만들기

① 리프트-오프가 발생하므로 그것을 방지하기 위해서 스프링 댐퍼를 만든다. 먼저 Main Toolbox의 Bodies에서 Construction Geometry: Marker를 클릭한다.

② Add to Part로 선택한다.

③ Vavle를 선택한 후, Vavle의 위 부분에 있는 ground.Valve_Point를 찾아 클릭하여 마커를 생성한다.

④ 다음으로는 Main Toolbox의 Forces에서 create Translational Spring-Damper를 클릭한다.

⑤ K:20(N/mm)와 C:0.002(N-sec/mm)를 모두 체크를 하고 값을 입력한다.

⑥ 그다음 Valve_Point근처에서 마우스 우클릭한 후, 방금 생성한 Marker를 선택하여 OK를 클릭한다. 그리고 바로 다음 점을 Guide 위 부분에 위치해 있는 ground.Ground_Point를 클릭하여 스프링을 만든다.

⑦ Model Tree의 Forces에서 SPRING_1을 우클릭한 후, Modify를 클릭하여 Pre-load에 100을 입력해 준다. 그리고 OK를 클릭한다.

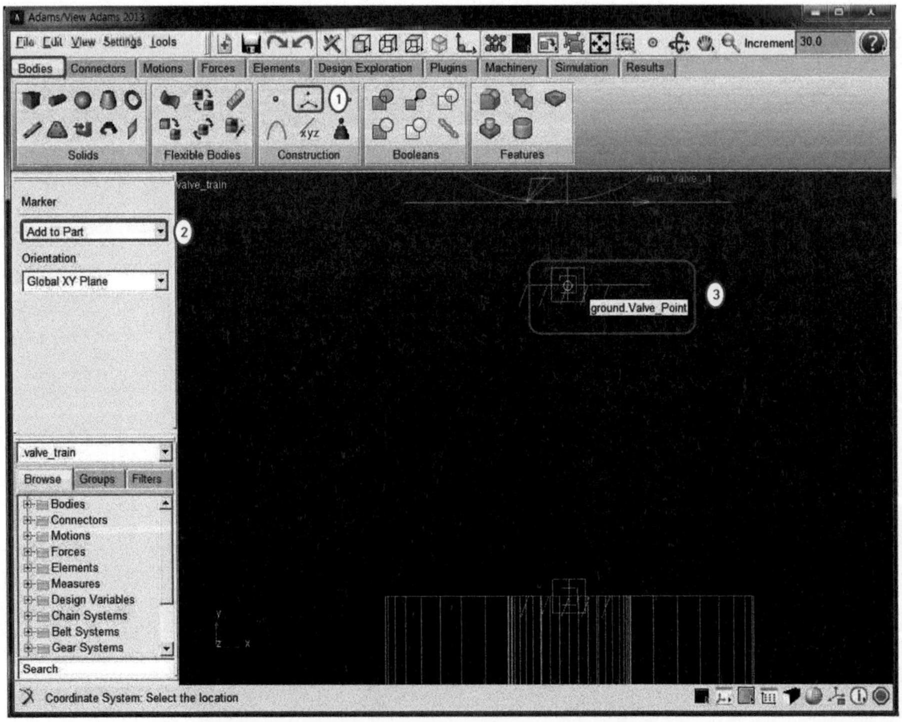

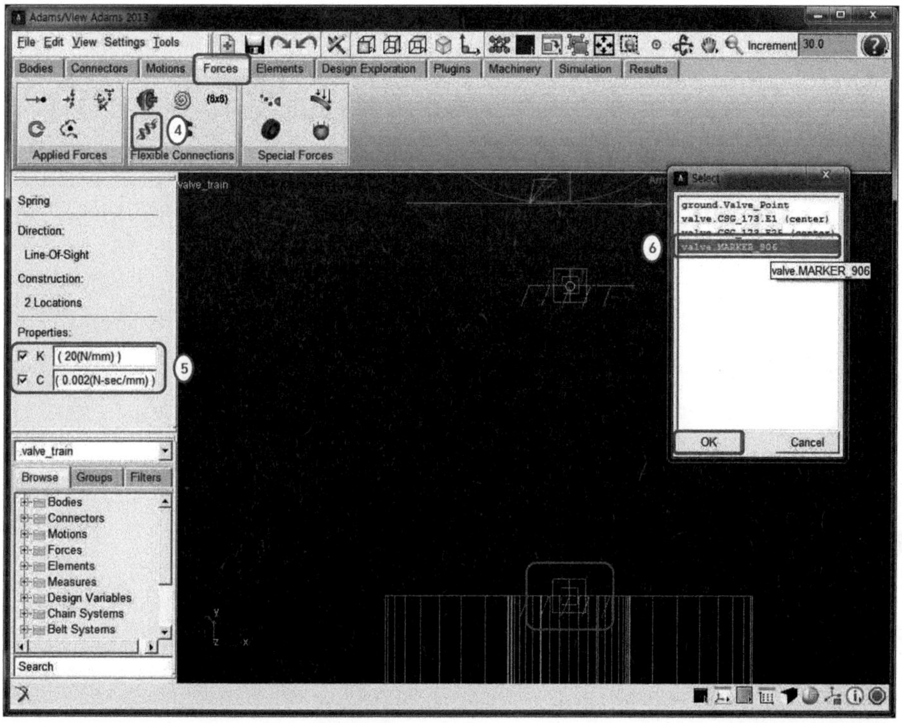

Adams/View Adams 2013
File Edit View Settings Tools
Increment 30.0
Bodies Connectors Motions Forces Elements Design Exploration Plugins Machinery Simulation Results
Applied Forces
Flexible Connections
Special Forces
4
Spring
Direction:
Line-Of-Sight
Construction:
2 Locations
Properties:
K (20(N/mm))
C (0.002(N-sec/mm))
5
.valve_train
Browse Groups Filters
Bodies
Connectors
Motions
Forces
Elements
Measures
Design Variables
Chain Systems
Belt Systems
Search
valve_train
Select
ground.Valve_Point
valve.CSG_173.E1 (center)
valve.MARKER_906
6
valve.MARKER_906
OK
Cancel

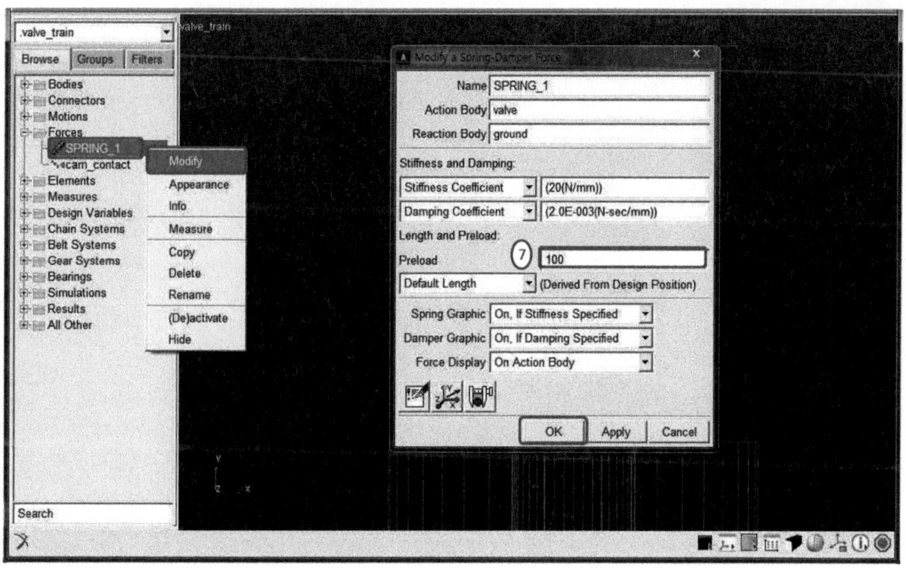

.valve_train
Browse Groups Filters
Bodies
Connectors
Motions
Forces
SPRING_1
cam_contact
Elements
Measures
Design Variables
Chain Systems
Belt Systems
Gear Systems
Bearings
Simulations
Results
All Other
Search
Modify
Appearance
Info
Measure
Copy
Delete
Rename
(De)activate
Hide
Modify a Spring-Damper Force
Name SPRING_1
Action Body valve
Reaction Body ground
Stiffness and Damping:
Stiffness Coefficient (20(N/mm))
Damping Coefficient (2.0E-003(N-sec/mm))
Length and Preload:
Preload 100
7
Default Length (Derived From Design Position)
Spring Graphic On, If Stiffness Specified
Damper Graphic On, If Damping Specified
Force Display On Action Body
OK Apply Cancel

step 8 정적 평형 상태 찾기

① 정적 평형 상태를 찾기 위해서, Simulation에서 Interactive Simulation을 클릭한다.

② Simulation Controls에서 Find Static Equilibrium 아이콘을 클릭한다. 다음 단계 전까지는 Reset 버튼을 클릭하지 않는다.

③ Model Tree의 Motions에서 cam_motion을 우클릭한 후 Modify를 클릭한다.

④ cam의 회전속도가 3000 rpm 이어야 하므로 function 텍스트에 −50*360d*time을 입력하고 OK를 클릭한다.

⑤ 이제 Simulation Controls에서 End time을 1/50 초로, Steps를 100으로 입력하고 시뮬레이션을 시작한다.

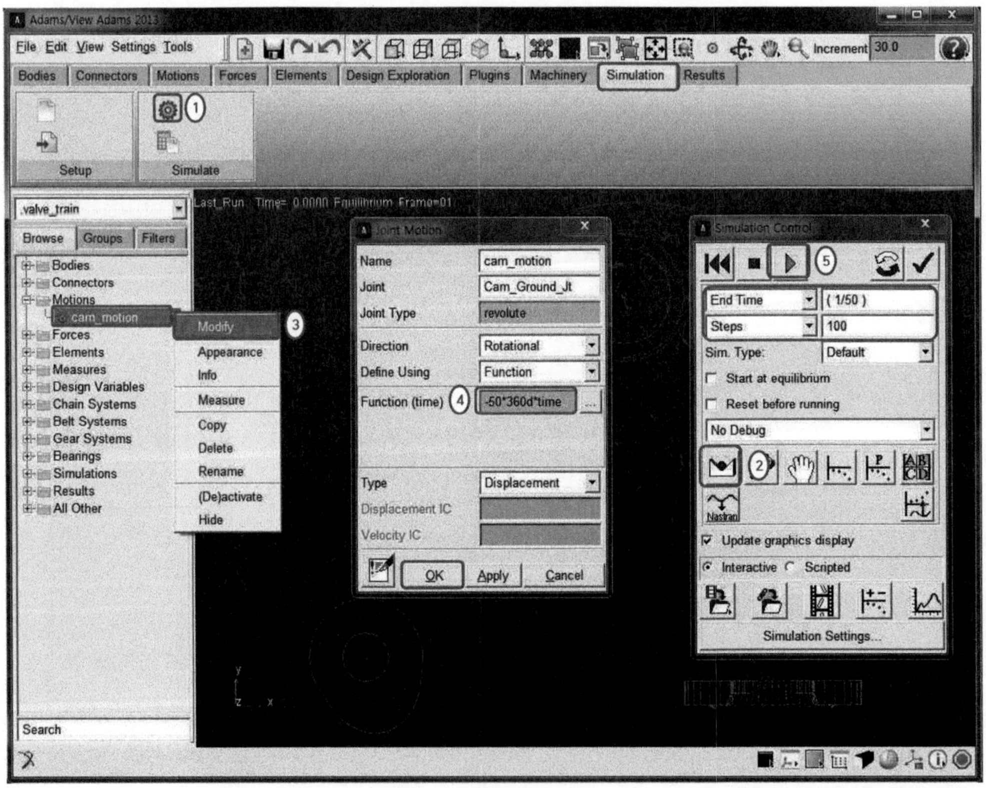

step 9 Contact Force에 Measure 만들기

① Main Toolbox의 Design Exploration에서 Create new Function Measure을 클릭한다.

② Units에서 force를 선택한다.

③ Force in Object로 선택한 후, Contact force를 선택하고 Assist를 클릭한다.

④ Contact Name의 텍스트 창에서 더블 클릭한 후, cam_contact를 선택한다.

⑤ Along/About Axes의 텍스트 창에서 더블 클릭한 후, rod안에 ref_marker를 선택하고 OK를 클릭한다.

⑥ Create or Modify a Function Measure 텍스트 창에서 CONTACT(.valve_train.cam_contact, 0, 1, rod.ref_marker) 이 입력되어있는지를 확인하고 OK를 클릭한다.

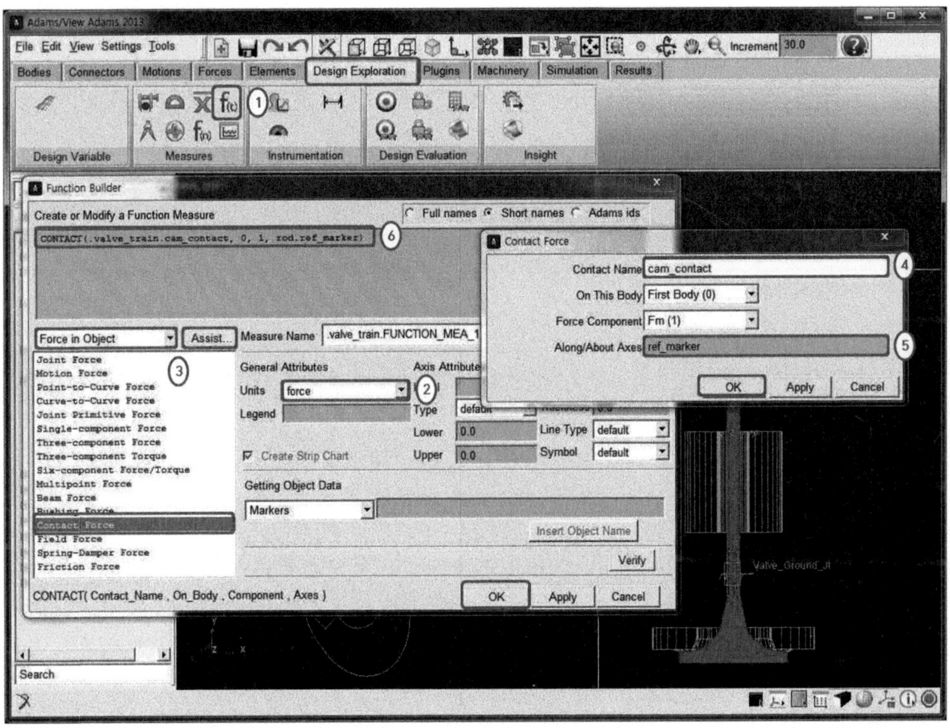

step 10 리프트-오프를 방지하기 위해 Spring Damper 수정하기

① Model tree의 Forces에서 SPRING_1을 우클릭한 후 Modify를 클릭한다.

② Stiffness Coefficient에서 110(N/mm), Preload에서 400 N을 입력한다.

③ OK를 클릭한다.

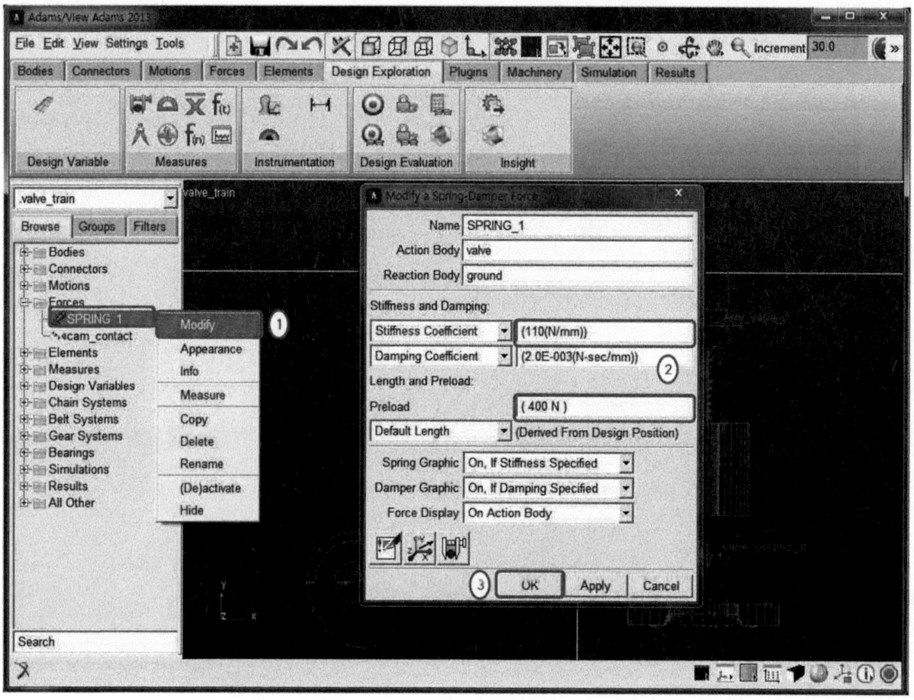

step 11 ViewFlex를 사용하여 Flexible Part 만들거나 바꾸기

① ViewFlex를 사용하여 Rigid valve를 Flexible valve로 바꾸고 rigid body에 작용하는 구속을 flexible body로 옮길 것이다. 먼저 valve를 클릭하여 선택한 뒤, Main Toolbox의 Bodies에서 Rigid to Flex를 클릭한다.

② Make Flexible에서 Create New를 클릭한다.

③ ViewFlex-Create에서 Advanced Settings를 체크한다.

④ Element Specification에서 Size를 선택한다.

⑤ Element size에 2를, Minimum size에 0.5를 입력한다.

⑥ 그리고 OK를 클릭한다. 이제 Rigid valve가 Flexible valve로 대체된다.

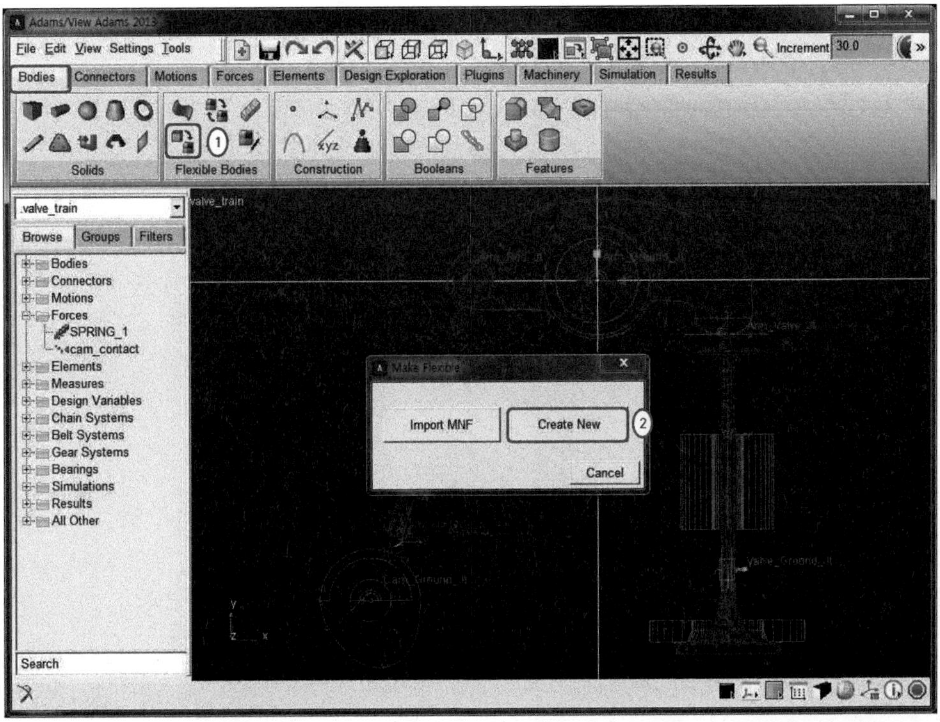

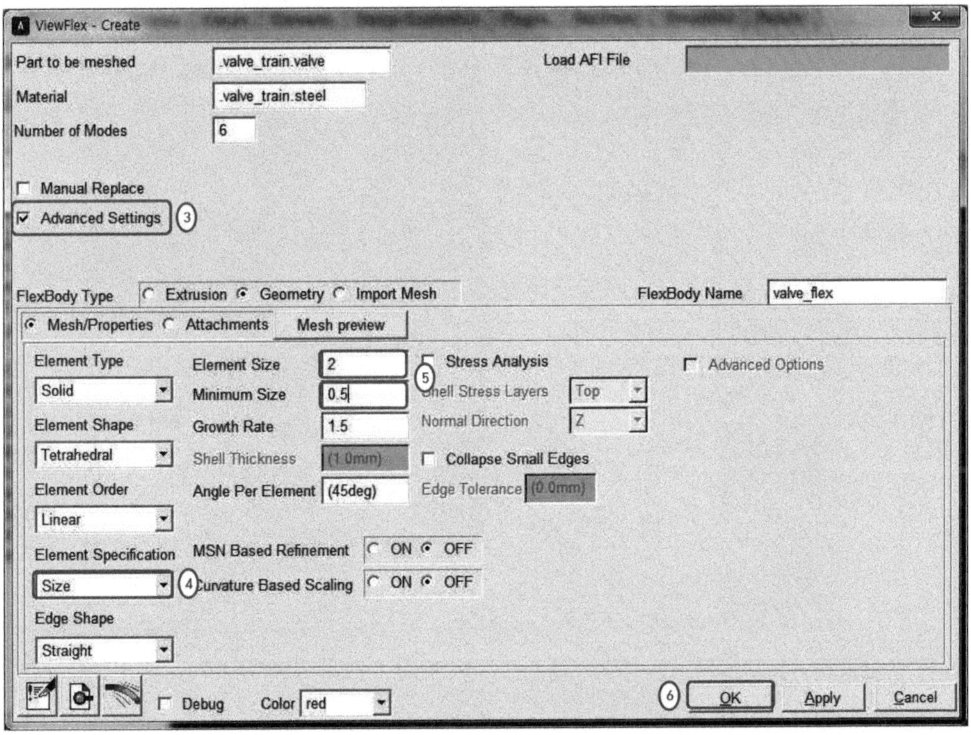

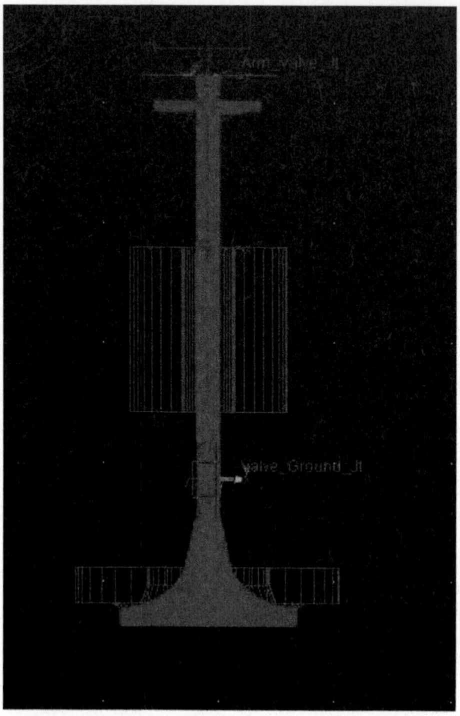
Arm_valve_Jt
valve_Ground_Jt

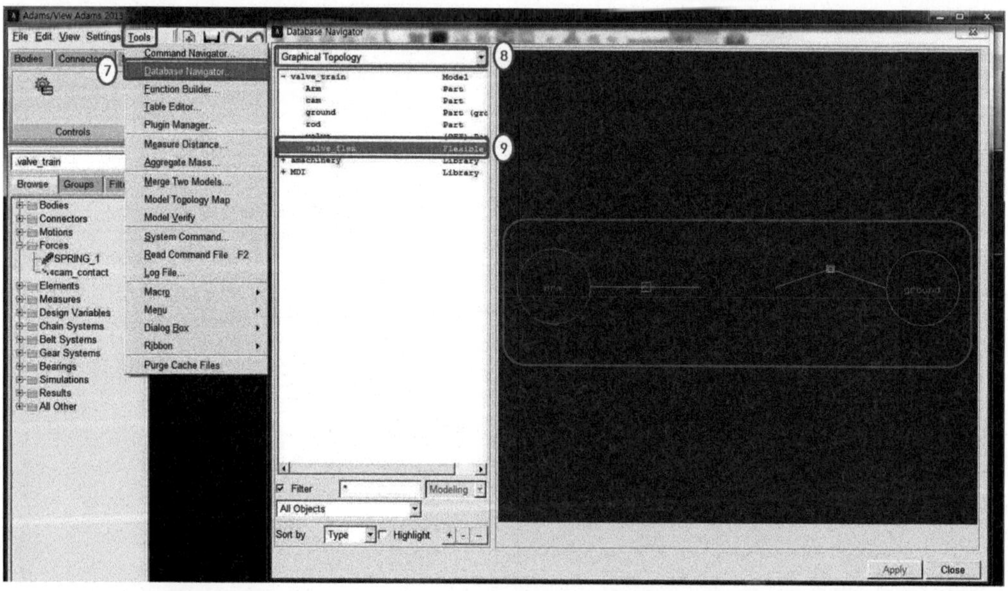
File Edit View Settings Tools
Command Navigator...
Database Navigator...
Function Builder...
Table Editor...
Plugin Manager...
Measure Distance...
Aggregate Mass...
Merge Two Models...
Model Topology Map
Model Verify
System Command...
Read Command File F2
Log File...
Macro
Menu
Dialog Box
Ribbon
Purge Cache Files
Controls
.valve_train
Browse Groups
Bodies
Connectors
Motions
Forces
SPRING_1
cam_contact
Elements
Measures
Design Variables
Chain Systems
Belt Systems
Gear Systems
Bearings
Simulations
Results
All Other
Database Navigator
Graphical Topology
valve_train Model
Arm Part
cam Part
ground Part
rod Part
valve_flex Flexible
MDI Library
Filter
Modeling
All Objects
Sort by Type Highlight
Apply Close
7
8
9

⑦ Tools 메뉴에서 Database Navigator를 클릭한다.

⑧ Browse에서 Graphical Topology로 선택한다.

⑨ Valve_train 아래의 Valve_flex를 클릭하여 flexible valve에 spring과 joint가 지금 연결되어 있다는 것을 알 수 있다.

step 12 시뮬레이션을 하고 저장하기

① cam이 딱 한번 돌아갈 때만을 보기 위해서 Simulation Controls에서 Static equilibrium을 클릭한다.

② End Time을 1/50 초로, Steps를 100으로 입력한다.

③ Play 버튼을 클릭하여 시뮬레이션을 시작한다.

④ Adams/PostProcessor를 사용하여 flexible body가 모델에 어떤 영향을 주는지 조사해본다.

⑤ 모델을 저장한다.

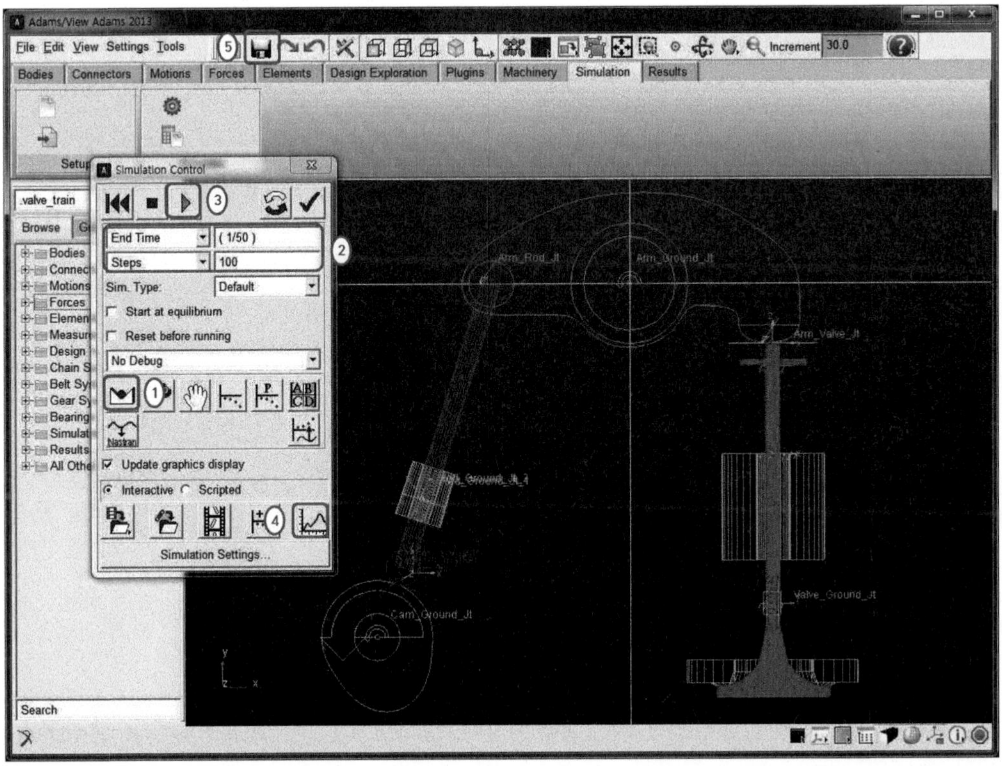

Example 17. Stamping Mechanism

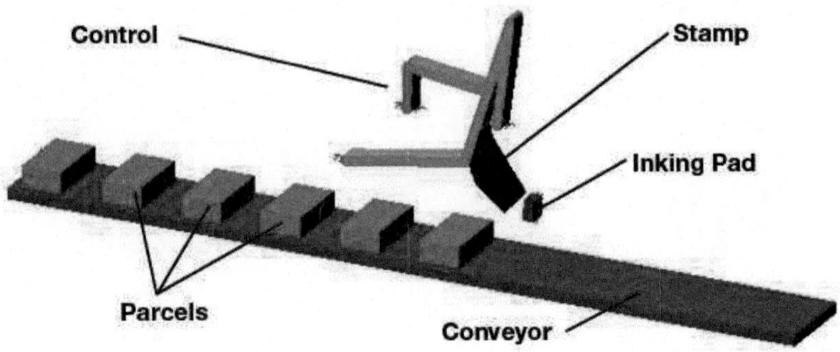

Workshop Objectives

Stamping mechanism 설계를 개선함으로써 Virtual prototyping 과정을 이해한다.

Software Version   Adams 2013.2

필요한 파일들

- aview.cmd

문제 설명

- 이 모델은 컨베이어 벨트를 따라 움직이는 소포를 스탬핑 하기 위한 기계 장치를 나타낸다.
- 작업이 돌아가는 동안, 도장은 라벨이 되어야할 소포에 접촉하지 않는다.
- 이 설계 결함을 고치기 위해서, Control link의 길이를 수정한다.

step 1 Import File

① Adams/View를 시작하고 Existing Model 아이콘을 클릭한다.

② File Name의 오른쪽 끝에 아이콘을 클릭하여 exercise_dir/Example 17 폴더에 위치한 aview.cmd 을 선택한다.(Working directory는 건들지 않는다.)

Adams/View Adams 2013
File Edit View Settings Tools
Increment 30.0
Bodies Connectors Motions Forces Elements Design Exploration Plugins Machinery Simulation Results
Solids
Flexible Bodies
Construction
Booleans
Features
No Model
Welcome to Adams
New Model
Existing Model
1
Exit
Adams
MSC Software

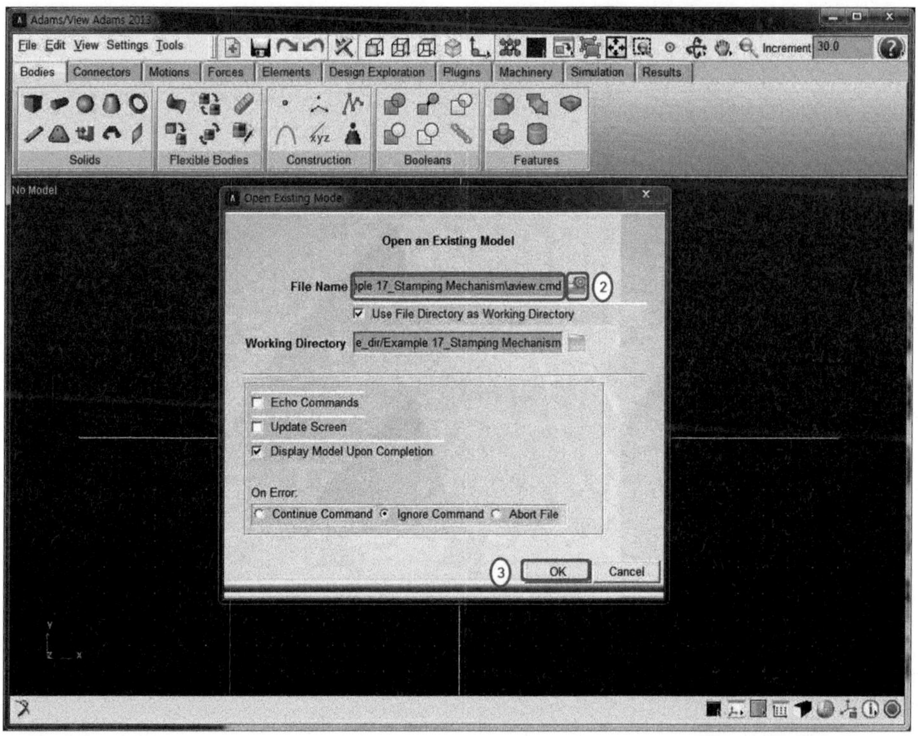
Adams/View Adams 2013
File Edit View Settings Tools
Increment 30.0
Bodies Connectors Motions Forces Elements Design Exploration Plugins Machinery Simulation Results
Solids
Flexible Bodies
Construction
Booleans
Features
No Model
Open Existing Model
Open an Existing Model
File Name
ple 17_Stamping Mechanism\aview.cmd
2
Use File Directory as Working Directory
Working Directory
e_dir/Example 17_Stamping Mechanism
Echo Commands
Update Screen
Display Model Upon Completion
On Error:
Continue Command
Ignore Command
Abort File
3
OK
Cancel

③ OK를 클릭한다.

step 2 Control Link 길이 바꾸기

① 왼쪽 위 메뉴에서 Stamper 메뉴를 클릭하고 Setting Up Model를 클릭한다.

② Stamper_Setup 창에서 왼쪽 버튼(◀)과 오른쪽 버튼(▶)을 사용하여 Control_link의 길이를 조절할 수 있다. 한번 클릭할 때마다 3mm 간격으로 길이가 변한다.

③ 길이를 변화를 화면에서도 확인해본다.

④ 처음 길이로 다시 돌아가기 위해서 Reset 버튼을 클릭한다.

⑤ 다음 단계를 위해서 그 상태 그대로 두고 Close를 클릭한다.

step 3 모델 시뮬레이션 하기

① 모델을 시뮬레이션하기 위해서 먼저 Stamper 메뉴에서 Simulate를 클릭한다.

② Single이 체크 되어 있는지 확인한다.

③ Apply를 클릭하면 시뮬레이션을 시작한다.

④ 시뮬레이션이 완료되면 Maximum penetration이 얼마인지 알려준다. 지금은 음수가 나올 것이다. 양수가 나오면 침투가 된 것이다. 계속 하기 위해서 OK를 클릭한다.

⑤ Close를 클릭한다

Tip

기본 값으로 Model Update는 Never로 선택되어 있다. 만약 화면에 시뮬레이션이 되는 모습을 실시간으로 보고 싶다면 At Every Output Step으로 선택하면 된다. 대신에 해석이 빨리 되지 않는다.

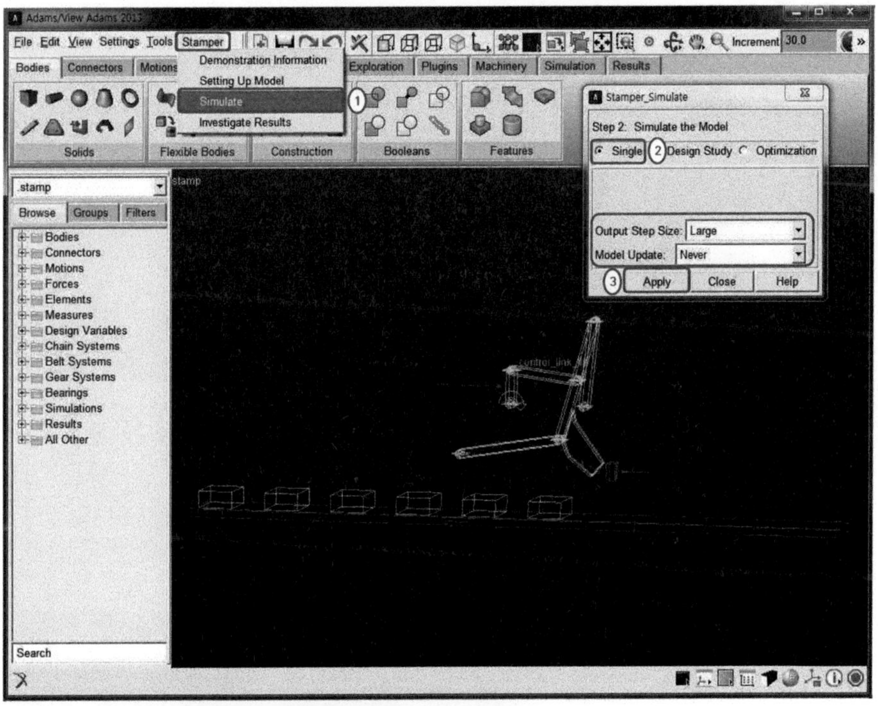

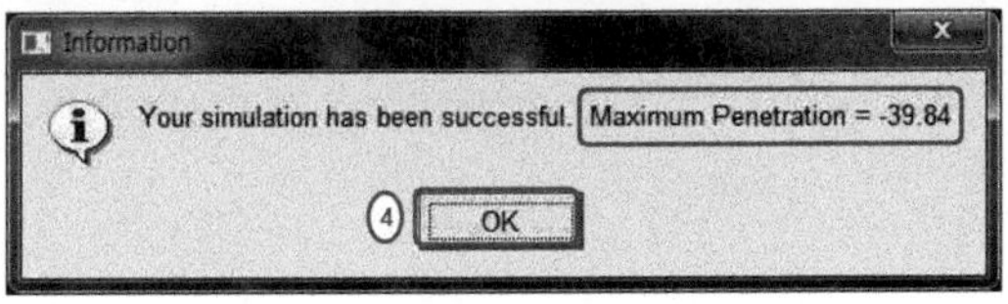

step 4 결과 조사하기

① Stamper 메뉴에서 Investigate Results를 클릭한다.

② 지난 시뮬레이션에 움직임을 보기 위해서, Animate Results를 클릭한다.(만약 애니메이션 도중에서 정지하고 싶다면 오른쪽 아래 Status bar에서 Stop 버튼을 클릭하면 된다.)

③ 지난 시뮬레이션에서 계산한 Stamper의 시간에 따른 소포로부터 수직 방향의 변위 그래프를 보기 위해서, Measure Stamp Height above Parcels을 클릭한다.(– Stamper_Setup에 설정에 따라서 그래프 모양이 다르게 나올 수 있다.)

④ 만약 현재 나와 있는 그래프를 저장하고 싶다면 Save Curve를 클릭하면 된다.

⑤ 다음 단계를 위해서 Close를 클릭한다.

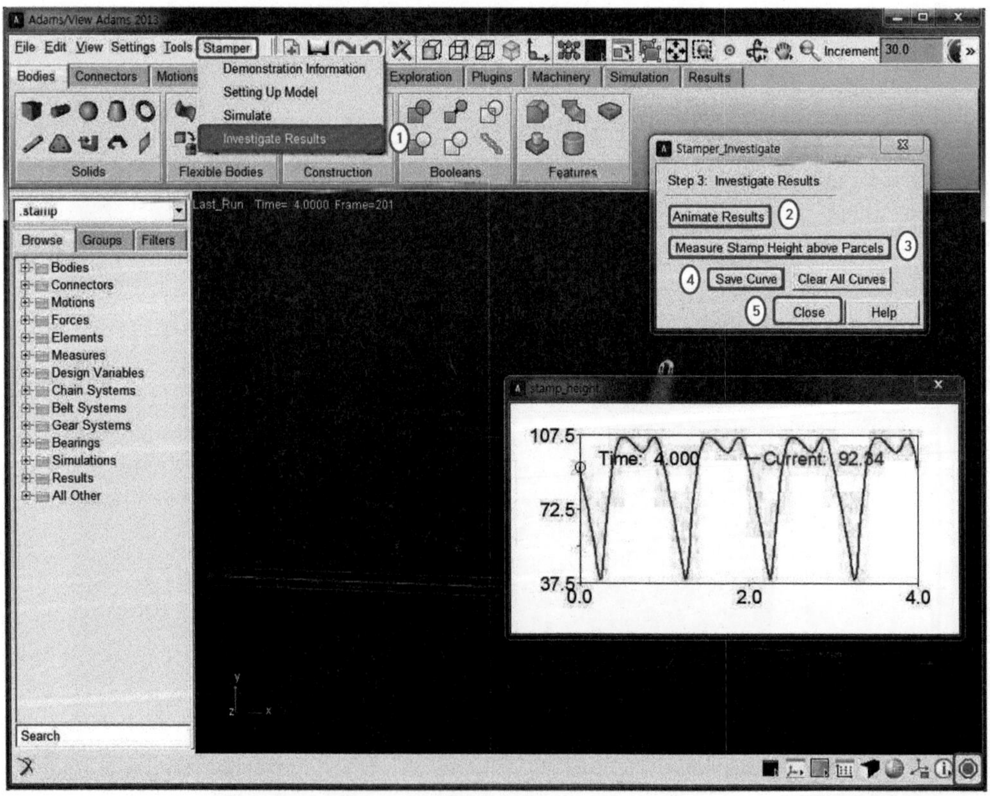

step 6 Design Study 수행하기

① Design study는 Control_link의 길이를 위 아래로 제한하고 구체적으로 돌리는 횟수를 사용하여 자동적으로 모델을 분석한다. 먼저 Stamper 메뉴에서 Simulate를 클릭한다.

② Design Study를 선택한다.

③ 위, 아래 제한 길이는 기본 값으로 두어도 되지만 만약 바꾸길 원한다면 바꾸어도 된다.

④ Runs 에서는 5를 입력한다.

⑤ 시뮬레이션의 속도를 높이고 싶다면 Model Update를 Never로 선택하면 된다.

⑥ Apply를 클릭한다.

⑦ Design Study가 자동적으로 모델을 분석한다. 완료가 되면 Design Study operation was successful 창이 뜬다. Close를 클릭한다.

⑧ Study가 완료되면 Information 창과 그래프 창이 나타난다. 그것을 보고 Control_link의 길이가 얼마 일 때 소포와 접촉하는지를 확인한다.

⑨ 확인한 후에 Information 창에서 Close를 한다.

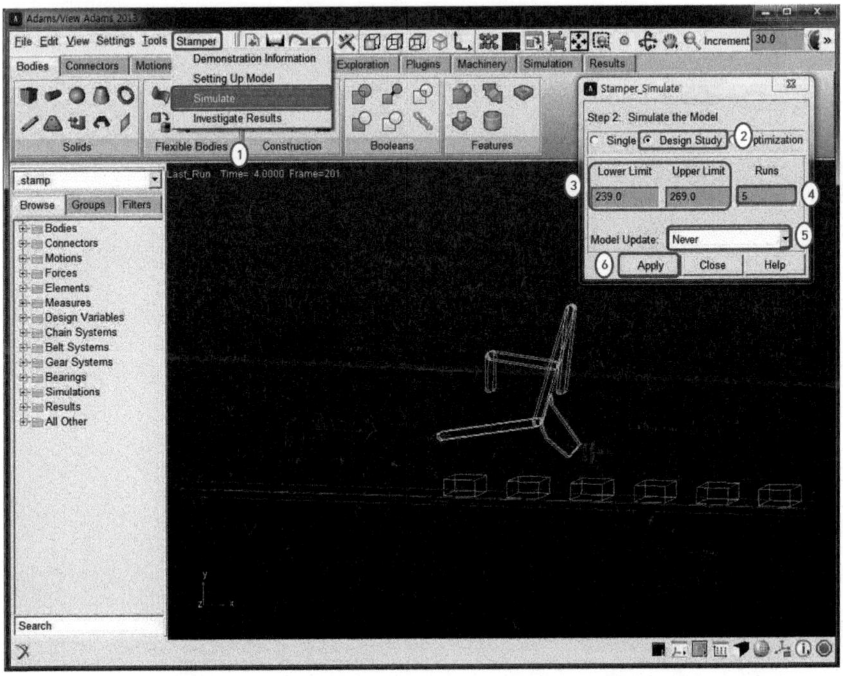

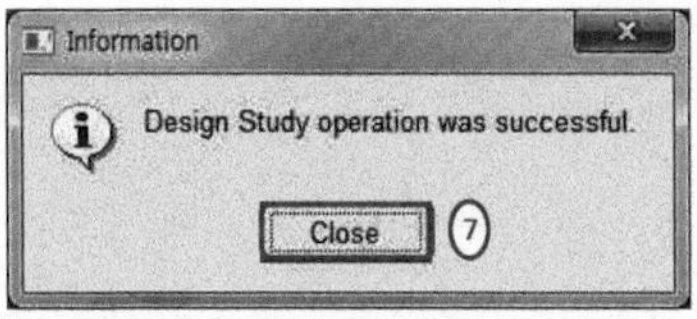

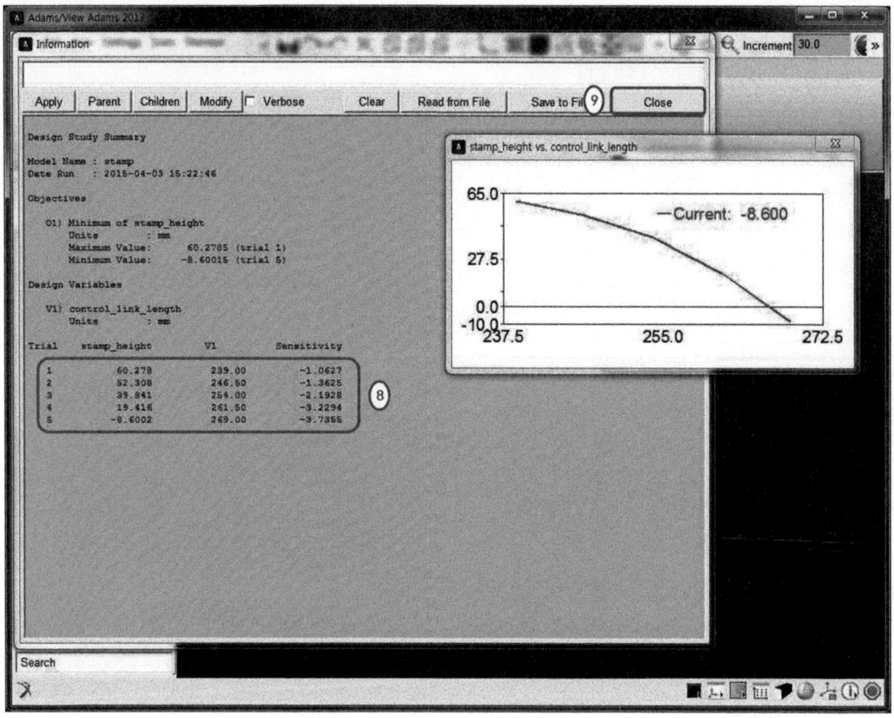

step 7 Optimization Study 수행하기

① Optimization Study를 하는 동안, Adams/View에서 정해 놓은 Tolerance안에서 구체적으로 입력한 Penetration에 맞을 때까지 시스템적으로 control_link의 길이와 시뮬레이션의 구동 횟수를 달리 한다. 그러면 먼저 Stamper 메뉴에서 Simulate를 클릭한다.

② Optimization을 선택한다.

③ Desired Penetration에서 4를 입력한다. (4mm를 의미함, 단위는 입력하지 않아도 된다. Adams/View에서 자동적으로 모델에서 설정한 단위에 맞게 계산한다.)

④ Model Update를 Never로 선택한다.

⑤ Apply를 클릭하여 Optimization Study를 시작한다.

⑥ Study가 완료되면 Control link의 길이와 Penetration이 몇인지 정보창이 나온다. OK를 클릭한다.

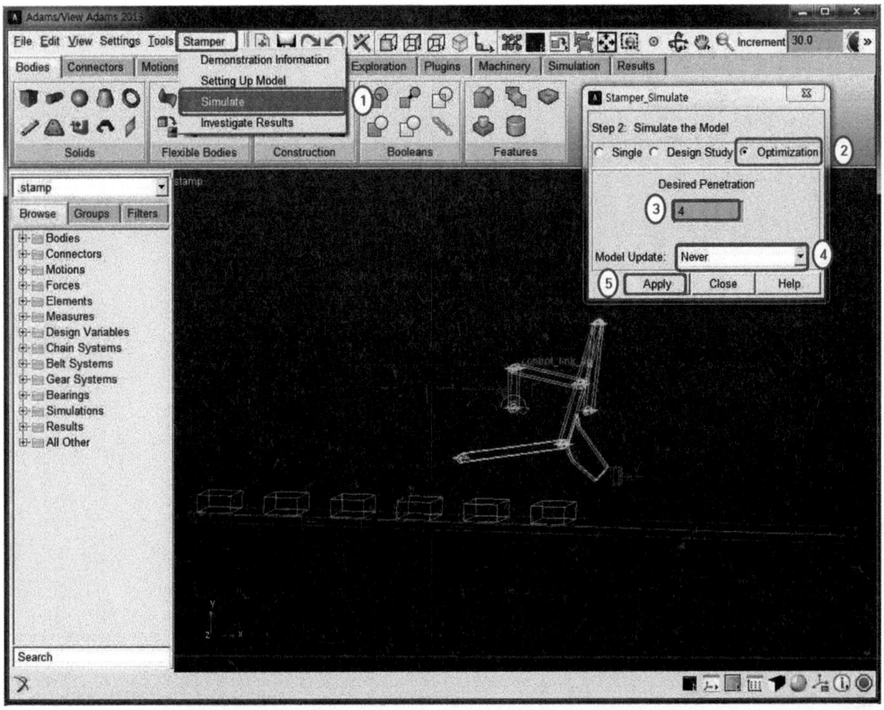

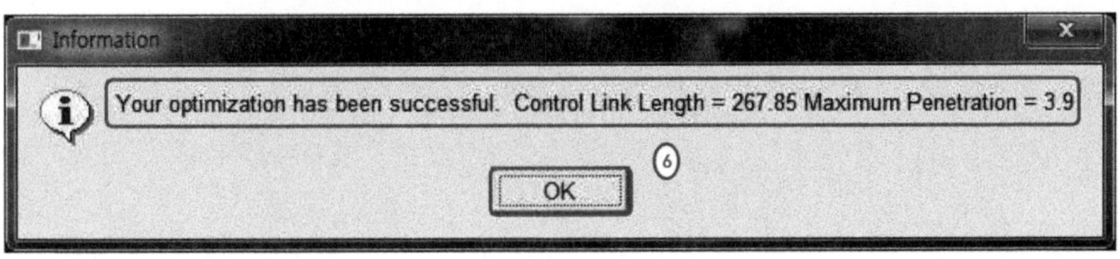

Example 18. Robot Arm

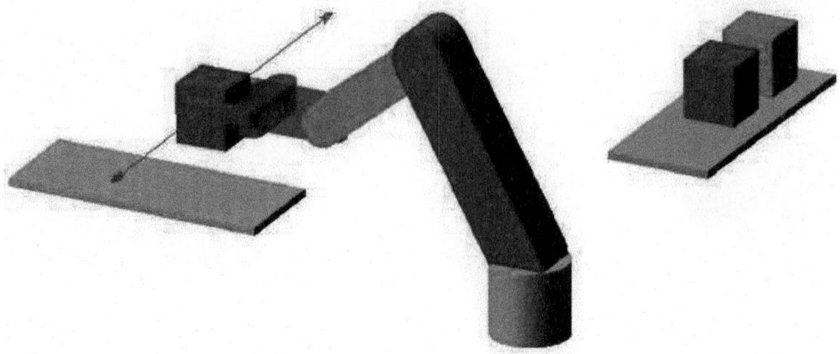

Software Version Adams 2013.2

Workshop Objectives

- Adams에서 robot arm을 만든다.
- Multi-planar part layouts을 사용하기 위해 Working grid를 다룬다.
- Revolute joint 사이에 기어 구속을 만든다.
- SFORCE를 사용하여 Manipulator 로봇에 Griping torque를 적용시킨다.
- 3D 물체의 접촉과 마찰을 정의한다.
- 복잡한 일을 수행하기 위해서 Joint motion과 motor torque를 동시에 발생하도록 한다.

step 1 Lower link와 middle link 만들기

① Adams/View를 시작하고 New Model을 클릭한다.

② Model Name에 robot_arm을 입력하고 Gravity는 Earth Normal(-Global Y), Units는 MMKS를 선택, Working directory는 자신이 저장할 폴더로 지정하고 OK를 클릭한다.

③ Bodies에서 Rigid body : Link를 클릭한다.

④ width(40mm)와 depth(40mm)를 체크를 하고 치수를 입력한다.

⑤ F4키를 눌러 Coordinates 창을 사용하여 (0,0,0)에서 (0,150,0)까지 Link를 만

든다.

⑥ 생성한 PART_2를 우클릭하여 Rename을 클릭, lower_link로 이름을 바꿔준다.

⑦ 다시 Rigid body: Link를 클릭하여 width(30mm)와 depth(30mm)를 체크하고 치수를 입력한 뒤, (0,150,0)에서 (0,250,0)까지 Link를 만들고 Part_3에서 middle_link으로 이름을 바꾼다.

⑧ Bodies에서 Rigid Body: Cylinder을 클릭한 후, radius(30mm)를 체크하고 치수를 입력한 뒤, (0,0,0)을 시작점으로 클릭하고 (0,−50,0)을 끝점으로 클릭하여 Cylinder를 만든다. 그리고 Part_4를 base으로 이름을 바꾼다.

⑨ Revolute Joint는  다음 표를 참고하여 만들어 준다.(표를 따라 순서대로 클릭만하면 된다.)

JOINT	First Body	Second Body	Location
Joint_1	lower_link	base	(0,0,0)
Joint_2	middle_link	lower_link	(0,150,0)

(Body를 선택하는 순서는 매우 중요하다. 그 이유는 선택하는 순서에 따라 회전의 + 방향이 결정되기 때문이다. 모든 Joint들을 만들고 난 후에, motion들이 일치하는지 테스트를 할 것이다. 만약 방향이 일치하지 않는다면 선택하는 순서만 바꾸면 쉽게 바꿀 수 있다.)

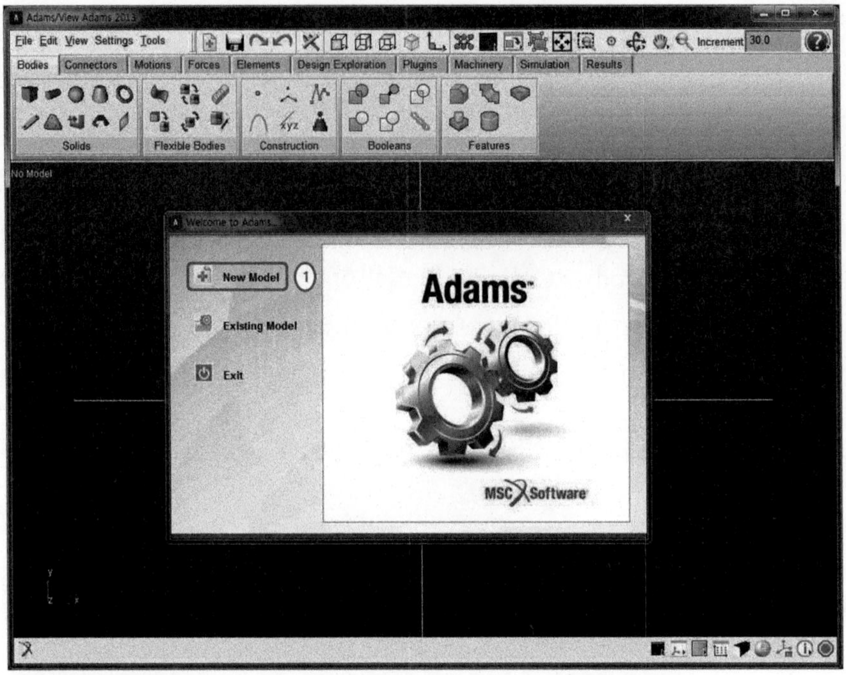
Adams/View Adams 2013
File Edit View Settings Tools
Increment 30.0
Bodies Connectors Motions Forces Elements Design Exploration Plugins Machinery Simulation Results
Solids
Flexible Bodies
Construction
Booleans
Features
No Model
Welcome to Adams
New Model
1
Existing Model
Exit
Adams
MSC Software

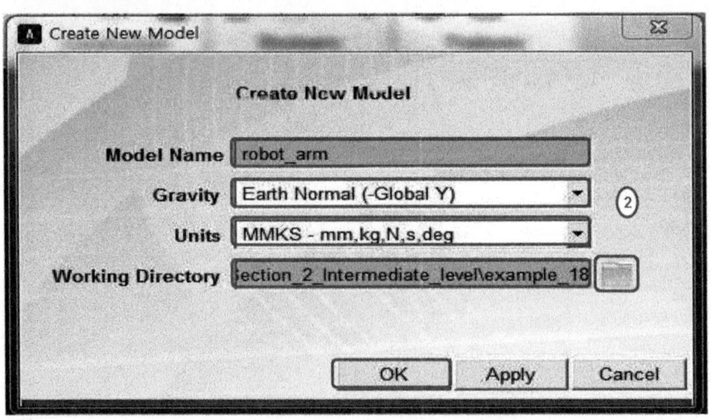
Create New Model
Create New Model
Model Name
robot_arm
Gravity
Earth Normal (-Global Y)
2
Units
MMKS - mm,kg,N,s,deg
Working Directory
ection_2_Intermediate_level\example_18
OK
Apply
Cancel

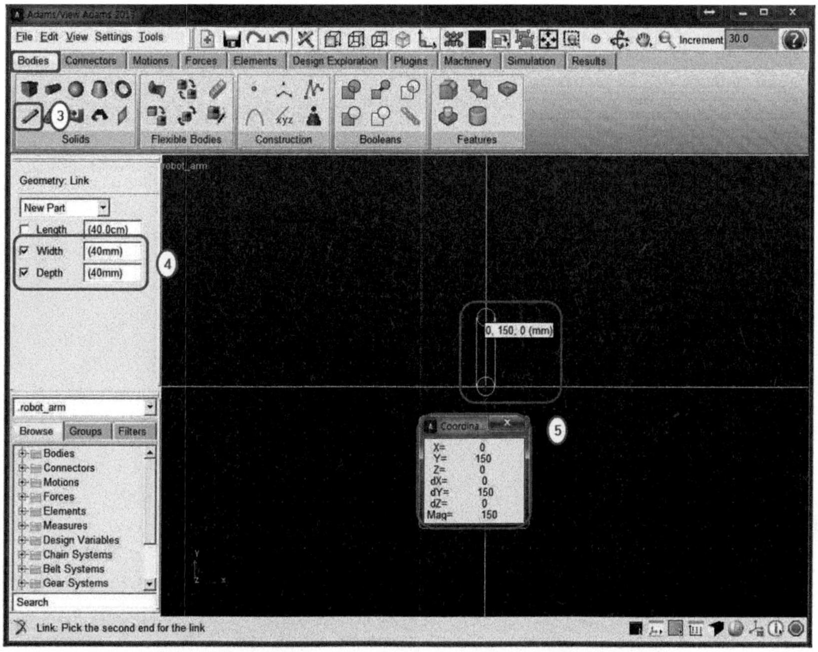

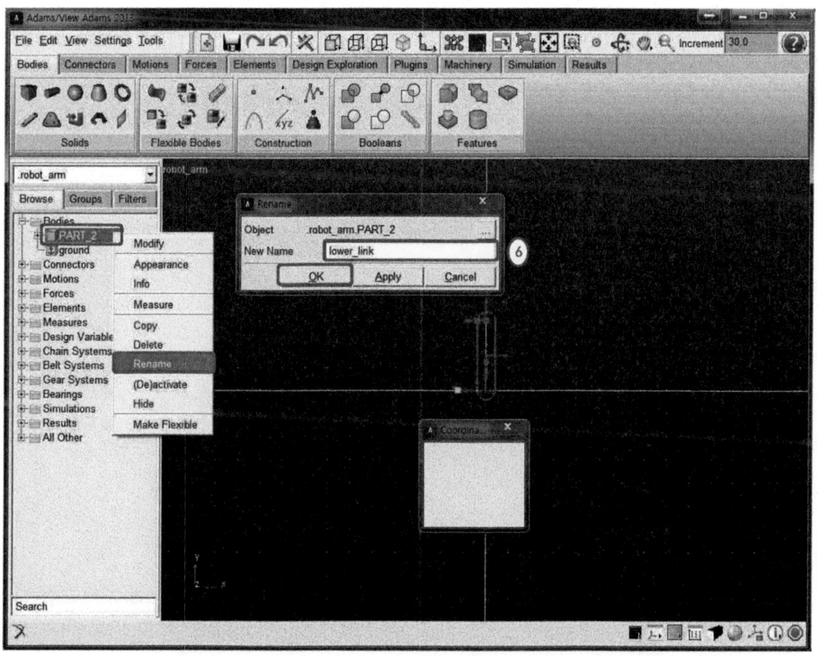

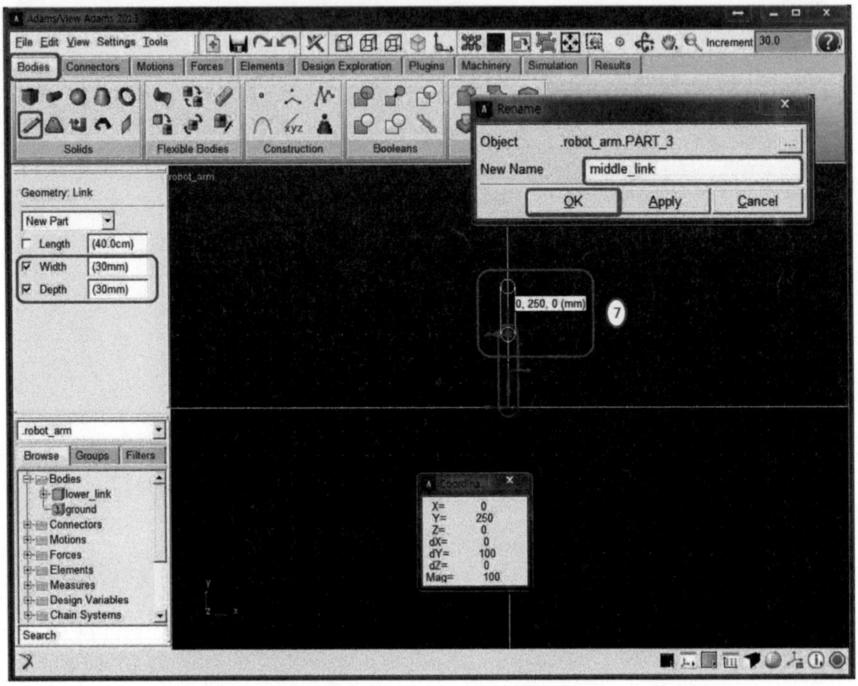

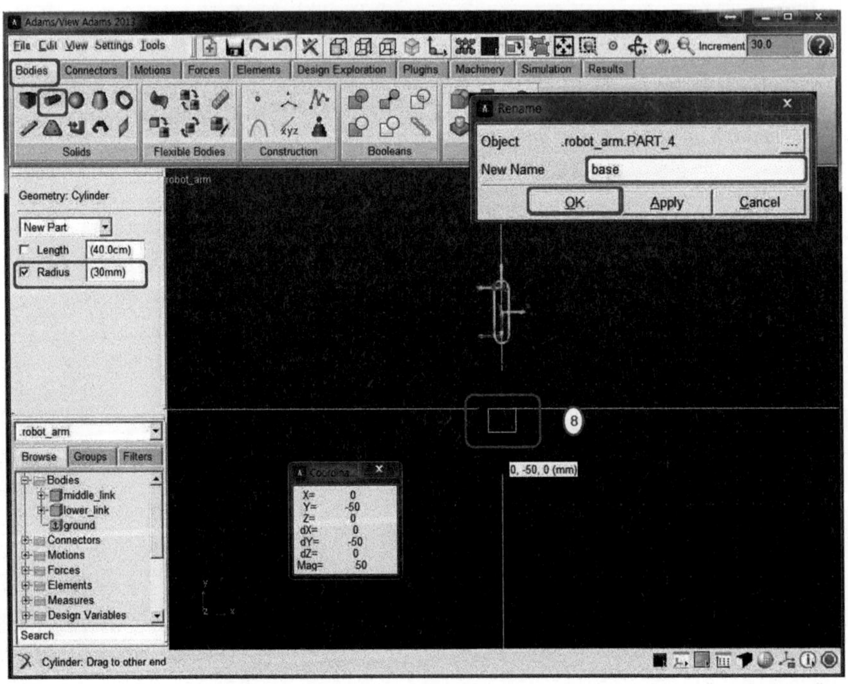

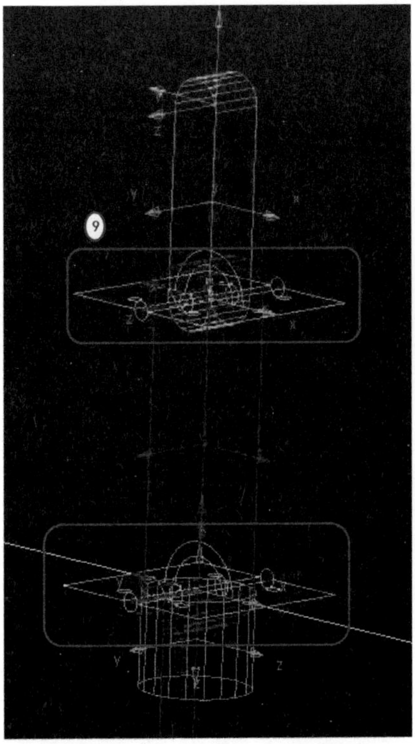

step 2 Working Grid 바꾸기

① Settings에서 Working Grid를 클릭한다.

② Spacing에서 X,Y 모두 10mm로 입력한다.

③ Set Orientation에서 Global YZ 평면을 선택하고 OK를 클릭한다.

④ Shift+R키를 눌러 오른쪽 시점으로 바꾼다.

(XY working grid는 lower, middle link들과 base를 만들 때 좋다. Manipulator를 만들 때는 YZ일 때가 훨씬 더 편하다. 그 이유는 마우스 포인트가 적절한 평면위에 있고 Joint나 다른 엔트리들의 기본 값으로 설정 되어 있는 Normal to Gird 옵션을 사용할 수 있기 때문이다.)

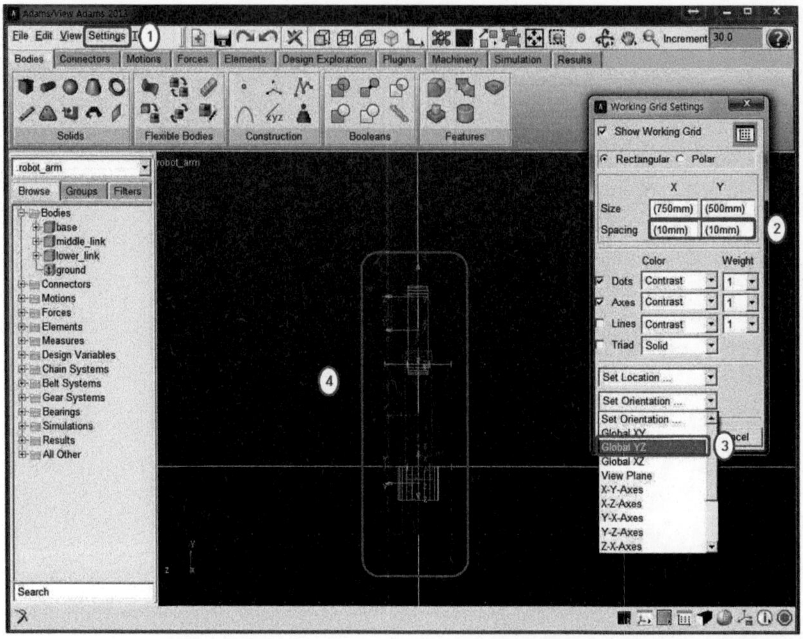

step 3 Manipulator 만들기 I

① 작입을 할 때 아이콘들의 사이즈를 줄이기 위해서 Settings에서 Icons를 클릭한다.

② New Size에 10을 입력하고 OK를 클릭한다.

③ 아래 표에 나와 있는 것처럼 Link들을 만들고 이름도 바꾼다.

Link Name	Start/End Points		Width	Depth
manipulator_base	(0,300,0)	(0,250,0)	20mm	20mm
gripper_right	(0,350,–30)	(0,300,–30)	10mm	10mm
gripper_left	(0,350,30)	(0,300,30)	10mm	10mm

밑에 그림을 보면 Orange link가 manipulator_base, Red link가 gripper_right, Green link가 gripper_left 이다.

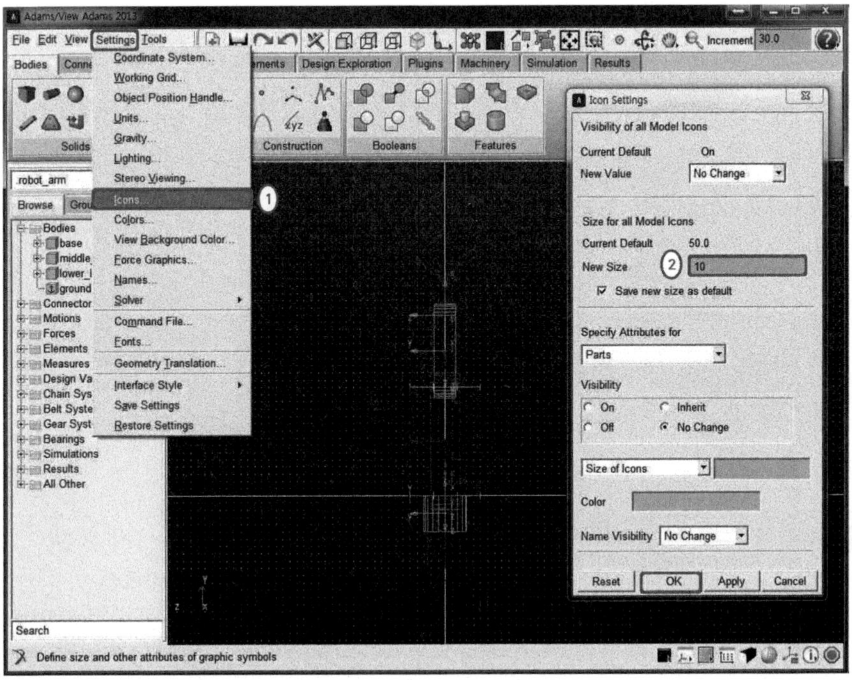
Adams/View Adams 2013
File Edit View Settings Tools
Coordinate System...
Working Grid...
Object Position Handle...
Units...
Gravity...
Lighting...
Stereo Viewing...
Icons...
Colors...
View Background Color...
Force Graphics...
Names...
Solver
Command File...
Fonts...
Geometry Translation...
Interface Style
Save Settings
Restore Settings
1
Icon Settings
Visibility of all Model Icons
Current Default On
New Value No Change
Size for all Model Icons
Current Default 50.0
New Size 2 10
Save new size as default
Specify Attributes for
Parts
Visibility
On Inherit
Off No Change
Size of Icons
Color
Name Visibility No Change
Reset OK Apply Cancel
Define size and other attributes of graphic symbols

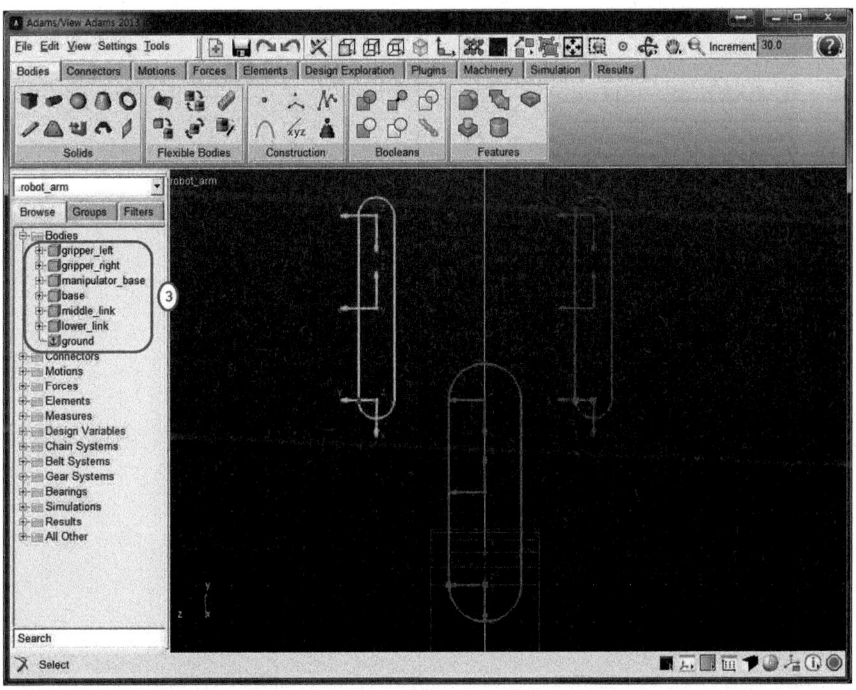
Adams/View Adams 2013
File Edit View Settings Tools
Bodies Connectors Motions Forces Elements Design Exploration Plugins Machinery Simulation Results
Solids Flexible Bodies Construction Booleans Features
robot_arm
Browse Groups Filters
Bodies
gripper_left
gripper_right
manipulator_base
base
middle_link
lower_link
ground
3
Connectors
Motions
Forces
Elements
Measures
Design Variables
Chain Systems
Belt Systems
Gear Systems
Bearings
Simulations
Results
All Other
Search
Select

step 4 Manipulator 만들기 Ⅱ

① 이번 시뮬레이션을 위해서, 로봇은 한 변의 길이가 40mm인 정육면체 큐브를 쥐어야한다. precision move를 사용하여 gripper들 정확하게 띄어 놓기 위해서 위쪽 상단에 Position을 우클릭한 후 Position: move 아이콘을 클릭한다.

② Vector로 선택하고 distance에 5mm를 입력한다.

③ gripper_left를 클릭한다.

④ 오른쪽 방향으로 움직이도록 설정해 주기 위해서 시작점과 끝점을 클릭하는데 Global z축의 반대 방향으로 평행하게 해주기만 하면 된다.(밑에 그림참고)

⑤ gripper_right도 같은 방식으로 왼쪽으로 5mm를 이동시킨다.

⑥ Manipulator base 부분을 완성시키기 위해서 Bodies에서 Rigid body: Link를 클릭한다.

⑦ New Part에서 Add to Part로 선택하고 Width(20mm)와 Depth(20mm)를 체크한 후 치수를 입력한다.

⑧ manipulator_base를 클릭한 후 양 끝점을 각각의 gripper 부분의 끝에 있는 마커로 선택한다.

⑨ 이번에는 Revolute joint를 아래에 표에 보이는 것처럼 각 grippers와 manipulator_base 사이에 만들어준다.

JOINT	First Body	Second Body	Location
joint_3	gripper_left	manipulator_base	(0,300,25)
joint_4	gripper_right	manipulator_base	(0,300,–25)

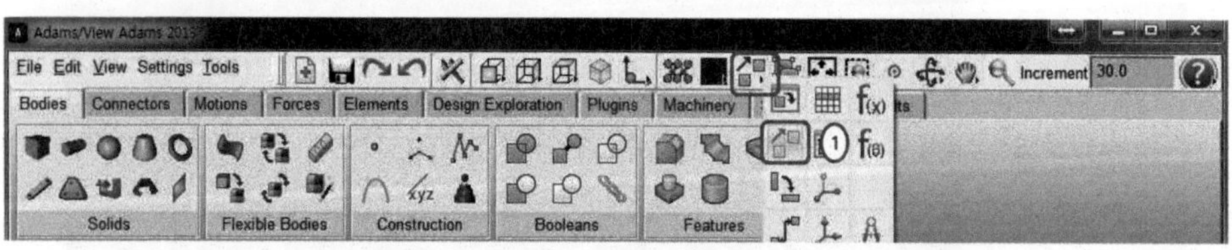

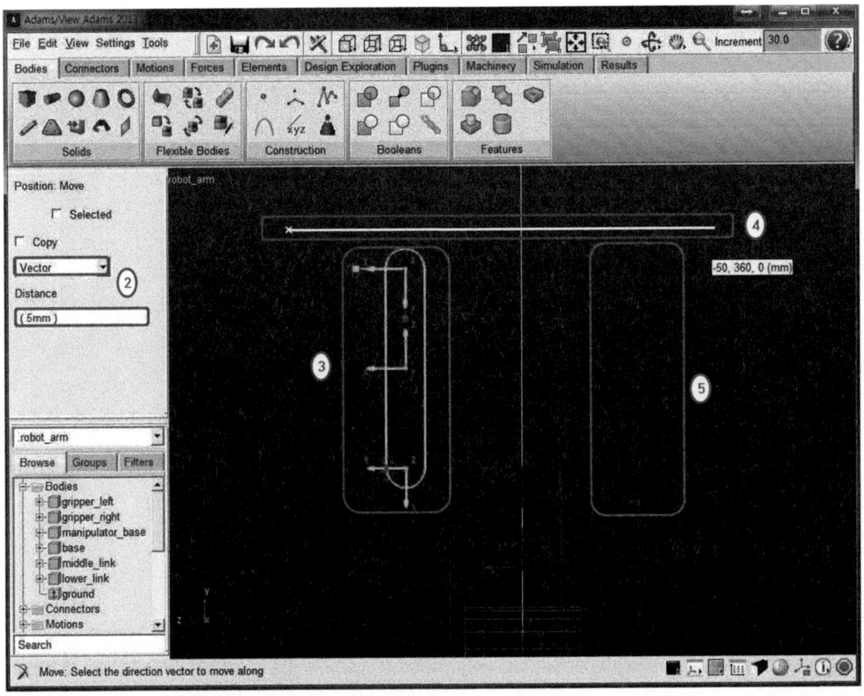

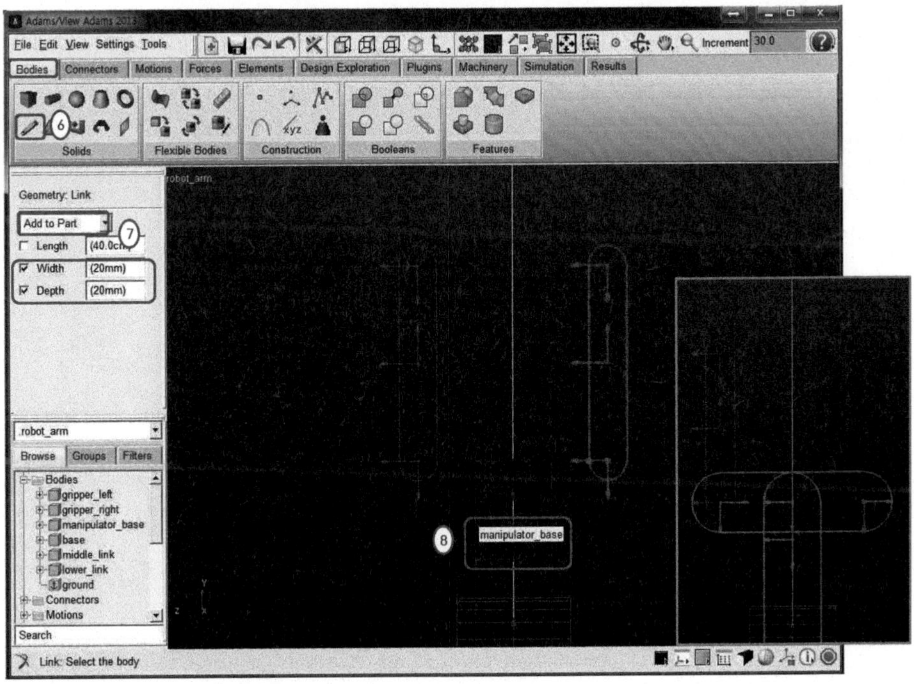

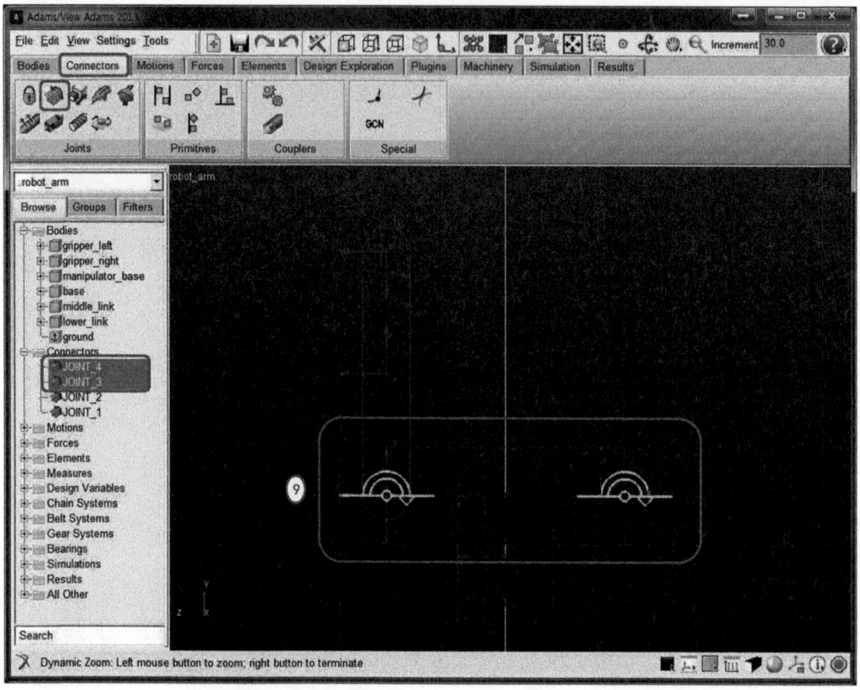

step 5 나머지 Joints 정하기

① Working grid의 Set Orientation에서 Global XY를 선택한다.

② Revolute joint를 manipulator_base를 First Body로 middle_link를 Second Body로 하여 (0,250,0)에 만든다.

③ 다시 Working grid의 Set Orientation을 Global XZ로 선택한다.

④ Revolute joint를 base를 First Body로 ground를 Second Body로 하여 (0,-25,0)에 만든다.

Tip

Revolute joint의 위치를 지정할 때 F4키를 눌러 Coordinates 창을 사용하거나 우클릭하여 Location Event 창을 사용하면 편하다.

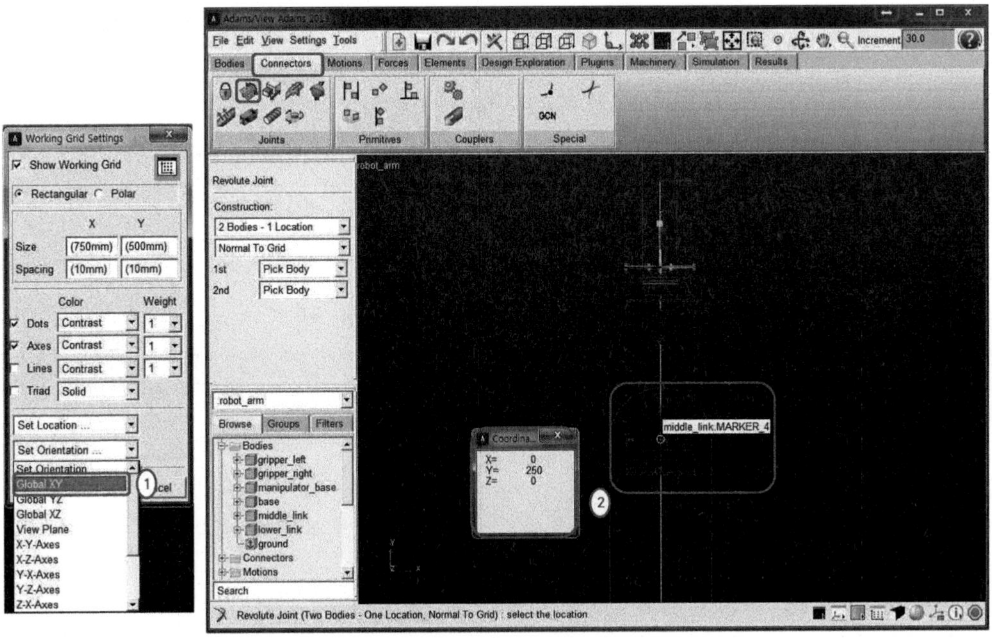
Working Grid Settings
Show Working Grid
Rectangular Polar
Size (750mm) (500mm)
Spacing (10mm) (10mm)
Set Location ...
Set Orientation ...
Global XY
Global XZ
View Plane
1
Revolute Joint
Construction:
2 Bodies - 1 Location
Normal To Grid
1st Pick Body
2nd Pick Body
middle_link.MARKER_4
X= 0
Y= 250
Z= 0
2
Revolute Joint (Two Bodies - One Location, Normal To Grid) : select the location

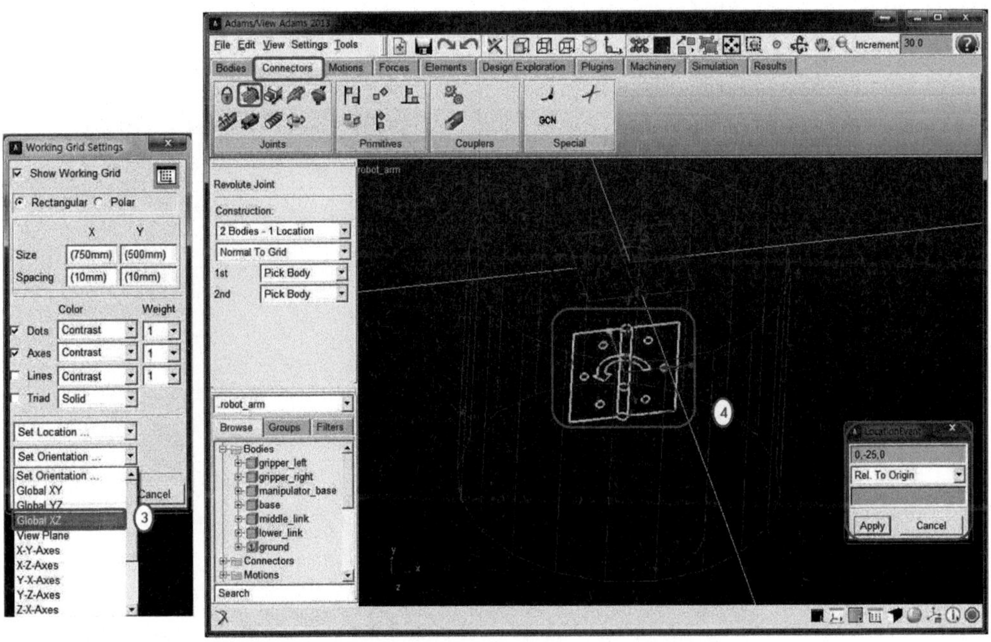
Working Grid Settings
Show Working Grid
Set Orientation ...
Global XZ
3
Revolute Joint
2 Bodies - 1 Location
Normal To Grid
4
0,-25,0
Rel. To Origin
Apply
Cancel

step 6 Motion들을 모델에 추가하기

① Main Toolbox의 Motions에서 Rotational Joint Motion을 클릭한다.

② Rot. Speed는 기본 값으로 되어있는 30인 상태에서 lower_link와 base 사이에 있는 Joint_1을 클릭하여 Motion_1을 만든다.

③ 아래 표를 참고하여 나머지 5개의 Revolute joint에 모두 기본 Rot. speed 값인 30인 상태에서 Rotational Joint Motion을 만들어 준다.

MOTION	First & Second Body	JOINT
Motion_2	middle_link & lower_link	Joint_2
Motion_3	manipulator_base & middle_link	Joint_5
Motion_4	gripper_left & manipulator_base	Joint_3
Motion_5	gripper_right & manipulator_base	Joint_4
Motion_6	base & ground	Joint_6

④ Motion_1을 우클릭하여 Modify를 클릭하고 Function에서 −30d*time을 입력한다.

⑤ Simulation Control에서 End time을 5 초, Steps를 50하여 시뮬레이션을 한다.

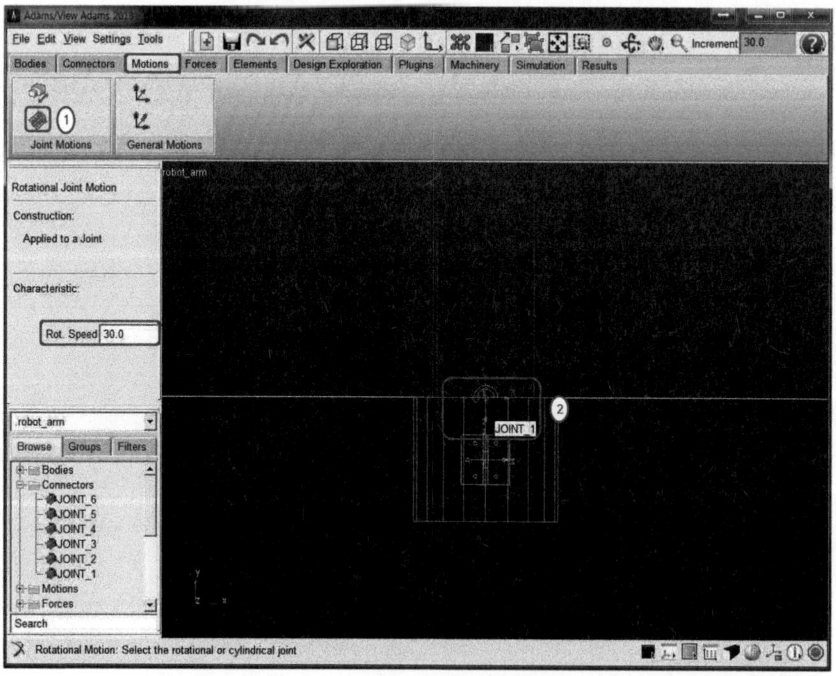

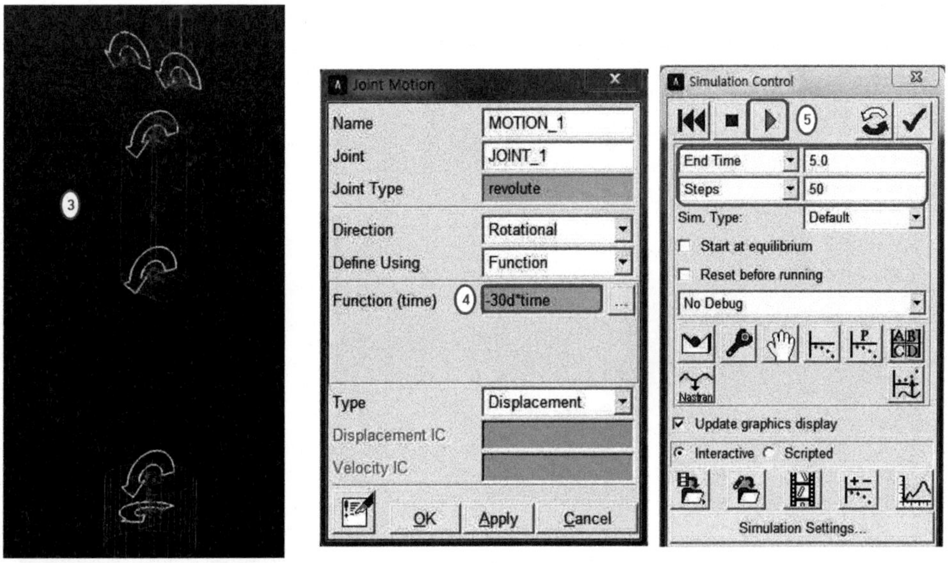

step 7 모델 테스트 하기

① 시뮬레이션을 완료한 후에 animation 아이콘을 클릭한다.

② frame 26으로 맞춘다.

③ 밑에 그림은 frame 26일 때 모습이다. 그림과 비교하여 일치하는지 확인한다.

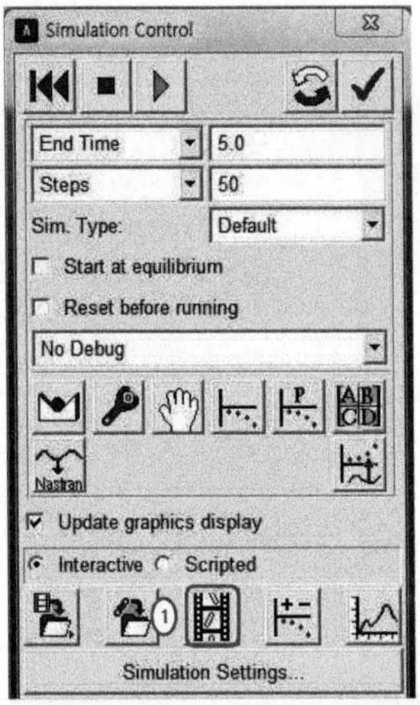
Simulation Control
End Time
5.0
Steps
50
Sim. Type:
Default
Start at equilibrium
Reset before running
No Debug
Nastran
Update graphics display
Interactive
Scripted
1
Simulation Settings...

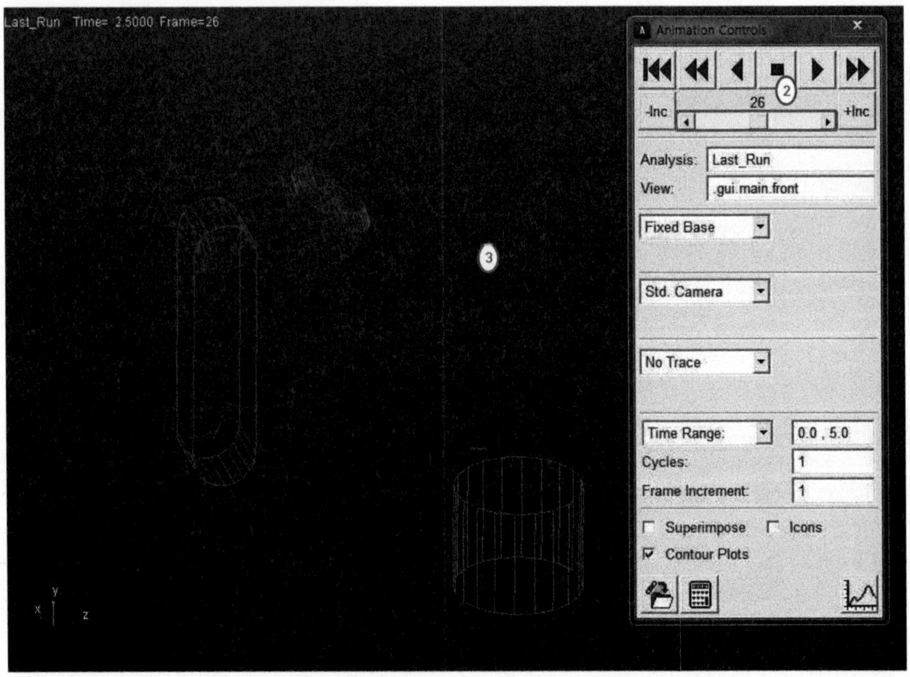
Last_Run Time= 2.5000 Frame=26
Animation Controls
2
26
-Inc
+Inc
Analysis:
Last_Run
View:
.gui.main.front
Fixed Base
Std. Camera
No Trace
Time Range:
0.0 , 5.0
Cycles:
1
Frame Increment:
1
Superimpose
Icons
Contour Plots
3

step 8 잡을 물체 만들기 Ⅰ

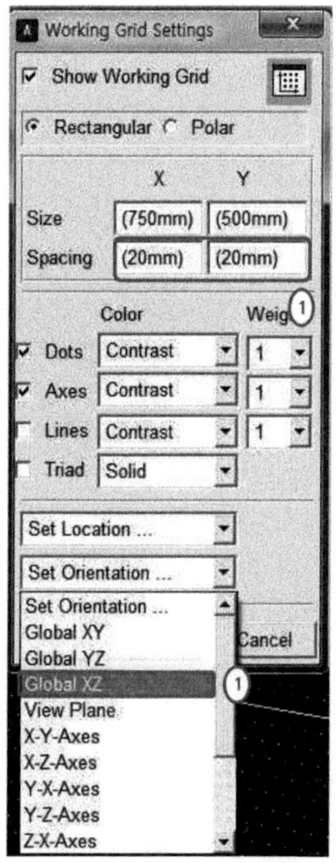

① Working grid의 Spacing에서 X,Y 모두 20mm 로 입력하고 Set Orientation을 Global XZ로 선택한다.

② Shift+t키를 눌러 Top view에서 Bodies의 Rigid Body: Box를 클릭한다.

③ 스크린을 우클릭하여 Location Event창을 열고 Rel. To Grid로 선택하고 (−40,400,0), (40,200,0)을 순으로 좌표를 설정하여 Box를 만들고 이름을 plate_1로 바꾼다.

④ 다시 Bodies에서 Rigid Body: Box를 클릭하여 Location Event 창을 사용하여 (200,40,0) , (400,−40,0) 순으로 좌표를 설정하여 Box를 만들고 이름을 plate_2로 바꾼다.

⑤ 생성한 plate_1(BOX_8)과 plate_2(BOX_9)에 해당되는 Box를 각각 우클릭하여 Modify를 클릭, Z축 성분의 값을 −5mm로 입력하고 OK를 클릭한다.

⑥ 그리고 한 변의 길이가 40mm 인 큐브를 만들기 위해서 밑에 그림처럼 BOX 3개를 만들고 각각 왼쪽부터 cube_1(BOX_10), cube_2(BOX_11), cube_3(-BOX_12)로 이름을 바꾼다.

⑦ 각각 생성한 cube에 해당되는 BOX를 우클릭하여 Modify로 들어가 Z축 성분의 값을 40mm로 입력한 뒤 OK를 클릭한다.

⑧ 다음으로 각 cube의 질량을 바꾸기 위해서 Model tree의 Bodies에서 각 cube들을 우클릭하고 Modify로 들어가 Define Mass By를 User Input으로 선택한 뒤, Mass에 20g를 입력하고 OK를 클릭한다.

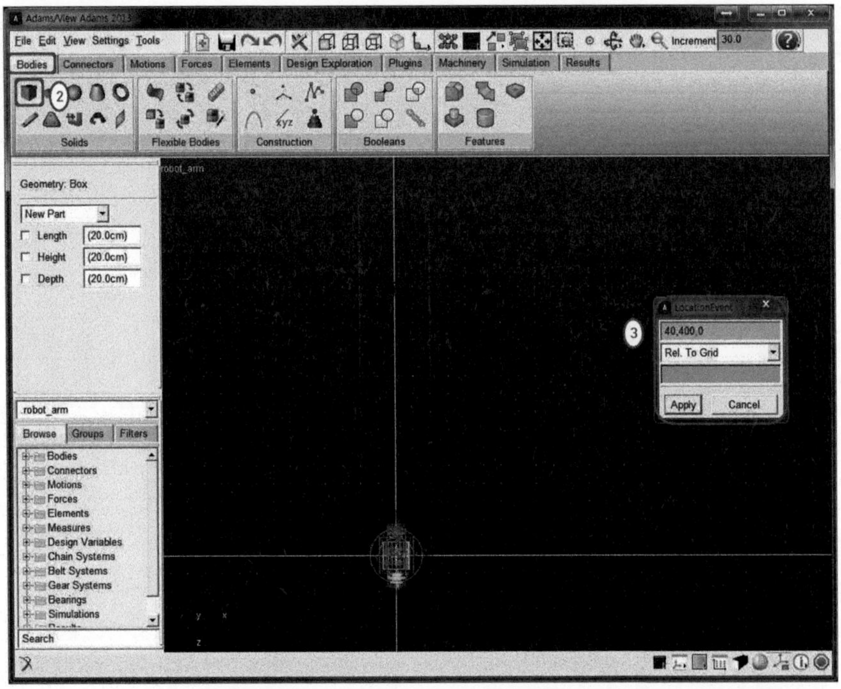
Geometry: Box
New Part
Length
Height
Depth
(20.0cm)
40,400,0
Rel. To Grid
Apply
Cancel
2
3

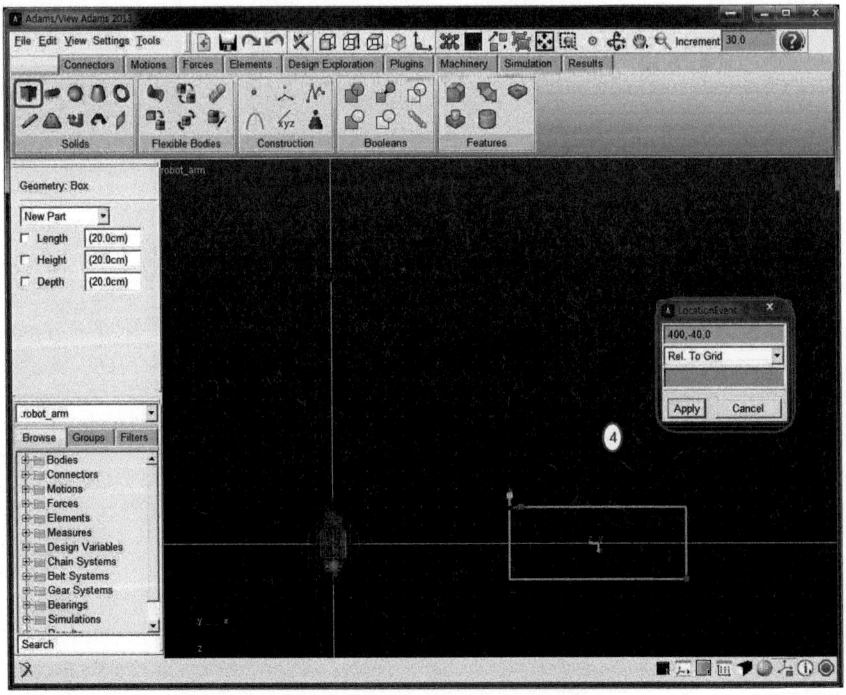
Geometry: Box
New Part
Length
Height
Depth
(20.0cm)
400,-40,0
Rel. To Grid
Apply
Cancel
4

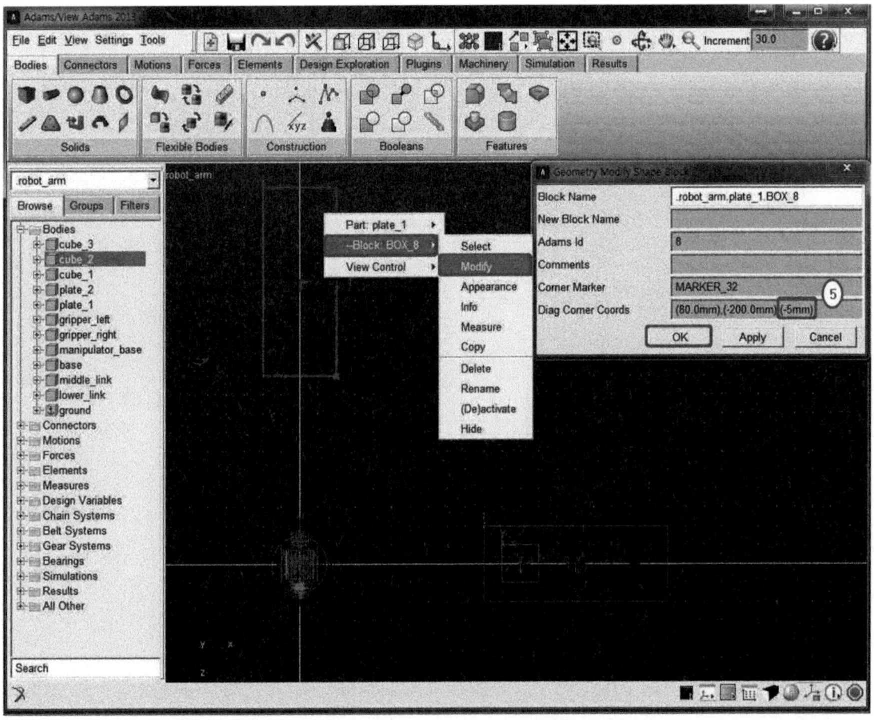

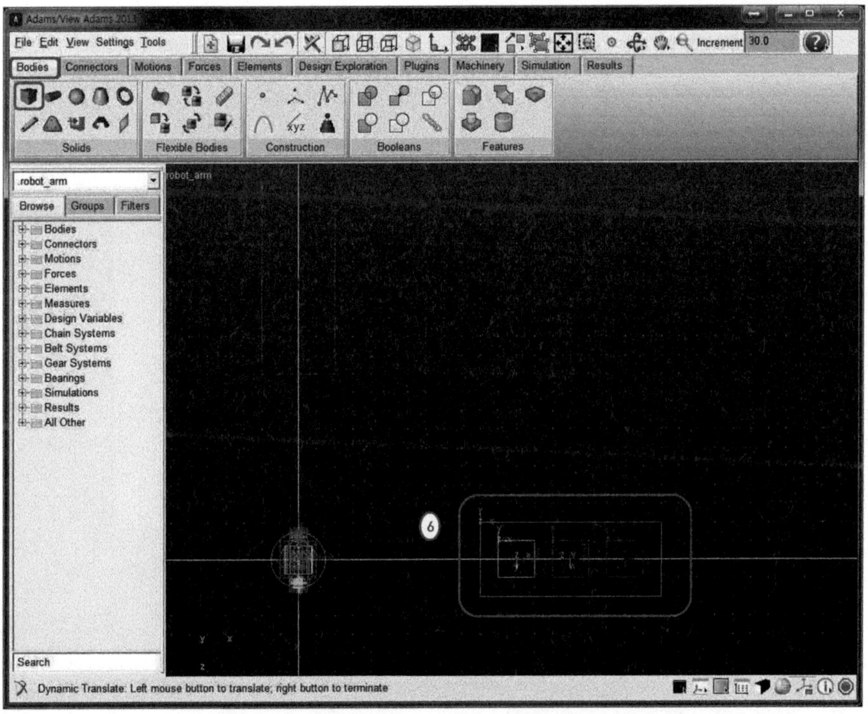

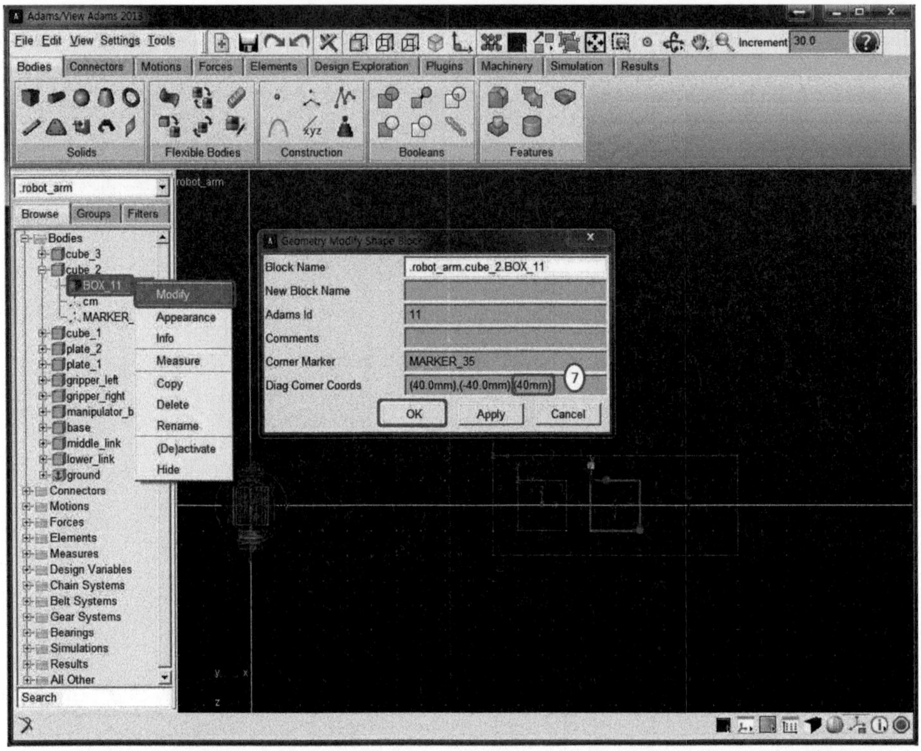

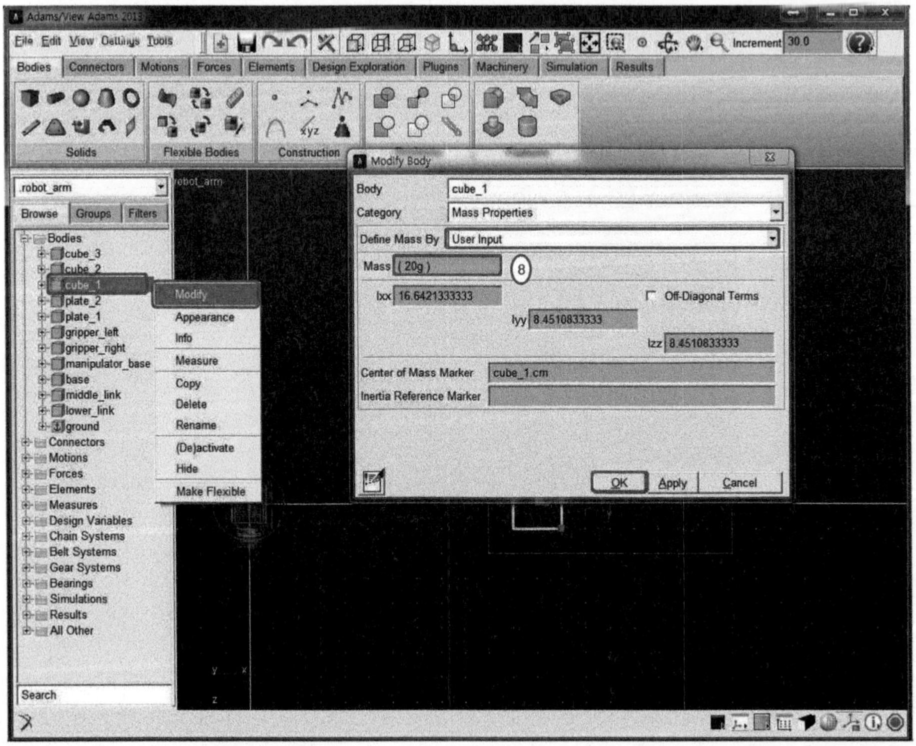

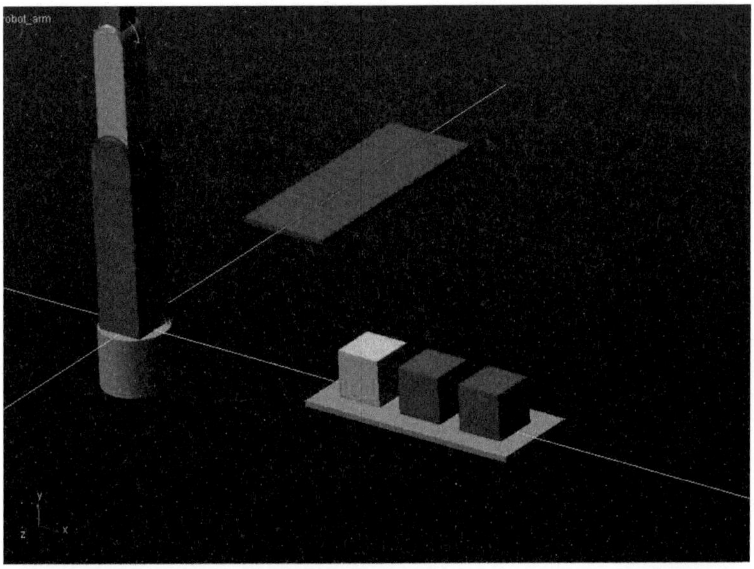

step 9 잡을 물체 만들기 Ⅱ

① 이제 plate와 ground 사이를 고정시킬 것이다. 그리고 cube와 plate 사이에 contact을 주어서 cube가 밑으로 떨어지지 않게 할 것이다. 그러면 먼저 Main Toolbox의 Forces에서 Contact 아이콘을 클릭한다.

② Contact Type에서 Solid to Solid가 맞는지 확인하고 I Solids와 J Solids 둘 중 하나를 더블 클릭을 하여 예를 들어 Database Navigator에서 Plate_1에 속해있는 BOX_8를 선택, 나머지 I Solids나 J Solids 중 비어있는 곳을 더블 클릭하여 Database Navigator에서 Cube_2에 속해있는 BOX_11을 선택한다. 그리고 Apply를 클릭한다.

③ 이와 같은 방식으로 plate_2와 cube 3개, plate_1과 cube 3개에 대한 Contact을 만든다.

④ 그런 다음 Main Toolbox의 Connectors에서 Fixed joint를 클릭하여 각각 plate를 ground에 고정시킬 것이다. Fixed joint의 위치는 plate의 어디가 되든 상관없다. plate_1과 ground, plate_2와 ground 이렇게 두 개의 Fixed joint를 생성한다.

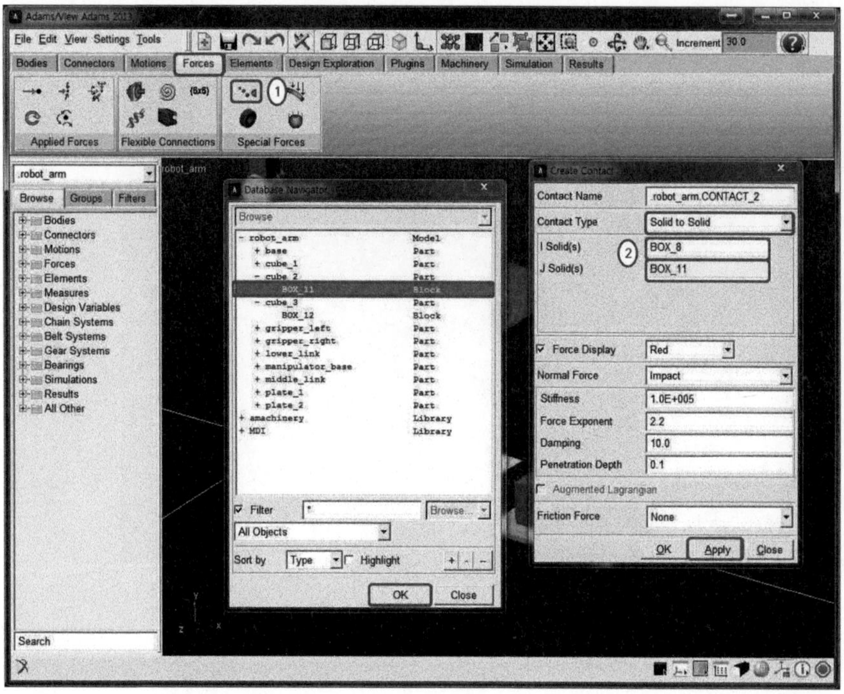
Create Contact
Contact Name
.robot_arm.CONTACT_2
Contact Type
Solid to Solid
I Solid(s)
J Solid(s)
BOX_8
BOX_11
Force Display
Red
Normal Force
Impact
Stiffness
1.0E+005
Force Exponent
2.2
Damping
10.0
Penetration Depth
0.1
Augmented Lagrangian
Friction Force
None
OK
Apply
Close
Database Navigator
Applied Forces
Flexible Connections
Special Forces
1
2

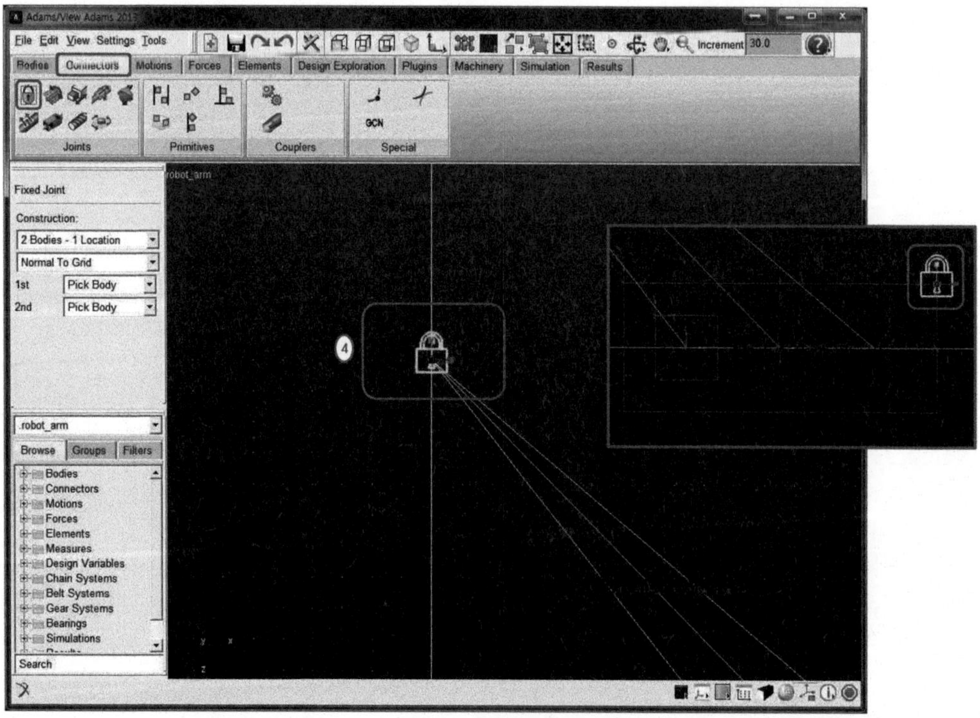
Joints
Primitives
Couplers
Special
Fixed Joint
Construction:
2 Bodies - 1 Location
Normal To Grid
1st
Pick Body
2nd
Pick Body
4

step 10 Grippers에 Coupler 추가하기

① Working Grid의 Set Orientation에서 Global YZ로 바꾸고 Shift+r키를 눌러 오른쪽 시점으로 바꾼다.

② 각 Gripper의 revolute joint에 있는 motion을 삭제한다.(여기서는 Motion_4,Motion_5이다.)

③ Main Toolbox의 Connectors에서 Joint Coupler를 클릭한다.

④ 그리고 gripper_right의 revolute joint를 한번 클릭한 후, gripper_left의 revolute joint를 클릭하면 coupler motion이 만들어진다.

⑤ 생성된 coupler를 우클릭한 후, Coupler:COUPLER_1에서 Modify를 클릭한다.

⑥ coupler 구속은 joint가 동등한 힘으로 움직이게 만든다. 지금은 반대방향으로 설정되어 있다. Scale 값을 모두 -1로 입력하고 OK를 클릭한다.

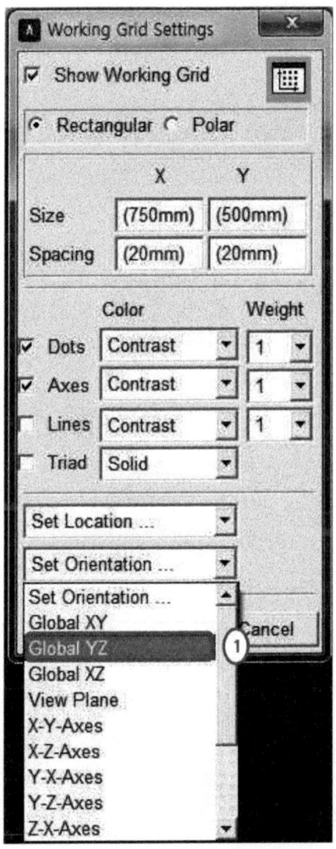

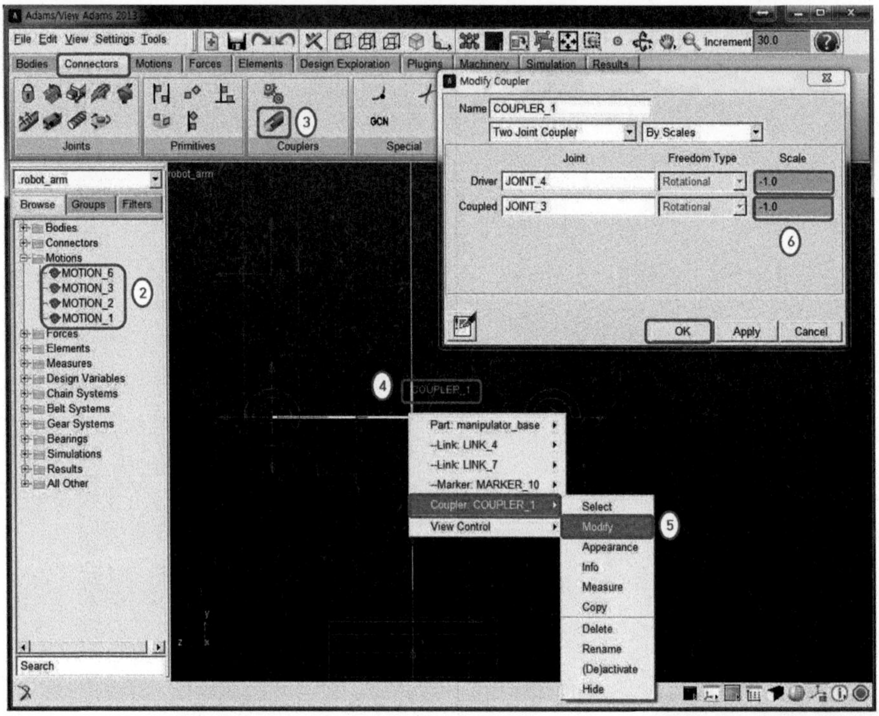

step 11 Gripper에 Forces 추가하기

① Main Toolbox의 Forces에서 Rotational Spring-damper를 클릭한다.

② KT(10)와 CT(5)에 모두 체크를 한 후, 값을 입력한다. 그리고 gripper_right를 한번 클릭하고 manipulator_base를 클릭, 그리고 spring의 위치는 gripper_right에 revolute joint가 위치한 곳을 클릭하여 위치시킨다.

③ Spring이 생성되면 Model tree의 Forces에서 TORSION_SPRING_1을 우클릭 한 후 Modify를 클릭하고 Preload에 10을 입력한 후 OK를 클릭한다.

④ 이번에는 Forces에서 Torque를 클릭한다.

⑤ 원래는 gripper_right와 manipulator 사이에서 Torque가 작용해야하지만 Run-time direction에서 Space Fixed를 선택한다. (기본 값이 Normal to Grid 방향으로 되어 있어 이러한 장점을 사용하고자 하고 나중에 SFORCE를 만들고 수정할 것이다.) 그리고manipulator_base를 클릭하고 gripper_right에 revolute joint가 위치한 곳을 클릭하여 Torque를 만든다.

⑥ Model Tree의 Forces에서 SFORCE_1을 우클릭한 후, Modify를 클릭한다.

⑦ Direction에서 Between Two Bodies를 선택, Action Body는 manipulator_base를 선택, Reaction Body는 gripper_right를 선택 Function은 0을 입력하고 OK를 클릭한다.

⑧ 다시 SFORCE_1을 우클릭한 후, Appearance를 클릭하고 Color에서 옆 빈 공간을 더블클릭하여 Blue를 선택, Icon Size는 11을 입력하고 OK를 클릭한다.

⑨ SFORCE_1을 SFORCE_grip_torque로 이름을 바꾼다.

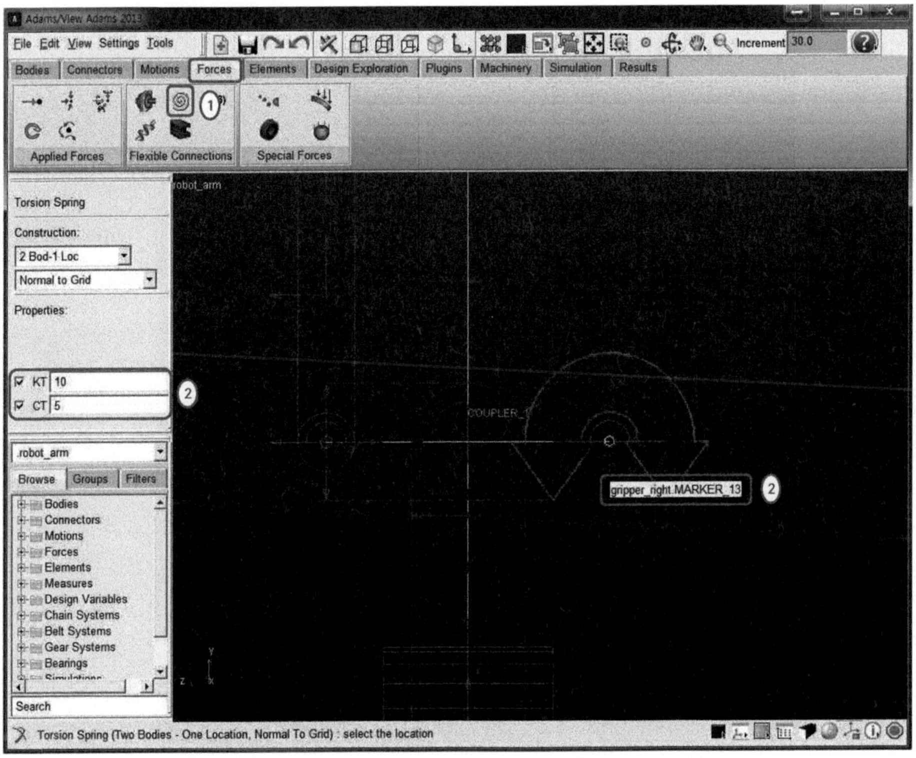

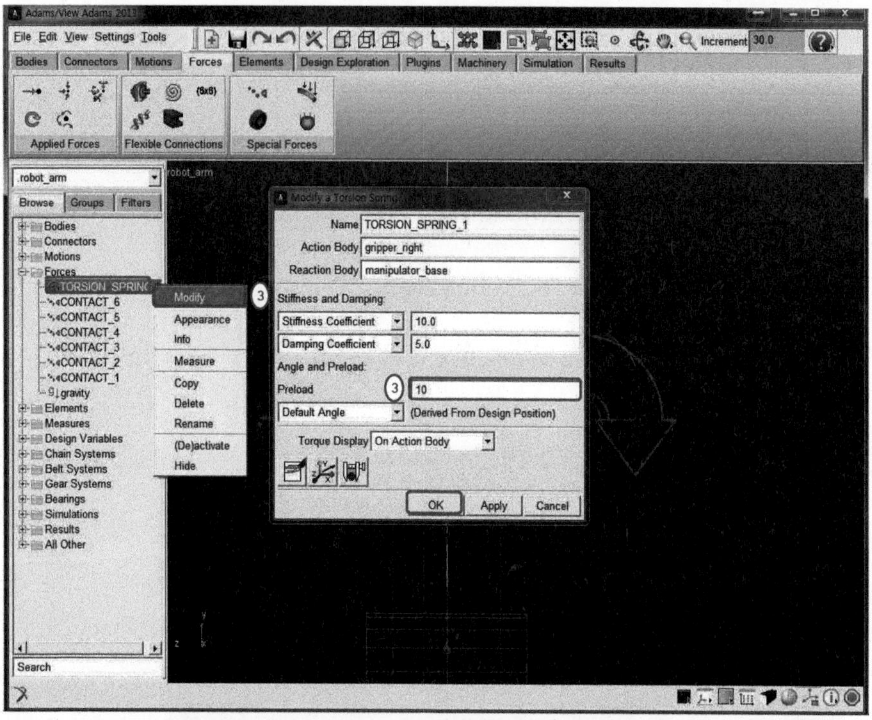

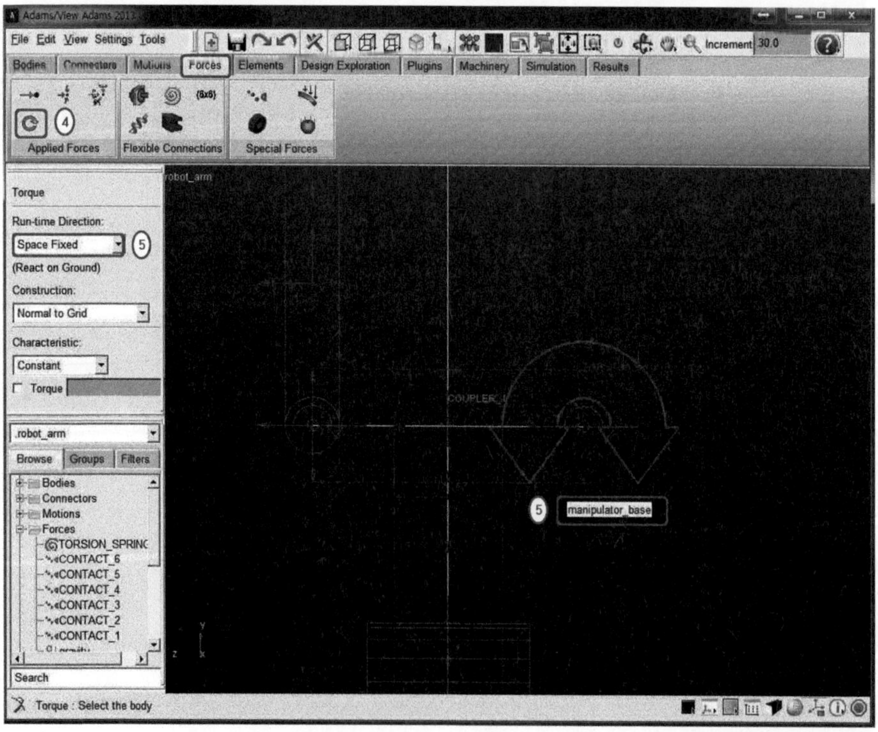

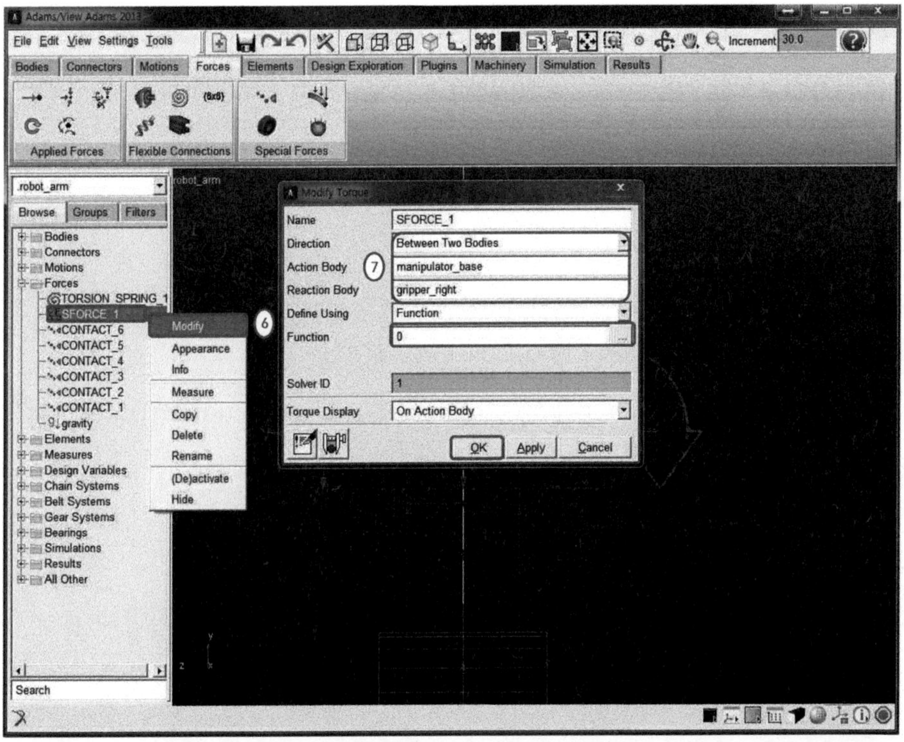
Modify Torque
Name
SFORCE_1
Direction
Between Two Bodies
Action Body
manipulator_base
Reaction Body
gripper_right
Define Using
Function
Function
0
Solver ID
1
Torque Display
On Action Body
OK
Apply
Cancel
Modify
Appearance
Info
Measure
Copy
Delete
Rename
(De)activate
Hide
6
7

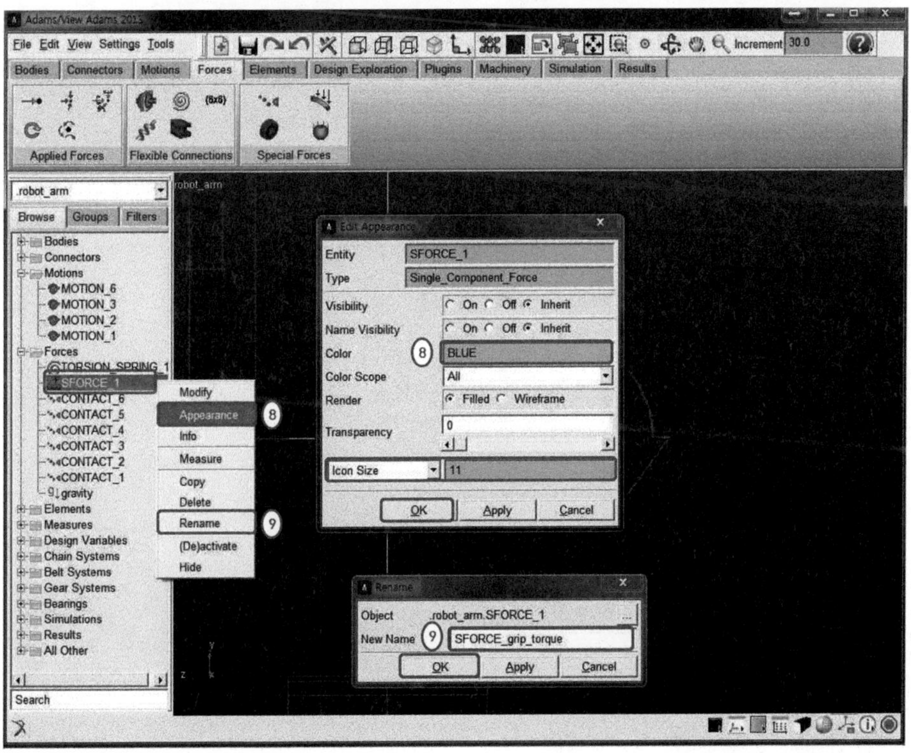
Edit Appearance
Entity
SFORCE_1
Type
Single_Component_Force
Visibility
On Off Inherit
Name Visibility
On Off Inherit
Color
BLUE
Color Scope
All
Render
Filled Wireframe
Transparency
0
Icon Size
11
OK
Apply
Cancel
Modify
Appearance
Info
Measure
Copy
Delete
Rename
(De)activate
Hide
Rename
Object
.robot_arm.SFORCE_1
New Name
SFORCE_grip_torque
OK
Apply
Cancel
8
9

step 12 Gripper Forces 테스트 하기

① manipulator의 작동을 확인하기 위해서 모든 Motion의 function을 0으로 만들어 준다.

② SFORCE_grip_torque에서 Modify로 들어가 function을 20으로 입력하고 OK를 클릭한다.

③ Simulation Controls에서 End time을 3 초, Steps를 30으로 입력한 후, 시뮬레이션을 한다. 아래 그림처럼 나오는지 비교해 본다.

④ 다시 SFORCE_grip_torque에서 Modify로 들어가 function을 0으로 입력하고 OK를 클릭한다.

⑤ 다시 Simulation Controls에서 다시 시뮬레이션을 한 후, 아래 그림처럼 나오는지 비교해 본다.

(만약 아래 그림과 다르다면 다시 torsion spring과 grip_torque를 확인해 본다.)

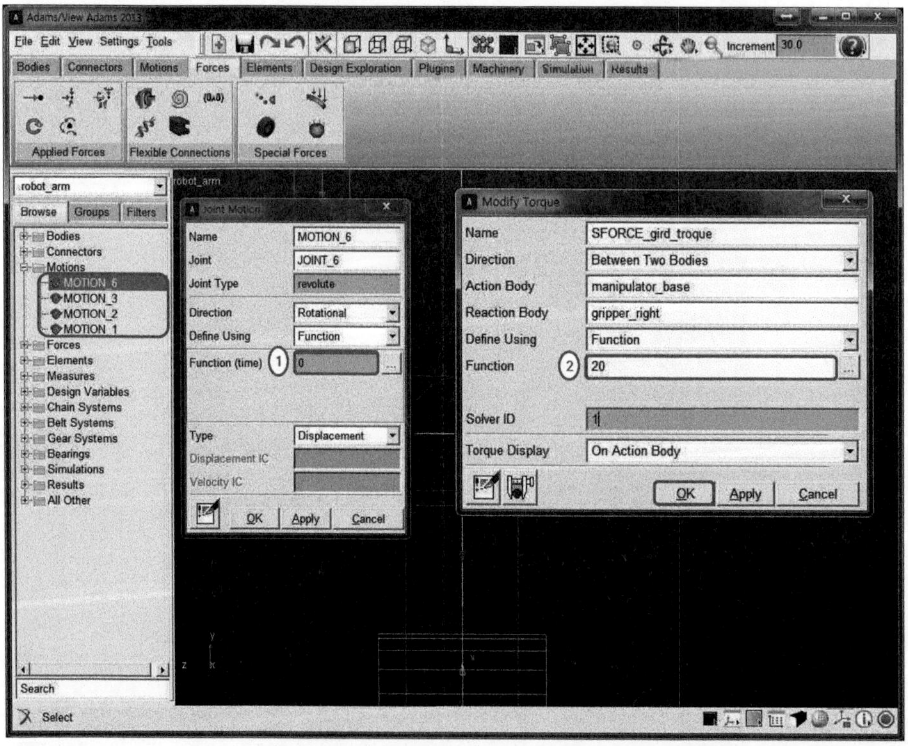

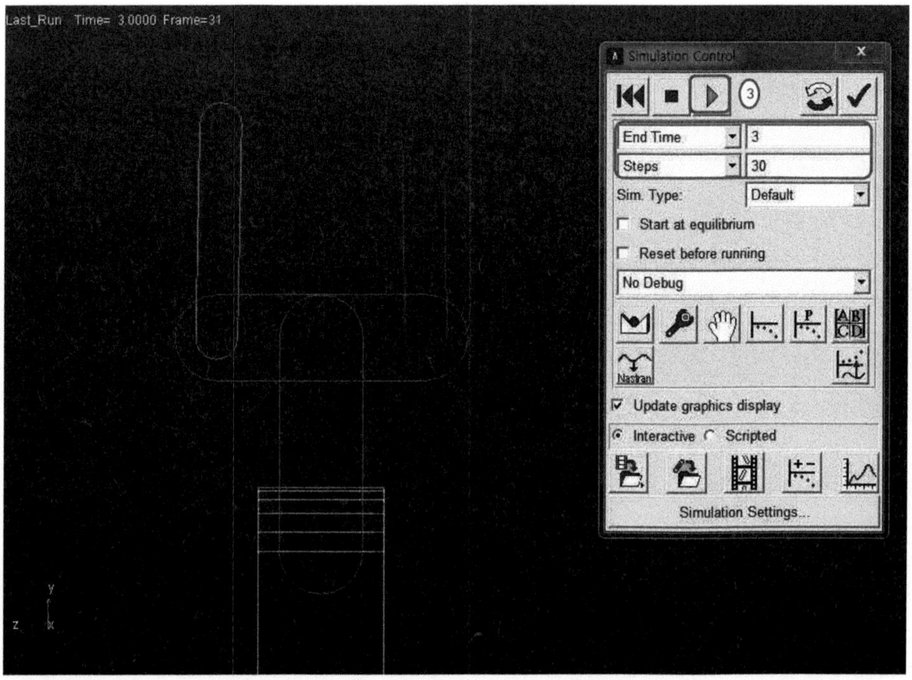
Last_Run Time= 3.0000 Frame=31
Simulation Control
3
End Time
3
Steps
30
Sim. Type:
Default
Start at equilibrium
Reset before running
No Debug
Nastran
Update graphics display
Interactive
Scripted
Simulation Settings...

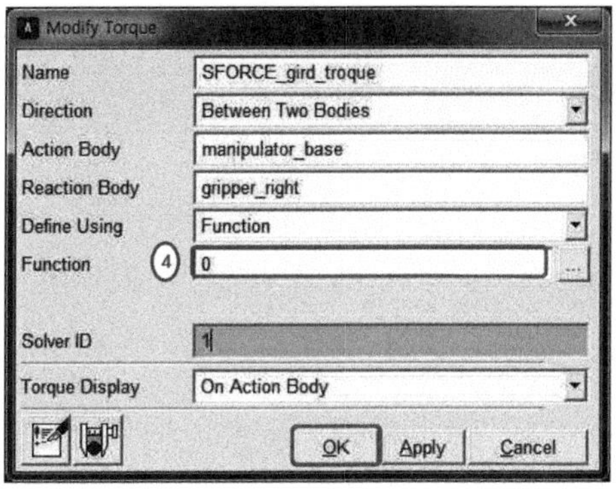
Modify Torque
Name
SFORCE_gird_troque
Direction
Between Two Bodies
Action Body
manipulator_base
Reaction Body
gripper_right
Define Using
Function
Function
4
0
Solver ID
1
Torque Display
On Action Body
OK
Apply
Cancel

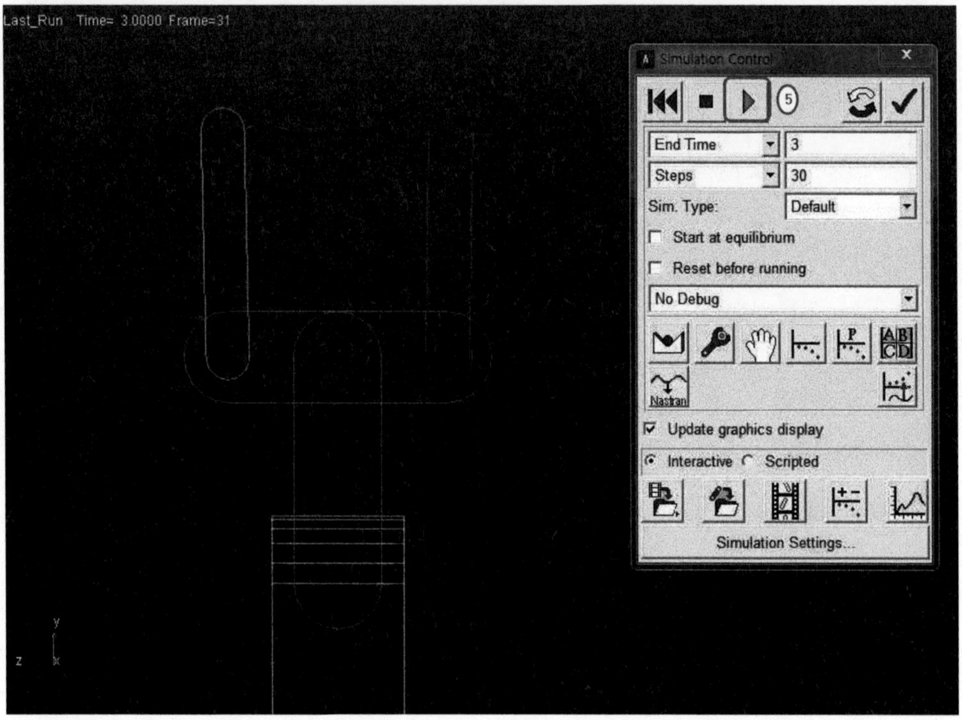

step 13 Step Function 소개

로봇의 움직임을 정의하기 위해서 Step function을 사용할 것이다. Step function는 independent variable인 x와 dependent variable인 초기 값 h0, independent variable인 시작 점 x0, dependent variable인 최종 값 h1, independent variable인 끝 점 x1을 가지고 있다. 아래 그림을 보면 Position의 함수를 Step function으로 사용했을 때, Velocity, Acceleration의 그래프를 보여주고 있다.

Step Function: -90d*step(time,1,0,2,1) - Position을 STEP Function으로 했을 때(Adams functions에 대한 정보는 Adams help 문서에서 찾아 볼 수 있다.)

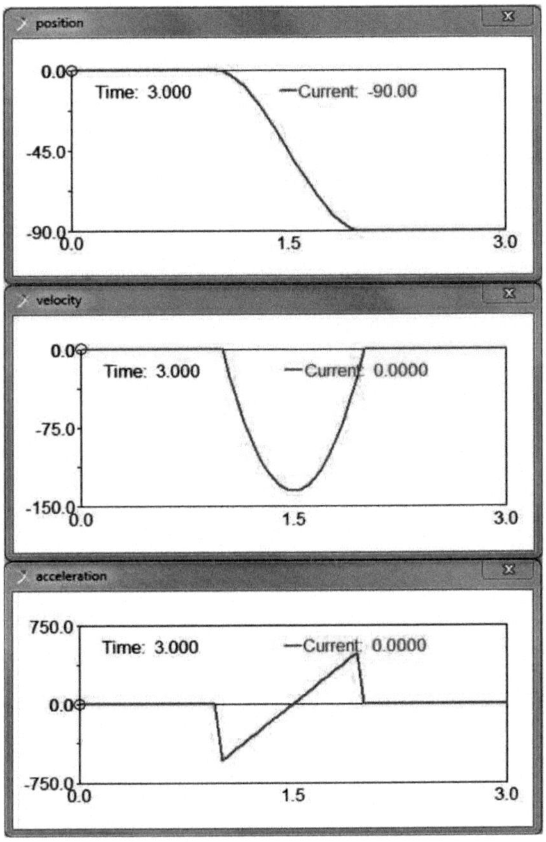
position
0.0
-45.0
-90.0
0.0
1.5
3.0
Time: 3.000
Current: -90.00
velocity
0.0
-75.0
-150.0
0.0
1.5
3.0
Time: 3.000
Current: 0.0000
acceleration
750.0
0.0
-750.0
0.0
1.5
3.0
Time: 3.000
Current: 0.0000

STEP

The STEP function approximates the Heaviside step function with a cubic polynomial. It has continuous first derivatives. Its second derivatives are discontinuous at x=x0 and x=x1.

Format

STEP (x, x0, h0, x1, h1)

Arguments

x	The independent variable. It can be a function expression.
x0	A real variable that specifies the x value at which the STEP function begins.
x1	A real variable that specifies the x value at which the STEP function ends.
h0	The initial value of the step.
h1	The final value of the step.

Extended Definition

The STEP function approximates the Heaviside step function with a cubic polynomial. The figure below illustrates the STEP function.

Step Function

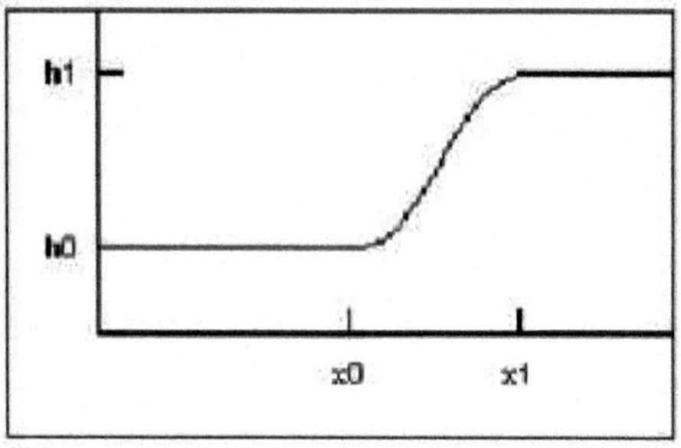

The equation defining the STEP function is:

$$a = h_1 - h_0$$

$$\Delta = (x - x_0)/(x_1 - x_0)$$

$$STEP = \begin{cases} h_0 & : x \leq x_0 \\ h_0 + a \cdot \Delta^2(3 - 2\Delta) & : x_0 < x < x_1 \\ h_1 & : x \geq x_1 \end{cases}$$

step 14 "Stepping" the Robot

① 이제 step function을 사용하여 cube_1을 잡기위한 위치까지 움직일 것이다. 그러면 밑에 표에 나와 있는 것처럼 각 MOTION의 function을 입력하자.

② Simulation Control에서 End time을 1 초, Steps를 20으로 입력한 후, 시뮬레이션을 돌린다.

③ 아래 그림처럼 나왔는지 비교해 본다.

Motions	Function
MOTION_1	step(time,0,0,1,−40d)
MOTION_2	step(time,0,0,1,−110d)
MOTION_3	step(time,0,0,1,60d)
MOTION_6	0

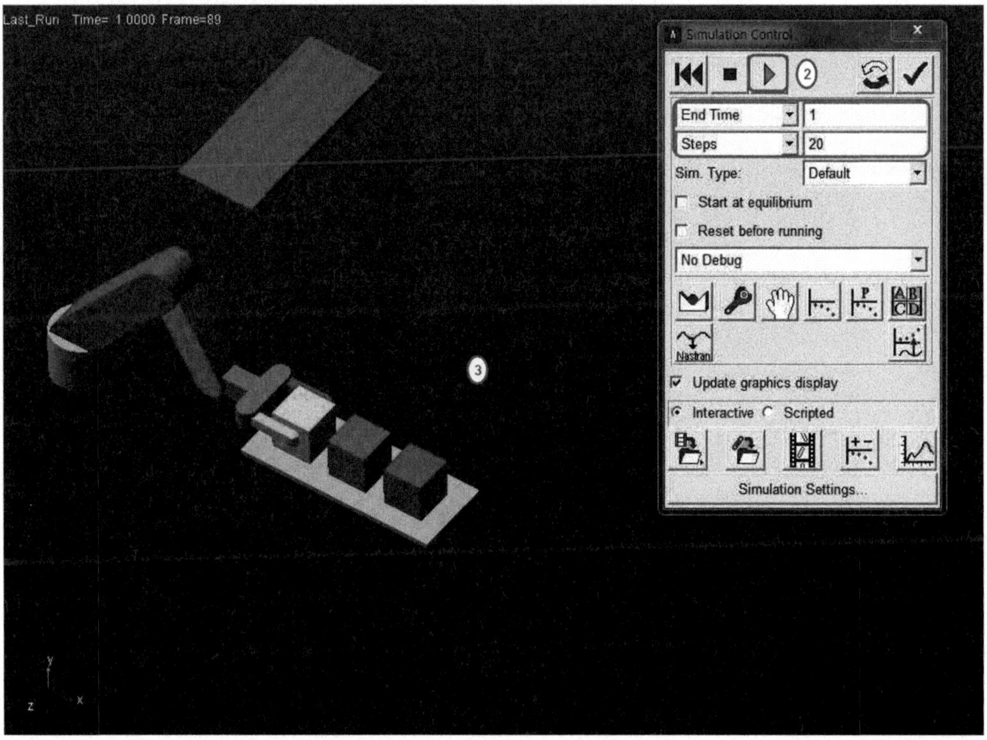

step 15 Cube 잡기

① 이제 cube와 grippers 사이에 contact과 friction force를 만들 것이다. 먼저 Main Toolbox의 Forces에서 Contact force를 클릭한다.

② Contact Type이 Solid to Solid로 되어 있는지 확인하고 I Solid(s)에는 gripper_left인 LINK_6를, J Solid(s)에는 cube_1인 BOX_10을 선택한다.

③ 그리고 Damping에서 1000을 입력, Friction Force에서 Coulomb을 선택하고 Static Coefficient(1.0)와 Dynamic Coefficient(0.7)에 값을 입력한다. 아래 그림처럼 값이 일치하는지 확인한다.

④ Apply를 클릭한 후, 다시 과정을 반복하여 gripper_right인 LINK_7과 cube_1인 BOX_10 사이에 Contact Force를 만든다. (LINK 와 BOX 뒤에 숫자는 다를 수 있다.)

⑤ 이제 step function을 사용하여 torque를 0~1초 동안은 힘을 주지 않고 스프링에 의해서 gripper가 모아지지 않도록 한다. 그리고 1~1.1초 동안 8000[Nm]의 힘을 작용하여 cube를 잡아주도록 할 것이다. 따라서 grip_torque를 Modify 하여 function에 −step(time,1, 0, 1.1, −8000)을 입력한다.

⑥ Simulation Control에서 End time을 1.1 초, Steps를 55로 한 후, 시뮬레이션을 한다. 아래 그림처럼 나오는지 확인한다.

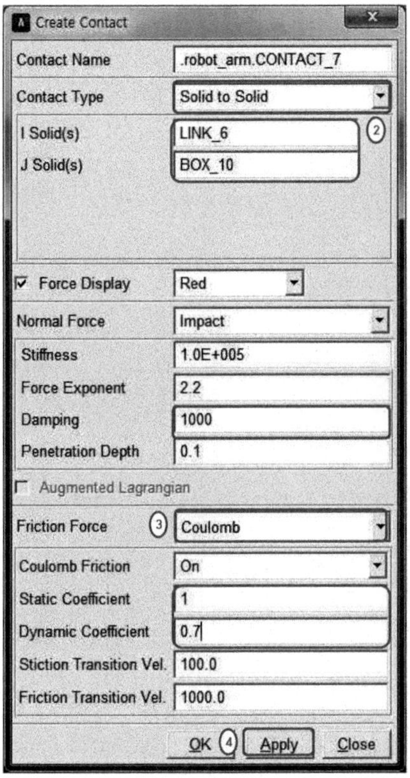
Create Contact
Contact Name
.robot_arm.CONTACT_7
Contact Type
Solid to Solid
I Solid(s)
LINK_6
J Solid(s)
BOX_10
②
Force Display
Red
Normal Force
Impact
Stiffness
1.0E+005
Force Exponent
2.2
Damping
1000
Penetration Depth
0.1
Augmented Lagrangian
Friction Force
③
Coulomb
Coulomb Friction
On
Static Coefficient
1
Dynamic Coefficient
0.7
Stiction Transition Vel.
100.0
Friction Transition Vel.
1000.0
OK
④
Apply
Close

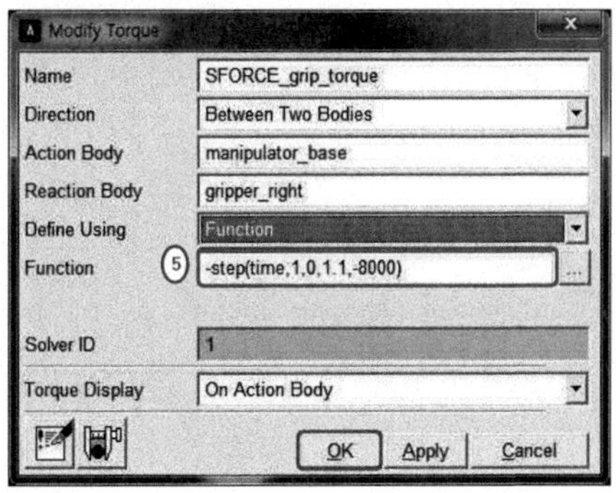
Modify Torque
Name
SFORCE_grip_torque
Direction
Between Two Bodies
Action Body
manipulator_base
Reaction Body
gripper_right
Define Using
Function
Function
⑤
-step(time,1,0,1.1,-8000)
Solver ID
1
Torque Display
On Action Body
OK
Apply
Cancel

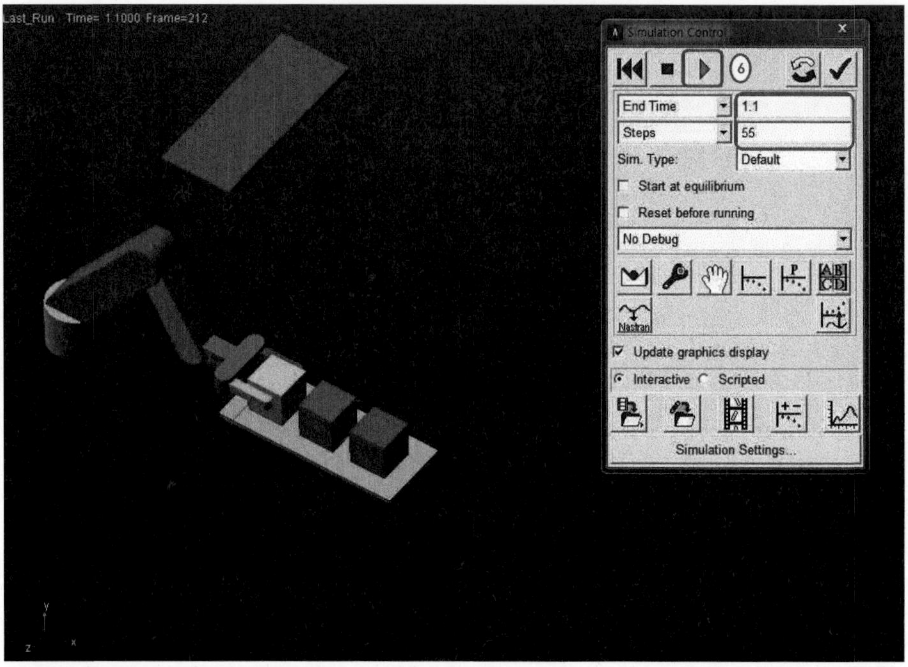

step 16 Step 추가하기

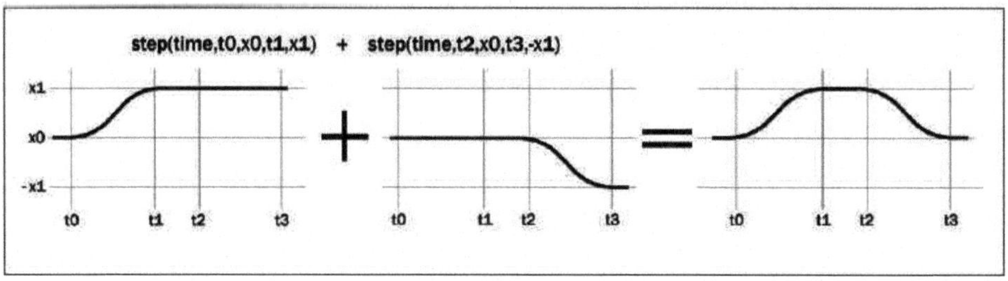

① 다음 밑에 표에 있는 Step Function을 원래 Motion의 function에 더 추가한다.

Motions	Step to Add
MOTION_1	step(time,1.1,0,2,20d)
MOTION_2	step(time,1.1,0,2,40d)
MOTION_3	step(time,1.1,0,2,–60d)

② Simulation Control에서 End time을 2 초, Steps를 40으로 한 후, 시뮬레이션을 한다. 아래 그림처럼 나오는지 확인한다.

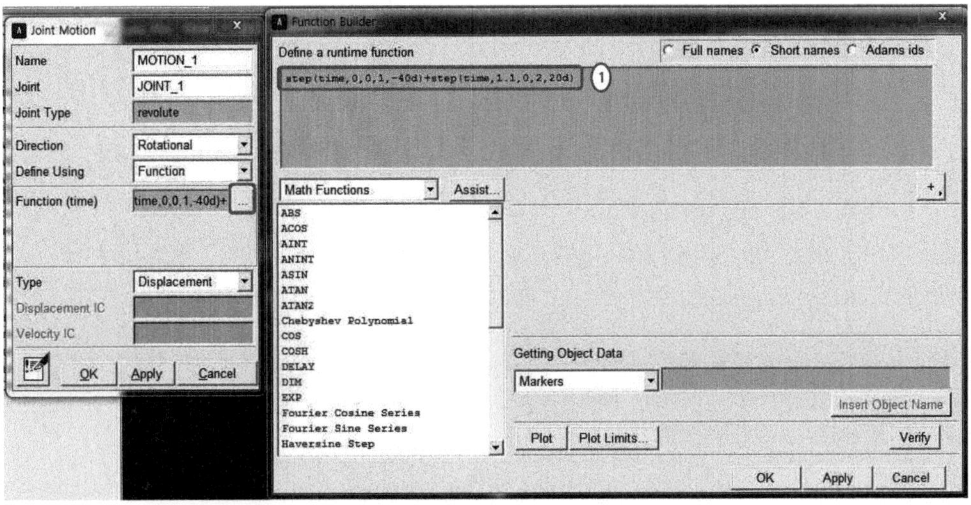
Joint Motion
Name
MOTION_1
Joint
JOINT_1
Joint Type
revolute
Direction
Rotational
Define Using
Function
Function (time)
time,0,0,1,-40d)+
Type
Displacement
Displacement IC
Velocity IC
OK
Apply
Cancel
Function Builder
Define a runtime function
Full names
Short names
Adams ids
step(time,0,0,1,-40d)+step(time,1.1,0,2,20d)
1
Math Functions
Assist...
ABS
ACOS
AINT
ANINT
ASIN
ATAN
ATAN2
Chebyshev Polynomial
COS
COSH
DELAY
DIM
EXP
Fourier Cosine Series
Fourier Sine Series
Haversine Step
Getting Object Data
Markers
Insert Object Name
Plot
Plot Limits...
Verify
OK
Apply
Cancel

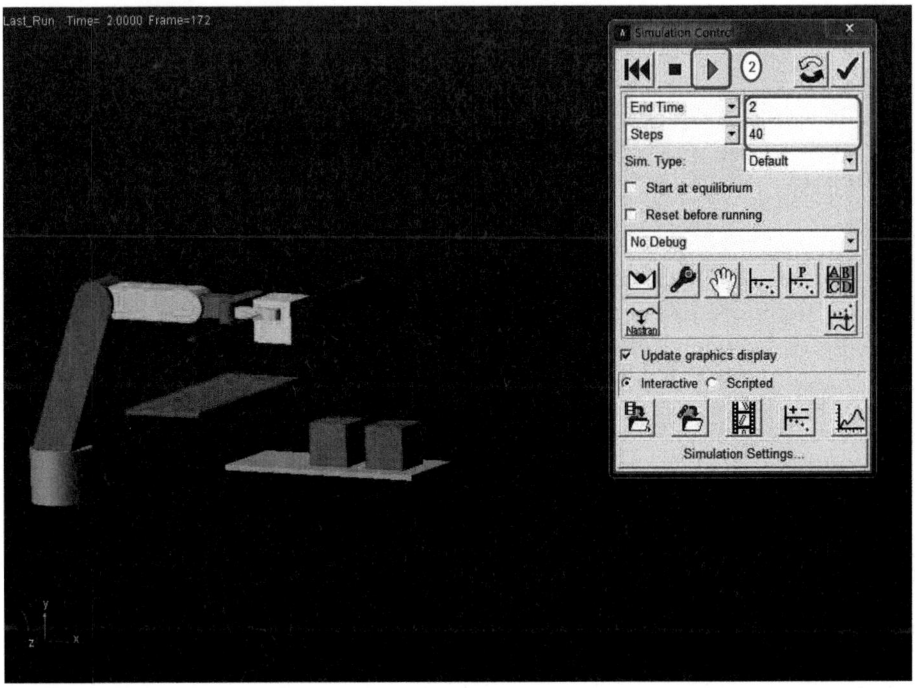
Last_Run Time= 2.0000 Frame=172
Simulation Control
2
End Time
2
Steps
40
Sim. Type:
Default
Start at equilibrium
Reset before running
No Debug
Nastran
Update graphics display
Interactive
Scripted
Simulation Settings...

step 17 Motion과 Torque 정의 완성하기

아래 표는 전체적인 작동을 완료하기 위한 step 값들을 나타낸다. 스스로 나머지 값들을 찾아보아라. 다시 설명하자면 x 값은 independent value(time)이고 h는 dependent value(position, torque)이다. 그리고 step function의 형태는(time이 x로써 정의됨) step(time, x0, h0, x1, h1)이다.

	Already Done													
Movement Description	Step1 Move into position		Step2 Grip the cube		Step3 Lift		Step4 Move to plate1		Step5 Lower into place		Step6 Release		Step7 Raise manipulator	
Time Values	x0	x1	x0	x1	x0	x1	x0	x1	x0	x1	x0	x1	x0	x1
	0	1	1.1	2	2	3	2.5	3.5	3	4	4	4.1	4.1	5
Motion/ Torque Values	h0	h1	h0	h1	h0	h1	h0	h1	h0	h1	h0	h1	h0	h1
MOTION_1	0	−40d	N/A	N/A	0	20d	N/A	N/A			N/A	N/A		
MOTION_2	0	−110d	N/A	N/A	0	40d	N/A	N/A			N/A	N/A		
MOTION_3	0	60d	N/A	N/A	0	−60d	N/A	N/A			N/A	N/A		
MOTION_6	N/A	N/A	N/A	N/A	N/A	N/A			N/A	N/A	N/A	N/A	N/A	N/A
grip_torque	N/A	N/A	0	8000	N/A	N/A	N/A	N/A	N/A	N/A			N/A	N/A

각각 맞는 시간에 적절한 Motion을 추가해라. 그리고 시뮬레이션을 하면서 모델이 예상한대로 움직이는지 확인해라.

모든 h0는 0이고 h1은 항상 현재 위치와 관련된 움직임을 묘사한다는 것을 알아두자.

cube를 다른 plate에 놓고 잡은 것을 놓기 위한 움직임은 잡는 과정의 반대와 같다. 다시 말하면 Steps 3, 5, 7은 비슷하다.

예를 들어서 MOTION_2에서 최종 function의 정의는 다음과 같다.

step(time, 0, 0, 1, −110d) + step(time, 1.1, 0, 2, 40d)

\+ step(time, 2, 0, 3, −40d) + step(time, 4.1, 0, 5, 40d)

Step 4는 cube를 plate2로 옮기기 위해서 단순히 base를 회전시킨다. 그리고 Steps

2와5는 x 값이 겹친다는 것을 알아두자.

스스로 값을 찾아 전체 작동을(0~4초 동안) 시뮬레이션 해본다. 만약 문제가 생긴다면 다음 단계를 계속한다.

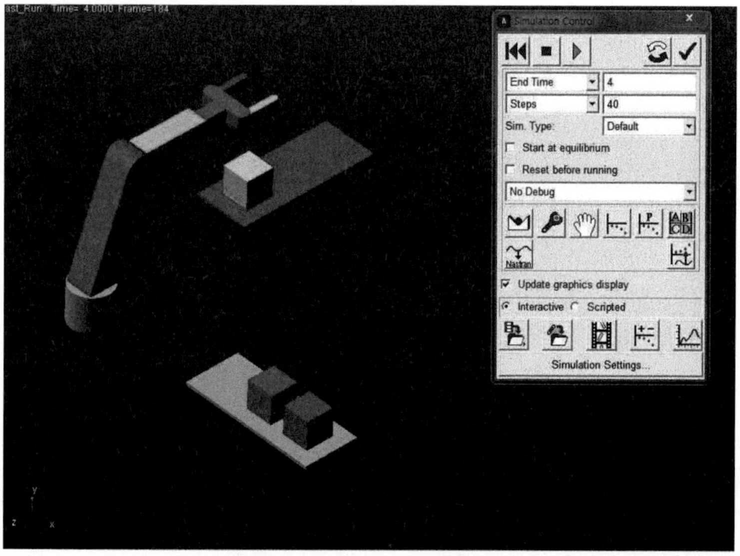

step 18 Motions과 Torques 정의 완료

	Already Done													
Movement Description	Step1 Move into position		Step2 Grip the cube		Step3 Lift		Step4 Move to plate1		Step5 Lower into place		Step6 Release		Step7 Raise manipulator	
Time Values	x0	x1	x0	x1	x0	x1	x0	x1	x0	x1	x0	x1	x0	x1
	0	1	1.1	2	2	3	2.5	3.5	3	4	4	4.1	4.1	5
Motion/ Torque Values	h0	h1	h0	h1	h0	h1	h0	h1	h0	h1	h0	h1	h0	h1
MOTION_1	0	-40d	N/A	N/A	0	20d	N/A	N/A	0	-20d	N/A	N/A	0	20d
MOTION_2	0	-110d	N/A	N/A	0	40d	N/A	N/A	0	-40d	N/A	N/A	0	40d
MOTION_3	0	60d	N/A	N/A	0	-60d	N/A	N/A	0	60d	N/A	N/A	0	-60d
MOTION_6	N/A	N/A	N/A	N/A	N/A	N/A	0	90d	N/A	N/A	N/A	N/A	N/A	N/A
grip_torque	N/A	N/A	0	8000	N/A	N/A	N/A	N/A	N/A	N/A	0	-8000	N/A	N/A

최종 Motion/Torque function 표:

Motions	Function
MOTION_1	step(time,0,0,1,−40d) + step(time,1.1,0,2,20d) + step(time,2,0,3,− 20d) + step(time,3.1,0,4,20d)
MOTION_2	step(time,0,0,1,−110d) + step(time,1.1,0,2,40d) + step(time,2,0,3,− 40d) + step(time,3.1,0,4,40d)
MOTION_3	step(time,0,0,1,60d) + step(time,1.1,0,2,− 60d) + step(time,2,0,3,60d) + step(time,3.1,0,4,−60d)
MOTION_6	step(time,1.5,0,2.5,90d)
grip_torque	step(time,1,0,1.1,8000) + step(time,3,0,3.1,−8000)

step 19 Optional Tasks

각각의 MOTION에서 Torque 구하기

① Main Toolbox의 Results에서 PostProcessor를 클릭한다.

② torque 구하기(Source:Objects 〉〉 MOTION_x 〉〉 Element Torque 〉〉 Mag) 그리고 gripper contact forces에서도(Source:Objects 〉〉 CONTACT_[7/8] 〉〉 Element Torque 〉〉 Mag).

torque 값을 확인할 때 산발적으로 뾰족하게 나온 것들은 Step motion을 부드럽게 유지하기 위해서 필요하다는 것임을 알아두자.

남아있는 cube들을 옮기기.

먼저 스케치를 한 후에 각각 필요한 각도를 구한 다음 필요한 Step을 추가하여 남아있는 cube들을 옮겨보자.

많은 시행 착오를 통해서 알맞은 값들을 결정하자.

Example 19. Adams Optimization

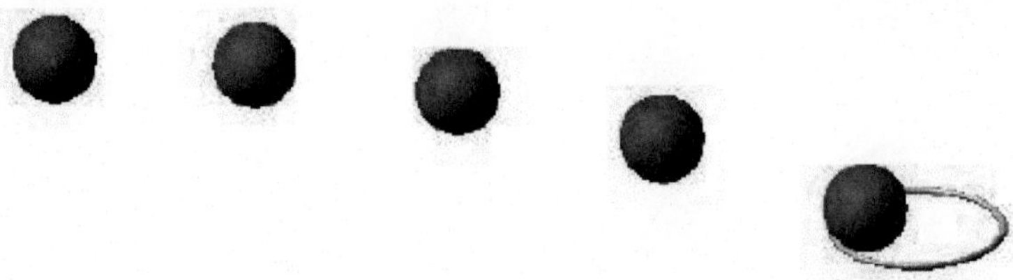

Software Version Adams 2013.2

문제 설명

적절한 연습 없이 정확하게 농구공을 쏘는 것은 쉬운 일이 아니다. 농구 선수가 수천 번의 반복을 하는 것은 가장 최고의 초기 수직, 수평 속도를 찾기 위한 최적화하는 움직임의 과정이다. 이 예제에서는, 3점을 위한 최적화된 속도 합을 찾기 위해 Adams/View에서 이 과정을 시뮬레이션 한다.

step 1 Adams/View 시작하기

① Adams/View를 실행하고 New Model를 클릭한다.

② Model Name에 Basketball을 입력, Gravity는 Earth Normal(−Global Y)를 선택 그리고 Units는 MKS−m,kg,N,s,deg를 선택한다. Working directory는 자신이 저장할 폴더로 설정한다.

③ OK를 클릭한다.

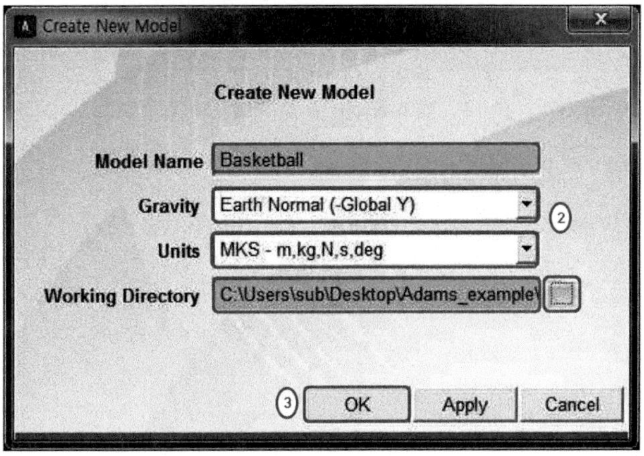

step 2 Ball 만들기

① Main Toolbox의 Bodies에서 Rigid Body : Sphere 를 클릭한다.

② New Part로 선택하고 Radius를 체크 한 후, 12cm를 입력한다. (만들게 될 Ball과 Hoop 사이의 위치는 NBA 표준을 따른다.)

③ 스크린에서 우클릭하여 Location Event 창을 열고 (−7, 2.1 0)을 입력한다.

④ Apply를 클릭한다.

⑤ F키를 눌러 공이 보이도록 시점을 바꾸고 PART_2를 우클릭한 후, Rename을 클릭하여 Ball로 이름을 바꾸어 준다.

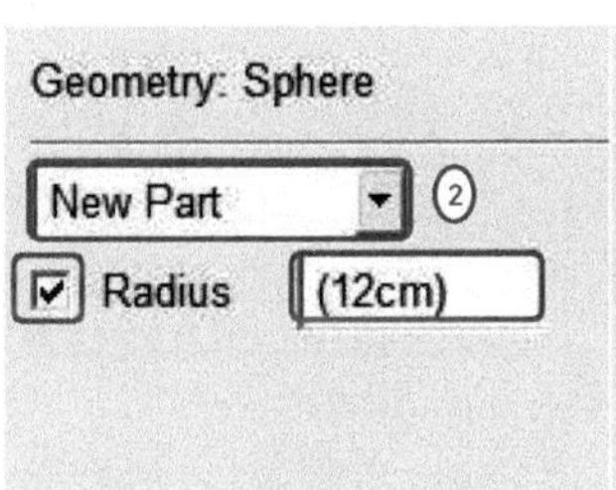

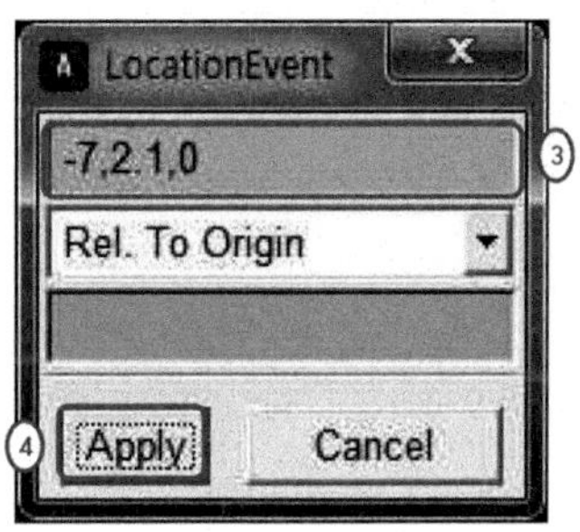

step 3 Working Grid 바꾸기

① Main 메뉴에서 Settings에서 Working Grid를 클릭한다.

② Set Orientation에서 Global XZ Plane을 선택하고 OK를 클릭한다. 이것은 다음 단계에서 Torus를 사용하여 농구의 링인 Hoop를 만들 때, Torus가 Working Gird 평면 위에서 만들어져야 하기 때문이다.

step 4 Hoop 만들기

① Main Toolbox의 Bodies에서 Rigid Body: Torus를 클릭한다.

② New part를 선택하고 Minor Radius(1cm)와 Major Radius(24cm) 모두 체크를 한 후, 치수를 입력한다. (Major Radius는 Hoop의 중심에서부터 반지름 길이고, Minor radius는 Hoop 링의 반지름을 의미한다.)

③ 그리고 다시 스크린에서 우클릭하여 Location Event 창을 열고 0,3.05,0을 입력하고 Apply를 클릭한다.

④ 만들어진 PART_3를 Hoop로 이름을 바꾸어 준다.

⑤ F키를 눌러 시점을 맞춘다.

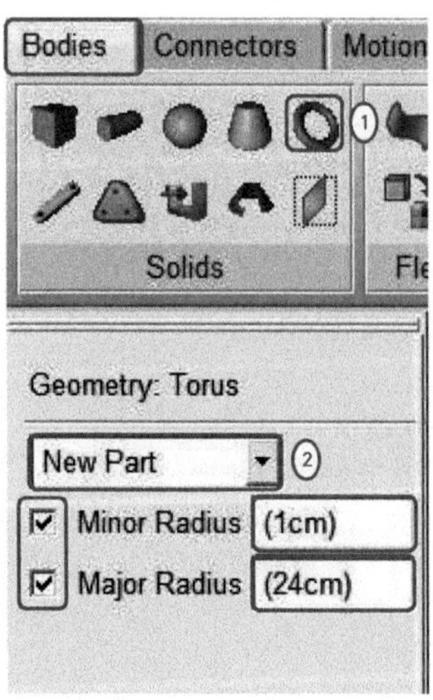

step 5 Fixed Joint 만들기

① Main Toolbox의 Connectors에서 Joint: Fixed를 클릭한다.

② Construction에서 2 Bodies-1 Location을 선택, Normal To Grid를 선택한다.

③ Hoop를 한번 클릭하고 ground를 클릭한다.

④ Hoop.MARKER_2를 클릭하여 Fixed Joint를 만들어 Hoop를 ground에 고정시킨다.

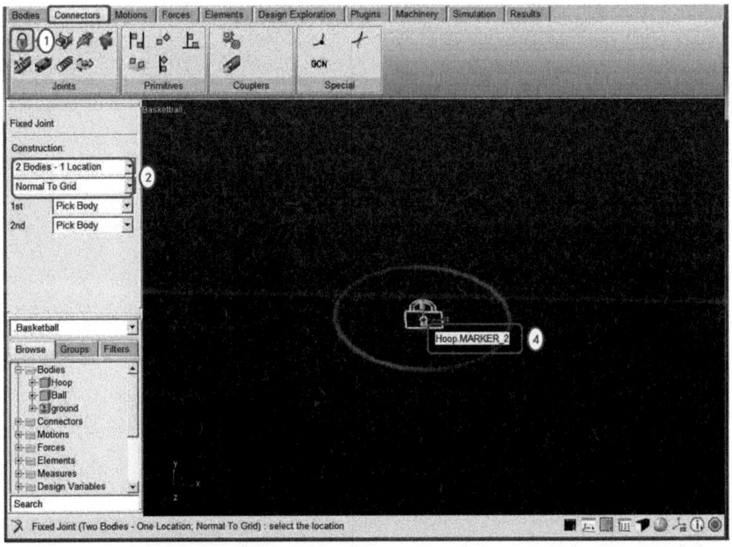

step 6 Contact 만들기

① 이제 Ball과 Hoop사이에 Contact을 만들기 위해서 Main Toolbox의 Forces에서 Special Forces: Ctreate a Contact를 클릭한다.

② I Solid(s)에서 우클릭한 후 Contact Solid에서 Pick을 클릭, 바로 스크린에서 Ball을 클릭한다.

③ J Solids(s)도 같은 방식으로 Contact Solid에서 Pick을 클릭한 후 스크린에서 Hoop를 클릭한다.

④ 나머지는 기본 값인 상태 그대로 두고 OK를 클릭한다. 나중에 나머지 파라미터들을 자유롭게 바꾸어서 시뮬레이션을 했을 때 어떻게 변하는지 스스로 알아보자.

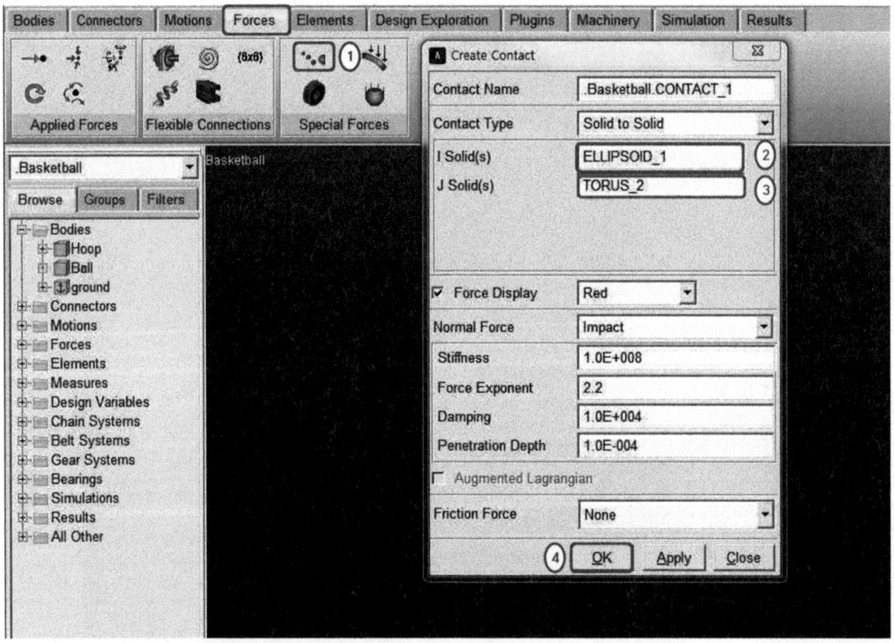

step 7 Design Variables 만들기

① Main Toolbox의 Design exploration에서 Design Variable: Create a Design Variable을 클릭한다.

② Name에서 x_vel을 입력한다.

③ Units에서 velocity를 선택한다.

④ Standard Value에서 5을 입력한다.

⑤ Value Range by에서 Absolute Min and Max Values를 선택한다.

⑥ Min. Value는 5를, Max. Value는 10을 입력한다.

⑦ OK를 클릭하고 같은 방식으로 Name만 y_vel로 하여 Design Variable을 하나 더 만든다.

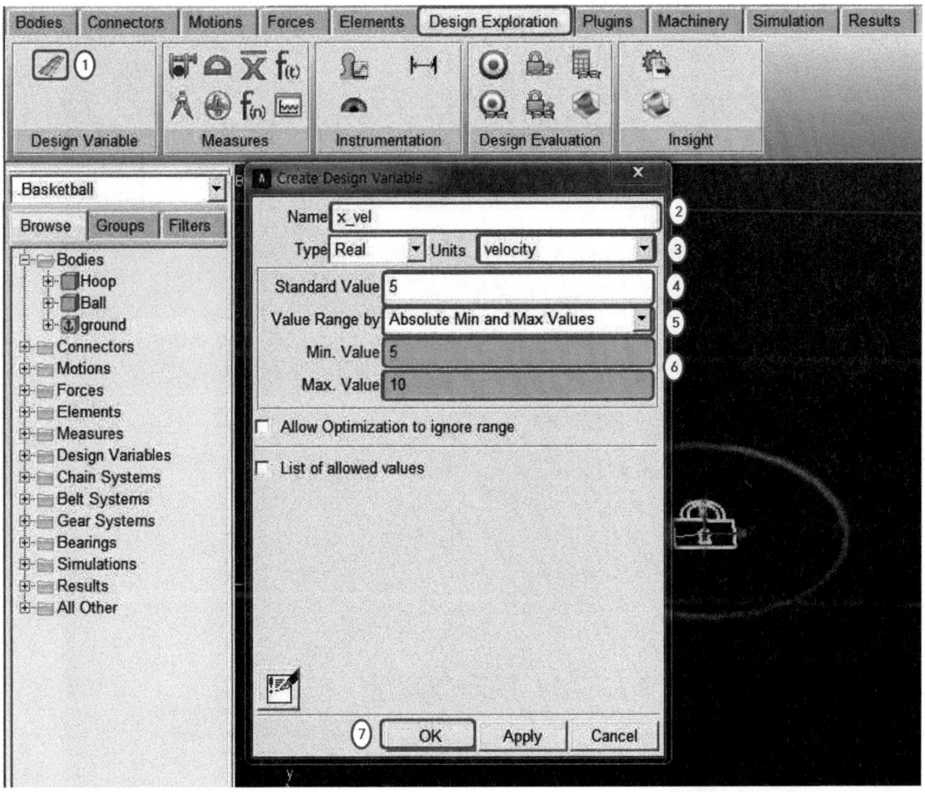

step 8 Ball에 초기 속도 입력하기

① Model Tree의 Bodies에서 Ball을 우클릭한 후 Modify를 클릭한다.

② Category에서 Velocity Initial Conditions를 선택한다.

③ X axis와 Y axis를 모두 체크를 한 후에 각 옆에 빈 공간에서 우클릭한 후 Parameterize에서 Reference Design Variable을 클릭한다.

④ X axis는 x_vel을 선택하고, 같은 방법으로 Y axis에서는 y_vel를 선택한다.

⑤ OK를 클릭한다.

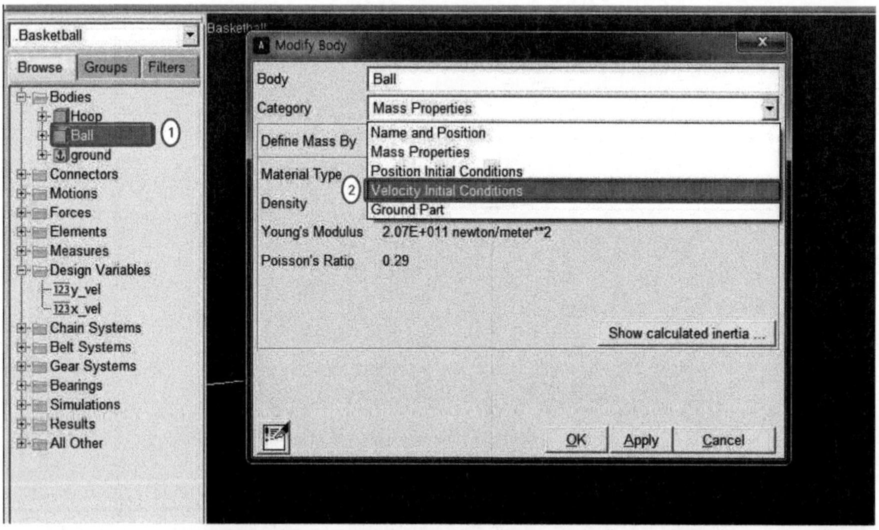

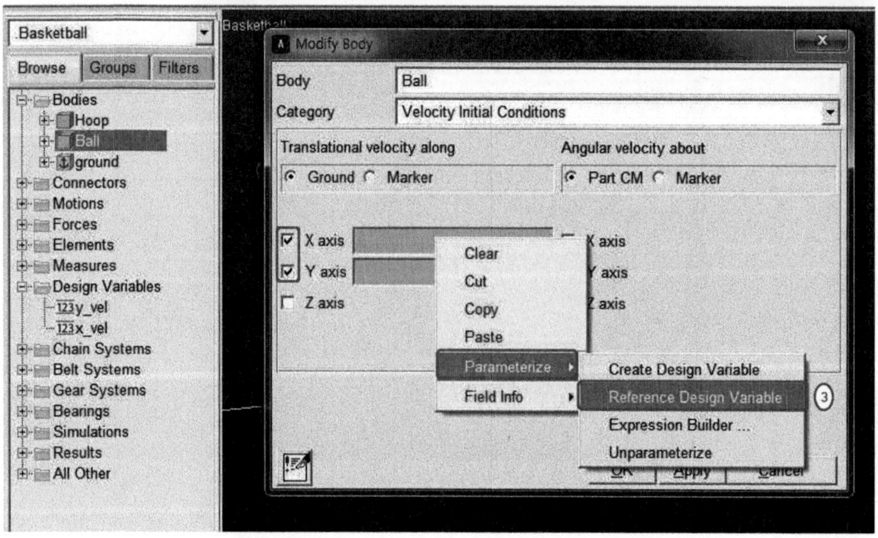

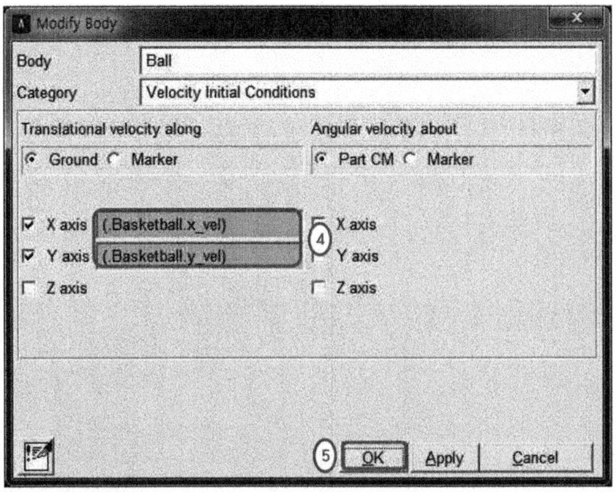

step 9 Measurement 만들기

① Main Toolbox의 Design Exploration에서 Measures: Create a New Point to Point Measure를 클릭한다.

② Ball에서 Ball.MARKER_1을 클릭하고 Hoop에서 Hoop.MARKER_2를 클릭한다. 이것은 Ball의 중심과 Hoop의 중심 사이의 거리를 측정한다. 만약 거리가 0이라면 공이 골인했다고 볼 수 있다.

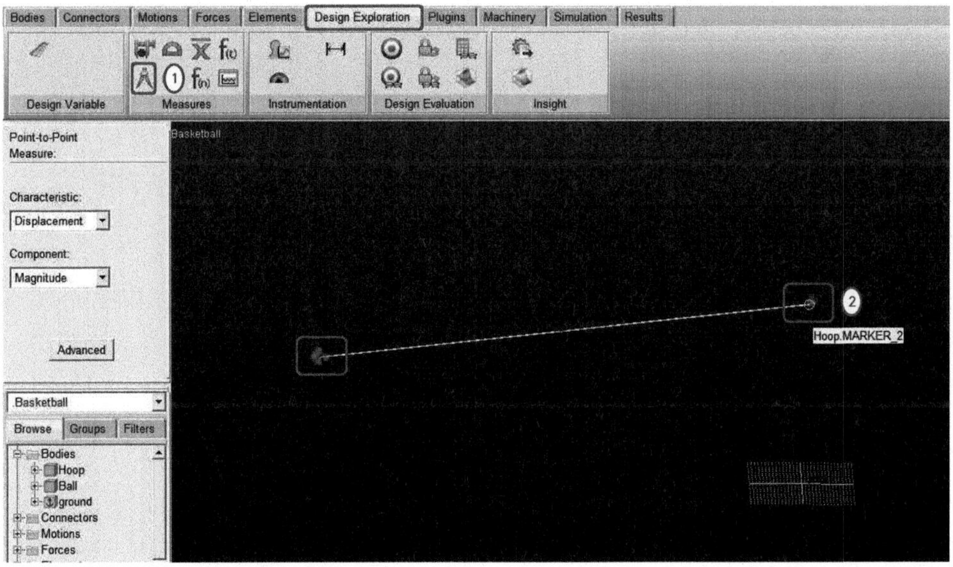

step 10 시뮬레이션 돌리기

① Simulation Control에서 End time을 1 초, Steps에 50을 입력한다.

② 시뮬레이션을 시작한다. 시뮬레이션 결과는 자동적으로 나중에 Design evaluation tools에서 반복법을 할 때 사용 될 것이다.

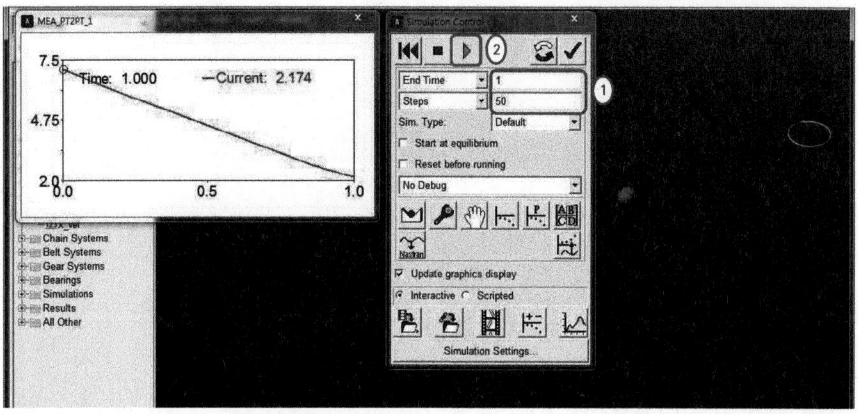

step 11 Design Evaluation Tools 세팅하기

① Main Toolbox의 Deign Exploration에서 Design Evaluation: Design Evaluation Tools를 클릭한다.

② Study a:에서 Minimum of를 선택하고 Measure를 선택한 후, 빈 공간을 더블 클릭하여 전에 만들었던 Measurement인 MEA_PT2PT_1를 선택한다.

③ Optimization을 선택한다.

④ Design Variables에서 옆 빈공간에서 우클릭한 후 Variable에서 Browse을 클릭하여 x_vel를 선택한다. y_vel로 같은 방식으로 선택하여 추가한다.

⑤ Goal:에서 Minimize Des Meas / Objective을 선택한다.

⑥ Start를 클릭한다.

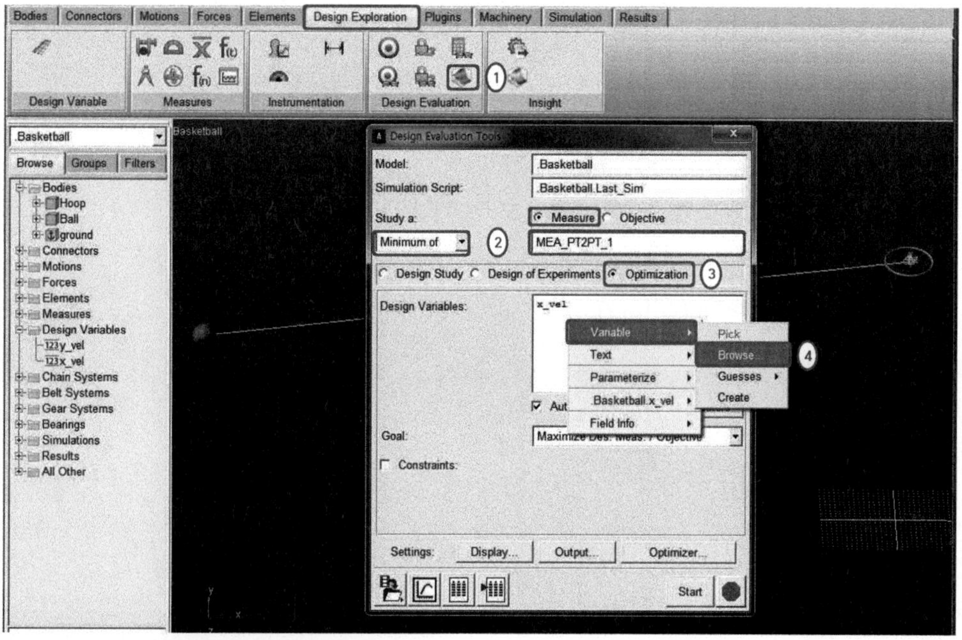
Bodies
Connectors
Motions
Forces
Elements
Design Exploration
Plugins
Machinery
Simulation
Results
Design Variable
Measures
Instrumentation
Design Evaluation
Insight
1
.Basketball
Browse
Groups
Filters
Bodies
Hoop
Ball
ground
Connectors
Motions
Forces
Elements
Measures
Design Variables
y_vel
x_vel
Chain Systems
Belt Systems
Gear Systems
Bearings
Simulations
Results
All Other
Design Evaluation Tools
Model:
.Basketball
Simulation Script:
.Basketball.Last_Sim
Study a:
Measure
Objective
Minimum of
2
MEA_PT2PT_1
Design Study
Design of Experiments
Optimization
3
Design Variables:
x_vel
Variable
Text
Parameterize
.Basketball.x_vel
Field Info
Pick
Browse...
Guesses
Create
4
Goal:
Constraints:
Settings:
Display...
Output...
Optimizer...
Start

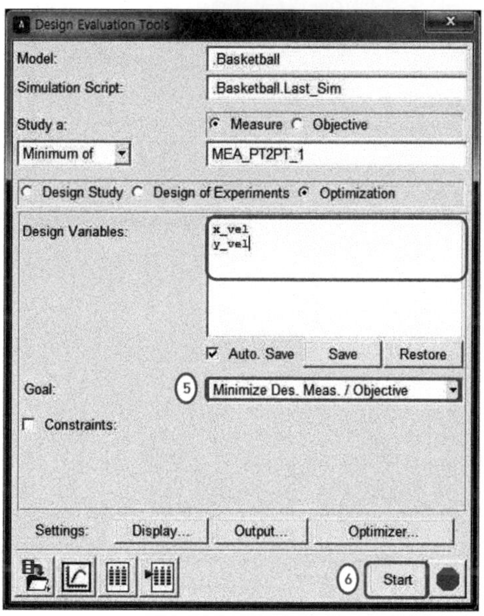
Design Evaluation Tools
Model:
.Basketball
Simulation Script:
.Basketball.Last_Sim
Study a:
Measure
Objective
Minimum of
MEA_PT2PT_1
Design Study
Design of Experiments
Optimization
Design Variables:
x_vel
y_vel
Auto. Save
Save
Restore
Goal:
5
Minimize Des. Meas. / Objective
Constraints:
Settings:
Display...
Output...
Optimizer...
6
Start

step 12 최적화 결과 보기

① 왼쪽 아래 아이콘에서 Create tabular report of results를 클릭한다.

② 그다음 OK를 클릭한다.

③ Information 창에서 보면 공이 골인하도록 만들 수 있는 최고의 속도 결합은 x_vel의 값이 7.1404 m/s , y_vel의 값이 5.7773 m/s 이라고 찾았다. 그 때 두 중심사이의 거리는 0.0024m가 된다.

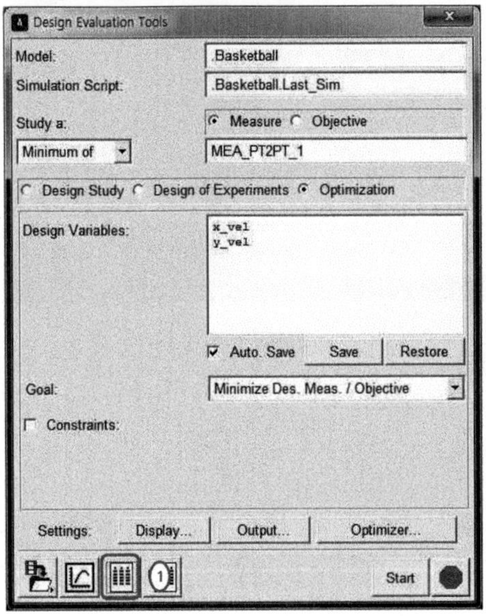

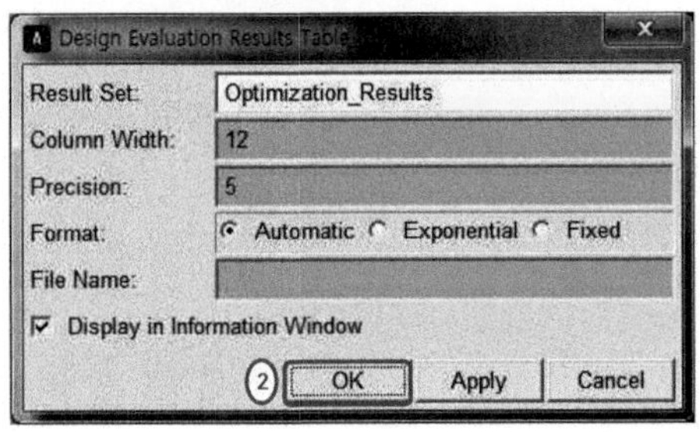

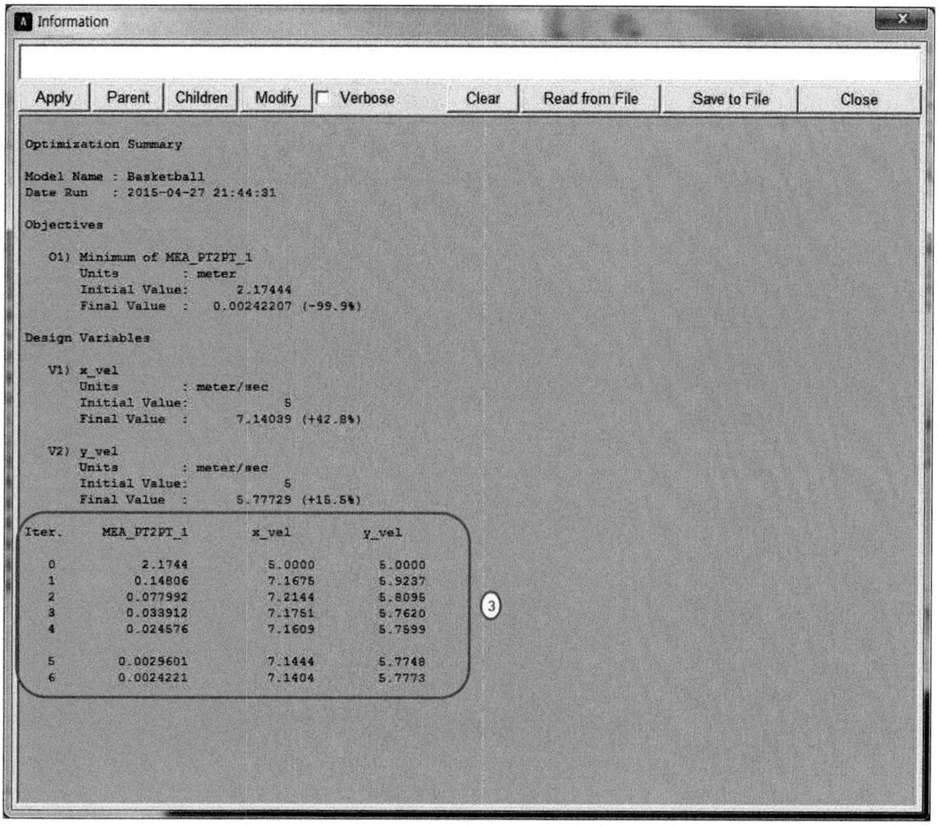
Information
Apply
Parent
Children
Modify
Verbose
Clear
Read from File
Save to File
Close
Optimization Summary
Model Name : Basketball
Date Run : 2015-04-27 21:44:31
Objectives
O1) Minimum of MEA_PT2PT_1
Units : meter
Initial Value: 2.17444
Final Value : 0.00242207 (-99.9%)
Design Variables
V1) x_vel
Units : meter/sec
Initial Value: 5
Final Value : 7.14039 (+42.8%)
V2) y_vel
Units : meter/sec
Initial Value: 5
Final Value : 5.77729 (+15.5%)
Iter. MEA_PT2PT_1 x_vel y_vel
0 2.1744 5.0000 5.0000
1 0.14806 7.1675 5.9237
2 0.077992 7.2144 5.8095
3 0.033912 7.1751 5.7620
4 0.024576 7.1609 5.7599
5 0.0029601 7.1444 5.7748
6 0.0024221 7.1404 5.7773
3

Example 20. Airplane Control Surface

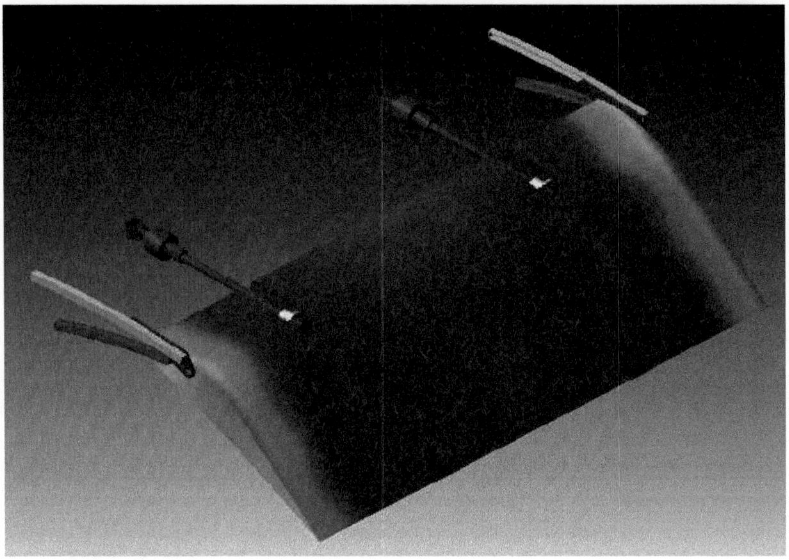

Software Version Adams 2013.2

문제 설명

이번 예제에서, 비행기 조종면(control surface)의 동역학에 대해서 공부할 것이다. 이 예제에서 담고 있는 주제는 .mnf file를 Import 하는 것과 형상을 만들기 위해서 .cmd file을 사용하는 것 그리고 시뮬레이션에서 유연 다 물체를 포함하는 것에 대한 장점을 포함한다.

필요한 파일들

- Control_Surface_start.cmd
- Create_Joints.cmd
- FlapModes.mnf

step 1 Start 파일에서 Import 하기

① Adams/View를 실행하고 Existing Model를 클릭한다.

② 파일 불러오기 아이콘을 클릭하여 exercise_dir/Example 20/Start 파일에서 Control_Surface_start.cmd 파일을 선택한다.

③ OK를 클릭한다. 만약 모델이 즉시 보이지 않는 다면 F 키를 눌러 모델에 시점을 맞춘다.

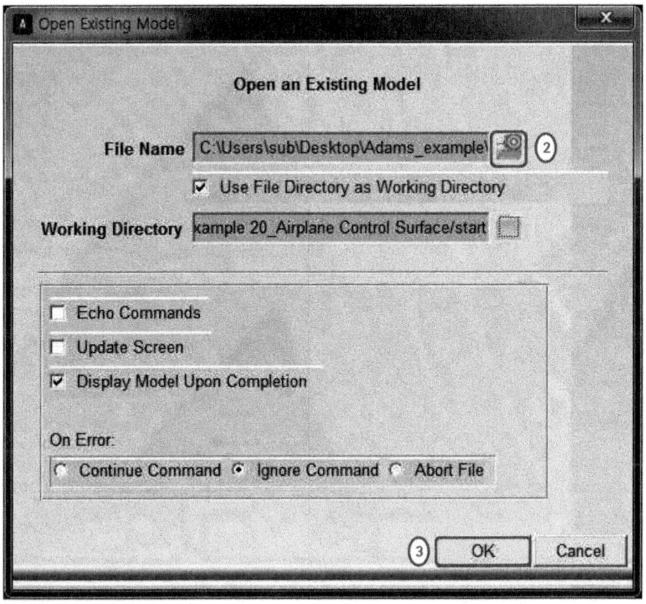

step 2 .mnf 파일 Import 하기

이번 단계에서 Control surface는 지금 이 모델 안에 포함되어 있지 않다. 모델에 그것을 포함시키는 방법이 두 가지가 있다. 첫 번째는 형상을 parasoild로 Import 하고 그것을 Flexible body로 만든다. 두 번째로는 미리 .mnf 파일을 생성하여 모델에 Import 하는 것이다. 이번 예제에서는 두 번째 방법을 사용한다. 이 경우는 미리 CAE 엔지니어의 의해서 .mnf 파일이 준비되어 있는 경우이다. 여기선 Adams 엔지니어가 제공해준다.

① Main Toolbox의 Bodies에서 Flexible Bodies : Adams/Flex : create flexible body via MNF import를 클릭한다.

② MNF 옆에 빈 공간에서 우클릭한 후 Browse를 클릭하여 start 파일에 있는 FlapModes.mnf 파일을 불러온다.

③ 그리고 절대 Flexible Body Name은 바꾸지 않는다. 만약 바꾼다면 나중에 Adams에서 제공한 Create Joints.cmd 파일을 Import할 때 못 할 수도 있다. 따라서 나머지는 기본 값으로 두고 바로 OK를 클릭한다. (형상이 나오면 우측 하단에 Toggle Icon visibility 아이콘을 클릭하면 아래 그림처럼 보일 것이다.)

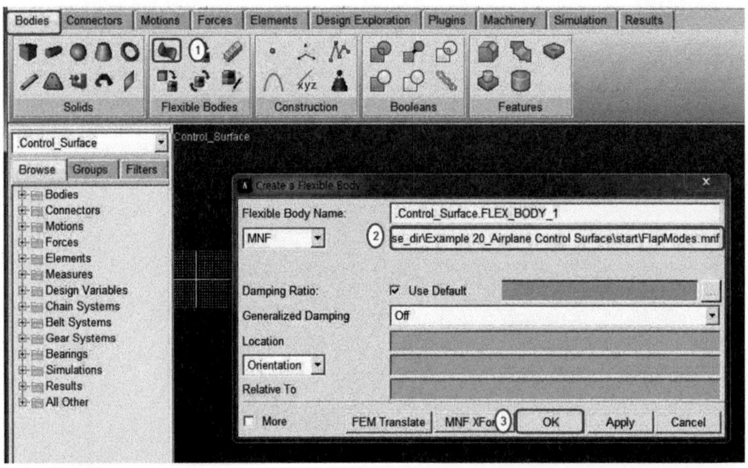

step 3 Joints를 만들기 위해서 cmd 파일 Import 하기

그동안 Adams tutorial kit을 통해서 많이 cmd 파일을 Export하고 Import 해왔다. 이번 예제에서는 Joints를 만들기 위해서 .cmd 파일을 Import 한 것이다.

① Main 메뉴의 File에서 Import를 클릭한다.
② File Type에서 Adams/View Command File을 선택한다.
③ File To Read의 옆에 빈 공간에서 더블 클릭하거나 우클릭하여 Browse를 클릭하고 Create_Joints.cmd 파일을 선택한다.
④ OK를 클릭한다. 그러면 Model tree의 Connectors에서 몇 개의 joint들이 만들어져 있을 것이다. Adams/View Command Language라고 불리는 .cmd 파일이 무엇을 포함하고 있는지는 사실 .cmd 파일을 우클릭하고 아무 text editor를 사용하여 안의 내용을 볼 수 있다. (만약 Adams/View Command Language에 대한 더 많은 정보를 원한다면, Adams Online Help를 참조하시오.)

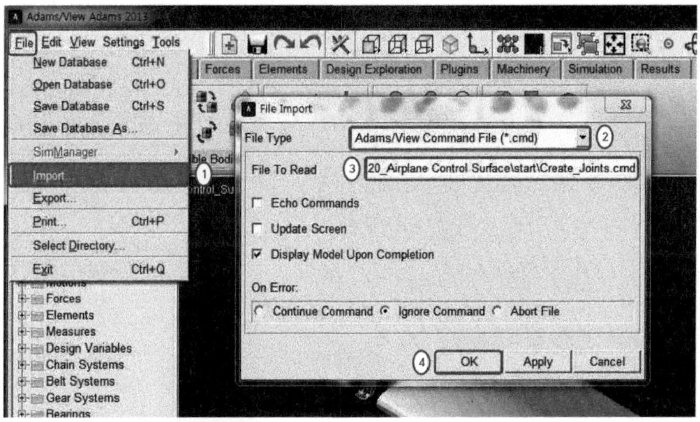

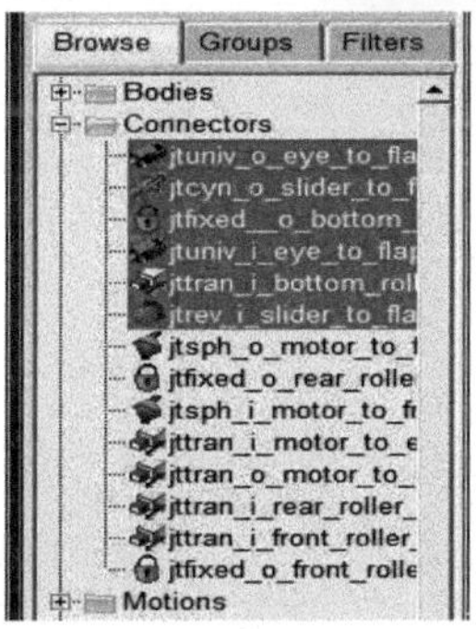

step 4 강체와 유연체 사이를 비교하기

① Simulation Control에서 Verify 아이콘을 클릭한다.

② Information 창에서 80 degrees of freedom for .Control_Surface 와 There are no redundant constraint equations 라고 나오는 것을 확인할 수 있다.

③ Close를 클릭하여 Information 창을 닫은 후, Control surface에서 우클릭한 후, Flexible_Body: FLEX_BODY_1에서 Make Rigid를 클릭하여 Control surface를 강체로 바꾼다.

④ 다시 Simulation Control에서 Verify 아이콘 을 클릭하여 결과를 보자. 확인한 결과를 보면 두 개의 불필요한 구속조건들이 있다는 것을 알 수 있다. 때때로 Adams에서 여전히 불필요한 구속조건들이 있음에도 실행될 것이다. 왜냐하면 시뮬레이션을 하는 동안에 불필요한 구속조건들이 변화지 않는 한 Adams가 불필요한 구속조건들을 제거할 것이다. 그러나 불필요한 구속조건들이 시뮬레이션을 하는 동안 바뀐다면 시뮬레이션의 실패의 원인이 될 것이다. 그러므로 유연체(Flexible body)가 필요할 때 모델에서 그것을 포함하는 것은 이러한 상황을 피해가는 것을 도와줄 것이다.

⑤ 다시 Close를 클릭하여 Information 창을 닫고, 이제 Control Surface에서 우클릭한 후, Flexible _Body: FLEX_BODY_1에서 Make Flexible를 클릭한다.

⑥ Inertia Modeling에서 Partial를 선택하고 OK를 클릭하여 Control Surface를 유연체로 바꾼다.

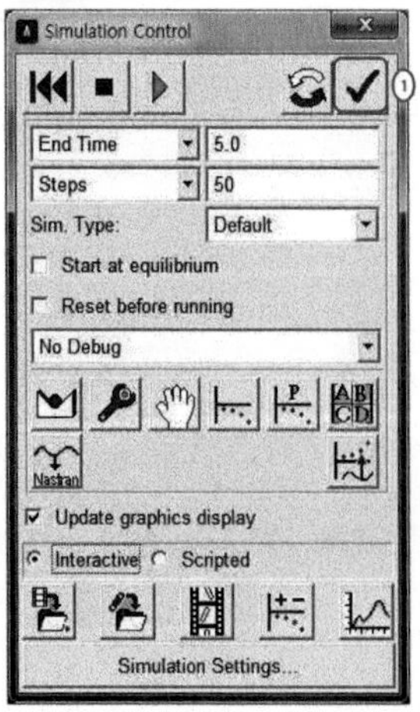

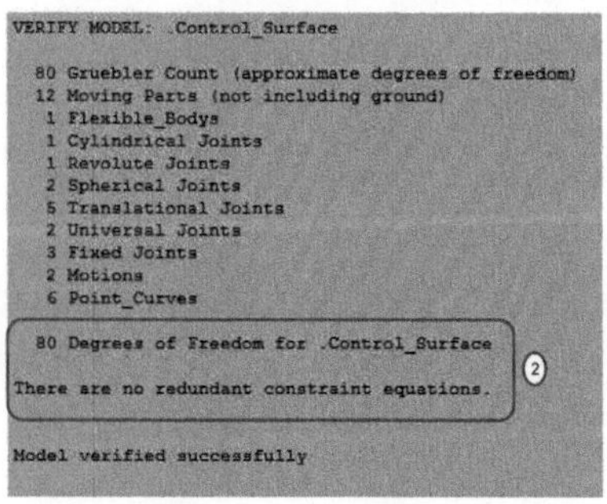

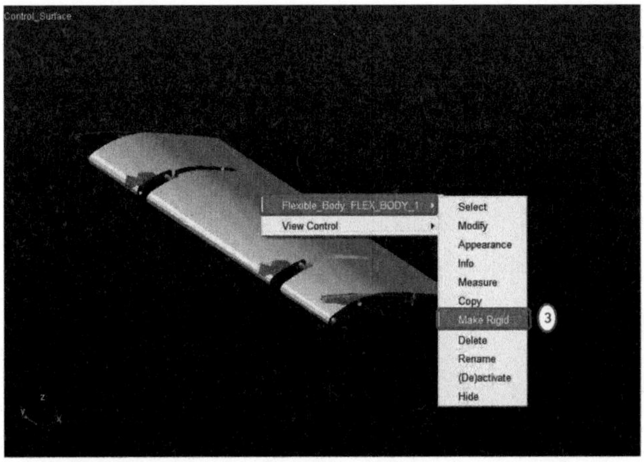


```
VERIFY MODEL: .Control_Surface

  80 Gruebler Count (approximate degrees of freedom)
  12 Moving Parts (not including ground)
   1 Flexible_Bodys
   1 Cylindrical Joints
   1 Revolute Joints
   2 Spherical Joints
   5 Translational Joints
   2 Universal Joints
   3 Fixed Joints
   2 Motions
   6 Point_Curves

   0 Degrees of Freedom for .Control_Surface

There are 2 redundant constraint equations.   (4)

   This constraint:                                                 unnecessarily removes this DOF:

   .Control_Surface.jttran_i_bottom_roller_to_flap  (Translational Joint)  Rotation Between Zi & Yj
   .Control_Surface.jtcyn_o_slider_to_flap          (Cylindrical Joint)    Rotation Between Zi & Xj

Model verified successfully
```

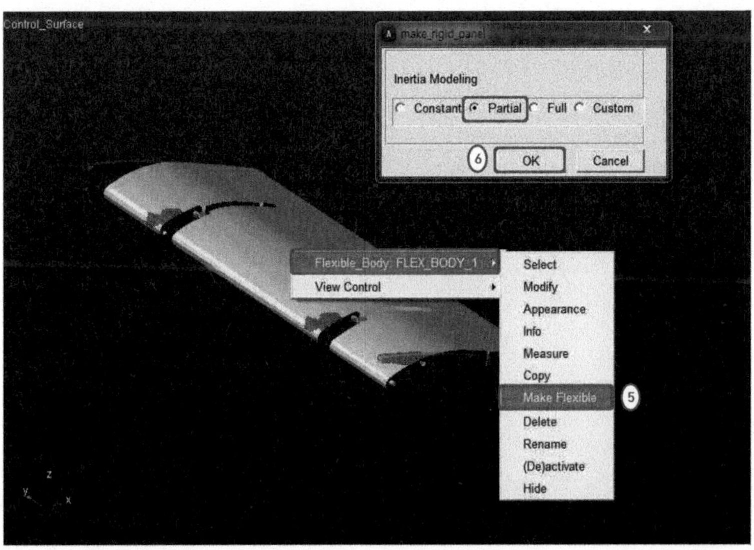

step 5 Control Surface에 힘 추가하기

① 선택하는 과정을 가능하게 하기 위해서, Shift+S 키를 눌러 Render 모드를 Shaded로 바꾼다. 이제 maize coordinate system markers에서 몇 개의 node들을 찾을 수 있다는 걸 알아두자.

② Main Toolbox의 Forces에서 Create a Force (Single-Component) Applied Force를 클릭한다.

③ Run time Direction에서 Space Fixed를 선택하고 Construction에서 Pick Feature를 선택한다.

④ Control surface인 Flex_Body_1을 한번 클릭한다. 그리고 Node 6363을 찾아서 클릭한다. 찾기 어렵다면 그 주변에서 마우스 우클릭한 후 Select 창을 열어 Node 6363을 선택한다. (참고 - 좌표 값: 12.184,-2.1368,1.1585)

⑤ 그리고 방향을 설정해 주기 위해서 Node 6363.Z를 찾아 클릭한다. 만약 이번에도 찾기 어렵다면 그 주변에서 마우스 우클릭하여 Select 창에서 Node 6363.Z를 선택한다. (참고 - 좌표 값: 12.184,-2.6194,1.158)

⑥ 이와 같은 방식으로 Node 6364에도 Force를 만든다.

⑦ Model Tree의 Forces에서 생성된 SFORCE_1을 우클릭한 후 Modify를 클릭한다.

⑧ function에 step(time,0,0,1,-1500)을 입력한 후, OK를 클릭한다.

⑨ SFORCE_2도 마찬가지로 같은 Step 함수를 function에 입력하여 수정한다. 이 힘들은 공기역학적으로 정확한 것이 아니다. 그러나 그것들은 실례가 되는 목적으로써 중요하다. 이와 같은 방식으로 유연물체에서 사용 가능한 데이터로 쉽게 힘을 가할 수 있다.

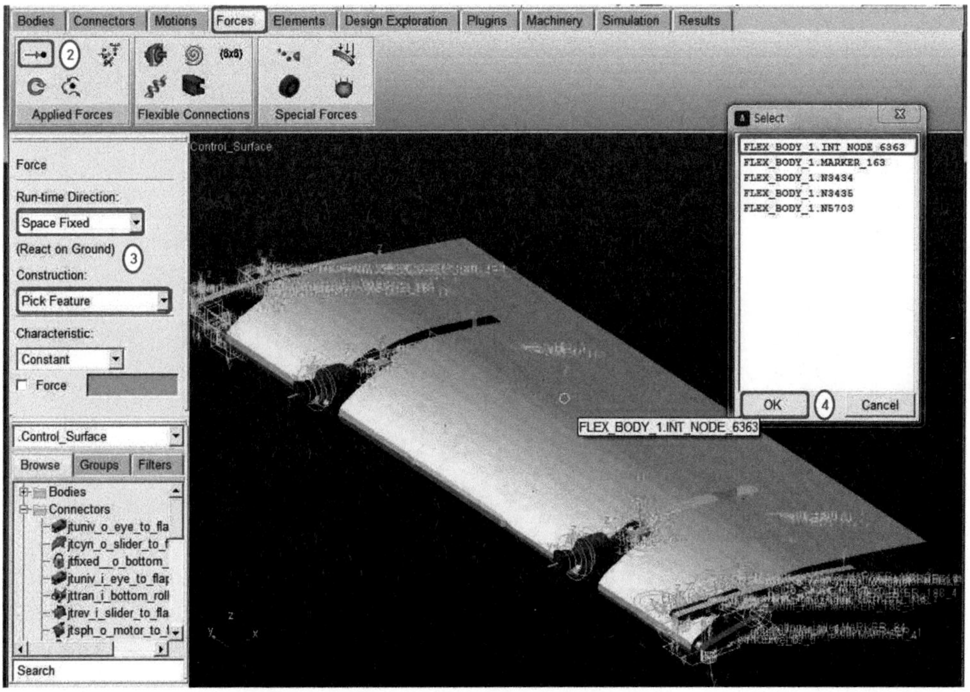
Bodies
Connectors
Motions
Forces
Elements
Design Exploration
Plugins
Machinery
Simulation
Results
2
Applied Forces
Flexible Connections
Special Forces
Select
FLEX_BODY_1.INT_NODE_6363
FLEX_BODY_1.MARKER_163
FLEX_BODY_1.N3434
FLEX_BODY_1.N3435
FLEX_BODY_1.N5703
Force
Run-time Direction:
Space Fixed
(React on Ground)
3
Construction:
Pick Feature
Characteristic:
Constant
Force
OK
4
Cancel
FLEX_BODY_1.INT_NODE_6363
.Control_Surface
Browse
Groups
Filters
Bodies
Connectors
Search

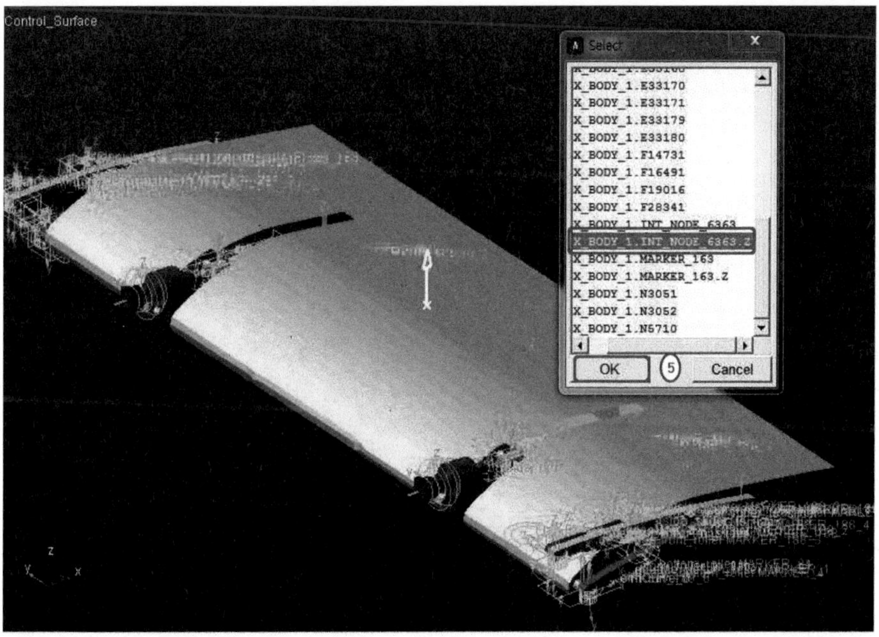
Control_Surface
Select
X_BODY_1.E33170
X_BODY_1.E33171
X_BODY_1.E33179
X_BODY_1.E33180
X_BODY_1.F14731
X_BODY_1.F16491
X_BODY_1.F19016
X_BODY_1.F28341
X_BODY_1.MARKER_163
X_BODY_1.MARKER_163.Z
X_BODY_1.N3051
X_BODY_1.N3052
X_BODY_1.N5710
OK
5
Cancel

Control_Surface
6

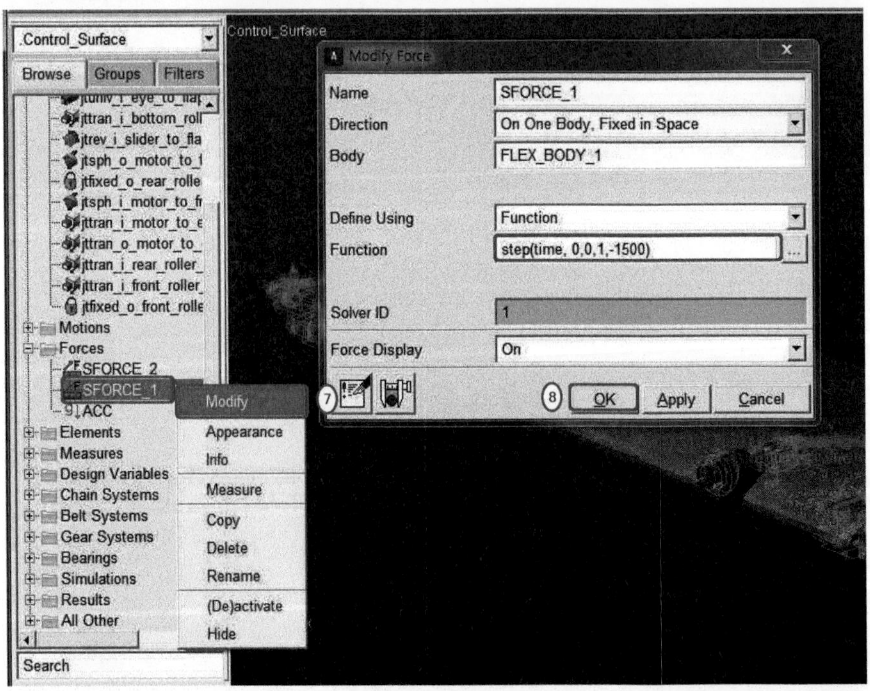
.Control_Surface
Browse
Groups
Filters
jttran_i_bottom_roll
jtrev_i_slider_to_fla
jtsph_o_motor_to_
jtfixed_o_rear_rolle
jtsph_i_motor_to_fr
jttran_i_motor_to_
jttran_o_motor_to_
jttran_i_rear_roller_
jttran_i_front_roller_
jtfixed_o_front_rolle
Motions
Forces
SFORCE_2
SFORCE_1
ACC
Elements
Measures
Design Variables
Chain Systems
Belt Systems
Gear Systems
Bearings
Simulations
Results
All Other
Search
Modify
Appearance
Info
Measure
Copy
Delete
Rename
(De)activate
Hide
Control_Surface
Modify Force
Name
SFORCE_1
Direction
On One Body, Fixed in Space
Body
FLEX_BODY_1
Define Using
Function
Function
step(time, 0,0,1,-1500)
Solver ID
1
Force Display
On
7
8
OK
Apply
Cancel

step 6 Scripted Simulation 돌리기

① Main Toolbox의 Simulation에서 Simulate: Run a Scripted Simulation을 클릭한다.

② Simulation Script Name: 아래 빈 공간에서 우클릭한 후, Simulation_Script:의 Guesses에서 SIM_SCRIPT_1을 클릭한다.

③ 시뮬레이션을 시작한다.

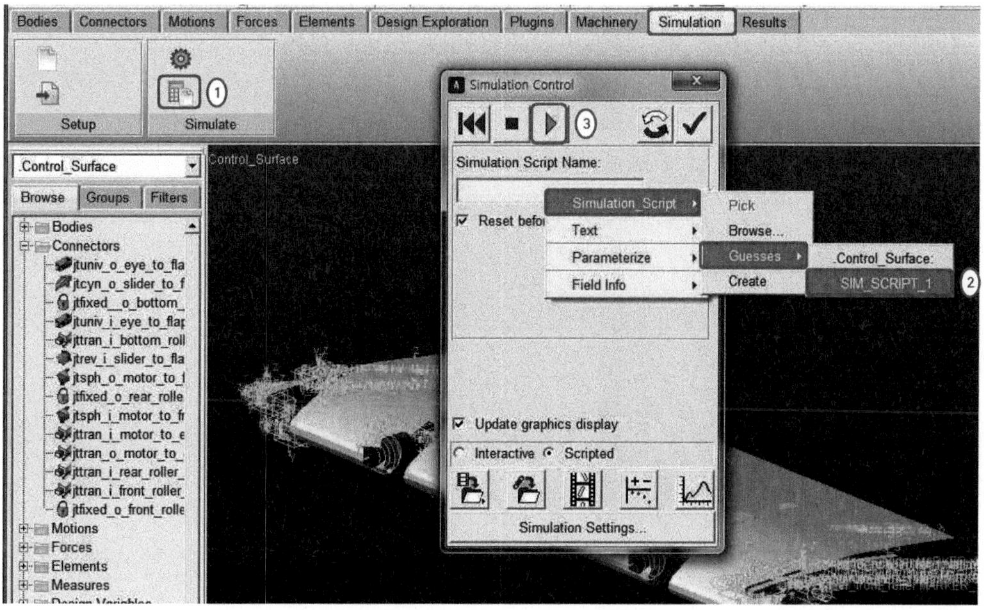

step 7 시뮬레이션 결과 검토하기

① Simulation Control에서 Save 아이콘을 클릭하여 Flex일 때 시뮬레이션 결과를 저장한다.

② Name을 flex로 입력한 후 OK를 클릭한다.

③ 이번에는 Control Surface를 다시 우클릭하여 Make Rigid를 클릭하여 강체로 만든다. 그리고 같은 Scripted simulation을 하고 Save 아이콘을 클릭하여 Name을 rigid로 하여 저장한다.

④ F8 키를 눌러 PostProcess 창을 연다.

⑤ 이제 시뮬레이션 결과를 살펴 볼 수 있다.

몇 개의 Joint들에서 힘에 대한 면에서 분명하게 두 모델링 방법의 차이가 나는 것을 알 수 있다. 결과들을 살펴보고 두 모델링 기술의 차이를 비교해보자.

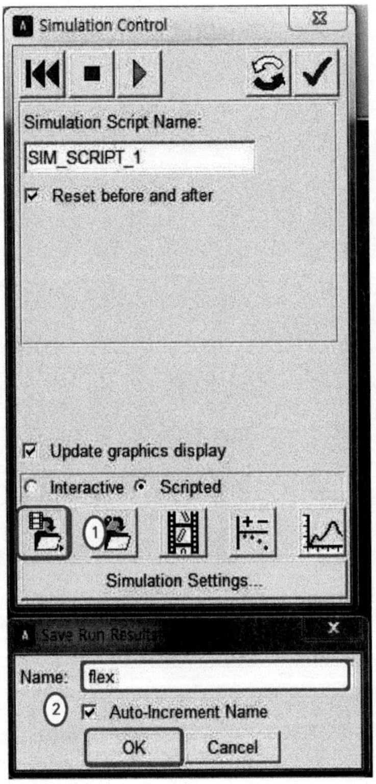

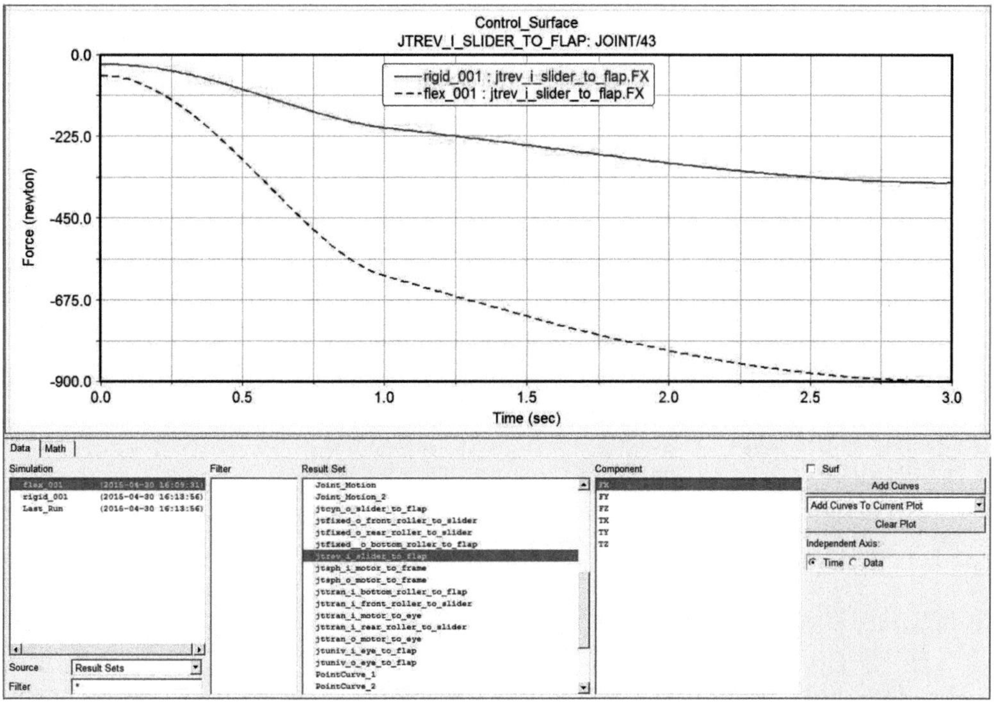
Control_Surface
JTREV_I_SLIDER_TO_FLAP: JOINT/43
rigid_001 : jtrev_i_slider_to_flap.FX
flex_001 : jtrev_i_slider_to_flap.FX
Force (newton)
Time (sec)
Data
Math
Simulation
Filter
Result Set
Component
Surf
Add Curves
Add Curves To Current Plot
Clear Plot
Independent Axis:
Time
Data
Source
Result Sets

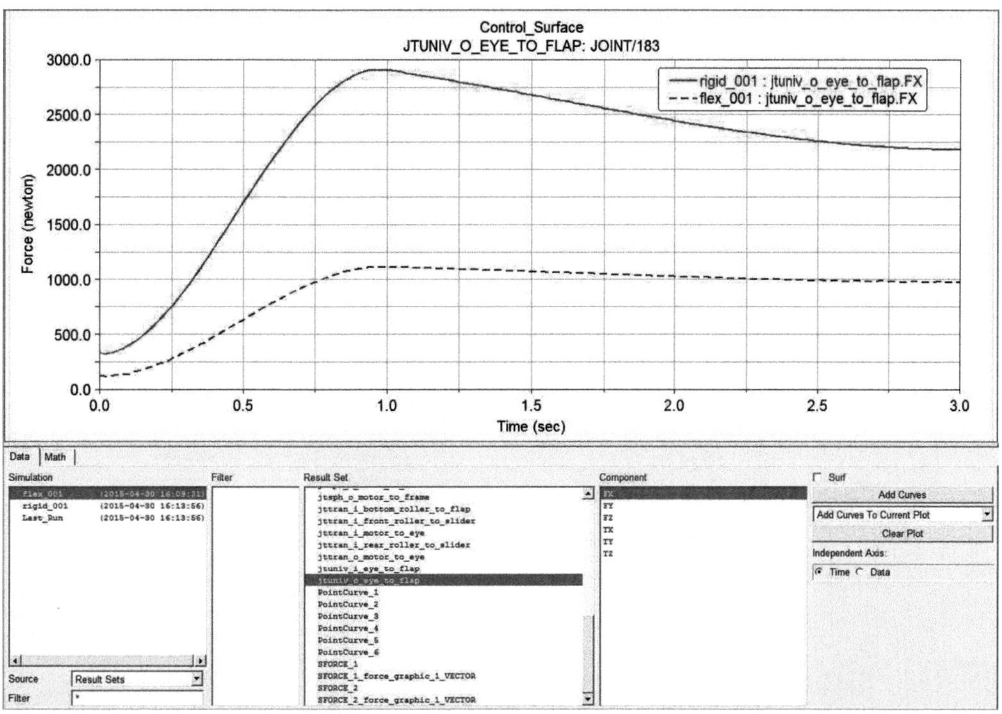
Control_Surface
JTUNIV_O_EYE_TO_FLAP: JOINT/183
rigid_001 : jtuniv_o_eye_to_flap.FX
flex_001 : jtuniv_o_eye_to_flap.FX
Force (newton)
Time (sec)
Data
Math
Simulation
Filter
Result Set
Component
Surf
Add Curves
Add Curves To Current Plot
Clear Plot
Independent Axis:
Time
Data
Source
Result Sets

Example 21. More on Pendulum

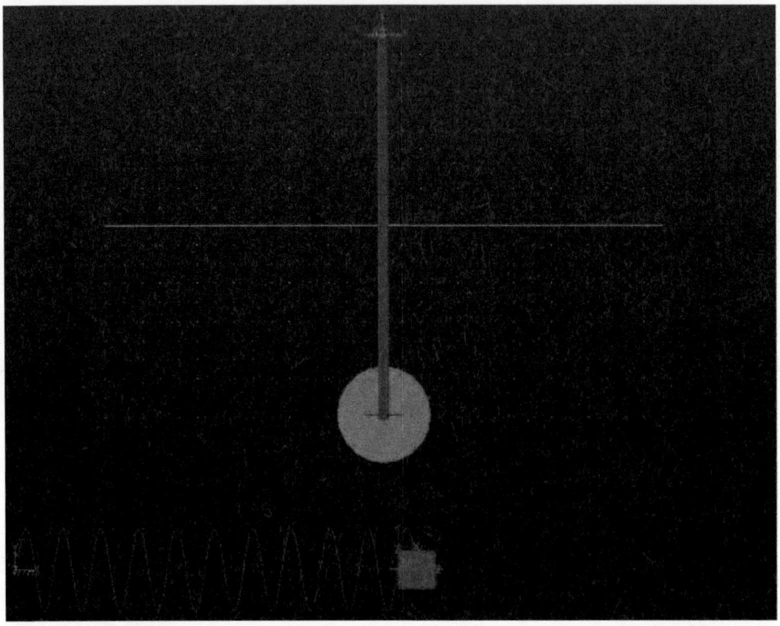

Software Version Adams 2013.2

문제 설명

이전 Pendulum에 대한 예제에서 Simple Pendulum의 동역학을 공부하였다. 이번 예제에서는 더 나아가 좀 더 복잡한 Pendulum 모델에 대해서 할 것이다. 다른 설정에 따른 Pendulum의 결과를 비교하는 것에 초점을 둘 것이다. Double pendulum에 대한 파라미터들은 California Polytechnic State University에 Mechanical Engineering Control Systems Lab에서 제공한 예제를 참조 하였다.

필요한 파일들

- Pendulum.cmd
- Double Pendulum.cmd

step 1 Adams/View 시작하기

① Adams/View 2013을 실행하고 Existing Model을 클릭한다.

② File Name 옆에 Browse 아이콘을 클릭하여 exercise_dir/Example 21/Start 폴더 있는 Pendulum.cmd 파일을 선택한다.

③ OK를 클릭한다.

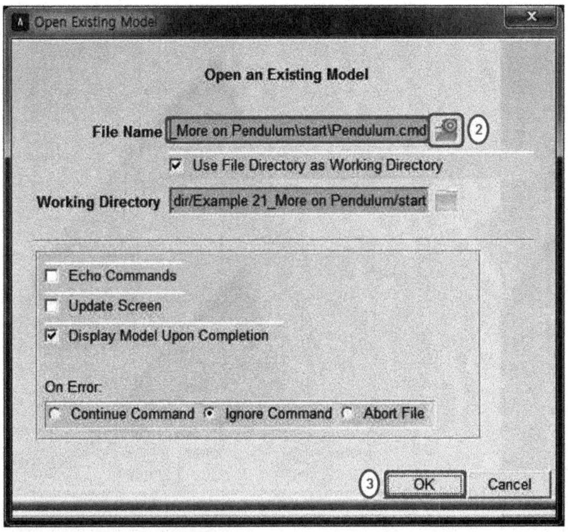

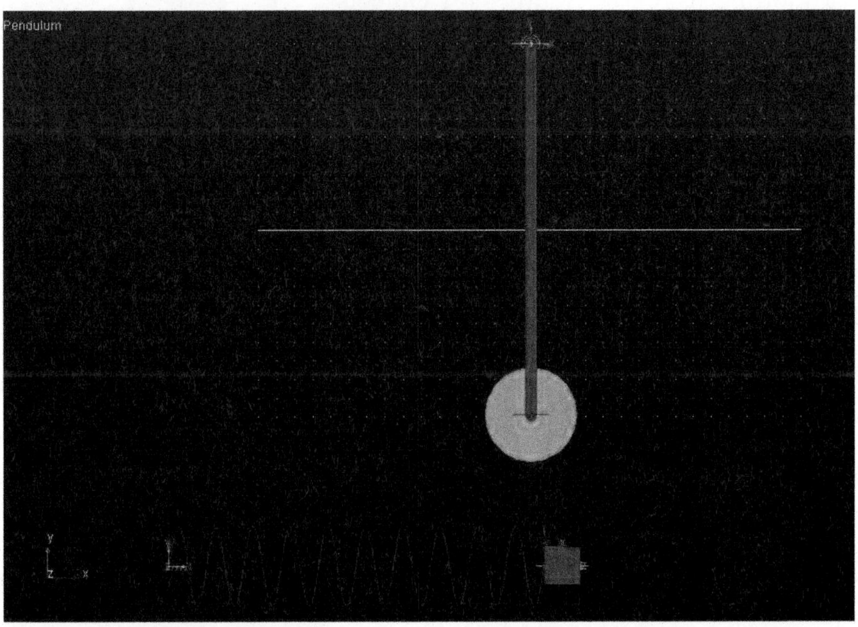

step 2 시뮬레이션 돌려보기

① 현재 기본 값으로 되어있는 Pendulum의 설정을 설명한다. Rod의 무게중심은 Rod 끝으로 정의 되어있다. 그리고 Rod는 관성(Inertia)을 가지고 있지 않다. 이것은 Simple Pendulum 기본 설정으로 만들어준다. Pendulum 아래에 Simple Mass-spring system이 있다. 이것은 Pendulum과 같은 고유 진동수를 가지고 있다. 그것을 확인하기 위해서 Simulation Control에서 End time을 3 초, Steps를 150으로 하고 시뮬레이션을 시작한다.

② 시뮬레이션이 끝난 후에 왼쪽 아래 Save Run Results 아이콘 을 클릭한다. 이것은 자동적으로 시뮬레이션의 결과를 저장할 것이다. 그래서 전에 돌린 것과 나중에 돌린 것에 대한 그래프 비교를 함께 할 수 있다.

③ Name에 pendulum이라고 입력하고 밑에 Auto-Increment Name을 체크해 준다. 이것을 체크하면 각각의 결과들을 구별하기 위해서 자동으로 이름 뒤에 숫자를 추가할 것이다. 마지막으로 OK를 클릭한다.

④ 그리고 Postprocessing 아이콘 을 클릭하거나 F8 키를 눌러 PostProcessing 창을 연다.

⑤ 아래 Plotting page에서 Source에서 Objects를 선택, Object의 bob에서 cm과 Mass_block에서 cm을 Ctrl키를 누른 채로 클릭하여 모두 선택한다.

⑥ 그다음 Characteristic에서 Translational_Displacement를 선택한 후, Component에서 x를 선택, 그리고 Add Curves를 클릭한다.

⑦ 그래프를 보면 두 시스템이 정확하게 같은 진폭과 고유 진동수를 가지는 것을 알 수 있다. 두 개는 서로 다른 뚜렷한 형상의 차이가 있음에도 불구하고 같은 행동을 한다.

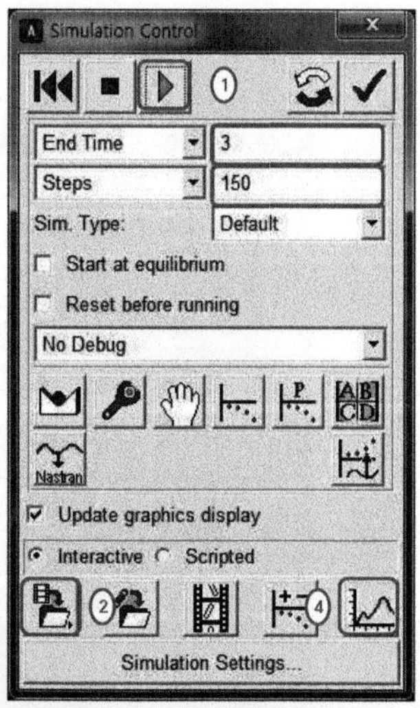

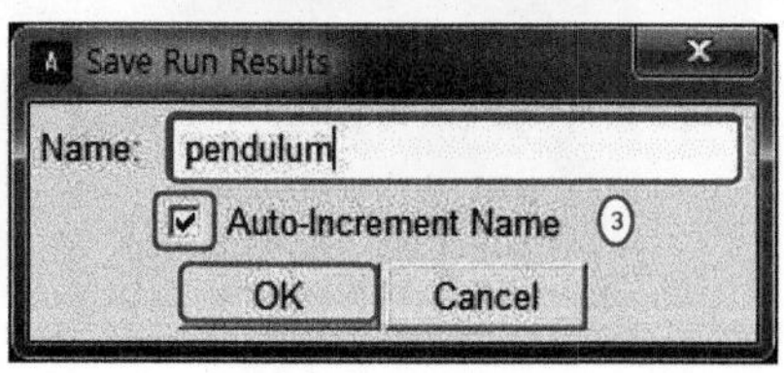

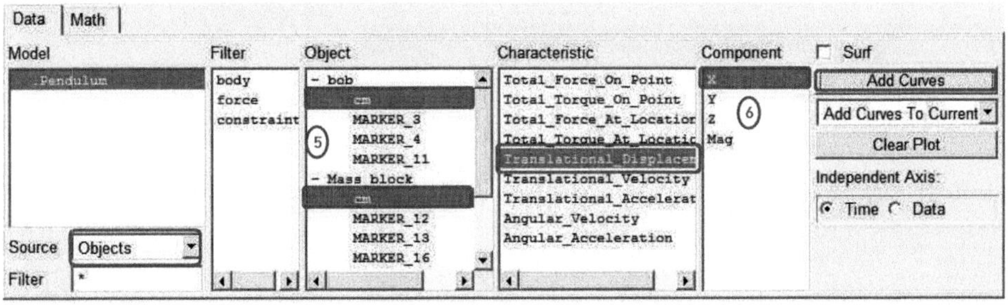

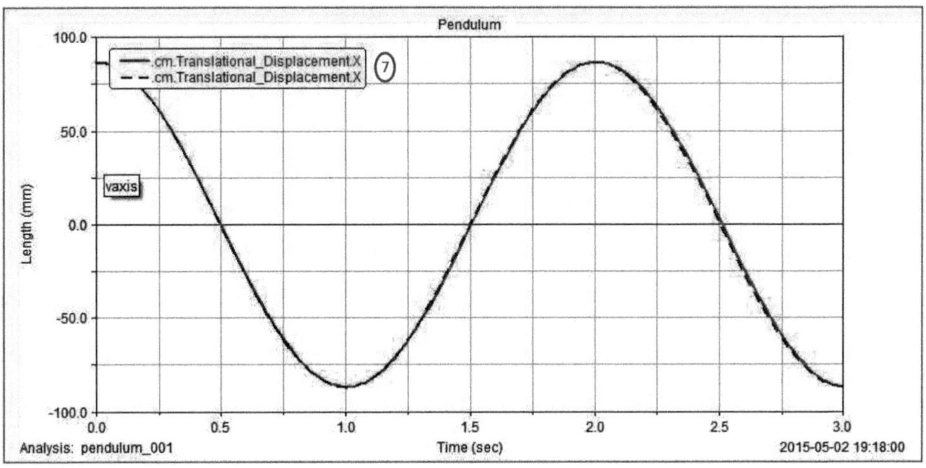

※ 다음 단계를 위해서 PostProcessing 창은 닫지 않는다.

step 3 Pendulum을 달로 옮기기

① 만약 달에서 Pendulum이 흔들리면 어떻게 될까? 간단하게 중력 값을 바꾸어서 결과를 확인해 볼 수 있다. Main 메뉴의 Settings에서 Gravity를 클릭한다.

② Y에서 값을 −1622 (MMKS unit system) 로 바꾸고, OK를 클릭한다.

③ 다시 같은 설정(3초 , 150 steps)으로 시뮬레이션을 시작한다. 그리고 다시 Post-Precessing 창으로 이동한다.

④ 이번에는 bob의 cm에 대한 Translational_Displacement의 x Component를 Add Curves를 클릭하여 그래프를 추가한다. 그래프를 보면 Pendulum의 주기가 중력의 루트에 반비례 한다는 것을 보여준다.

⑤ 다시 Settings에서 Gravity를 클릭하고 −Y를 클릭하여 중력을 기본 값으로 바꾼다.

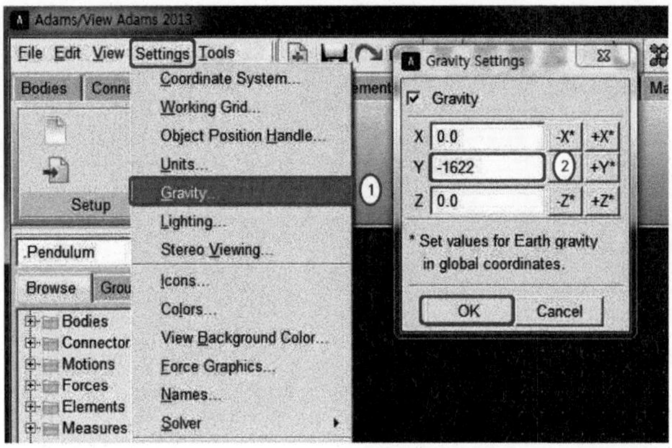
Adams/View Adams 2013
File Edit View Settings Tools
Bodies Conn
Setup
.Pendulum
Browse Grou
Bodies
Connector
Motions
Forces
Elements
Measures
Coordinate System...
Working Grid...
Object Position Handle...
Units...
Gravity...
Lighting...
Stereo Viewing...
Icons...
Colors...
View Background Color...
Force Graphics...
Names...
Solver
①
Gravity Settings
Gravity
X 0.0 -X* +X*
Y -1622 ② +Y*
Z 0.0 -Z* +Z*
* Set values for Earth gravity in global coordinates.
OK Cancel

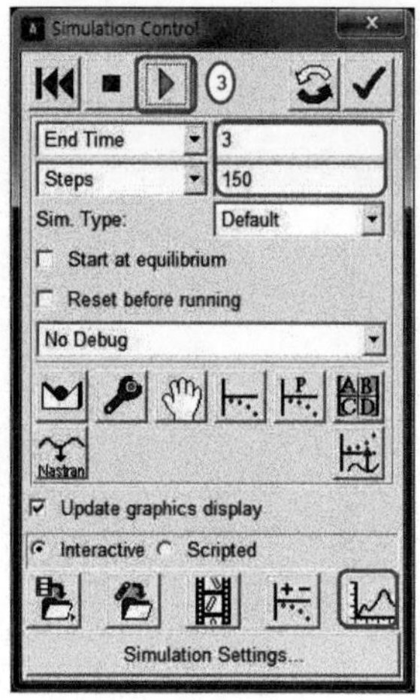
Simulation Control
③
End Time 3
Steps 150
Sim. Type: Default
Start at equilibrium
Reset before running
No Debug
Nastran
Update graphics display
Interactive Scripted
Simulation Settings...

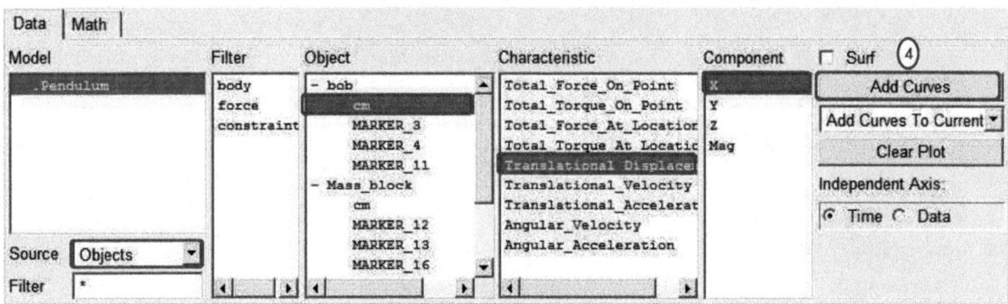
Data Math
Model Filter Object Characteristic Component Surf ④
.Pendulum
body
force
constraint
- bob
cm
MARKER_3
MARKER_4
MARKER_11
- Mass_block
cm
MARKER_12
MARKER_13
MARKER_16
Total_Force_On_Point
Total_Torque_On_Point
Total_Force_At_Location
Total_Torque_At_Locatic
Translational_Displace
Translational_Velocity
Translational_Accelerat
Angular_Velocity
Angular_Acceleration
X
Y
Z
Mag
Add Curves
Add Curves To Current
Clear Plot
Independent Axis:
Time Data
Source Objects
Filter *

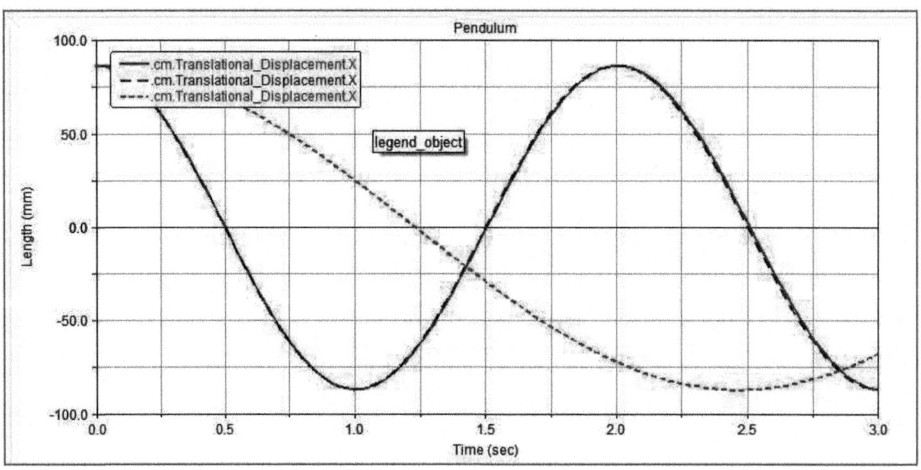
Pendulum
.cm.Translational_Displacement.X
.cm.Translational_Displacement.X
.cm.Translational_Displacement.X
legend_object
Length (mm)
100.0
50.0
0.0
-50.0
-100.0
0.0
0.5
1.0
1.5
2.0
2.5
3.0
Time (sec)

Y -9806.65 -Y* ⑤Y*

step 4 더 큰 각도를 주어 초기 위치 바꾸기

① 이번 단계에서는 Pendulum의 초기 각도를 5°에서 60°으로 바꾼다. 이것의 목적은 작은 각도에서의 근사(small angle approximation)가 상대적으로 큰 변화에서 실패 할 것이라는 걸 보여주는 것이다.

② Model Tree의 Design Variable에서 initial_angle을 더블 클릭하고, Standard Value에서 5를 60으로 바꾼다. 그리고 OK를 클릭한다.

③ 그러면 Pendulum의 초기 위치에 따른 Mass block의 스프링의 늘어남을 볼 수 있을 것이다. 아직은 Pendulum의 그래픽 업데이트가 발생하지 않는다. 왜냐하면 수정사항은 오직 시뮬레이션이 시작 할 때만 나타난다. 이 모델은 이미 파라미터화 되어있기 때문에 초기 각도 값을 바꾼다면, 다른 파라미터들도 따라서 바뀐다.

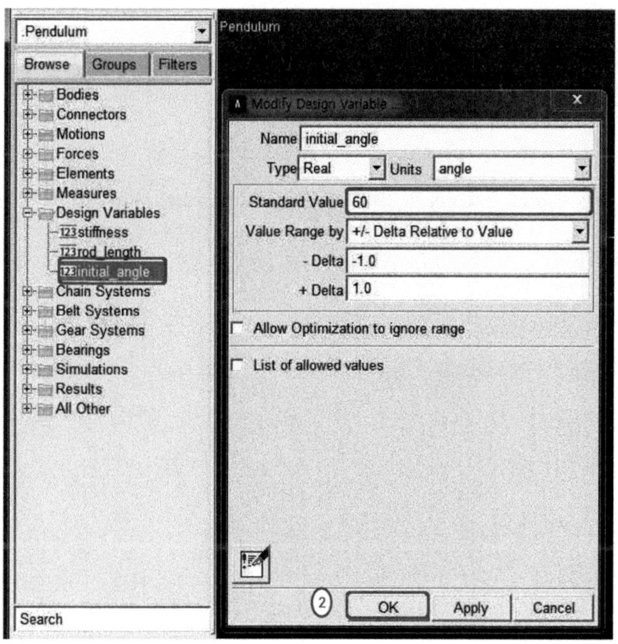

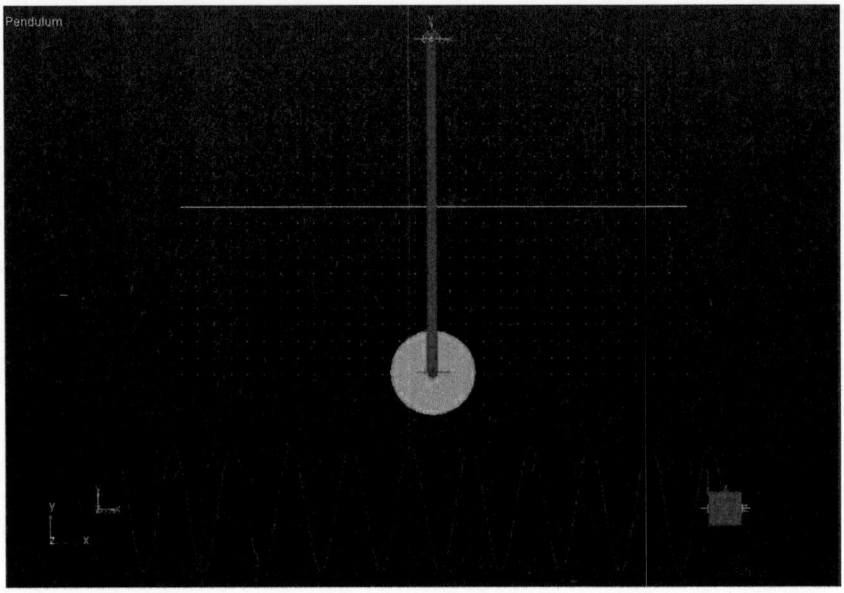

step 5 시뮬레이션 다시 돌리기

① 다시 End time을 3초 ,Steps를 150으로 하여 시뮬레이션을 돌린다.

② Postprocessing 창으로 돌아가서 Clear Plot을 클릭하여 전에 있던 그래프들을 모두 지우고 아까처럼 bob의 cm과 Mass_block의 cm에 대한 Translational_Displacement_x 그래프를 비교해 본다. 주기가 2초에서 2.16초로 바뀐 것을 주목해라. 확인한 후에 다시 Clear Plot을 클릭하여 그래프를 지운다.

③ 주기에서의 변화가 그다지 중요하지 않을 수도 있다. 그러나 Rod 끝에 있는 Revolute joint에 대한 힘을 확인해 보면 큰 차이가 있는 것을 찾을 수 있다. 먼저 Source에서 Result Sets을 선택한다. 그리고 Ctrl 키를 사용하여 Simulation에서 pendulum_001과 Last_Run을 모두 선택하고 Result Set에서 rev_rod_ground를 선택, Component에서 FX를 선택하고 Add Curves를 클릭한다.

④ 그래프를 보면 초기 각도가 큰 것이 큰 변화가 있다. 심지어 이것은 더 이상 사인파 형태가 아니다. 이것은 우리에게 다음과 같은 식 $T \approx 2\pi\sqrt{\dfrac{L}{g}}$이 오직 작은 각도 변화에서만 적용된다는 것을 상기시켜준다.

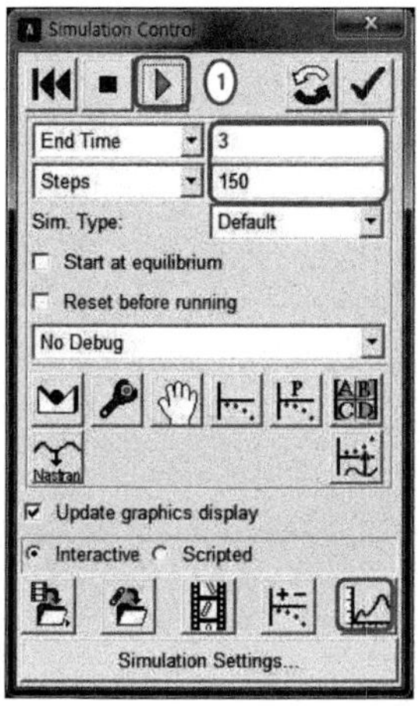
Simulation Control
①
End Time
3
Steps
150
Sim. Type:
Default
Start at equilibrium
Reset before running
No Debug
Update graphics display
Interactive
Scripted
Simulation Settings...

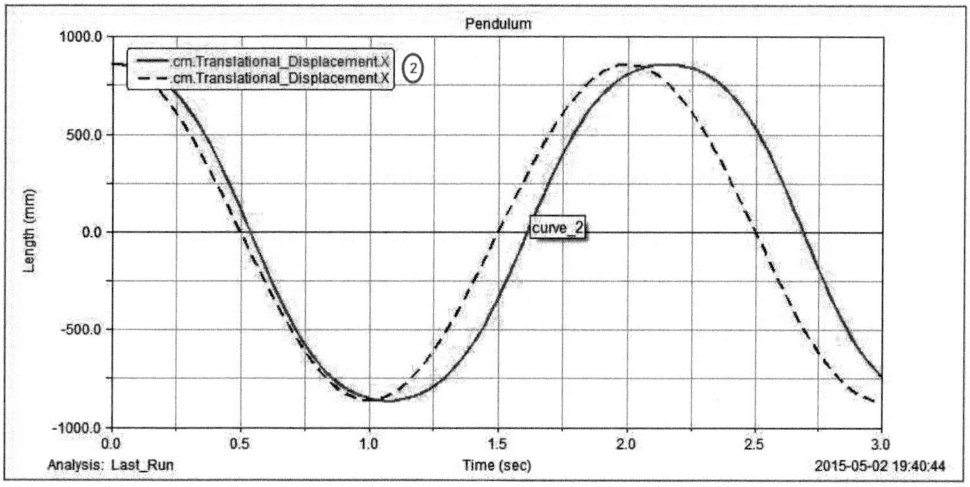
Pendulum
.cm.Translational_Displacement.X
.cm.Translational_Displacement.X
②
curve_2
Length (mm)
Time (sec)
Analysis: Last_Run
2015-05-02 19:40:44

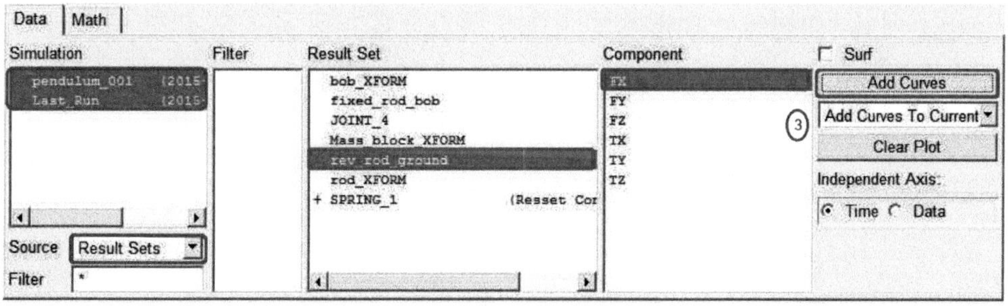
Data
Math
Simulation
Filter
Result Set
Component
Surf
pendulum_001
Last_Run
bob_XFORM
fixed_rod_bob
JOINT_4
Mass_block_XFORM
rev_rod_ground
rod_XFORM
SPRING_1
FX
FY
FZ
TX
TY
TZ
Add Curves
③
Add Curves To Current
Clear Plot
Independent Axis:
Time
Data
Source
Result Sets
Filter

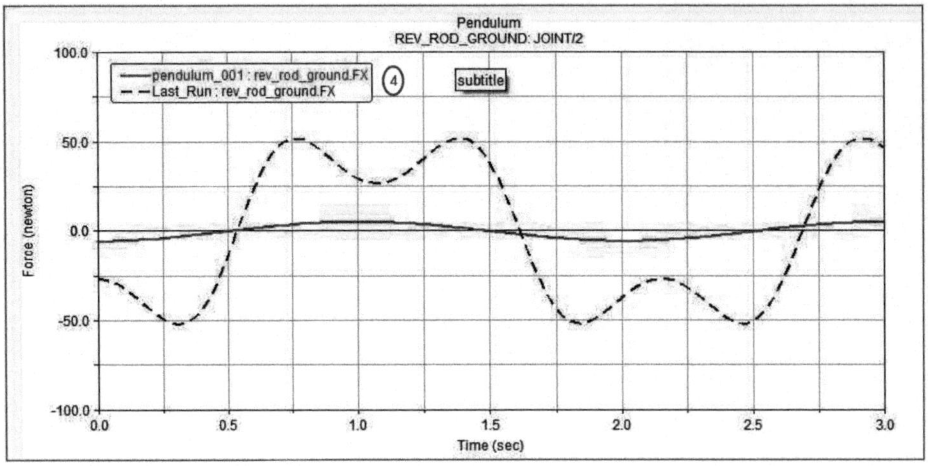

step 6 Rod와 Bob사이에 Revolute Joint 추가하기

① 이번 단계에서는 Pendulum 진동에 Bob의 관성이 어떠한 영향을 주는지 조사할 것이다. 그러면 먼저 Model Tree의 Bodies에서 Bob에 있는 CYLINDER_2를 더블 클릭한다.

② 그리고 radius를 15in로 바꾼 후 OK를 클릭한다.

③ 이번에는 Simulation Control에서 End time을 10 초, Steps를 300으로 하여 시뮬레이션을 시작한다. 그리고 Postprocessing으로 돌아가 전에 있던 그래프가 있다면 Clear Plot을 클릭하여 그래프를 모두 지우고 Bob에서 cm의 Translational_Displacement_x를 Add Curves를 클릭하여 그래프를 확인한다.

④ 이미 애니메이션에서 Bob의 반지름이 증가함에 따라 주기도 또한 증가한 것을 알 수 있다. Simple pendulum은 Bob의 관성 효과를 무시한다.

⑤ 이제 Model Tree의 Connectors에서 fixed_rod_bob를 우클릭하고 (De)activate를 클릭하여 Object active의 체크를 해제해서 fixed_rod_bob joint를 deactivate 한다. rev_rod_bob joint도 우클릭하고 (De)activate를 클릭하여 이번에는 Object active를 체크하여 rev_rod_bob joint를 activate 한다.

⑥ 시뮬레이션을 같은 조건하에 다시 돌린다. 그리고 Postprocessing으로 돌아가 Bob에서 cm의 Translational_Displacement_x를 Add Curves를 클릭하여 그래

프를 추가한다.

그래프를 보면 revolute joint를 활성화했을 때가 조금 더 빨리 진동한다는 것을 알 수 있다. 이러한 이유는 Bob의 구속을 풀어주었기 때문이다. 이것은 무게 중심의 회전 때문이 아니라 에너지의 일부가 Pendulum의 병진 운동으로 전환했기 때문이다. 따라서 Pendulum이 더 빨리 진동하게 된다.

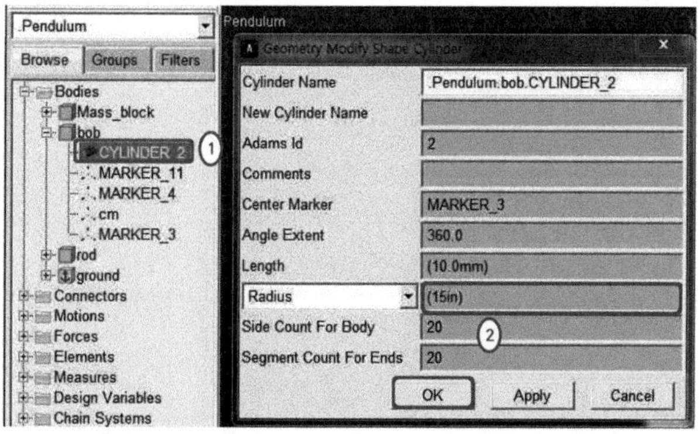

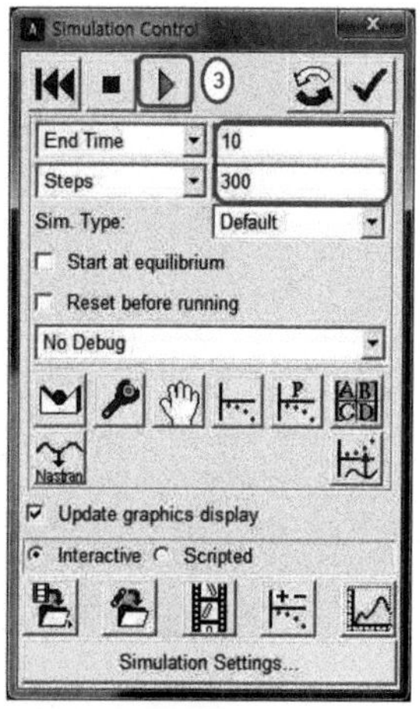

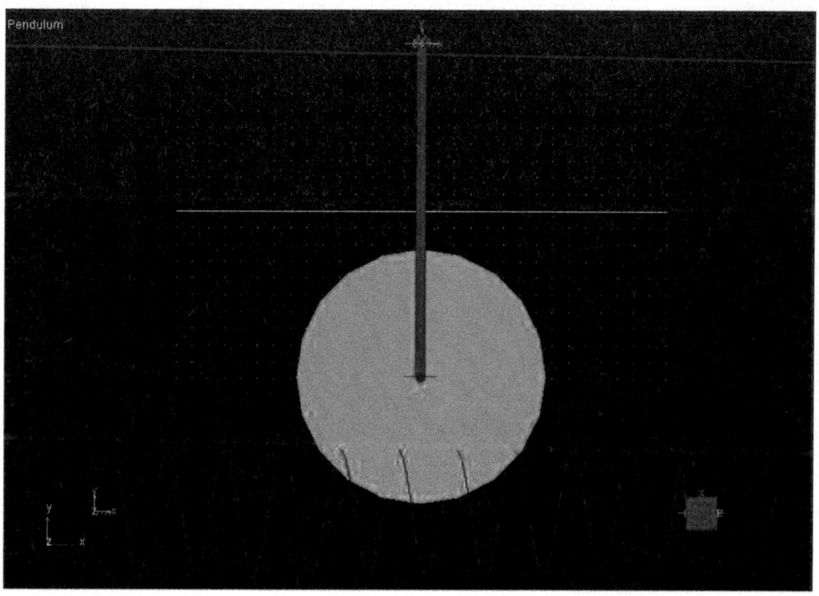

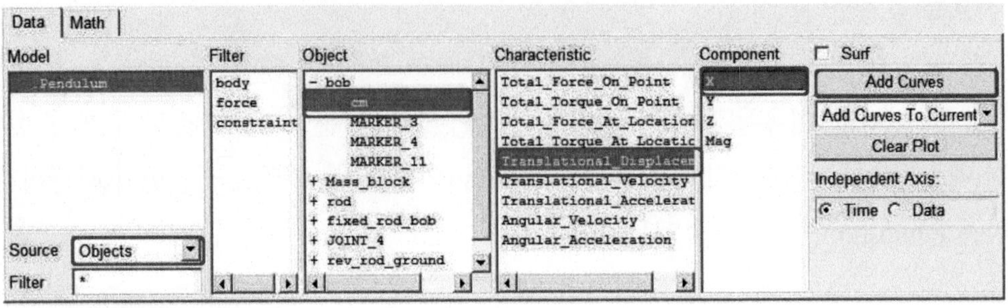
Data
Math
Model
Pendulum
Source
Objects
Filter
*
Filter
body
force
constraint
Object
- bob
cm
MARKER_3
MARKER_4
MARKER_11
+ Mass_block
+ rod
+ fixed_rod_bob
+ JOINT_4
+ rev_rod_ground
Characteristic
Total_Force_On_Point
Total_Torque_On_Point
Total_Force_At_Location
Total_Torque_At_Locatio
Translational_Displacem
Translational_Velocity
Translational_Accelerat
Angular_Velocity
Angular_Acceleration
Component
X
Y
Z
Mag
Surf
Add Curves
Add Curves To Current
Clear Plot
Independent Axis:
Time
Data

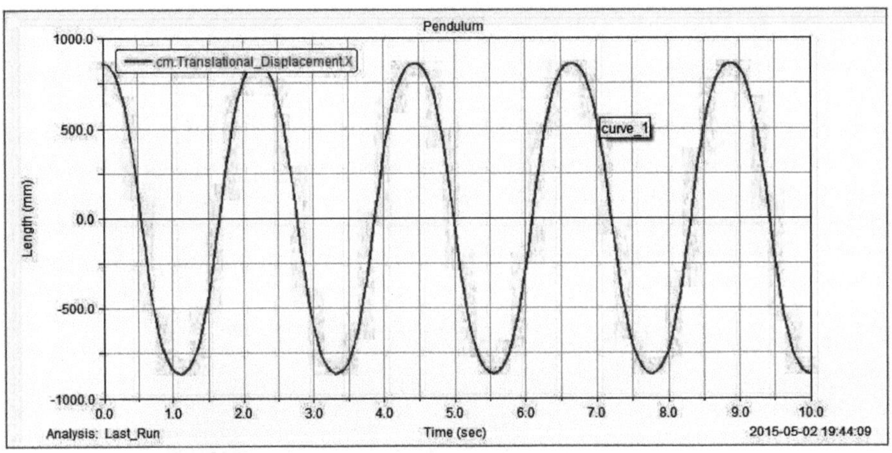
Pendulum
.cm.Translational_Displacement.X
curve_1
1000.0
500.0
0.0
-500.0
-1000.0
Length (mm)
0.0
1.0
2.0
3.0
4.0
5.0
6.0
7.0
8.0
9.0
10.0
Time (sec)
Analysis: Last_Run
2015-05-02 19:44:09

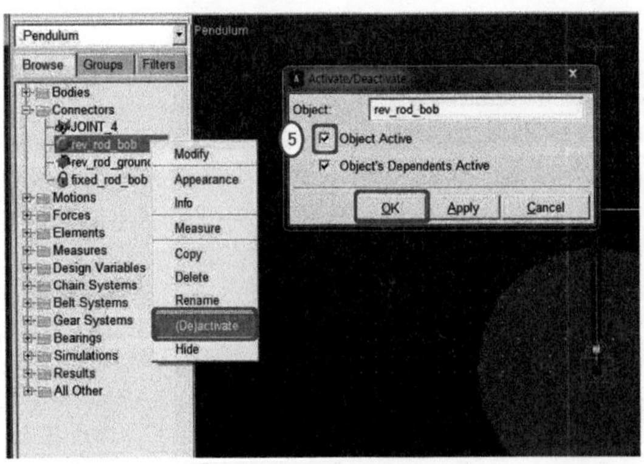
Pendulum
Browse
Groups
Filters
Bodies
Connectors
JOINT_4
rev_rod_bob
rev_rod_ground
fixed_rod_bob
Motions
Forces
Elements
Measures
Design Variables
Chain Systems
Belt Systems
Gear Systems
Bearings
Simulations
Results
All Other
Modify
Appearance
Info
Measure
Copy
Delete
Rename
(De)activate
Hide
Activate/Deactivate
Object:
rev_rod_bob
5
Object Active
Object's Dependents Active
OK
Apply
Cancel

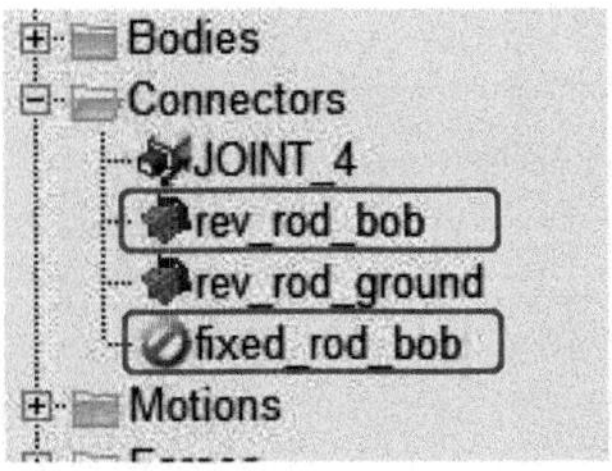
Bodies
Connectors
JOINT_4
rev_rod_bob
rev_rod_ground
fixed_rod_bob
Motions

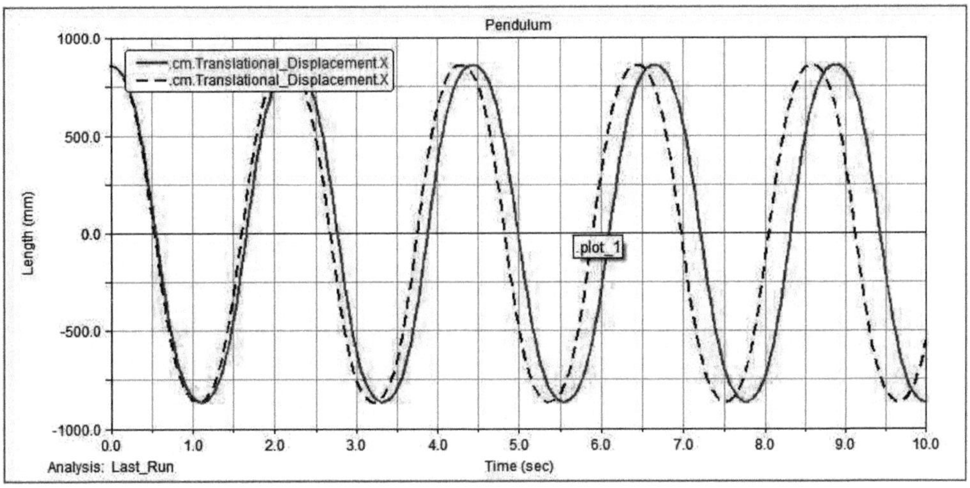

step 7 Double Pendulum

① 이번 단계에서는 스프링으로 연결된 double pendulum이 모델링 되어있다. 이 시스템은 2 자유도를 갖는다. 시스템에서 두 개의 노말 모드를 찾기 위해서 다른 초기 조건을 주어 시뮬레이션을 돌릴 것이다. 그럼 먼저 Main 메뉴에서 File을 클릭하고 New Database를 클릭한다. 전에 하고 있던 예제를 저장하지 않으려면 NO를 클릭하면 된다.

② 이제 Existing Model을 클릭하여 이번에는 Exercise 21/start 파일에서 Double_Pendulum.cmd 파일을 선택해서 OK를 클릭한다.

③ Model Tree의 Connectors에서 각 Revolute joint를 더블 클릭하고 Initial Conditions를 클릭하여 초기 위치를 확인한다.

④ Simulation Control에서 End time을 5 초, Steps를 100으로 하여 시뮬레이션을 돌린다.

⑤ 시뮬레이션이 끝난 후에 F8 키를 누르거나 Postprocessing 아이콘을 클릭하여 PostProcessing 창을 연고 Ctrl 키를 사용하여 pendulum1의 MARKER_3과 pendulum2의 MARKER_3을 선택하고 Characteristic에서 Translational Displacement를 선택, Component에서 Mag를 선택하고 Add Curves를 클릭한다. 그래프를 보면 두 pendulum이 방향은 서로 반대이나 같은 크기의 진폭과 주기를

가지고 있다는 것을 알 수 있다.

⑥ 다시 Model Tree의 Connectors에서 JOINT_1를 더블 클릭하고 Initial Conditions를 클릭하여 초기 위치 값의 부호를 반대로 해준다. 그래서 같은 방향으로 같은 양의 변위에서 시작하게 한다.

⑦ 다시 시뮬레이션을 돌리고 Postprocessing으로 돌아가 pendulum2의 MARKER_3만 선택하여 방금과 같이 Translational_Displacement_Mag를 Add Curves를 하여 전 그래프에 추가한다. 이번에는 주기가 1.6초가 된 것을 알 수가 있다. 그래도 여전히 두 pendulum은 같은 진폭과 위상각을 가지고 있다.

⑧ 이번에는 JOINT_2의 Initial Conditions에서 초기 위치 값을 0으로 설정하자. 그리고 시뮬레이션을 돌릴 때 End time을 45초, Steps를 900으로 한다.

⑨ 이제 Postprocessing으로 돌아가서 전에 있던 그래프는 Clear Plot을 클릭하여 없애고 두 pendulum의 MARKER_3을 선택하여 Translational_Displacement_Mag를 Add Curves한다. 그래프를 보면 커브가 더 이상 사인파 형태가 아닌 것을 알 수 있다. 그러나 여전히 주기가 있는 진동이라는 것을 알 수 있다.

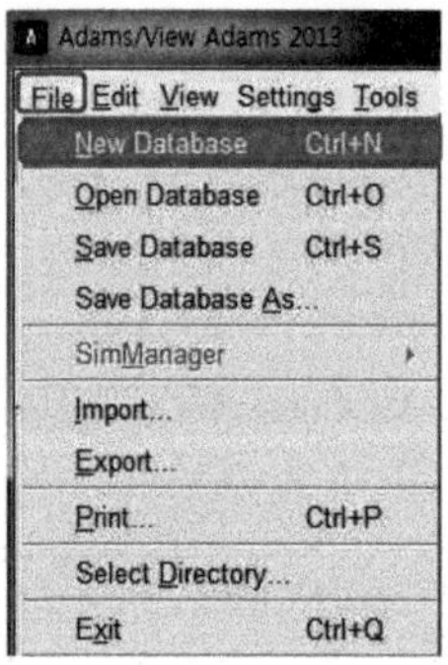

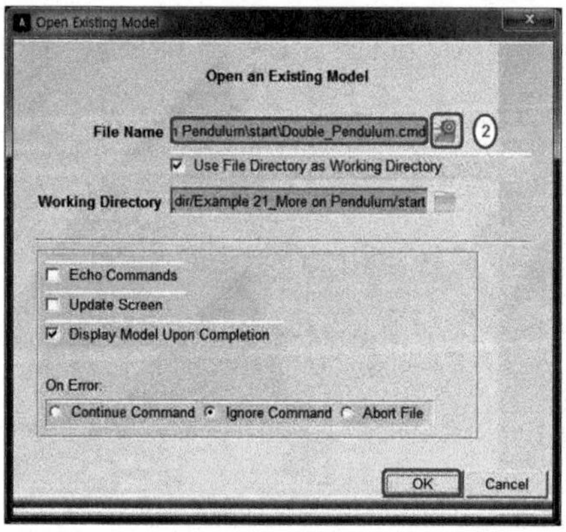

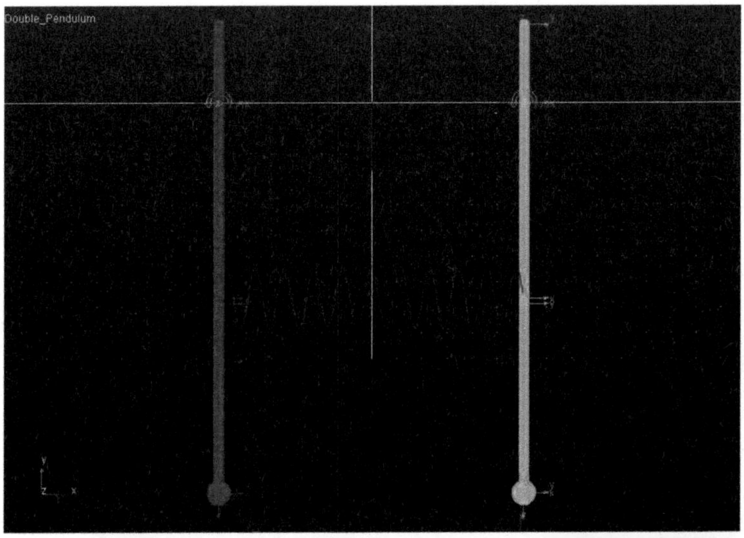
Double_Pendulum

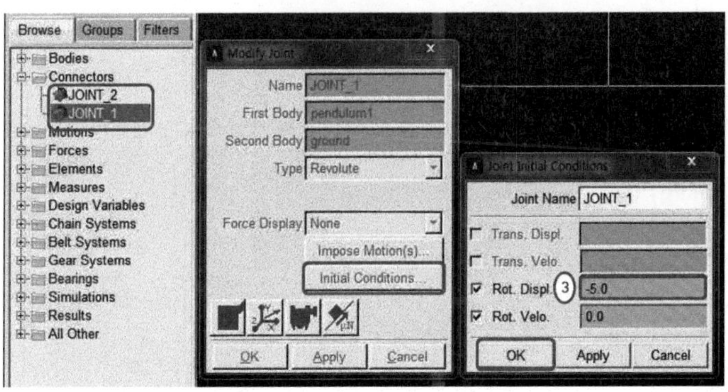
Browse
Groups
Filters
Bodies
Connectors
JOINT_2
JOINT_1
Motions
Forces
Elements
Measures
Design Variables
Chain Systems
Belt Systems
Gear Systems
Bearings
Simulations
Results
All Other
Modify Joint
Name JOINT_1
First Body pendulum1
Second Body ground
Type Revolute
Force Display None
Impose Motion(s)...
Initial Conditions...
OK
Apply
Cancel
Joint Initial Conditions
Joint Name JOINT_1
Trans. Displ.
Trans. Velo.
Rot. Displ.
3
-5.0
Rot. Velo.
0.0
OK
Apply
Cancel

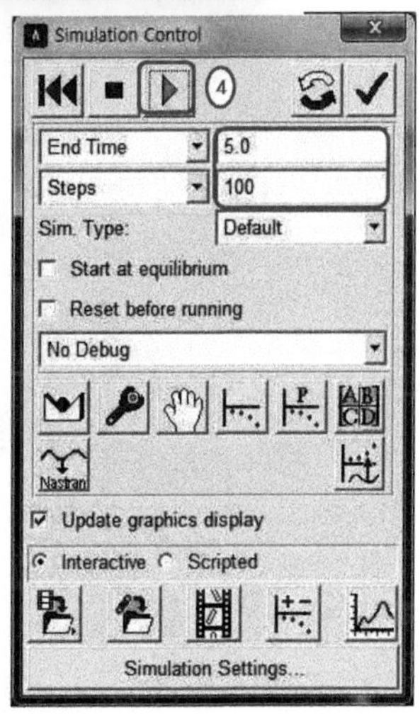
Simulation Control
4
End Time
5.0
Steps
100
Sim. Type:
Default
Start at equilibrium
Reset before running
No Debug
Update graphics display
Interactive
Scripted
Simulation Settings...

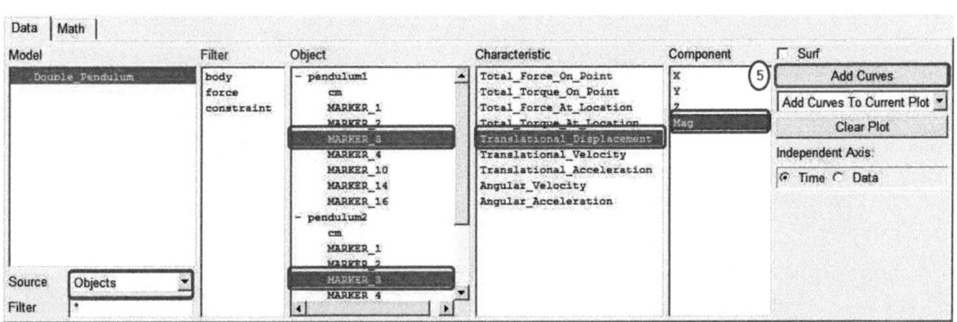
Data
Math
Model
Double_Pendulum
Filter
body
force
constraint
Object
pendulum1
cm
MARKER_1
MARKER_2
MARKER_3
MARKER_4
MARKER_10
MARKER_14
MARKER_16
pendulum2
cm
MARKER_1
MARKER_2
MARKER_3
MARKER_4
Characteristic
Total_Force_On_Point
Total_Torque_On_Point
Total_Force_At_Location
Total_Torque_At_Location
Translational_Displacement
Translational_Velocity
Translational_Acceleration
Angular_Velocity
Angular_Acceleration
Component
X
Y
Z
Mag
5
Surf
Add Curves
Add Curves To Current Plot
Clear Plot
Independent Axis:
Time
Data
Source
Objects
Filter

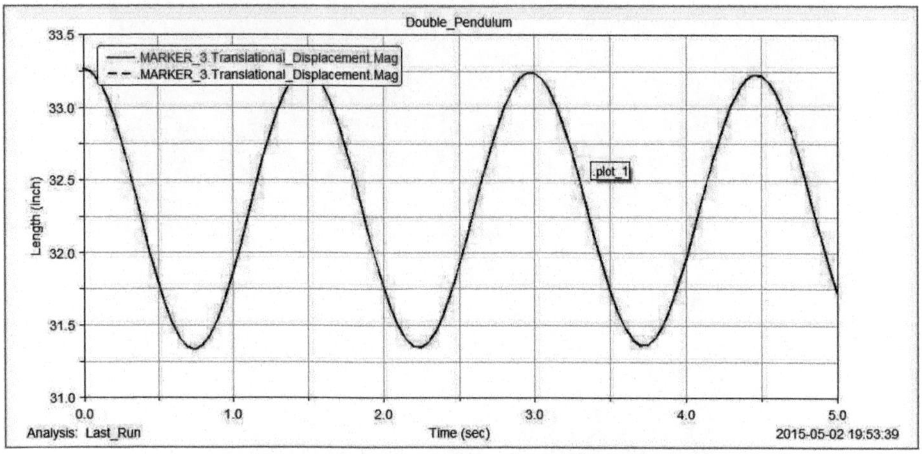
Double_Pendulum
.MARKER_3.Translational_Displacement.Mag
.MARKER_3.Translational_Displacement.Mag
.plot_1
Length (inch)
Time (sec)
Analysis: Last_Run
2015-05-02 19:53:39

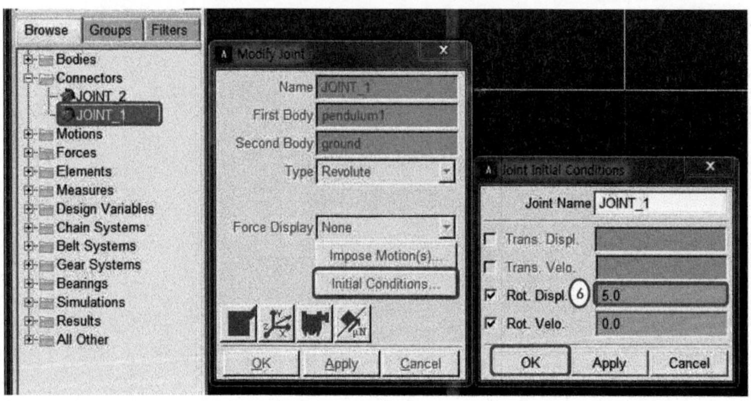
Browse
Groups
Filters
Bodies
Connectors
JOINT_2
JOINT_1
Motions
Forces
Elements
Measures
Design Variables
Chain Systems
Belt Systems
Gear Systems
Bearings
Simulations
Results
All Other
Modify Joint
Name
JOINT_1
First Body
pendulum1
Second Body
ground
Type
Revolute
Force Display
None
Impose Motion(s)...
Initial Conditions...
OK
Apply
Cancel
Joint Initial Conditions
Joint Name
JOINT_1
Trans. Displ.
Trans. Velo.
Rot. Displ.
6
5.0
Rot. Velo.
0.0
OK
Apply
Cancel

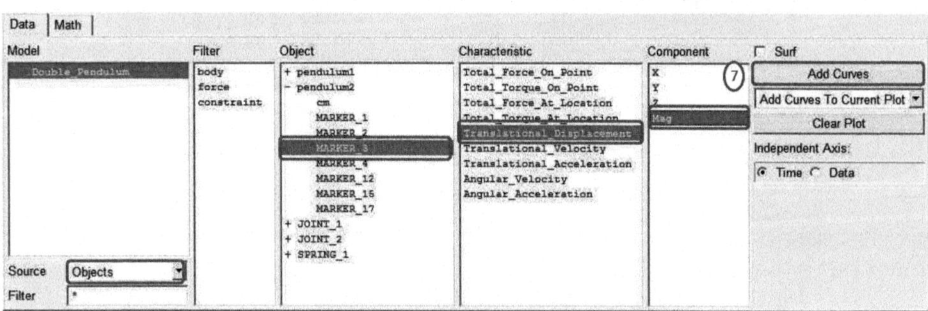
Data
Math
Model
Filter
Object
Characteristic
Component
Surf
body
force
constraint
+ pendulum1
- pendulum2
cm
MARKER_1
MARKER_2
MARKER_3
MARKER_4
MARKER_12
MARKER_15
MARKER_17
+ JOINT_1
+ JOINT_2
+ SPRING_1
Total_Force_On_Point
Total_Torque_On_Point
Total_Force_At_Location
Total_Torque_At_Location
Translational_Displacement
Translational_Velocity
Translational_Acceleration
Angular_Velocity
Angular_Acceleration
X
Y
Z
Mag
7
Add Curves
Add Curves To Current Plot
Clear Plot
Independent Axis:
Time
Data
Source
Objects
Filter

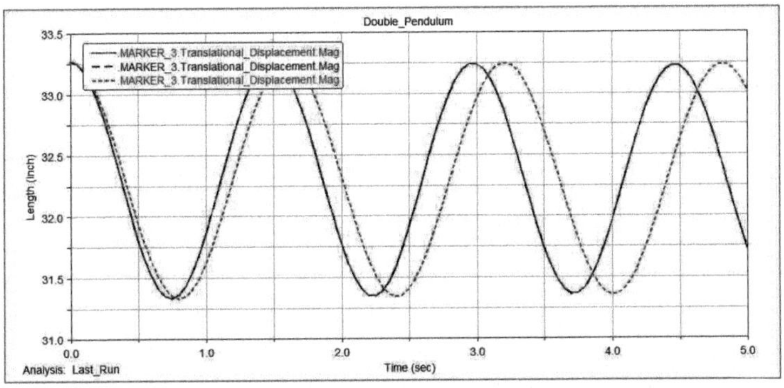
Double_Pendulum
MARKER_3.Translational_Displacement.Mag
MARKER_3.Translational_Displacement.Mag
MARKER_3.Translational_Displacement.Mag
Length (inch)
Time (sec)
Analysis: Last_Run

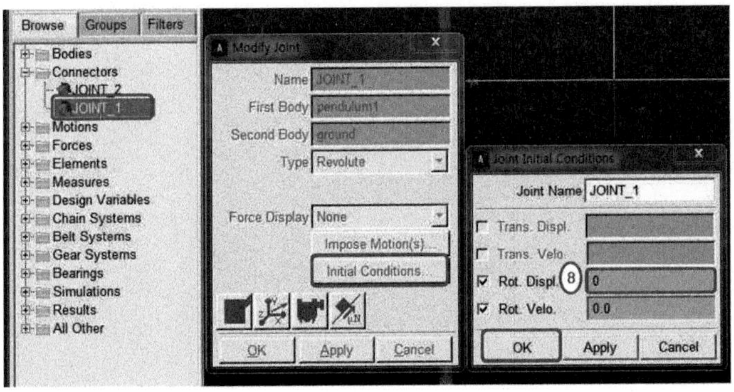
Browse
Groups
Filters
Bodies
Connectors
JOINT_2
JOINT_1
Motions
Forces
Elements
Measures
Design Variables
Chain Systems
Belt Systems
Gear Systems
Bearings
Simulations
Results
All Other
Modify Joint
Name
First Body
Second Body
Type
Revolute
Force Display
None
Impose Motion(s)...
Initial Conditions...
OK
Apply
Cancel
Joint Initial Conditions
Joint Name
JOINT_1
Trans. Displ.
Trans. Velo.
Rot. Displ.
8
Rot. Velo.
OK
Apply
Cancel

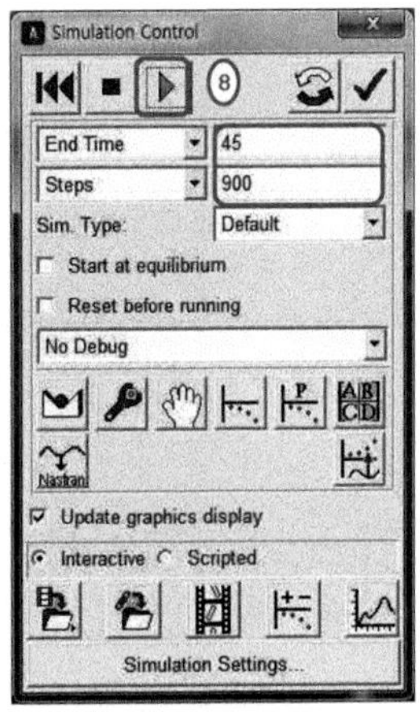
Simulation Control
8
End Time
45
Steps
900
Sim. Type:
Default
Start at equilibrium
Reset before running
No Debug
Update graphics display
Interactive
Scripted
Simulation Settings...

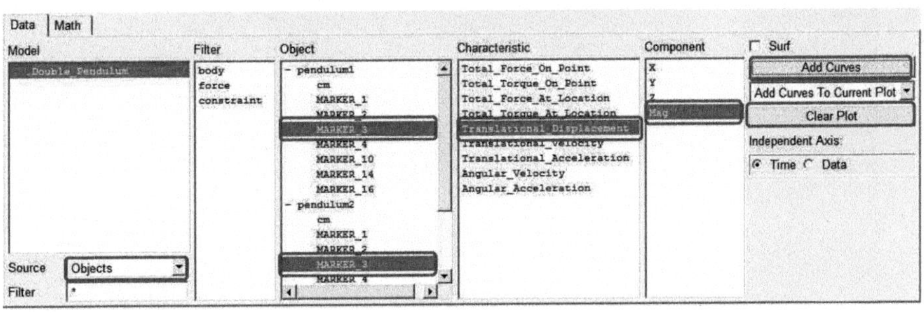
Data
Math
Model
Filter
Object
Characteristic
Component
Surf
body
force
constraint
pendulum1
cm
MARKER_1
MARKER_4
MARKER_10
MARKER_14
MARKER_16
pendulum2
Total_Force_On_Point
Total_Torque_On_Point
Total_Force_At_Location
Translational_Acceleration
Angular_Velocity
Angular_Acceleration
Add Curves
Add Curves To Current Plot
Clear Plot
Independent Axis:
Time
Data
Source
Objects
Filter

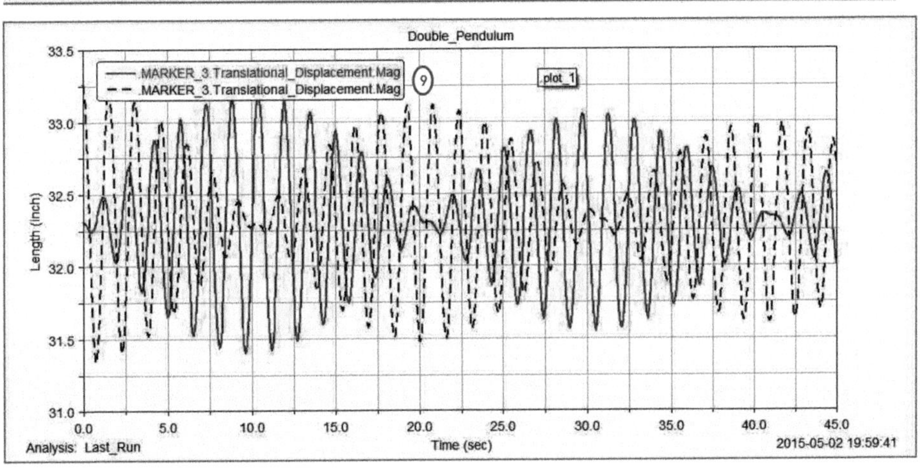
Double_Pendulum
MARKER_3.Translational_Displacement.Mag
MARKER_3.Translational_Displacement.Mag
9
plot_1
Length (inch)
Time (sec)
Analysis: Last_Run
2015-05-02 19:59:41

Example 22. Power Hacksaw Mechanism

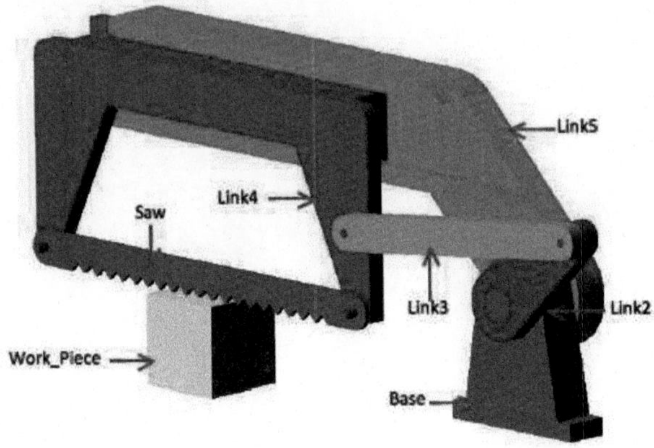

In Reference to the Textbook Design of Machinery by Robert L. Norton

Workshop Objectives

Adams/View에서

- Power hacksaw mechanism을 시뮬레이션 한다.
- Translational joint와 Revolute joint 만들기.
- Revolute joint에 Motion 추가하기.
- Solid 와 Solid 사이에 Contact 정의하기.
- Adams/PostProcessor에서 Link2의 각도 함수에 따른 Saw blade의 수평거리 그래프 그리기.

Software Version

Adams 2013.2

필요한 파일들

- hackSaw.x_t

문제 설명

- 이 모델은 Offset crank slider mechanism인 Power hacksaw를 나타낸다.
- Link 2는 주어진 속도로 회전을 한다.
- Link 5는 O5를 중심으로 회전한다. 그리고 Link 4를 Link 5에서 앞뒤로 움직이는 동안 Link 5의 무게가 Work piece에 반하여 Saw blade에 힘을 주고 있다.

Adapted from Robert L. Norton (2012). Design of Machinery (Fifth Edition)

step 1 Adams/View 시작하기

① Adams/View 시작하고 New Model을 클릭한다.

② Model Name에 Power_Hacksaw을 입력하고 Working Directory는 자신이 저장할 폴더로 지정한다.

③ OK를 클릭한다.

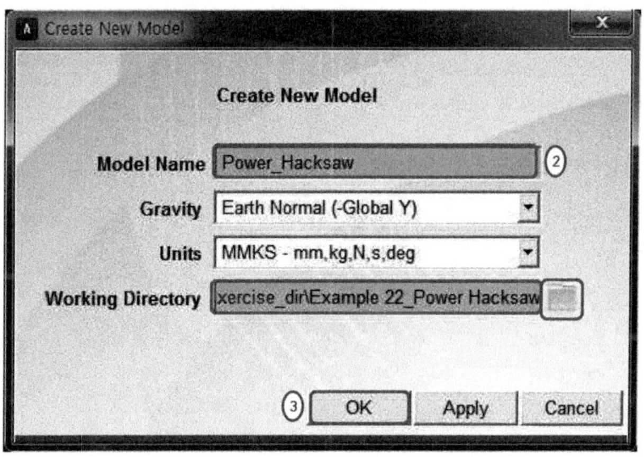

step 2 작업 환경 설정하기

① Main 메뉴의 Settings에서 Working Grid를 클릭한다.

② Size에서 X는 400mm, Y는 150mm 로 입력하고 Spacing에서는 X,Y 모두 5mm로 입력한다.

③ OK를 클릭한다.

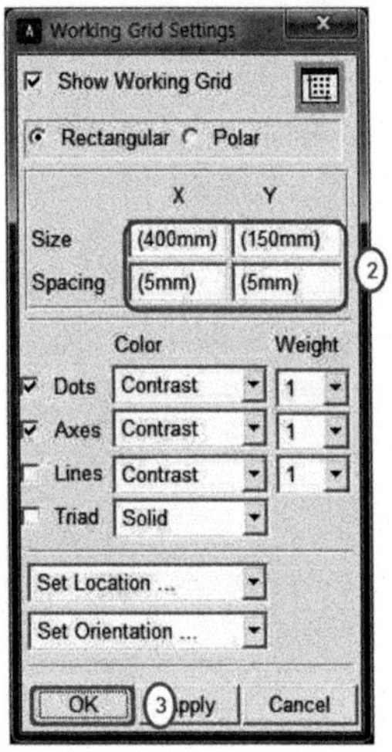

step 3 Import Part

① Main 메뉴에서 File의 Import를 클릭한다.

② File Type에서 Parasolid로 바꾸고 File To Read의 텍스트 창에서 더블 클릭하여 Example 22/Start 폴더에 있는 hacksaw.x_t 파일을 선택한다.

③ Model Name의 텍스트 창에서 더블 클릭하여 .Power_Hacksaw를 선택한다.

④ OK를 클릭한다.

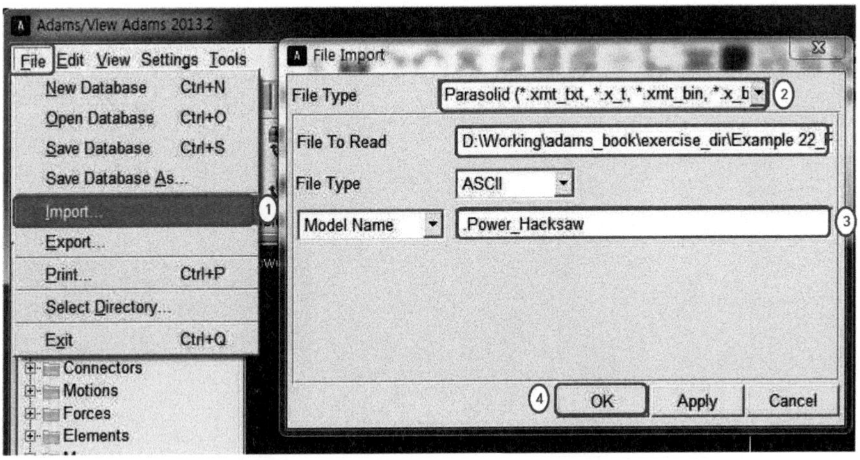

step 4 불러온 파트들 옮기기

① Main Toolbox의 Bodies에서 Construction Geometry: Point를 클릭한다.

② 우클릭하여 Location Event창을 사용해서 0,0,0을 선택한다.

③ 만들어진 새로운 점을 POINT_ORIGIN으로 이름을 바꾼다.

④ Model Tree의 Bodies에서 모든 파트들을 선택한 후에 Main Toolbox에서 Position: Reposition objects를 우클릭한 후 Position: Move을 클릭한다.

⑤ Selected를 체크한 후에 From To 방법을 선택한다.

⑥ 아래 그림처럼 Base.cm을 클릭한 후에, POINT_ORIGIN을 클릭하여 모든 파트를 옮겨준다.

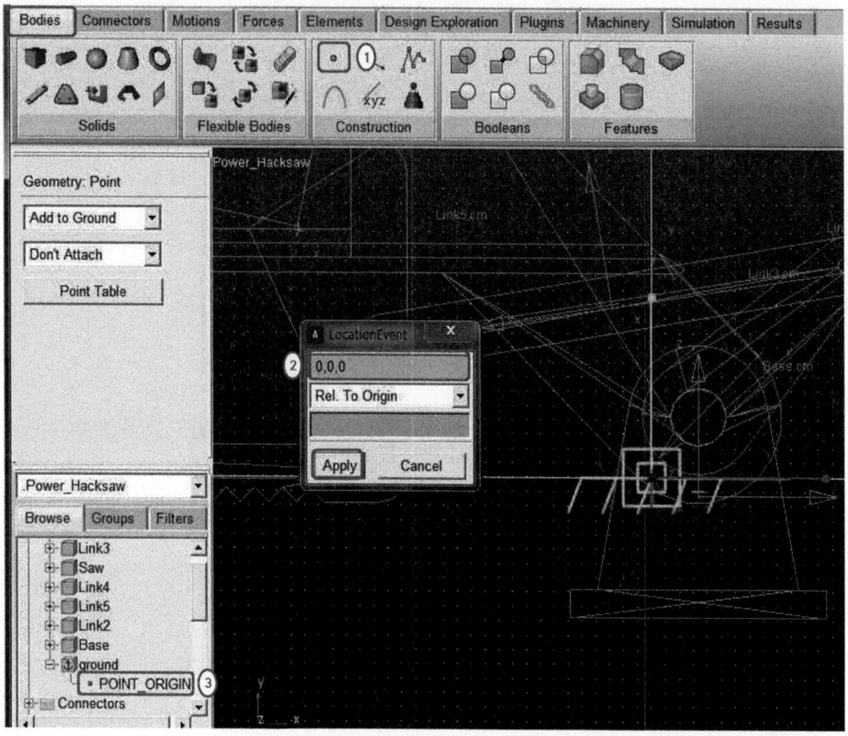

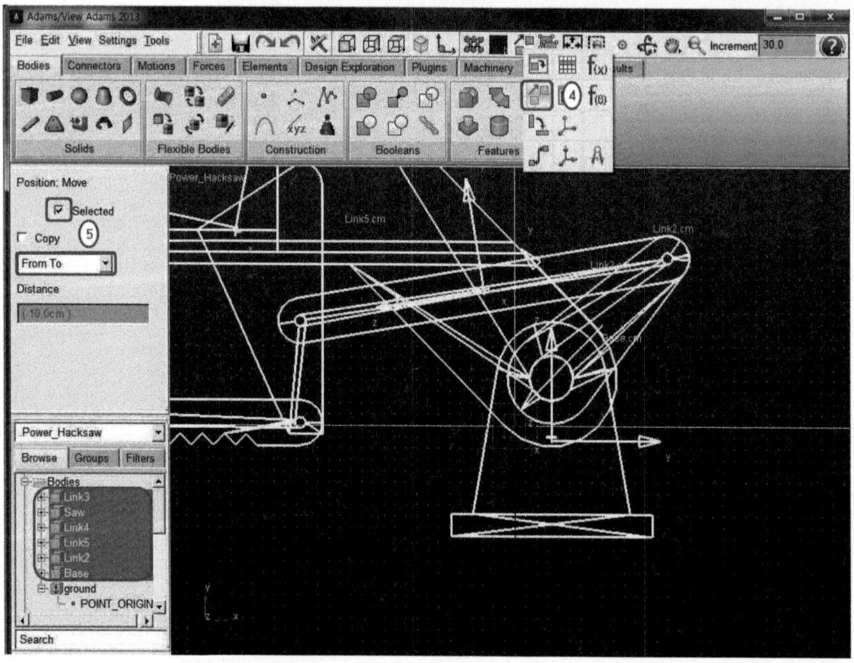

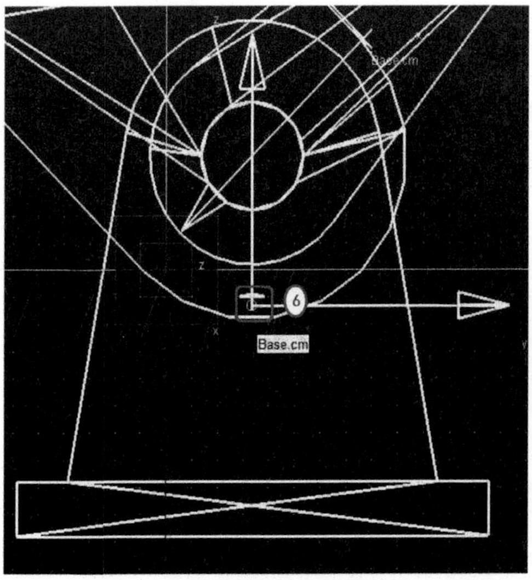

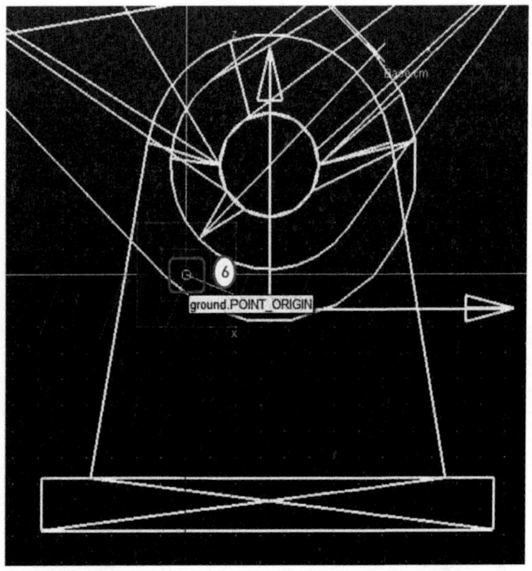

step 5 Link 5의 질량 바꾸기

① Model Tree의 Bodies에서 Link 5를 우클릭한 후 Modify를 클릭한다.

② Density에서 1.0을 입력한다.

③ OK를 클릭한다.

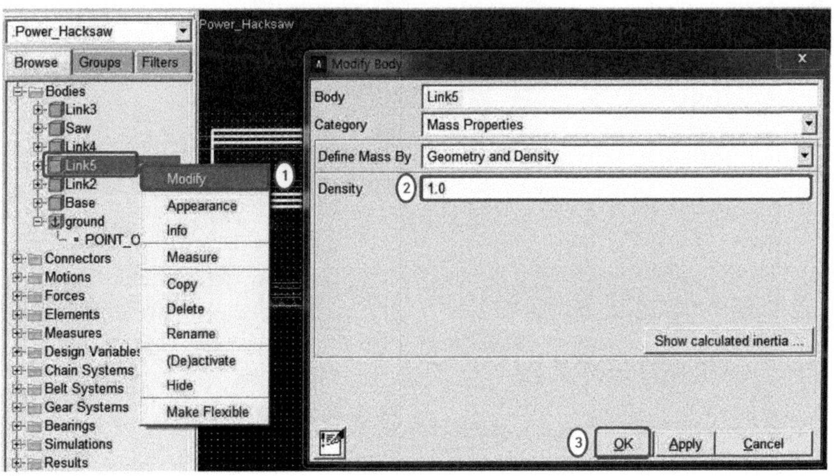

step 6 Work Piece 만들기

① Main Toolbox의 Bodies에서 Rigid Body: Box를 클릭한다.

② New Part를 선택하고 Length, Height, Depth를 모두 체크를 한 후에 모두 값을 5cm로 입력한다.

③ Location Event 창을 사용하여 -265, -55, 0을 선택하여 상자를 만들어 준다.

④ 만들어진 PART를 Work_Piece로 이름을 바꾸어 준다.

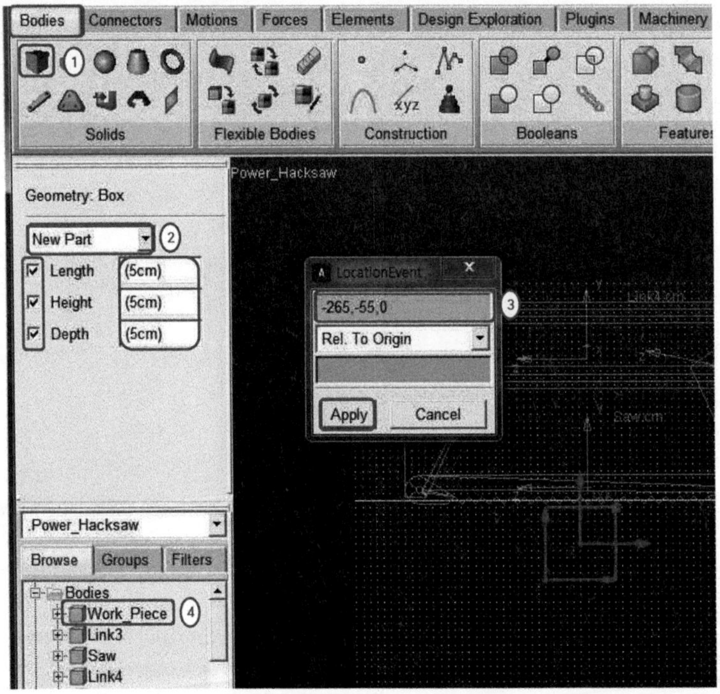

step 7 파트들의 색깔 지정하기

① Model Tree의 Bodies에서 Base옆에 플러스 아이콘을 클릭한다.

② SOLID1을 우클릭한 후 Appearance을 클릭한다.

③ Color에서 Gray를 입력한다.

④ OK를 클릭한다.

⑤ 이러한 과정을 반복하여 다른 파트들의 색깔을 밑에 표와 같이 바꾸어 준다.

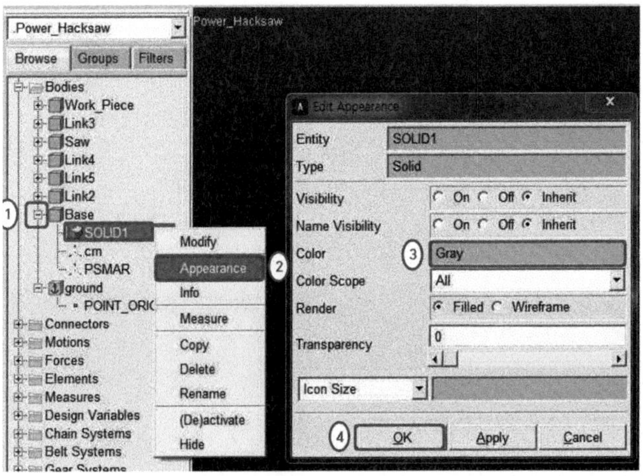

Part Name	Color Name
Link2	Red
Link3	Maize
Link4	Magenta
Link5	Green
Saw	Gray
Work Piece	Yellow
Base	Gray

step 8 Revolute Joint들을 사용하여 각 파트들 연결하기

① Main Toolbox의 Connectors에서 Create a revolute joint를 클릭한다.

② Base와 Link 2순으로 차례대로 클릭한 후에 base.SOLID1.E28(center) 선택하여 Joint를 만들어 준다.

③ 아래 표를 참고하여 Revolute Joint를 3개 더 만들어 준다.

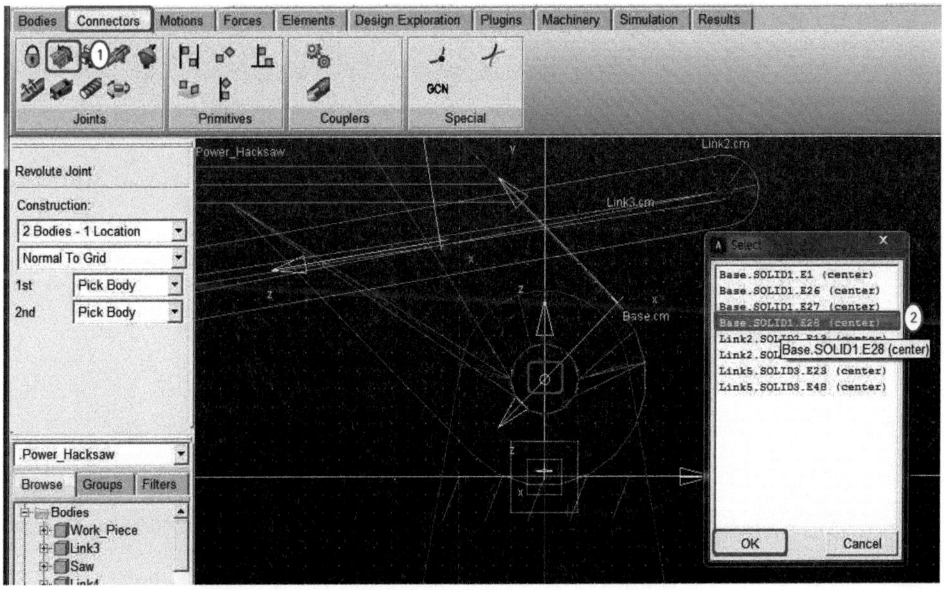

1st Body	2nd Body	Joint Location
Link 2	Link 3	Link2.SOLID4.E16(center)
Link 3	Link 4	Link4.SOLID3.E56(center)
Base	Link 2	base.SOLID1.E28(center)
Base	Link 5	base.SOLID1.E28(center)

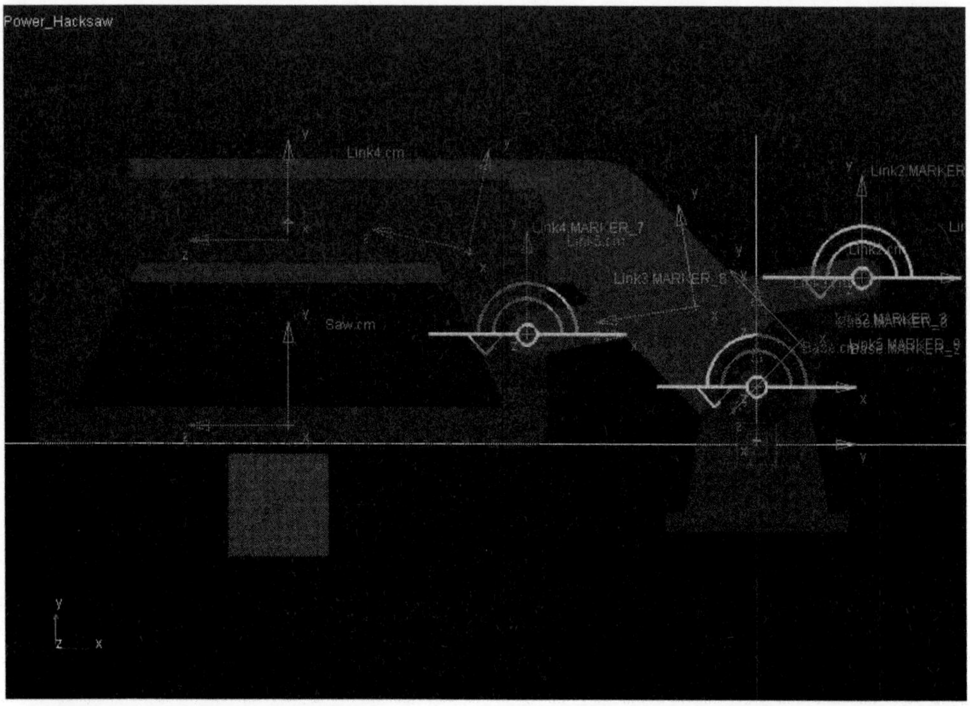

step 9 Fixed Joint 만들기

① Main Toolbox의 Connectors에서 Create a fixed joint를 클릭한다.

② Saw와 Link 4를 차례로 클릭한 후에 밑에 그림처럼 Saw에서 중앙 부분을 클릭하여 Fixed Joint를 만들어 준다. Joint의 위치는 아래 그림처럼 대략적으로 정해주기만 하면 된다.

③ 이 과정을 반복하여 Base와 ground, Work Piece와 ground 사이에 Fixed joint들을 만들어 준다. 마찬가지로 Joint의 위치는 아래 그림처럼 대략적으로 정해주기만 하면 된다.

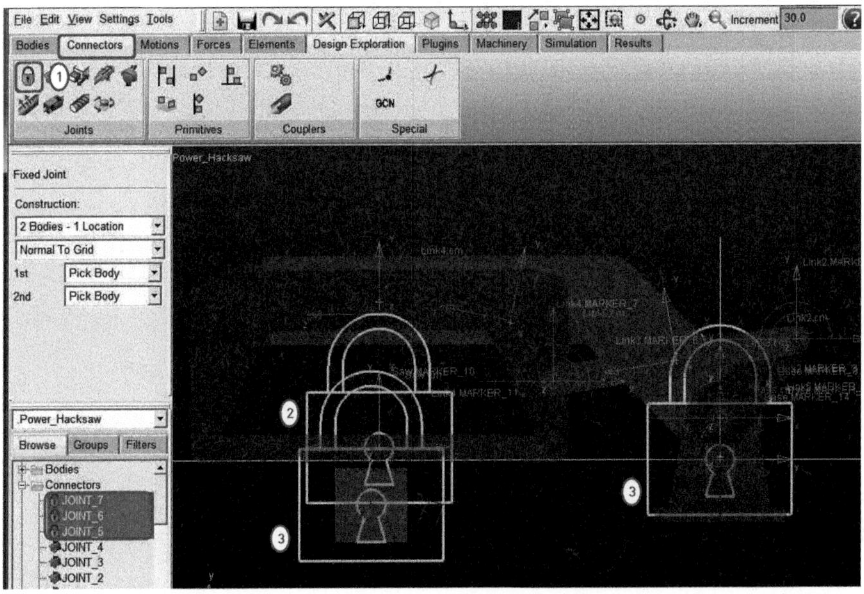

step 10 Translational Joint를 사용하여 Link 4와 Link 5 연결하기

① Main Toolbox의 Connectors에서 Create a Translational joint를 클릭한다.

② Link 4와 Link 5를 차례대로 클릭한 후에 Link 4에 있는 Link 4.cm을 선택하여 Joint의 위치를 지정해 준다.

③ Link4.cm.Z를 선택하여 Z 방향과 평행하도록 방향을 정의해 주어 Joint를 만들어 준다.

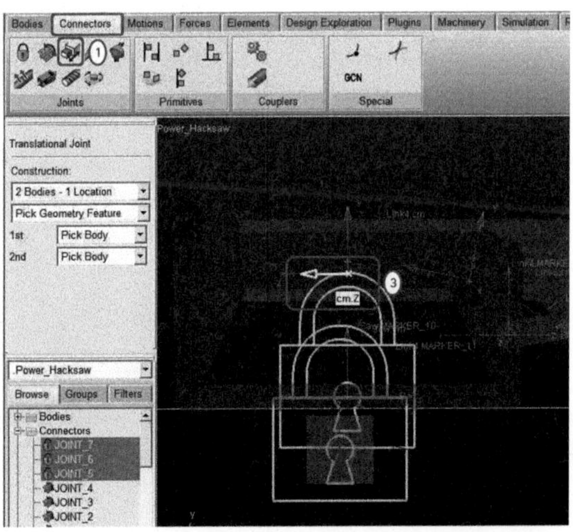

step 11 Saw 와 Work Piece 사이에 Contact 만들기

① Main Toolbox의 Forces에서 Create a Contact를 클릭한다.

② I Solid(s)의 텍스트 창에서 우클릭한 후 Contact_Solid에서 Pick을 클릭하여 스크린에서 Saw 파트를 클릭한다.

③ J Solid(s)도 같은 방식으로 하여 Work_Piece 파트를 선택한다.

④ Normal Force에서 Restitution을 선택한다.

⑤ Penalty에서 1.0E+010을 입력하고, Restitution Coefficient에서는 0.5를 입력한다.

⑥ Friction Force에서 Coulomb를 선택한다.

⑦ OK를 클릭한다.

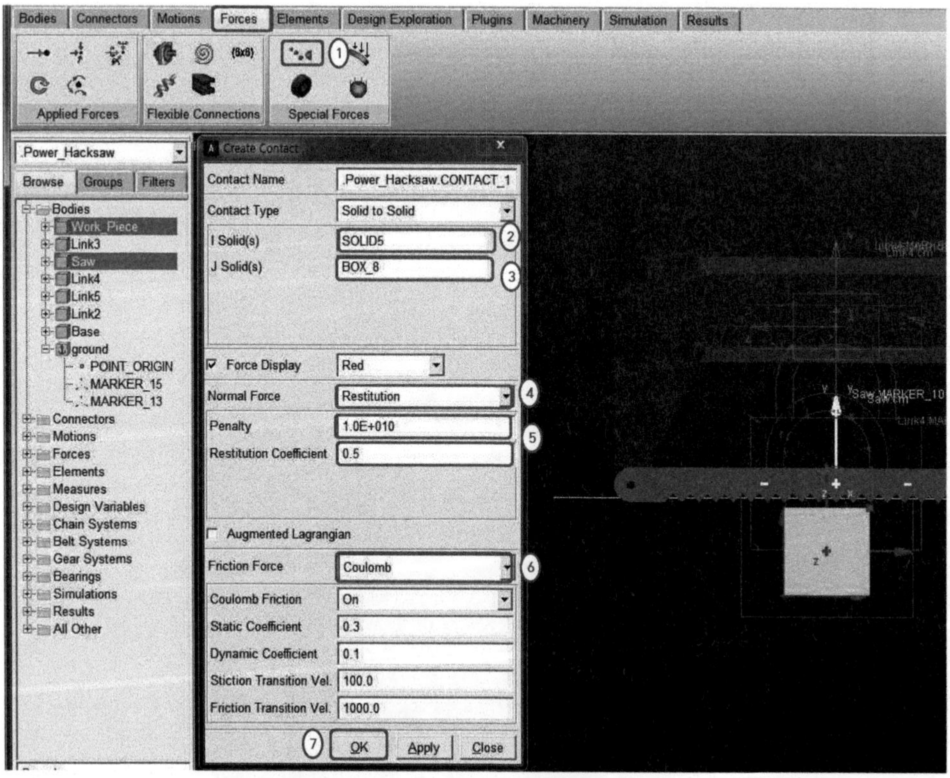

step 12 각도 측정기 만들기

① Model Tree의 Connectors에서 Link 2와 Base 사이의 Revolute Joint인 JOINT_1을 우클릭한 후 Info를 클릭한다.

② Information 창에서 I Marker와 J Marker를 확인한다.

③ Information 창을 닫은 후에 Main Toolbox의 Design Exploration에서 Create a new Function Measure을 클릭한다.

④ Measure Name에서 Angle_Link2toBase를 입력한다.

⑤ Units에서 angle을 선택한다.

⑥ Displacement를 선택하고 Angle about Z를 선택 그리고 Assist를 클릭한다.

⑦ JOINT_1의 Info에서 확인한 I, J Marker를 To Marker와 From Marker의 텍스트 창에서 우클릭한 후 Browse를 클릭하여 찾아 입력해 준다. To Marker에는 MARKER_3, From Marker에는 MARKER_2를 입력한다.

⑧ OK를 클릭한다.

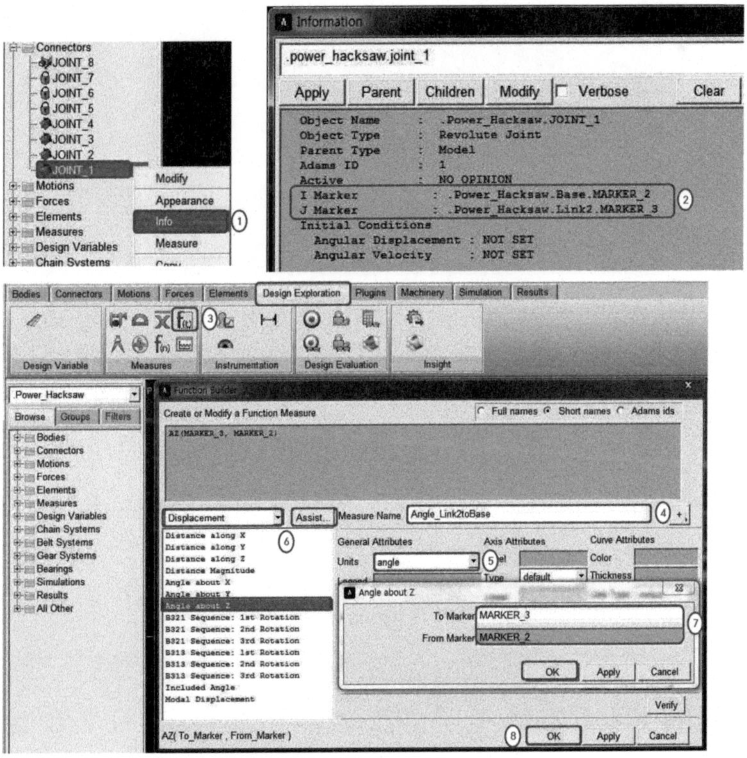

step 13 수평 거리 측정 만들기

① Main Toolbox의 Design Exploration에서 Point to Point Measure 을 클릭한다.

② Characteristic에서 Displacement를 선택하고 Component에서 Global X를 선택한다.

③ Saw의 오른쪽 끝부분을 한번 클릭한 후에 아래 그림처럼 Base의 회전하는 중심점을 클릭하여 측정기를 만들어 준다.

④ 생성된 측정기를 stroke로 이름을 바꾸어 준다.

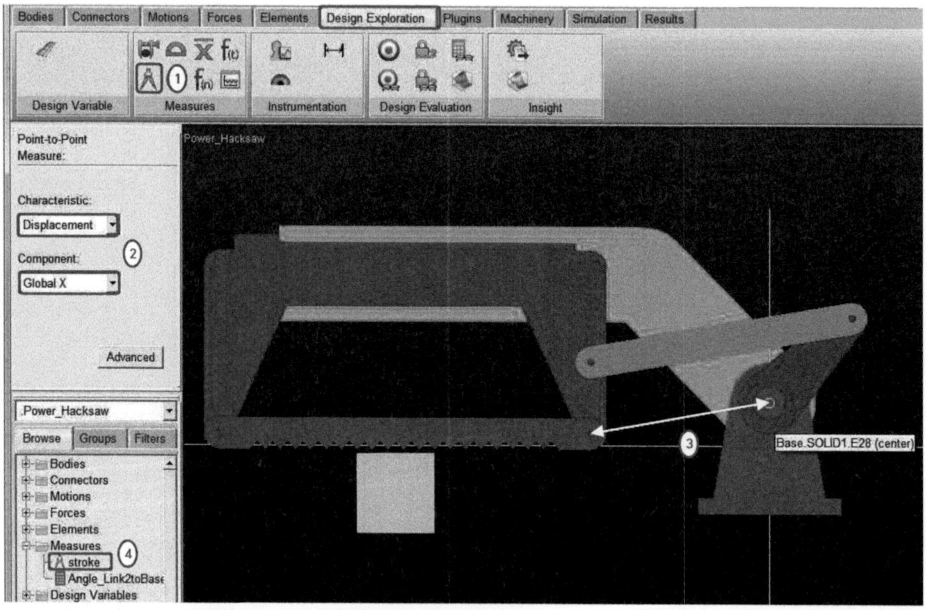

step 14 Revolution Joint에 Motion 만들기

① Main Toolbox의 Motions에서 Rotational Joint Motion을 클릭한다.

② Rot. Speed의 값은 그대로 두고 Link 2와 Base 사이의 JOINT_1을 클릭하여 Motion을 추가한다.

③ Model Tree의 Motions에서 MOTION_1을 더블 클릭한다.

④ Function(time)에 55d−30d*time을 입력한다.(55d 는 초기 각도를 의미하는데 Link 2가 수평에서 시작하도록 준 것이다. 그 이후에는 반시계 방향으로 돌아가

도록 하였다.)

⑤ OK를 클릭한다.

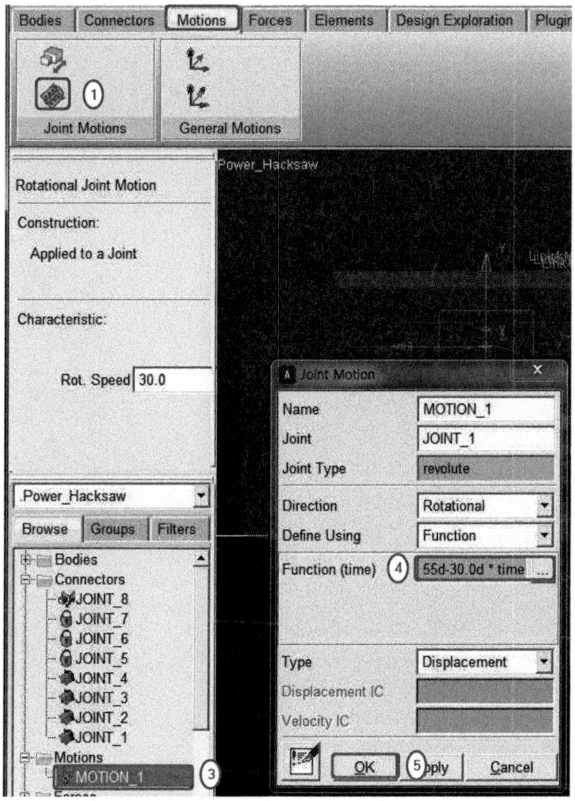

step 15 모델 시뮬레이션 하기

① Simulation Control에서 End time을 15 초, Step Size를 0.1로 바꾼 후 시뮬레이션을 한다.

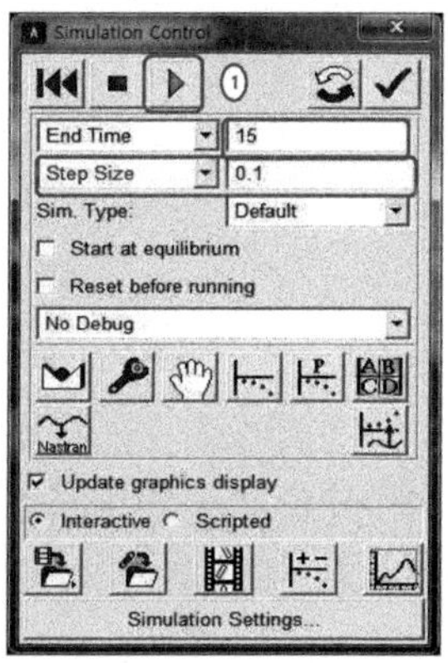

step 16 Adams/PostProcessor 사용하기

① Simulation Control에서 Plotting 아이콘을 클릭하거나 F8 키를 누른다.

② Adams/PostProcessor 창의 Source에서 Measures을 선택하고 Measure에서 stroke를 선택한다.

③ Independent Axis에서 Data를 선택하고 Bowser에서 Angle_Link2toBase를 선택한다.

④ Add Curves를 클릭하여 그래프를 확인한다.

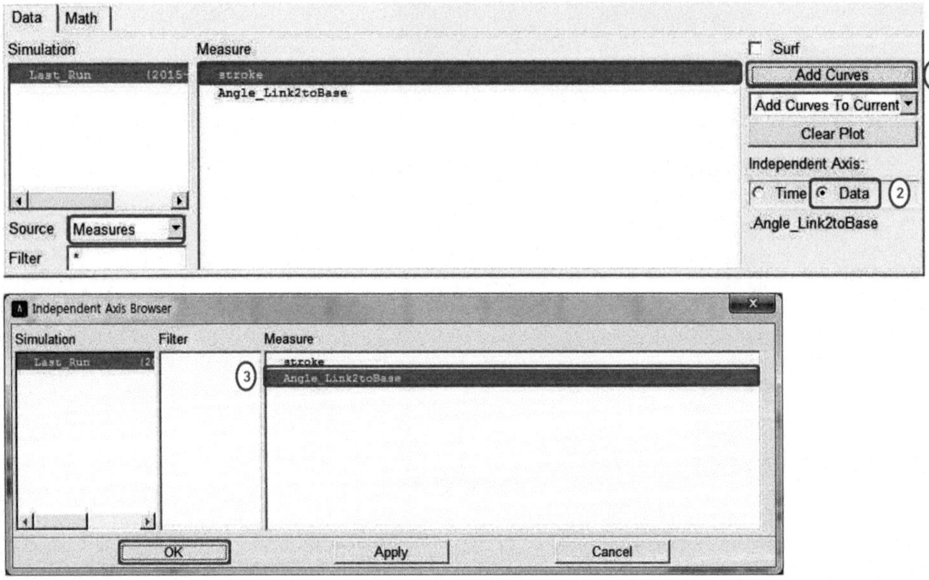

step 17 결과 비교해보기

Theoretical Solution

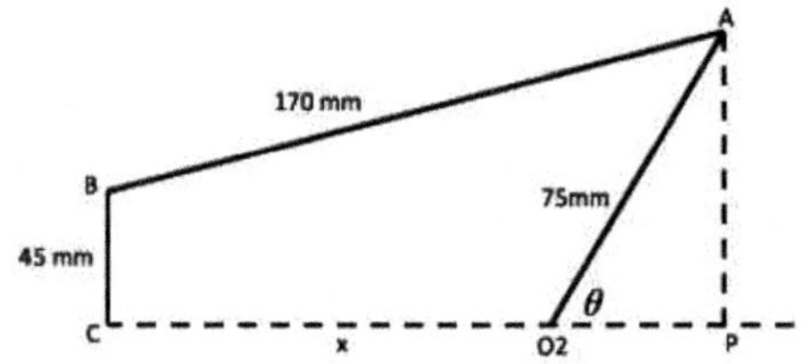

$$AP = 75\sin(\theta)$$

$$(AP - BC)^2 + (CO_2 + PO_2) = AB^2$$

$$\Rightarrow (75\sin(\theta) - 45)^2 + (x + 75\cos(\theta))^2 = 170^2$$

$$\Rightarrow x^2 + 150\cos(\theta) + (-21250 - 6750\sin(\theta)) = 0$$

$$x = 75\left(-\cos(\theta) + \sqrt{\cos^2(\theta) + \frac{6}{5}\sin(\theta) + \frac{34}{9}}\right)$$

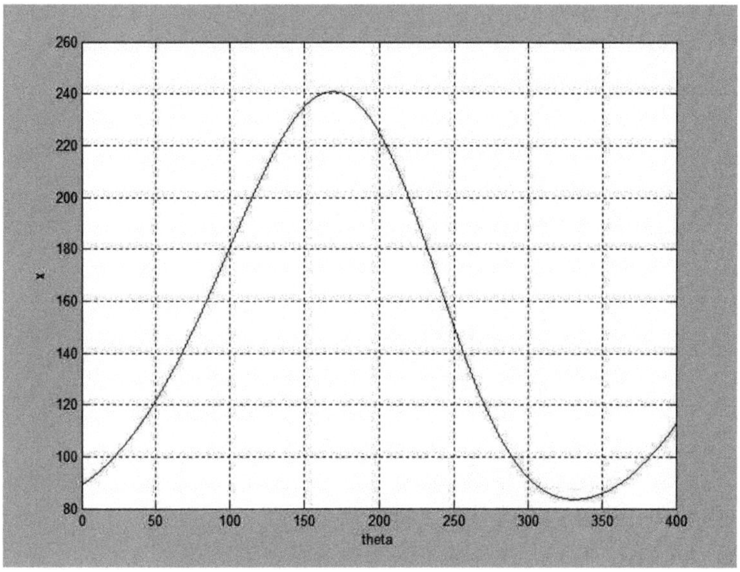

Adams Solution

Adams solution이 theoretical solution과 거의 비슷한 것을 알 수 있다. 약간의 차이가 나는 이유는 saw와 link 2의 회전하는 중심이 정확하게 나란하지 않다는 것과 초기 시작 각도가 다르기 때문이다.

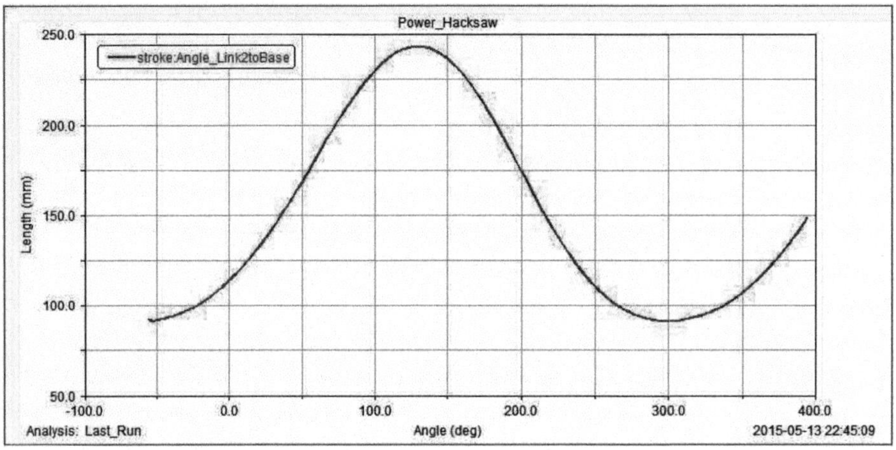

Example 23. Walking Beam Indexer

In Reference to the Textbook Design of Machinery by Robert L. Norton

Workshop Objectives

Adams/view에서

- Pick-and-place mechanism인 Walking beam indexer를 시뮬레이션 한다.
- .x_t 파일을 Import한다.
- Gear 한 쌍을 만든다.
- 파트를 복사한다.
- 각도 측정기를 만든다.

Adams/PostProcessor에서

- Walking beam의 수평 Stroke와 Placing arm의 각도 위치를 계산한다.

Software Version Adams 2013.2

- Adams/Machinery Plugin with gear module이 필요함

필요한 파일들

- crank.x_t
- walkingBeam.x_t
- placeArm.x_t
- link.x_t

문제 설명

- 모델은 pick-and-place mechanism인 walking beam indexer를 나타낸다.
- Crank는 주어진 속도로 회전 한다.
- Crank가 한번 회전하면 Walking beam이 물체들을 앞으로 한 걸음 민다.
- 물체들은 Place arm에 의해서 잡혀있다.

Adapted from Robert L. Norton (2012). Design of Machinery (Fifth Edition)

step 1 Adams/View 시작하고 Database 만들기

① Adams/View를 시작하고 New Model을 클릭한다.

② Model Name에 Walking_Beam_Indexer를 입력하고 Working Directory는 자신이 저장할 폴더로 지정한다.

③ OK를 클릭한다.

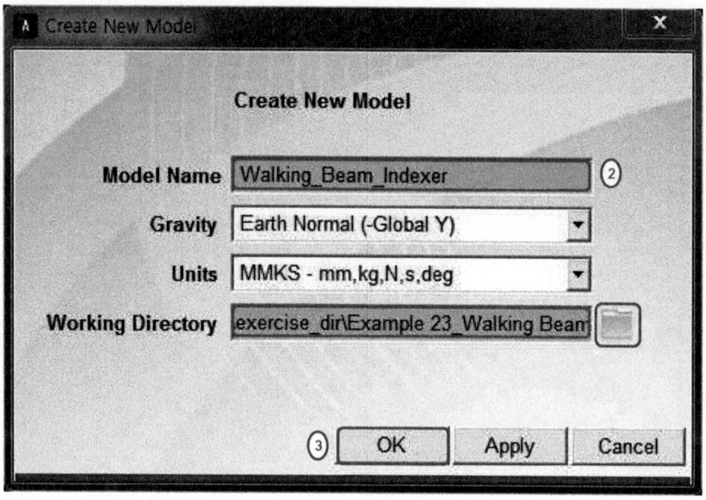

step 2 작업 환경 조정하기

① Main 메뉴의 Settings에서 Working Grid를 클릭한다.

② Size에서 X, Y 모두 250mm를 입력하고 Spacing에서도 X, Y 모두 5mm를 입력한다.

③ OK를 클릭한다.

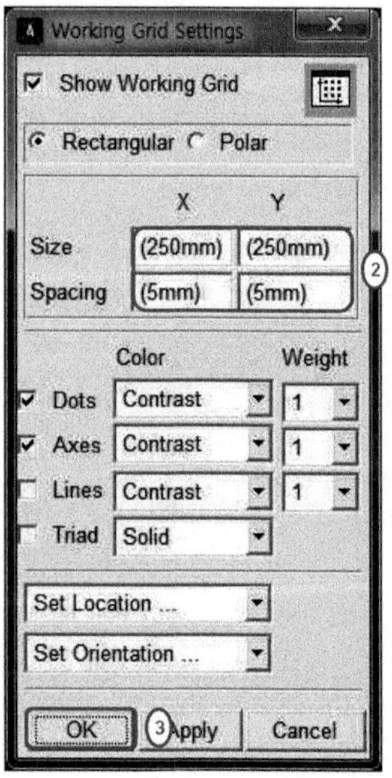

step 3 설계 점들 만들기

① Main Toolbox의 Bodies에서 Construction Geometry : Point를 클릭한다.

② Add to Ground와 Don't Attach를 선택한다.

③ 스크린에서 우클릭하여 Location Event 창을 사용해서 55,80,0 에 설계 점을 놓는다.(아무 위치나 클릭해도 좋다. 나중에 좌표 값을 수정할 수 있다.)

④ 만들어진 점을 O2로 이름을 바꾸어 준다.

⑤ Model Tree의 Bodies에서 O2를 더블 클릭하여 좌표 값을 X=57, Y=82, Z=-10 로 바꾸어 준다.

⑥ 위의 작업을 반복하여 밑에 표처럼 총 7개의 설계 점들을 지정한 좌표에 만들어 준다.

	X Location	Y Location	Z Location
O2	57	82	–10
O4	–51	82	0
O6	–128	0	–10
B	10.517	7.641	0
F	–100	136	10
D	–62.695	120.252	0
C	–164.089	89.871	0

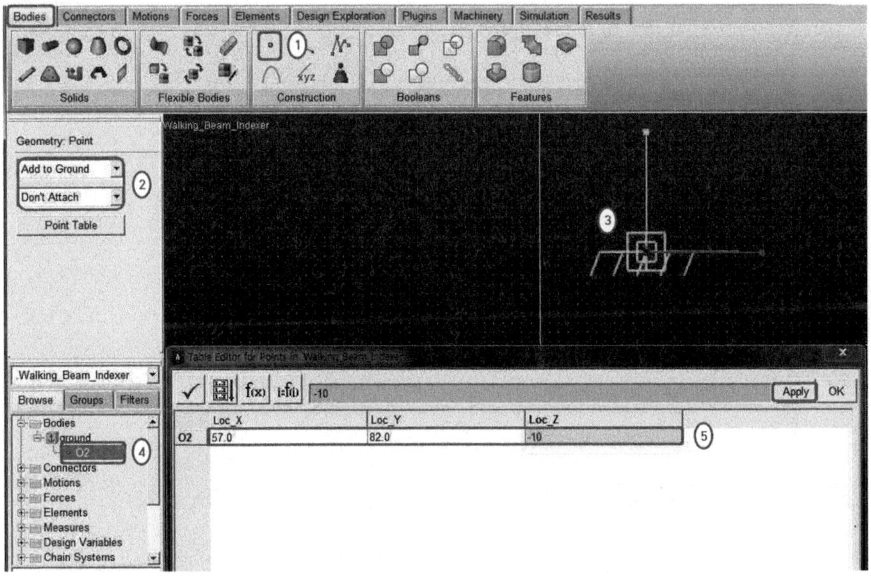

step 4 Import Parts

① Main 메뉴의 File에서 Import를 클릭한다.

② File Type을 Parasolid로 바꾼다.

③ File to Read의 텍스트 창을 더블 클릭하여 Example 23/start 폴더에 있는 crank.x_t 파일을 선택한다.

④ Model Name을 Part Name으로 바꾸고 Crank를 입력한다.

⑤ Location의 텍스트 창에서 우클릭한 후 Pick Location을 클릭한다.

⑥ 설계 점들중 하나인 ground.O2를 선택한다.

⑦ Orientation에서 0,0,−73을 입력한다.

⑧ OK를 클릭한다.

⑨ 위와 같은 방법으로 아래 표처럼 나머지 3개의 파트들도 Import 한다.

Part Name	Location Point	Orientation
Crank	ground.O2	0,0,−73
Walking_Beam	ground.D	0,0,0
Link	ground.B	0,0,−25
Place_Arm	ground.O6	0,0,−68

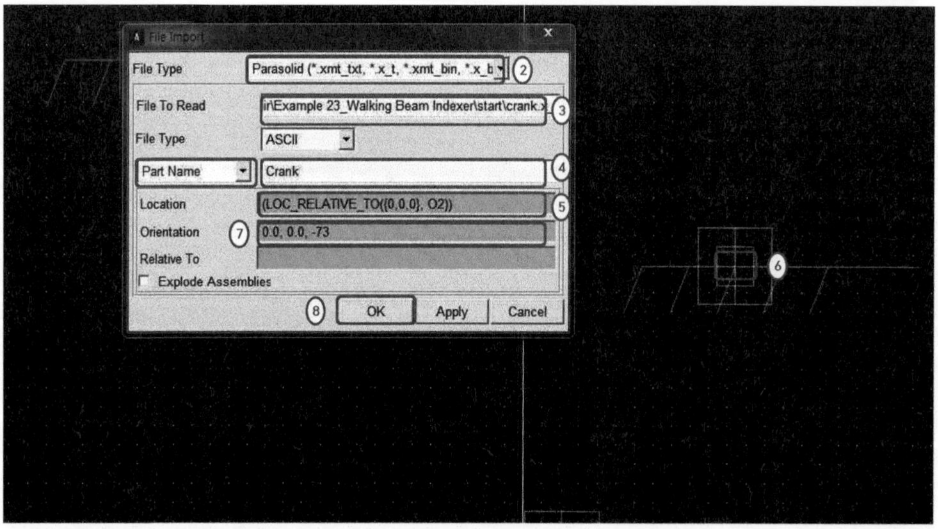

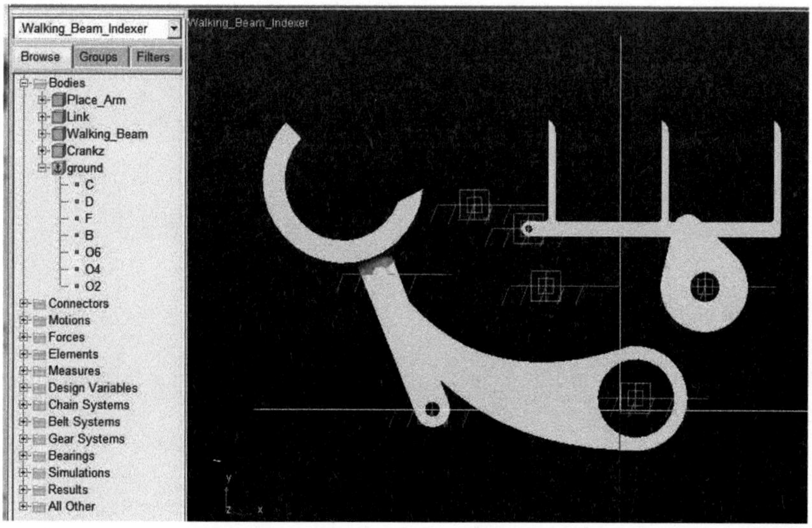

step 5 Gear 만들기

① Main Toolbox의 Machinery에서 Create gear pair를 클릭한다.

② Gear Type에서 Spur을 선택하고 Next를 클릭한다.

③ Method에서 Detailed를 선택하고 Next를 클릭한다.

④ Geometry에서 아래 그림처럼 파라미터들을 입력한다.

⑤ Material과 Connection은 기본 값으로 두므로 모두 Next를 클릭하여 넘어간다.

⑥ Finish를 클릭한다.

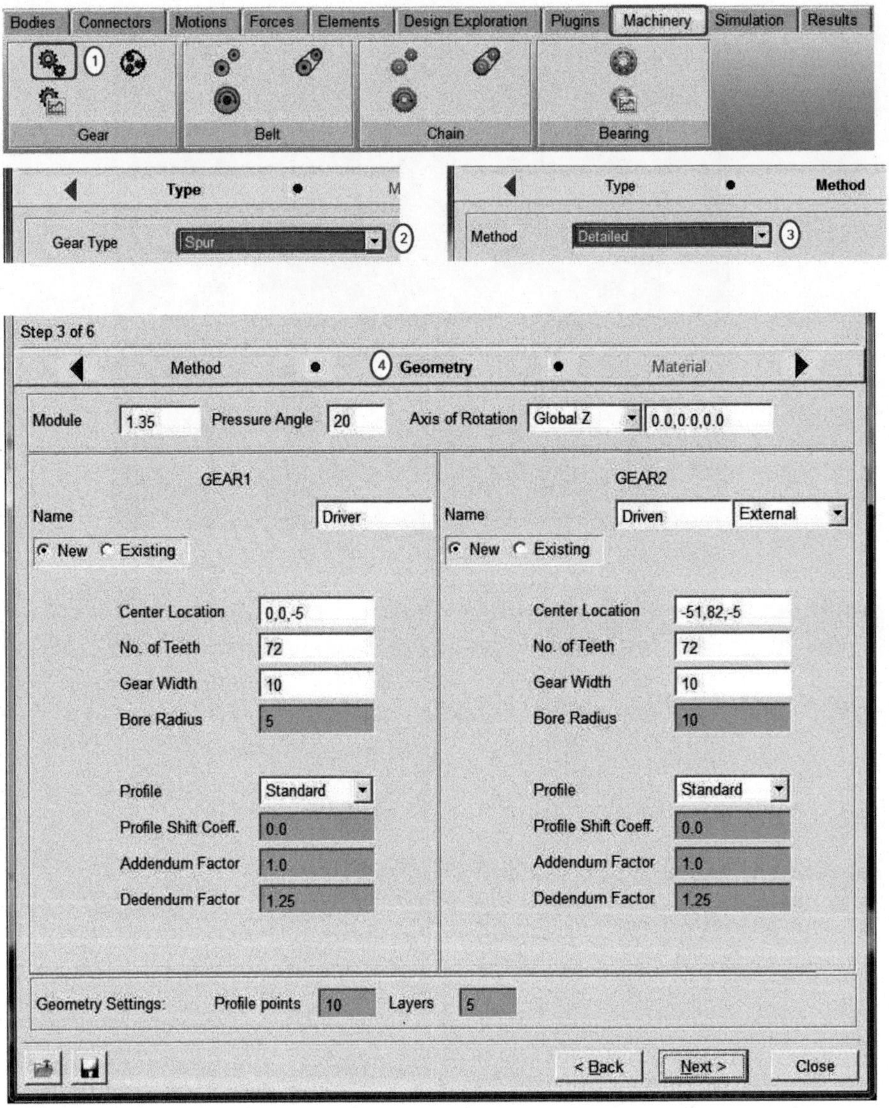
Bodies
Connectors
Motions
Forces
Elements
Design Exploration
Plugins
Machinery
Simulation
Results
①
Gear
Belt
Chain
Bearing
Type
Gear Type
Spur
②
Type
Method
Method
Detailed
③
Step 3 of 6
Method
④ Geometry
Material
Module
1.35
Pressure Angle
20
Axis of Rotation
Global Z
0.0,0.0,0.0
GEAR1
Name
Driver
New
Existing
Center Location
0,0,-5
No. of Teeth
72
Gear Width
10
Bore Radius
5
Profile
Standard
Profile Shift Coeff.
0.0
Addendum Factor
1.0
Dedendum Factor
1.25
GEAR2
Name
Driven
External
New
Existing
Center Location
-51,82,-5
No. of Teeth
72
Gear Width
10
Bore Radius
10
Profile
Standard
Profile Shift Coeff.
0.0
Addendum Factor
1.0
Dedendum Factor
1.25
Geometry Settings:
Profile points
10
Layers
5
< Back
Next >
Close

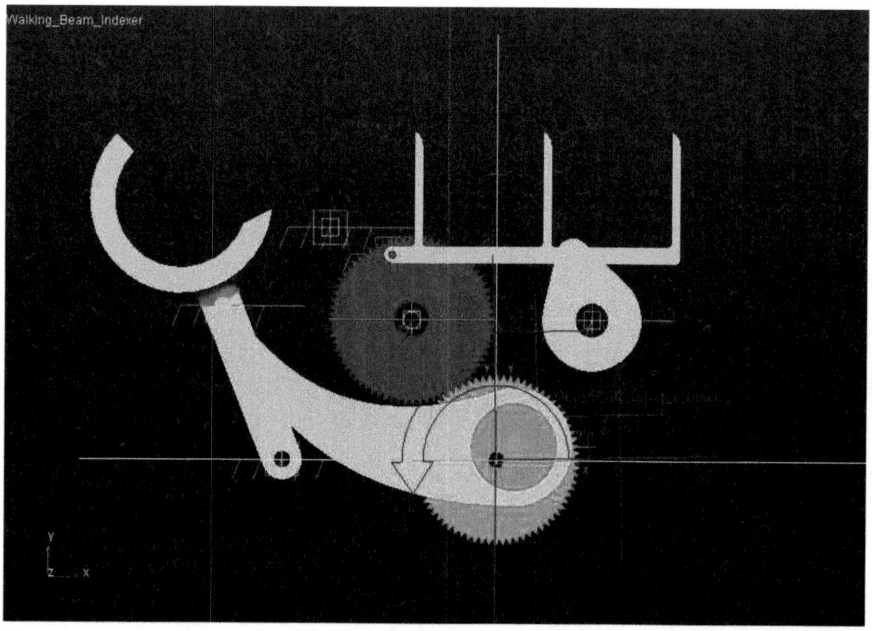

step 6 Platen 만들기

① Main Toolbox의 Bodies에서 Rigid Body: Box를 클릭한다.

② New Part로 선택하고 Length(25cm), Height(1cm), Depth(3cm) 모두 체크를 한 후, 각 치수를 입력한다.

③ ground.F를 클릭하여 Box를 만든다.

④ 생성한 파트 이름을 Platen_Left로 바꾸어 준다.

⑤ 위에 오른쪽 메뉴에서 Position: Reposition-Move를 우클릭한 후 Position: Move를 클릭한다.

⑥ Selected와 Copy 모두 체크를 한 후에 Vector를 선택하고 -4cm를 입력한다.

⑦ Platen_Left를 선택한다.

⑧ 아래 그림처럼 Platen_Left.cm.Y가 나오도록 한 후에 클릭한다.

⑨ 경고 창이 나오면 Unparameterize를 클릭한다. 그리고 복사된 파트 이름을 Platen_Right로 바꾸어 준다.

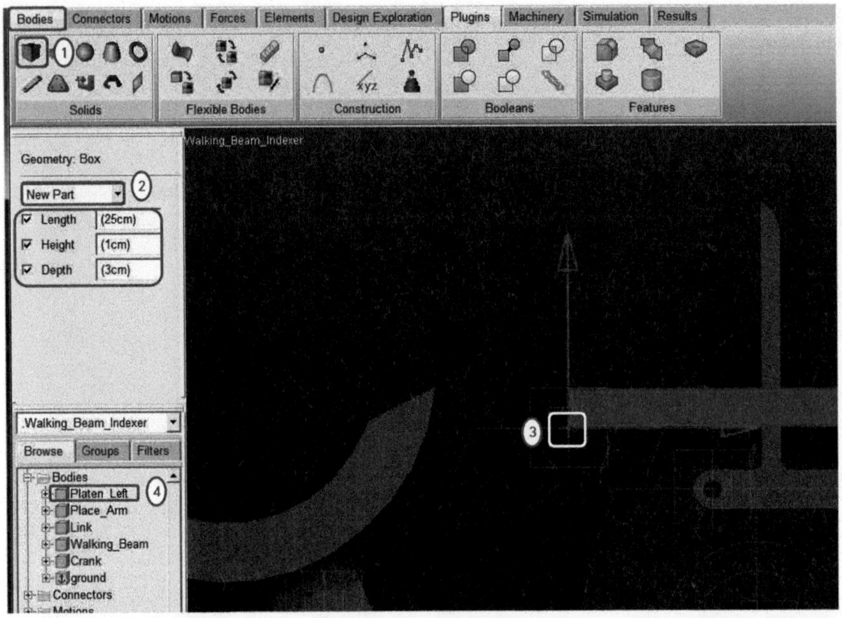
Bodies
Connectors
Motions
Forces
Elements
Design Exploration
Plugins
Machinery
Simulation
Results
Solids
Flexible Bodies
Construction
Booleans
Features
Geometry: Box
New Part
Length
(25cm)
Height
(1cm)
Depth
(3cm)
Walking_Beam_Indexer
.Walking_Beam_Indexer
Browse
Groups
Filters
Bodies
Platen_Left
Place_Arm
Link
Walking_Beam
Crank
ground
Connectors

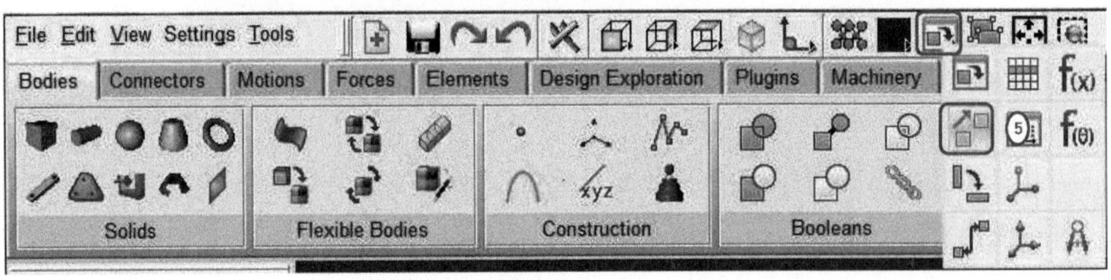
File Edit View Settings Tools
Bodies
Connectors
Motions
Forces
Elements
Design Exploration
Plugins
Machinery
Solids
Flexible Bodies
Construction
Booleans

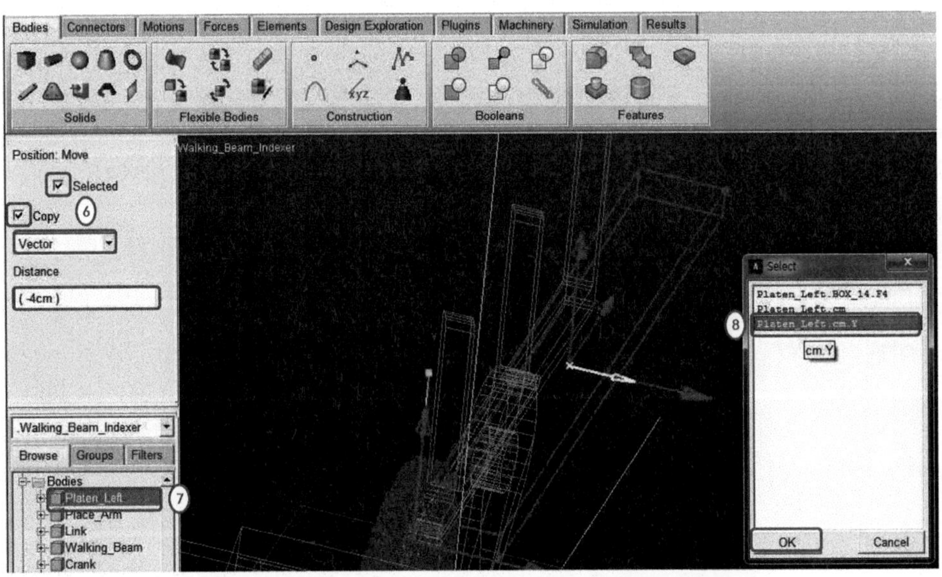
Bodies
Connectors
Motions
Forces
Elements
Design Exploration
Plugins
Machinery
Simulation
Results
Solids
Flexible Bodies
Construction
Booleans
Features
Position: Move
Selected
Copy
Vector
Distance
(-4cm)
Walking_Beam_Indexer
.Walking_Beam_Indexer
Browse
Groups
Filters
Bodies
Platen_Left
Place_Arm
Link
Walking_Beam
Crank
Select
Platen_Left.BOX_14.F4
Platen_Left.cm
Platen_Left.cm.Y
cm.Y
OK
Cancel

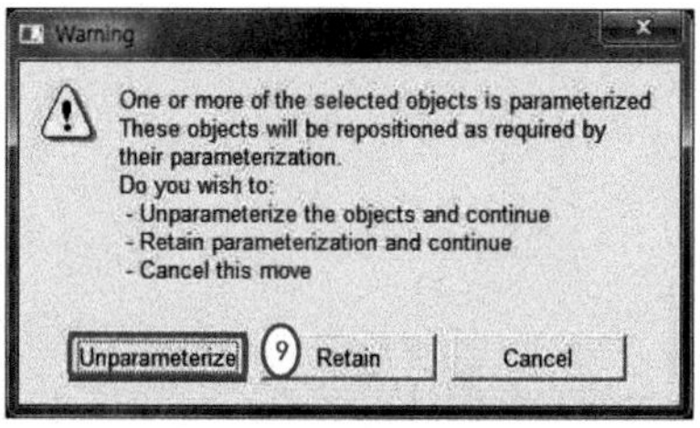

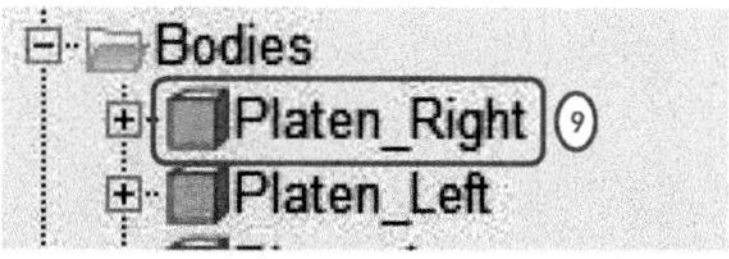

step 7 Eccentric Cam 만들기

① Main Toolbox의 Bodies에서 Construction Geometry : Arc/Circle을 클릭한다.

② Radius를 체크 한 후에 25mm를 입력하고 Circle도 체크한다.

③ ground.B를 클릭하여 원을 만든다.

④ 다시 Bodies에서 Rigid body : Extrusion을 클릭한다.

⑤ Add to Part를 선택, Profile에서 Curve를 선택, Path에서 Forward를 선택, Length는 10mm를 입력한다.

⑥ PART_8을 클릭한다.

⑦ PART_8.CIRCLE_16을 클릭한다.

⑧ Model Tree의 Bodies에서 PART_8옆에 플러스 아이콘을 클릭하여 CIRCLE_16을 우클릭 한 후 Hide를 클릭한다.

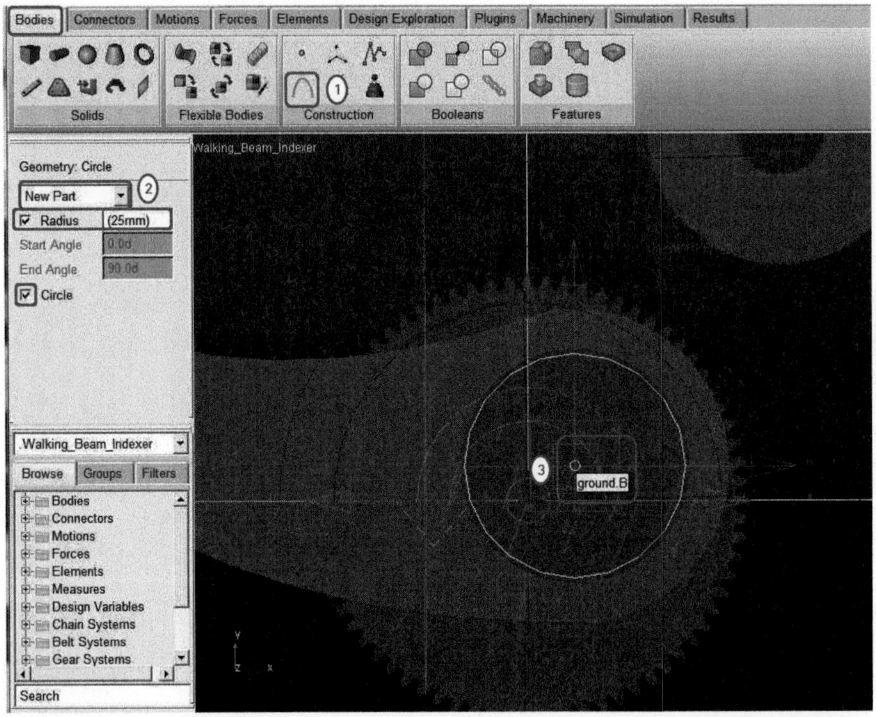
Bodies
Connectors
Motions
Forces
Elements
Design Exploration
Plugins
Machinery
Simulation
Results
Solids
Flexible Bodies
Construction
Booleans
Features
Walking_Beam_Indexer
Geometry: Circle
New Part
Radius
(25mm)
Start Angle
0.0d
End Angle
90.0d
Circle
.Walking_Beam_Indexer
Browse
Groups
Filters
Bodies
Connectors
Motions
Forces
Elements
Measures
Design Variables
Chain Systems
Belt Systems
Gear Systems
Search
ground.B

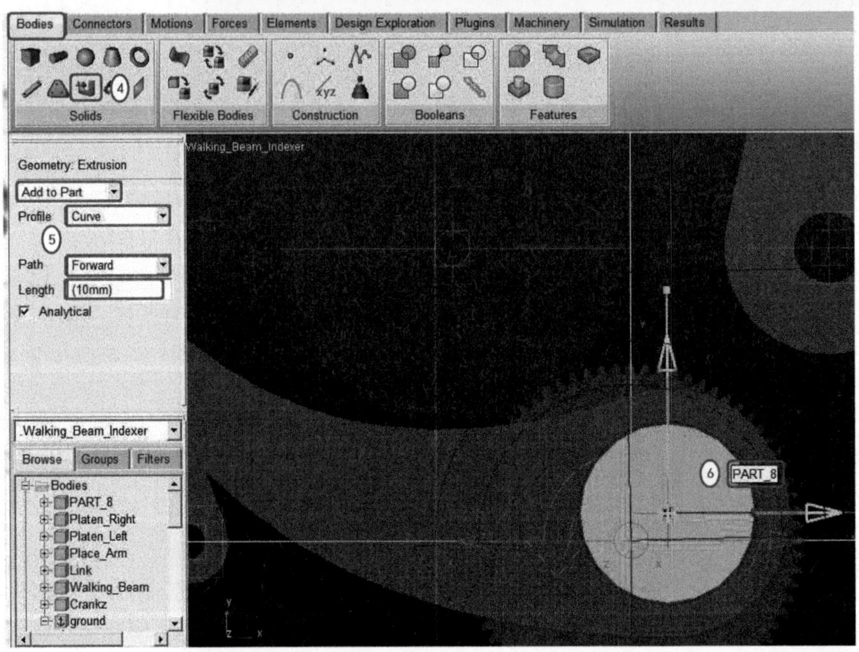
Bodies
Connectors
Motions
Forces
Elements
Design Exploration
Plugins
Machinery
Simulation
Results
Solids
Flexible Bodies
Construction
Booleans
Features
Walking_Beam_Indexer
Geometry: Extrusion
Add to Part
Profile
Curve
Path
Forward
Length
(10mm)
Analytical
.Walking_Beam_Indexer
Browse
Groups
Filters
Bodies
PART_8
Platen_Right
Platen_Left
Place_Arm
Link
Walking_Beam
Crankz
ground
PART_8

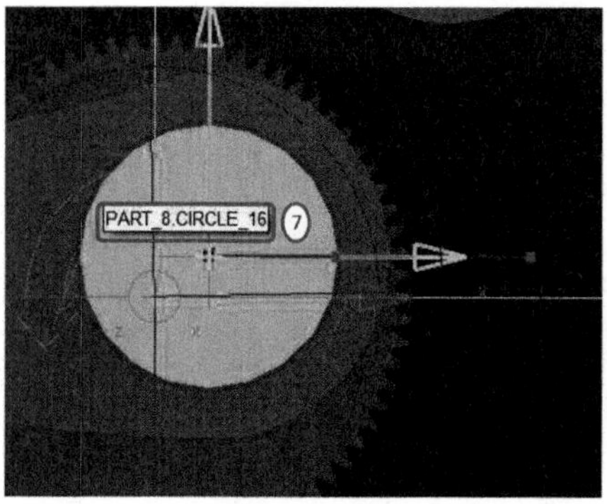

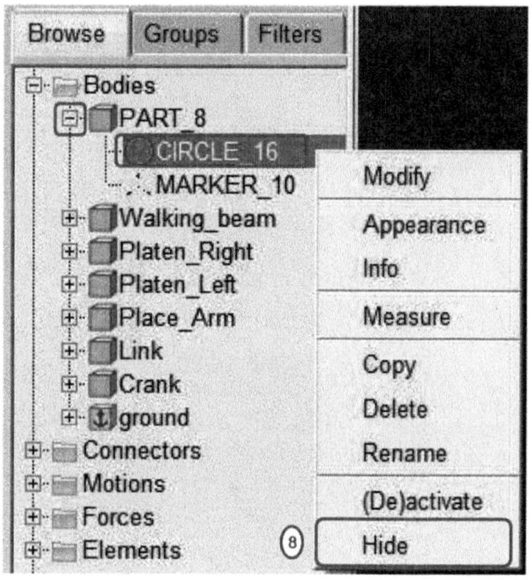

step 8 파트들 색깔 입히기

① Model Tree의 Bodies에서 Crank 옆의 플러스 아이콘을 클릭한다.

② SOLID1을 우클릭한 후 Appearance를 클릭한다.

③ Color에서 Cyan을 입력한다.

④ OK를 클릭한다.

⑤ 위와 같은 방법으로 아래 표처럼 나머지 파트들의 색깔을 정한다.

Part Name	Color Name
Platen_Right	Maize
Platen_Left	Maize
Crank	Cyan
Walking_Beam	White
Place_Arm	Yellow
Link	White

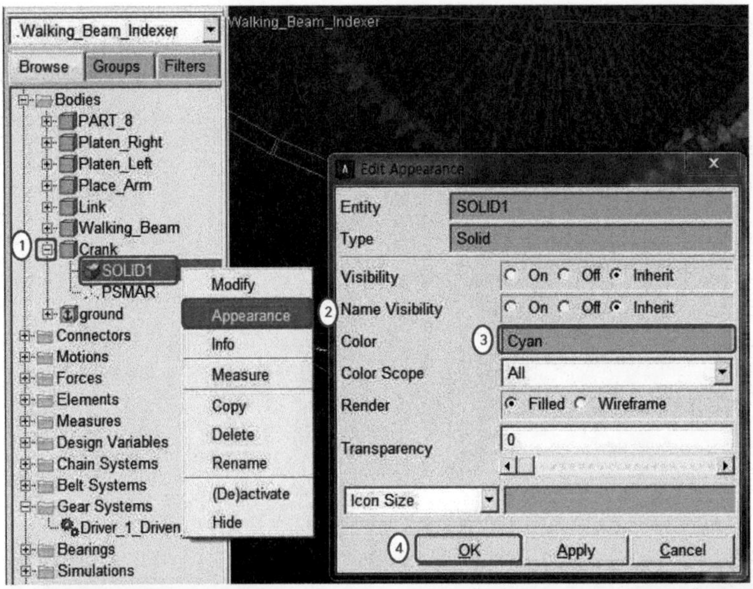

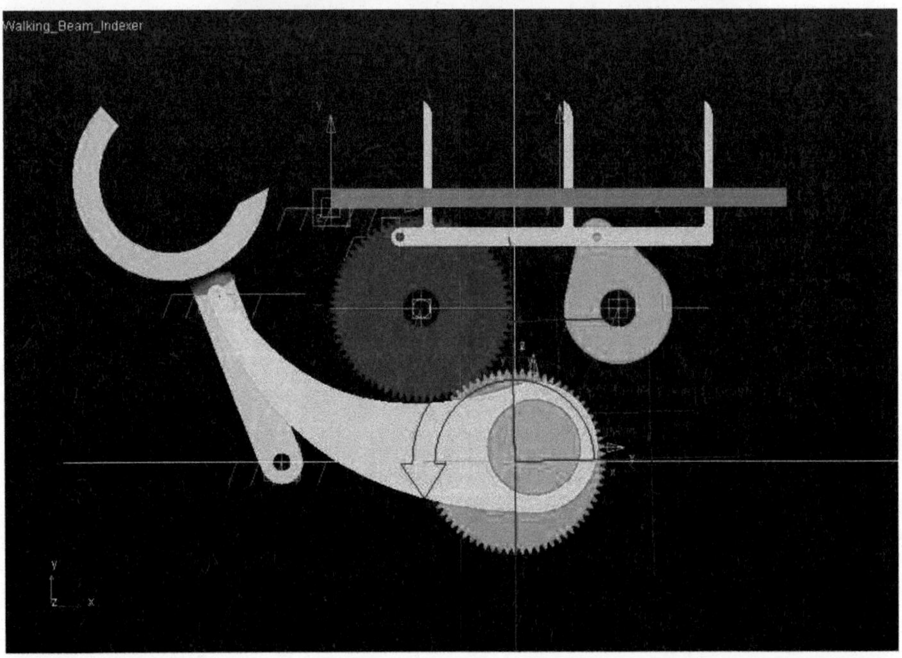

step 9 Revolute Joint들을 사용하여 파트들을 연결하기

① Main Toolbox의 Connectors에서 Create a Revolute joint를 클릭한다.

② Place_Arm을 첫 번째로 클릭한 후 ground를 두 번째로 클릭한다.

③ ground.O6을 클릭하여 Joint를 만든다.

④ 위와 같은 방법으로 총 6개의 Revolute joint들을 아래 표를 참고하여 만들어 준다.

1st Body	2nd Body	Joint Location
Place_Arm	ground	O6
Place_Arm	Link	C
Link	Driver_1	B
Walking_Beam	Driven_1	D
Walking_Beam	Crank	Crankz.SOLID1.E16(center)
Crank	ground	O2

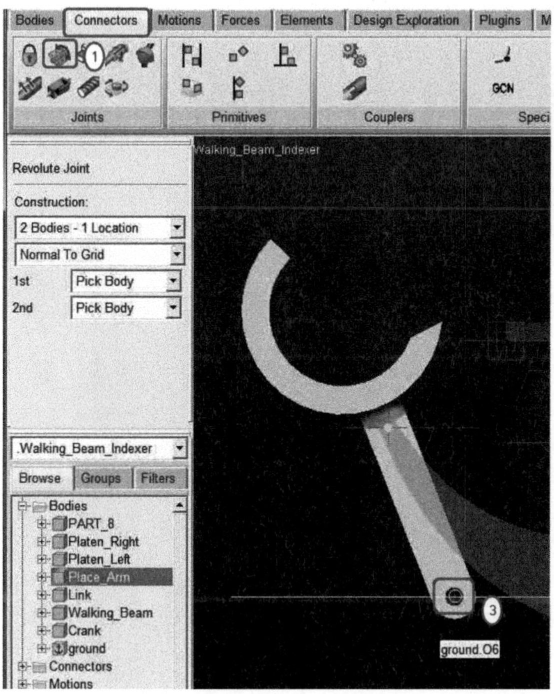

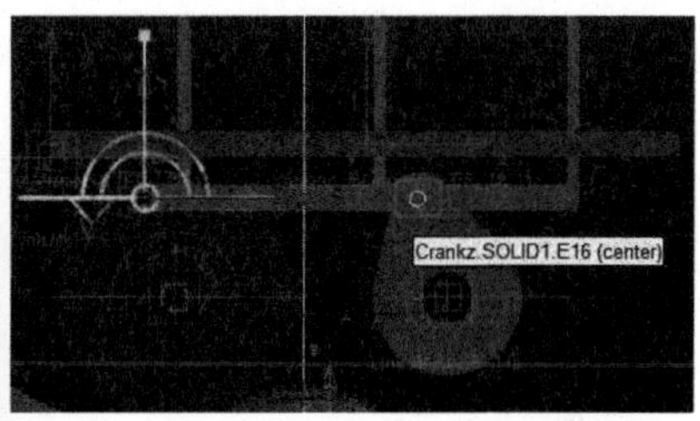

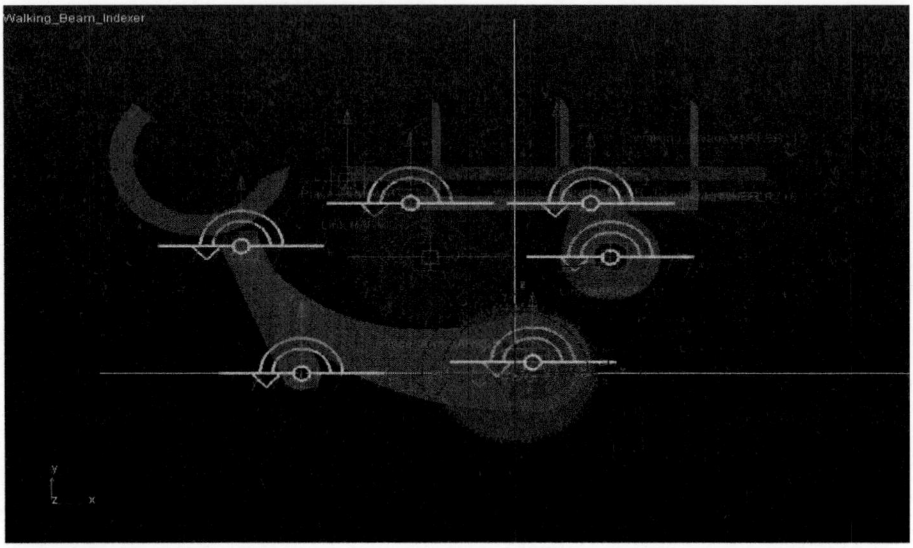

step 10 Platen을 ground에 고정시키기

① Main Toolbox의 Connectors에서 Create a fixed joint를 클릭한다.

② Platen_Left을 첫 번째로 클릭하고, ground를 두 번째로 클릭한다.

③ Joint의 위치는 아래 그림처럼 Platen_Left의 중앙에 만들어 주면 된다.

④ 위와 같은 방법으로 Plate_Right도 ground에 고정시켜준다.

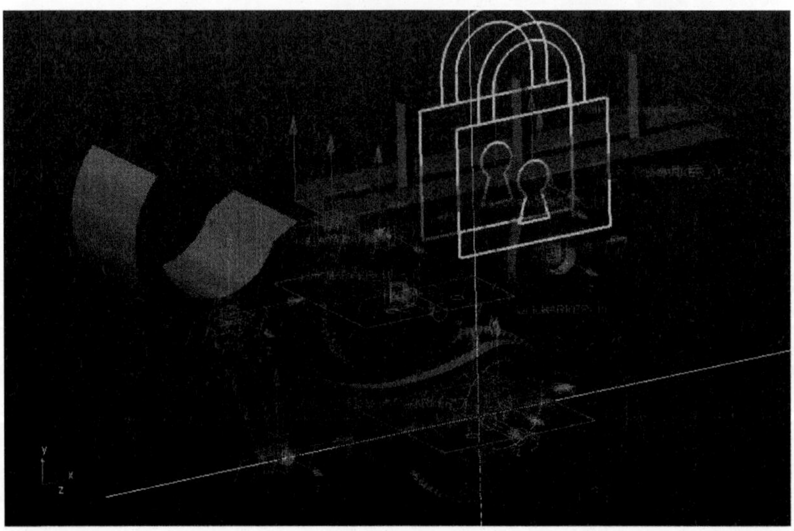

step 11 Revolute Joint에 Motion 만들기

① Main Toolbox의 Motions에서 Rotational Joint Motion을 클릭한다.

② Crank와 ground 사이의 생성된 Revolute Joint(Joint_6)를 클릭하여 Motion을 만들어 준다.

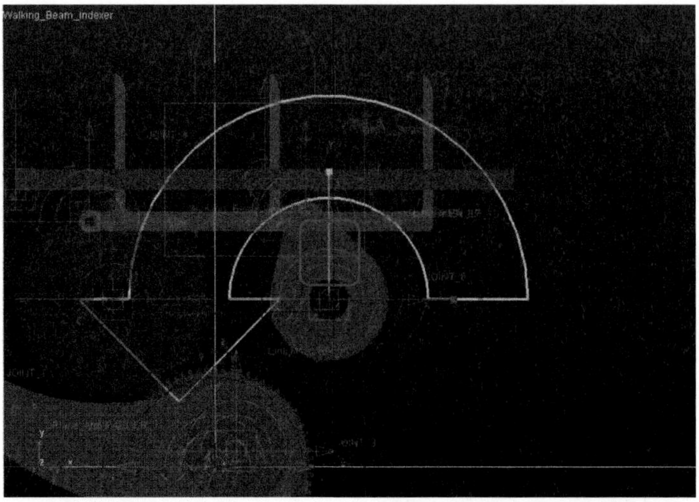

step 12 각도 측정 만들기

① Model Tree의 Connectors에서 Place_Arm과 ground사이에 생성된 Revolute Joint(Joint_1)를 우클릭하여 Info를 클릭한다.

② Information 창에서 I Marker 와 J Marker를 확인한다.

③ 창을 닫고 Design Exploration에서 Create a new Function Measure을 클릭한다.

④ Measure Name을 Angle_PlaceArmtoGround를 입력한다.

⑤ Units를 angle로 바꾼다.

⑥ Displacement에서 Angle about Z를 선택하고 Assist를 클릭한다.

⑦ To Marker와 From Marker에 방금 확인했던 I Marker와 J Marker를 입력해 준다.

⑧ OK를 클릭한다.

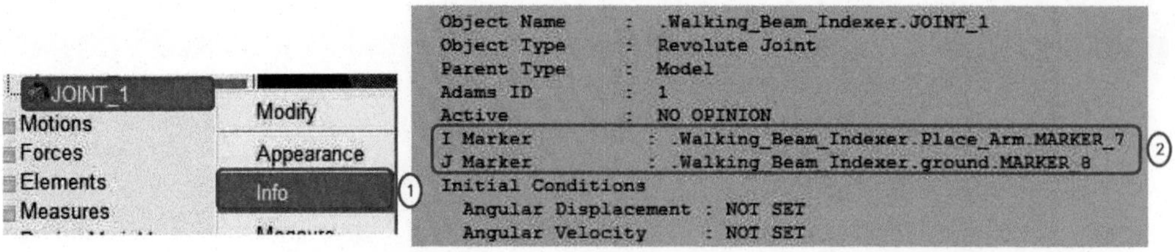

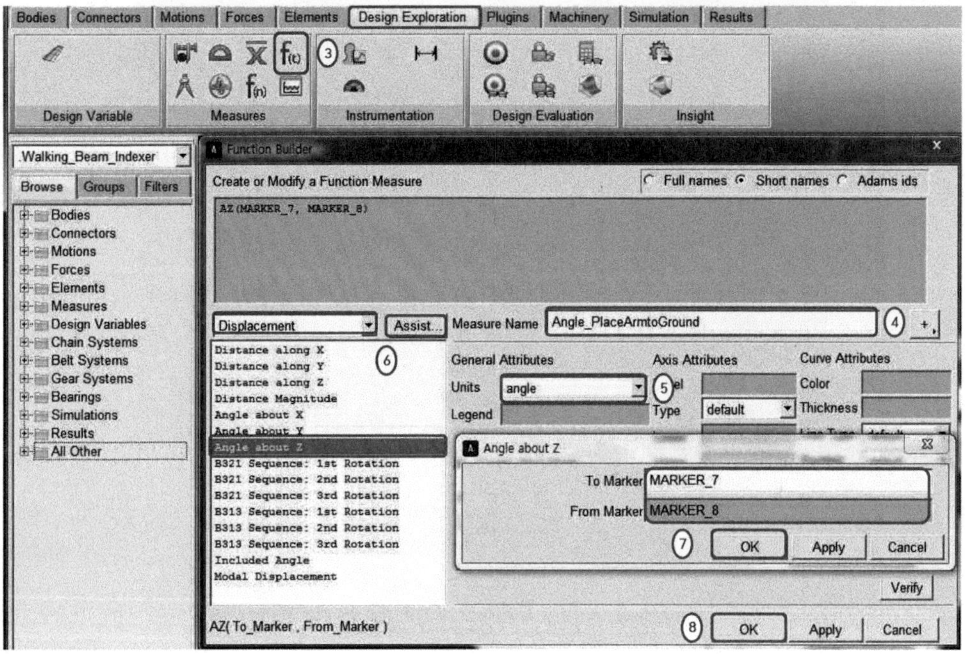

step 13 Function Measure 만들기

① Main Toolbox의 Bodies에서 Construction Geometry: Marker를 클릭한다.

② 아래 그림처럼 Location Event 창을 사용하여 -100,146,0에 MARKER_42를 만들고 Walking_Beam의 가장 오른쪽 끝 부분에도 MARKER_41을 만들어 준다.

③ Main Toolbox의 Design Exploration에서 Create a new Function Measure을 클릭한다.

④ Measure Name에 Stroke_Walking_Beam이라고 입력한다.

⑤ Units를 length로 선택한다.

⑥ Function Measure에 (DY(MARKER_41, MARKER_42, MARKER_42)/ABS(DY(MARKER_41, MARKER_42, MARKER_42)) + 1) / 2 * DX-(MARKER_41, MARKER_42, MARKER_42) 을 입력한다. (이 함수식은 Walking Beam의 끝부분이 Platen의 윗부분 위에 위치하고 있을 때 수평 Stroke를 측정하는 식이다. 스스로 생각하여 더 나은 방법을 사용할 수도 있다. 여기서는 이 함수식을 사용할 것이다.)

⑦ OK를 클릭한다.

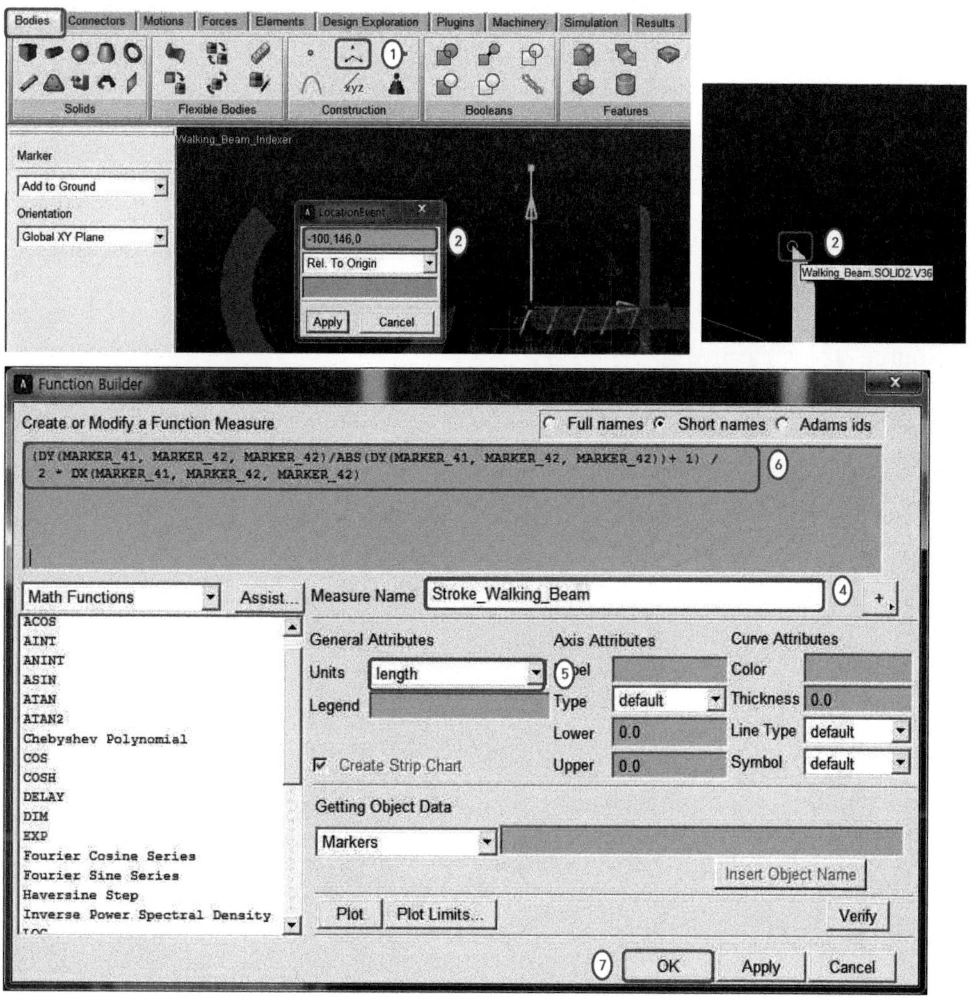

step 14 모델 시뮬레이션 하기

① Simulation Control에서 End Time을 20 초, Step Size로 선택한 후에 0.2를 입력한다.

② 시뮬레이션을 시작한다.

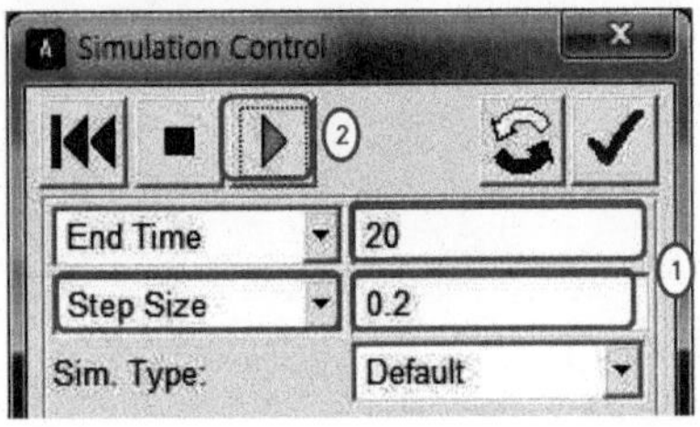

step 15 Adams/PostProcessor 사용하기

① Simulation Control에서 Plotting 아이콘을 클릭하여 Adams/PostProcessor 창을 연다.

② Source에서 Measures을 선택한다.

③ Angle_PlaceArmtoGround를 선택하고 Add Curve를 클릭하여 그래프를 확인한다.

④ Clear Plot을 클릭하고 이번에는 Stroke_Walking_Beam을 선택하여 그래프를 확인한다.

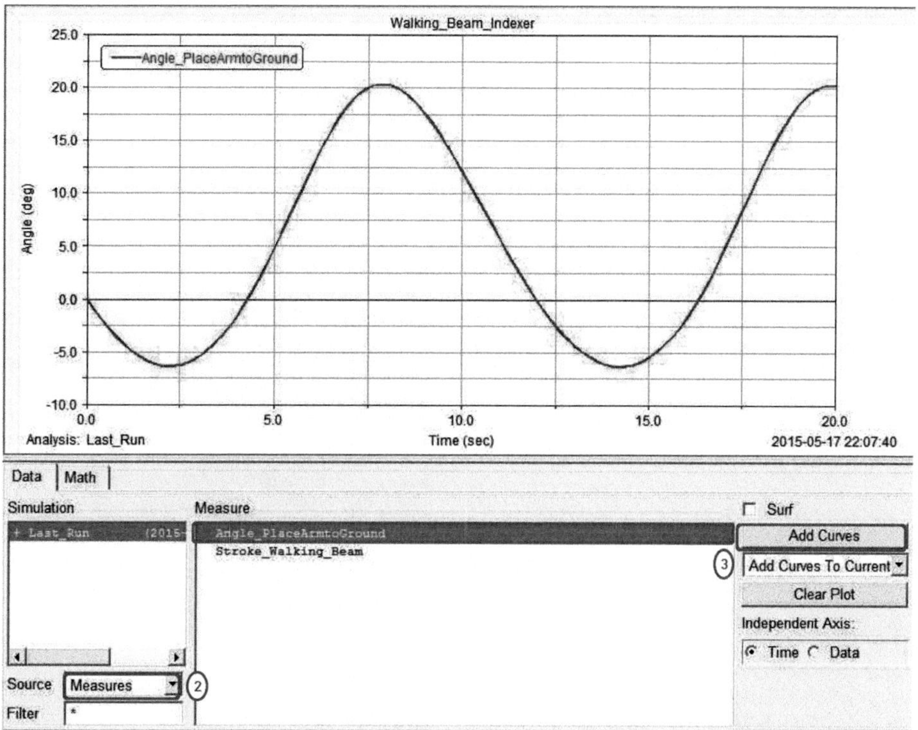
Walking_Beam_Indexer
Angle_PlaceArmtoGround
Angle (deg)
Time (sec)
Analysis: Last_Run
2015-05-17 22:07:40
Data
Math
Simulation
Measure
Surf
Last_Run
Angle_PlaceArmtoGround
Stroke_Walking_Beam
Add Curves
③
Add Curves To Current
Clear Plot
Independent Axis:
Time
Data
Source
Measures
②
Filter

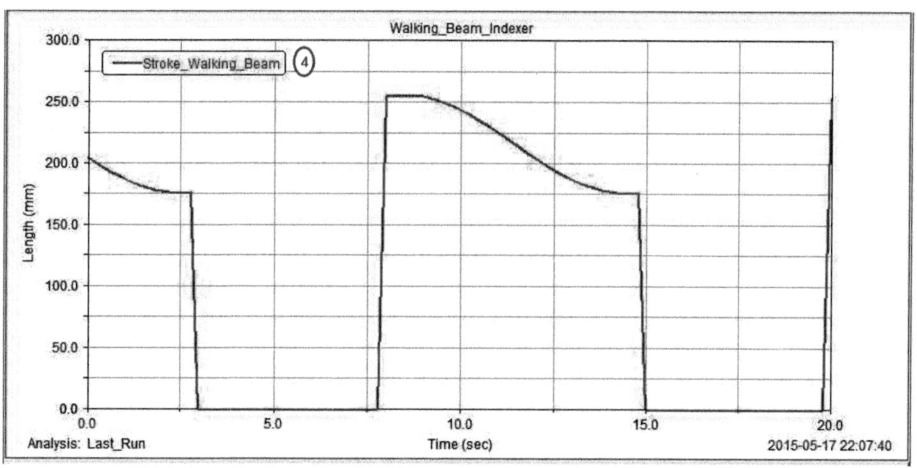
Walking_Beam_Indexer
Stroke_Walking_Beam
④
Length (mm)
Time (sec)
Analysis: Last_Run
2015-05-17 22:07:40

step 16 결과 비교하기

Platen의 두께 때문에 이론식과 약간의 차이가 난다.

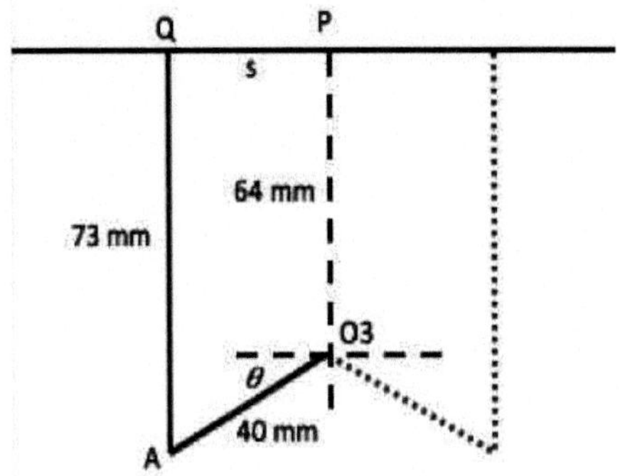

$$AO_3^2 = (AQ - O_3P)^2 + QP^2$$

$$\Rightarrow 40^2 = (73-64)^2 + s^2$$

$$\Rightarrow s = 38.97$$

$$stroke: 2s = 77.94mm$$

$$\alpha = 180° - 2\arcsin\left(\frac{AQ - PO_3}{AO_3}\right) = 154°$$

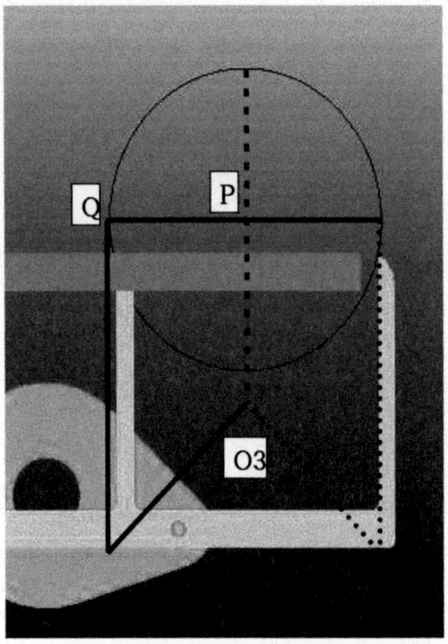

The portion of one revolution of Link 2 is

$$1 - \frac{154}{360} = 57.2\%$$

Adams Solution

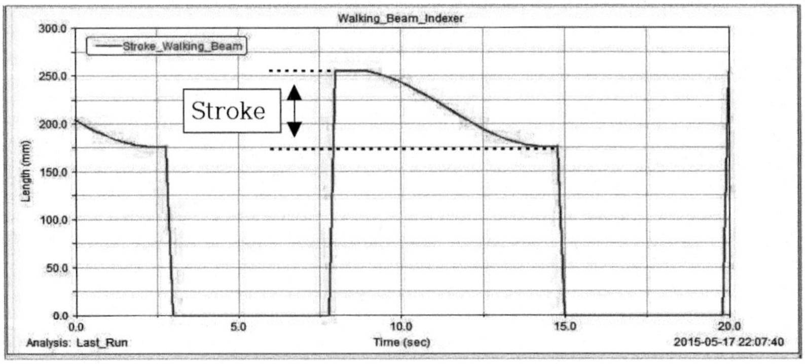

Stroke = 254.9747−176.7351 = 78.24 mm

Platen의 두께 때문에 이론식과 약간의 차이가 난다.

Example 24. Watt's Linkage in a Steam Engine

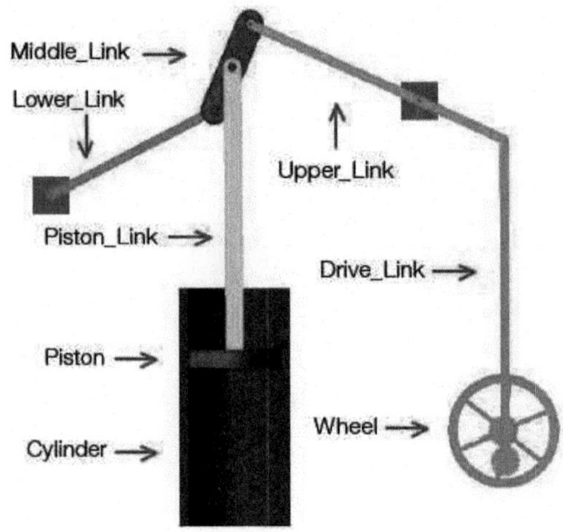

In Reference to the Textbook Design of Machinery by Robert L. Norton

Workshop Objectives

Adams/view에서

- Watt's Linkage in a Steam Engine을 시뮬레이션 한다.
- .x_t 파일을 Import 한다.
- Revolute joint들과 Translational joint를 만든다.
- 기어 한 쌍을 만든다.

Software Version   Adams 2013.2

- Adams/Machinery Plugin with gear module이 필요함

필요한 파일들

- wheel.x_t

문제 설명

- 모델은 스팀 엔진을 사용한 Watt's linkage를 나타낸다.
- 긴 라인을 따라 Piston이 구속 되어 있다.
- Piston이 wheel을 돌리기 위해서 3개의 링크 시스템을 밀어낸다.

Adapted from Robert L. Norton (2012). Design of Machinery (Fifth Edition)

step 1 Adams/view 시작하고 Database 만들기

① Adams/view를 시작하고 New Model을 클릭한다.

② Model Name에 Watts_Linkage를 입력하고 Working Directory는 자신이 저장할 폴더로 지정한다.

③ OK를 클릭한다.

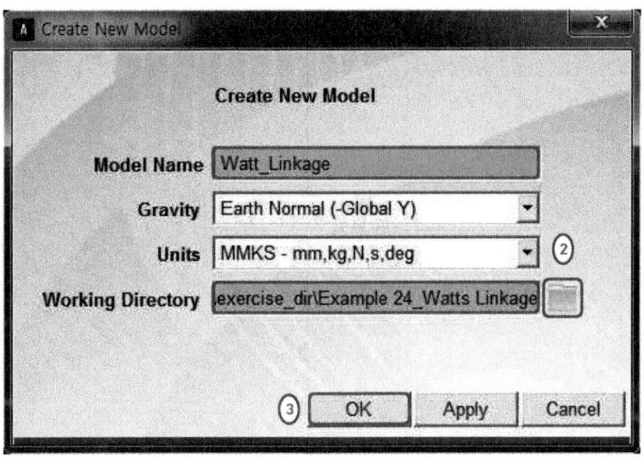

step 2 New Adams database 만들기

① Main 메뉴의 Settings에서 Working Grid를 클릭한다.

② Size에서 X, Y 모두 500mm를 입력하고 Spacing에서도 X, Y 모두 10mm를 입력한다.

③ OK를 클릭한다.

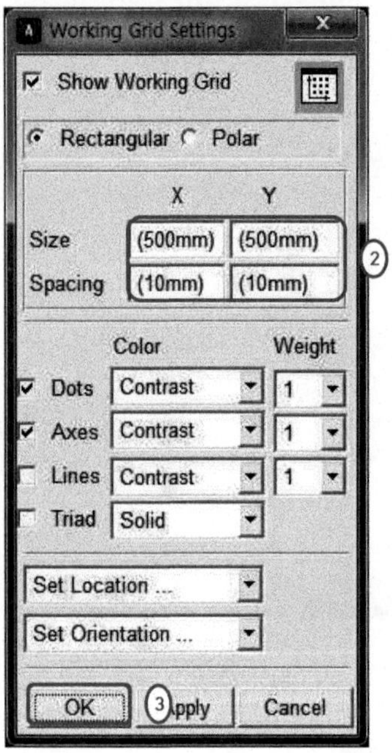

step 3 설계 점들 만들기

① Main Toolbox의 Bodies에서 Construction Geometry : Point를 클릭한다.

② Add to Ground와 Don't Attach를 선택한다.

③ 스크린에서 우클릭하여 Location Event 창을 사용해서 −200,350,0 에 설계 점을 놓는다. (위치는 어디든 클릭해도 좋다. 나중에 좌표 값을 수정할 수 있다.)

④ 만들어진 점을 O2로 이름을 바꾸어 준다.

⑤ Model Tree의 Bodies에서 O2를 더블 클릭하여 좌표 값을 X=−200, Y=350,

Z=0 로 바꾸어 준다.

⑥ 위의 작업을 반복하여 밑에 표처럼 총 9개의 설계 점들을 지정한 좌표에 만들어 준다.

	X location	Y location	Z location
O2	−200	350	0
O4	200	450	0
O8	290	100	−17.5
A	0	350	0
B	0	450	0
C	300	450	0
D	0	100	0
E	320	110	0
P	0	400	0

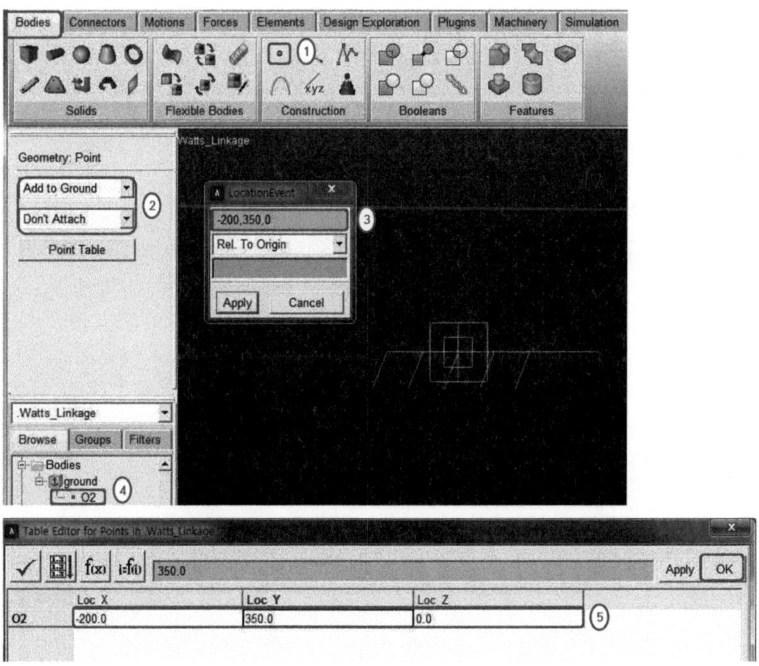

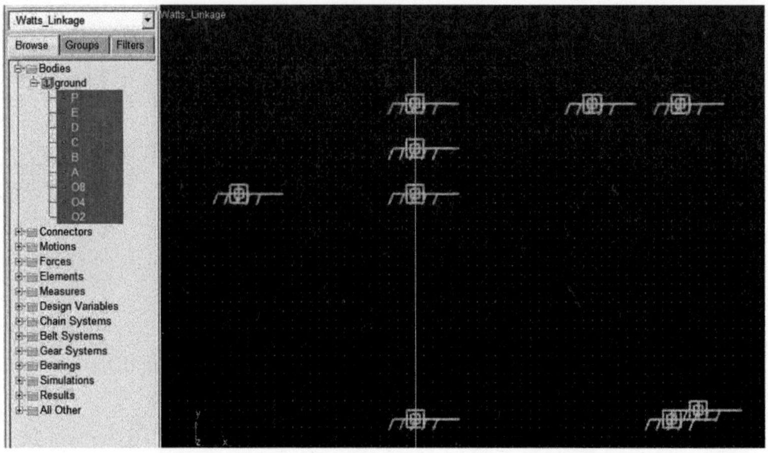

step 4 파트 Import 하기

① Main 메뉴의 File에서 Import를 클릭한다.

② File Type을 Parasolid로 바꾼다.

③ File to Read의 텍스트 창을 더블 클릭하여 Example 24/start 폴더에 있는 wheel.x_t 파일을 선택한다.

④ Model Name을 Part Name으로 바꾸고 Wheel를 입력한다.

⑤ Location의 텍스트 창에서 우클릭한 후 Pick Location을 클릭한다.

⑥ 설계 점들중 하나인 ground.O8를 선택한다.

⑦ Orientation에서 0,0,18.43을 입력한다.

⑧ OK를 클릭한다.

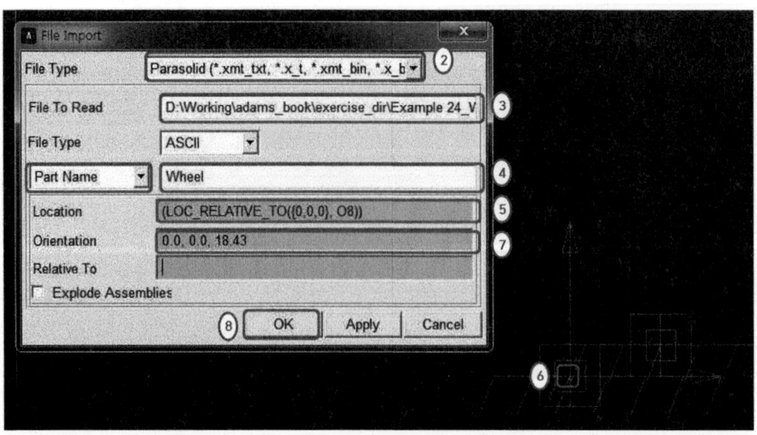

step 5 Cylinder 만들기

① Main Toolbox의 Bodies에서 Rigid Body: Cylinder를 클릭한다.

② New Part를 선택하고 Length(25cm), Radius(6cm) 모두 체크를 한 후 치수를 입력한다.

③ 0,0,0을 클릭하고 아래 그림처럼 위쪽으로 마우스 커서를 옮긴 후에 클릭한다.

④ 이름을 .Watts_Linkage.Cylinder로 바꾼다.

⑤ 다시 Bodies에서 Rigid Body: Box를 클릭한다.

⑥ Add to Part를 선택하고 Length(12cm), Height(25cm), Depth(6cm) 모두 체크를 한 후 치수를 입력한다.

⑦ Cylinder를 한번 클릭하고 (−60,0,0)을 클릭하여 Box를 만들어준다.

⑧ 이번에는 Bodies에서 Booleans: Cut out a solid with another을 클릭한다.

⑨ Cylinder와 Box를 차례대로 클릭하여 Cylinder에서 Box와 겹치는 부분을 제거해준다.

⑩ 위와 같은 방식으로 Cylinder와 같은 위치에 Radius만 5cm로 하여 또 다른 Cylinder을 만들어 기존 Cylinder와 겹치는 부분을 제거해준다.

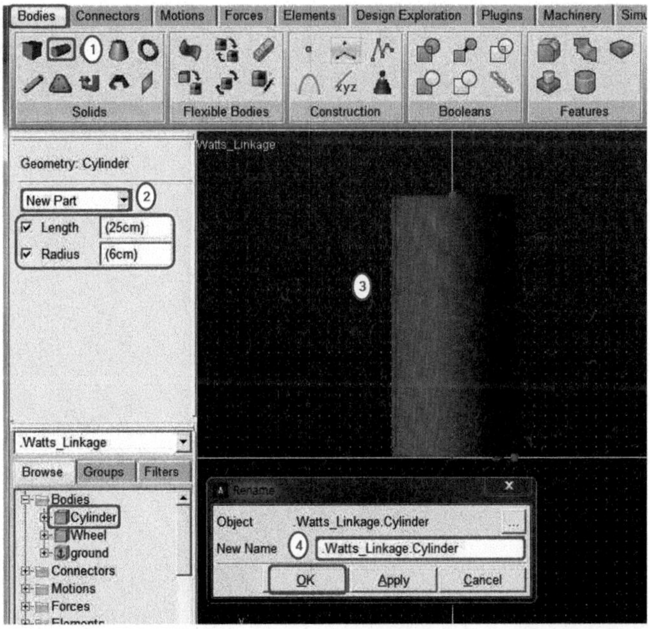

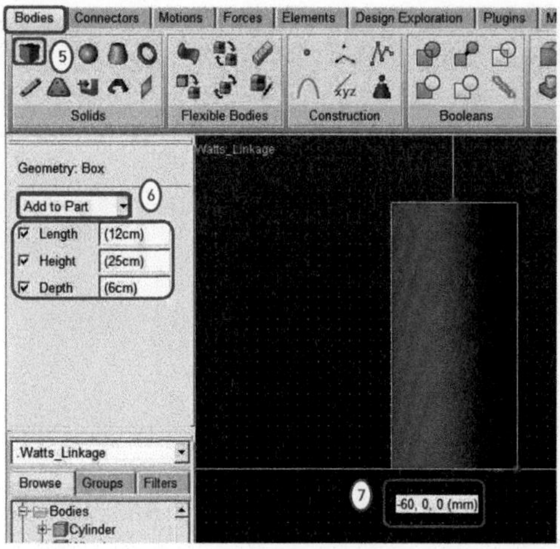

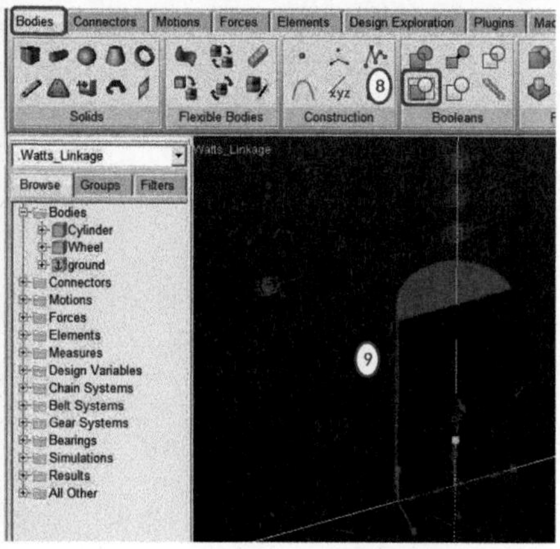

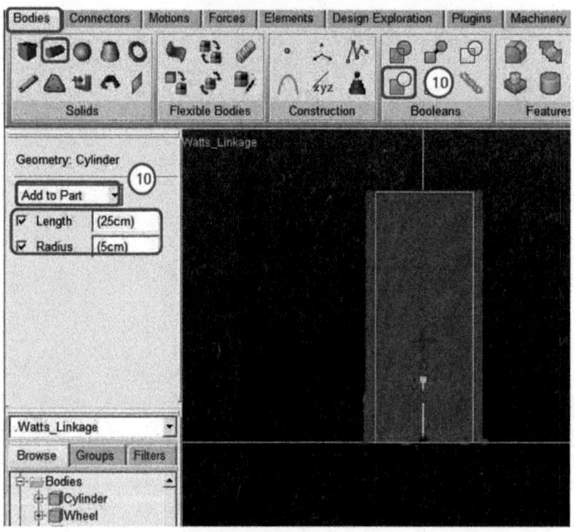

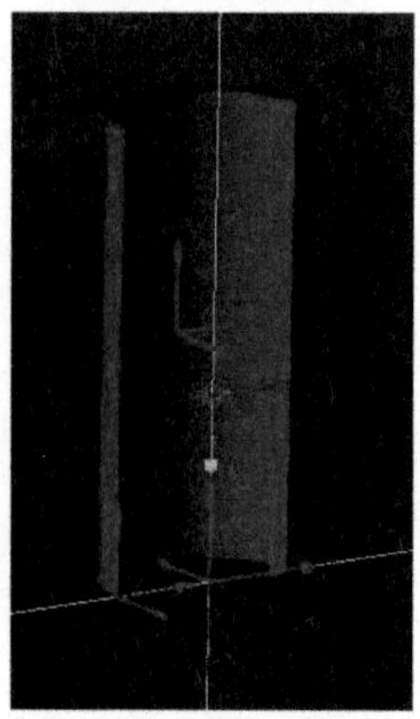

step 6 Piston 만들기

① Main Toolbox의 Bodies에서 Rigid Body: Cylinder를 클릭한다.

② New Part를 선택하고 Length(2cm), Radius(5cm) 모두 체크를 한 후, 치수를 입력한다.

③ ground.D를 클릭하고 마우스 커서를 아래로 옮긴 후에 클릭하여 Cylinder를 만든다.

④ 생성된 파트의 이름을 Piston으로 바꾸어 준다.

⑤ Model Tree의 Bodies에서 Piston을 더블 클릭하고 Define Mass By에서 Geometry and Density를 선택한다.

⑥ Density에 7.801E+004(kg/meter**3)를 입력한다. OK를 클릭한다.

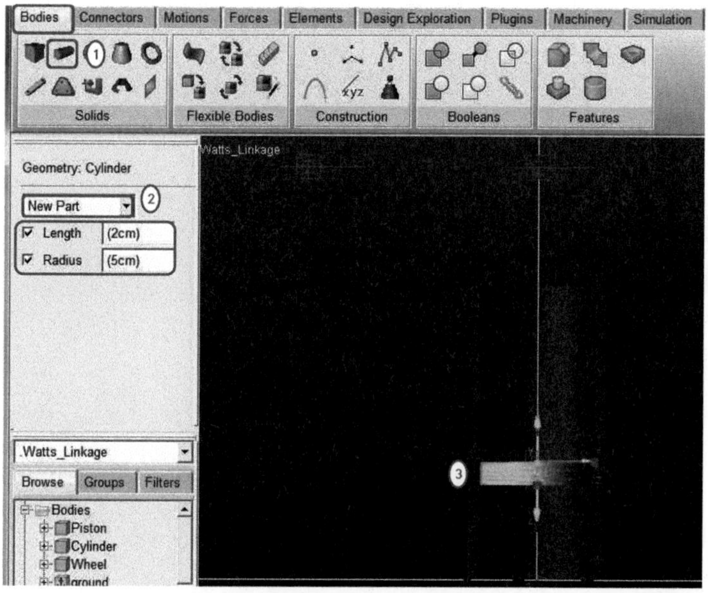

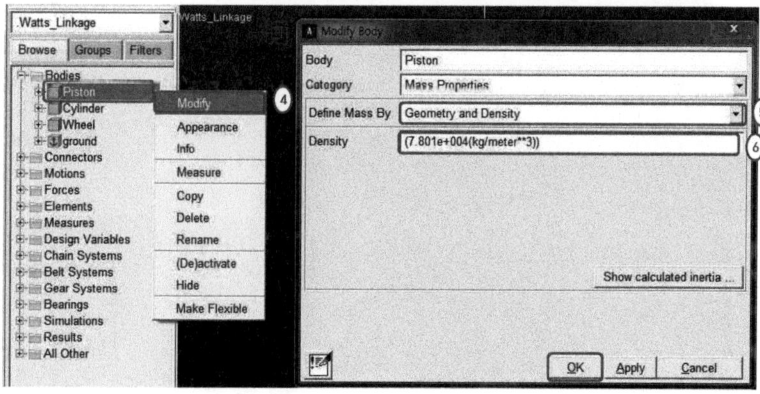

step 7 Ground Support들 만들기

① Main Toolbox의 Bodies에서 Rigid Body: Box를 클릭한다.

② New Part를 선택하고 Length(4cm), Height(4cm), Depth(4cm)을 모두 체크한 후 치수를 입력한다.

③ Location Event 창을 사용하여 -220,330,0을 클릭한다.

④ Main Toolbox의 Bodies에서 Add a boss를 클릭한다.

⑤ Radius는 2mm를 입력하고 Height는 5mm를 입력한다.

⑥ 방금 생성한 Box를 한번 클릭하고 중앙을 한 번 더 클릭한다.

⑦ 이름을 Ground_Support1로 바꾸어 준다.

⑧ 위와 같은 방법을 반복하여 Ground_Support2를 180,430,0에 만들어 준다.

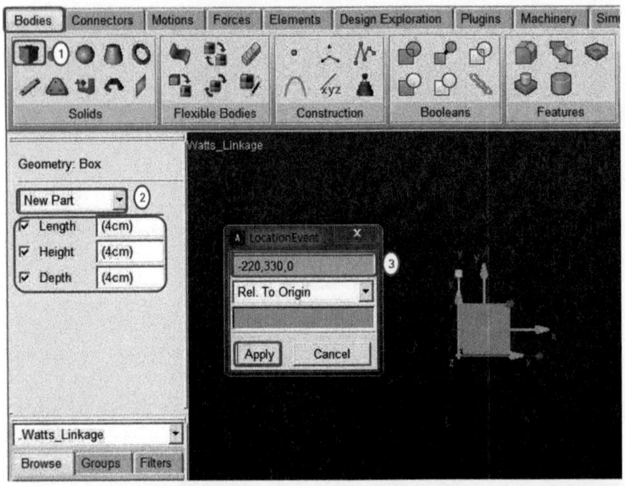

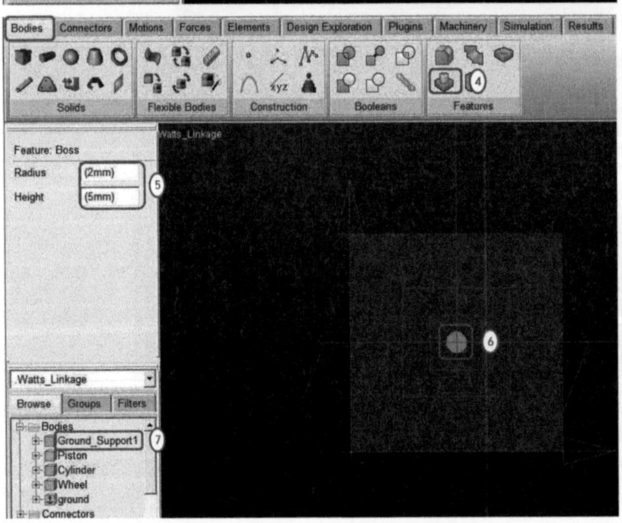

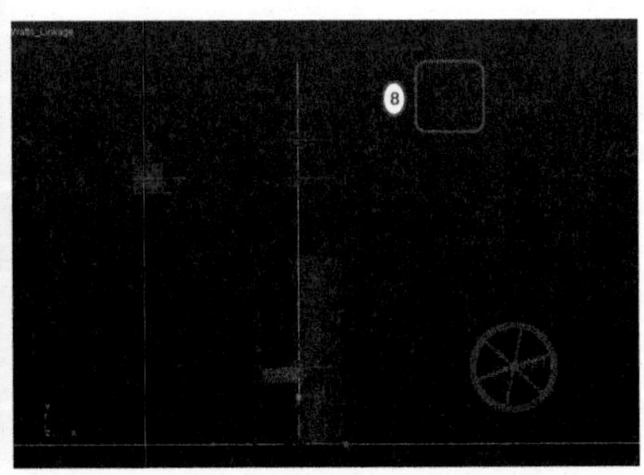

step 8 Link들 만들기

① Main Toolbox의 Bodies에서 Rigid Body: Link를 클릭한다.

② New Part를 선택하고 Width(20mm), Depth(5mm)를 체크를 한 후 치수를 입력한다. Length는 체크하지 않는다.

③ D점과 P점 순으로 클릭하여 Link를 만들어 준다.

④ 이름을 Piston_Link로 바꾸어 준다.

⑤ 위에 방법을 반복하여 아래 표처럼 총 6개의 Link들을 만들어 준다.

Name	Width	Depth	Point 1	Point 2
Piston_Link	20mm	5mm	D	P
Lower_Link	10mm	5mm	O2	A
Middle_Link	30mm	5mm	A	B
Upper_Link	10mm	5mm	B	C
Drive_Link	10mm	5mm	C	E
Gear_Link	10mm	5mm	(290,100,0)	E

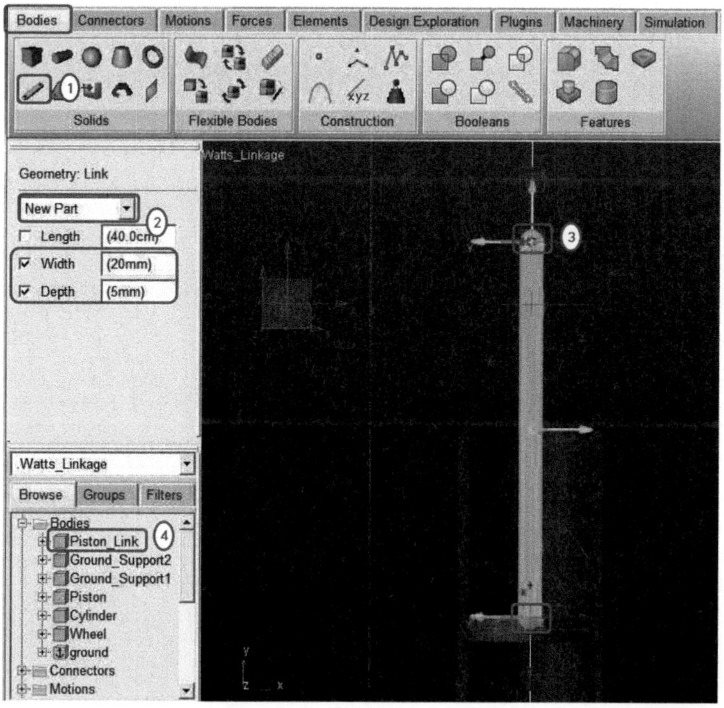

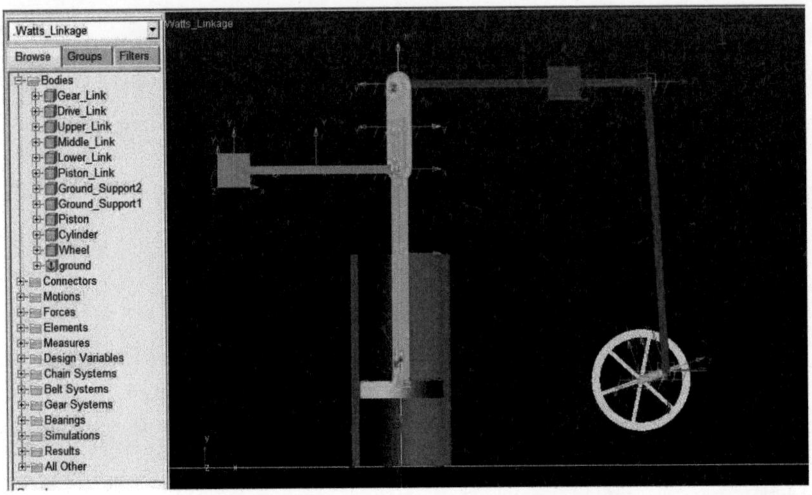

step 9 파트들 옮기기

① 왼쪽 위에 Position: Reposition objects을 우클릭한 후 Position-Move를 클릭한다.

② Selected만 체크를 한 후에 Vector로 선택한 후 아래 표를 참고하여 각 파트들을 선택하고 적힌 거리와 방향만큼 파트를 이동시켜 준다. 〈아래 Into 와 Out은 작업 영역을 기준으로 Into는 안으로 들어가는 방향 Out은 밖으로 나가는 방향을 의미한다. 예를 들어 Into일 때 안으로 들어가는 방향 아무 벡터 (Global Z -방향)를 지정해 주면 된다.〉

③ 경고창이 뜰 때 Unparameterize를 클릭한다.

Part Name	Distance	Direction
Lower_Link	10mm	Into
Middle_Link	5mm	Into
Drive_Link	5mm	Out
Wheel	5mm	Out
Ground_Support1	52.5mm	Into
Ground_Support2	42.5mm	Into

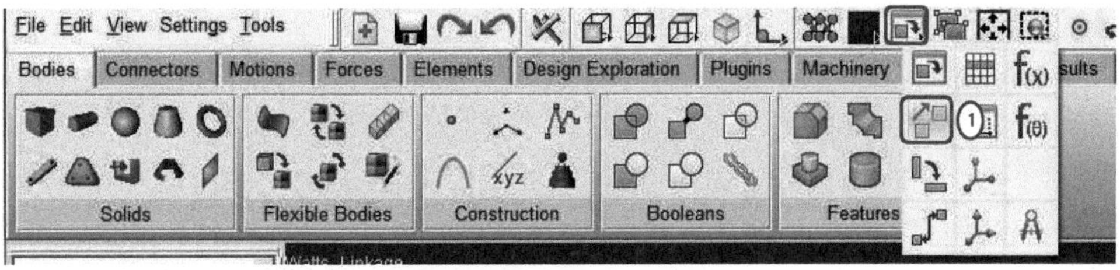

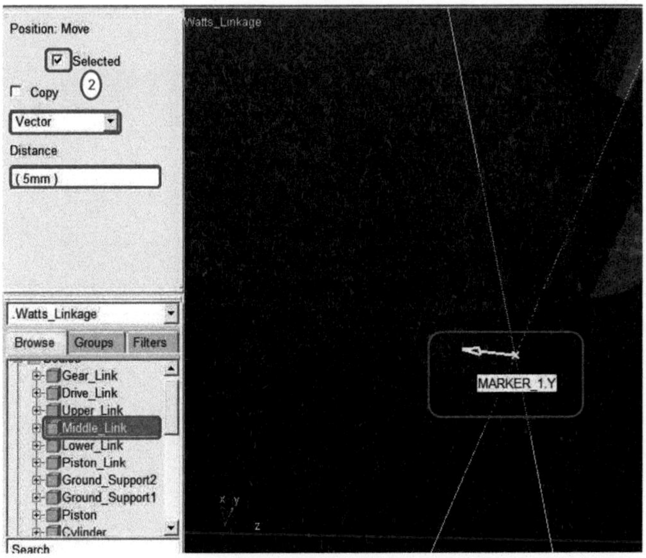

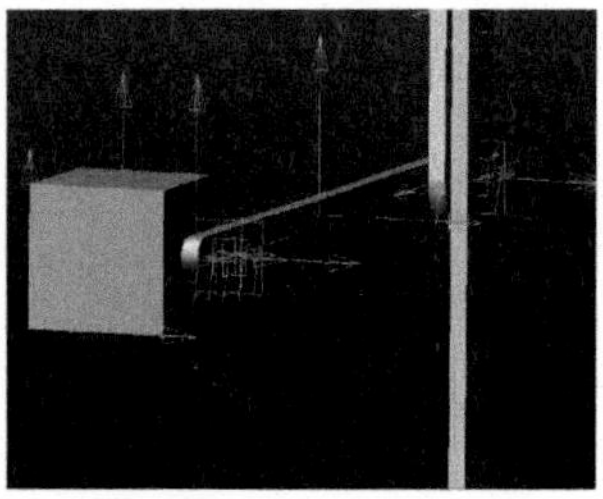

step 10 기어 만들기

① Main Toolbox의 Machinery에서 Create gear pair를 클릭한다.

② Gear Type에서 Spur를 선택하고 Next를 클릭한다.

③ Method에서 3D Contact을 선택하고 Next를 클릭한다.

④ Geometry에서 아래 그림을 참고하여 각 파라미터들을 바꾸어 주고 Next를 클릭한다.

⑤ Material에서는 기본 값 그대로 사용하므로 Next를 클릭한다.

⑥ Gear Connection에서는 밑에 그림처럼 Gear1과 Gear2를 설정하고 Next를 클릭, 마지막으로 Finish를 클릭한다.

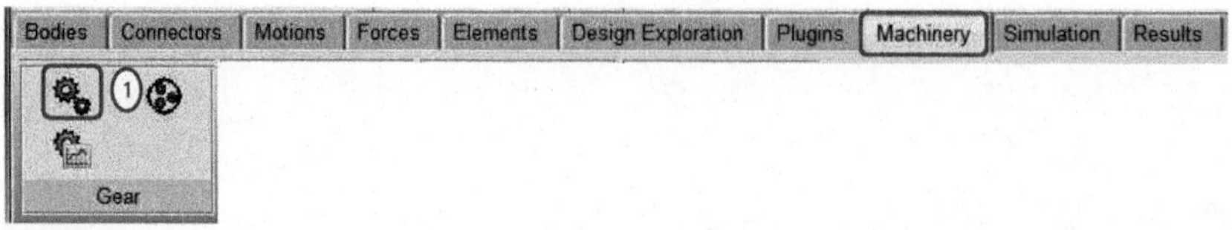
Bodies
Connectors
Motions
Forces
Elements
Design Exploration
Plugins
Machinery
Simulation
Results
①
Gear

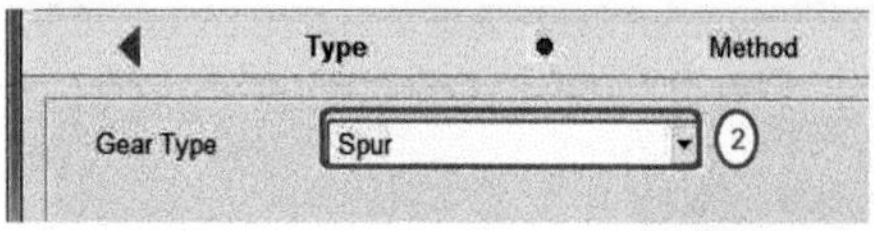
Type
Method
Gear Type
Spur
②

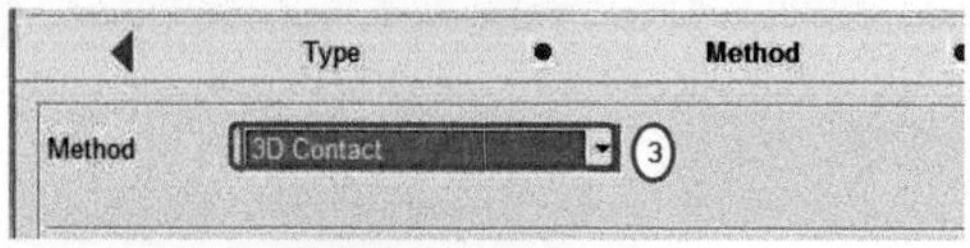
Type
Method
Method
3D Contact
③

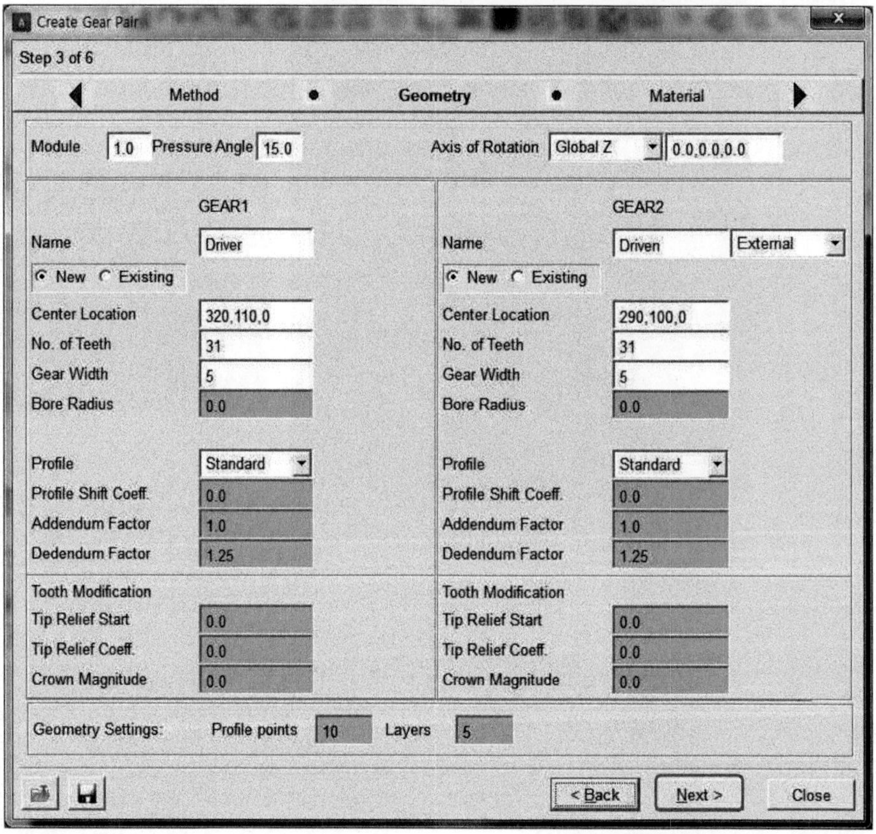
Create Gear Pair
Step 3 of 6
Method
Geometry
Material
Module 1.0
Pressure Angle 15.0
Axis of Rotation Global Z 0.0,0.0,0.0
GEAR1
Name Driver
New Existing
Center Location 320,110,0
No. of Teeth 31
Gear Width 5
Bore Radius 0.0
Profile Standard
Profile Shift Coeff. 0.0
Addendum Factor 1.0
Dedendum Factor 1.25
Tooth Modification
Tip Relief Start 0.0
Tip Relief Coeff. 0.0
Crown Magnitude 0.0
GEAR2
Name Driven External
New Existing
Center Location 290,100,0
No. of Teeth 31
Gear Width 5
Bore Radius 0.0
Profile Standard
Profile Shift Coeff. 0.0
Addendum Factor 1.0
Dedendum Factor 1.25
Tooth Modification
Tip Relief Start 0.0
Tip Relief Coeff. 0.0
Crown Magnitude 0.0
Geometry Settings: Profile points 10 Layers 5
< Back
Next >
Close

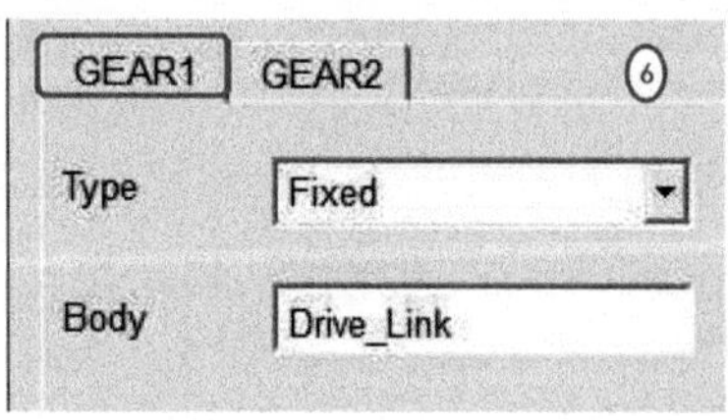
GEAR1
GEAR2
⑥
Type Fixed
Body Drive_Link

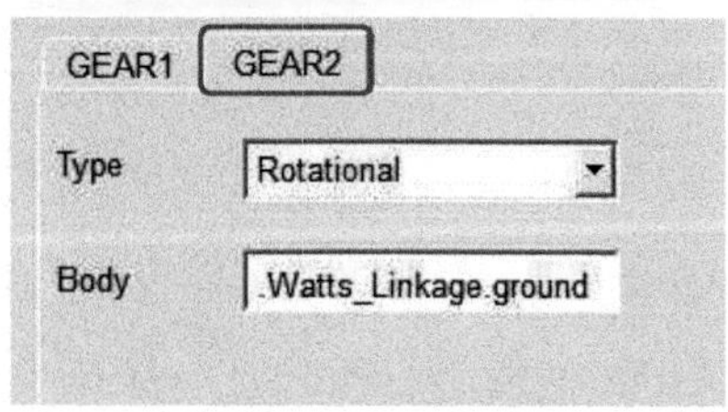
GEAR1
GEAR2
Type Rotational
Body .Watts_Linkage.ground

step 11 파트들 색깔 지정하기

① Model Tree의 Bodies에서 Wheel 옆에 플러스 아이콘을 클릭한다.

② SOLID1을 우클릭한 후 Appearance를 클릭한다.

③ Color에서 Aquamarine를 입력하고 OK를 클릭한다.

④ 위에 과정을 반복하여 아래 표처럼 각 파트들의 색깔을 지정한다.

Part Name	Color Name
Wheel	Aquamarine
Drive_Link	Maize
Ground_Support1	Gray
Ground_Support2	Gray
Middle_Link	Red
Piston_Link	Yellow
Upper_Link	Cyan
Lower_Link	Green
Piston	Red
Cylinder	Blue
Driven_1	Aquamarine
Driver_1	Maize

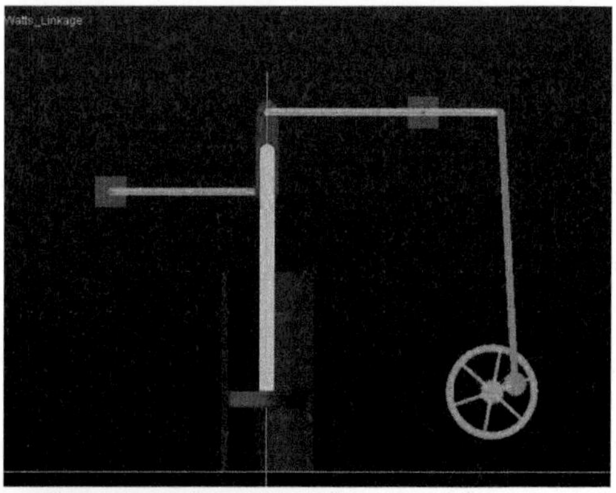

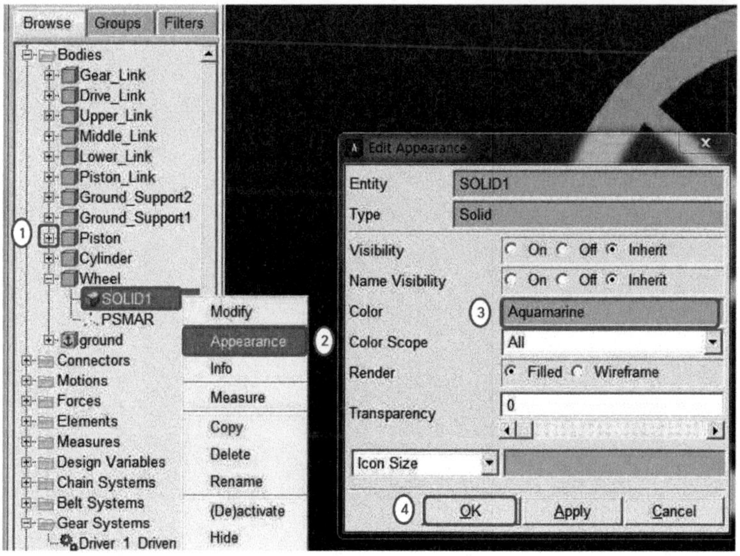

step 12 Revolute Joint들을 사용하여 파트들 연결하기

① Main Toolbox의 Connectors에서 Create a revolute joint를 클릭한다.

② Lower_Link와 ground를 차례대로 클릭하고 ground.O2를 클릭하여 Joint를 만든다.

③ 위에 과정을 반복하여 아래 표처럼 총 9개의 Revolute joint를 만든다.

1st Body	2nd Body	Joint Location
Lower_Link	ground	O2
Middle_Link	Lower_Link	A
Middle_Link	Piston_Link	P
Middle_Link	Upper_Link	B
Piston_Link	Piston	D
Upper_Link	Ground_Support2	O4
Drive_Link	Upper_Link	C
Gear_Link	ground	O8
Gear_Link	Driver_1	E

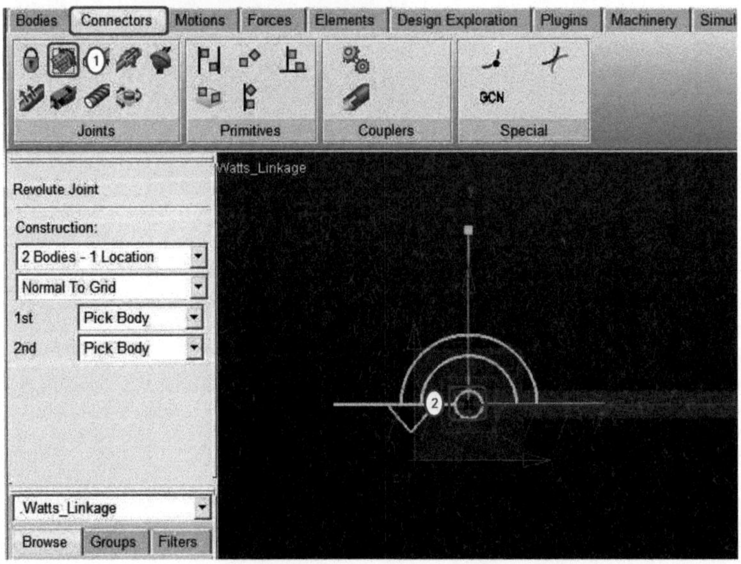

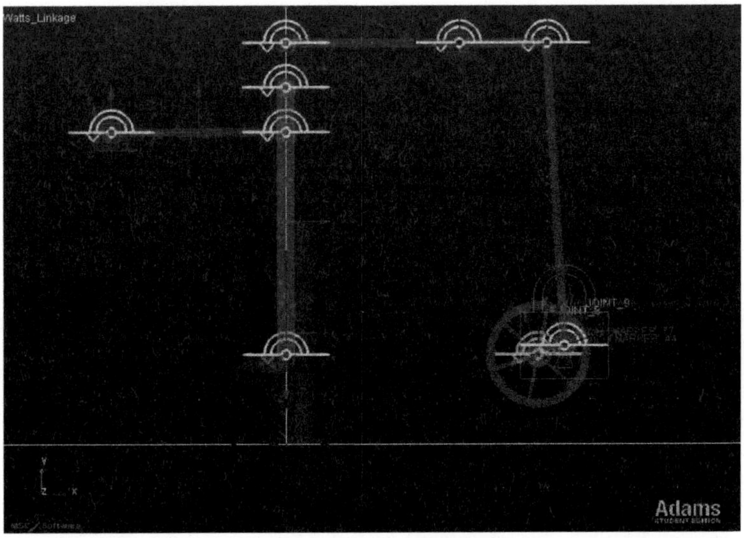

step 13 Ground_Support1을 ground에 고정시키기

① Main Toolbox의 Connectors에서 Create a fixed joint를 클릭한다.

② Ground_Support1과 ground를 차례대로 클릭한 후에 Ground_Supprot1.cm을 클릭하여Fixed Joint를 만든다.

③ 위에 과정을 반복하여 Ground_Support2와 Cylinder는 각각 모두 ground에 고정시키고, Wheel은 Driven_1에 고정시킨다. Joint의 위치는 각 파트의 무게 중심점으로 한다.

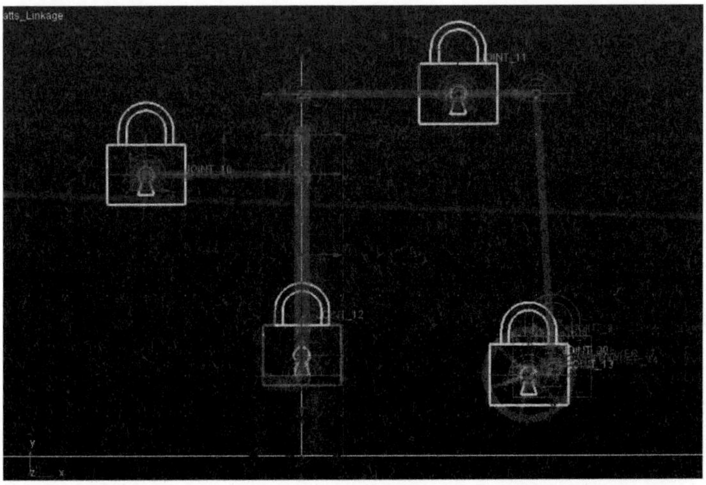

step 14 Translational Joint 만들기

① Main Toolbox의 Connectors에서 Create a Translational joint를 클릭한다.

② Piston과 Cylinder를 차례대로 클릭하고 Piston의 무게 중심점인 Piston.cm을 클릭한다.

③ 그리고 방향을 설정해 주기 위해서 Piston.cm.X를 선택한다. (y축과 평행하도록 만들기만 하면 된다.)

④ Model Tree의 Connectors에서 방금 만들었던 Translation Joint를 더블 클릭하고 Initial Conditions를 클릭한다.

⑤ Trans.Displ을 체크를 한 후 86을 입력하고 OK를 클릭한다.

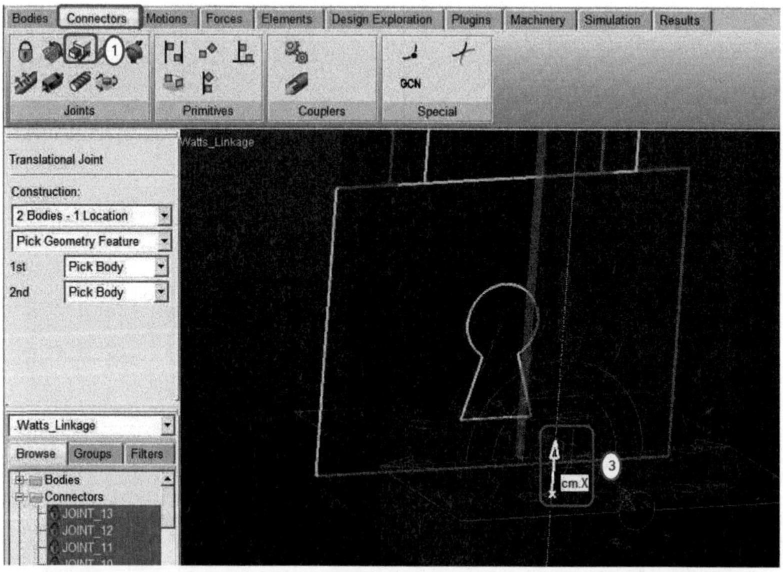

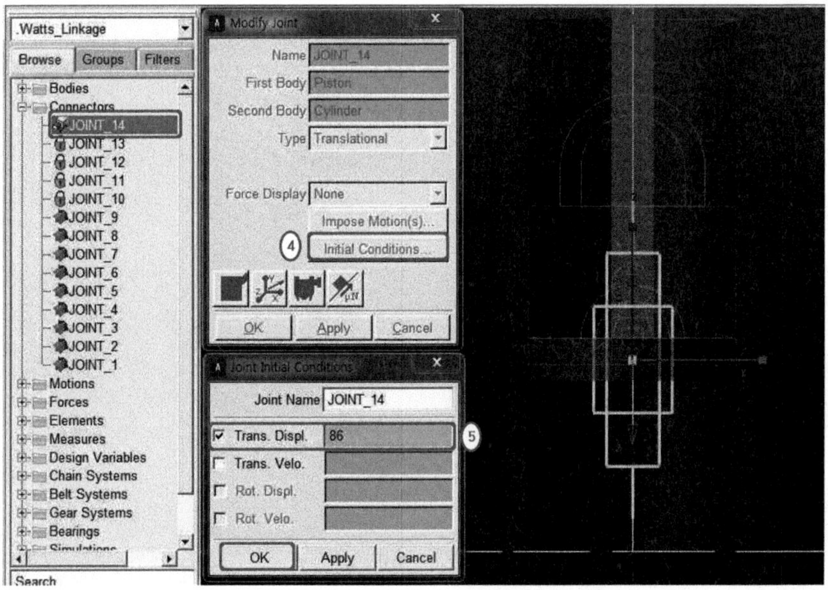

step 15 모든 구속 조건들 확인하기

	Joint Type	1st body & 2nd body	Joint Location
1	Fixed Joint	Ground_Support1 & ground	O2
2	Fixed Joint	Ground_Support2 & ground	O4
3	Fixed Joint	Cylinder & ground	Cylinder.cm
4	Fixed Joint	Wheel & Driven_1	O8
5	Revolute Joint	Lower_Link & ground	O2
6	Revolute Joint	Lower_Link & Middle_Link	A
7	Revolute Joint	Piston_Link & Middle_Link	P
8	Revolute Joint	Upper_Link & Middle_Link	B
9	Revolute Joint	Upper_Link & Drive_Link	C
10	Revolute Joint	Upper_Link & Ground_support2	O4
11	Revolute Joint	Piston_Link & Piston	D
12	Revolute Joint	Gear_Link & ground	O8
13	Revolute Joint	Gear_Link & Driver_1	E
14	Translational Joint	Piston & Cylinder 초기 위치 Trans.Displ. 86	수직 방향 (Global Y축과 평행)

step 16 Force 만들기

① Main Toolbox의 Forces에서 Create a Force를 클릭한다.

② 기본 설정에서 Piston을 한번 클릭 한 후에 ground.D를 클릭한다.

③ 힘의 방향이 y 축 방향과 평행하도록 마우스 커서를 위쪽으로 옮겨 클릭한다.

④ Model Tree의 Forces에서 SFORCE_1을 더블 클릭한 후 Function에120*(STEP(−time,0.25, 0.0, 0.26, 1) + STEP(time,0.27, 0.0, 0.28, −1) +STEP(time, 0.55, 0.0, 0.56, 1)+ STEP(time, 0.57, 0.0, 0.58, −1) +STEP(time, 0.81,0.0, 0.82, 1) + STEP(time, 0.83, 0.0, 0.84, −1))을 입력한다.

⑤ OK를 클릭한다.

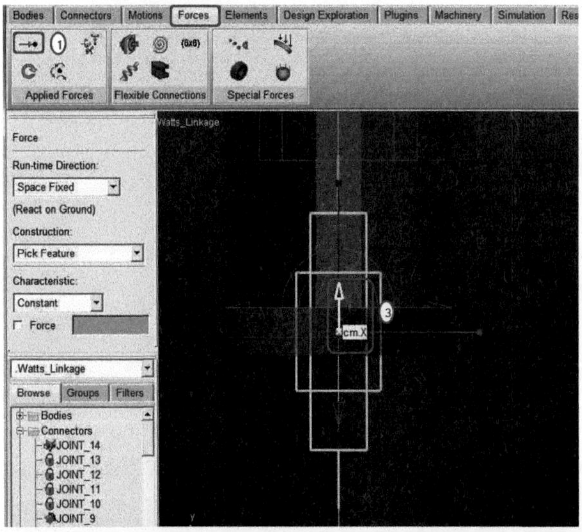

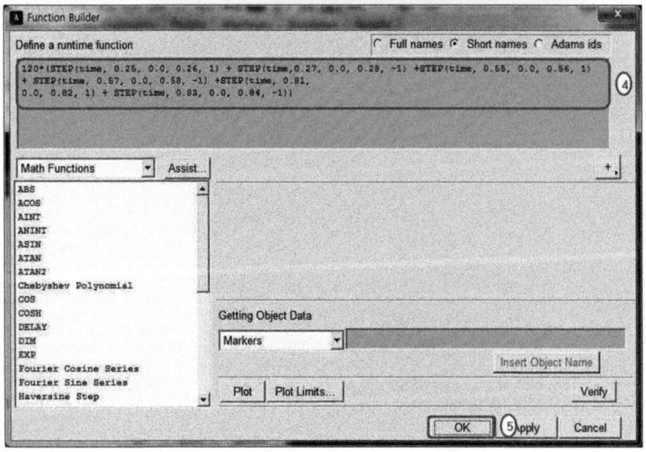

step 17 모델 시뮬레이션 하기

① Simulation Control에서 End Time을 1 초, Step Size로 선택한 후에 0.01을 입력하고 시뮬레이션을 시작한다.

② 시뮬레이션이 끝난 후에 Plotting 아이콘을 클릭하거나 F8키를 눌러서 Adams/PostProcessor 창을 연다.

③ Y 방향 성분에 대한 그래프를 보기 위해서 Source에서 Objects를 선택, Filter에서 Body를 선택, Object에서 Piston을 선택한다.

④ Characteristic에서 CM_Velocity을 선택하고 Add Curves를 클릭한다. 그리고 CM_Position을 선택하고 다시 Add Curves를 클릭하여 그래프를 추가한다.

⑤ 이번에는 Filter에서 Force를 선택하고 SFORCE_1의 Element_Force에 Y를 선택하고 Add Curves를 클릭한다.

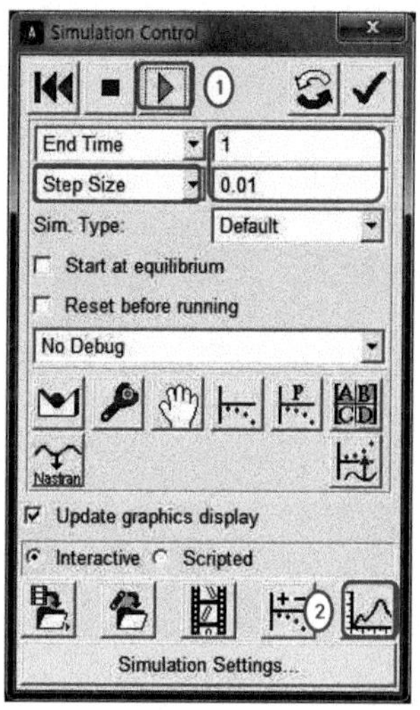

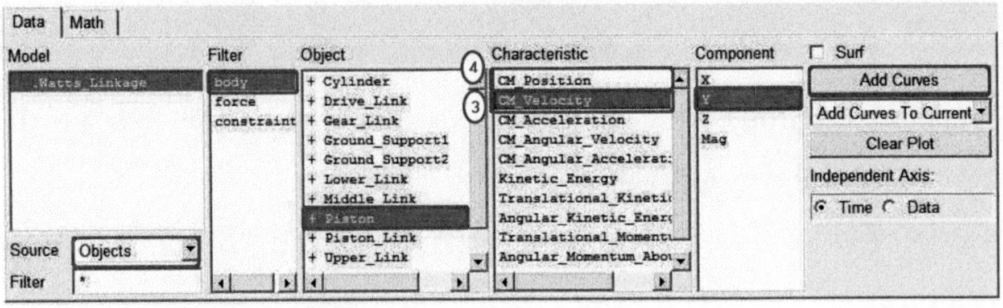
Data
Math
Model
Filter
Object
Characteristic
Component
Surf
.Watts_Linkage
body
force
constraint
+ Cylinder
+ Drive_Link
+ Gear_Link
+ Ground_Support1
+ Ground_Support2
+ Lower_Link
+ Middle_Link
+ Piston
+ Piston_Link
+ Upper_Link
CM_Position
CM_Velocity
CM_Acceleration
CM_Angular_Velocity
Kinetic_Energy
X
Y
Z
Mag
Add Curves
Add Curves To Current
Clear Plot
Independent Axis:
Time
Data
Source
Objects
Filter
④
③

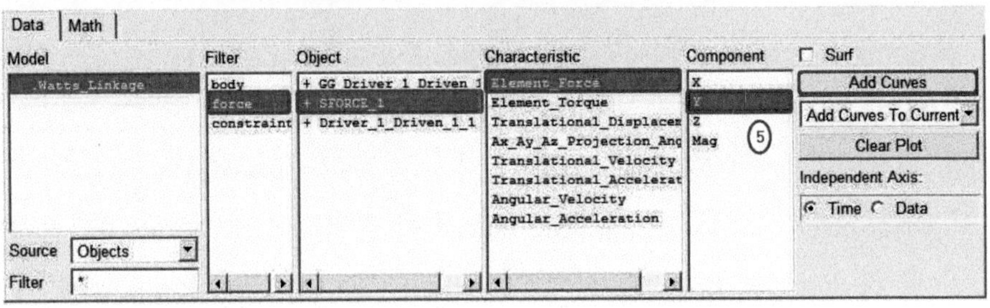
Data
Math
Model
Filter
Object
Characteristic
Component
Surf
.Watts_Linkage
body
force
constraint
+ SFORCE_1
Element_Force
Element_Torque
Angular_Velocity
Angular_Acceleration
X
Y
Z
Mag
⑤
Add Curves
Add Curves To Current
Clear Plot
Independent Axis:
Time
Data
Source
Objects
Filter

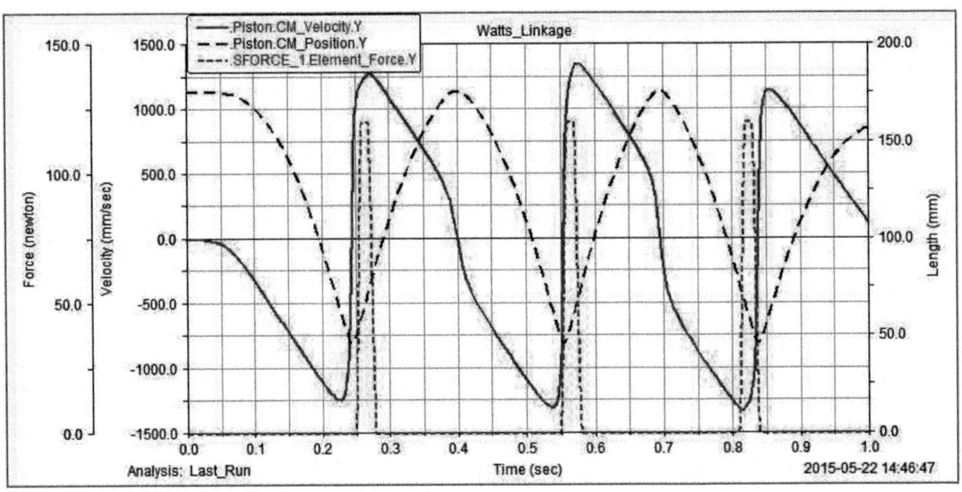
.Piston.CM_Velocity.Y
.Piston.CM_Position.Y
.SFORCE_1.Element_Force.Y
Watts_Linkage
Force (newton)
Velocity (mm/sec)
Length (mm)
Time (sec)
Analysis: Last_Run
2015-05-22 14:46:47

Example 25. Open Differential

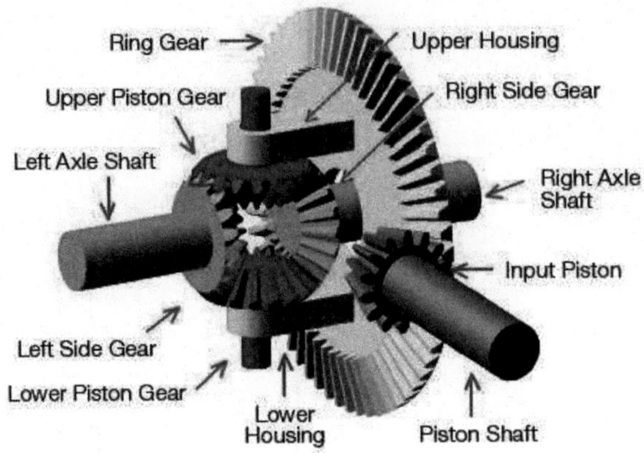

Workshop Objectives

Adams/View에서

- 차량이 직선으로 움직이고 턴을 할 때 Open differential를 시뮬레이션 한다.
- 기존에 있는 기어와 없는 기어 사이에서의 기어 쌍을 만든다.
- Revolute Joint에 Motion을 준다.
- Boolean 함수를 배운다.

Adams/Postprocessor에서

- Pinion shaft와 axle shaft들 사이에서의 토크 분배를 계산한다.

Software Version

Adams 2013.2

- Adams/Machinery Plugin with gear module 이 필요함.

문제 설명

- 모델은 어떻게 Differential이 작동하는지를 나타낸다.

- 왼쪽과 오른쪽 기어들은 바로 옆 기어에 맞게 잇 수를 가지고 있다. 그리고 axel shaft들이 직접적으로 각각의 왼쪽, 오른쪽 기어들 끝에 붙어 있다.
- 왼쪽, 오른쪽의 Axle shaft들은 끝에서 베어링에 의해서 자유롭게 회전할 수 있다.
- 트랜스미션에서부터 전달된 동력이 Input Pinion으로 전달되고 그 Input Pinion은 Ring Gear와 붙어 있는 채로 동력을 Ring Gear에 전달한다.
- Pinion shaft가 회전하면 Ring Gear와 Housing들도 회전을 한다.

step 1 Adams/View 시작하고 Database 만들기

① Adams/View를 시작하고 New Model을 클릭한다.

② Model Name에 Open_Differential을 입력하고 Working Directory는 자신이 저장할 폴더로 지정한다.

③ OK를 클릭한다.

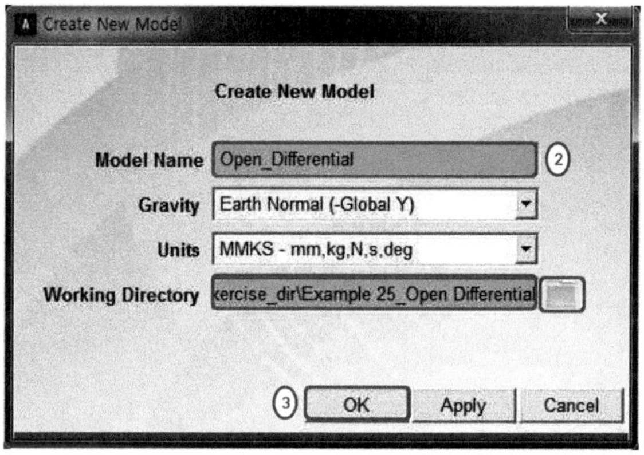

step 2 작업 환경 조정하기

① Main 메뉴의 Settings에서 Working Grid를 클릭한다.

② Size에서 X, Y 모두 150mm를 입력하고 Spacing에서도 X, Y 모두 5mm를 입력한다.

③ OK를 클릭한다.

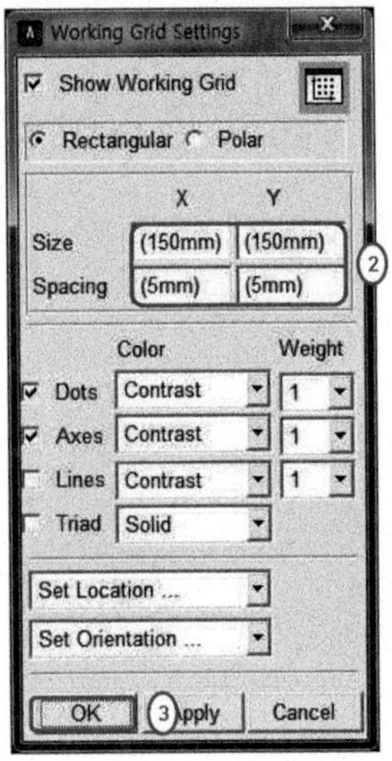

step 3 설계 점들 만들기

① Main Toolbox의 Bodies에서 Construction Geometry : Point를 클릭한다.

② Add to Ground와 Don't Attach를 선택한다.

③ 스크린에서 우클릭하여 Location Event 창을 사용해서 −45,0,0 에 설계 점을 놓는다. (위치는 어디든 클릭해도 좋다. 나중에 좌표 값을 수정할 수 있다.)

④ 만들어진 점을 A로 이름을 바꾸어 준다.

⑤ Model Tree의 Bodies에서 A를 더블 클릭하여 좌표 값을 X=−45, Y=0, Z=0 로 바꾸어 준다.

⑥ 위의 작업을 반복하여 밑에 표처럼 총 8개의 설계 점들을 지정한 좌표에 만들어 준다.

	X location	Y location	Z location
A	−45	0	0
B	45	0	0
C	0	43	0
D	0	−43	0
E	40	0	137
F	0	50	0
G	0	−50	0
H	40	0	200

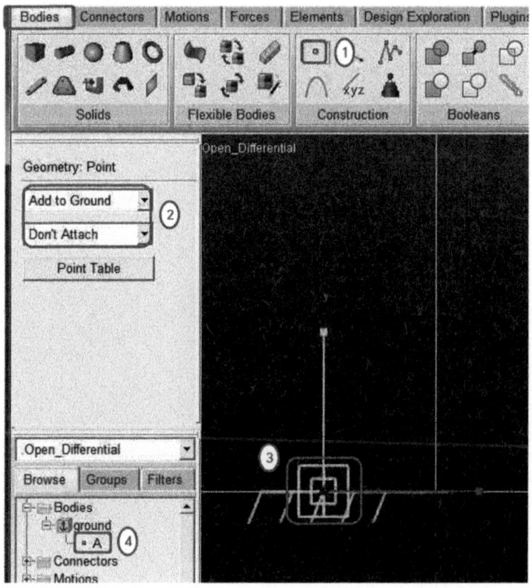

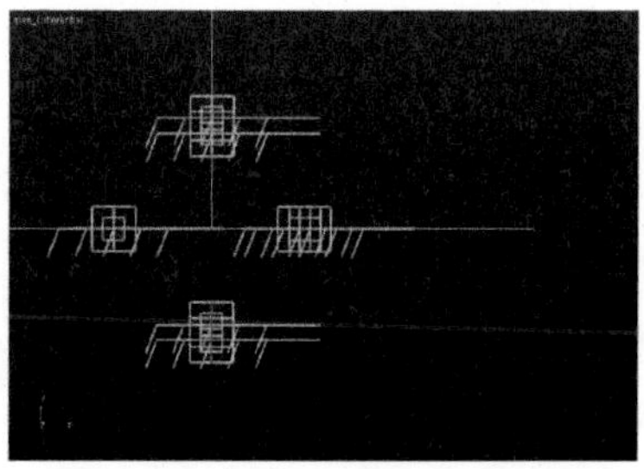

step 4 5개의 기어 쌍 만들기

① Main Toolbox의 Machinery에서 Create gear pair를 클릭한다.

② Gear Type에서 Bevel을 선택하고 Next를 클릭한다.

③ Method에서 3D Contact을 선택하고 Next를 클릭한다.

④ Geometry에서 아래 그림을 참고하여 파라미터 값들을 입력해 준다.

⑤ Material에서는 모두 기본 값으로 함으로 바로 Next를 클릭한다.

⑥ Connection에서는 모두 Type을 None으로 설정한다. 단, Ring_Gear_1만 Type을 Rotational Joint로 선택 Body를 ground로 설정하고 Finish를 클릭한다.

⑦ 아래 그림을 참고하여 총 5개의 기어 쌍을 만들어 준다.

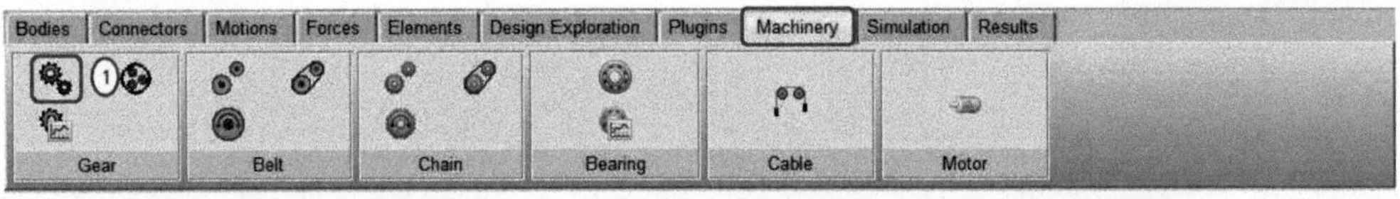

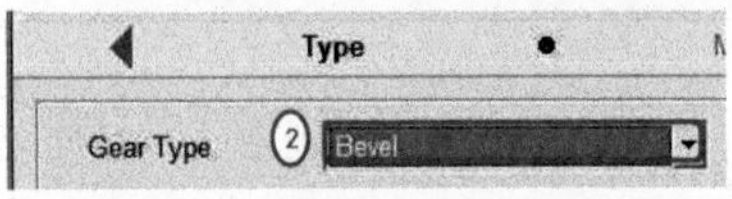

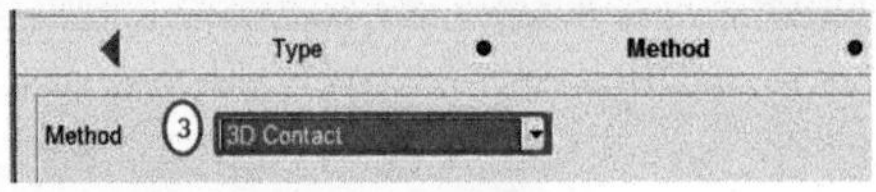

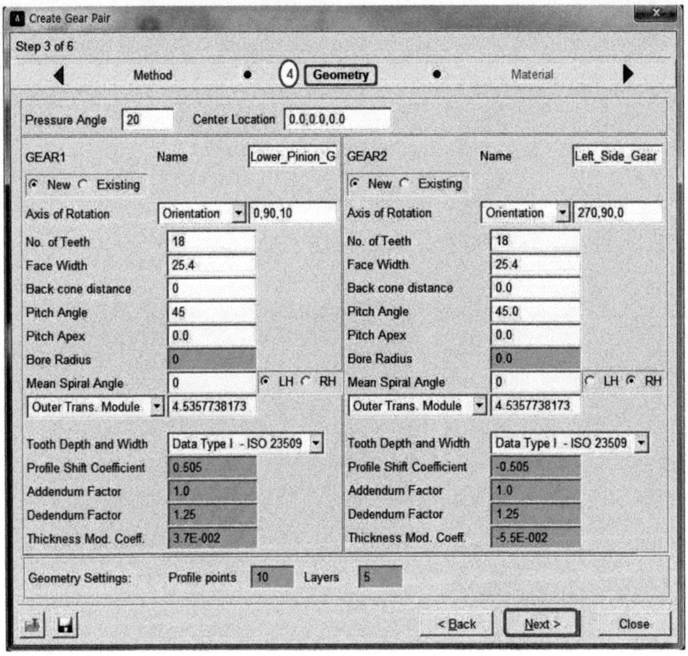

(Lower_Pinion_Gear & Left_Side_Gear)

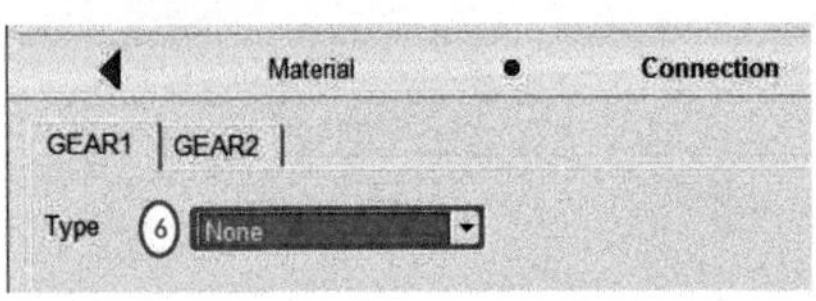

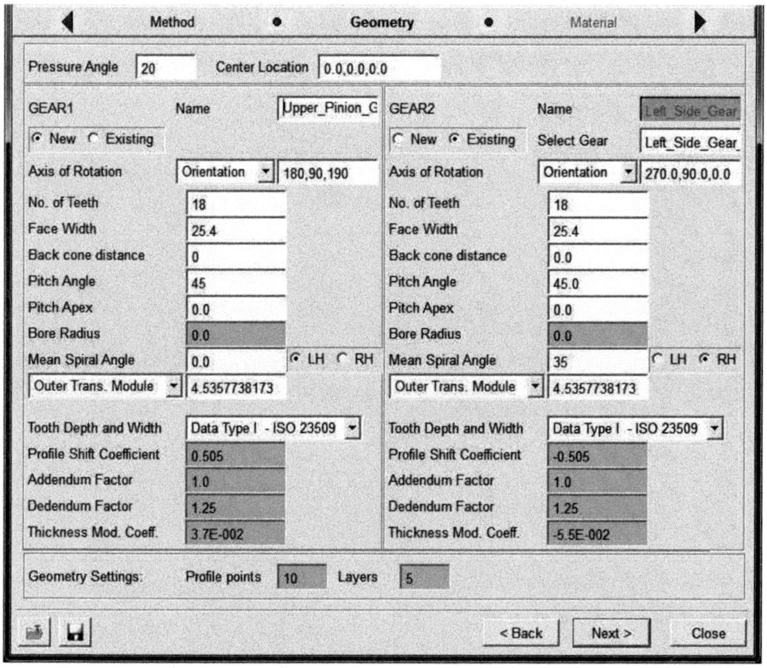

(Upper_Pinion_Gear & Left_Side_Gear)

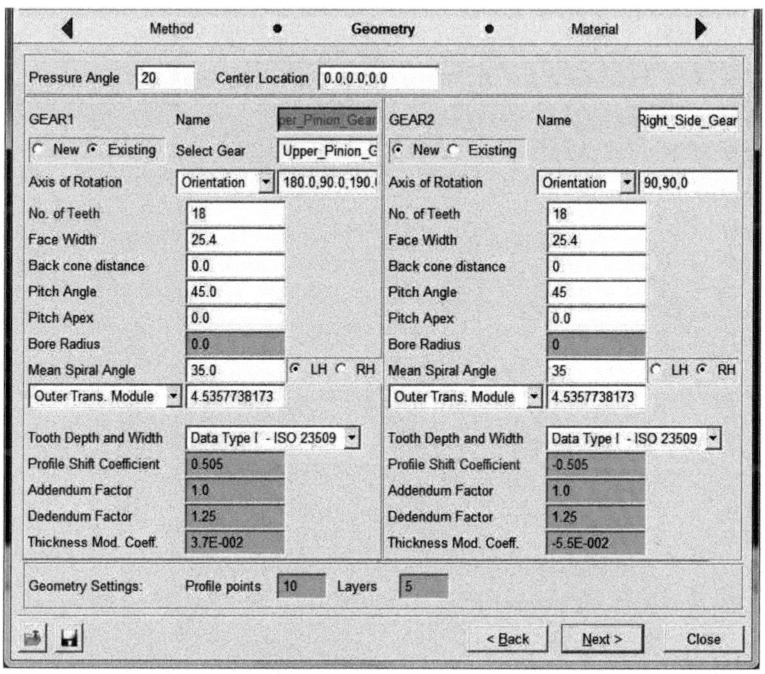

(Upper_Pinion_Gear & Right_Side_Gear)

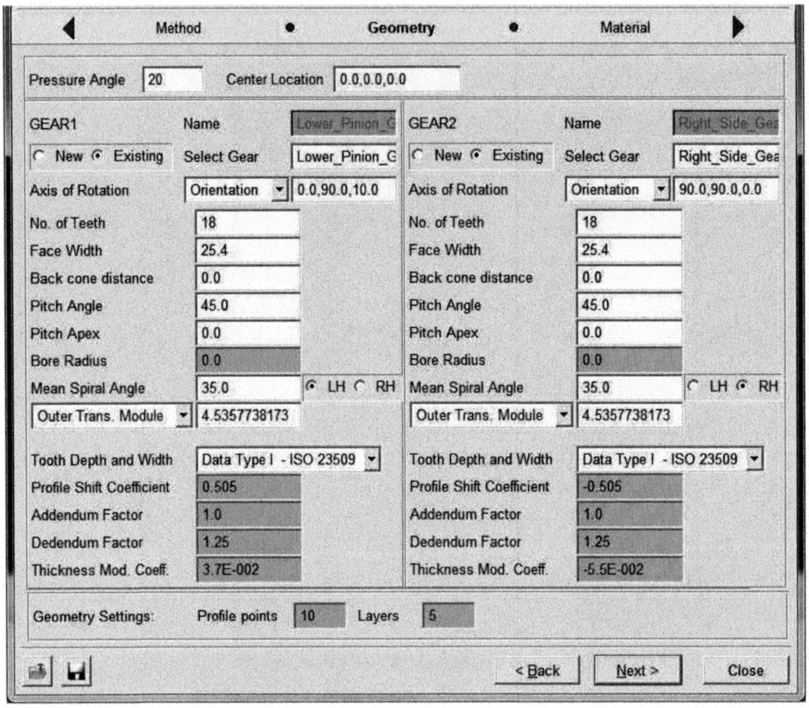

(Lower_Pinion_Gear & Right_Side_Gear)

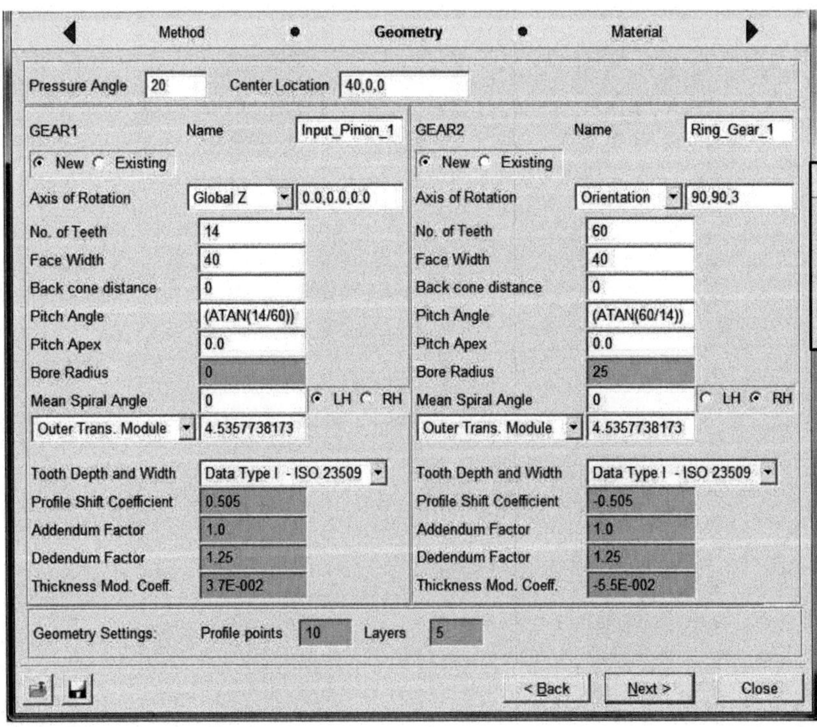

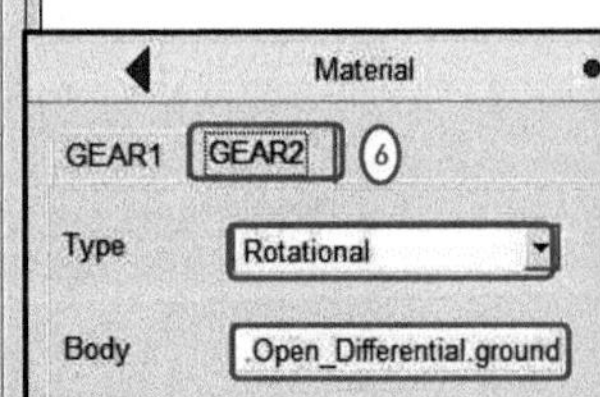

(Input_Pinion_1 & Ring_Gear_1)

step 5 Axle Shaft들 만들기

① Main Toolbox의 Bodies에서 Rigid Body: Cylinder를 클릭한다.

② Add to Part를 선택하고 Length(100mm), Radius(20mm) 모두 체크를 한 후, 치수를 입력한다.

③ Left_Side_Gear를 한번 클릭하고 설계 점 A를 클릭, 그리고 마우스 커서를 왼쪽으로 옮겨 클릭하여 아래 그림처럼 만들어 준다.

④ 위에 과정을 반복하여 Right_Side_Gear에도 Cylinder를 추가하여 만들어 주는데 이 때 설계 점은 B로 한다.

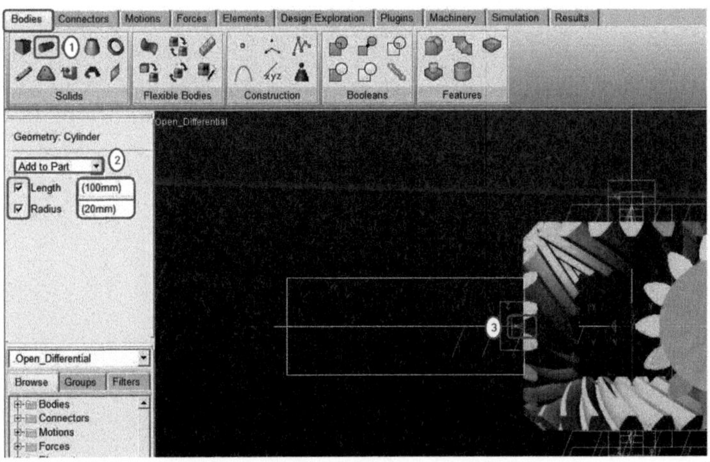

step 6 Pinion Gear에 축 만들기

① Main Toolbox의 Bodies에서 Rigid Body : Cylinder를 클릭한다.

② Add to Part를 선택하고 Length(50mm), Radius(10mm) 모두 체크를 한 후, 치수를 입력한다.

③ Upper_Pinion_Gear를 한번 클릭하고 설계 점 C를 클릭, 그리고 마우스 커서를 위쪽으로 옮겨 클릭하여 아래 그림처럼 만들어 준다.

④ 위에 과정을 반복하여 Lower_Pinion_Gear에도 Cylinder를 추가하여 만들어 주는데 이 때 설계 점은 D로 한다.

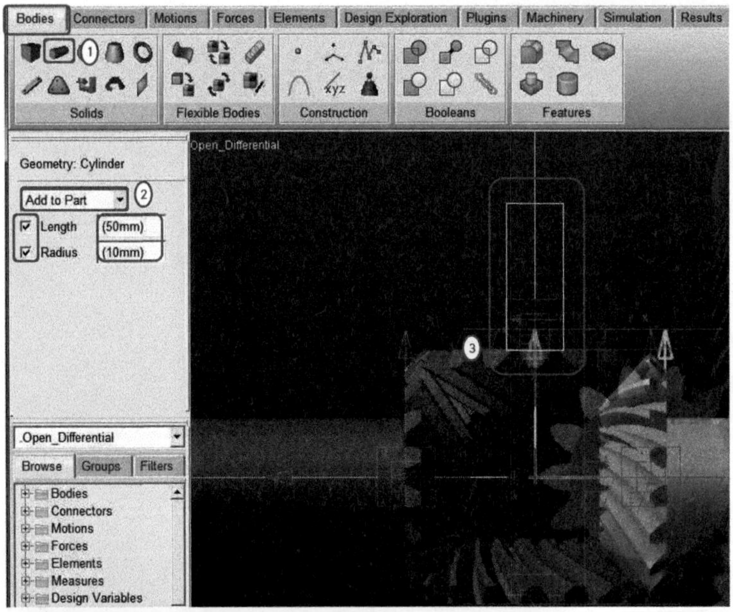

step 7 Housing 만들기

① Main Toolbox의 Bodies에서 Rigid Body : Box를 클릭한다.

② New Part를 선택하고 Length(7cm), Height(2cm), Depth(4cm) 모두 체크를 한 후, 치수를 입력한다.

③ 설계 점 F를 클릭하여 Box를 만들고 이름을 Upper_Housing로 바꾼다.

④ 위에 메뉴에서 Position : Reposition objects를 우클릭한 후, Position : Move를 클릭한다.

⑤ Selected를 체크한 뒤 Vector로 선택하고 Distance에 20mm를 입력한다.

⑥ Upper_Housing을 선택한 후 스크린 안쪽으로 들어가는 방향 즉 −Z 방향과 평행한 아무 벡터를 지정하여 클릭한다.

⑦ 다시 Bodies에서 Rigid Body : Cylinder를 클릭하고 Add to Part를 선택하고 Length(20mm), Radius(20mm)를 모두 체크한 후, 치수를 입력한다.

⑧ Upper_Housing을 한번 클릭하고 설계 점 F를 클릭한 뒤 마우스 커서를 위로 옮겨 클릭한다.

⑨ Bodies에서 Booleans : Unite two solids 을 클릭하고 Upper_Housing.BOX와 Upper_Housing.Cylinder를 차례대로 클릭하여 하나의 파트로 만들어 준다.

⑩ 다시 Bodies에서 Rigid Body : Cylinder를 클릭하고 Add to Part를 선택하고 Length(20mm), Radius(10mm)를 모두 체크한 후, 치수를 입력한다.

⑪ 이번에 Upper_Housing을 클릭하고 설계 점 C를 클릭한 후 마우스 커서를 위로 옮겨 클릭한다.

⑫ 이번에는 Bodies에서 Booleans : Cut out a solid with another 을 클릭하고 Upper_Housing.CSG37과 Upper_Housing.Cylinder을 차례대로 클릭하여 Housing에서 Cylinder와 겹친 부분을 제거해 준다.

⑬ 완성된 Housing을 복사해주기 위해서 Position : Move 를 클릭하고 Selected와 Copy를 모두 체크한 후에 Vector를 선택하고 Distance에 120mm를 입력한다.

⑭ Upper_Housing을 선택하고 −Y축 방향과 평행하도록 아무 벡터를 지정하여 클릭해준다.

⑮ 복사된 파트의 이름을 Lower_Housing으로 바꾸어 준다.

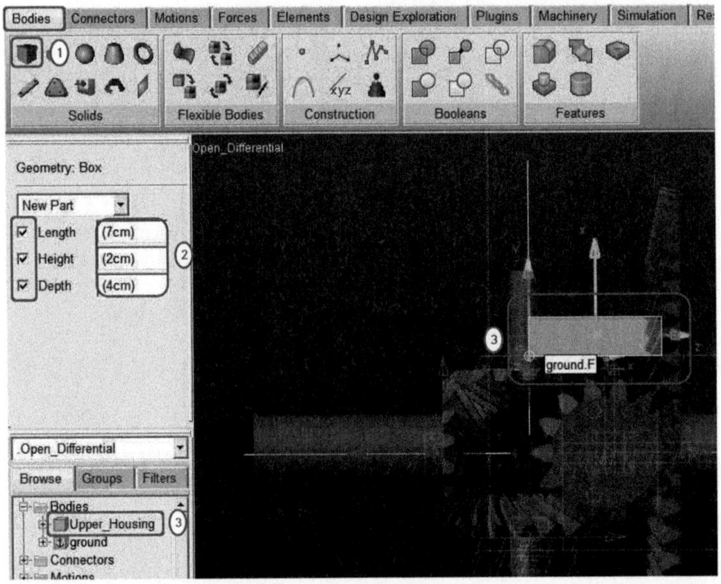

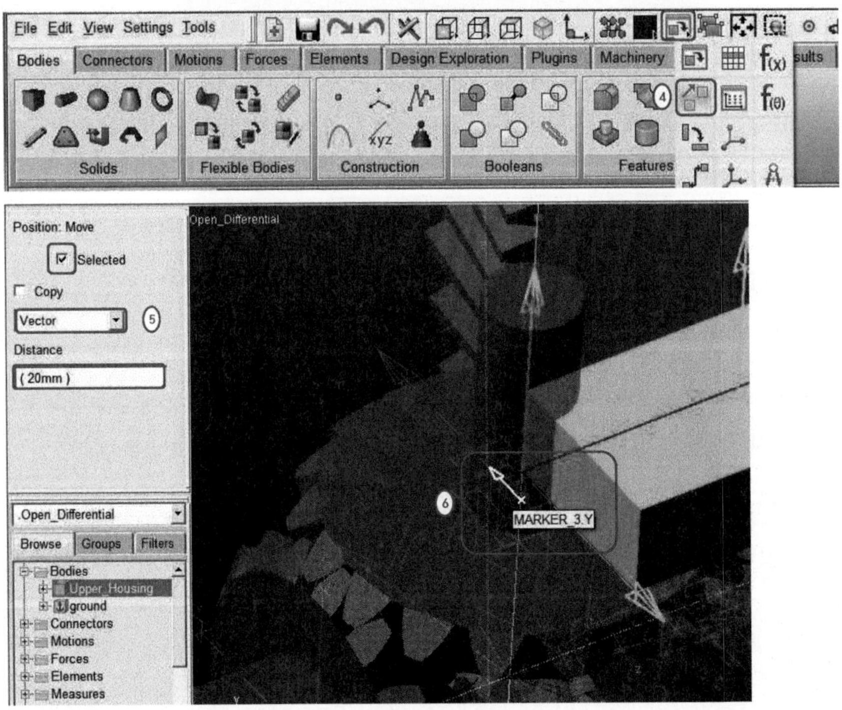

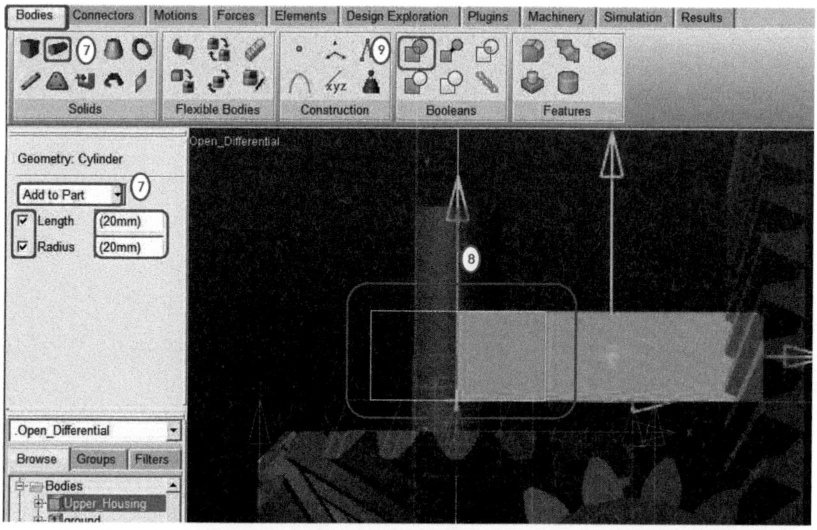
Bodies
Connectors
Motions
Forces
Elements
Design Exploration
Plugins
Machinery
Simulation
Results
7
9
Solids
Flexible Bodies
Construction
Booleans
Features
Open_Differential
Geometry: Cylinder
Add to Part
7
Length
(20mm)
Radius
(20mm)
8
Open_Differential
Browse
Groups
Filters
Bodies
Upper_Housing

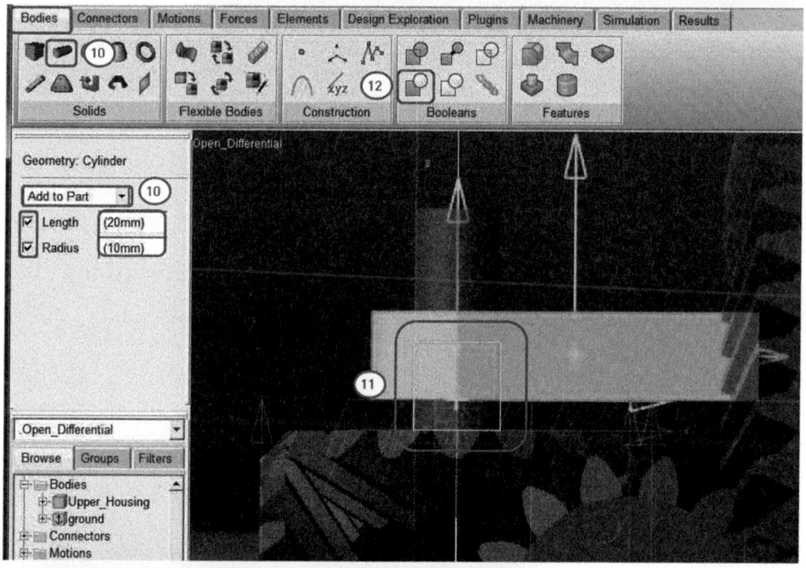
Bodies
Connectors
Motions
Forces
Elements
Design Exploration
Plugins
Machinery
Simulation
Results
10
12
Solids
Flexible Bodies
Construction
Booleans
Features
Open_Differential
Geometry: Cylinder
Add to Part
10
Length
(20mm)
Radius
(10mm)
11
Open_Differential
Browse
Groups
Filters
Bodies
Upper_Housing
ground
Connectors
Motions

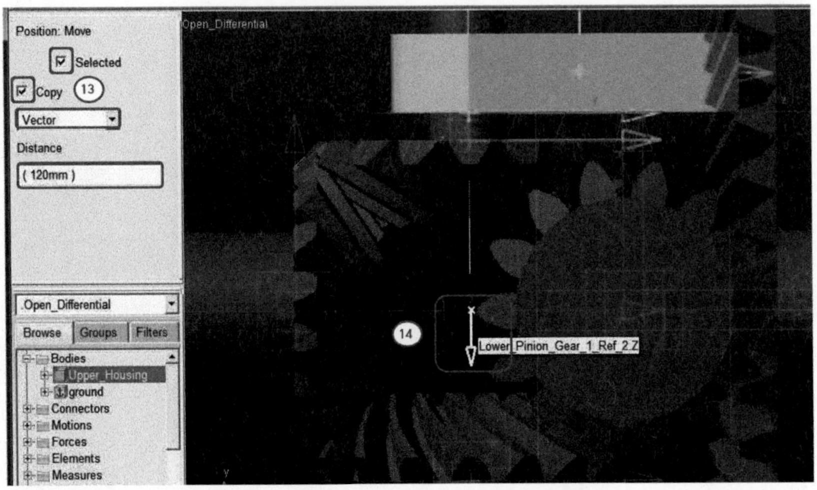

step 8 Pinion 축 만들기

① Main 메뉴에서 Settings에서 Working Grid를 클릭한다.

② Set Orientation에서 Global YZ를 선택하고 OK를 클릭한다.

③ Main Toolbox의 Bodies에서 Rigid Body : Cylinder를 클릭한다.

④ Add to Part를 선택하고 Length는 체크하지 말고, Radius(10mm)만 체크를 하고 치수를 입력한다.

⑤ Input_Pinion_Gear_1을 클릭하고 설계 점 E와 H를 차례대로 클릭하여 축을 만들어 준다.

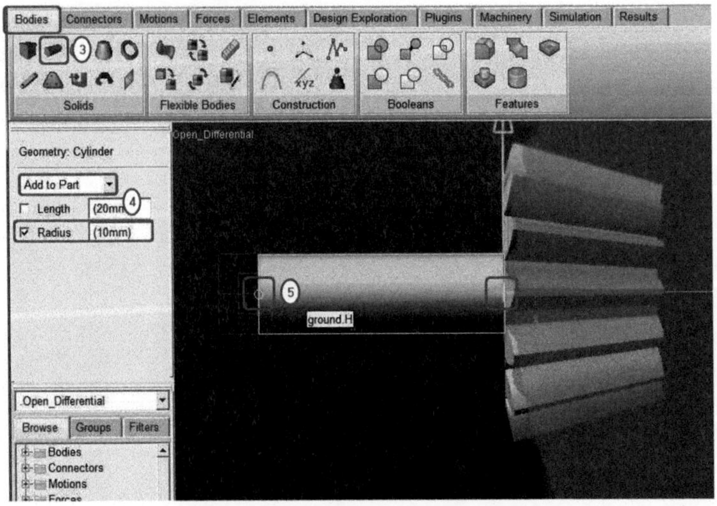

step 9 파트들 색깔 지정하기

① Model Tree의 Bodies에서 Lower_Housing 옆에 플러스 아이콘을 클릭한다.

② CSG_54을 우클릭한 후 Appearance를 클릭한다.

③ Color에서 Yellow을 입력하고 OK를 클릭한다.

④ 위에 과정을 반복하여 아래 표처럼 각 파트들의 색깔을 지정한다.

Part Name	Color Name
Right_Side_Gear	Aquamarine
Upper_Pinion_Gear	Red
Lower_Pinion_Gear	
Input_Pinion	Gray
Ring_Gear	Yellow
Upper_Housing	
Lower_Housing	

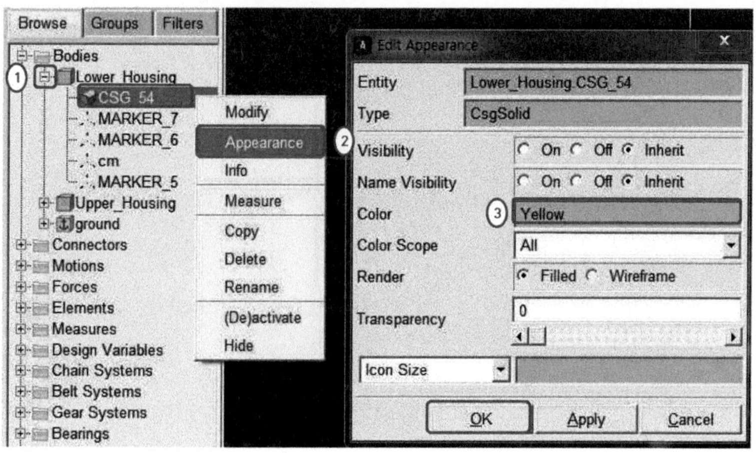

step 10 Revolute Joint들 만들기

① Main Toolbox의 Connectors에서 Create a revolute joint를 클릭한다.

② Left_Side_Gear와 ground를 차례대로 클릭하고 Left_Side_Gear.cm을 클릭하여 Joint를 만들어준다.

③ 위에 과정을 반복하여 Right_Side_Gear와 ground 사이도 Revolute joint를 Right_Side_Gear.cm 에 만들어 준다.

④ 이번에는 Settings의 Working Grid에서 Set Orientation을 Global XZ로 바꾸어 준다.

⑤ 다시 Connectors에서 Create a revolute joint 클릭하고 Upper_Housing 과 Upper_Pinion_Gear를 차례대로 클릭한 후, 설계 점 F에 Joint를 만들어 준다.

⑥ 같은 방법으로 이번에는 Lower_Housing과 Lower_Pinion_Gear 사이에 Revolute Joint를 설계 점 G 에 만들어 준다.

⑦ 이번에 다시 Settings의 Working Grid에서 Set Orientation을 Global XY로 바꾼다.

⑧ Connectors에서 Create a revolute joint 클릭하고 Input_Pinion_Gear과 ground를 차례대로 클릭한 후 설계 점 H에 Joint를 만들어 준다.

1st Body	2nd Body	Joint Location	Working Plane
Left_Side_Gear	ground	Left_Side_Gear.cm	YZ
Right_Side_Gear	ground	Right_Side_Gear.cm	YZ
Upper_Housing	Upper_Pinion_Gear	ground.F	XZ
Lower_Housing	Lower_Pinion_Gear	ground.G	XZ
Input_Pinion_Gear	ground	ground.H	XY

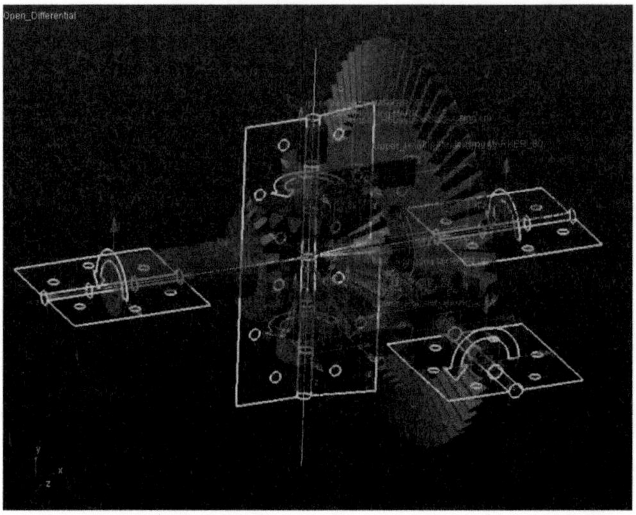

step 11 Fixed Joint들 만들기

① Main Toolbox의 Connectors에서 Create a fixed joint를 클릭한다.

② Upper_Housing과 Ring_Gear를 차례대로 클릭하고 Upper_Housing.cm을 클릭하여 Joint를 만들어 준다.

③ 위에 과정을 반복하여 Lower_Housing와 Ring_Gear 사이에 Fixed Joint을 Lower_Housing.cm에 만들어 준다.

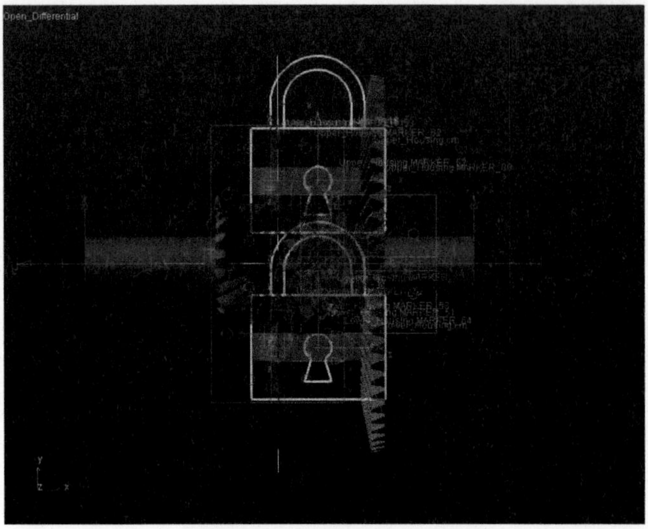

step 12 Revolution Joint에 Motion 만들기

① Main Toolbox의 Motions에서 Rotational Joint Motion을 클릭한다.

② Right_Side_Gear와 ground 사이에 만들어진 Revolute joint를 클릭하여 Motion을 만들어 준다.

③ 만들어준 Motion의 이름을 Motion_Right로 바꾸어 준다.

④ Motion_Right를 더블 클릭하고 Function에 10 + STEP(time, 1, 0, 2, 5.0)을 입력한 후 OK를 클릭한다.

⑤ 위에 과정을 반복하여 Left_Side_Gear와 ground 사이에 만들어진 Revolute joint를 클릭하여 Motion을 만들어 주고 이름을 Motion_Left로 바꾼 후 Function에 10−STEP(time, 1, 0, 2, 5.0)을 입력한다.

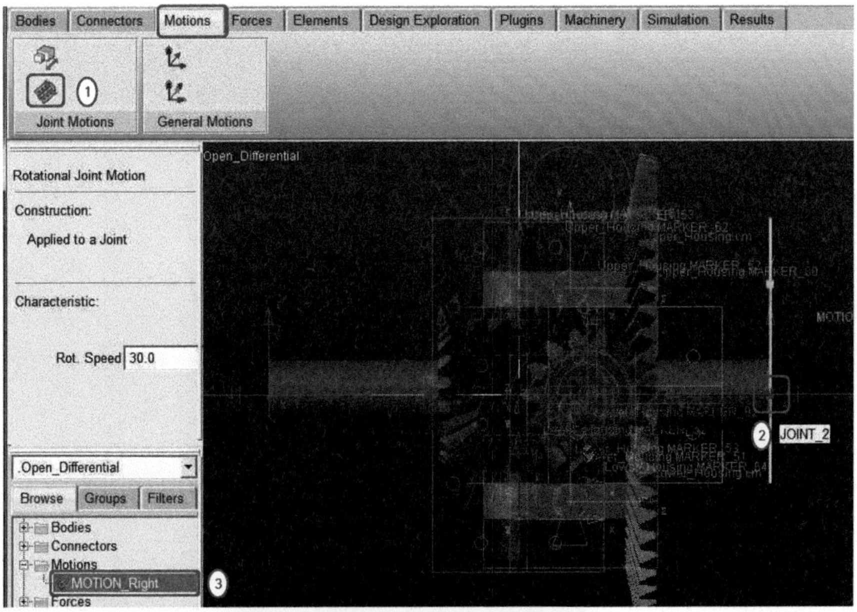
Bodies
Connectors
Motions
Forces
Elements
Design Exploration
Plugins
Machinery
Simulation
Results
1
Joint Motions
General Motions
Rotational Joint Motion
Construction:
Applied to a Joint
Characteristic:
Rot. Speed
30.0
Open_Differential
2
JOINT_2
.Open_Differential
Browse
Groups
Filters
Bodies
Connectors
Motions
MOTION_Right
3
Forces

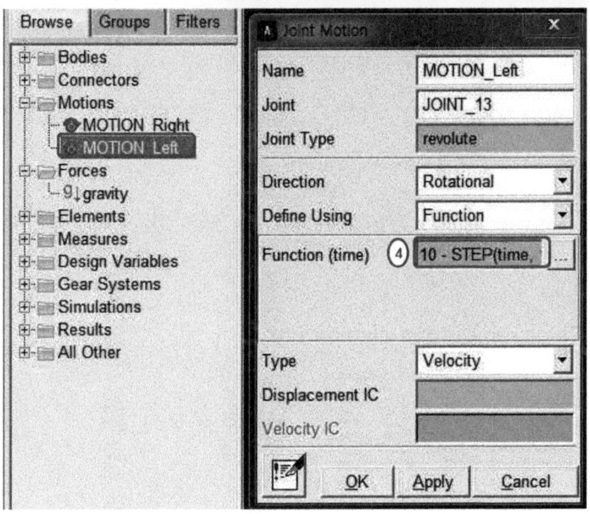
Browse
Groups
Filters
Bodies
Connectors
Motions
MOTION_Right
MOTION_Left
Forces
gravity
Elements
Measures
Design Variables
Gear Systems
Simulations
Results
All Other
Joint Motion
Name
MOTION_Left
Joint
JOINT_13
Joint Type
revolute
Direction
Rotational
Define Using
Function
Function (time)
4
10 - STEP(time,
Type
Velocity
Displacement IC
Velocity IC
OK
Apply
Cancel

step 13 모델 시뮬레이션 하기

① Simulation Control에서 End time을 5 초, Step Size를 선택하고 0.01을 입력하고 시뮬레이션을 돌린다. (시뮬레이션을 돌리는데 몇 분정도가 걸린다.)

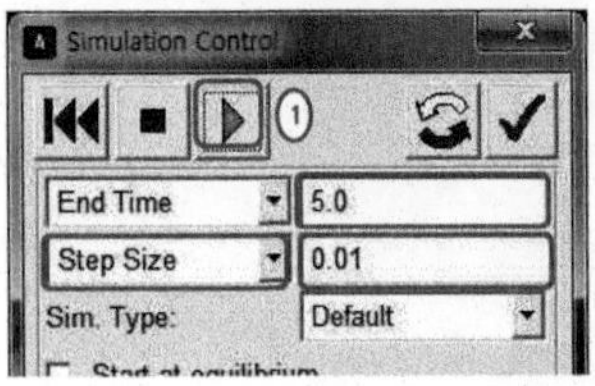

step 14 Adams/PostProcessor 사용하기

① Simulation Control에서 Plotting 아이콘을 클릭하거나 F8 키를 눌러 Adams/Postprocessor 창을 연다.

② Source에서 Objects를 선택, Filter에서 Body를 선택하고 Object에서 Input_Pinion_1의 gear_part를 선택, Characteristic에서 CM_Angular_Velocity를 선택 , Component에서 Mag을 선택하고 Add Curves를 클릭한다.

③ 이와 같은 방식으로 Right_Side_Gear와 Left_Side_Gear의 CM_Angular_Velocity 의 Mag 그래프를 추가한다.

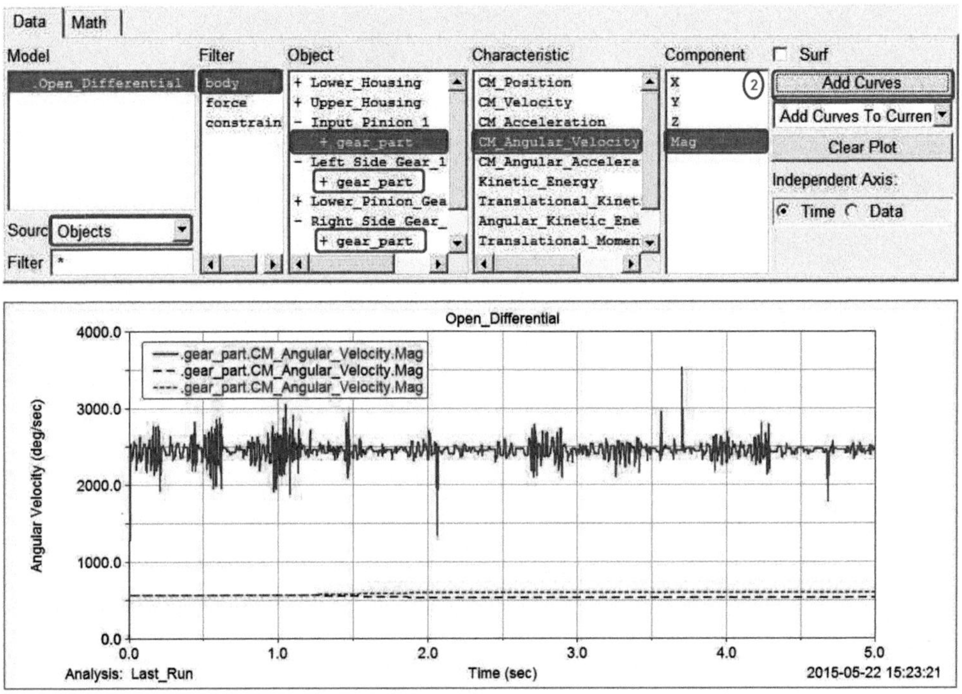
Data
Math
Model
Filter
Object
Characteristic
Component
Surf
.Open_Differential
body
force
constrain
+ Lower_Housing
+ Upper_Housing
- Input_Pinion_1
+ gear_part
- Left_Side_Gear_1
+ gear_part
+ Lower_Pinion_Gea
- Right_Side_Gear_
+ gear_part
CM_Position
CM_Velocity
CM_Acceleration
CM_Angular_Velocity
CM_Angular_Accelera
Kinetic_Energy
Translational_Kinet
Angular_Kinetic_Ene
Translational_Momen
X
Y
Z
Mag
2
Add Curves
Add Curves To Curren
Clear Plot
Independent Axis:
Time
Data
Sourc Objects
Filter *
Open_Differential
.gear_part.CM_Angular_Velocity.Mag
.gear_part.CM_Angular_Velocity.Mag
.gear_part.CM_Angular_Velocity.Mag
Angular Velocity (deg/sec)
4000.0
3000.0
2000.0
1000.0
0.0
0.0
1.0
2.0
3.0
4.0
5.0
Analysis: Last_Run
Time (sec)
2015-05-22 15:23:21

Example 26. Planetary Gear Sets Modification

Workshop Objectives

- 현재 Planetary 모델을 수정하고 Post-Processor에서 결과를 비교한다.
- Wizard 인터페이스에 대해 익숙해지기.

Software Version Adams 2013.2

필요한 파일들

- Planetary_start.cmd

step 1 Adams/View 시작하고 start 파일 Import 하기

① Adams/View를 실행하고 Existing Model을 클릭한다.

② File Name 옆에 아이콘을 클릭하여 exercise_dir/Example 26 /start 폴더에 있는 Planetary_start.cmd 파일을 선택한다.

③ OK를 클릭한다.

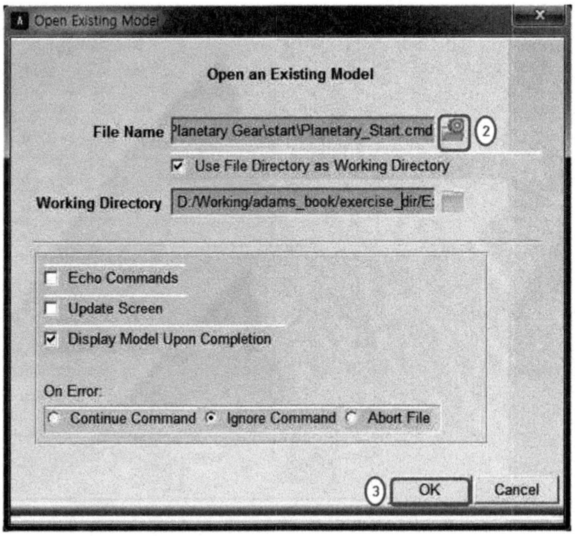

step 2 Planetary Gear 만들기

① Main Toolbox의 Machinery에서 Planetary Gear를 클릭한다.

② 첫 페이지에서 바로 Next를 클릭하고 Method에서 Simplified를 선택하고 Next를 클릭한다.

③ Geometry에서 아래 그림처럼 파라미터들을 입력하고 Next를 클릭한다.

④ Material에서는 기본 값 그대로 Next를 클릭한다.

⑤ Connection에서는 Sun gear만 Fixed로 선택한 후 Existing으로 선택하고 텍스트 창을 우클릭하여 PART_2를 선택한다. 나머지는 기본 설정으로 함으로 Next를 클릭한다.

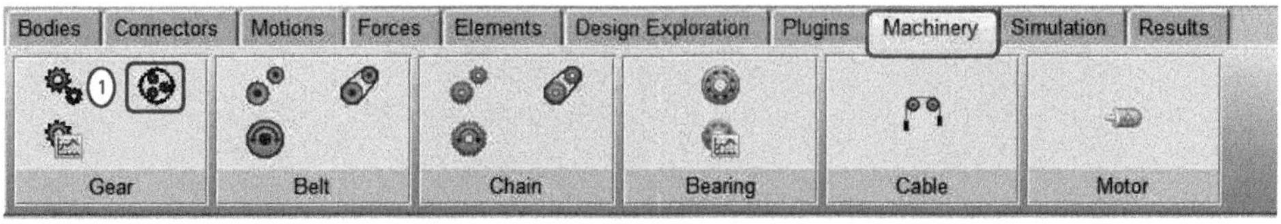

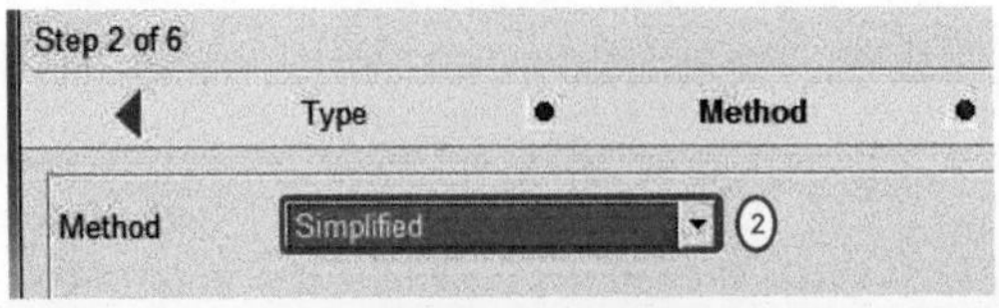
Step 2 of 6
Type
Method
Method
Simplified
②

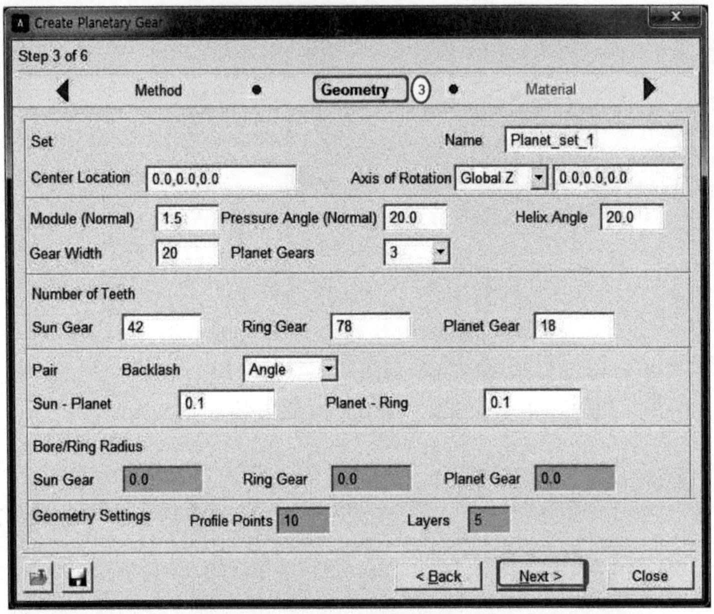
Create Planetary Gear
Step 3 of 6
Method
Geometry
③
Material
Set
Name
Planet_set_1
Center Location
0.0,0.0,0.0
Axis of Rotation
Global Z
0.0,0.0,0.0
Module (Normal)
1.5
Pressure Angle (Normal)
20.0
Helix Angle
20.0
Gear Width
20
Planet Gears
3
Number of Teeth
Sun Gear
42
Ring Gear
78
Planet Gear
18
Pair
Backlash
Angle
Sun - Planet
0.1
Planet - Ring
0.1
Bore/Ring Radius
Sun Gear
0.0
Ring Gear
0.0
Planet Gear
0.0
Geometry Settings
Profile Points
10
Layers
5
< Back
Next >
Close

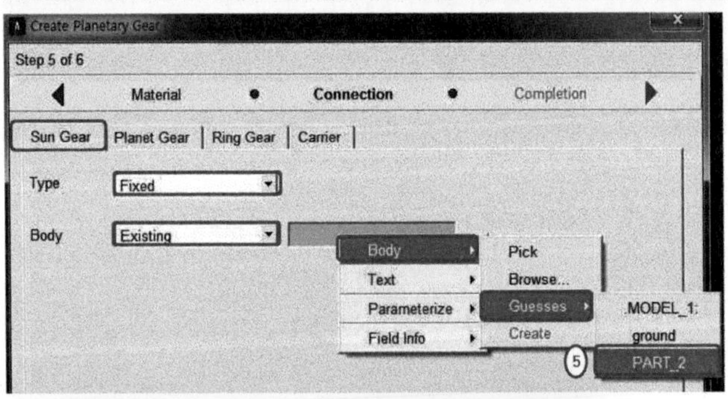
Create Planetary Gear
Step 5 of 6
Material
Connection
Completion
Sun Gear
Planet Gear
Ring Gear
Carrier
Type
Fixed
Body
Existing
Body
Text
Parameterize
Field Info
Pick
Browse...
Guesses
Create
MODEL_1:
ground
PART_2
⑤

step 3 시뮬레이션 돌리기

① Simulation Control에서 End time을 2초, Steps를 200으로 하여 시뮬레이션을 시작한다.

② 시뮬레이션이 끝난 후에 Save 아이콘을 클릭한다.

③ Name을 P1으로 입력하고 OK를 클릭하여 시뮬레이션 결과를 저장한다.

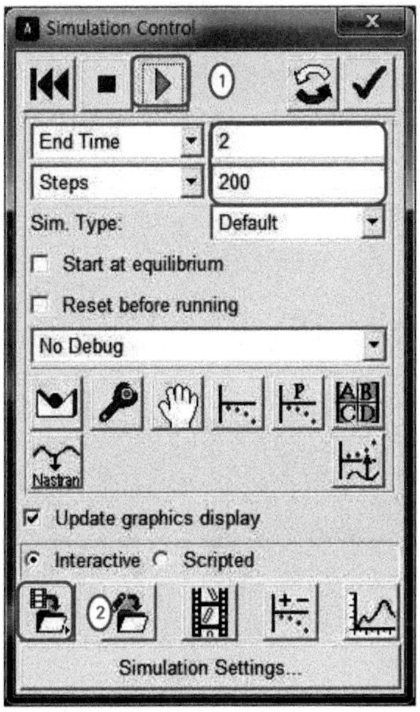

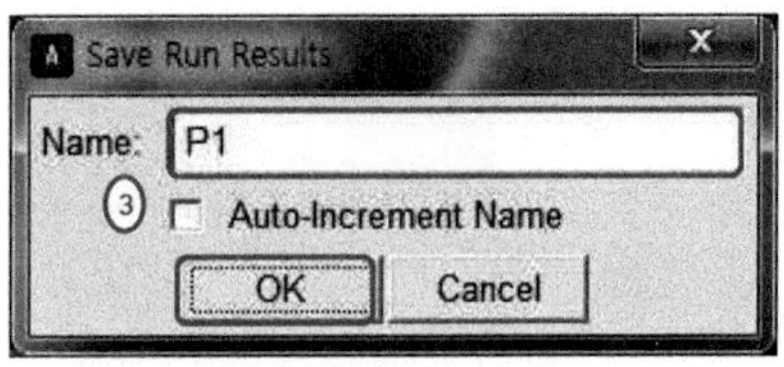

step 4 Plant gear 수 바꾸기

① Model Tree의 Gear systems에서 Planet_set_1을 우클릭한 후 Modify를 클릭한다.

② Geometry 창이 나올 때 까지 Next를 클릭하고 Geometry에서 Planet Gears를 4로 선택한다.

③ 그리고 Next를 완료가 될 때까지 계속 클릭한다.

Tip

각 기어의 잇 수는 다음 규칙을 따른다.

(1) Sun의 잇 수 + 2* Planet의 잇 수 = Ring의 잇 수

(2) Sun의 잇 수 와 Ring의 잇 수 의 합은 Planet 기어의 수로 딱 나누어 떨어져야 한다.

예) Sun Gear : 42 , Ring Gear : 78 , Planet Gear : 18

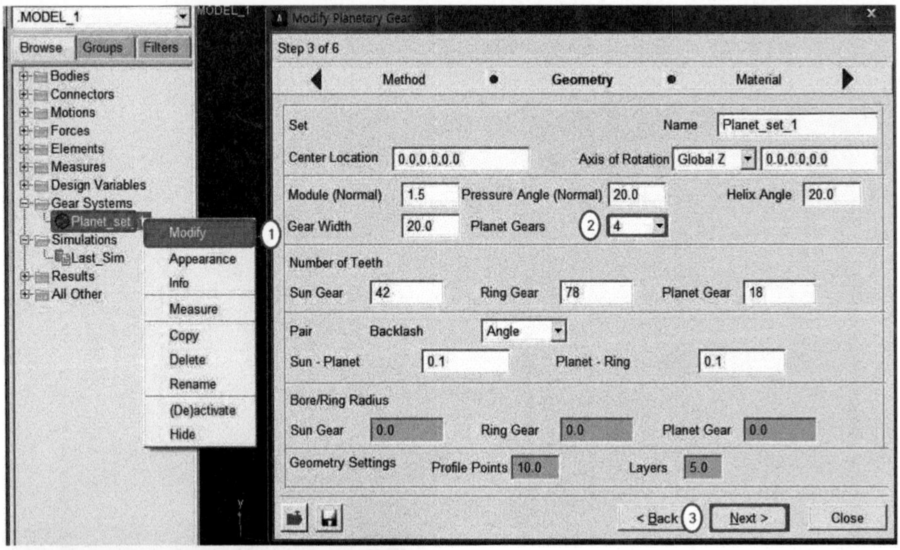

step 5 시뮬레이션 다시 돌리기

① 다시 Simulation Control에서 End time을 2초, Steps를 200으로 하여 시뮬레이션을 시작한다.

② 시뮬레이션이 끝난 후에 Save 아이콘을 클릭한다.

③ Name을 P2으로 입력하고 OK를 클릭하여 시뮬레이션 결과를 저장한다.

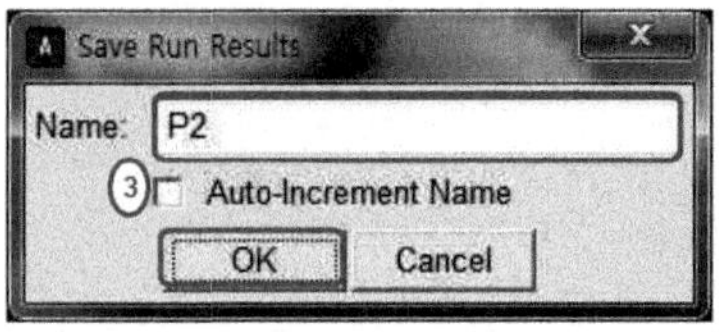

step 6 결과 비교하기

① F8키를 눌러 PostProcessor 창을 연다.

② Source에서 Result Sets로 선택, Simulation에서 P2를 선택, Result Set에서 REQ_SIMPLIFIED_planet_1_to_ring을 선택 Component에서 Total_Force를 선택하고 Add Curves를 클릭한다. (이것은 Ring gear와 planet gear중 하나 사이의 contact force를 의미한다.)

③ P1에서도 REQ_SIMPLIFIED_planet_1_to_ring을 선택, Total_Force를 선택하고 Add Cuvrves를 클릭하여 두 결과를 비교해 본다.

(초기 0.1 초 까지 보면 P2는 4개의 Planetary 기어들이 있고 P1은 3개의 Planetary 기어들이 있기 때문에 contact force가 P1에서 P2로 갈수록 감소하는 것을 알 수 있다.)

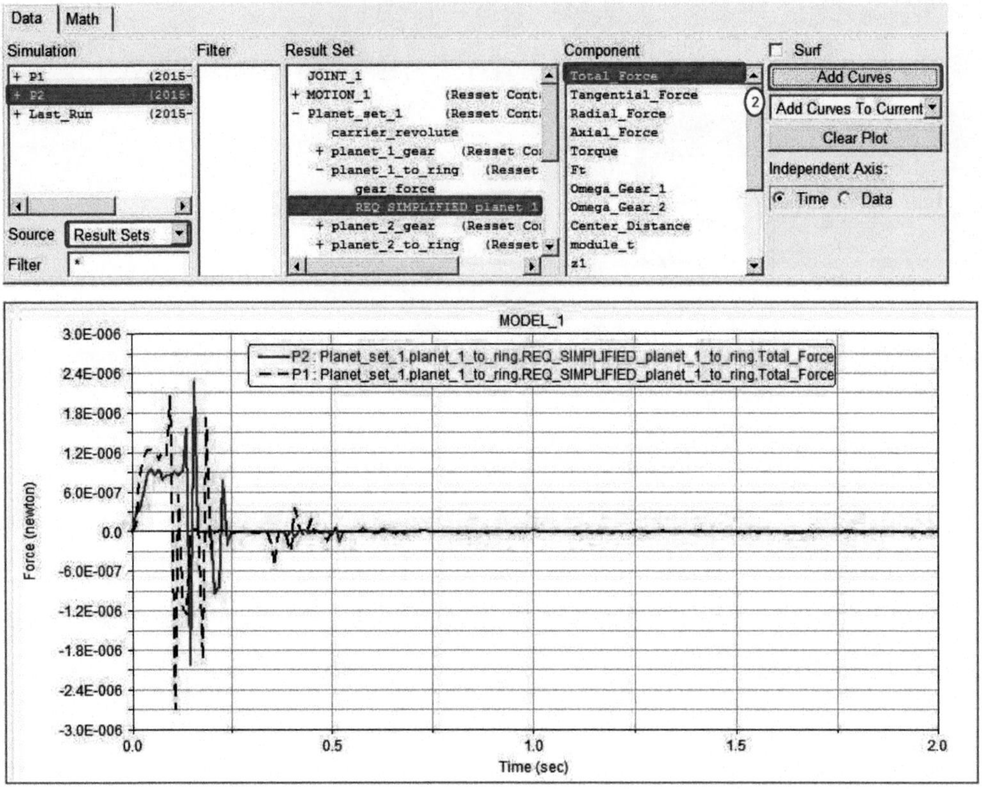
Data
Math
Simulation
Filter
Result Set
Component
Surf
Add Curves
Add Curves To Current
Clear Plot
Independent Axis:
Time
Data
Source
Result Sets
MODEL_1
P2 : Planet_set_1.planet_1_to_ring.REQ_SIMPLIFIED_planet_1_to_ring.Total_Force
P1 : Planet_set_1.planet_1_to_ring.REQ_SIMPLIFIED_planet_1_to_ring.Total_Force
Force (newton)
Time (sec)

Example 27. Bearing System

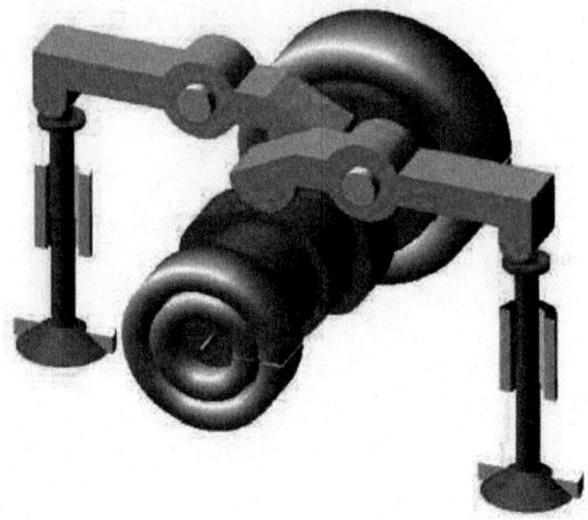

Workshop Objectives

- Ideal Joint와 Bearing에 대한 동역학 시스템 조사하기.
- Ideal Joint와 Bearing에 대한 동역학 시스템 효과 비교하기.

Software Version

Adams 2013.2

필요한 파일들

- CamBearings_start.cmd

step 1 Start 파일 Import 하기

① Adams/View를 실행하고 Existing Model을 클릭하고 File Name 옆에 아이콘을 클릭하여 exercise_dir/Example 27/start 폴더에 있는 CamBearing_start.cmd 파일을 선택한다.

② OK를 클릭한다.

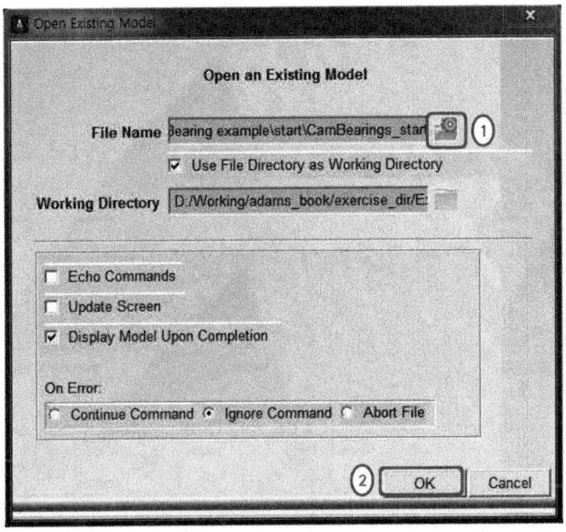

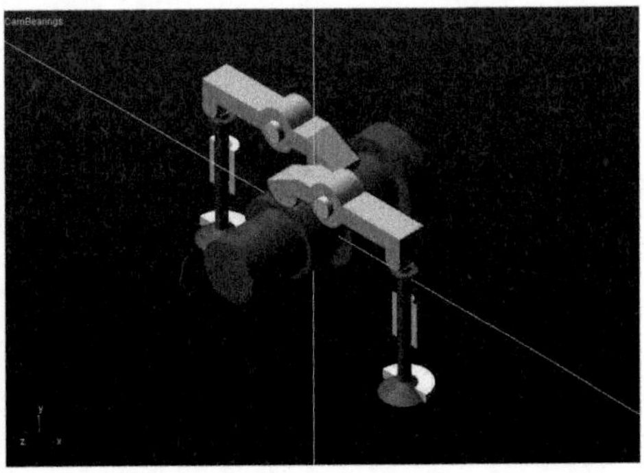

step 2 기본 상태에서 시뮬레이션 하기

① Simulation Control에서 End time을 (1/50) 초, Steps를 100으로 하여 시뮬레이션을 시작한다.

② 시뮬레이션이 끝난 후에 Save 아이콘을 클릭한다.

③ Name을 With_Revolute으로 하고 OK를 클릭하여 결과를 저장한다.

④ Plotting 아이콘을 클릭하여 Admas/Post processor 창을 열어 아래 그림처럼 선택을 한 후에 Add Curves을 클릭하여 Revolute Joint의 FX와 FY의 결과를 확인한다.

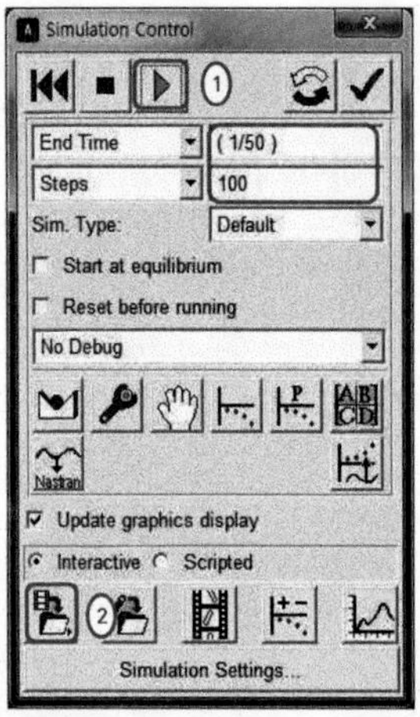
Simulation Control
①
End Time
(1/50)
Steps
100
Sim. Type:
Default
Start at equilibrium
Reset before running
No Debug
Update graphics display
Interactive
Scripted
②
Simulation Settings...

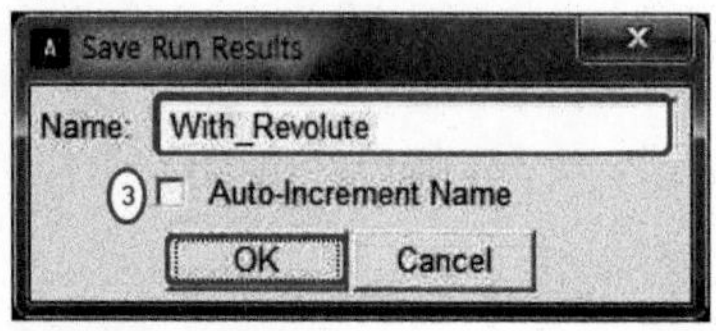
Save Run Results
Name:
With_Revolute
③
Auto-Increment Name
OK
Cancel

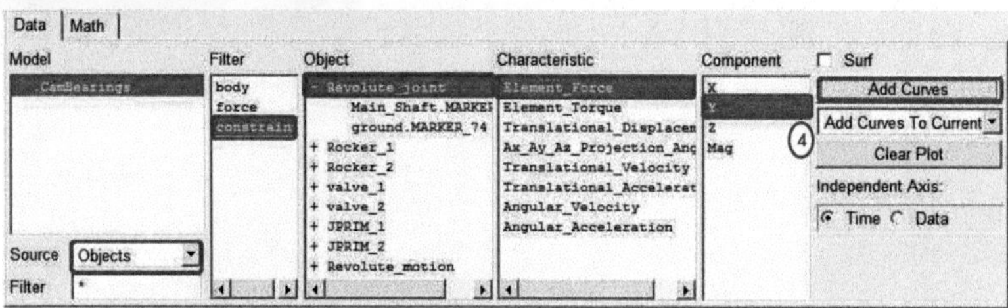
Data
Math
Model
Filter
Object
Characteristic
Component
Surf
CamBearings
body
force
constrain
- Revolute_joint
Main_Shaft.MARKE
ground.MARKER_74
+ Rocker_1
+ Rocker_2
+ valve_1
+ valve_2
+ JPRIM_1
+ JPRIM_2
+ Revolute_motion
Element_Force
Element_Torque
Translational_Displacem
Ax_Ay_Az_Projection_Ang
Translational_Velocity
Translational_Accelerat
Angular_Velocity
Angular_Acceleration
X
Y
Z
Mag
④
Add Curves
Add Curves To Current
Clear Plot
Independent Axis:
Time
Data
Source
Objects
Filter

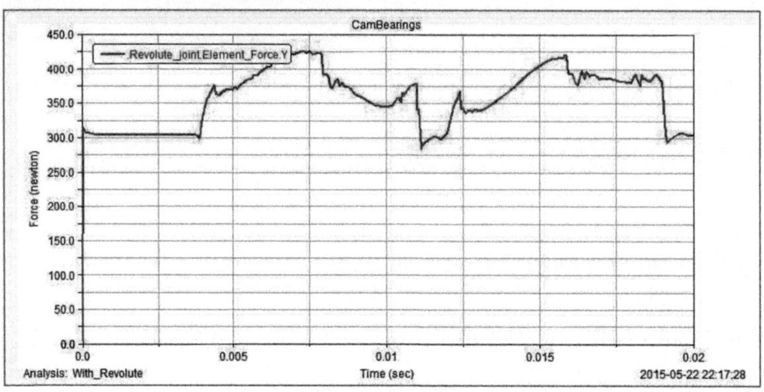
CamBearings
Revolute_joint.Element_Force.Y
Force (newton)
Time (sec)
Analysis: With_Revolute
2015-05-22 22:17:28

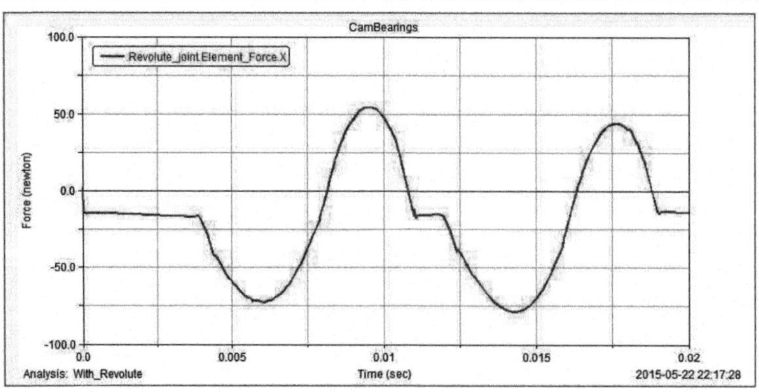
CamBearings
Revolute_joint.Element_Force.X
Force (newton)
Time (sec)
Analysis: With_Revolute
2015-05-22 22:17:28

step 3 첫 번째 베어링 만들기

현재 Revolute joint가 있고 Camshaft와 ground사이에 motion이 있다. 따라서 지금 현재 이 시스템을 베어링 시스템으로 대체하려고 한다. 그러면 먼저

① Model Tree의 Connectors에서 Revolute_joint를 우클릭한 후 (De)activate를 클릭한다.

② Object Active를 체크를 해제하고 OK를 클릭한다.

③ Main Toolbox의 Machinery에서 Create Bearing을 클릭한다.

④ Method에서 Detailed를 선택하고 Next를 클릭한다.

⑤ Type에서 Needle Roller Bearing with/without internal ring을 선택하고 Next를 클릭한다.

⑥ Geometry에서 아래 그림처럼 각 파라미터 값들을 입력하고 Next를 클릭한다.

⑦ Connection에서도 아래 그림처럼 각 파라미터 값들을 입력한다.

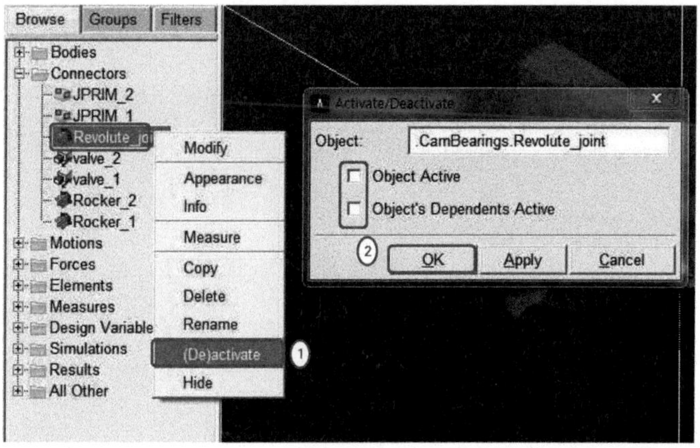

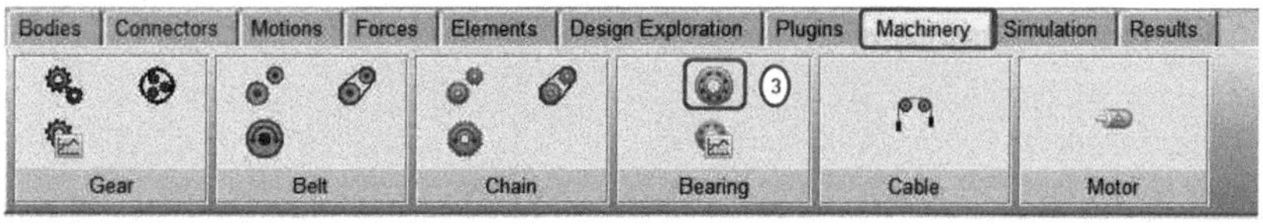

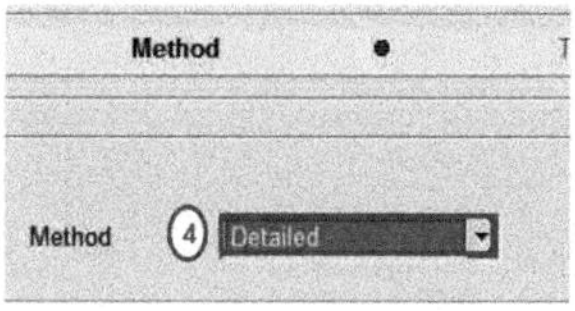

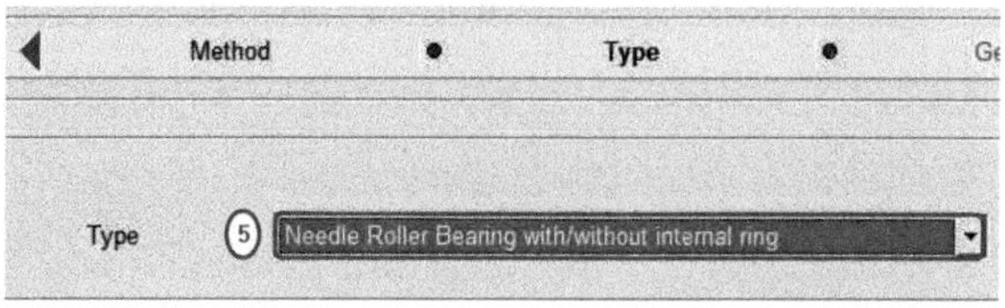

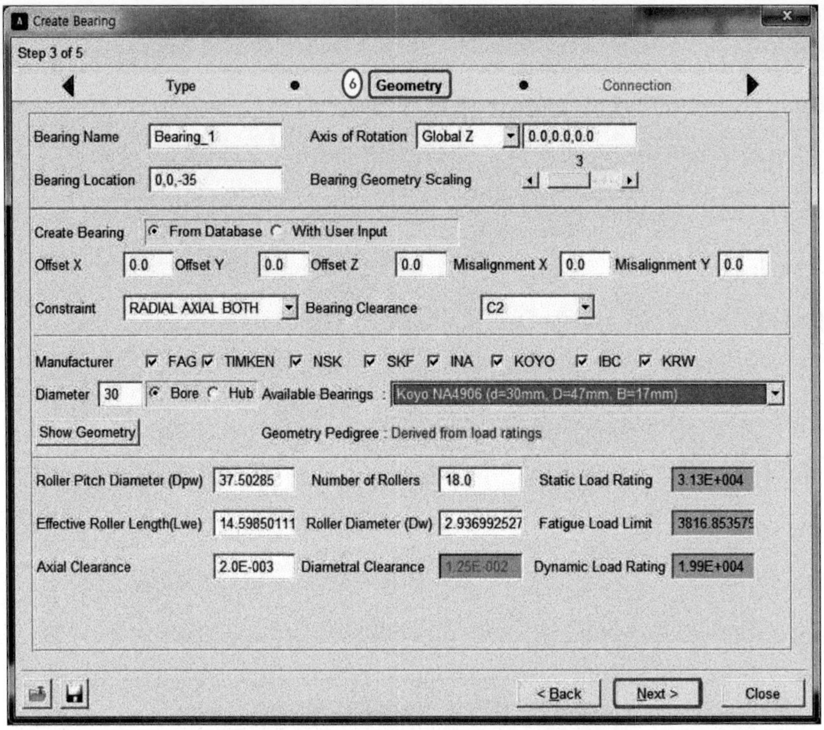
Create Bearing
Step 3 of 5
Type
6
Geometry
Connection
Bearing Name
Bearing_1
Axis of Rotation
Global Z
0.0,0.0,0.0
Bearing Location
0,0,-35
Bearing Geometry Scaling
3
Create Bearing
From Database
With User Input
Offset X
0.0
Offset Y
0.0
Offset Z
0.0
Misalignment X
0.0
Misalignment Y
0.0
Constraint
RADIAL AXIAL BOTH
Bearing Clearance
C2
Manufacturer
FAG
TIMKEN
NSK
SKF
INA
KOYO
IBC
KRW
Diameter
30
Bore
Hub
Available Bearings :
Koyo NA4906 (d=30mm, D=47mm, B=17mm)
Show Geometry
Geometry Pedigree : Derived from load ratings
Roller Pitch Diameter (Dpw)
37.50285
Number of Rollers
18.0
Static Load Rating
3.13E+004
Effective Roller Length(Lwe)
14.59850111
Roller Diameter (Dw)
2.936992527
Fatigue Load Limit
Axial Clearance
2.0E-003
Diametral Clearance
1.25E-002
Dynamic Load Rating
1.99E+004
< Back
Next >
Close

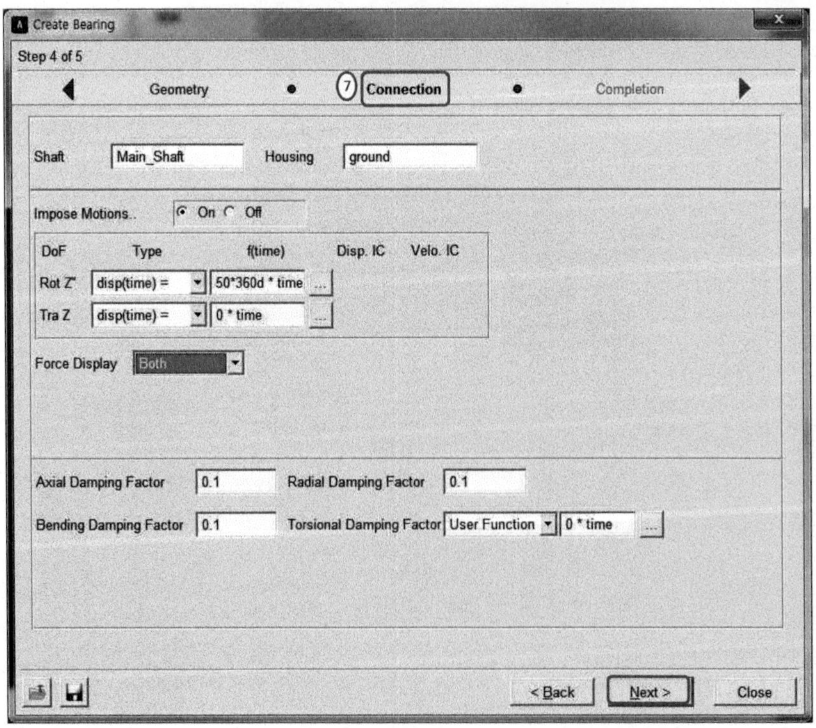
Create Bearing
Step 4 of 5
Geometry
7
Connection
Completion
Shaft
Main_Shaft
Housing
ground
Impose Motions..
On
Off
DoF
Type
f(time)
Disp. IC
Velo. IC
Rot Z'
disp(time) =
50*360d * time
Tra Z
disp(time) =
0 * time
Force Display
Both
Axial Damping Factor
0.1
Radial Damping Factor
0.1
Bending Damping Factor
0.1
Torsional Damping Factor
User Function
0 * time
< Back
Next >
Close

step 4 두 번째 베어링 만들기

① 첫 번째 베어링을 만들었던 것처럼 Create Bearing을 클릭하고 Method와 Type까지 같은 설정으로 한다.

② Geometry는 밑에 그림처럼 설정해주고 Next를 클릭한다.

③ Connection에서 Shaft를 Main_Shaft로 Housing을 ground로 설정해주고 나머지는 기본 값으로 그냥 둔다. Next를 클릭한다.

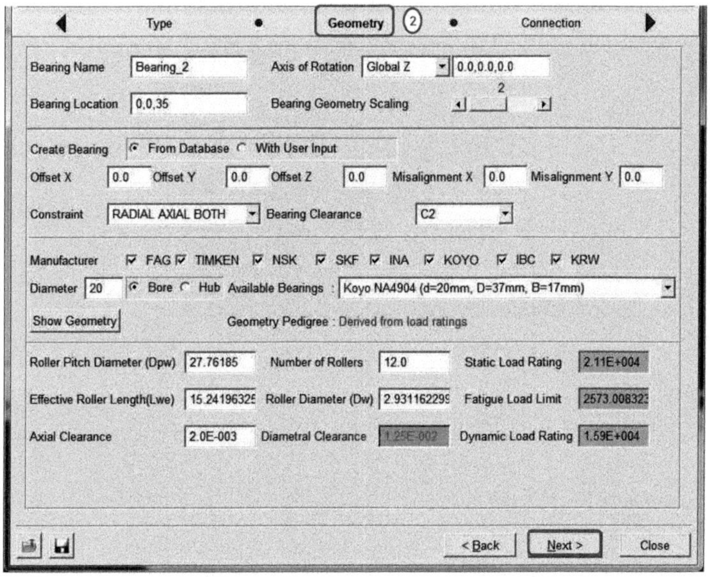

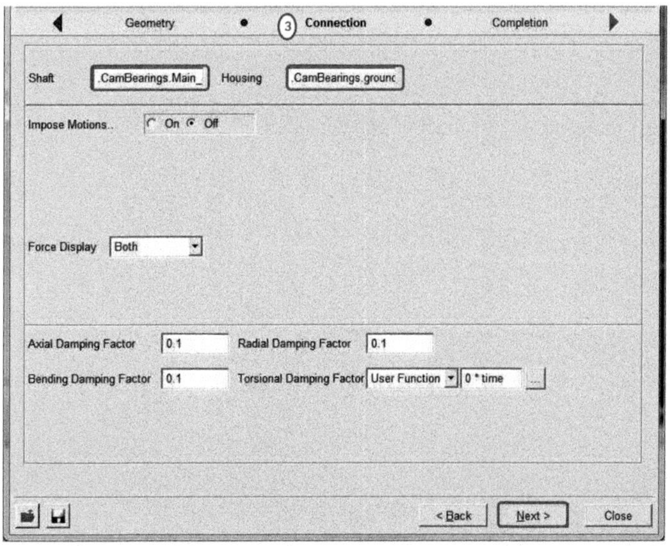

step 5 완성된 모델 확인하기

완성된 모델은 밑에 그림처럼 보여야 한다.

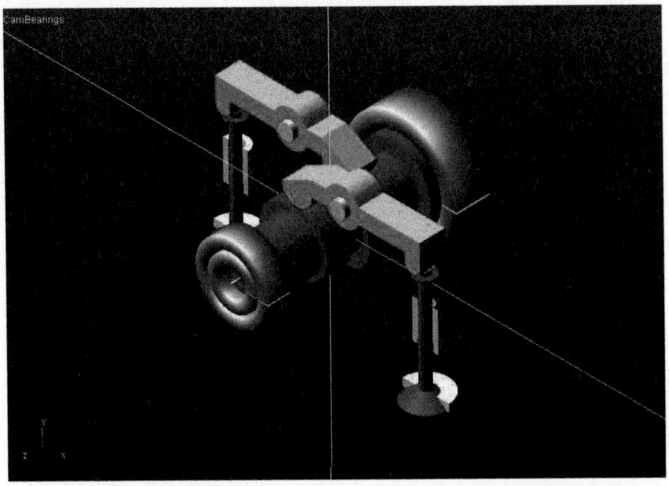

step 6 베어링 REQUEST 만들기

Adams/Machinery는 REQUEST 요소 형식으로 흔한 베어링 특성을 제공한다. 베어링의 특성에 대한 REQUEST를 만들기 위해서 먼저.

① Main Toolbox의 Machinery에서 Bearing Output을 클릭한다.

② Bearing Name에서 Bearing_1을 선택한다.

③ 나머지 설정들은 밑에 그림처럼 선택해준다.

④ OK를 클릭한다.

⑤ 두 번째 베어링에 대해서도 위와 같은 과정으로 REQUEST를 만들어 준다.

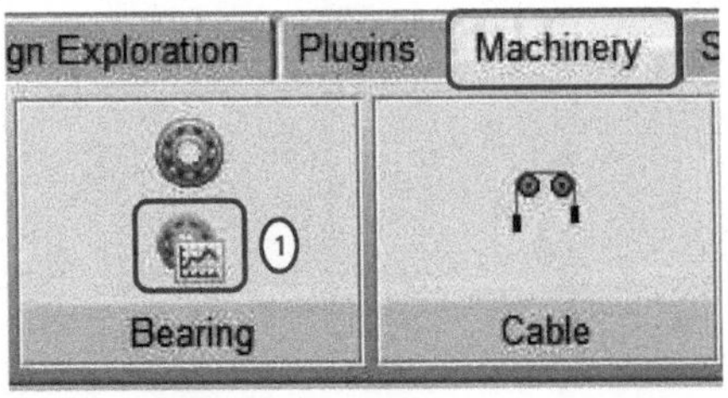

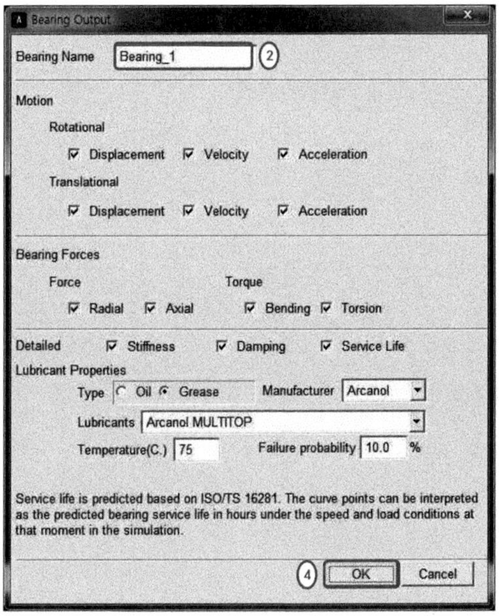

step 7 시뮬레이션 돌리고 조사하기

① Revolute Joint일 때와 마찬가지로 Simulation Control에서 End time을 (1/50)초, Steps를 100으로 하여 시뮬레이션을 하고 Save 아이콘을 클릭하여 With_Bearing으로 결과를 저장한다.

② Adams/Post Processor 창을 열고 아래 그림처럼 두 결과를 비교해본다. (Revolute joint에서 FX와 FY의 결과를 베어링에서 Bearing_1의 Bearing Forces에서 Radial_X와 Radial_Y하고 각각 결과를 비교해 본다.)

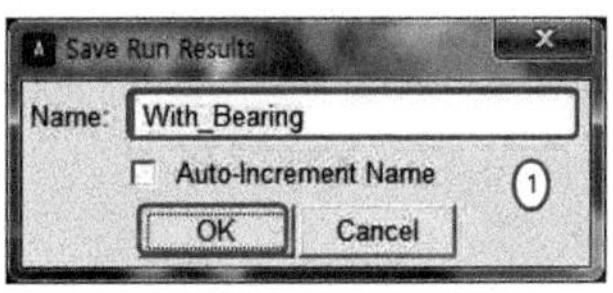

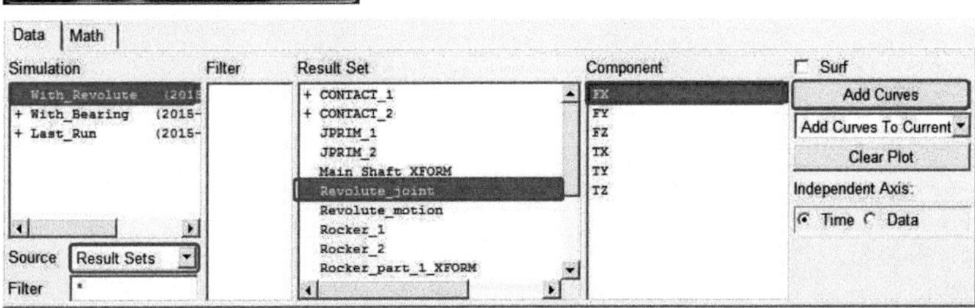

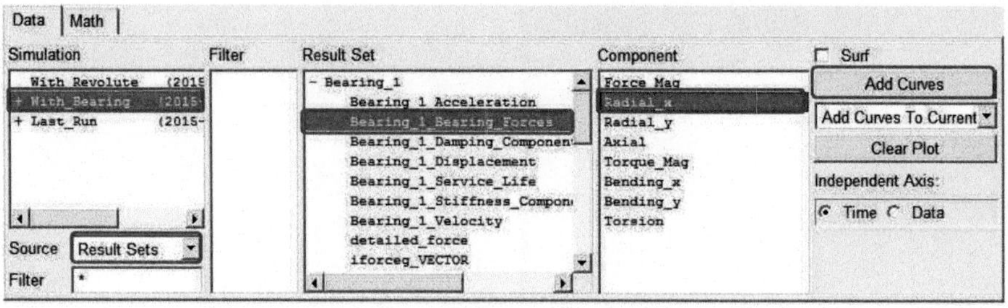

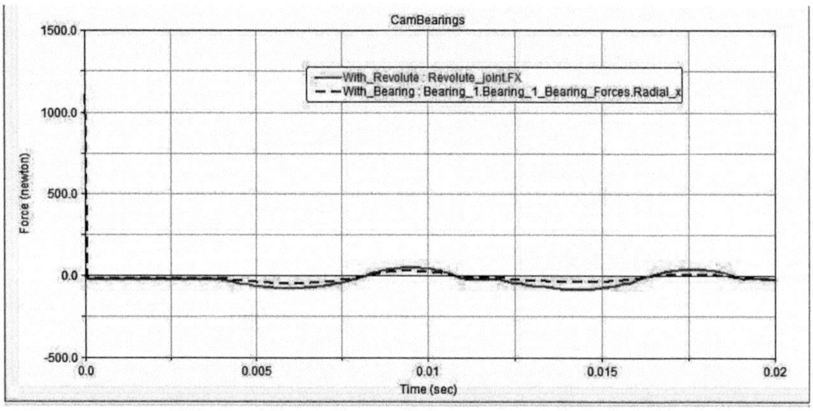

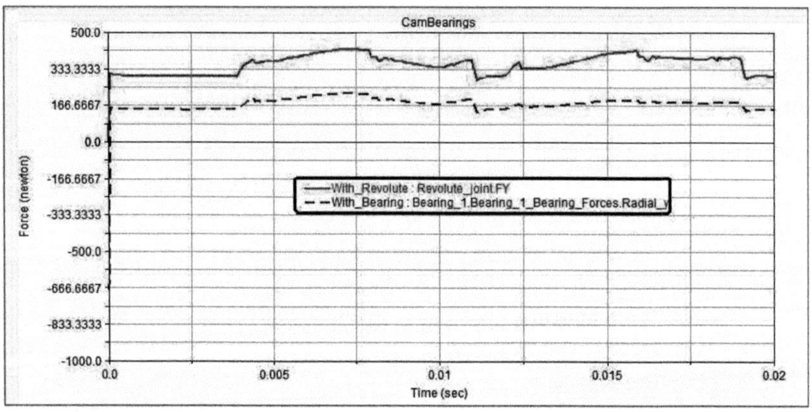

다음은 각각의 베어링의 Service life에 대한 그래프이다.

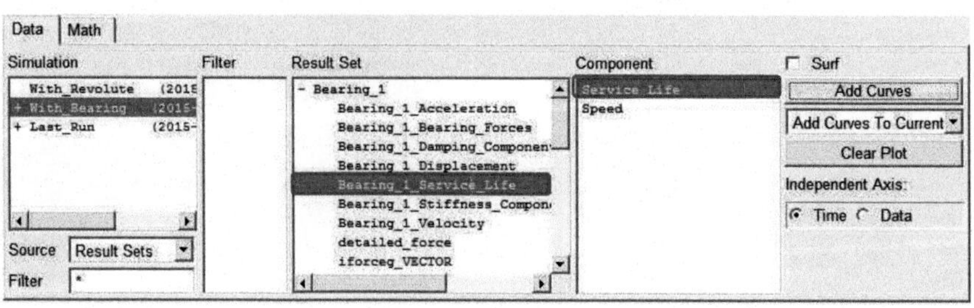

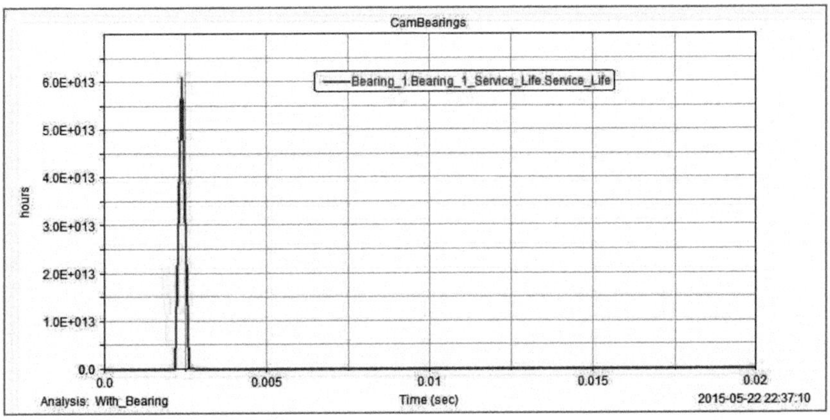
CamBearings
Bearing_1.Bearing_1_Service_Life.Service_Life
6.0E+013
5.0E+013
4.0E+013
3.0E+013
2.0E+013
1.0E+013
0.0
hours
0.0
0.005
0.01
0.015
0.02
Analysis: With_Bearing
Time (sec)
2015-05-22 22:37:10

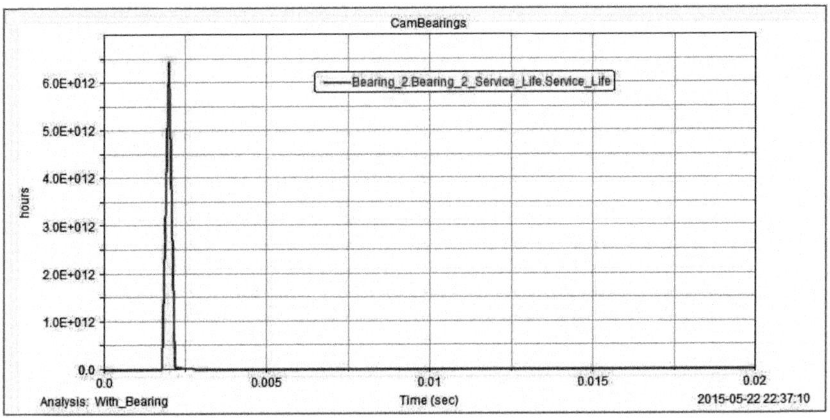
CamBearings
Bearing_2.Bearing_2_Service_Life.Service_Life
6.0E+012
5.0E+012
4.0E+012
3.0E+012
2.0E+012
1.0E+012
0.0
hours
0.0
0.005
0.01
0.015
0.02
Analysis: With_Bearing
Time (sec)
2015-05-22 22:37:10

Example 28. Simple Belt

Software Version Adams 2013.2

문제 설명

두 개의 Pulley와 하나의 Tensioner 을 가지고 있는 Simple belt 시스템을 만든다. Pulley는 Global Z 축과 평행한 축을 따라 회전하고 있다. 두 Pulley의 중심사이 거리는 400mm 이다. Pulley는 일정한 회전 속도로 작동되어 진다. 박스는 Belt 시스템 위에서 고정된 상태이고 시뮬레이션에서 time=0.5s 일 때 떨어질 것이다. Adams/View Command language가 다수의 Contact을 만들기 위해서 사용되어지고 Simulation Script는 박스와 ground 사이에 Fixed Joint를 Deactivate 하기 위해서 사용된다.

필요한 파일들

- Contact.cmd

step 1 Adams/View 시작하고 New Model 만들기

① Adams/View를 실행하고 New Model을 클릭한다.

② Model Name에 Belt를 입력하고 Working Directory는 자신이 저장할 폴더로 지정한다.

③ OK를 클릭한다.

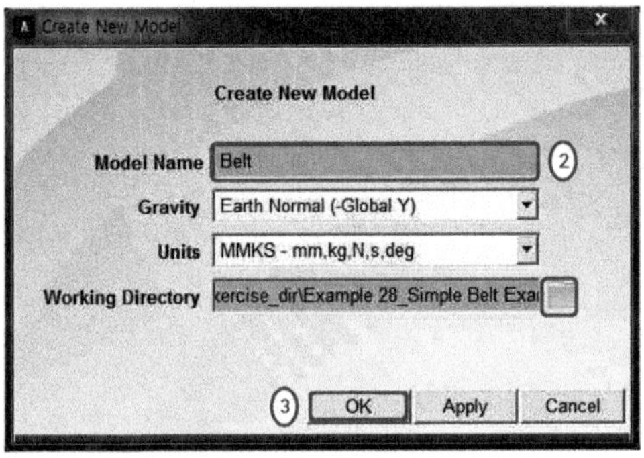

step 2 Pulley 만들기

① Belt system을 만들기 위해서 먼저 Pulley와 Tensioner을 만들어야 한다. 그러면 먼저 Main Toolbox의 Machinery에서 Belt: Create Pulley을 클릭한다.

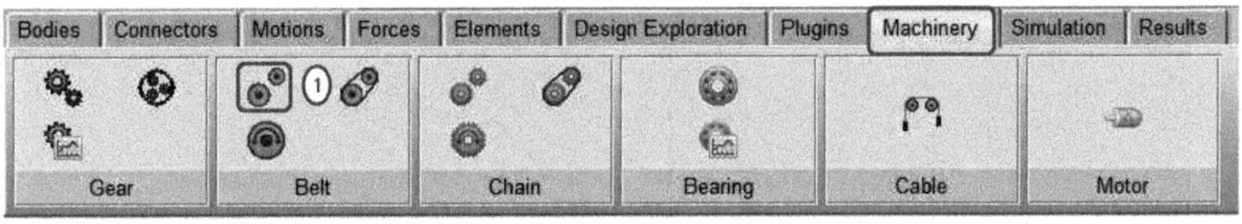

② Type 탭에서 Pulley Set의 Type에서 Smooth로 선택하고 Next를 클릭한다. (이 설정이 Simple Belt System을 만든다.)

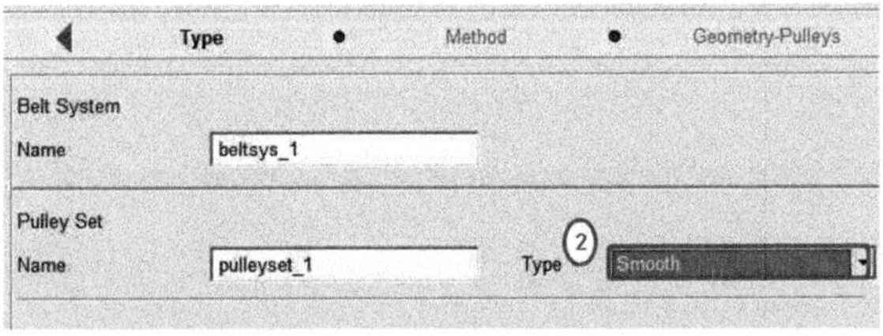

③ Method 탭에서 Method를 2D Links로 선택하고 Next를 클릭한다. (이 방법은 오직 Pulley의 회전축이 Global 축과 평행한 경우에만 사용 된다. 이 방법이 정확히 우리의 모델과 일치하므로 더 복잡한 방법 대신에 이 방법을 사용할 수 있다.)

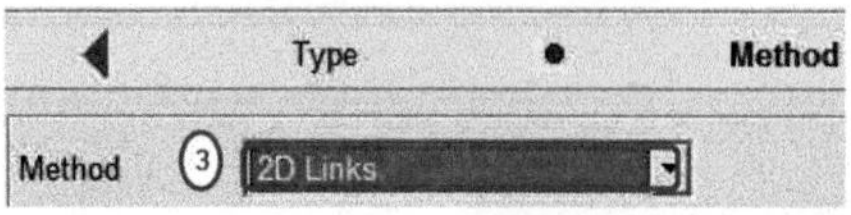

④ Geometry−Pulleys 탭에서 첫 번째 Pulley의 Name에 P1을 입력하고, Center Location은 −200,0,0 을 입력한다.

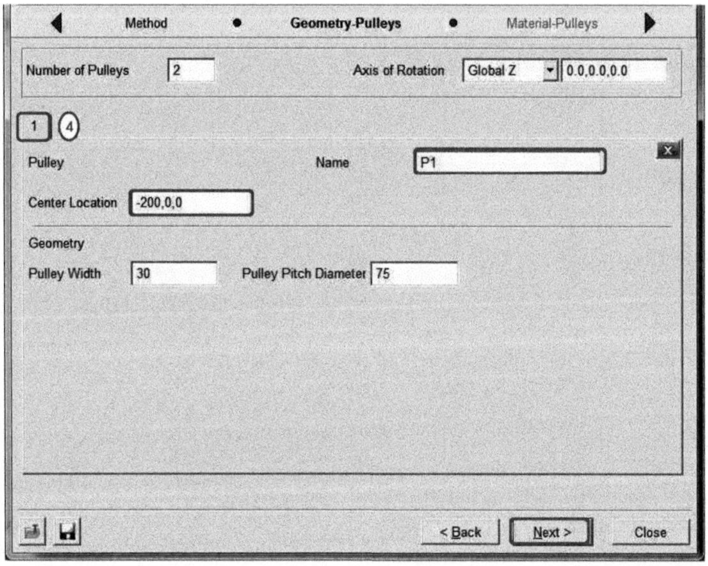

⑤ 두 번째 Pulley는 Name을 P2로 하고 Center Location은 200,0,0 으로 한다. 그리고 Next를 클릭한다. (이렇게 하면 중심 사이의 거리가 400mm가 된다. 이 거리는 그다지 큰 거리가 아니다. 이렇게 작은 거리를 사용하는 이유는 다음과 같다. 더 적은 요소의 모델 일수록 시뮬레이션을 더 빨리 돌릴 수 있다. 이것은 실례가 되는 목적으로써는 충분하다.

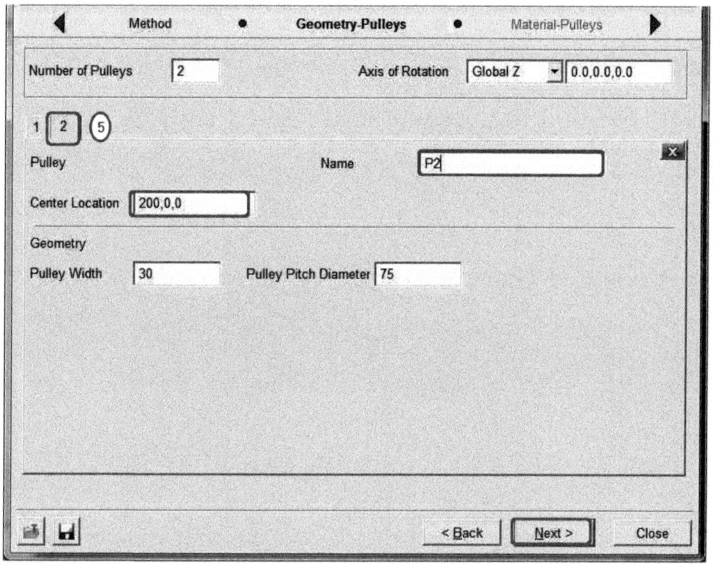

⑥ Material에서는 기본 값으로 두고 Next를 클릭한다.)

⑦ Connection 탭에서도 기본 값으로 두고 Next를 클릭한다. (이번 예제에서는 Pulley를 Adams/Machinery의 모듈을 사용하여 작동시킨다. 또한 다른 Bodies를 사용하여 Pulley를 작동할 수 있다. 예를 들어 Type: Fixed 로 하여 Pulley를 Existing 축에 고정 시킬 수 있다. 나중에 축에 Motion 또는 Torque를 부과하여 Pulley를 작동할 수 있다. 여기서는 Type: Rotational으로 선택하면 Adams/Machinery가 자동적으로 Pulley와 구체적인 Body 사이에 Revolute joint를 만들어 줄 것이다.)

⑧ 이제 다음 탭에서는 Pulley의 Output을 선택할 수 있다. 모든 파라미터들을 체크를 한 후에 Next를 클릭한다. (이제 Pulley에 대한 설정은 끝났다. 다음 단계에서 Tensioner에 대한 설정을 다룰 것이다.)

step 3 Tensioner 만들기

① 앞에 단계에서 이어서 Geometry-Tensioners 탭에서 Number of Tensioner with Deviation Pulley을 1로 입력한다.

② Type을 Rotational 로 선택하고 Name에 T1을 입력, Pivot Center에 0,-200,0을 입력한다. (이 좌표의 위치는 Belt system의 아래가 될 것이다.)

③ Length(140), Width(30), Depth(30)에 각각의 치수를 입력하고 Installation Angle에 90을 입력한다. (이것은 Deviation pulley가 Z축에 대해서 반시계 방향으로 90도 만큼 회전하여 설치되는 것을 의미한다.)

④ Deviation Pulley에서 Name을 D1으로 입력하고 Pulley Radius를 30으로 입력한다. 그리고 In/Out에서 Out을 체크한다. (이것은 매우 중요하다. 왜냐하면 이것이 Belt가 어느 방향에서 Deviation Pulley를 감싸는지 결정하기 때문이다.) Next를 클릭한다.

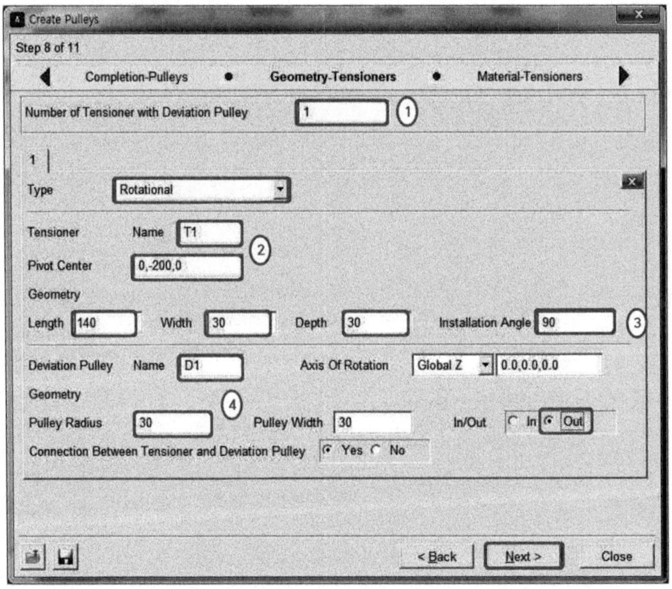

⑤ Material 탭에서는 기본 값으로 설정하므로 Next를 클릭한다.

⑥ Connection 탭에서 Tensioner를 ground에 연결한다. 그리고 Stiffness(300), Damping(0.1), Preload(50) 각각 값을 입력한다. 이러한 값들은 실례를 보여주는 목적을 위한 값들이다. Next를 클릭한다. 그리고 Finish를 클릭한다.

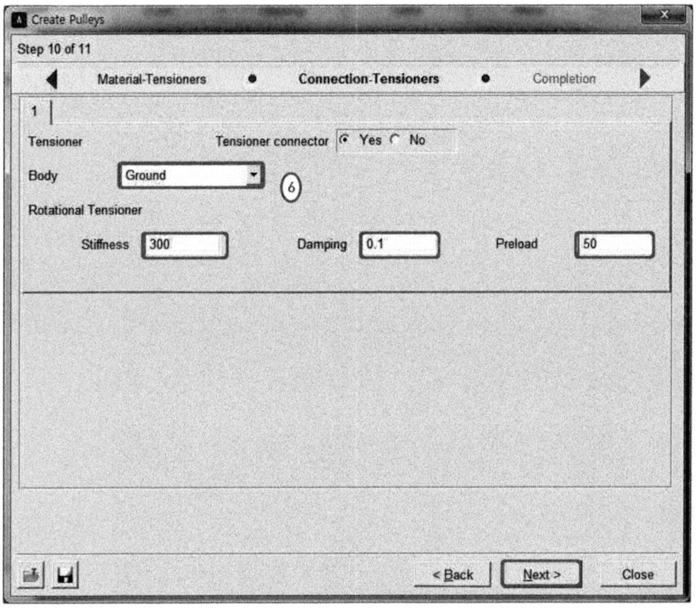

step 4 Belt 만들기

① Main Toolbox의 Machinery에서 Belt: Create Belt를 클릭한다.

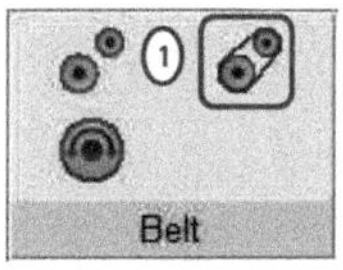

② Pulley Set의 Name에서 우클릭한 후 pulley_set→ Guesses→ beltsys_1.pulleyset_1을 클릭한다. 그리고 Next를 클릭한다.

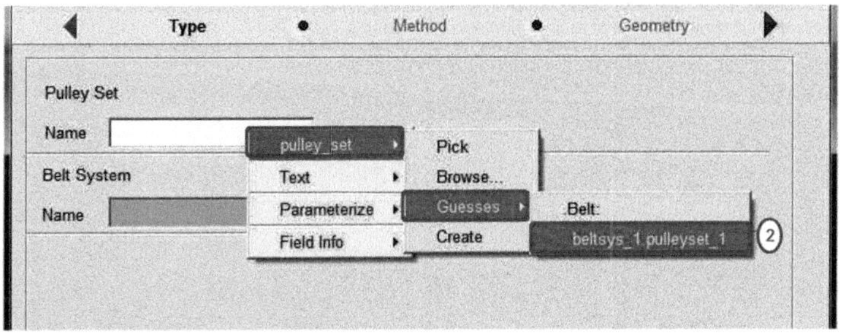

③ Method 탭에서 2D Links를 선택한다. (여기서 주의할 것이 Pulley 모델링 방법과 일관되게 해야 하므로 같은 Method 설정을 해주어야 한다.) Next를 클릭한다.

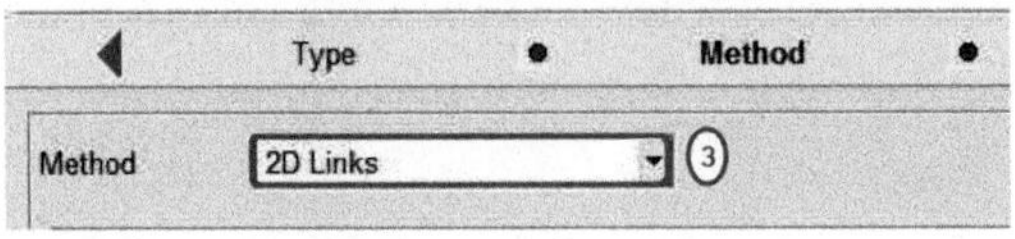

④ Geometry 탭에서 Segment Length를 7.5로 입력해준다. (나머지 파라미터들에 대한 정보를 알고 싶다면 F1키를 눌러 확인할 수 있다.) Next를 클릭한다.

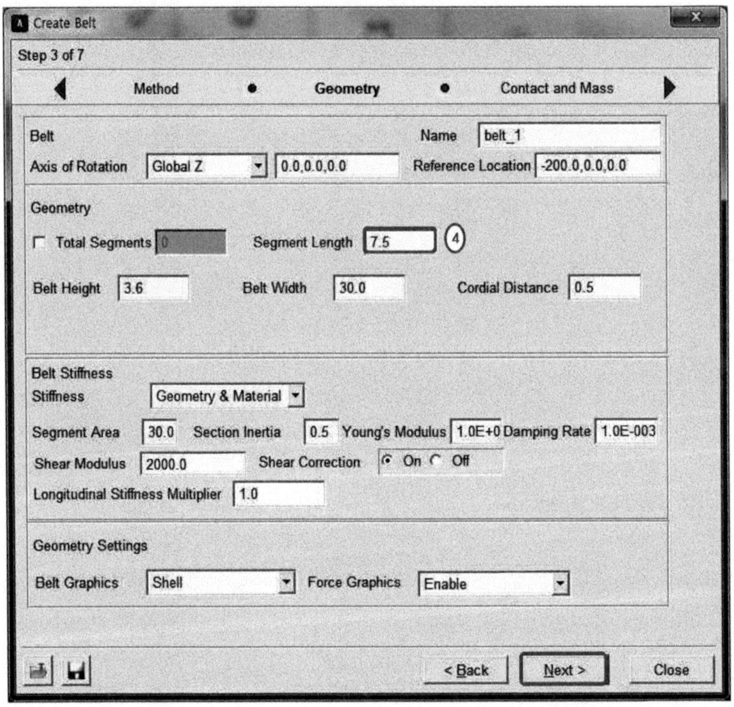

⑤ Contact and Mass 탭에서는 belt의 질량과 접촉의 특성에 대한 것이다. (이것은 튜토리얼의 범위 밖이므로 F1키를 눌러 Help documents에서 배우길 바란다.) Next를 클릭한다.

⑥ Wrapping Order 탭에서 텍스트 창을 우클릭한 후 UDE_Instance → Guesses → Pulleyset_1.pulleyset_1_P1을 클릭한다. 다시 P2 와 D1을 차례대로 선택해준다.(반드시 P1, P2, D1 순서로 되어있는 것을 확인하자. Wrapping order는 회

전축의 양의 방향에 대해서 시계방향이다.) Next를 클릭한다.

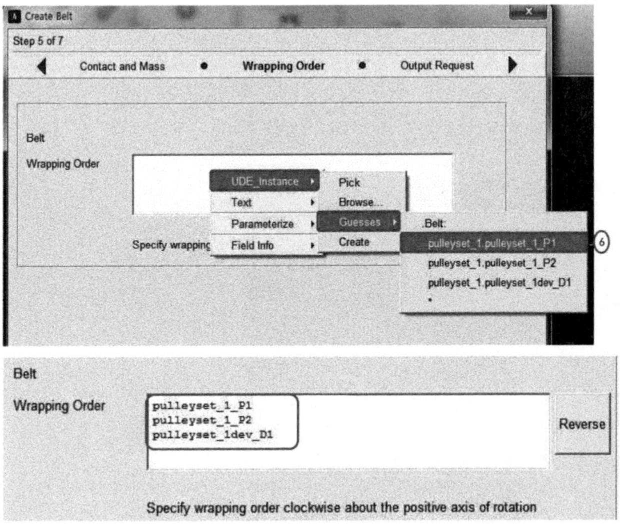

⑦ 그러면 메시지 창이 뜨는데 Segment의 수와 Tension의 수를 알려줄 것이다. 이때 Segment 수를 따로 적어놓자. 이것은 나중에 Contact을 만들 때 사용 될 것이다. 이 예제에서는 138일 것이다. 메시지 창에서 Yes를 클릭한다. 그러면 경고창이 뜨는데 이것은 단지 C++ solver를 선택해야한다고 말하는 것이다. 따라서 시뮬레이션을 돌릴 때 C++ solver 설정을 할 것이다.

⑧ Output Request 탭에서 Span Request와 Segment Request를 모두 체크를 한다. 그리고 Belt Parts의 텍스트 창에서 우클릭한 후 아무 Segment 하나를 선택하고 Reference Part를 ground로 선택한다. Belt Segment에서도 아무 Segment를 하나 선택한다. 중요한 것은 Adams/Machinery로부터 유용한 출력들을 얻을 수 있다는 것을 아는 것이다. Next를 클릭하고 Finish를 클릭한다.

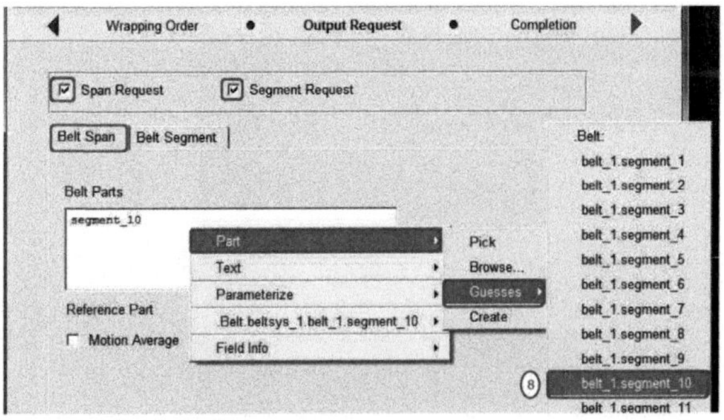

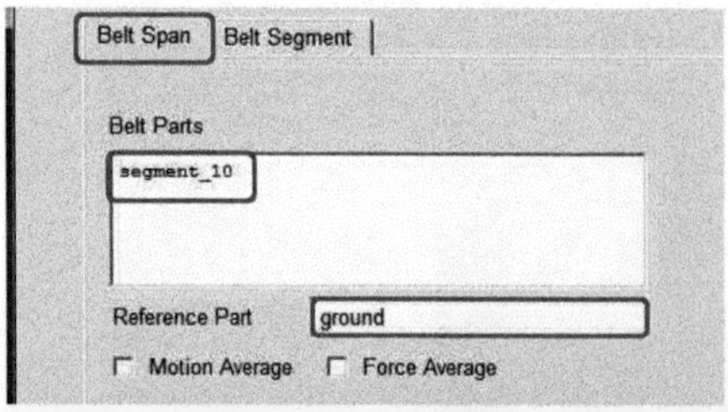

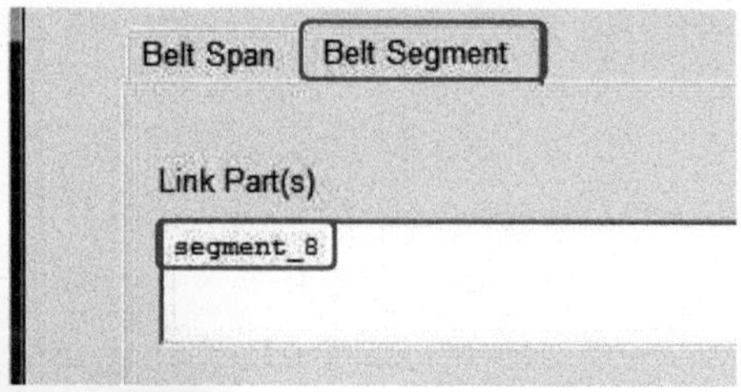

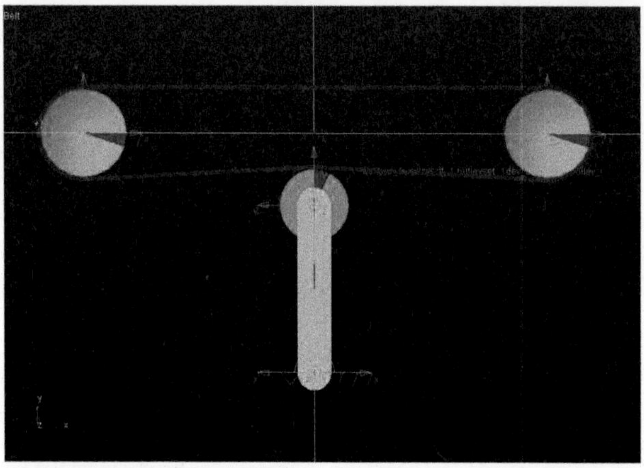

step 5 Actuator 만들기

① Main Toolbox의 Machinery에서 Belt: Belt Actuation Input을 클릭한다.

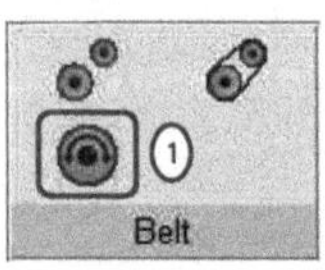

② Pulley Set의 Name에 텍스트 창을 우클릭한 후, pulley_set → Guesses → belt-sys_1.pulleyset_1을 선택한다.

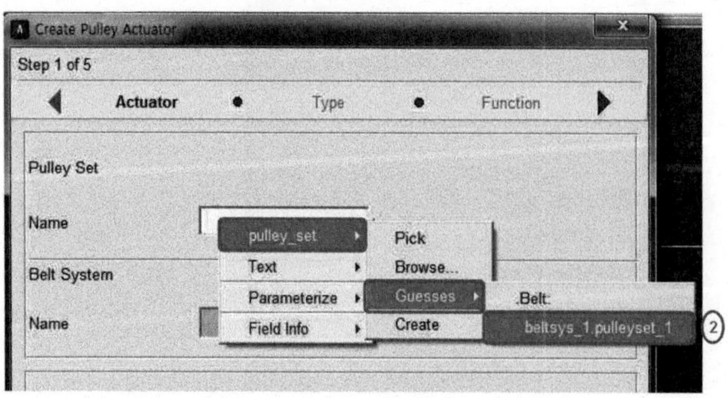

③ actuator의 Pulley에 텍스트 창을 우클릭한 후, UDE_Instance → Guesses → pulleyset_1.pulleyset_1_P1을 선택한다. 그리고 Next를 클릭한다.

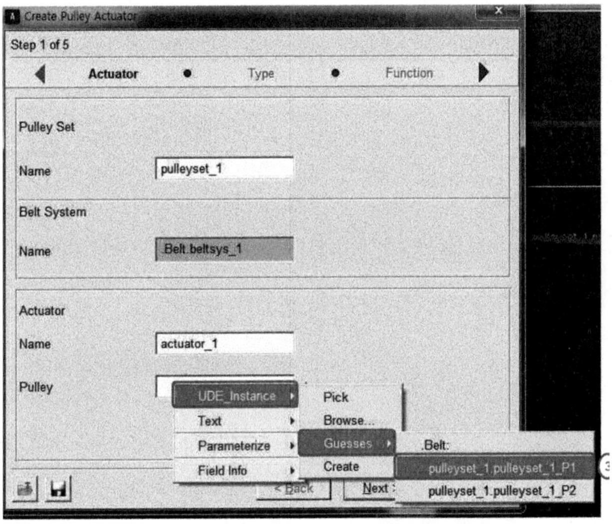

④ Type 탭에서 Motion을 선택하고 Next를 클릭한다.

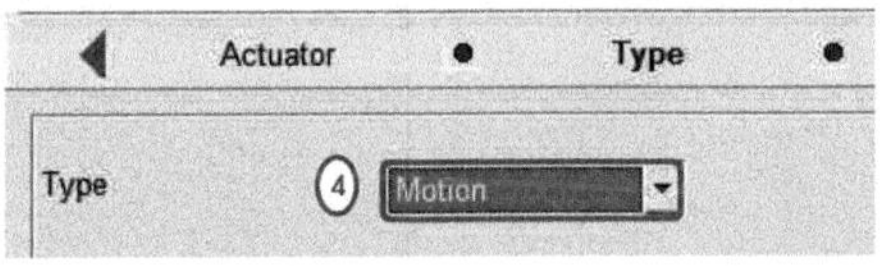

⑤ Function: User Defined에 step(time,0,0,0.25,40)을 입력한다. 그리고 Next를 클릭한다.

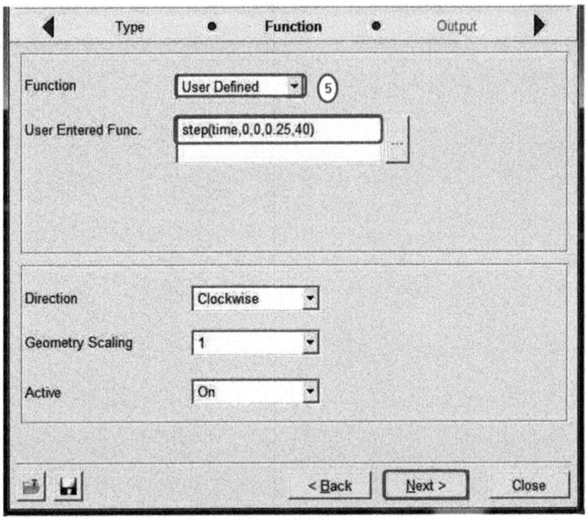

⑥ Output 탭에서 모두 체크를 한 후 Next를 클릭한다. 그리고 Finish를 클릭한다.

step 6 Solver Settings 설정하기

① Main 메뉴에서 Settings의 Solver에서 Executable을 클릭한다.

② Solver에서 C++을 체크한다.

③ Category에서 Dynamics를 선택하고 Integrator: HHT를 선택한다. 그리고 Close를 클릭한다.

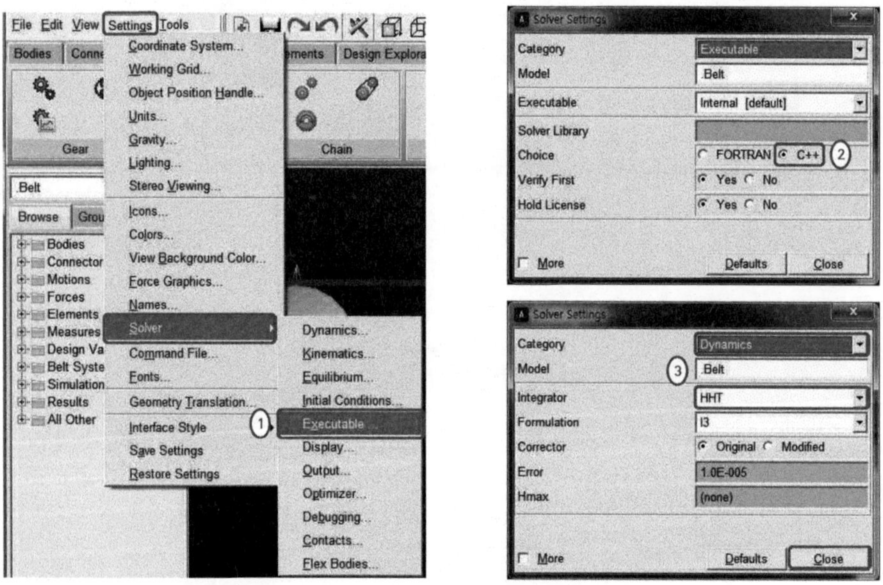

step 7 시뮬레이션 돌리기

① Simulation Control에서 End time을 1 초, Steps를 100으로 하고 Sim. Type을 Dynamic으로 하여 시뮬레이션을 시작한다. 모델이 잘 작동하는지 확인한다.(시뮬레이션이 완료되는 시간은 컴퓨터에 따라 다르다.)

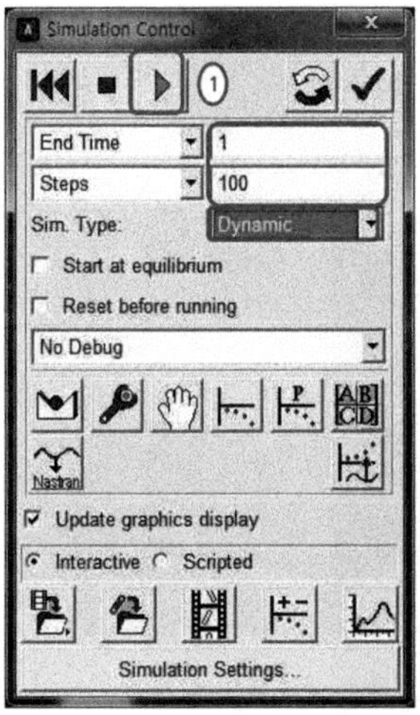

step 8 Box 만들기

① Main Toolbox의 Bodies에서 Rigid Body: Box를 클릭한다.

② New Part를 선택하고 Length, Height, Depth를 모두 체크를 한 후 치수를 모두 3cm로 입력한다.

③ 스크린에서 우클릭하여 Location Event창을 사용해 0,60,-15을 클릭하여 Box를 만들어 준다.

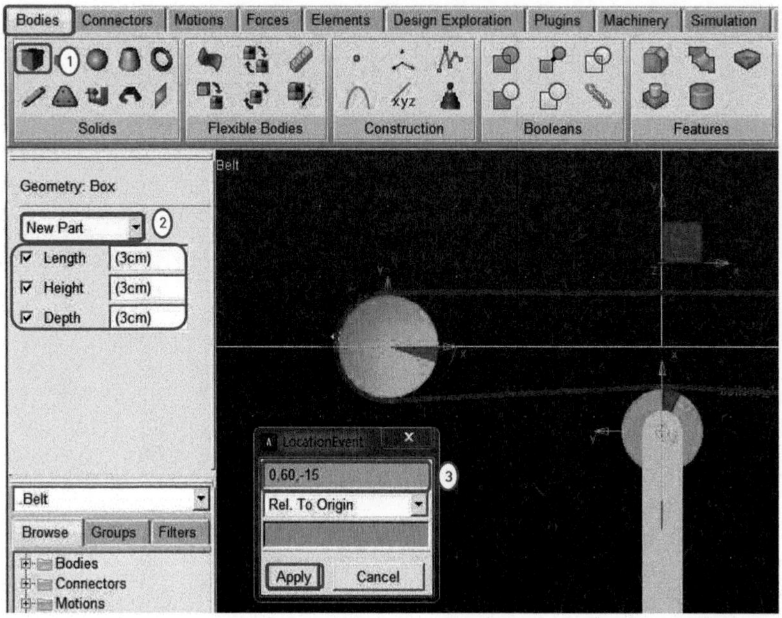

step 9 Fixed Joint 만들기

① 이제 Box와 ground사이에 fixed joint를 만들 것이다. 이 joint는 나중에 Script를 사용하여 시뮬레이션을 하는 동안 비활성화 될 것이다. 그러면 먼저 Main Toolbox의 Connectors에서 Joint: Fixed를 클릭한다.

② Box와 ground를 차례대로 클릭한 후에 PART_#.cm을 선택하여 Fixed Joint를 만들어 준다. 여기서 #은 현재 당신의 모델에서 PART의 숫자를 나타낸다.

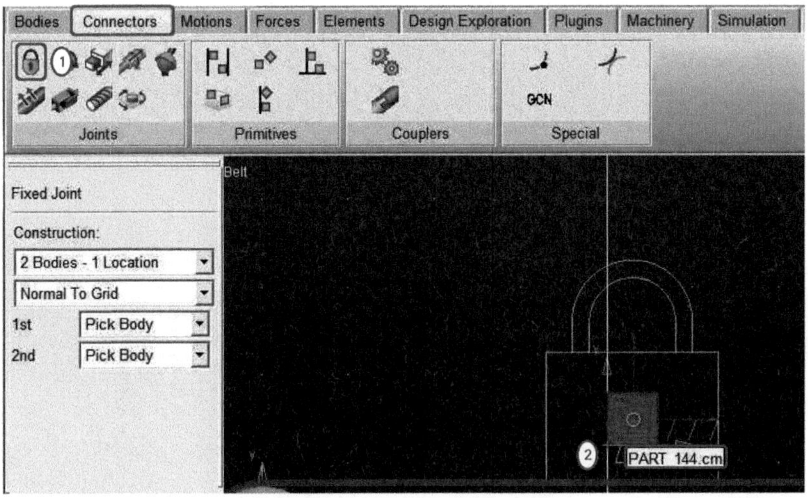

step 10 Adams/View Command Language를 사용하여 Contact 만들기

① 떨어지는 Box와 Blet 사이에 작용을 모델하기 위해서, Contact이 둘 사이에 추가 되어야한다. Belt가 138개의 Segments로 구성되어 있기 때문에 138개의 Contact 쌍을 만들어야 한다. 만약 각각 그것들을 일일 만든다면 이 작업은 매우 지루한 작업이 될 것이다. 그러나 Adams/View Command Language는 루프를 이용하여 이러한 과정을 가능하게 해준다. 따라서 먼저 exercise_dir/ example 28/ start 폴더에 있는 Contact.cmd 파일을 아무 Text editor로 열어 준다.

② 그러면 아래 그림처럼 나올 것이다. 다음을 설명을 따라 수정해 준다.

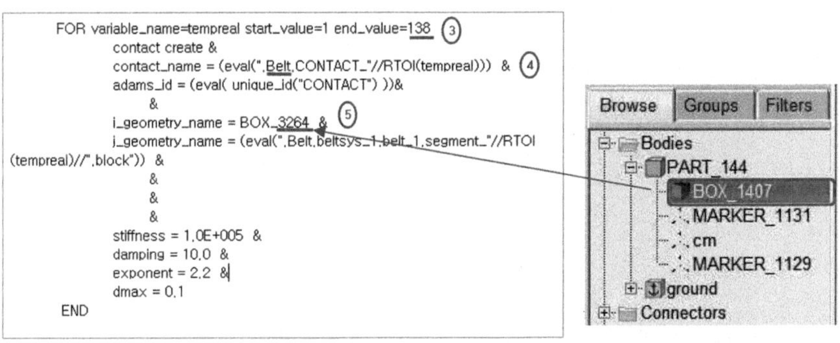

③ 1 번째 줄에서 "end_value=" 다음에 자신의 Belt 모델의 Segment의 수를 입력한다.

④ 3 번째 줄에서 "Belt"를 자신의 모델 이름으로 바꾸어 준다.

⑤ 6 번째 줄에서 BOX_3264를 자신의 모델에서 Box_#으로 바꾸어 준다. #은 자신의 모델에서 Box의 숫자를 나타낸다.

⑥ 수정을 다 하고나서 저장한다.

step 11 cmd 파일 Impot 하기

① Main 메뉴에서 File에 Import를 클릭한다.

② File Type을 Adams/View Command File로 선택하고 File To Read의 텍스트 창을 더블 클릭하여 방금 전에 수정 했던 Contact.cmd 파일을 선택한다.

③ OK를 클릭한다.

④ Model Tree의 Forces에서 138개의 Contact을 확인 할 수 있다.

⑤ 스크린이 매우 지저분하므로 V키를 눌러 아이콘들을 숨긴다.

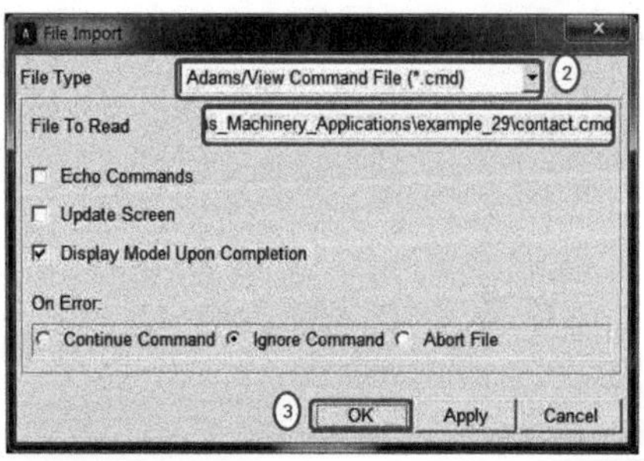

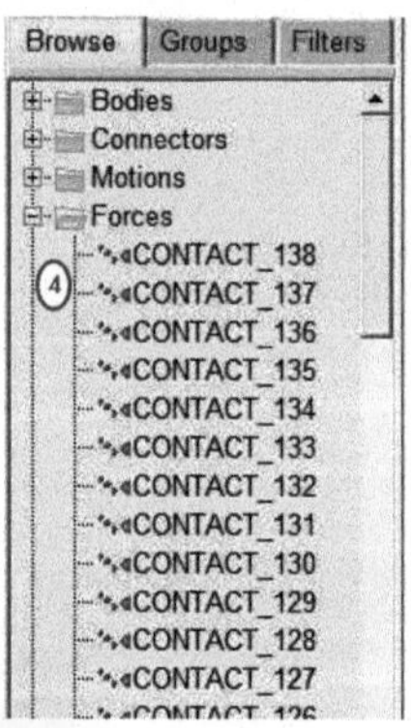

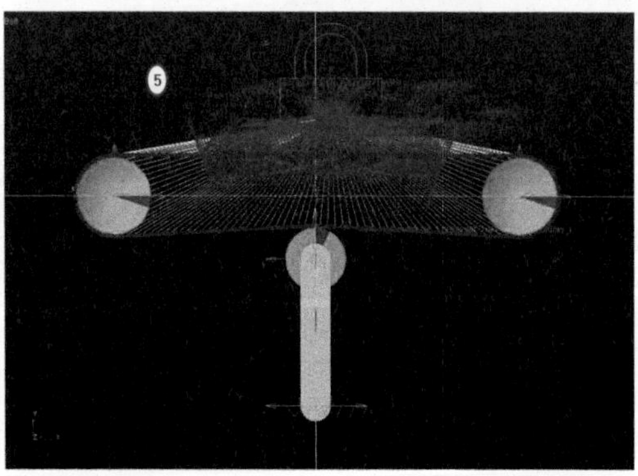

step 12 New Simulation Script 만들기

① Main Toolbox의 Simulation에서 Setup: Create a new Simulation: Script을 클릭한다.

② Script Type에서 Adams/Solver Commands를 선택한다.

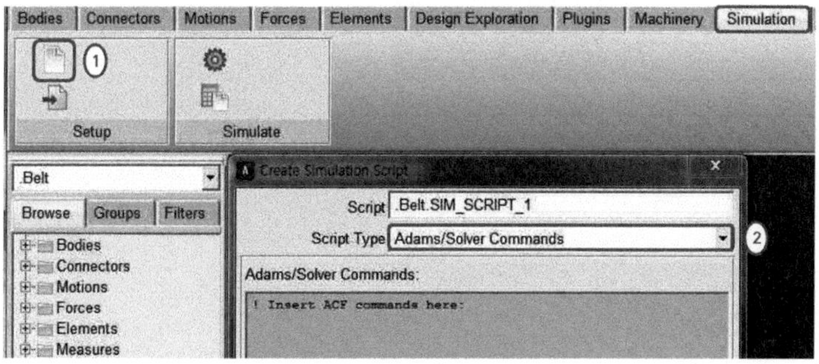

③ 아래 메뉴에서 Dynamic Simulation을 선택한다.

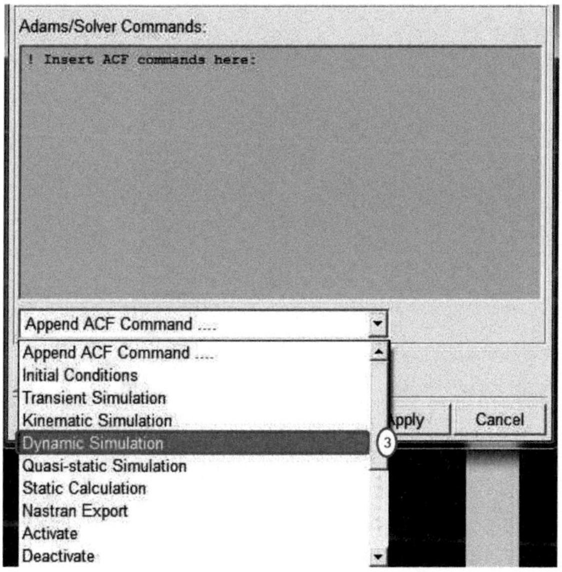

④ Number of Steps에 50을 입력, End Time에 0.5를 입력하고 OK를 클릭한다.

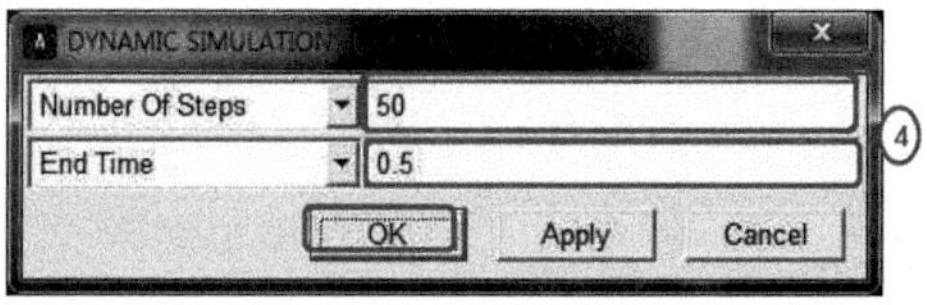

⑤ 다시 아래 메뉴에서 Deactivate를 선택한다.

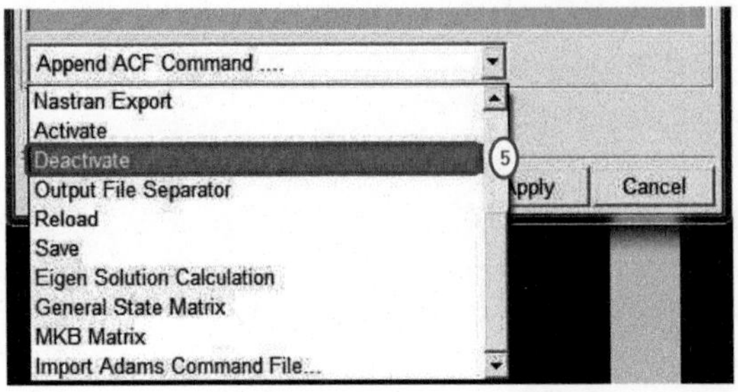

⑥ Joint에서 더블 클릭하여 Fixed joint를 선택하고 OK를 클릭한다. Joint의 ID는 다양할 수 있다.

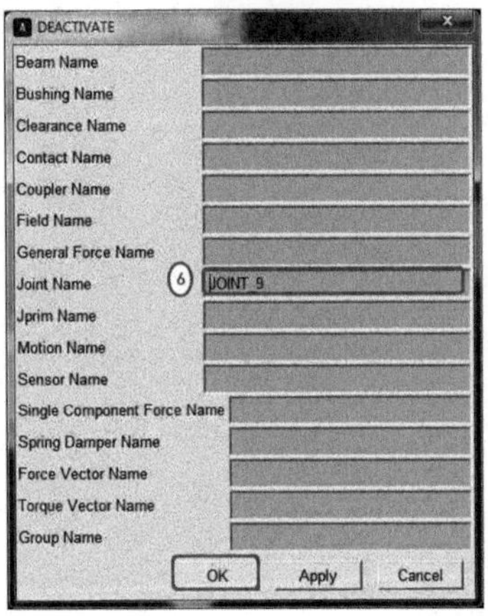

⑦ 다시 아래 메뉴에서 Dynamic Simulation을 선택하여 Steps를 90, End time을 1.4로 입력하여 OK를 클릭해준다.

⑧ (최종 Adams/Solver Commands를 보면 아래 그림과 같을 것이다. 이 시뮬레이션은 Dynamic 시뮬레이션으로 t=0 초에서 시작할 것이다. 그리고 t=0.5 초 일 때 Fixed joint가 비활성화 되어 박스가 떨어진다. Dynamic simulation은 End time인 1.4 초 까지 계속 시뮬레이션을 할 것이다.) OK를 클릭한다.

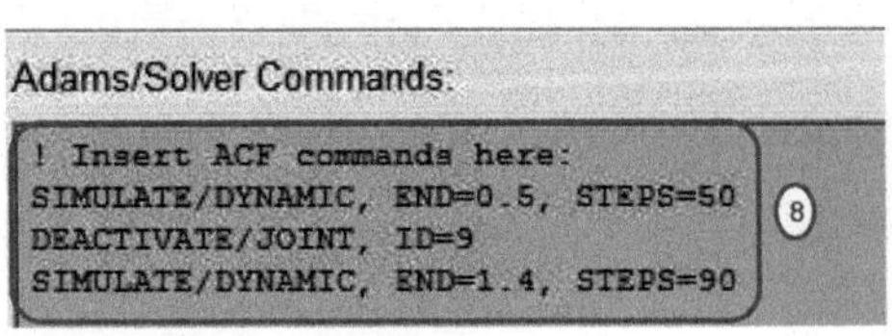

step 13 Scripted Simulation 돌리기

① Main Toolbox의 Simulation에서 Simulate: Run a Scripted Simulation을 클릭한다.

② Script Name의 텍스트 창에서 우클릭하여 방금 전에 만들었던 Script을 선택한다.

③ 시뮬레이션을 시작한다.

④ 자신의 컴퓨터에 따라 시뮬레이션 시간이 다를 것이다. 시뮬레이션이 끝나면 Adams/PostProcessor 창을 열고 Source를 Result Sets를 선택, beltsys_1의 belt_1에서 belt_1_span_at segment_10을 선택한다. Tension_force를 선택하고 Add Curves를 클릭한다.

⑤ 좌측에서 vaxis를 클릭하고 Auto Scale을 체크를 해제한 후 Limits를 0~200으로 하면 밑에 그림처럼 나타날 것이다.

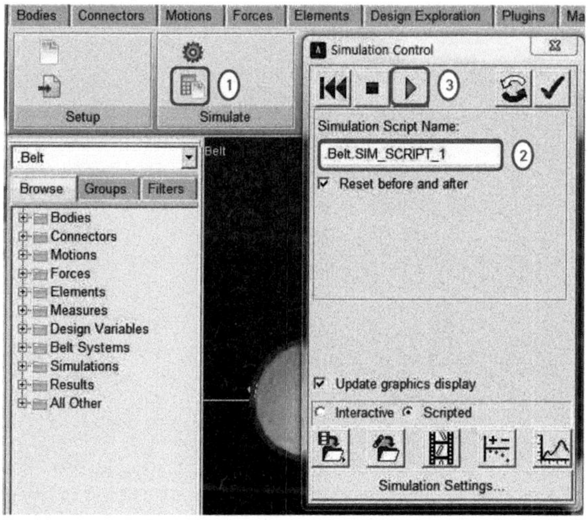

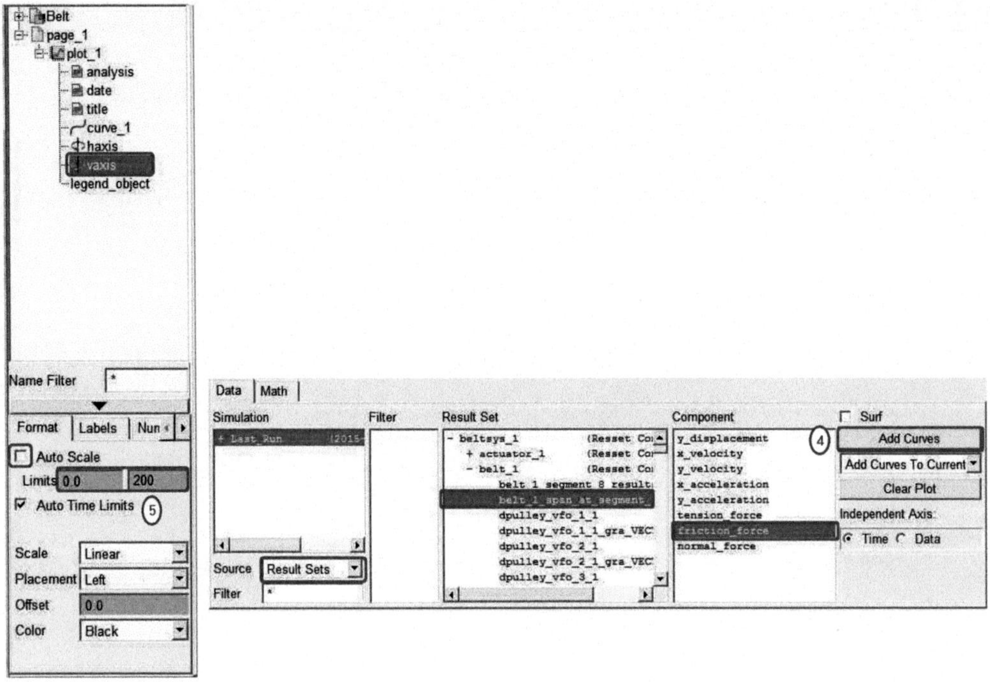
Belt
page_1
plot_1
analysis
date
title
curve_1
haxis
vaxis
legend_object
Name Filter
Format
Labels
Auto Scale
Limits 0.0 200
Auto Time Limits
5
Scale Linear
Placement Left
Offset 0.0
Color Black
Data
Math
Simulation
Filter
Result Set
Component
Surf
Last_Run
beltsys_1
actuator_1
belt_1
belt_1_segment_8_result
belt_1_span_at_segment_
dpulley_vfo_1_1
dpulley_vfo_1_1_gra_VEC
dpulley_vfo_2_1
dpulley_vfo_2_1_gra_VEC
dpulley_vfo_3_1
y_displacement
x_velocity
y_velocity
x_acceleration
y_acceleration
tension_force
friction_force
normal_force
4
Add Curves
Add Curves To Current
Clear Plot
Independent Axis:
Time
Data
Source Result Sets

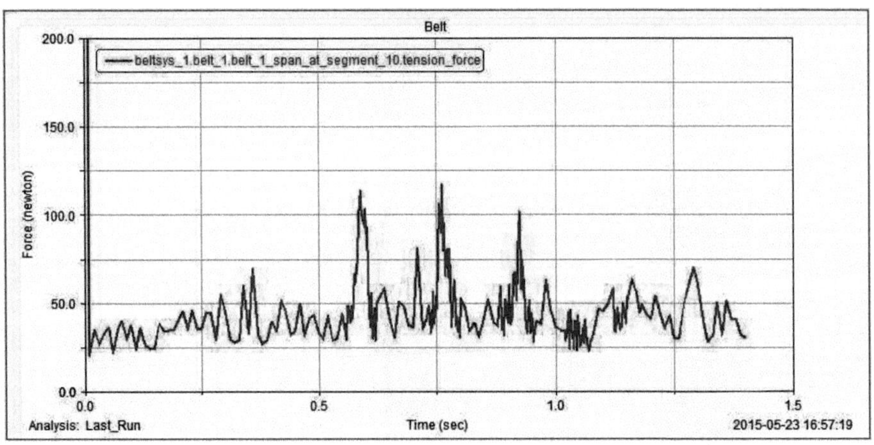
Belt
beltsys_1.belt_1.belt_1_span_at_segment_10.tension_force
Force (newton)
200.0
150.0
100.0
50.0
0.0
0.0
0.5
1.0
1.5
Analysis: Last_Run
Time (sec)
2015-05-23 16:57:19

Example 29. Serpentine Belt

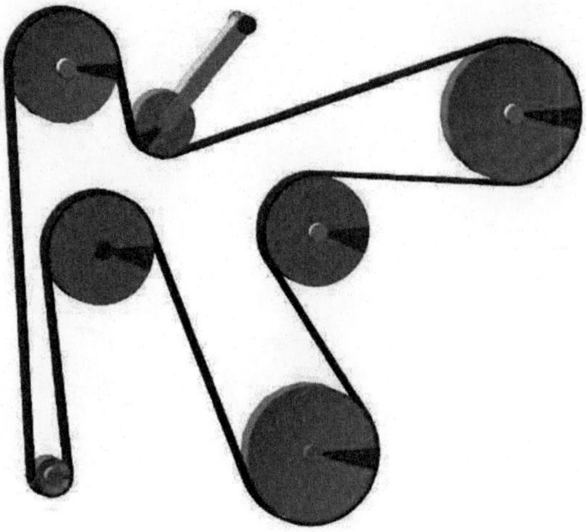

Workshop Objective

Adams/Machinery에서

- Serpentine belt system을 만들고 시뮬레이션하고 영상을 재생한다.

Software Version Adams 2013.2

- Adams/Machinery Plugin with belt module이 필요함.

필요한 파일들

- serpentine_belt_start.cmd

문제 설명

- 모델은 serpentine belt system을 나타낸다.
- Crank shaft는 주어진 속도로 회전한다.
- Crank shaft pulley의 회전은 벨트를 통해서 다른 pulley들로부터 전달되어 진다.

시작하기 전 팁

● Solver에서 Compatibility Checking 비활성화 하기:

Adams/View는 모델 파일들을 Reading/Writing을 할 때 기본적으로 모델링의 요소들이C++ Solver와 적합한지를 체크한다. 이러한 체크는 많은 파트들을 가진 모델에 대해서 시간을 소비하게 할 수 있다. 따라서 이러한 옵션을 꺼주기 위해서

① Main 메뉴의 Tools에서 Command Navigator를 클릭한다.

② defaults에서 Solver을 더블 클릭한다.

③ Compatibility Checking을 off로 선택하고 OK를 클릭한다.

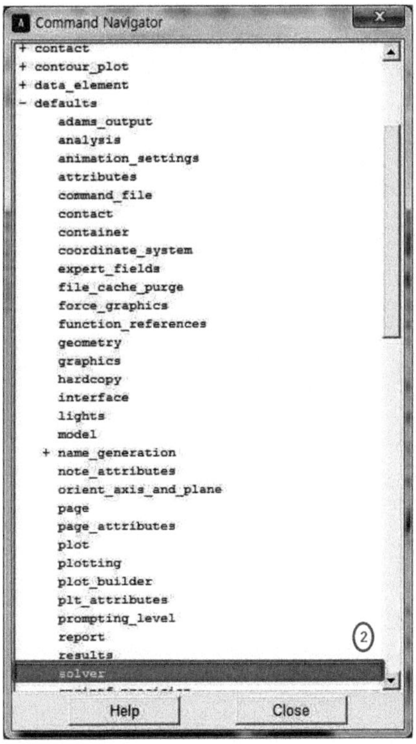

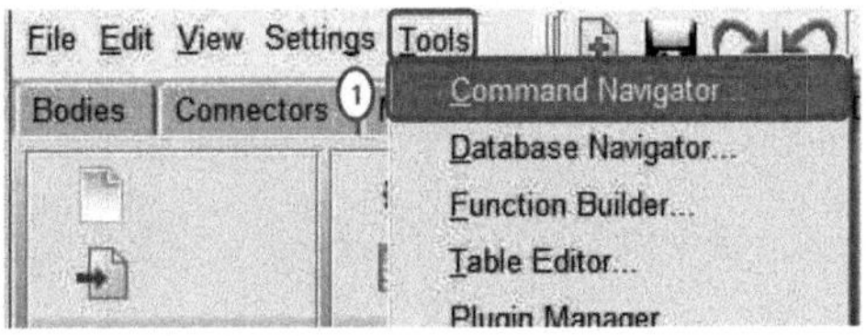

● Model Verify 끄기: Adams/Solver는 불필요한 구속조건들과 질량이 없는 파트들 등등을 시뮬레이션을 하기 전에 체크한다. 이것도 큰 모델에서는 시간을 소모할 수 있다. 따라서

① Settings의 Solver에서 Executable을 클릭한다.

② Verify First를 No로 체크를 하고 Close를 클릭한다.

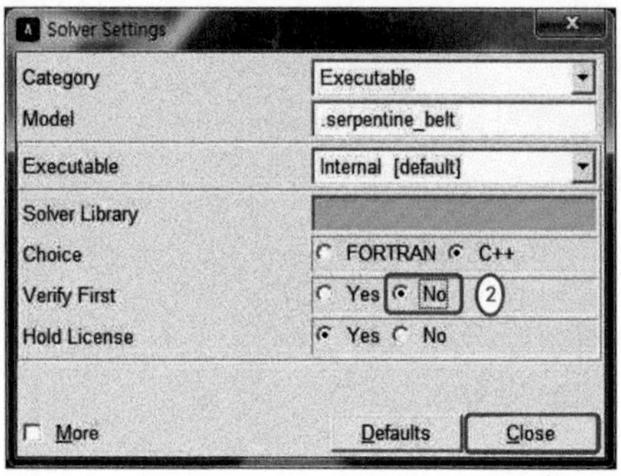

step 1 파일 Import하기

① Adams/View를 실행하고 Existing Model을 클릭한다.

② File Name옆에 아이콘을 클릭하여 exercise_dir/example 29 / start폴더에 있는 serpentine_belt_start.cmd 파일을 선택한다.

③ OK를 클릭한다.

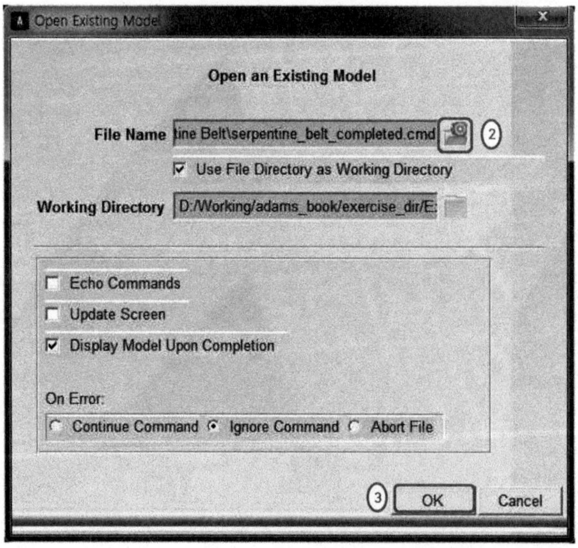

step 2 Pulley Set 만들기

① Main Toolbox의 Machinery에서 Create Pulley를 클릭한다.

② Type 탭에서 Type을 Smooth로 선택하고 Next를 클릭한다.

③ Method 탭에서 2D Links를 선택하고 Next를 클릭한다.

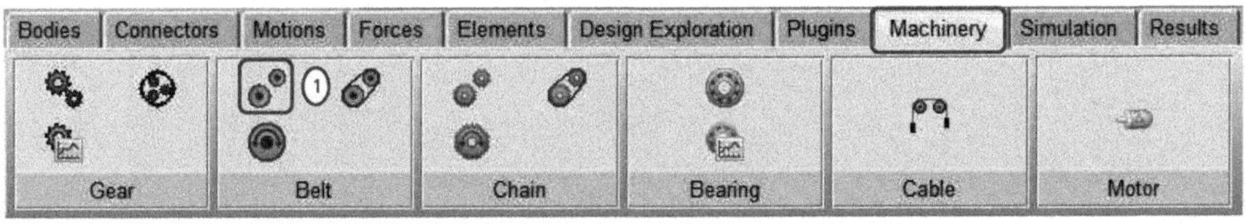

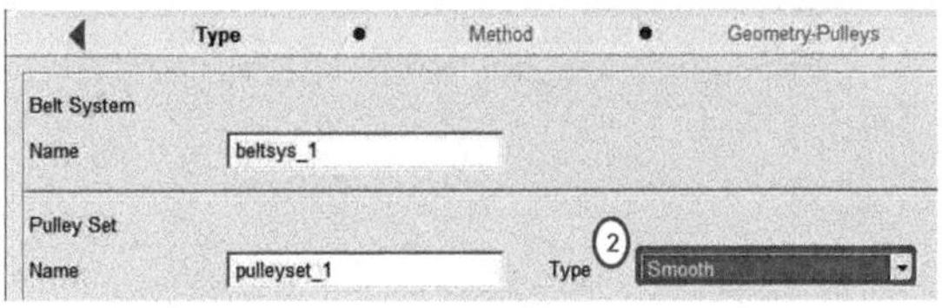

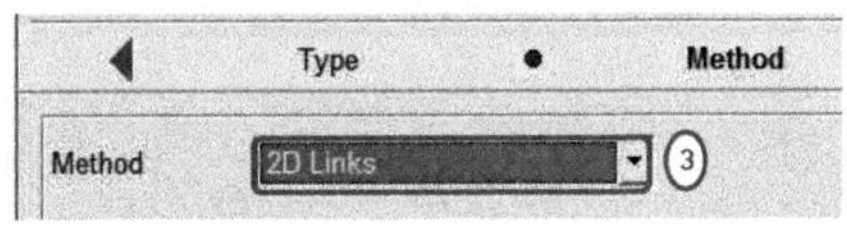

step 3 Geometry & Material Properties 설정하기

① Geometry 탭에서 Number of Pulleys에 4를 입력한다.

② 1 탭에서 Name에 crank_shaft_p를 입력한다.

③ Center Location에 0,0,0을 입력한다.

④ Pulley Width에 30을 입력한다.

⑤ Pulley pitch diameter에 150을 입력한다.

⑥ 2 탭, 3 탭, 4 탭에서는 밑에 표를 참고하여 각 파라미터 값들을 입력해주고 Next를 클릭한다.

⑦ Material 탭에서는 기본 값으로 하고 바로 Next를 클릭한다.

Pulley#	Name	Center Location	Width	pitch Diameter
1	crank_shaft_p	0,0,0	30	150
2	alternator_shaft_p	-300,0,0	30	40
3	ac_shaft_p	-260,440,0	30	120
4	power_strg_shaft_p	250,350,0	30	150

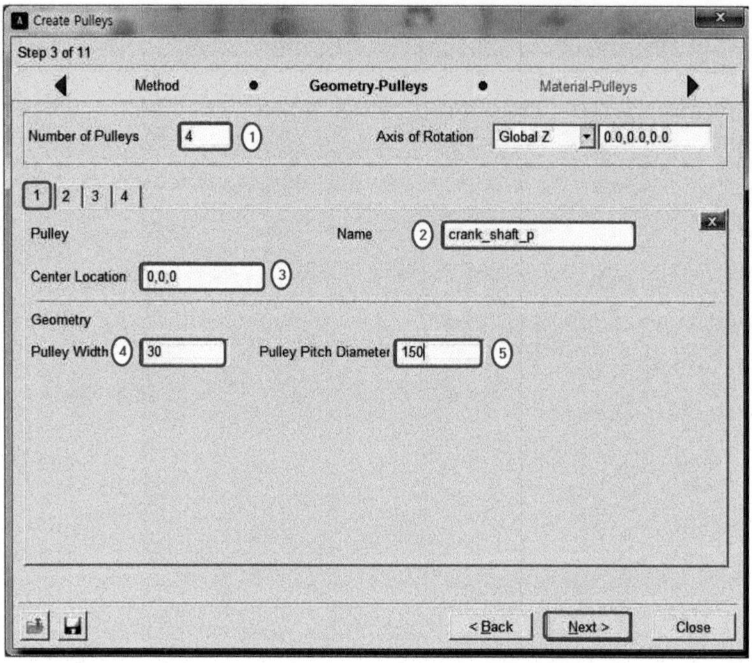

step 4 Connection-Pulleys 탭 설정하기

① Pulley 1인 1 탭에서 crank_shaft에 고정시키기 위해 Type을 Fixed로 선택한다.

② Body에서 Existing을 선택하고 옆 텍스트 창을 더블 클릭하여 Pulley 1이 Fixed joint로 연결될 crank_shaft를 선택한다.

③ 2 탭, 3 탭, 4탭도 아래 표를 참고하여 설정해준 뒤 Next를 클릭한다.

Pulley	Type	Body
Pulley1	Fixed	Existing ¡æ crank_shaft
Pulley2	Fixed	Existing ¡æ alternator_shaft
Pulley3	Fixed	Existing ¡æ ac_shaft
Pulley4	Fixed	Existing ¡æ power_strg_shaft

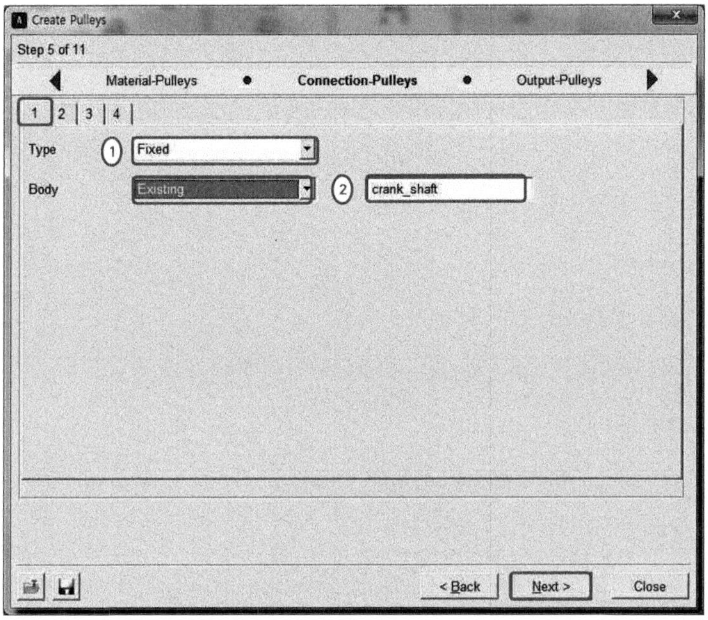

step 5 Pulley의 Outputs 설정하기

① 나중에 Adams/PostProcessor를 사용해 결과를 보기 위해서 Pulley 1,2,3,4 모두 기본 설정으로 해둔다. Next를 클릭한다.

② 이제 Pulley에 대한 구체적인 설정은 끝났다. Completion-Pulleys 탭에서 Next를 클릭한다.

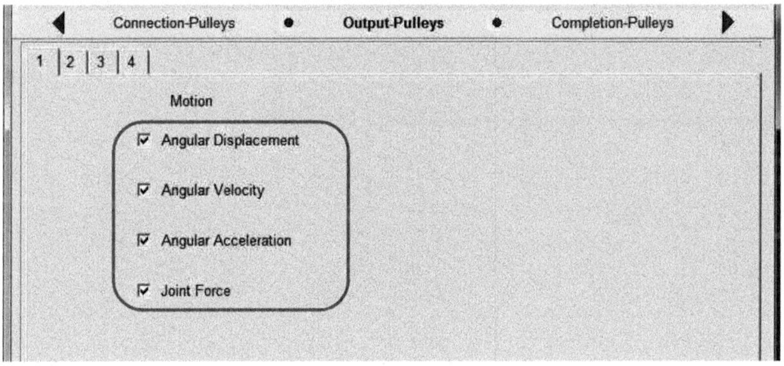

step 6 Geometry−Tensioners 설정하기

① Geometry−Tensioners 탭에서 Number of Tensioner with Deviation Pulley에 3을 입력한다.

② 1 탭에서 Type을 Fixed로 선택한다.

③ Deviation Pulley의 Name에 dev1을 입력한다.

④ Center Location에 20,240,0을 입력한다.

⑤ Pulley Radius에 60을 입력하고 Pulley Width에 30을 입력한다.

⑥ In/Out에서 Out를 체크해 준다.

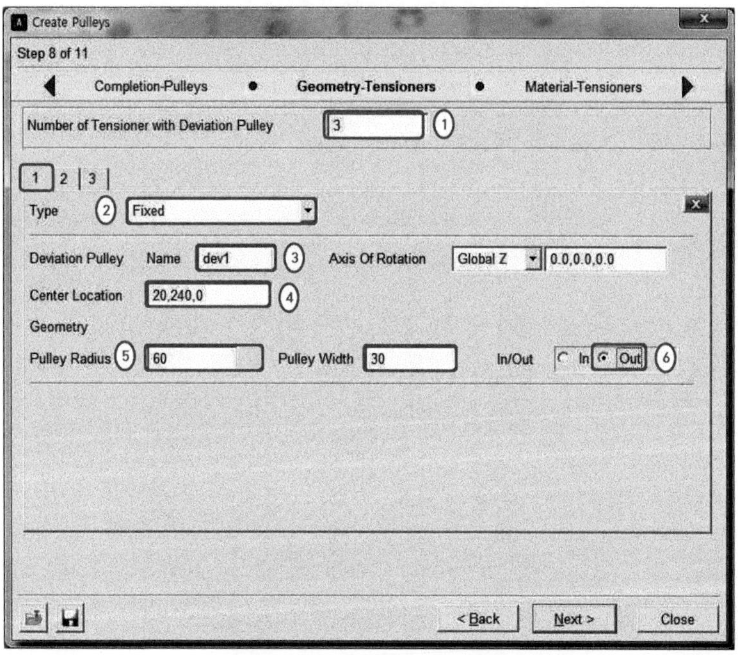

⑦ 위에 과정을 반복하여 밑에 표를 보고 탭 1,2,3 을 지정해준다.

	Type	Deviation Pulley Name	Axis of Rotation	Center Location (Pivot Center)	Pulley Radius	Pulley Width	In/Out
Tab 1	Fixed	dev1	Global Z	20,240,0	60	30	Out
Tab 2	Fixed	dev2	Global Z	−230,240,0	60	30	Out
Tab 3	Rotational	Ten3/dev3	Global Z	−50,470,0	35	30	Out

⑧ 탭 3에서 Tensioner의 Name에 Ten3을 입력하고 다음과 같이 값을 입력해준다.

Pivot Center : −50,470,0

Length : 140 Width : 20 Depth : 30 Installation Angle : 225

Connection Between Tensioner and Deviation Pulley : Yes

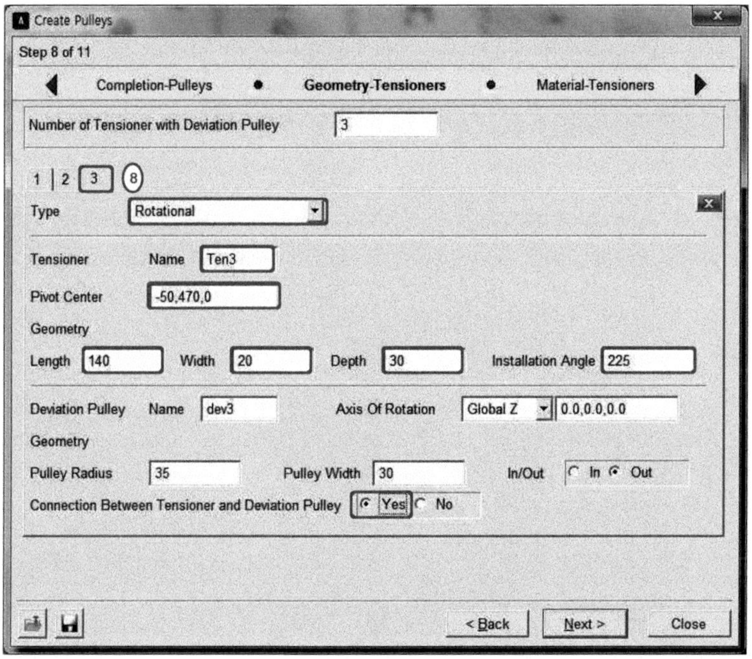

step 7 Material & Connection Tensioners 설정하기

① Material−Tensioners 탭에서 Deviation Pulley와 Tensioner에 대한 Material은 기본 설정 그대로 두고 Next를 클릭한다.

② Connection−Tensioners 탭에서 1탭, 2탭은 그대로 두고 3 탭에서 Tensioner3에 대한 connection을 아래 그림처럼 설정해 준다.

(a) Tensioner connector에서 Yes를 체크한다.

(b) Body에서 Existing을 선택하고 옆에 텍스트 창을 더블 클릭하여 tensioner_shaft를 선택한다.

(c) Stiffness=100, Damping=1, Preload=100 으로 입력하고 Next를 클릭한다.

③ Next를 클릭하고 마지막으로 Finish를 클릭한다.

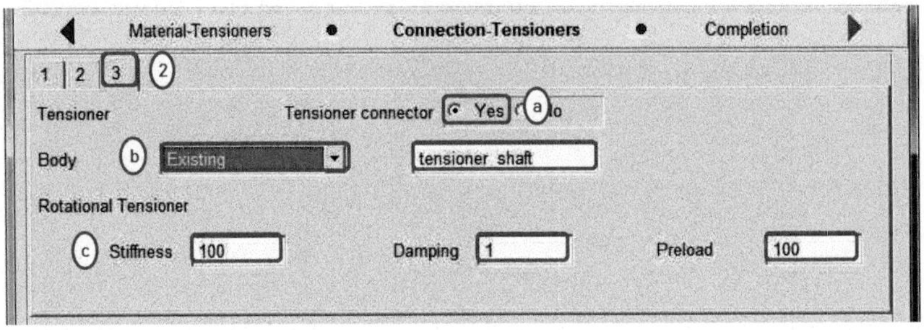

step 8 Blet 만들기

① Main Toolbox의 Machinery에서 Create Belt를 클릭한다.

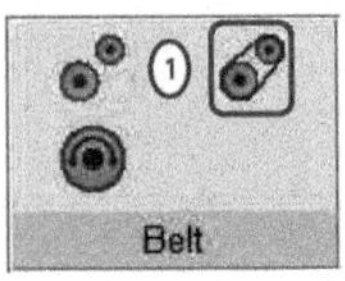

② Type 탭에서 Pulley Set의 Name 옆 텍스트 창을 우클릭한 후 pulley_set → Guesses → beltsys_1.pulleyset_1을 선택하고 Next를 클릭한다.

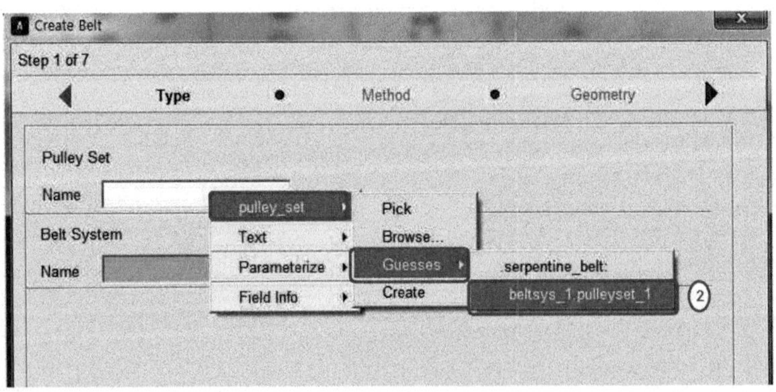

③ Method 탭에서 2D Links를 선택하고 Next를 클릭한다.

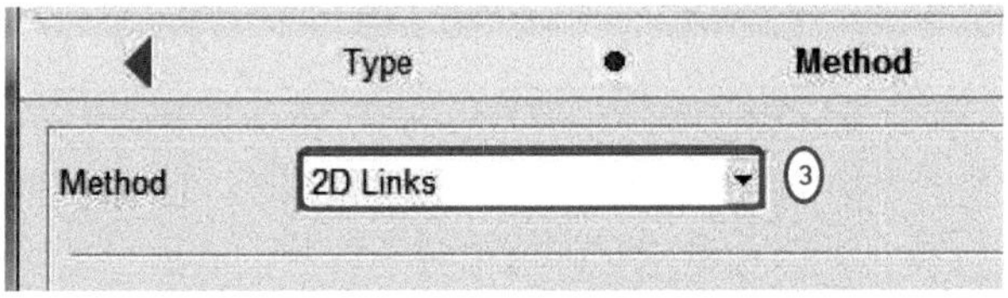

step 9 Geometry 탭 설정하기

① Geometry 탭에서 Segment Length를 10으로 입력한다. (Segment length를 좀 더 크게 설정할수록 계산 시간이 줄어 들 것이다. 그리고 만약 모델이 확인되어 진다면 점차적으로 모델이 개선된다는 것을 알아두자.)

② Belt height에 3.6을 입력하고 Blet width에 30을 입력한다.

③ Belt stiffness는 밑에 그림처럼 설정하고 Next를 클릭한다.

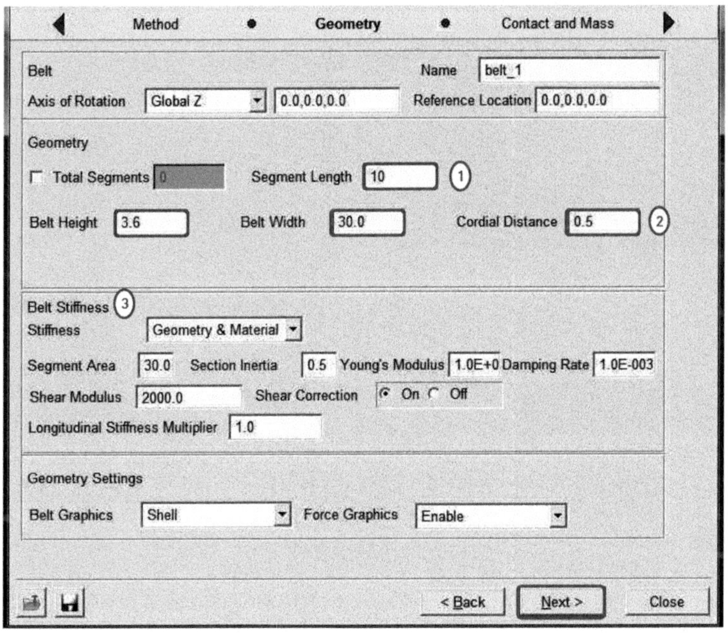

step 10 Contact and Mass 탭 설정하기

① Contact and Mass 탭에서 Contact Parameters만 아래 그림처럼 설정한 뒤 Next를 클릭한다.

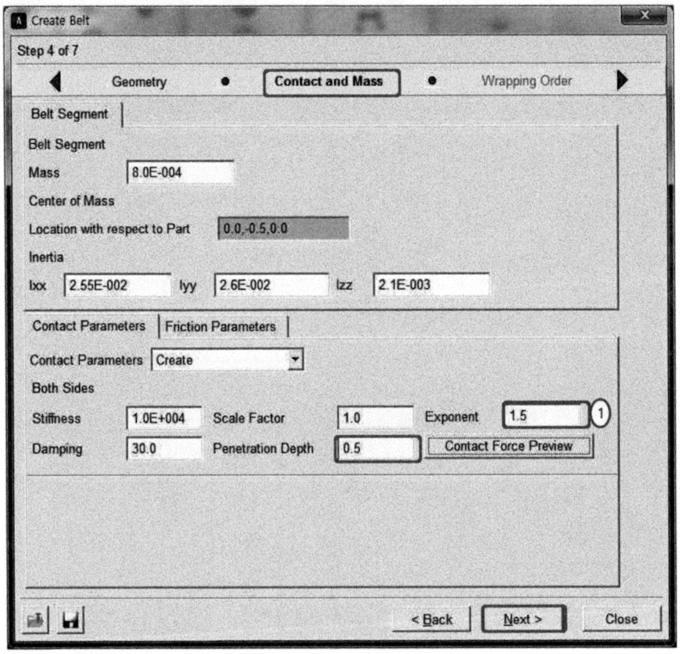

step 11 Wrapping Order 탭 설정하기

① Belt Wrapping Order 텍스트 창에서 우클릭한 후 UDE_Instance에서 Guesses를 사용하여 다음과 같은 순서로 선택해준다. 그리고 Next를 클릭한다.

.serpentine_belt.beltsys_1.pulleyset_1.pulleyset_1_ crank_shaft_p
.serpentine_belt.beltsys_1.pulleyset_1.pulleyset_1dev_ dev2
.serpentine_belt.beltsys_1.pulleyset_1.pulleyset_1_ alternator_shaft_p
.serpentine_belt.beltsys_1.pulleyset_1.pulleyset_1_ac_ shaft_p

.serpentine_belt.beltsys_1.pulleyset_1.pulleyset_1dev_ dev3
.serpentine_belt.beltsys_1.pulleyset_1.pulleyset_1_ power_strg_shaft_p
.serpentine_belt.beltsys_1.pulleyset_1.pulleyset_1dev_ dev1

```
pulleyset_1_crank_shaft_p
pulleyset_1dev_dev2
pulleyset_1_alternator_shaft_p
pulleyset_1_ac_shaft_p
pulleyset 1dev dev3
pulleyset_1_power_strg_shaft_p
pulleyset_1dev_dev1
```

step 12 Belt Output 탭 설정하기

① Output 탭에서 Span Request와 Segment Request를 모두 체크해 준다.

② Belt Span 탭 아래 Belt parts 의 텍스트 창에서 우클릭하여 Guesses를 사용하여 아무 Segment를 선택해준다. 그리고 Reference Part도 우클릭하여 ground를 선택한다.

③ Belt Segment 탭에서도 아무 Segment를 선택하여 입력해준다. Next를 클릭하고 Finish를 클릭한다.

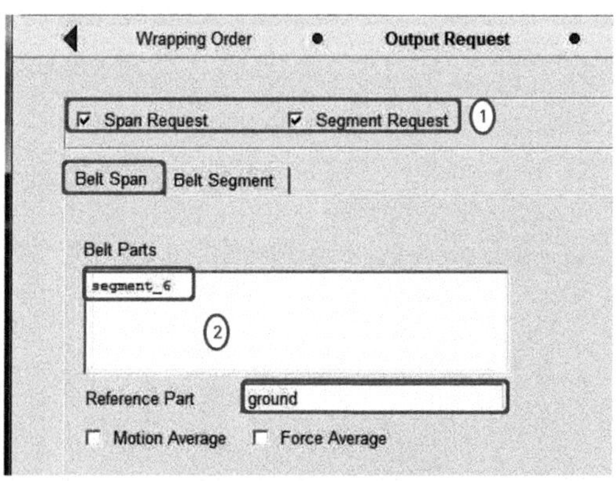

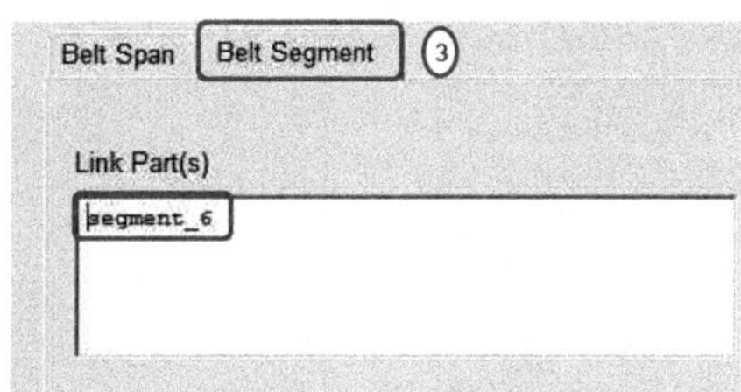

step 13 Belt 완성하기

아래 그림처럼 만들어지는지 확인한다.

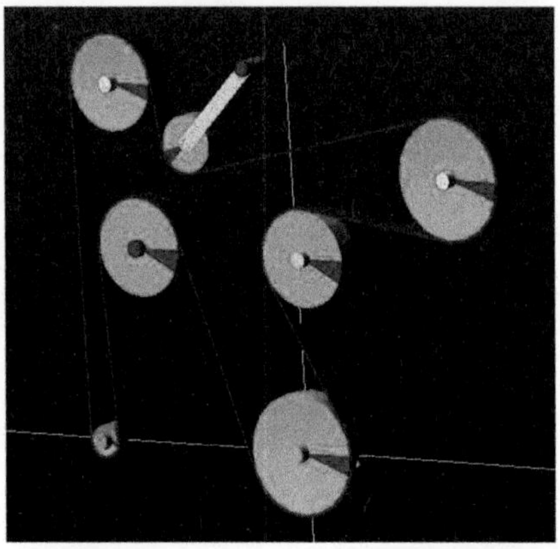

step 14 시뮬레이션 설정하기

① Belt같이 많은 파트들을 시뮬레이션 하는 동안 Adams/Solver위해 적절한 설정들이 사용된다. 먼저 Simulation Control에서 End Time을 2 초, Steps를 200으로 입력하고 Sim. Type을 Dynamic로 선택한다.

② Simulation Settings를 클릭한다.

③ Solver Settings에서 Category를 Dynamics로 한 후 , Integrator를 HHT로 선택, Error를 1.0E−005로 입력하고 Close를 클릭한다.(HHT integrator는 Belt/Chain 모델에서 가장 적합하다.)

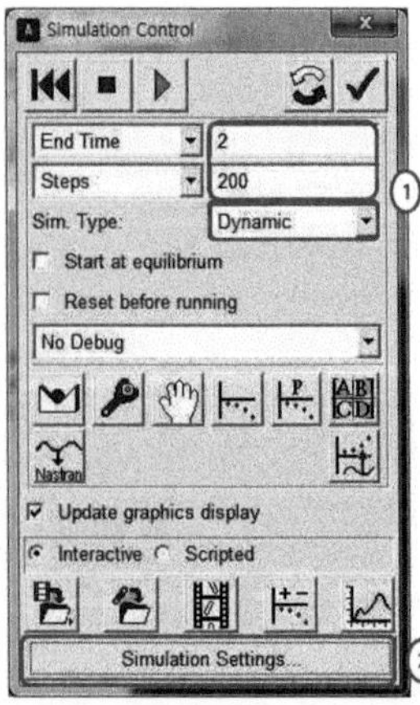

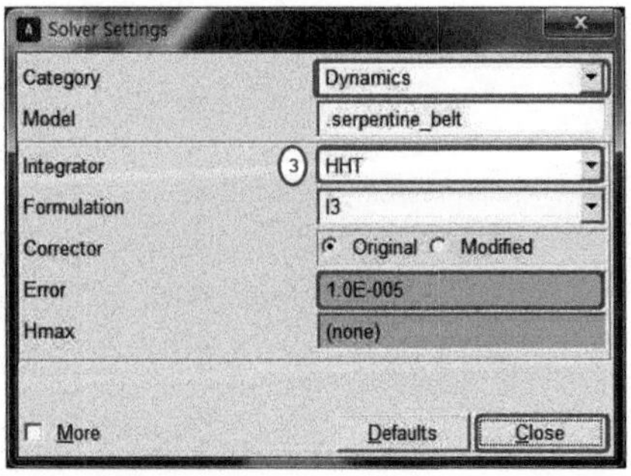

step 15 시뮬레이션 돌리고 결과 보기

컴퓨터에 따라 해석하는 시간이 차이가 날 것이다. 많은 시간이 걸리니 인내하면서 기다리자.

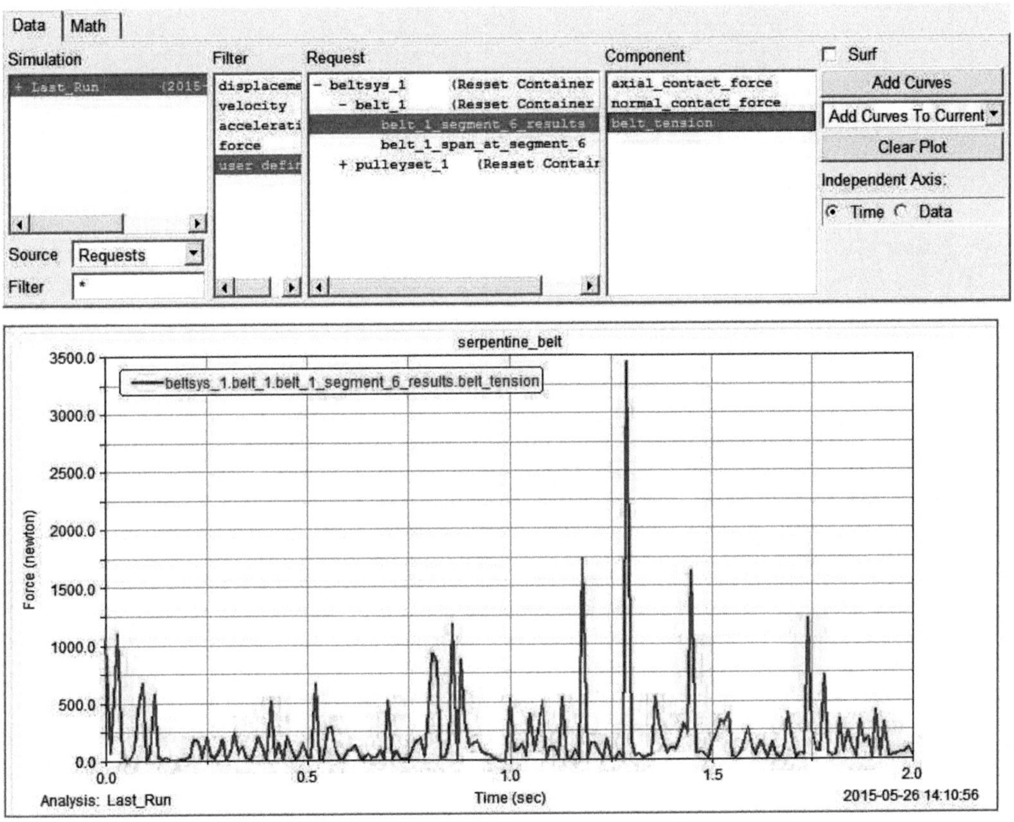

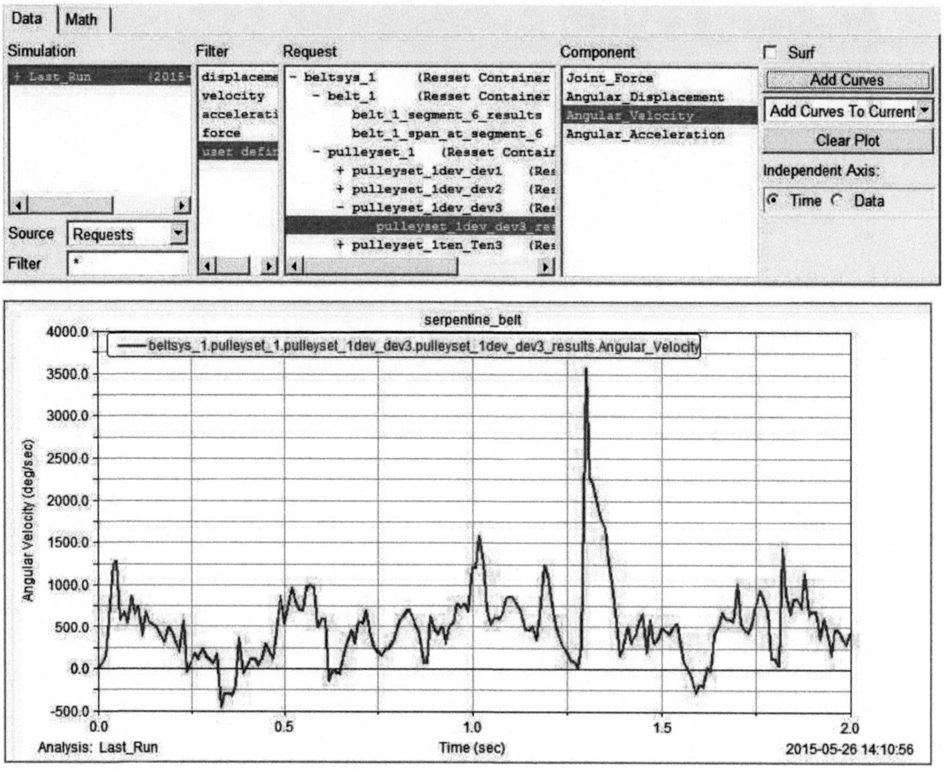

Data
Math
Simulation
Filter
Request
Component
Surf
Last_Run
displaceme
velocity
accelerati
force
user defi
- beltsys_1 (Resset Container
- belt_1 (Resset Container
belt_1_segment_6_results
belt_1_span_at_segment_6
- pulleyset_1 (Resset Contair
+ pulleyset_1dev_dev1
+ pulleyset_1dev_dev2
- pulleyset_1dev_dev3
pulleyset_1dev_dev3_res
+ pulleyset_1ten_Ten3
Joint_Force
Angular_Displacement
Angular_Velocity
Angular_Acceleration
Add Curves
Add Curves To Current
Clear Plot
Independent Axis:
Time
Data
Source
Requests
Filter
serpentine_belt
beltsys_1.pulleyset_1.pulleyset_1dev_dev3.pulleyset_1dev_dev3_results.Angular_Velocity
Angular Velocity (deg/sec)
Time (sec)
Analysis: Last_Run
2015-05-26 14:10:56

Example 30. Gear Train

Workshop Objectives

- 헬리컬 기어 쌍과 바벨 기어 쌍 둘 다 만들기.
- 기어 쌍 설정을 위한 파라미터들과 익숙하게 만들기.
- Rigid part를 Flexible part로 변환하는 방법 배우기.
- dummy part를 사용하여 유연한(flexible) 베어링 또는 기어를 연결하기.

Software Version

Adams 2013.2

- Adams/Machinery Plugin with gear and bearing module이 필요함.

필요한 파일들

- Withbacklash.cmd

step 1 Adams/View 시작하고 파일 Import 하기

① Adams/View를 실행하고 Existing Model을 클릭한다.

② File Name 옆에 아이콘을 클릭하여 exercise_dir/Example 30/ start 폴더에 있는 Withbacklash.cmd 파일을 선택한다.

③ OK를 클릭한다.

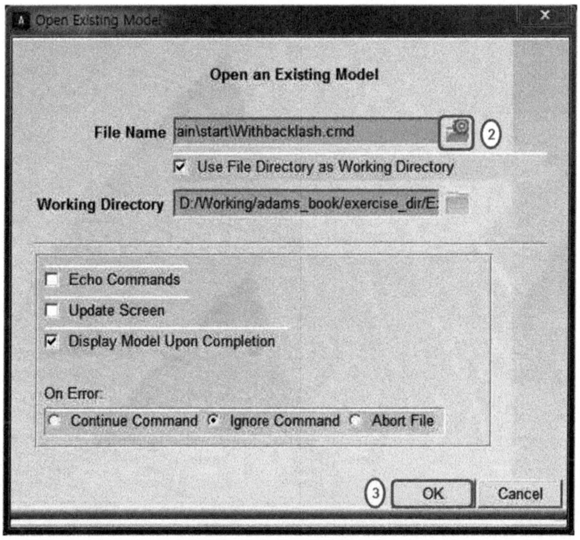

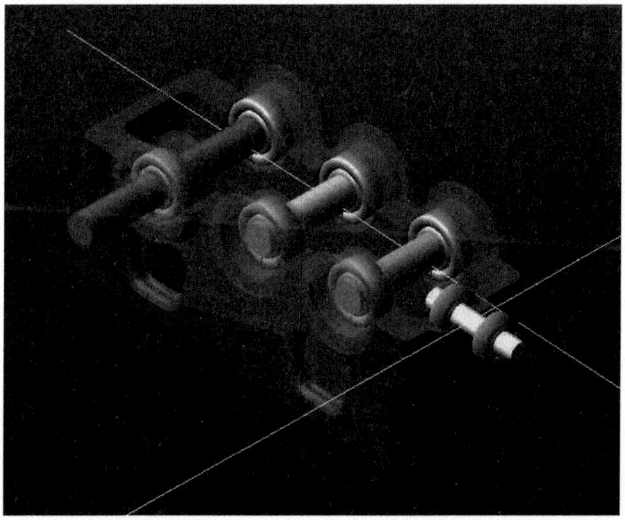

step 2 기어 쌍 추가하기

① Main Toolbox의 Machinery에서 Create gear pair를 클릭한다.

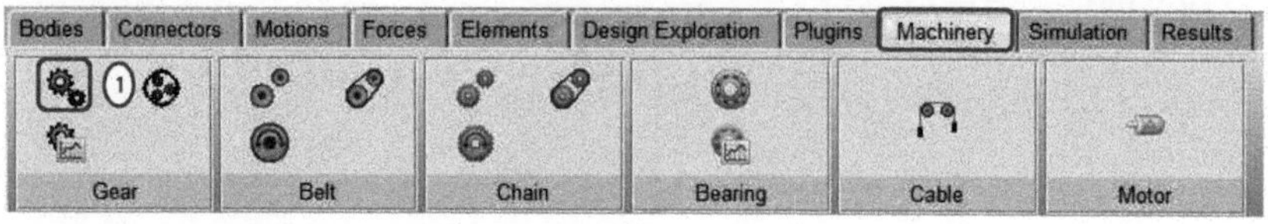

② Type 탭에서 Helical를 선택하고 Next를 클릭한다.

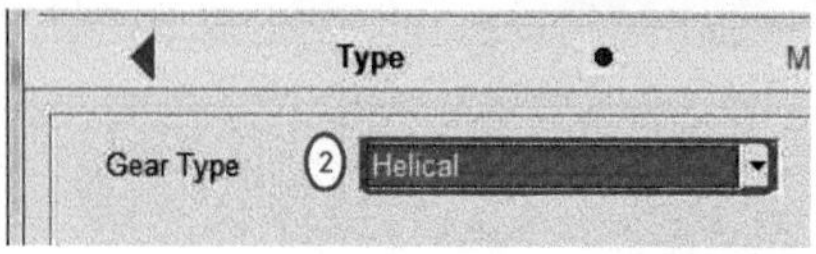

③ Method 탭에서 3D Contact를 선택하고 Next를 클릭한다.

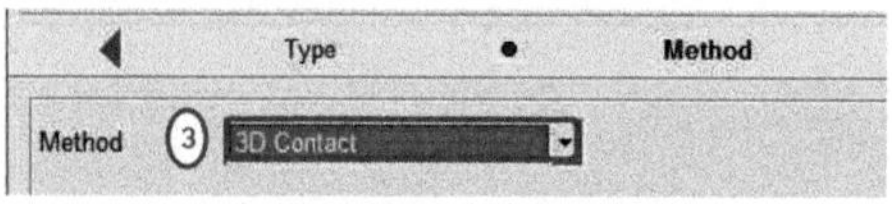

④ Geometry 탭에서 밑에 그림처럼 각 파라미터들의 값을 입력한다.(여기서 Gear2에서 Center location은 (0,194.55609294,0) 을 입력한다.)

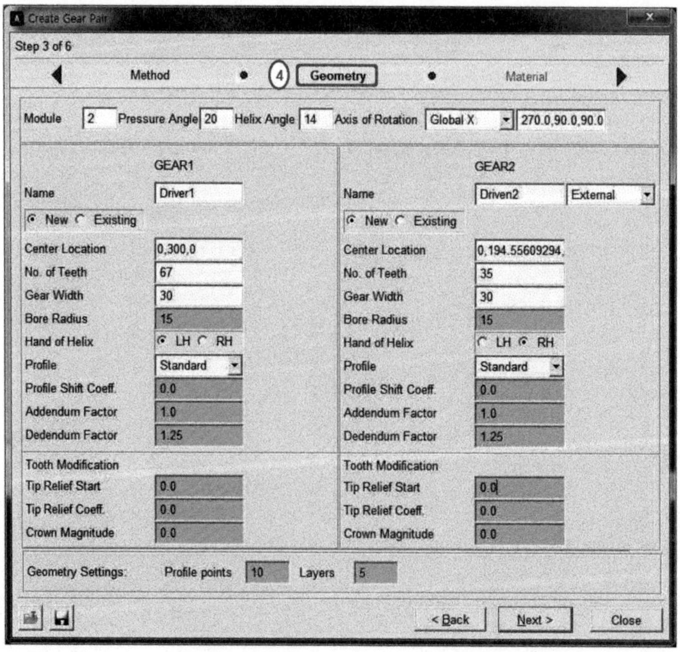

⑤ Material 탭에서는 기본 값으로 두고 Next를 클릭한다.

⑥ Connection 탭에서 Gear1의 Type을 Fixed로 선택하고 Body에서 텍스트 창을 더블 클릭하여 PART_6를 선택한다.

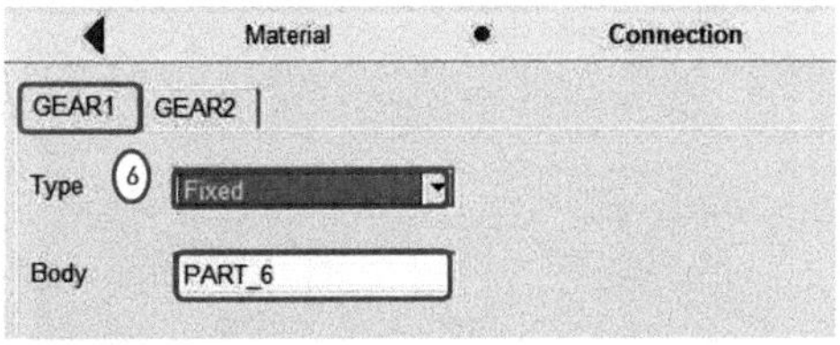

⑦ Gear2에서도 Type을 Fixed로 Body는 PART_5을 선택하고 Next를 클릭한다. 그리고 Finish를 클릭한다.

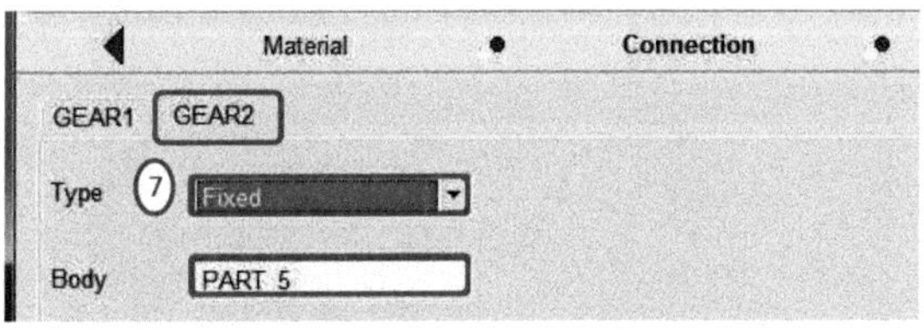

⑧ 위에 과정을 반복하여 총 2개의 헬리컬 기어 쌍과 1개의 바벨 기어 쌍을 만들어 준다. 밑에 표를 참고한다.

	Gear Type	Method	Connection			
			Gear 1		Gear 2	
			Type	Body	Type	Body
Gear pair 1	Helical	3D Contact	Fixed	PART_6	Fixed	PART_5
Gear pair 2	Helical	Simplified	Fixed	PART_5	Fixed	PART_3
Gear pair 3	Bevel	Simplified	Fixed	PART_3	Fixed	PART_2

(Gear pair 2) – (Gear1의 Center Location은 (−50,194.5560929,0)을 입력한다.)

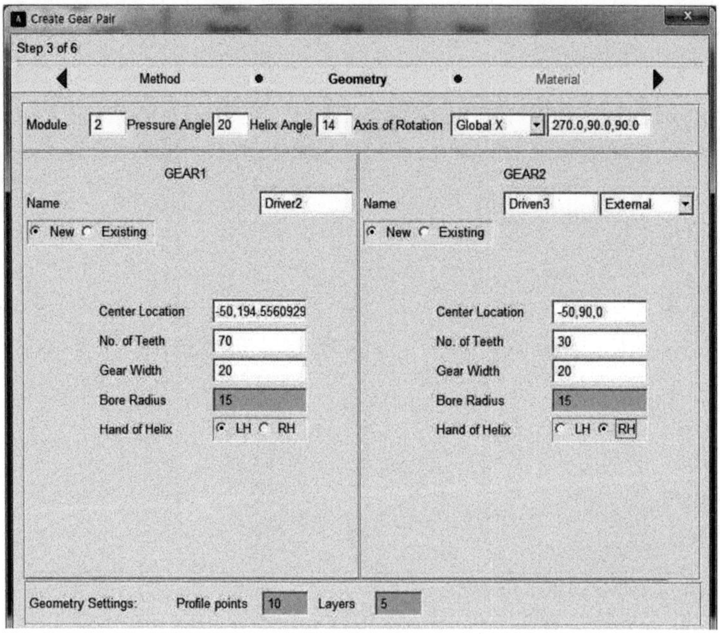

(Gear pair 3)

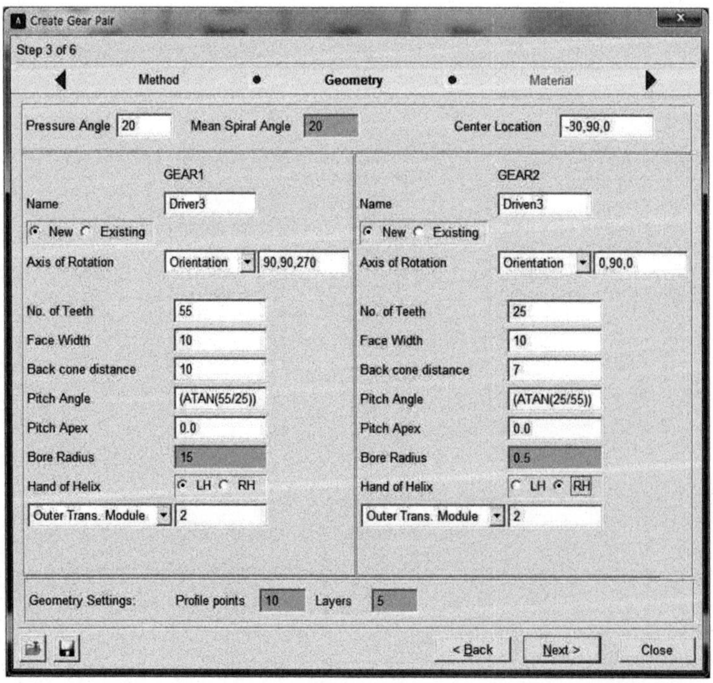

step 3 시뮬레이션 돌리기

① Simulation Control에서 End Time을 0.2 초, Steps를 200으로 하고 Sim. Type을 Dynamic으로 선택한다.

② 아래 Simulation Settings를 클릭한다.

③ Category에서 Dynamics로 선택하고 Integrator를 HHT로 선택하고 Error를 1.0E-006으로 입력한 후 Close를 클릭한다.

④ 시뮬레이션을 시작한다.

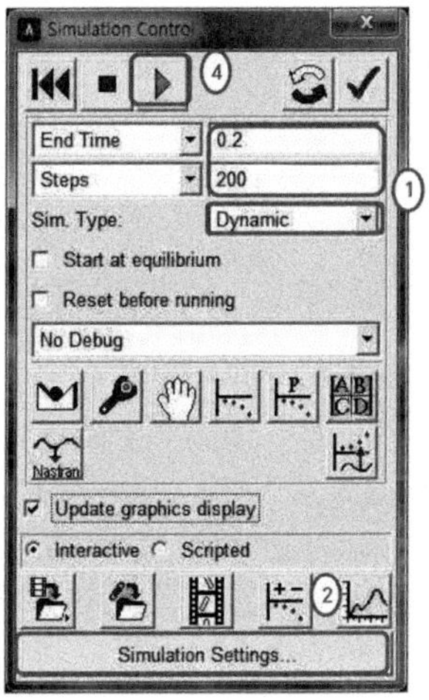

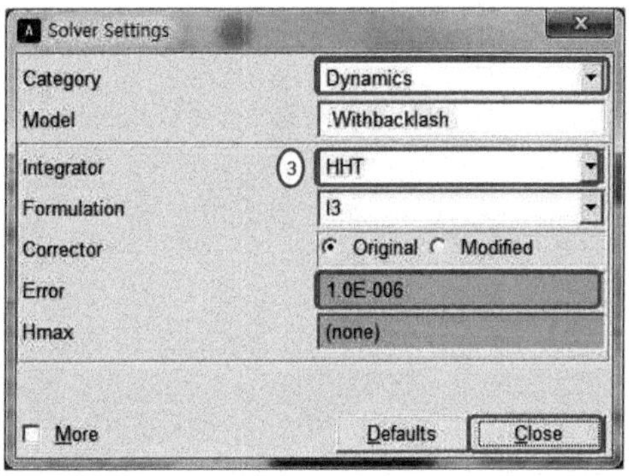

step 4 기어를 Dummy part에 연결하기

① Model Tree의 Gear Systems에서 Driver1_1_Driven2_1을 우클릭한 후 Modify를 클릭한다.

② Connection 탭이 나올 때까지 Next를 계속 클릭한다.

③ GEAR1 탭에서 Body를 Gshaft로 바꾸어 주고 Next를 클릭, Finish를 클릭한다.

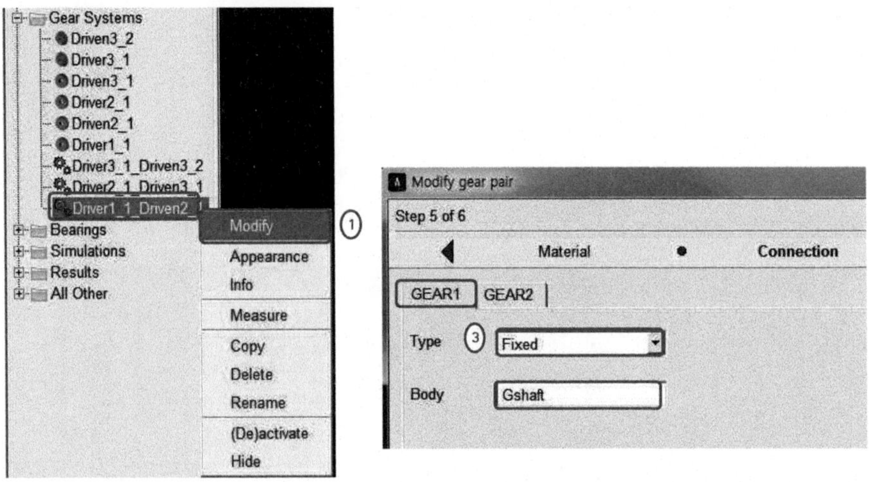

step 5 PART_6를 Flexible body로 전환시키기

① 스크린 또는 Model Tree에서 PART_6를 선택하여 우클릭한 후 Make Flexible을 클릭한다.

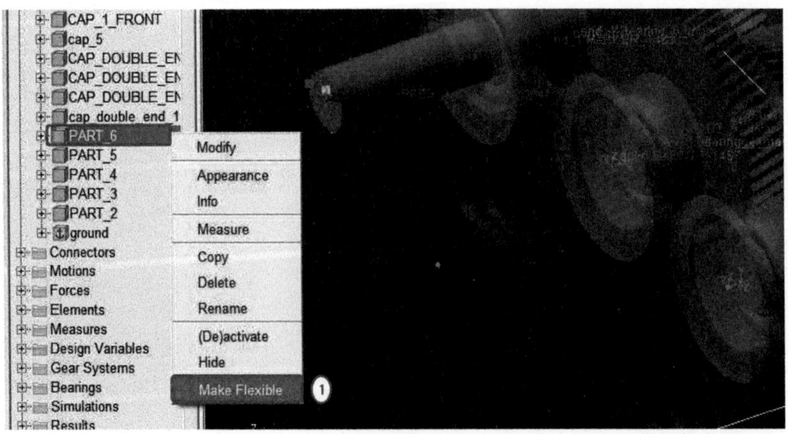

② Create New를 클릭한다.

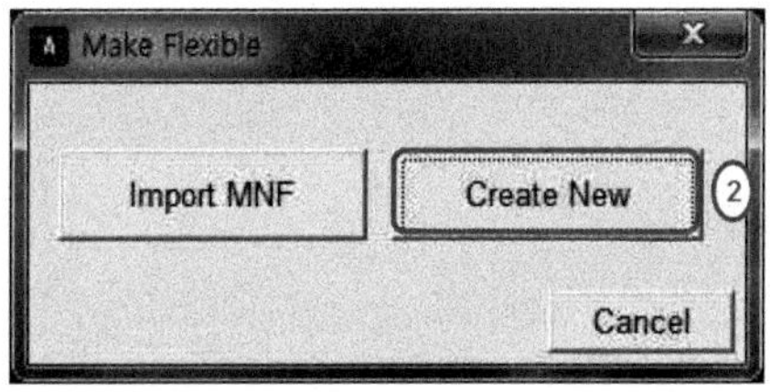

③ Number of Modes에 8을 입력하고 Stress Analysis를 체크를 한다.

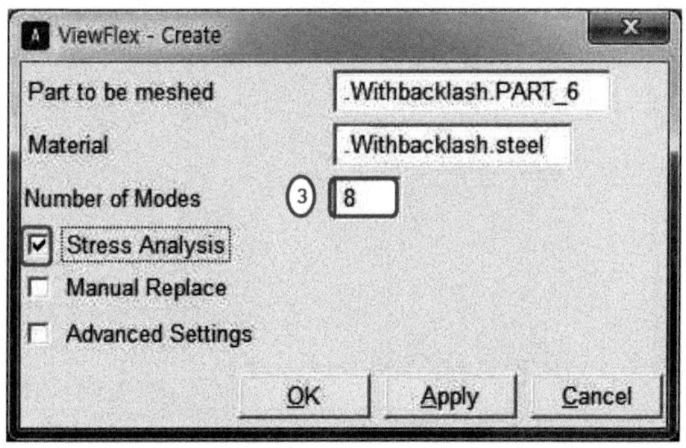

④ Advanced Settings를 체크하고 Element Specification에서 Size를 선택한다.

⑤ Element Size에 3mm를 입력하고 Minimum Size에 2mm를 입력, Growth Rate는 0.5를 입력한다.

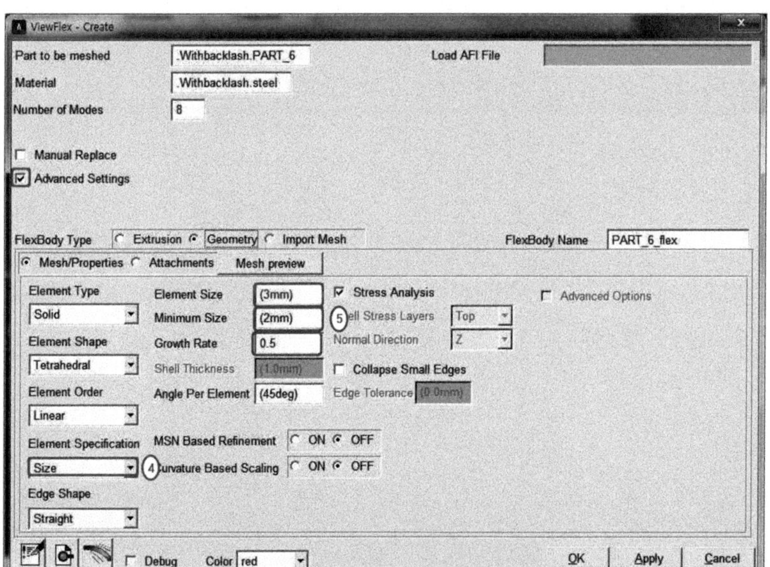

⑥ Attachments를 선택하고 Find Attachments를 클릭한다.

⑦ 1 탭을 클릭하고 Selection Type에서 Closest nodes를 선택하고 Number of nodes에 10을 입력한다. 그리고 Transfer IDs를 클릭한다.

⑧ 이러한 과정을 반복하여 2 탭, 3탭도 Closest nodes를 선택하고 Number of nodes에 10을 입력, Transfer IDs를 클릭해 주고 OK를 클릭한다.

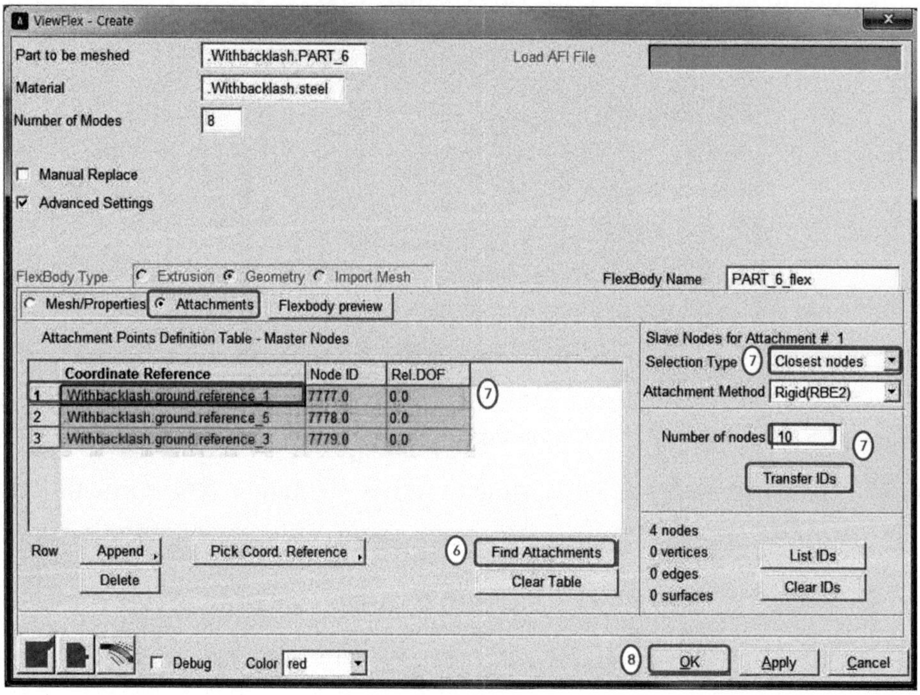

step 6 Adams/Postprocessor로 결과 보여주기

① Simulation Control에서 Simulation Settings를 클릭한다.

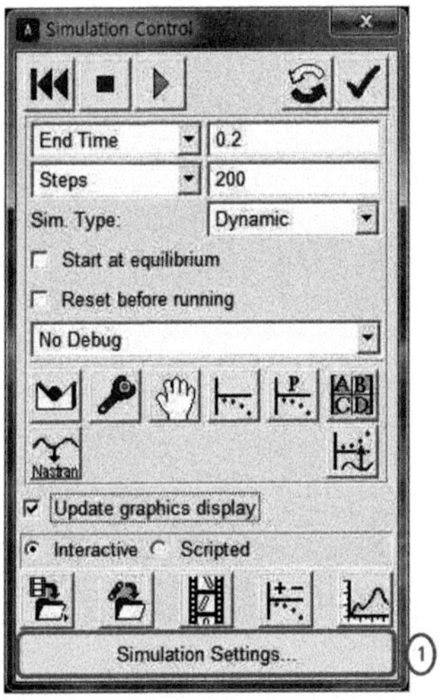

② Category에서 Dynamics를 선택하고 Integrator를 HHT로 선택한다.

③ Error 값을 1.0E−009로, Hmax 값을 1.0E−006을 입력하고 More를 체크한다.

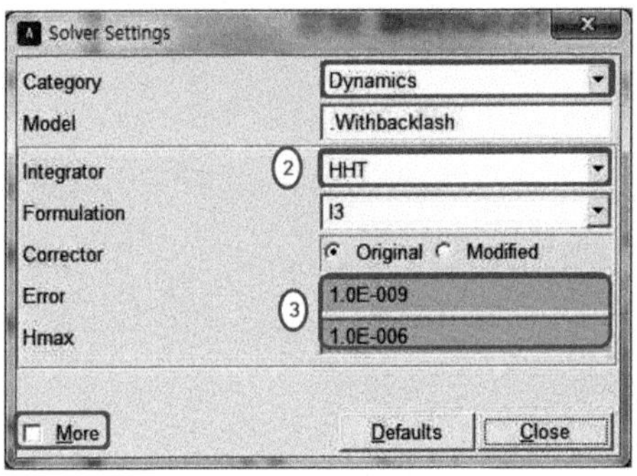

④ Hinit 값을 1.0E−006으로 입력하고 Close를 클릭한다.

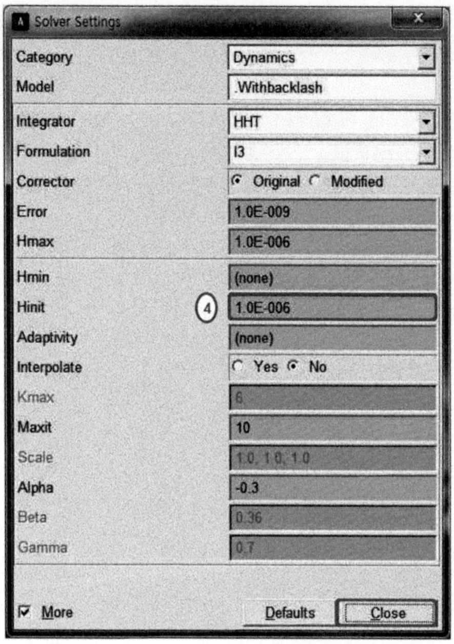

⑤ End time을 0.2 초, Steps를 200으로 하여 시뮬레이션을 시작한다.

⑥ 시뮬레이션이 끝나고 Plotting 아이콘을 클릭하여 Adams/Postprocessor 창을 연다.

⑦ 오른쪽 위에서 Page Layout아이콘을 우클릭하여 아래 그림처럼 두 화면으로 나눠진 창 그림을 클릭한다.

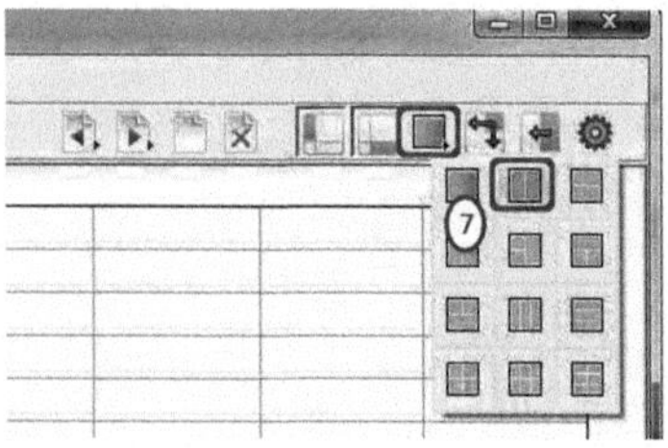

⑧ 왼쪽 창에서 우클릭한 후 Load Animation을 클릭한다.

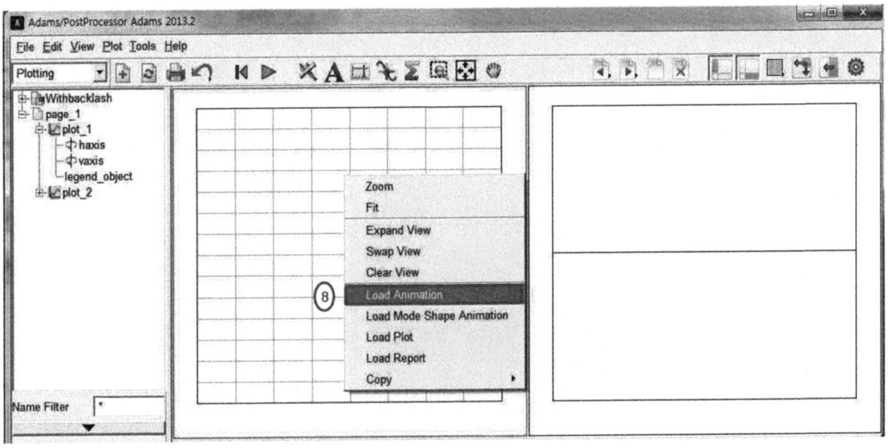

⑨ 오른쪽 창에서도 우클릭한 후 Load Plot을 선택하고 보고 싶은 결과 그래프를 선택한다.

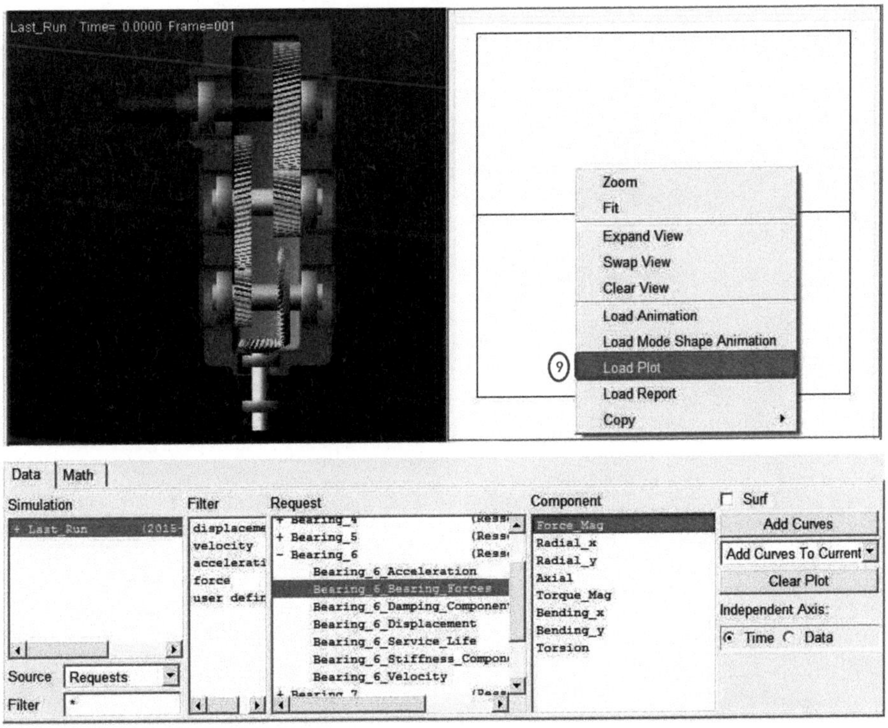

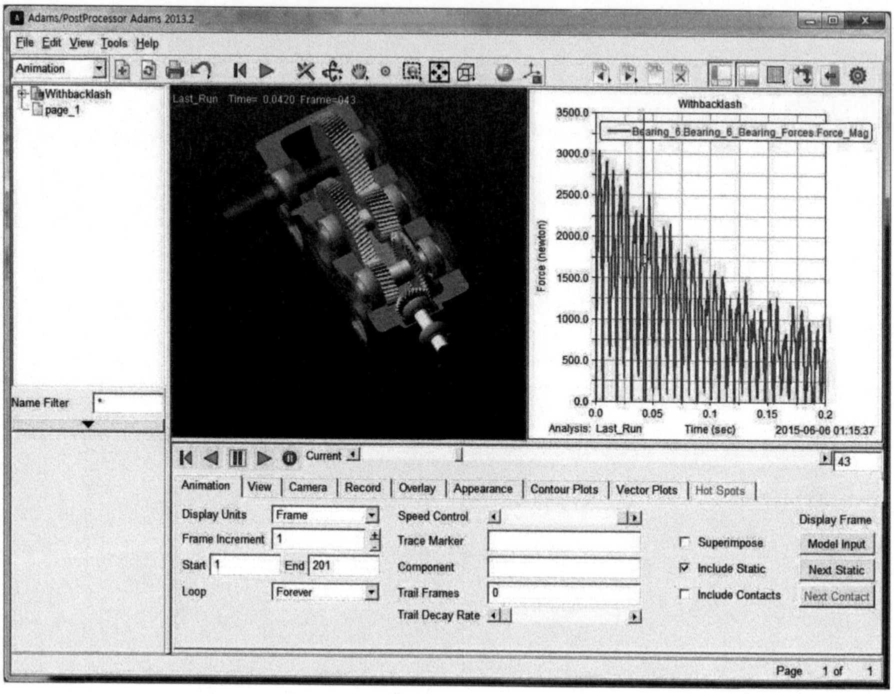
Adams/PostProcessor Adams 2013.2
File Edit View Tools Help
Animation
Withbacklash
page_1
Last_Run Time= 0.0420 Frame=043
Withbacklash
Bearing_6.Bearing_6_Bearing_Forces.Force_Mag
Force (newton)
3500.0
3000.0
2500.0
2000.0
1500.0
1000.0
500.0
0.0
0.0
0.05
0.1
0.15
0.2
Analysis: Last_Run
Time (sec)
2015-06-06 01:15:37
Name Filter
Current
43
Animation
View
Camera
Record
Overlay
Appearance
Contour Plots
Vector Plots
Hot Spots
Display Units
Frame
Frame Increment
1
Start
1
End
201
Loop
Forever
Speed Control
Trace Marker
Component
Trail Frames
0
Trail Decay Rate
Superimpose
Include Static
Include Contacts
Display Frame
Model Input
Next Static
Next Contact
Page 1 of 1

Example 31. Windshield Wiper Mechanism

Software Version Adams 2013.2

문제 설명

전기 모터와 웜 기어를 포함한 Windshield wiper mechanism을 만든다. Wiping Cycle에 따른 Wiper의 속도와 가속도를 찾는다.

필요한 파일들

- Windshield_Wiper_start.cmd

step 1 Adams/View 시작하기

① Adams/View를 실행하고 Existing Model을 클릭한다.

② File Name 옆에 아이콘을 클릭하여 exercise_dir/Example 31/start 폴더에 있는 Windshield_Wiper_start.cmd 파일을 선택한다.

③ OK를 클릭한다.

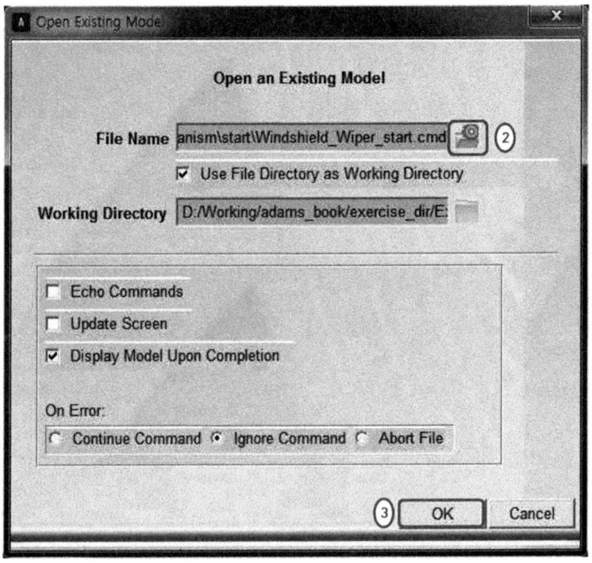

step 2 모델 관찰하기

완성된 모델을 살펴보면, 전기 모터에 의해서 시스템이 돌아간다. 웜 기어 쌍이 모터 링크와 공유하면서 모터의 토크를 4 bar linkage 시스템을 통해서 wiper에 전달한다. 평 기어는 빨간색 모터 축에 고정되어있다. 그 모터 축은 견고하게 모터 링크에 연결되어 있다. 웜 기어는 모터의 로터에 고정된 상태로 평 기어를 돌린다. Dummy_shaft로 불리는 초록색 구가 있다. 그 구는 모터의 위치를 위치시킬 때 사용된다.

따라서 이제 전기 모터와 웜기어를 밑에 과정들을 통해서 만들 것이다.

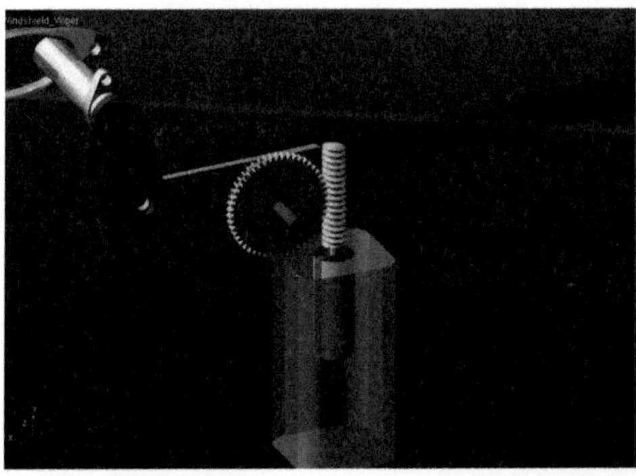

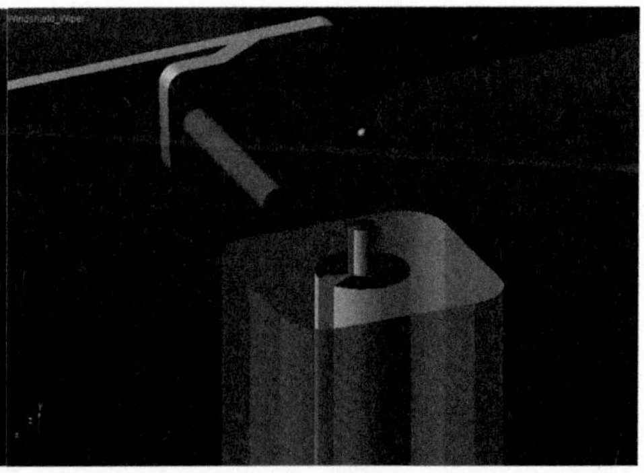

step 3 모터 만들기

① Main Toolbox의 Machinery에서 Create Motor를 클릭한다.

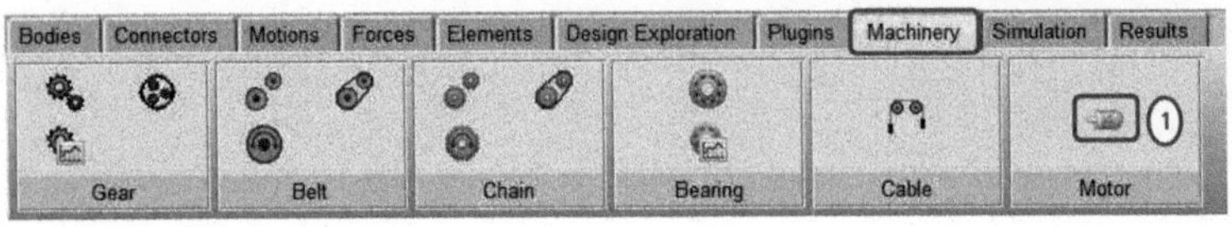

② Method 탭에서 Analytical을 선택하고 Next를 클릭한다.

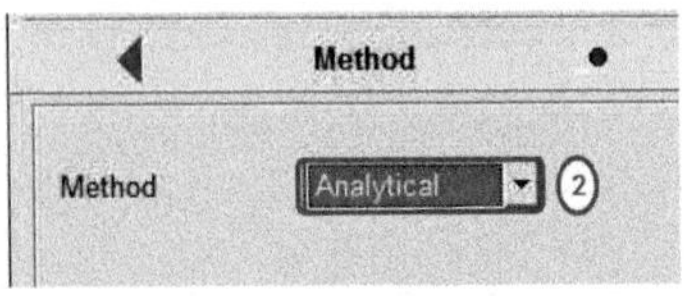

③ Motor Type에서 DC를 선택하고 Next를 클릭한다.

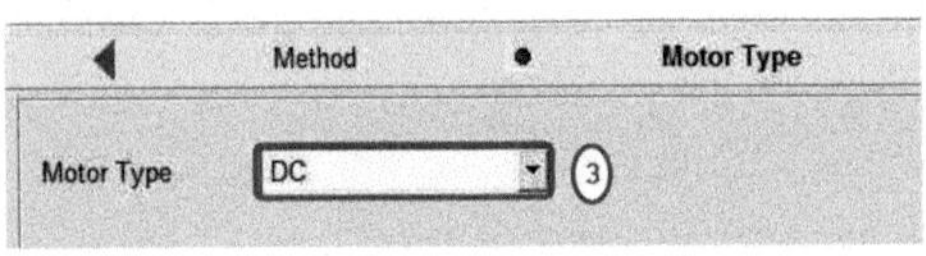

④ Motor Connections에서 Location의 텍스트 창을 우클릭한 후 Parameterize에서 Expression Builder을 클릭한다.

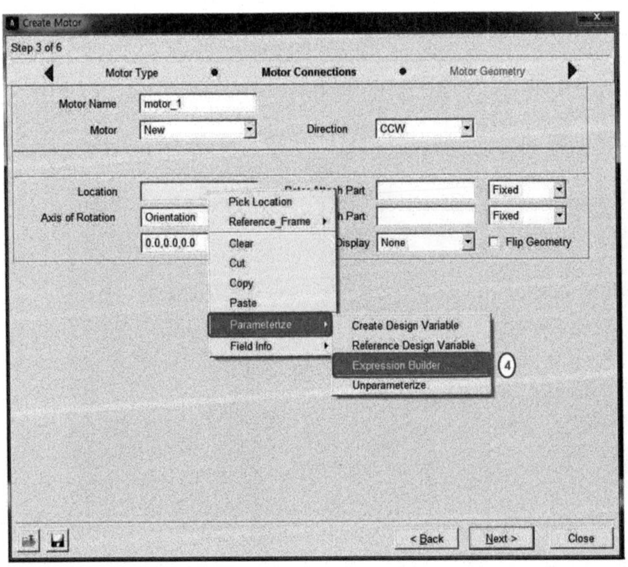

⑤ Location/Orientation을 선택하고 LOC_RELATIVE_TO를 더블 클릭한다.

⑥ 텍스트 창에서 Array부분을 지우고 0, −30, 0 을 입력한다. 그리고 OBJECT 부분을 지운다.

⑦ Getting Object Data에서 Markers의 텍스트 창을 더블 클릭하여 Dummy_shaft.cm을 선택한다.

⑧ 마우스 커서를 방금 지웠던 "OBJECT"로 옮긴 후에 한번 클릭한 후, Insert Object Name을 클릭한다. 그리고 OK를 클릭한다.

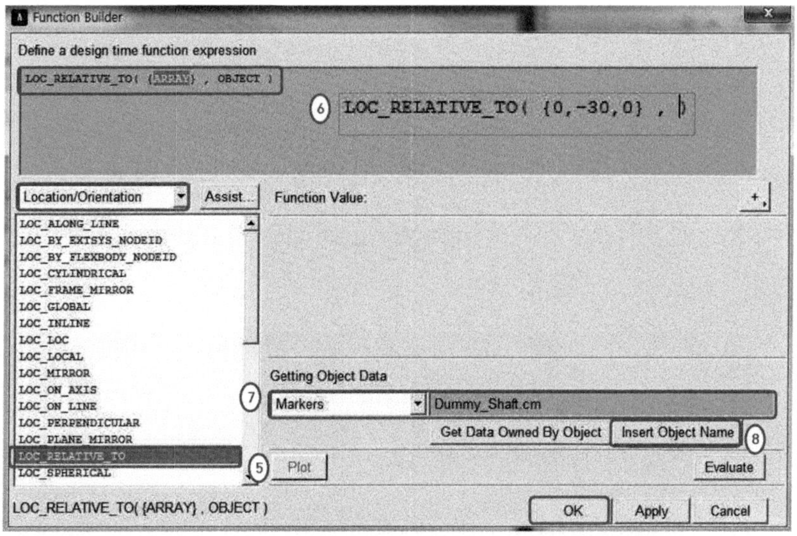

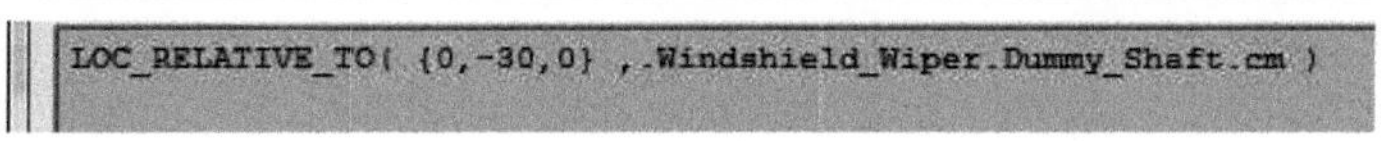

⑨ 나머지 설정은 밑에 그림처럼 한다.

Direction : CW

Axis of Rotation에서 Orientation을 선택하고 0, 90, 0 을 입력한다.

Rotor Attach Part와 Stator Attach Part는 옆 텍스트 창을 더블 클릭하여 파트를 아래 그림처럼 선택해 준다.

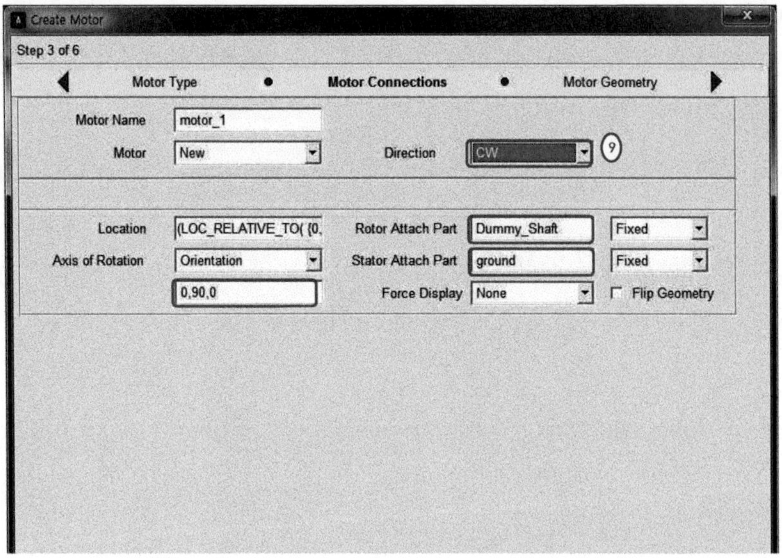

⑩ Geometry 탭에서도 아래 그림처럼 각 파라미터 값들을 입력해주고 Define Mass By에서 Rotor와 Stator 모두 Geometry and Material Type으로 선택한다. Next를 클릭한다.

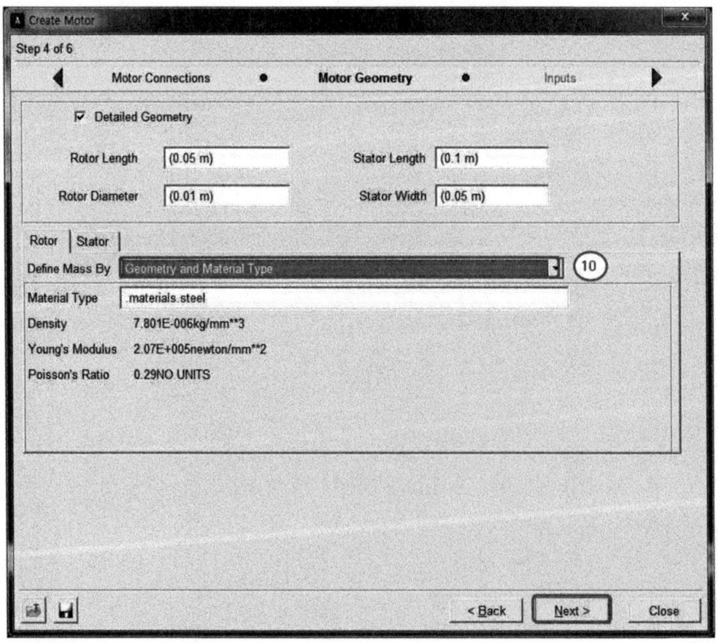

⑪ Inputs 탭에서 아래 그림처럼 각 파라미터 값을 입력하고 Shunt를 선택한다.

Next를 클릭한다.

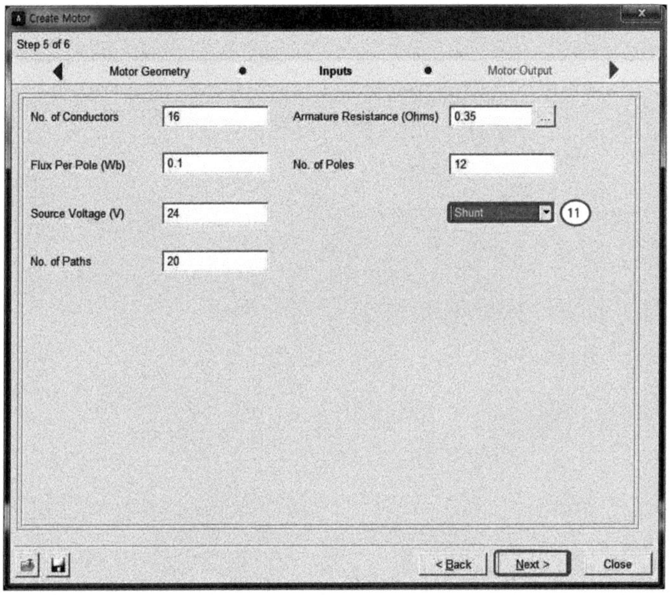

⑫ Output 탭에서 Multiply에서 Scale Factor를 선택하고 Scale Factor 값을 1로 입력한다. Next를 클릭하고 Finish를 클릭하여 모터를 만들어 준다. 경고 창은 무시한다.

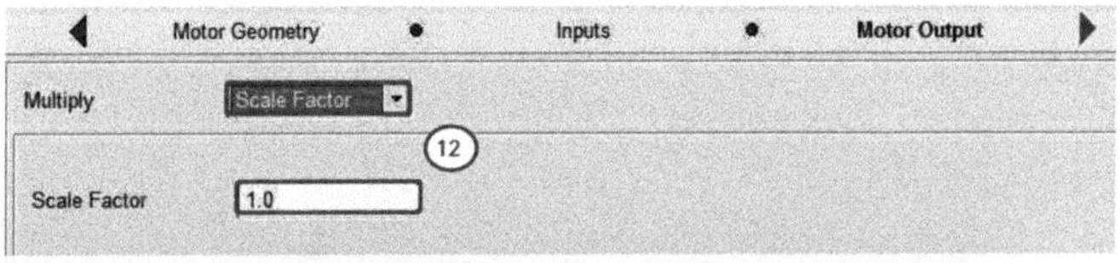

step 4 웜 기어 쌍 만들기

① Main Toolbox의 Machinery에서 Create Gear Pair을 클릭한다.

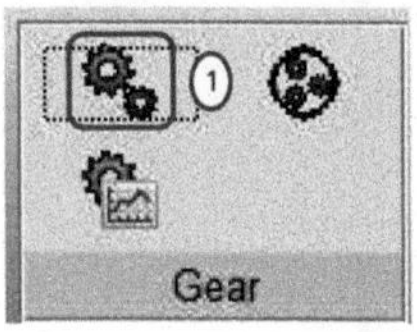

② Type 탭에서 Worm을 선택하고 Next를 클릭한다.

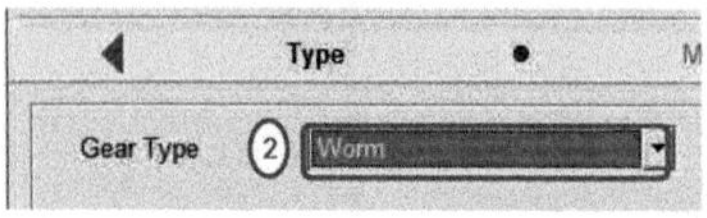

③ Method 탭에서 Simplified를 선택하고 Next를 클릭한다.

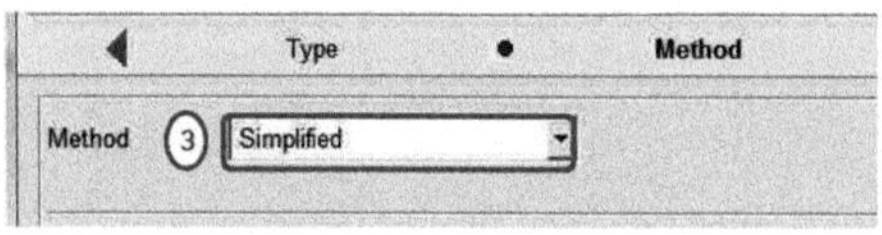

④ Geometry 탭에서 Module에 1을 입력하고 주고 Worm에서 Center Location을 우클릭한 후 Reference_Frame에서 Browse을 클릭하여 Dummy_shaft.cm을 선택한다.

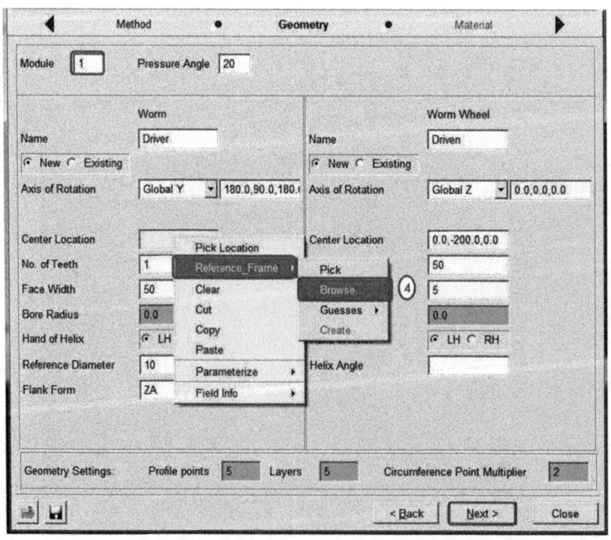

⑤ Worm Wheel에서도 Center Location을 Dummy_shaft.cm으로 선택한다. 그 다음 텍스트 창에서 0,0,0 인 부분을 30,0,0 으로 바꾸어 준다. 나머지 파라미터들은 아래 그림처럼 입력해주고 Next를 클릭한다. (Helix Angle을 값을 0으로 한다. Adams가 자동적으로 계산하여 나중에 실제 값으로 바꿀 것이다.)

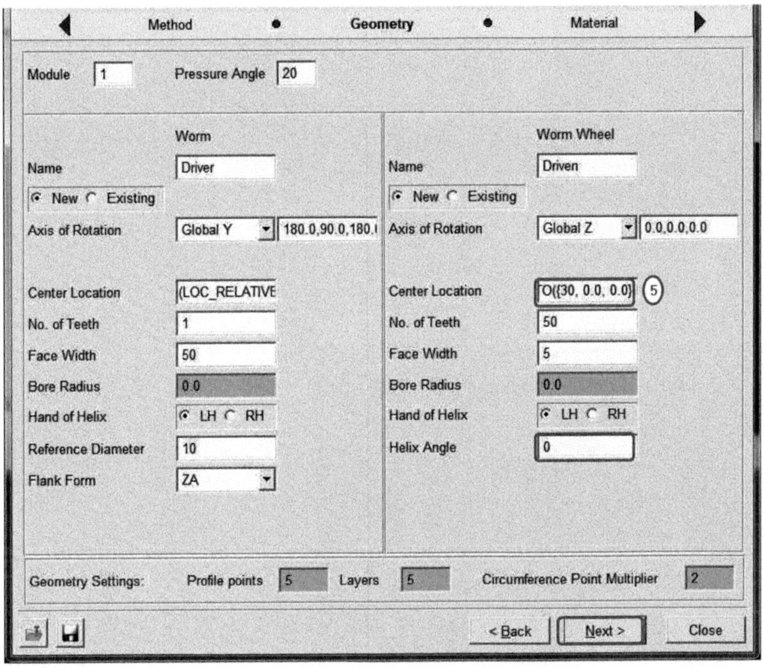

⑥ Material 탭에서 Worm과 Worm Wheel 모두 Define Mass By에서 Geometry and Material Type으로 선택해 주고 Next를 클릭한다.

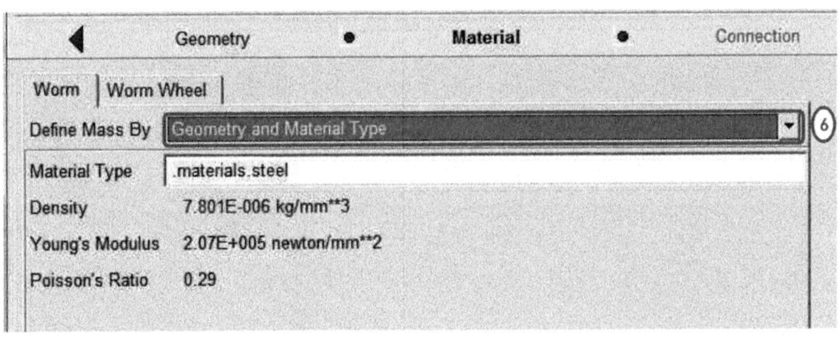

⑦ Connection 탭에서 Worm의 Type을 Fixed로 선택한 후, Body를 motor_1.rotor로 선택한다.

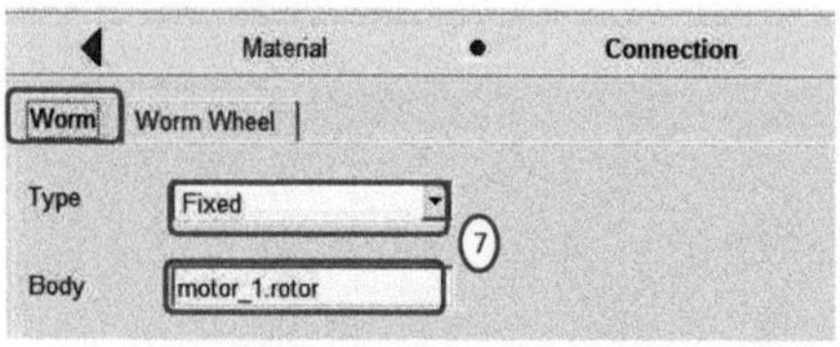

⑧ Worm Wheel도 Type을 Fixed로 선택하고 Body는 Shaft로 선택한다. Next를 클릭하고 Finish를 클릭하여 웜 기어 쌍을 만들어 준다.

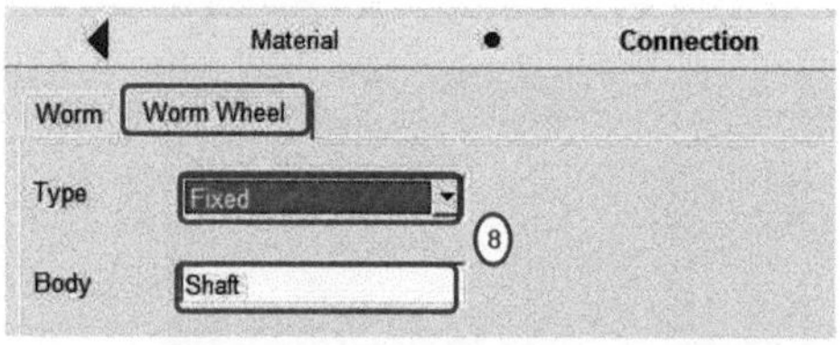

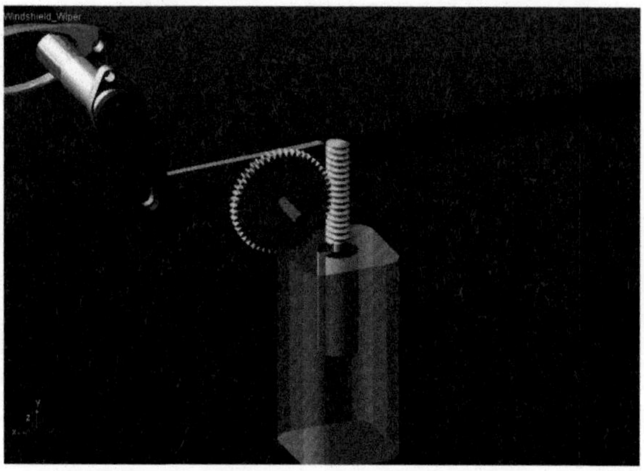

step 5 Helix Angle 값 수정하기

① Model Tree의 Gear Systems에서 Driver_1_Driven_1을 더블 클릭한다.

② Next를 계속 클릭하면 Geometry 탭에서 경고 창이 나올 것이다. (Adams가 자동적으로 Helix angle의 범위 값을 계산한 것이다.) OK를 클릭한다.

③ 따라서 Helix angle의 값을 5.7로 하고 Next를 계속 클릭하고 Finish를 클릭하여 수정을 마친다.

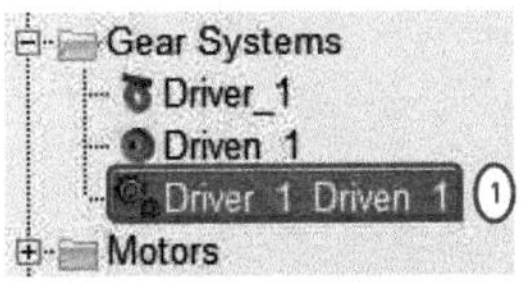

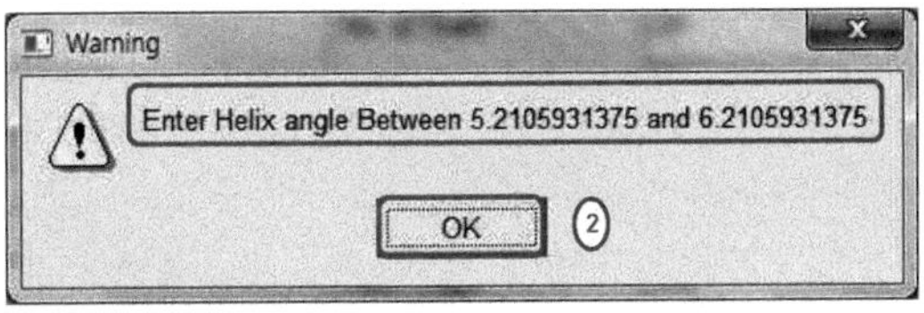

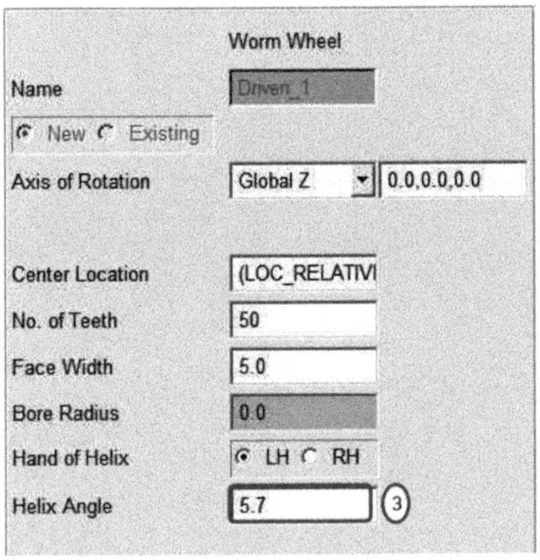

step 6 모델 시뮬레이션 돌리기

① Simulation Control에서 End Time을 3 초, Steps를 300으로 하여 시뮬레이션을 시작한다. (MOTION_1이 비활성화 되어 있다는 것을 알아 두자.)

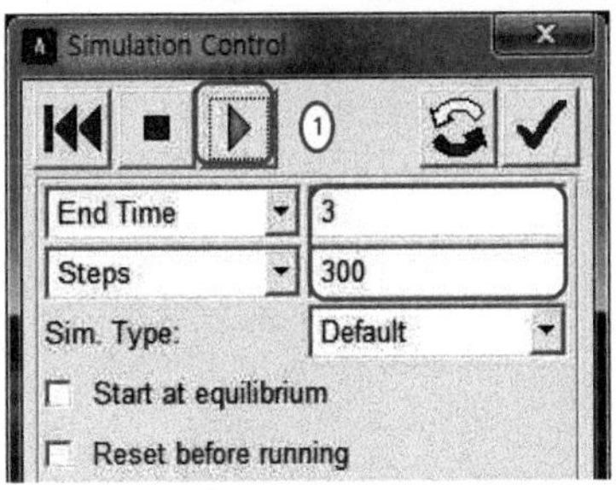

step 7 결과 보기

① F8키를 눌러 Postprocessing 창을 연다.

② Source를 Objects를 선택하고 아래 그림처럼 설정한 뒤, Wiper_left.cm의 Angular_velocity에 대해서 Add Curves를 클릭한다.

③ Angular_Acceleration에 대해서도 그래프를 확인한다.

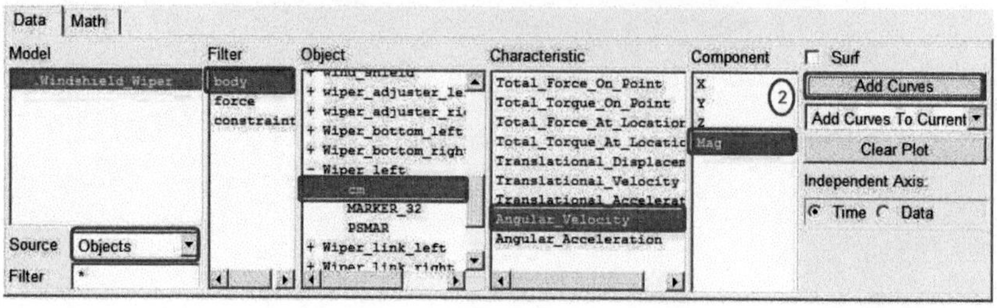

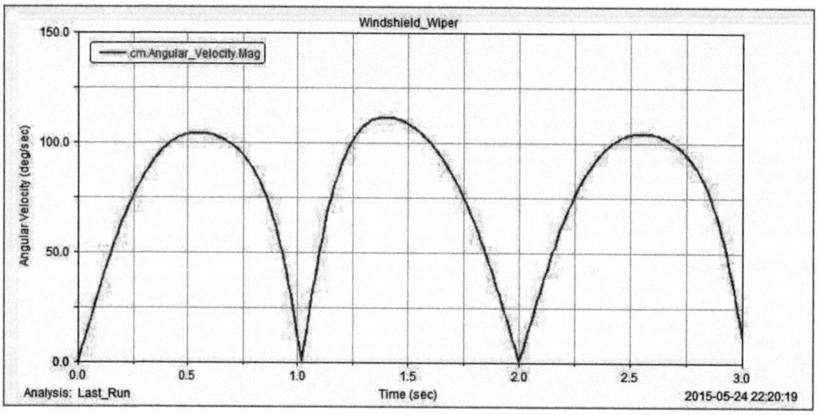

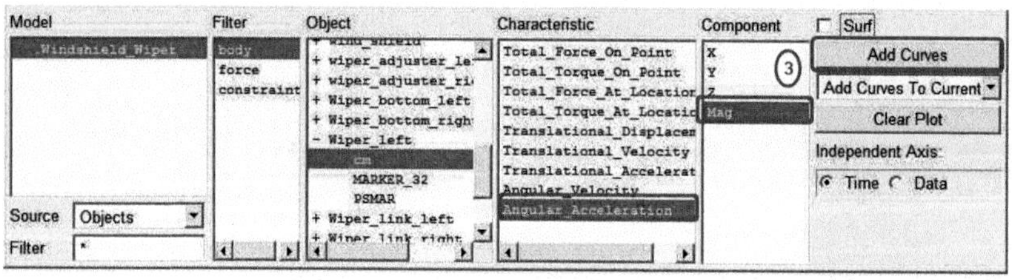

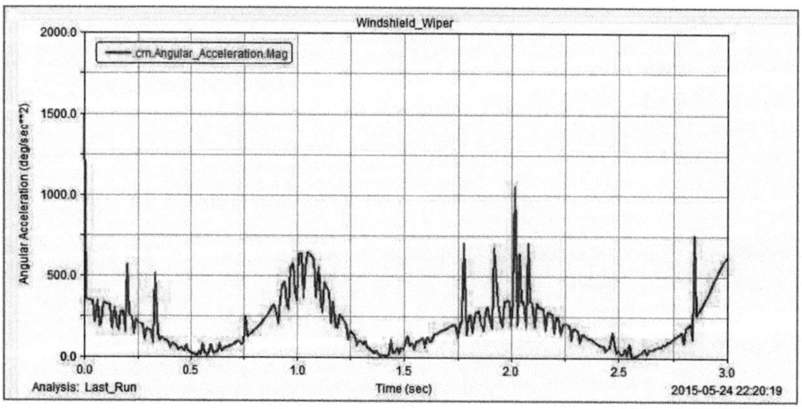

Example 32. Wind turbine

Software Version Adams 2013.2

문제 설명

Wind turbine의 gear box안에서 Two-stage Planetary gear train을 모델하기 위해서 Adams/Machinery을 사용한다. 출력 축(고속 축)은 발전기에 연결되어 있다. 발전기는 Adams/Machinery안에 있는 모터 모듈을 사용하여 모델링 된 것이다. 블레이드와 타워는 유연체(Flexible body)로 모델링 되어 있다. 발전기에 의해서 생성된 토크와 파워는 Adams/Postprocessing에서 관찰할 수 있다.

필요한 파일들

- windturbine_start.cmd
- torque_curve/csv

step 1 Gear Train의 위상 설명

① 기어 셋의 위상은 다음과 같다. 먼저 Planetary gear 셋은 하나의 출력을 결정하기 위해서 두 개의 입력이 필요하다. 첫 번째 단계의 Planetary gear 셋에서, Gear carrier는 저속 축(lower speed shaft)에 연결되어 있다. 그 저속 축은 허브와 같은 각속도로 회전한다. 이것이 우리의 첫 번째 속도 입력이다. Planetary gear 셋의 두 번째 속도 입력은 보통 0으로 입력한다.(고정되어 있다는 뜻이다.) 첫 번째 단계에서 Ring Gear는 기어 박스(Gear Box)에 고정되어 있다. 기어 박스는 또 다른 속도 입력을 제공한다. Planetary gear 셋의 출력은 Sun gear의 속도가 된다.

② 두 번째 단계에서, Carrier는 견고하게 첫 번째 Sun gear에 고정 되어 있다. Ring gear는 기어 박스에 고정되어 있다. 이 두 개가 필요한 입력을 구성한다. 예측되는 출력은 Sun gear의 회전이 된다.

③ 마지막 단계에서, 평 기어 쌍이 있다. 저속 기어(Low speed gear)는 두 번째 Sun gear에 연결되어 있다. 고속 기어(High speed gear)는 고속 축(high speed shaft)을 돌린다. 그리고 그 고속 축은 발전기에 동력을 공급한다.

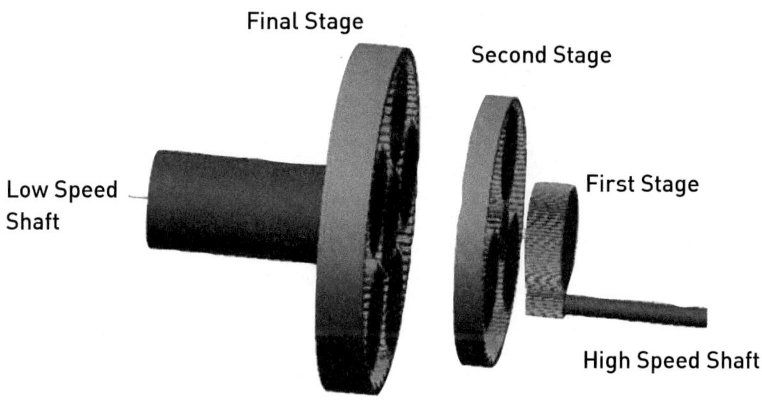

step 2 Adams/View 시작하기

① Adams/View를 실행하고 Existing Model을 클릭한다.

② File Name 옆에 아이콘을 클릭하여 exercise_dir/Example 32/start 폴더에 있는 windturbine_start.cmd 파일을 선택한다.

③ OK를 클릭한다. (경고창이 나오면 계속 OK를 클릭해준다.)

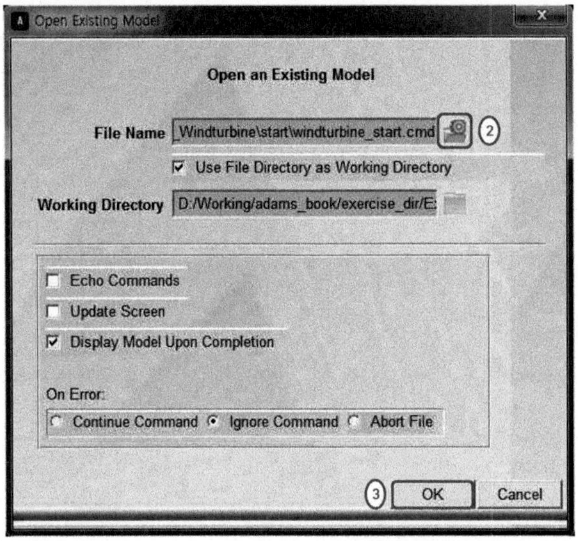

step 3 1 단계 Planetary Gear 셋 만들기: Geometry

① Main Toolbox의 Machinery에서 Gear: Planetary Gear를 클릭한다.

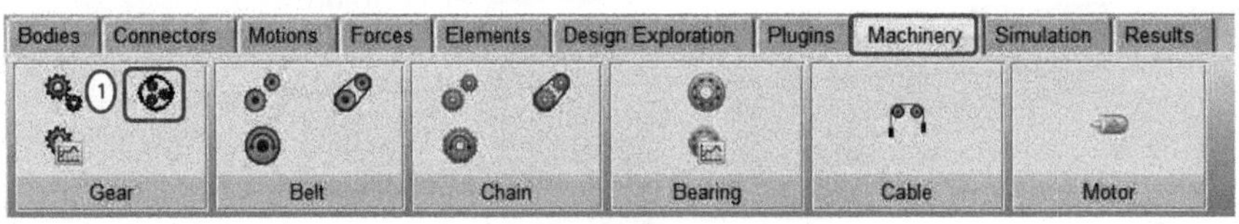

② Method 탭에서 Simplified를 선택하고 Next를 클릭한다.

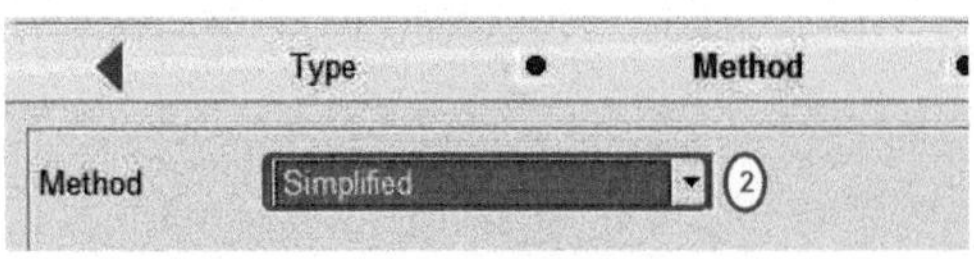

③ 첫 번째 탭에서는 바로 Next를 클릭하고 Geometry 탭에서 Center Location의 텍스트 창을 우클릭한 후 Reference_Frame에서 Browse을 클릭한다. Database Navigator 창이 나오면 ref_stage_1_center을 선택해준다.

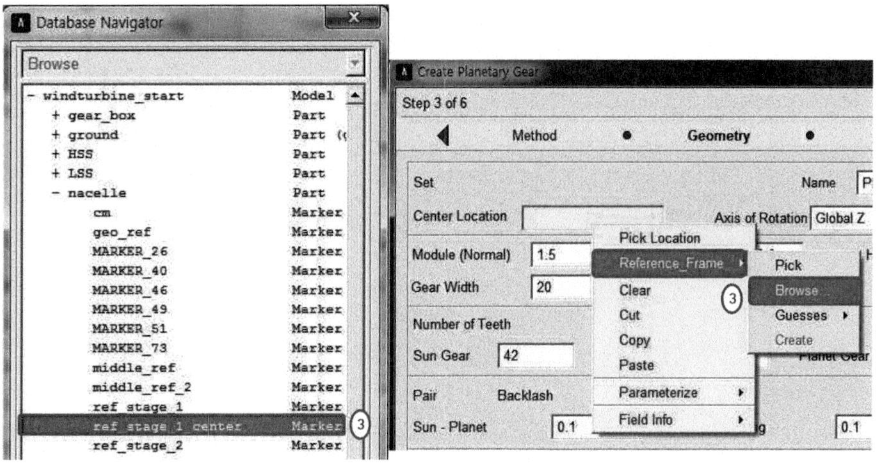

④ Module에서도 텍스트 창을 우클릭한 후 Parameterize에서 Reference Design Variable을 클릭하고 Database Navigator 창에서 module_stage_1을 선택한다.

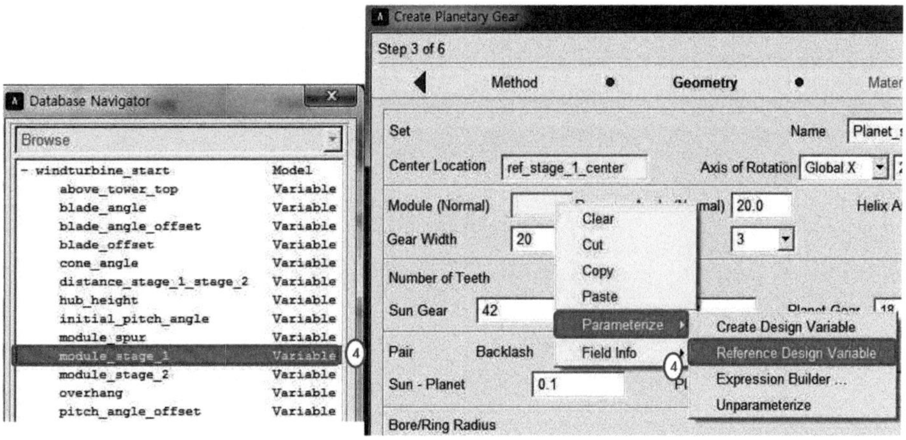

⑤ 같은 방식으로 Gear Width에 width_stage_1을 선택한다.

⑥ Axis of Rotation은 Global X로 선택한다.

⑦ Planet Gears를 5로 선택하고 Helix Angle의 값은 0으로 입력한다.

⑧ Sun Gear(35), Ring Gear(105), Planet Gear(35)에 잇 수를 입력한다. 나머지는 기본 값 그대로 두고 Next를 클릭한다.

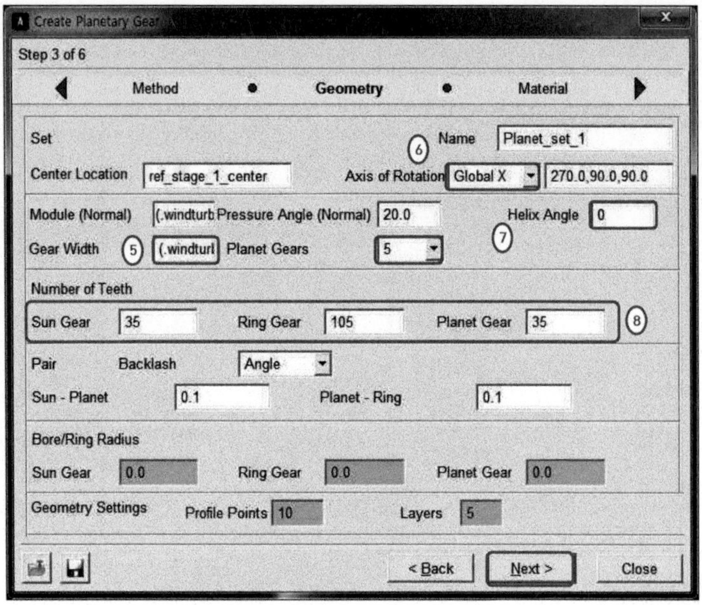

step 4 1 단계 Planetary Gear 셋 만들기: Material

① 모든 기어에서 Define Mass By를 Geometry and Material Type으로 선택한다.

② Contact Settings는 기본 값으로 두고 Next를 클릭한다.

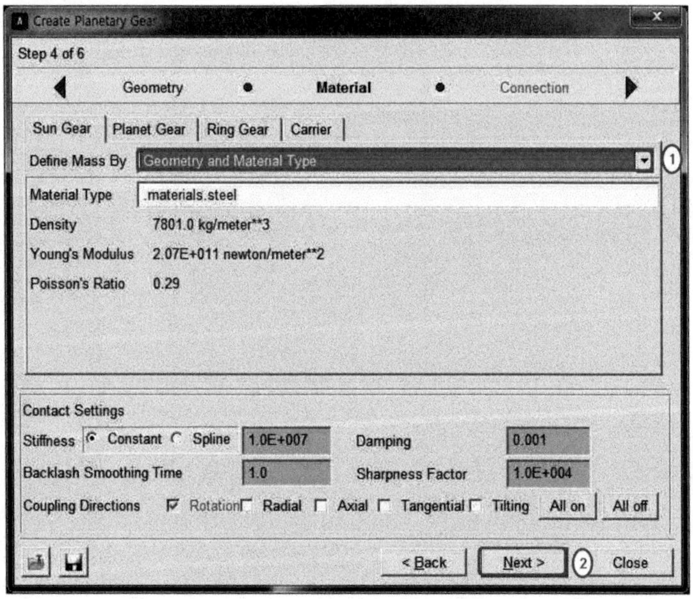

step 5 1 단계 Planetary Gear 셋 만들기: Connection

① 이번 과정은 Step 1에서 묘사했던 기어들의 위상에 따라서 Connection 탭에서 설정을 해볼 것이다. 그러면 먼저 Sun Gear에서 Type을 Rotational으로 선택하고 Body에서 Existing으로 선택한 후 텍스트 창을 우클릭하여 Body → Guesses에서 LSS를 선택한다.

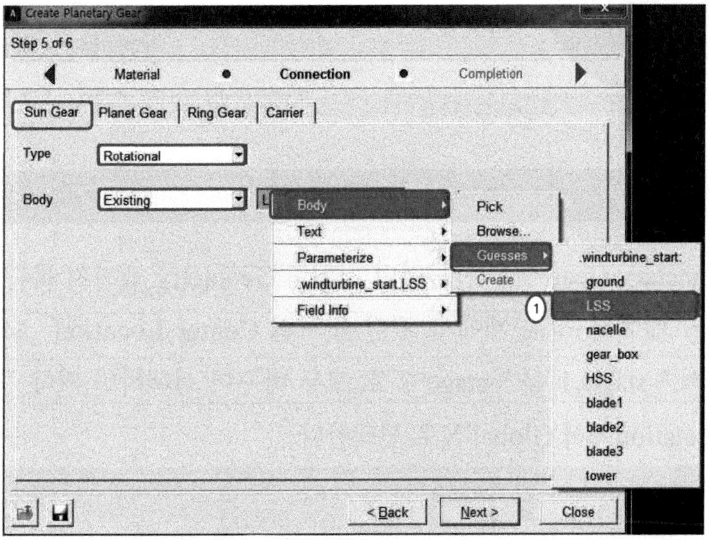

② 이러한 방식으로 아래 표처럼 각 탭에서의 Connection을 설정해 준다.

Gear	Type	Body
Sun Gear	Rotational	LSS
Planet Gear	Rotational	–
Ring Gear	Fixed	gear_box
Carrier	Fixed	LSS

③ 설정이 끝나면 Next를 클릭하고 Finish를 클릭한다. Adams에서 기어 셋을 만드는 시간은 컴퓨터에 따라 달라질 것이다. 인내심을 갖고 만들어질 때까지 기다리자. 일단 만들어 졌다면 아래 그림처럼 되었는지 확인한다.

step 8 마지막 단계 Spur Gear 셋 만들기: Geometry

① Main Toolbox의 Machinery에서 Gear: Create gear pair를 클릭한다.

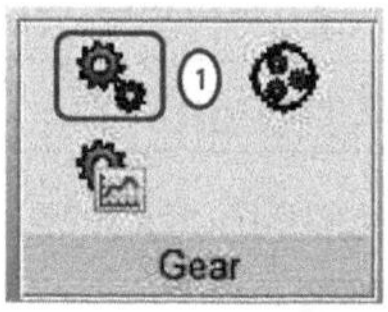

② Type 탭에서 Spur을 선택하고 Next를 클릭한다

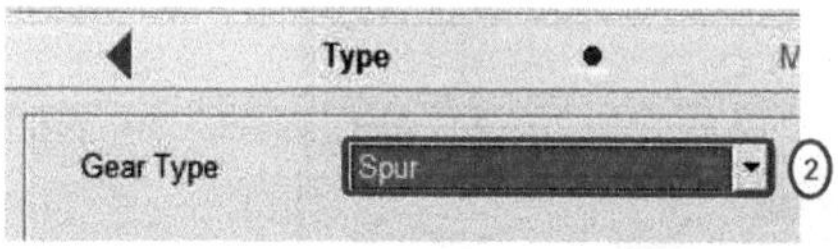

③ Method 탭에서 Simplified을 선택하고 Next를 클릭한다.

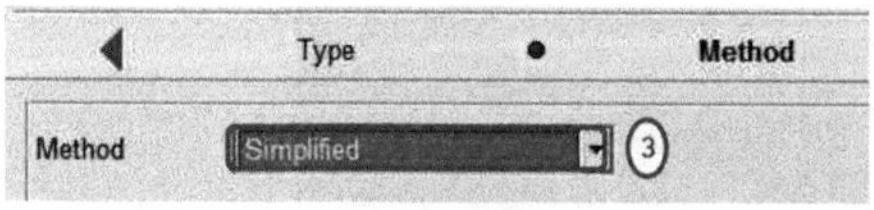

④ Geometry 탭의 Gear 1에서 Module을 우클릭한 후 Parameterize → Reference Design Variable을 클릭하고 module_spur을 선택한다.

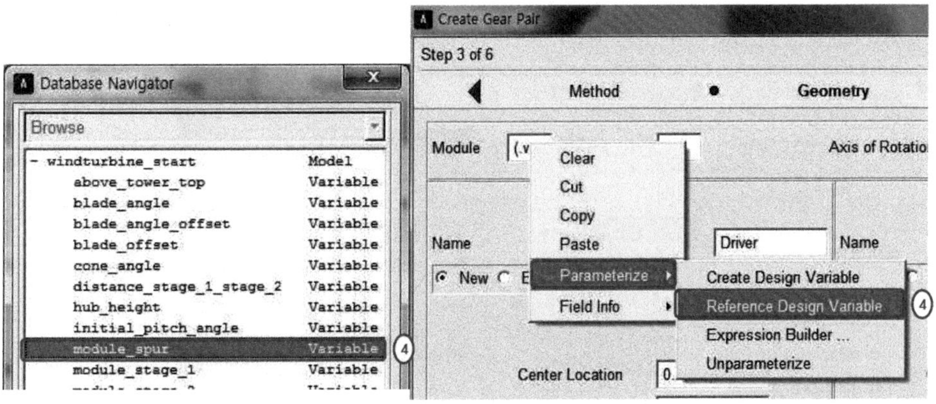

⑤ Gear 1의 Center Location에서 우클릭한 후 Reference_Frame → Browse을 클릭, Database Navigator에서 ref_spur_1_center을 선택한다.

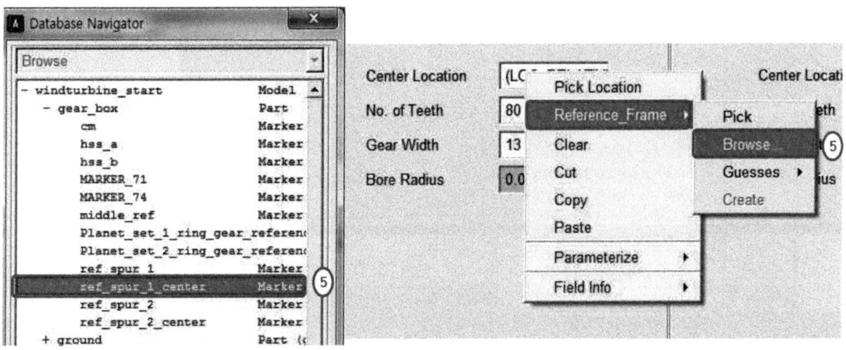

⑥ Axis of Rotation에서 Global X를 선택한다.

⑦ NO. of Teeth에 90을 입력한다.

⑧ Gear Width에서 우클릭한 후 Parameterize → Reference Design Variable을 클릭하고 width_spur을 선택한다.

⑨ Gear 2에서도 같은 방식으로 하여 Center Location에는 ref_spur_2_center를, Gear Width에는 width_spur을 선택하고 No. of Teeth는 23을 입력해 준다. 그리고 Next를 클릭한다.

step 11 발전기 만들기

① Adams/Machinery에서 발전기 모듈은 없다. 그러나 몇 가지 수정을 통해서 모터 모듈을 사용하여 발전기를 만들 수 있다. 따라서 먼저 Main Toolbox의 Machinery에서 Motor: Create Motor를 클릭한다.

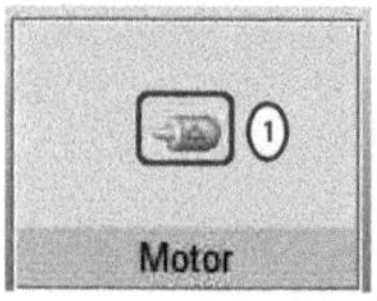

② Method 탭에서 Curve Base를 선택하고 Next를 클릭한다.

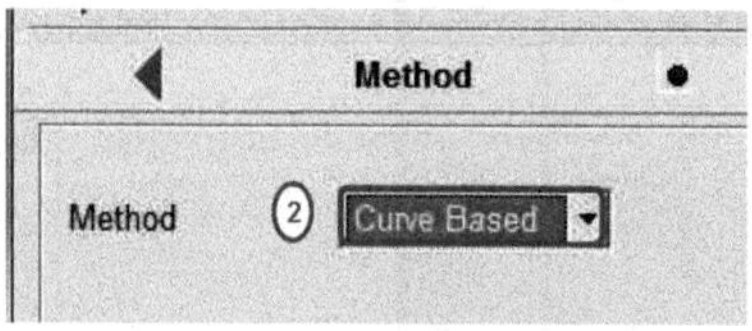

③ Motor Type 탭에서는 바로 Next를 클릭하고 Connections 탭의 Location에서 우클릭한 후 Reference_Frame에서 Browse를 클릭하고 Database Navigator에서 gear_box의 hss_b를 선택한다.

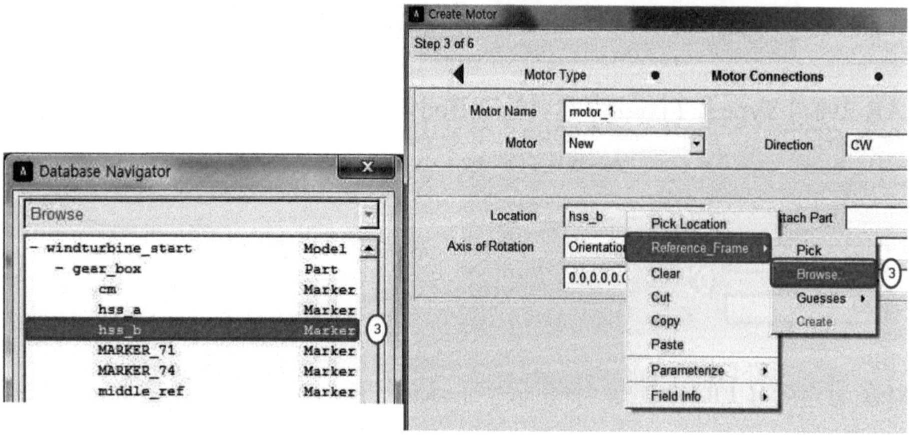

④ Direction을 CW(clockwise)로 선택한다.

⑤ Axis of Rotation을 Global X로 선택한다.

⑥ Rotor를 HSS(high speed shaft)에 고정시키고 Stator는 gear_box에 고정시킨다.

⑦ Force Display를 Both로 선택하고 Next를 클릭한다.

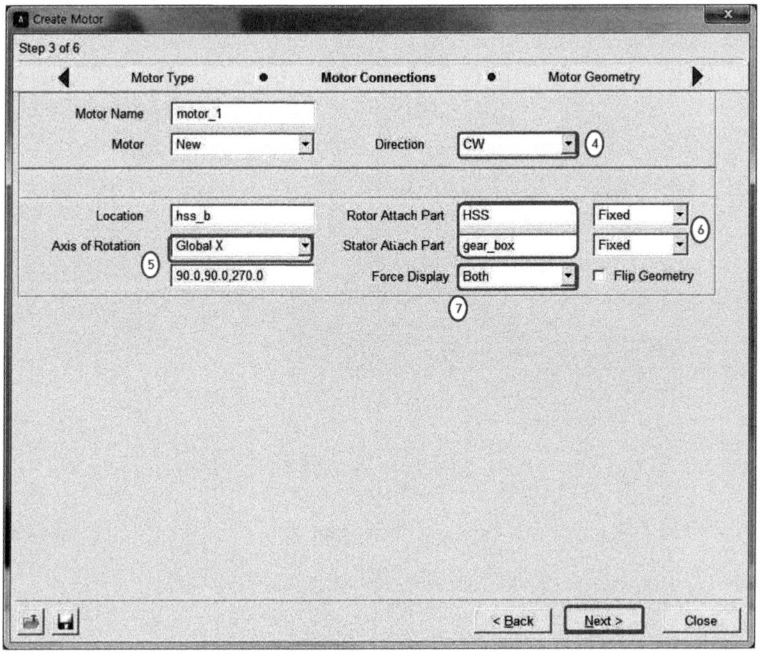

⑧ Geometry 탭에서 아래 그림처럼 각 파라미터 값을 입력해주고 질량 특성은 다음 표를 참고하여 각 파트에 값을 입력해준다. 그리고 Next를 클릭한다.

	Rotor	Stator
Mass (kg)	3100	50000
Ixx (kg*m^2)	100	400
Iyy (kg*m^2)	50	150
Izz (kg*m^2)	50	150

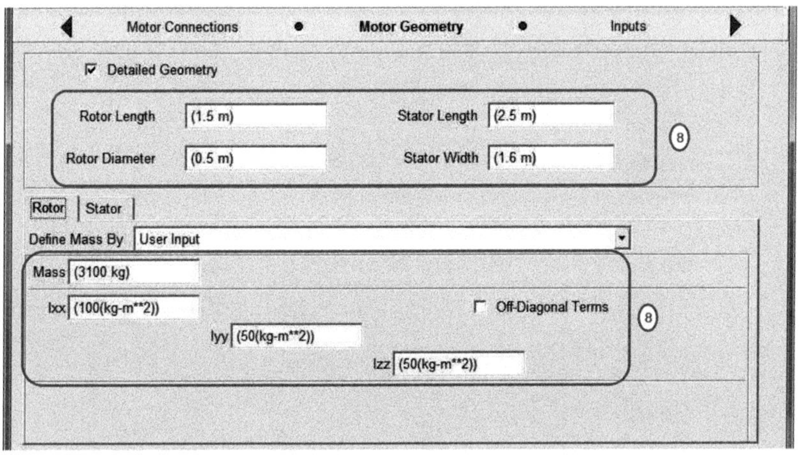

⑨ Inputs 탭에서 Enter Spline File을 선택하고 Spline File Name 텍스트 창을 더블 클릭하여 exercise_dir/Example 32/start 폴더에 있는 torque_curve.csv 파일을 선택한다. 그리고 Next를 클릭한다.

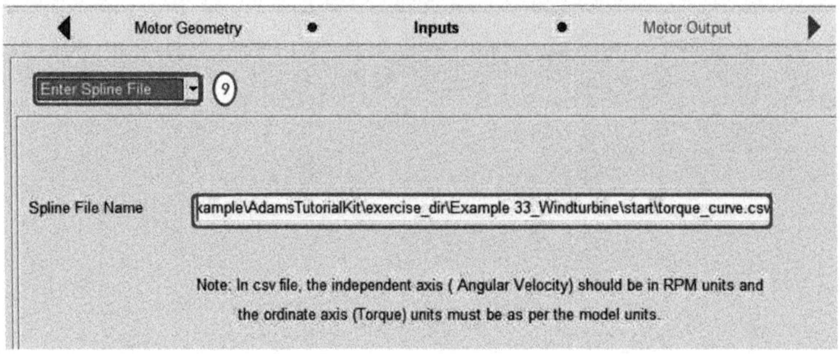

⑩ Motor Output 탭에서는 Multiply에서 Scale Factor를 선택하고 값은 1로 입력하여 Next를 클릭한다. Finish를 클릭하여 아래 그림처럼 나오는지 확인한다.

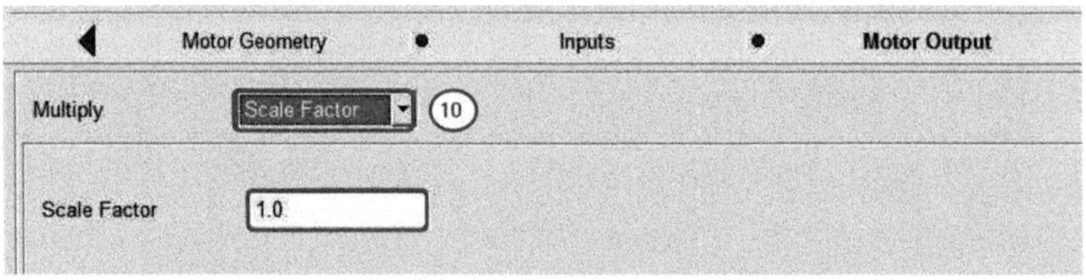

step 12 발전기 수정하기

① 현재 모델에 있는 모터는 단지 모터처럼 작동할 것이다. 더욱이, 모터에서 사용되는 각속도의 기본 단위가 우리의 커브 데이터의 구성과 일치하지 않는다. 일단 먼저 우리가 해야 될 것은 모터에 전원 공급을 차단하는 것이다. Main 메뉴의 Tools에서 Command Navigator를 클릭한다.

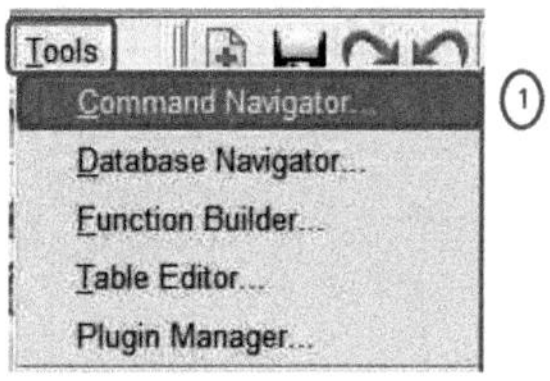

② variable에서 modify를 더블 클릭한다.

③ Variable Name에서 우클릭한 후 variable에서 Browse을 클릭하여 windturbine_start의 motor_1에서 source_voltage를 선택한다.

④ Real value 값이 12가 되어 있는 것을 0으로 바꾸어 주고 OK를 클릭한다. 그리고 Command Navigator에서 Close를 클릭한다.

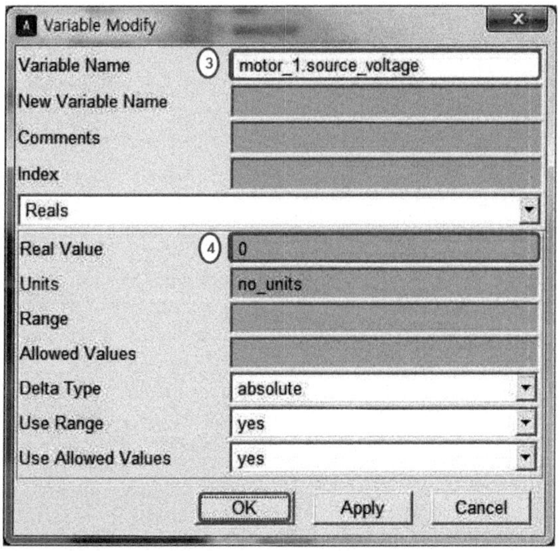

⑤ Model Tree에서 Motors 폴더에 Motor_1에서 var_omega와 var_spline_Torque

를 각각 더블 클릭한다. (한 번에 하나씩만 창을 여는 것이 가능하다.)

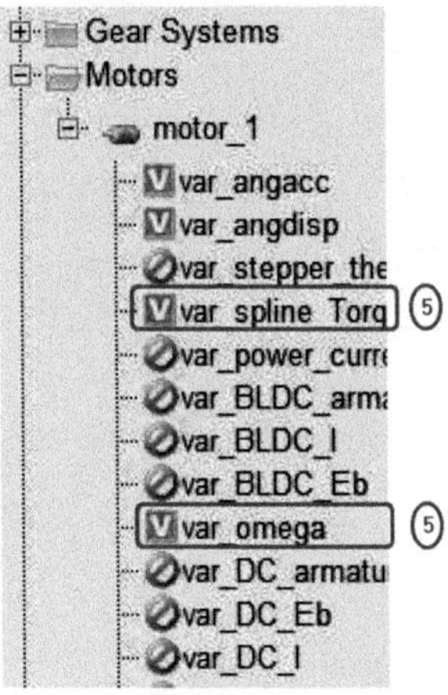

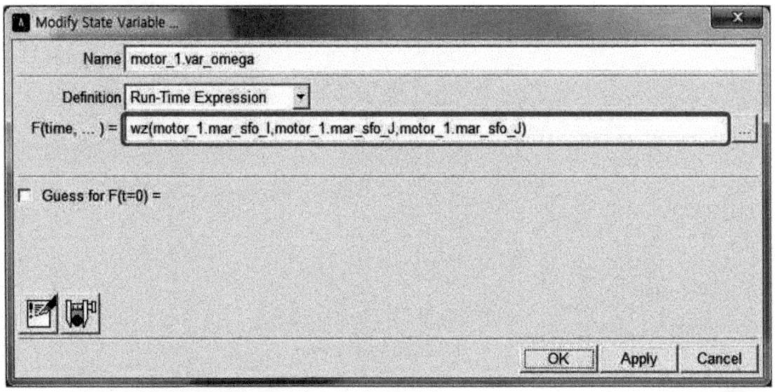

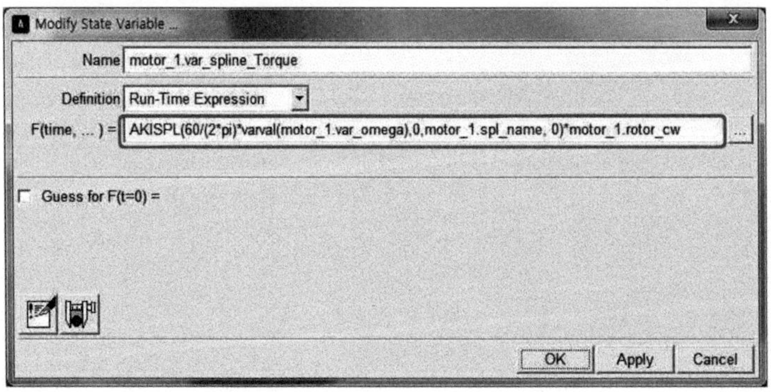

⑥ 우리의 Torque curve는 발전기의 속도와 토크사이에 대한 관계에 대해서 만들었다. 함수 AKISPL은 Spline fitting을 토대로 어떤 속도에서 토크 값으로 반환해 주는 함수이다. 우리 Curve에서 각속도의 단위는 deg/sec이다. 반면에 기본 설정에서 즉 var_omega의 값은 rad/sec 이다. 그리고 60/(2*pi) 는 이러한 rad/sec

단위를 rpm 으로 바꾸어 주는 역할을 한다. 따라서 이번 경우에서는 var_omega의 함수를 rtod*wz(motor_1.mar_sfo_I,motor_1. mar_sfo_J,motor_1.mar_sfo_J) 으로 다시 입력한다. 여기서 "rtod"라는 함수는 Radian을 degree로 바꿔주는 함수이다. 또한 var_spline_Torque의 함수에서 "60/(2*pi)"를 지워 수정해 준다. 수정이 완료 되면 각각 OK를 클릭한다.

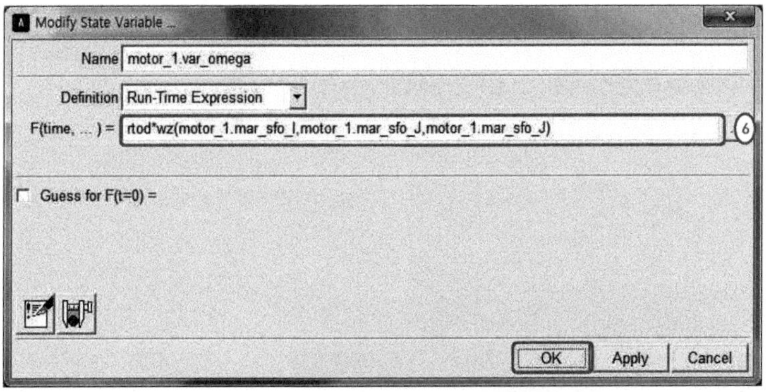

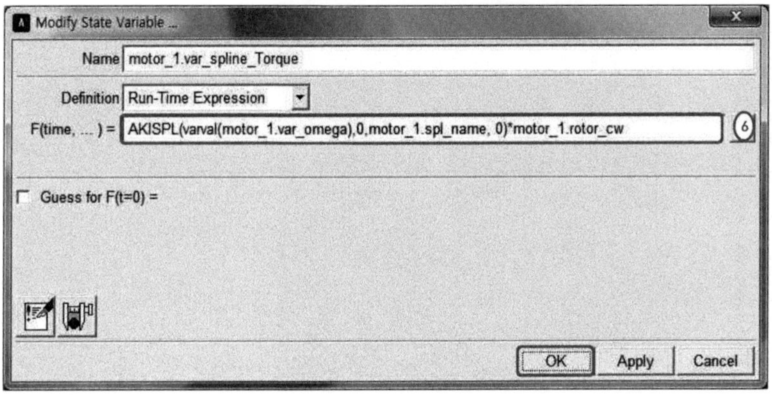

step 13 blade와 LSS축 사이 Fixed Joint와 nacelle와 LSS축 사이 Revolute Joint 만들기

① Main Toolbox의 Connectors에서 Create Fixed Joint를 클릭한다.

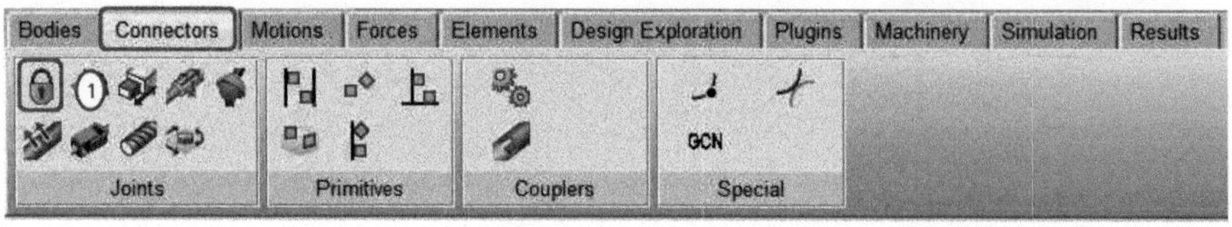

② LSS축과 blade1을 차례대로 클릭하고 LSS.ref_hub을 클릭하여 Joint를 만들어 준다.

③ blade2, blade3도 위와 같은 과정을 통해서 LSS.ref_hub에 LSS축과 고정시킨다.

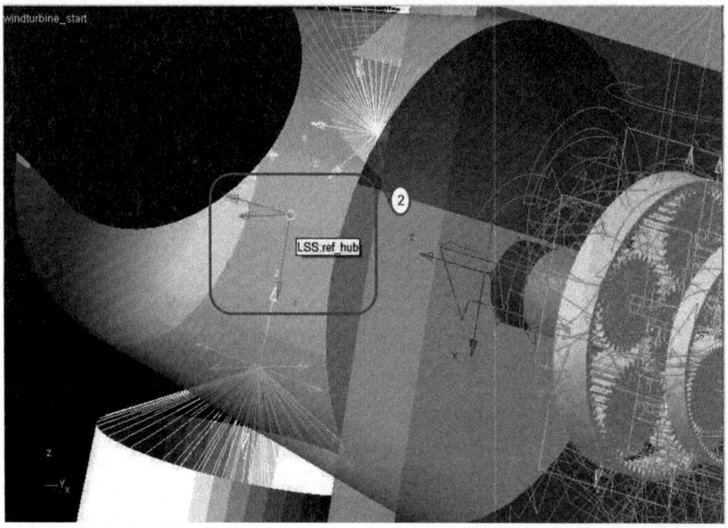

④ 이번에는 Connectors에서 Create Revolute Joint를 클릭한다.

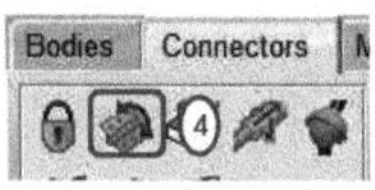

⑤ Construction에서 Pick Geometry Feature로 선택하고 LSS와 nacelle을 차례대로 클릭한 후에 LSS.MARKER_173을 클릭한다.

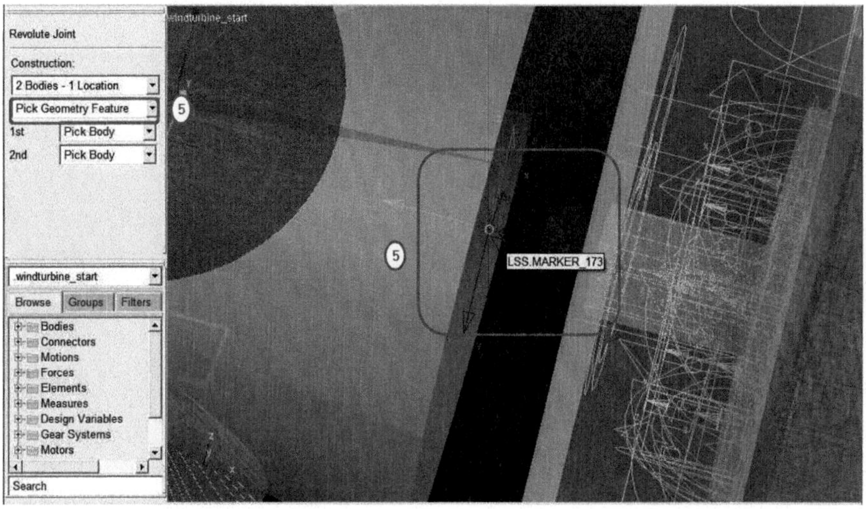

⑥ 그리고 축 방향을 지정해 주기 위해서 밑에 그림처럼 Global X축과 평행하도록 방향을 지정해준다.

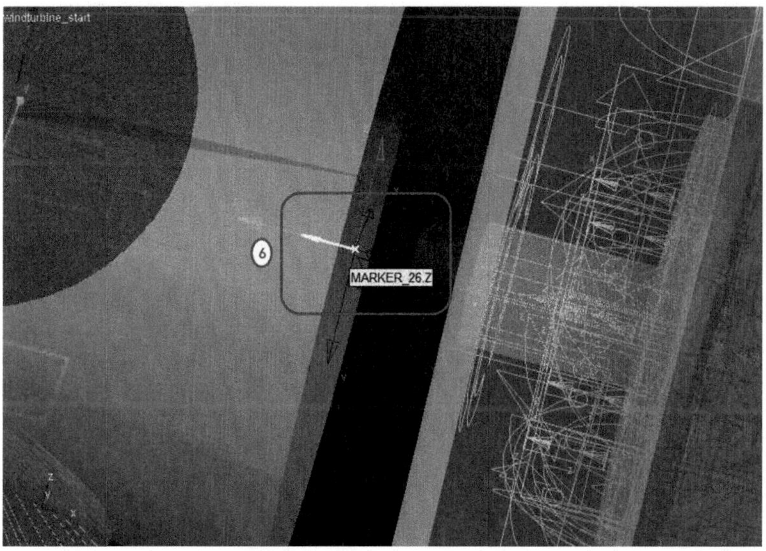

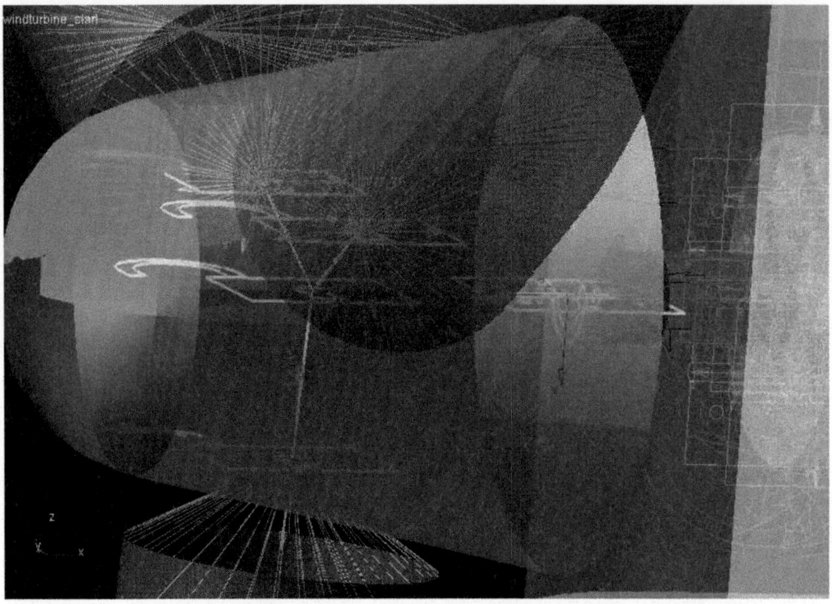

step 14 Dynamic 시뮬레이션 돌리기

① 집중 하중이 이미 블레이드의 끝에 추가 되어있다. 이제 Simulation Control에서 Simulation Settings을 클릭한다.

② Solver Settings에서 Category를 Dynamics로 선택하고 Integrator를 HHT로 선택한다. Close를 클릭한다.

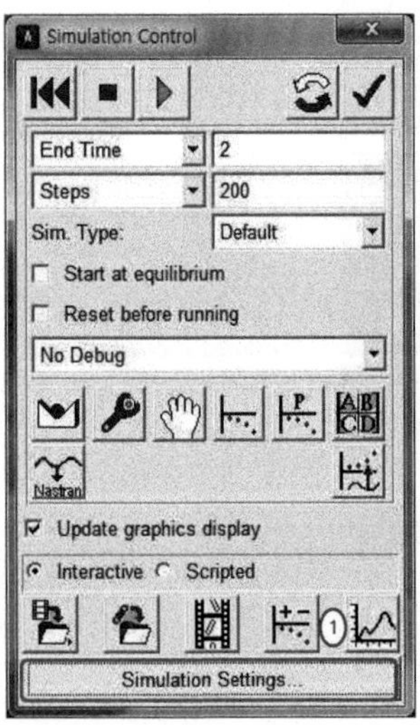

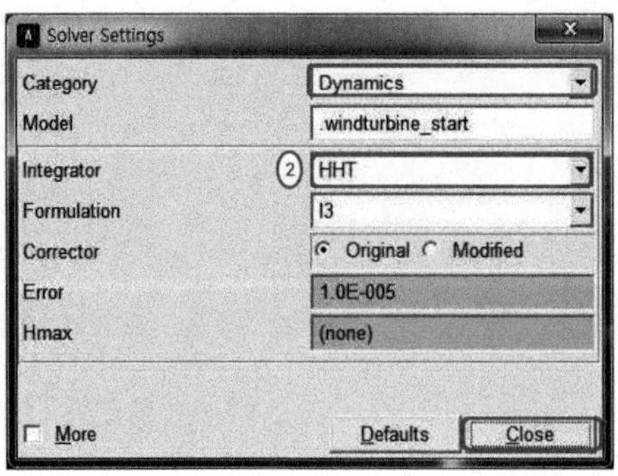

③ End Time을 2 초, Steps를 200으로 하고 Sim. Type을 Dynamic로 선택한 후에 시뮬레이션을 시작한다.

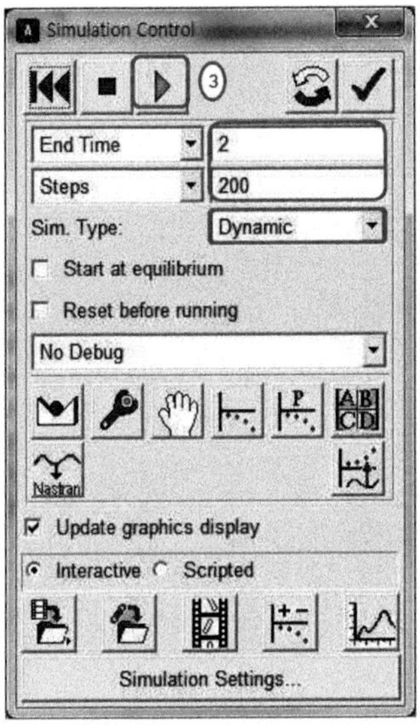

④ 해석 결과를 관찰한다.

Generator에서 Power 출력을 보면 튀는 경향이 나타나는 것을 볼 수 있다. 이것은 모터의 속도가 어떤 특정한 속도를 초과했기 때문이다. 이런 오버로딩으로부터 Generator와 Grid를 보호하기 위해서 Generator의 Power 출력을 억제한다. 일반적으로 축의 속도를 조절하기 위해서 브레이크 시스템이 또한 있는데 이 예제에서는 모델 되지 않았다.

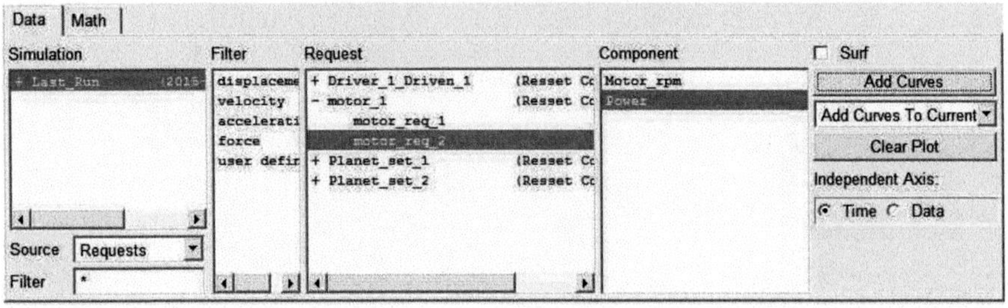
Data
Math
Simulation
Filter
Request
Component
Surf
Last_Run
displaceme
velocity
accelerati
force
user defir
+ Driver_1_Driven_1
- motor_1
motor_req_1
motor_req_2
+ Planet_set_1
+ Planet_set_2
Motor_rpm
Power
Add Curves
Add Curves To Current
Clear Plot
Independent Axis:
Time
Data
Source
Requests
Filter

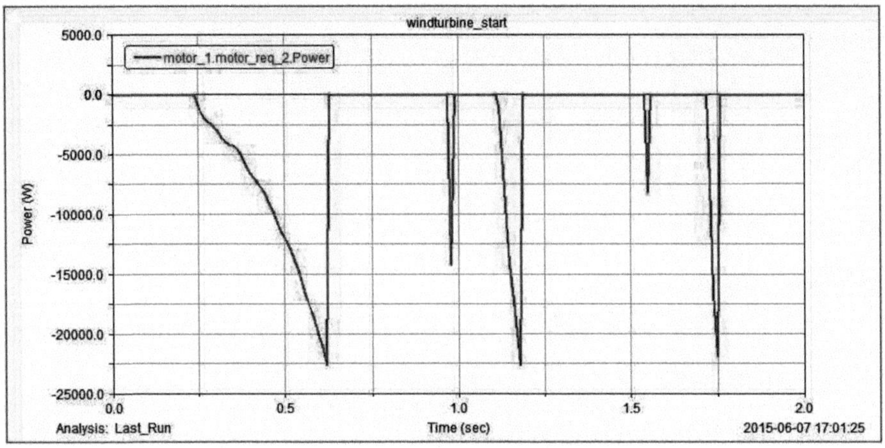
windturbine_start
motor_1.motor_req_2.Power
5000.0
0.0
-5000.0
-10000.0
-15000.0
-20000.0
-25000.0
Power (W)
0.0
0.5
1.0
1.5
2.0
Analysis: Last_Run
Time (sec)
2015-06-07 17:01:25

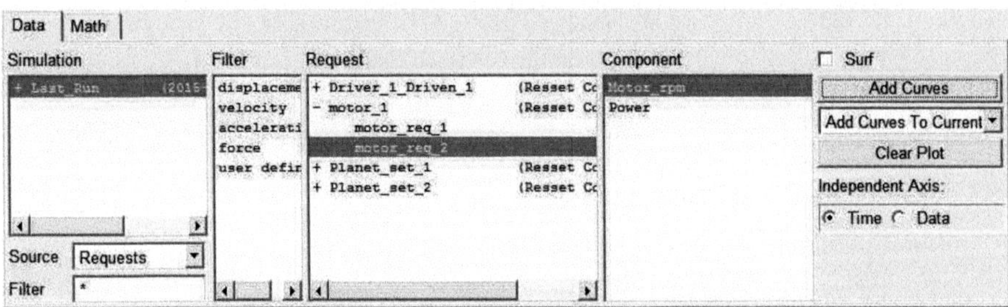
Data
Math
Simulation
Filter
Request
Component
Surf
Last_Run
displaceme
velocity
accelerati
force
user defir
+ Driver_1_Driven_1
- motor_1
motor_req_1
motor_req_2
+ Planet_set_1
+ Planet_set_2
Motor_rpm
Power
Add Curves
Add Curves To Current
Clear Plot
Independent Axis:
Time
Data
Source
Requests
Filter

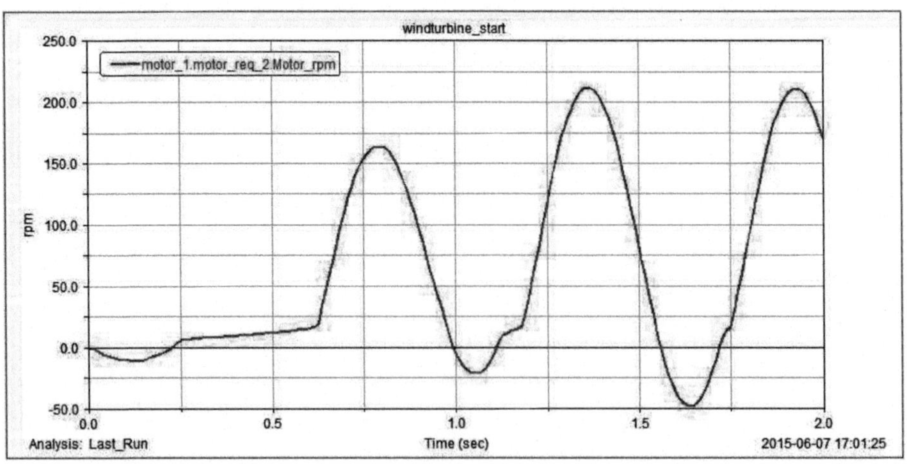
windturbine_start
motor_1.motor_req_2.Motor_rpm
250.0
200.0
150.0
100.0
50.0
0.0
-50.0
rpm
0.0
0.5
1.0
1.5
2.0
Analysis: Last_Run
Time (sec)
2015-06-07 17:01:25

다물체 동역학 해석을 위한 Adams

발 행 일 • 2016년 2월 19일 발행

저 자 • 김 창 완

발 행 일 • 최 봉 조

발 행 처 • 진샘미디어

주 소 • 서울시 은평구 연서로 5길 28 부호아파트 102동 상가 5호

전 화 • 02)353-4421 / FAX 02)353-4431

홈페이지 • www.jinsam.co.kr

신고번호 • 제311-2005-000025호

ISBN • 979-11-85504-55-1

정가 29,000원